前环衬图片：1979 年 4 月，袁隆平应邀出席在菲律宾马尼拉召开的水稻国际学术会议

Volume 8

袁隆平全集

Yuan Longping Collection

第八卷 学术论文

2011—2021年

Volume 8 Academic Papers

2011—2021

主　编——柏连阳

执行主编——袁定阳　辛业芸

『十四五』国家重点图书出版规划

湖南科学技术出版社·长沙

本卷编著人员

主　　编　辛业芸

出版说明

袁隆平先生是我国研究与发展杂交水稻的开创者，也是世界上第一个成功利用水稻杂种优势的科学家，被誉为“杂交水稻之父”。他一生致力于杂交水稻技术的研究、应用与推广，发明“三系法”籼型杂交水稻，成功研究出“两系法”杂交水稻，创建了超级杂交稻技术体系，为我国粮食安全、农业科学发展和世界粮食供给做出杰出贡献。2019年，袁隆平荣获“共和国勋章”荣誉称号。中共中央总书记、国家主席、中央军委主席习近平高度肯定袁隆平同志为我国粮食安全、农业科技创新、世界粮食发展做出的重大贡献，并要求广大党员、干部和科技工作者向袁隆平同志学习。

为了弘扬袁隆平先生的科学思想、崇高品德和高尚情操，为了传播袁隆平的科学家精神、积累我国现代科学史的珍贵史料，我社策划、组织出版《袁隆平全集》(以下简称《全集》)。《全集》是袁隆平先生留给我们的巨大科学成果和宝贵精神财富，是他为祖国和世界人民的粮食安全不懈奋斗的历史见证。《全集》出版，有助于读者学习、传承一代科学家胸怀人民、献身科学的精神，具有重要的科学价值和史料价值。

《全集》收录了20世纪60年代初期至2021年5月逝世前袁隆平院士出版或发表的学术著作、学术论文，以及许多首次公开整理出版的教案、书信、科研日记等，共分12卷。第一卷至第六卷为学术著作，第七卷、第八卷为学术论文，第九卷、第十卷为教案手稿，第十一卷为书信手稿，第十二卷为科研日记手稿（附大事年表）。学术著作按出版时间的先后为序分卷，学术论文在分类编入各卷之后均按发表时间先后编排；教案手稿按照内容分育种讲稿和作物栽培学讲稿两卷，书信手稿和科研日记手稿分别按写信日期和记录日期先后编排（日记手稿中没有注明记录日期的统一排在末尾）。教案手稿、书信手稿、科研日记手稿三部分，实行原件扫描与电脑录入图文对照并列排版，逐一对应，方便阅读。因时间紧迫、任务繁重，《全集》收入的资料可能不完全，如有遗漏，我们将在机会成熟之时出版续集。

《全集》时间跨度大，各时期的文章在写作形式、编辑出版规范、行政事业机构名称、社会流行语言、学术名词术语以及外文译法等方面都存在差异和变迁，这些都真实反映了不同时代的文化背景和变化轨迹，具有重要史料价值。我们编辑时以保持文稿原貌为基本原则，对作者文章中的观点、表达方式一般都不做改动，只在必要时加注说明。

《全集》第九卷至第十二卷为袁隆平先生珍贵手稿，其中绝大部分是首次与读者见面。第七卷至第八卷为袁隆平先生发表于各期刊的学术论文。第一卷至第六卷收录的学术著作在编入前均已公开出版，第一卷收入的《杂交水稻简明教程（中英对照）》《杂交水稻育种栽培学》由湖南科学技术出版社分别于1985年、1988年出版，第二卷收入的《杂交水稻学》由中国农业出版社于2002年出版，第三卷收入的《耐盐碱水稻育种技术》《盐碱地稻作改良》、第四卷收入的《第三代杂交水稻育种技术》《稻米食味品质研究》由山东科学技术出版社于2019年出版，第五卷收入的《中国杂交水稻发展简史》由天津科学技术出版社于2020年出版，第六卷收入的《超级杂交水稻育种栽培学》由湖南科学技术出版社于2020年出版。谨对兄弟单位在《全集》编写、出版过程中给予的大力支持表示衷心的感谢。湖南杂交水稻研究中心和袁隆平先生的家属，出版前辈熊穆葛、彭少富等对《全集》的编写给予了指导和帮助，在此一并向他们表示诚挚的谢意。

湖南科学技术出版社

总　序

一粒种子，改变世界

一粒种子让“世无饥馑、岁晏余粮”。这是世人对杂交水稻最朴素也是最崇高的褒奖，袁隆平先生领衔培育的杂交水稻不仅填补了中国水稻产量的巨大缺口，也为世界各国提供了重要的粮食支持，使数以亿计的人摆脱了饥饿的威胁，由此，袁隆平被授予“共和国勋章”，他在国际上还被誉为“杂交水稻之父”。

从杂交水稻三系配套成功，到两系法杂交水稻，再到第三代杂交水稻、耐盐碱水稻，袁隆平先生及其团队不断改良“这粒种子”，直至改变世界。走过 91 年光辉岁月的袁隆平先生虽然已经离开了我们，但他留下的学术著作、学术论文、科研日记和教案、书信都是宝贵的财富。1988 年 4 月，袁隆平先生第一本学术著作《杂交水稻育种栽培学》由湖南科学技术出版社出版，近几十年来，先生在湖南科学技术出版社陆续出版了多部学术专著。这次该社将袁隆平先生的毕生累累硕果分门别类，结集出版十二卷本《袁隆平全集》，完整归纳与总结袁隆平先生的科研成果，为我们展现出一位院士立体的、丰富的科研人生，同时，这套书也能为杂交水稻科研道路上的后来者们提供不竭动力源泉，激励青年一代奋发有为，为实现中华民族伟大复兴的中国梦不懈奋斗。

袁隆平先生的人生故事见证时代沧桑巨变。先生出生于20世纪30年代。青少年时期，历经战乱，颠沛流离。在很长一段时期，饥饿像乌云一样笼罩在这片土地上，他胸怀“国之大者”，毅然投身农业，立志与饥饿做斗争，通过农业科技创新，提高粮食产量，让人们吃饱饭。

在改革开放刚刚开始的1978年，我国粮食总产量为3.04亿吨，到1990年就达4.46亿吨，增长率高达46.7%。如此惊人的增长率，杂交水稻功莫大焉。袁隆平先生曾说:“我是搞育种的，我觉得人就像一粒种子。要做一粒好的种子，身体、精神、情感都要健康。种子健康了，事业才能够根深叶茂，枝粗果硕。”每一粒种子的成长，都承载着时代的力量，也见证着时代的变迁。袁隆平先生凭借卓越的智慧和毅力，带领团队成功培育出世界上第一代杂交水稻，并将杂交水稻科研水平推向一个又一个不可逾越的高度。1950年我国水稻平均亩产只有141千克，2000年我国超级杂交稻攻关第一期亩产达到700千克，2018年突破1 100千克，大幅增长的数据是我们国家年复一年粮食丰收的产量，让中国人的“饭碗”牢牢端在自己手中，“神农”袁隆平也在人们心中矗立成新时代的中国脊梁。

袁隆平先生的科研精神激励我们勇攀高峰。马克思有句名言:“在科学的道路上没有平坦的大道，只有不畏劳苦沿着陡峭山路攀登的人，才有希望达到光辉的顶点。”袁隆平先生的杂交水稻研究同样历经波折、千难万难。我国种植水稻的历史已经持续了六千多年，水稻的育种和种植都已经相对成熟和固化，想要突破谈何容易。在经历了无数的失败与挫折、争议与不解、彷徨与等待之后，终于一步一步育种成功，一次一次突破新的记录，面对排山倒海的赞誉和掌声，他却把成功看得云淡风轻。“有人问我，你成功的秘诀是什么？我想我没有什么秘诀，我的体会是在禾田道路上，我有八个字：知识、汗水、灵感、机遇。”

“书本上种不出水稻，电脑上面也种不出水稻”，实践出真知，将论文写在大地上，袁隆平先生的杰出成就不仅仅是科技领域的突破，更是一种精神的象征。他的坚持和毅力，以及对科学事业的无私奉献，都激励着我们每个人追求卓越、追求梦想。他的精神也激励我们每个人继续努力奋斗，为实现中国梦、实现中华民族伟大复兴贡献自己的力量。

袁隆平先生的伟大贡献解决世界粮食危机。世界粮食基金会曾于2004年授予袁隆平先生年度“世界粮食奖”，这是他所获得的众多国际荣誉中的一项。2021年5月

22日，先生去世的消息牵动着全世界无数人的心，许多国际机构和外国媒体纷纷赞颂袁隆平先生对世界粮食安全的卓越贡献，赞扬他的壮举“成功养活了世界近五分之一人口”。这也是他生前两大梦想“禾下乘凉梦”“杂交水稻覆盖全球梦”其中的一个。

一粒种子，改变世界。袁隆平先生和他的科研团队自1979年起，在亚洲、非洲、美洲、大洋洲近70个国家研究和推广杂交水稻技术，种子出口50多个国家和地区，累计为80多个发展中国家培训1.4万多名专业人才，帮助贫困国家提高粮食产量，改善当地人民的生活条件。目前，杂交水稻已在印度、越南、菲律宾、孟加拉国、巴基斯坦、美国、印度尼西亚、缅甸、巴西、马达加斯加等国家大面积推广，种植超800万公顷，年增产粮食1 600万吨，可以多养活4 000万至5 000万人，杂交水稻为世界农业科学发展、为全球粮食供给、为人类解决粮食安全问题做出了杰出贡献，袁隆平先生的壮举，让世界各国看到了中国人的智慧与担当。

喜看稻菽千重浪，遍地英雄下夕烟。2023年是中国攻克杂交水稻难关五十周年。五十年来，以袁隆平先生为代表的中国科学家群体用他们的集体智慧、个人才华为中国也为世界科技发展做出了卓越贡献。在这一年，我们出版《袁隆平全集》，这套书呈现了中国杂交水稻的求索与发展之路，记录了中国杂交水稻的成长与进步之途，是中国科学家探索创新的一座丰碑，也是中国科研成果的巨大收获，更是中国科学家精神的伟大结晶，总结了中国经验，回顾了中国道路，彰显了中国力量。我们相信，这套书必将给中国读者带来心灵震撼和精神洗礼，也能够给世界读者带去中国文化和情感共鸣。

预祝《袁隆平全集》在全球一纸风行。

刘旭

刘旭，著名作物种质资源学家，主要从事作物种质资源研究。2009年当选中国工程院院士，十三届全国政协常务委员，曾任中国工程院党组成员、副院长，中国农业科学院党组成员、副院长。

凡　例

1.《袁隆平全集》收录袁隆平 20 世纪 60 年代初到 2021 年 5 月出版或发表的学术著作、学术论文，以及首次公开整理出版的教案、书信、科研日记等，共分 12 卷。本书具有文献价值，文字内容尽量照原样录入。

2. 学术著作按出版时间先后顺序分卷；学术论文按发表时间先后编排；书信按落款时间先后编排；科研日记按记录日期先后编排，不能确定记录日期的 4 篇日记排在末尾。

3. 第七卷、第八卷收录的论文，发表时间跨度大，发表的期刊不同，当时编辑处理体例也不统一，编入本《全集》时体例、层次、图表及参考文献等均遵照论文发表的原刊排录，不作改动。

4. 第十一卷目录，由编者按照“× 年 × 月 × 日写给 ×× 的信”的格式编写；第十二卷目录，由编者根据日记内容概括其要点编写。

5. 文稿中原有注释均照旧排印。编者对文稿某处作说明，一般采用页下注形式。作者原有页下注以“※”形式标注，编者所加页下注以带圈数字形式标注。

7. 第七卷、第八卷收录的学术论文，作者名上标有“#”者表示该作者对该论文有同等贡献，标有“*”者表示该作者为该论文的通讯作者。对于已经废止的非法定计量单位如亩、平方寸、寸、厘、斤等，在每卷第一次出现时以页下注的形式标注。

8. 第一卷至第八卷中的数字用法一般按中华人民共和国国家标准《出版物上数字

用法的规定》执行，第九卷至第十二卷为手稿，数字用法按手稿原样照录。第九卷至第十二卷手稿中个别标题序号的错误，按手稿原样照录，不做修改。日期统一修改为“××××年××月××日”格式，如“85—88年”改为“1985—1988年”“12.26”改为“12月26日”。

9.第九卷至第十二卷的教案、书信、科研日记均有手稿，编者将手稿扫描处理为图片排入，并对应录入文字，对手稿中一些不规范的文字和符号，酌情修改或保留。如“弗”在表示费用时直接修改为“费”；如“∴”表示“所以”，予以保留。

10.原稿错别字用〔〕在相应文字后标出正解，如“付信件”改为“付〔附〕信件”；同一错别字多次出现，第一次之后直接修改，不一一注明，避免影响阅读。

11.有的教案或日记有残缺，编者加注说明。有缺字漏字，在相应位置使用〔〕补充，如“无融生殖”修改为“无融〔合〕生殖”；无法识别的文字以“□”代替。

12.某些病句，某些不规范的文字使用，只要不影响阅读，均照原稿排录。如“其它”“机率”“2百90”“三～四年内”“过P酸Ca”及“做”“作”的使用，等等。

13.第十一卷中，英文书信翻译成中文，以便阅读。部分书信手稿为袁隆平所拟初稿，并非最终寄出的书信。

14.第十二卷中，手稿上有许多下划线。标题下划线在录入时删除，其余下划线均照录，有利于版式悦目。

目录

超级杂交稻的培育需要基因工程的加盟

1　利用远缘有利基因是培育超级杂交稻的主要技术路线

杂交水稻在生产上大面积应用，年推广面积约 1 600 万 hm^2（2.4 亿亩[①]），为解决我国粮食安全问题发挥了重要作用。有关部门预测到 2030 年粮食单产要在现有基础上再增加 40% 以上，单位面积粮食产量的大幅度提高依赖于科技创新与突破，培育超级杂交稻是实现这种创新突破最有效的手段之一。

我国超级杂交稻的研究取得了较好的进展和成绩，2000 年实现每亩产量 700 kg 的第一期目标，第二期每亩产量 800 kg 的产量指标比计划提前一年在 2004 年达标，当前正在进行每亩产量 900 kg 的第三期超级杂交稻的攻关研究。

第一、第二期超级杂交稻的培育成功是基于形态改良和亚种间杂种优势利用为主的常规育种技术。要在每亩产量 800 kg 的高平台上取得水稻育种的新突破，在塑造理想株型材料、充分利用亚种间杂种优势的基础上，必须从生理功能上增强水稻吸收光能、营养及抵抗病虫、高温等不利环境的能力。面对如何从生理上突破水稻光能利用率等关键瓶颈问题，常规技术迄今收效甚微。

因此，只有在进一步挖掘栽培稻种潜力的同时，转移栽培水稻中不存在的远缘物种有利基因，以拓宽资源利用范围，才能实现新的突破。而利用远缘物种创制水稻新种质，必须采用基因工程等分子育种技术。

2　基因工程技术培育超级杂交稻的研究

近年我们从多方面开展了转基因水稻研究，以研创既具有优良“体

① 1 亩≈ 666.7 m^2，后同。

型”又具有更强“生理”优势的稻种，为未来培育出产量潜力不断提升的超级杂交稻提供技术储备。

为进一步提高水稻吸收、利用光能的能力，我们正在开展把安全可食的玉米或具有营养保健功能的藻类生物的高光效基因转移到受体水稻中等多个方面的科学探索。如与香港中文大学等单位合作，已经将来自玉米的*PEPC*、*PPDK*及*NADP-ME*等光合酶基因导入几个杂交水稻亲本品系，转基因植株的单叶光合效率得到提高，产量性状也发生了明显改变，正在对研究中发现的一些现象、问题进行进一步研究。

目前水稻分子生物学和现代分子生物技术发展迅猛，随着水稻结构基因组研究的完成，以及功能基因组研究的不断深入，越来越多的远缘有利基因将得以发掘和利用，基因工程技术在水稻遗传育种中的巨大潜力将得到越来越多的显现，转基因水稻在生产上的大面积应用只是时间问题。

3 基因工程等分子育种技术必须与常规育种技术有机结合

如前所述，基因工程等分子育种技术具有第三期产量潜力的广适型，在强优势超级杂交稻的研究中即将发挥其作用。但是水稻分子育种技术，包括基因工程技术的应用只有落实到优良的植株形态和强大的杂种优势上，才能获得良好的效果。在超级杂交稻的培育过程中，常规育种和基因工程专业人才等各种技术人才的密切配合与联合攻关，至关重要。

基因工程等分子技术的加盟，能够促进远缘物种的利用，意味着拥有新式武器，使未来的育种可能达到更高目的。但基因工程与传统育种技术不存在取代关系，基因工程技术与常规杂交技术不能相互替换，基因（或DNA分子）操作必须建立在植株个体和群体操作的基础之上，没有游离于常规水稻和杂交水稻之外的“转基因水稻”。“基因型选择”不能取代“表现型选择”，分子标记辅助选择是对“表现型选择”的辅助，即使是在实施“基因型选择”时也不应该忽视育种基本规律、育种经验的作用。注重原有优势并解决好基因工程等高新技术与常规生物育种技术的结合问题，是我们与国际生物技术产业竞争的关键。

作为应用科学研究工作者，我们非常赞同引进、采用一切先进的技术来解决水稻育种研究中长期悬而未决的问题，使有关研究取得新突破。对基因工程等新技术在水稻和其他生物改良中的作用，以及对人类的影响，我们的态度是开放的、乐观的。但我们反对片面夸大基因工程等新技术的重要性，忽视其他生物技术的作用，以及对国际新技术的一味跟踪和照搬等倾向和做法，何况任何新技术，包括基因工程技术，都不可能是十全十美的，在技术上都可能存在一些不足与局限。为我所用、造福于民是基本原则，这与在发扬中医国粹的同时，也利用现代西医救死扶伤，是一样的道理。

同时，我们也反对将转基因作物安全性这一科学问题复杂化，甚至“妖魔化”。我们认为，针对转基因植物的生态安全与转基因食品安全性问题进行深入的研究与科学的评价，是十分必要的。在水稻等粮食作物的转基因研究中，从一开始，就应该从安全性角度对基因的来源、转基因技术和转基因产品进行谨慎考虑、选择和鉴定，不仅使转基因水稻为保障我国水稻种业、产业与粮食安全作贡献，也符合广大人民的消费心理需求与饮食习惯，同时符合人类生存与发展的需要。

作者：袁隆平　赵炳然

注：本文发表于《种业导刊》2011 年第 3 期。

几个杂交水稻新组合在云南永胜的高产栽培特性初步研究

【摘　要】介绍了几个高产杂交稻新组合在云南永胜高海拔、高产栽培条件下的秧苗素质、分蘖动态、株叶形态以及产量性状表现。

【关键词】杂交水稻；种植表现；云南永胜

为了挖掘杂交水稻新组合的高产潜力，探索在高产条件下的分蘖动态、株叶形态、产量性状表现，以及高产条件下的需肥水平与田间管理措施，2010年，笔者在云南永胜县涛源乡进行了高产攻关试验，取得了预期效果。其中Y两优2号种植面积0.071 hm^2，平均单产18.23 t/hm^2；Y两优143种植面积0.087 hm^2，平均单产18.10 t/hm^2；两优1128种植面积0.068 hm^2，平均单产13.73 t/hm^2；双两优1号种植面积0.072 hm^2，平均单产15.99 t/hm^2；双8S/R292种植面积0.069 hm^2，平均单产15.32 t/hm^2。

涛源乡位于26°13′N，100°33′E，年平均温度21 ℃，年平均降水量650 mm，年光照时数达2 700 h，金沙江穿越其间，属金沙江干热河谷气候；试验田位于金沙江岸边，海拔1 170 m，土壤肥沃。

1　材料与方法

1.1　供试组合

由国家杂交水稻工程技术研究中心提供Y两优2号、Y两优143、双两优1号、两优1128、双8S/R292 等5个供试组合，其中双两优1号2009年通过湖南省品种审定，Y两优2号、两优1128于2011年通过湖南省品种审定，Y两优143于2010年在湖南省、广东省、海南省开展区试。

1.2　供试田地

试验田共5块，涉及5个农户，前作蔬菜，土壤属于沙壤土，能灌能排，土壤肥沃，耕作层20～30 cm，灌溉水是大龙潭泉水，常年水温21 ℃，pH值7左右，中性，可以直接饮用。

1.3　观测项目

考查秧苗素质、记录分蘖动态、考种、实割测产。

2　栽培管理措施

2.1　培育壮秧，适时移栽

Y两优143于3月8日播种，秧龄30 d，其他4个组合均于3月3日播种，4月78日移栽，秧龄35 d。

2.2　合理密植，保证基本苗

移栽时做到清水浅栽，严格控制株行距，做到精准移栽，株行距10 cm×30 cm，每公顷33.33万蔸。

2.3　干湿交替，合理管理水分

当分蘖达计划数时，多次晒田、进水、搁田等，控制植株高度，该时段是5月中旬至5月底。到倒4叶、倒2叶期，结合施肥、进水，保持有水—湿润—有水—湿润的灌溉方式。

2.4　精确定量施肥，确保营养适量

按“精量施肥法”进行肥料运筹。以攻关田不施肥情况下的基础产量9.75 t/hm^2、目标产量18.75 t/hm^2、百千克稻谷需氮量1.75 kg计算，需氮量为（18 750-9 750）÷100×1.75=157.5（kg/hm^2）；按氮肥当季利用率0.425计算，大田施纯氮量为157.5÷0.425=370.6（kg/hm^2）。合理规划前后施肥比例，基蘖肥、穗肥用量比为5.5∶4.5；基蘖肥中基肥、第1次蘖肥、第2次蘖肥用量比为5∶1∶4；穗肥在倒4叶、倒2叶时施用，比例为6∶4。N、P、K用量比为1.0∶0.5∶1.2。实际每公顷施用尿素825 kg、普钙1 200 kg、硫酸钾900 kg。普钙作基肥1次施入，硫酸钾分3次施，基肥、拔节肥、倒4叶期用量比例为5∶3∶2。

2.5 抓好病虫防治

涛源乡的主要虫害有螟虫、黏虫、稻飞虱，主要病害有纹枯病、稻曲病，在水稻的整个生育期都加强了病虫的防治，没有大的病虫危害发生。

3 结果与分析

3.1 秧苗素质调查

4 月 7 日（移栽前）进行了秧苗素质调查，结果如表 1 所示，其中主茎绿叶数指主茎（不含分蘖）的绿叶数。

表 1 不同组合秧苗素质比较

组合	株高 /cm	假茎高 /cm	茎基宽 /cm	主茎绿叶数	茎蘖数
Y 两优 2 号	15.00	5.73	1.13	3.4	3.9
两优 1128	15.64	5.64	0.93	4.0	3.1
Y 两优 143	13.55	4.28	0.85	3.0	3.8
双两优 1 号	18.71	6.89	1.12	3.7	4.0
双 8S/R292	24.28	8.71	1.05	3.0	3.2

从表 1 可以看出，在涛源的生态条件下，35 d 的秧龄时，双 8S/R292 的株高最高，达到了 24. 28 cm，茎高达到了 8. 71 cm；其次是双两优 1 号，株高达到了 18. 77 cm，茎高达到了 6. 89 cm；而 Y 两优 143 由于是 30 d 的秧龄，比其他组合短 5 d，它的株高、茎高都最小。秧苗茎宽以 Y 两优 2 号最宽，其次是双两优 1 号。同样 Y 两优 143 由于秧龄短 5 d，茎宽最小。从主茎绿叶数和茎蘖数可以看出，双两优 1 号主茎绿叶数和茎蘖数均较多，而双 8S/R292 均较小，Y 两优 143 虽然秧龄短，绿叶数少，但茎蘖数多，说明其分蘖力强。

3.2 分蘖动态

秧苗移栽后，从当日起定点调查分蘖动态。从表 2 可以得出，不同组合都是在 5 月 22 日到 6 月 2 日时间段达到分蘖高峰，随后进入无效分蘖逐渐消亡阶段。但两优 1128 在这个过程中有点反复，5 月 22 日达到每穴 21. 5 苗，5 月 27 日是 21. 4 苗，6 月 2 日达到 22. 5 苗，6 月 7 日减为 19. 0 苗，6 月 12 日又达到 22. 5 苗，随后才真正消亡下去，说明控制分蘖不是很理想；同样 Y 两优 143 也存在这个问题。但从总体来看，分蘖控制成功，单株高峰苗数一般为每穴 22～25 苗，成穗率 45%～50%。

表2 不同组合单株分蘖动态

日期	Y两优2号		两优1128		Y两优143		双两优1号		双8S/R292	
	叶龄/叶	分蘖/个	叶龄/叶	分蘖/个	叶龄/叶	分蘖/个	叶龄/叶	分蘖/个	叶龄/叶	分蘖/个
4月7日	6.0	2.5	5.6	2.8	5.2	2.4	6.4	3.0	5.0	2.9
4月12日	6.8	2.0	6.2	2.8	5.8	2.1	6.8	2.1	5.4	2.2
4月17日	7.6	2.1	6.9	2.8	6.6	1.9	7.5	2.3	6.1	2.1
4月22日	8.8	2.9	8.0	3.8	7.9	2.9	8.7	2.8	7.2	2.5
4月27日	9.3	4.5	8.6	5.5	8.4	4.3	9.4	5.1	8.0	4.5
5月2日	10.3	6.3	9.3	8.3	9.4	7.1	10.2	7.2	8.5	6.1
5月7日	11.6	12.4	10.5	13.2	10.6	13.0	11.5	13.4	9.9	10.4
5月12日	12.3	17.6	11.0	18.4	11.2	18.5	12.1	18.1	10.5	14.0
5月17日	12.7	20.0	11.6	19.9	11.6	20.6	12.7	20.5	11.0	15.5
5月22日	13.0	21.8	11.7	21.5	11.7	22.2	13.1	22.1	11.4	16.6
5月27日	13.5	24.0	12.3	21.4	12.3	24.4	13.8	22.4	12.1	16.0
6月2日	14.1	23.2	12.8	22.5	12.8	24.0	14.4	22.8	12.7	16.3
6月7日	14.6	23.3	13.4	19.0	13.6	21.1	14.9	22.1	13.2	12.1
6月12日	15.1	19.6	14.0	22.5	14.0	23.1	15.4	20.0	13.6	11.9
6月17日	15.6	18.5	14.4	18.0	14.6	16.0	15.9	15.1	14.0	11.5
6月28日	16.5	14.6	15.0	14.8	15.8	13.2	16.9	10.3		
7月21日	17.0	12.3	16.0	10.1	16.0	12.1	17.0	10.7	14.0	7.5

3.3 株叶形态比较

7月21日进行了田间调查，结果如表3所示。从不同组合株高来看，剑叶高以双8S/R292最高，之后依次是Y两优2号、两优1128、双两优1号，Y两优143最矮；但穗高以两优1128最高，之后依次是Y两优2号、双8S/R292、Y两优143，双两优1号最矮；穗颈高以两优1128 最高，之后依次是Y两优2号、双8S/R292、Y两优143，双两优1号最矮。从不同组合剑叶形态来看，双8S/R292的剑叶最长、最宽，之后依次是两优1128、Y两优2号、Y两优143、双两优1号。从不同组合倒2、倒3、倒4叶形态来看，也是双8S/R292的较长较宽，之后依次是两优1128、Y两优2号、双两优1号、Y两优143。

表 3　不同组合株叶形态比较

单位：cm

组合	剑叶高	穗高	穗颈高	剑叶		倒 2 叶		倒 3 叶		倒 4 叶	
				长	宽	长	宽	长	宽	长	宽
Y 两优 2 号	104	103	76.9	33.60	2.08	44.85	1.53	42.95	1.23	32.70	1.07
两优 1128	103	106	81.1	35.10	2.08	52.90	1.52	43.45	1.23	33.65	1.10
Y 两优 143	97	100	74.4	31.70	1.89	39.90	1.32	35.30	1.09	24.81	0.98
双两优 1 号	102	94.6	72.0	30.50	1.94	41.48	1.56	39.96	1.19	37.22	1.06
双 8S/R292	106	100	74.6	47.86	2.29	53.80	1.72	42.95	1.35	43.50	1.27

3.4　产量及构成因素

从不同组合产量性状比较来看（表 4），Y 两优 2 号、Y 两优 143 的有效穗最多，均达到 400.5 万穗 /hm^2，其次是双两优 1 号、两优 1128，双 8S/R292 有效穗最少。平均每穗总粒数以双 8S/R292 最多，达 298.3 粒，其次是 Y 两优 2 号、两优 1128、双两优 1 号，Y 两优 143 最少，为 181.1 粒。结实率以 Y 两优 143 最高，两优 1128 最低。综合每穗总粒数和结实率，每穗实粒数是双 8S/R292 最多，达 261.1 数，Y 两优 143 最少，为 167.8 粒。千粒重也是双 8S/R292 最高，达 31.35 g，之后依次是 Y 两优 143、两优 1128、Y 两优 2 号、双两优 1 号。

表 4　不同组合产量性状比较

组合	有效穗 /（万穗 /hm^2）	每穗总粒数	每穗实粒数	结实率 /%	千粒重 /g	收割时间	全生育期 /d	理论产量 /（t·hm^{-2}）	实际产量 /（t·hm^{-2}）
Y 两优 2 号	400.5	214.0	190.8	89.2	27.1	9 月 2 日	183	20.71	18.23
两优 1128	327.0	211.6	170.4	80.5	28.61	8 月 24 日	174	15.94	13.73
Y 两优 143	400.5	181.1	167.8	92.7	29.7	8 月 26 日	171	19.96	18.10
双两优 1 号	351.0	202.4	184.3	91.1	26.96	8 月 18 日	168	17.44	15.99
双 8S/R292	247.5	298.3	261.1	87.5	31.35	8 月 18 日	168	16.97	15.32

从表 4 看出，全生育期以 Y 两优 2 号最长，为 183 d，双 8S/R292、双两优 1 号最短，为 168 d。理论产量以 Y 两优 2 号和 Y 两优 143 较高，分别达 20.71 t/hm^2 和 19.96 t/hm^2，之后依次是双两优 1 号、双 8S/R292 和两优 1128。实际产量也是 Y 两优

2 号和 Y 两优 143 较高，分别达 18.23 t/hm^2 和 18.10 t/hm^2，两优 1128 因严重掉粒，影响了产量。

4 讨论

云南永胜县涛源乡属于横断山脉，海拔高，试验田位于金沙江河底的岸边，土壤肥沃，光热充足，水稻生长期间降雨量小但能保证水稻生长需水，田间湿度低，是中国一个独特的水稻高产基地。

与低海拔地区比较，同一个杂交稻组合在涛源种植，其生育期、植株高度、穗部性状等诸多方面都发生了显著的变化，在相应的栽培技术方面要做出适当的调整。在秧龄方面，要按照组合生育期的长短与生长特性而定，如全生育期不长于 175 d，秧龄以 30 d 为宜；在移栽密度方面，因植株高度降低，有效穗大大增加，移栽密度也要相应扩大，每公顷以 30 万～33 万蔸为宜；在施肥量方面，由于生育期变长，生物量增加，需肥量也大为增加，每公顷施纯氮量以 330～375 kg 为宜。

本试验仅为 1 年的数据，各个杂交稻新组合的分蘖动态、株叶形态、产量性状表现也不一样，为了充分挖掘杂交稻新组合的高产潜力，更适合的施肥量、施肥时间以及其他栽培技术有待进一步探讨。

作者：彭既明　黄庆宇　杨云凤　吴朝晖　谭学林　袁隆平*

注：本文发表于《杂交水稻》2011 年第 26 卷第 4 期。

新株型育种进展

1 粮食安全

* 在今后 40 年，全球需要增加 60% 的谷物产量。

* 全世界水稻产量每年必须至少增加 1% 才能满足人口增长的需要，水稻的增产率每年必须至少保持在 50 kg · hm^{-2}。

2 提高水稻产量潜力的途径

* 常规育种。

* 理想株型育种。

* 杂交稻育种。

* 远缘杂交。

* 分子育种。

* 遗传工程。

新纯系品种（+10%）。

杂交稻（+20%）。

C_4 水稻（+50%）。

3 提高产量潜力的策略

* 重新设计半矮秆品种的理想株型（新株型）。

* 杂交水稻。

产量潜力是指品种生长在最适宜的环境条件下，不受水分和营养的限制，病虫害、杂草和其他有害因子得到有效控制所能达到的产量（Evans，1993）。

唐纳德（Donald）1968 年定义“作物理想株型”的概念为根据植物和作物生理学和形态学知识设计的一种有利于光合作用、生长发育和籽粒产量的特定性状组合的株型。

预计培育在理论上效率高的理想株型要比凭经验育种的效率高。

20世纪60年代，在热带，灌溉水稻的产量潜力由每公顷6 t提高到10 t，这主要是引入低脚乌尖的矮秆基因*sd1*使植株高度降低而实现的。

IR8代表了新的株型结构，特点是矮秆、分蘖力强、秆硬、叶片直立、颜色深绿，其产量潜力1966年推广时在热带为9.5 t/hm^{2}左右。可是，自从IR8推广以来，国际水稻研究所（IRRI）的科学家观察到，半矮秆籼稻品种的产量潜力一直徘徊不前。

IRRI的育种家、栽培学家和植物生理学家在20世纪80年代后期提出的假设认为，籼稻高产品种的株型可能限制了其产量的进一步提高。

半矮秆籼稻品种具有：

* 大量的无效分蘖；

* 有限的库容量；

* 过多的叶面积致使相互遮光和降低冠层的光合作用。

对某些性状进行改良所设计的株型模型预计有可能提高25%的产量潜力。

4 建议的新株型主要特点

* 较低或中等的分蘖力，没有无效分蘖。

* 每穗200～250粒。

* 株高90～100 cm。

* 茎秆坚硬。

* 直立、厚实和深绿色的叶片。

* 根系发达。

* 生长期100～130 d。

* 抗多种病虫害。

* 米质较好。

5 在热带粳稻背景下为培育新株型（NPT）而提供各种性状的供体品种

性状	供体品种
矮秆	MD2，Shen-Nung 89-366
弱分蘖力	Merim，Goak，Gendjah Gempol，Gendjah Wangkal

续表

性状	供体品种
大穗	Daringan，Djawa，Serang，Ketan Gubat
厚茎	Sengkeu，Sipapak，Sirah Bareh
米质	Jhum Paddy，WRC4，Azucena，Turpan 4
抗白叶枯病	Ketan Lumbu，Laos Gedjah，Tulak Bala
抗稻瘟	Moroberekan，Pring，Ketan Aram，Mauni
抗通格罗病	Gundil Kuning，Djawa Serut，Jimbrug，Lembang
抗叶蝉	Pulut Cenrana，Pulut Sentenus，Tua Dikin

6 早期的新株型育种计划育成的新株型品系结实率低

新株型品系	结实率 /%
IR66160-121-4-1-1	78.8
IR68011-15-1-1	60.9
IR65564-22-2-3	52.9
IR68022-50-2-1	37.6

幸亏，新株型品系的结实率与其供体亲本有关。

亲本	结实率 /%
Bali Ontjer	84.0
Ketan Lumbu	68.9
Jimburg	65.1
Gundil Kuning	64.6
Ribon	33.4
Djawa Pelet	25.4
Songkeu	19.3

此后，便采用结实率良好的亲本进行选育。育成了 3 个新株型品系在中国云南省推广（译者注：是试种、示范，尚未推广），在农民田里每公顷产量超过 13 t。它们是：IR64446-7-10-5（Dianchao 1）、IR69097-AC2-1（Dianchao 2）和 IR64446-7-10-5（Dianchao 3）。

7 初始的新株型品系的特点

* 籽粒圆形。

* 不抗病（通格罗）和不抗虫（褐飞虱）。

但是，在热带人们喜欢细长的籽粒。因此，为了培育更广为接受的新株型品种，将最初的新株型品系与优良的籼稻品种进行杂交改良。

8 数个籼粳新株型品系的产量显著高于对照品种 IR72

*2003 年旱季，IR72967-12-2-3 是产量最高的籼粳新株型品系，每公顷 10.2 t，显著高于籼稻对照品种（9.2 t/hm^2）。

* 籼粳新株型品系已接近每公顷 10 t 的关卡。

但是，IR72158-16-3-3-1 和 IR72967-12-2-3 还不能充分显示其产量潜力，因为其收获指数低于 50%，同时结实率未超过 80%（Peng 等，2004）。

9 优良品系

类型	品系数
第 2 代新株型	102
粳型	2
籼型	100
香稻	39
抗白背飞虱	7
耐瘠	18
合计	268

10 产量显著超过最佳对照（IR72）的品系数

类型	品系数	占比 /%
第二代新株型	48	17.91
粳型	0	0
籼型	37	13.81
香稻	5	1.87

续表

类型	品系数	占比 /%
抗白背飞虱	0	0
耐瘠	8	2.99
合计	98	36.57

11 前 10 名供试品系的产量

名称	产量 /（kg・hm^{-2}）	比对照增产 /（kg・hm^{-2}）	类型
IR79505-51-2-2-2	7 684	2 592	第 2 代新株型
IR78581-12-3-2-2	7 679	1 888	籼型
IR78119-24-1-2-2-2	7 521	1 873	香稻
IR80658-67-2-1-2	7 464	2 200	第 2 代新株型
IR81330-29-3-1-2	7 287	1 354	籼型
PSB RC68	7 189	1 268	籼型
IR77032-47-2-3-3	7 081	1 423	籼型
IR80482-32-2-3-3	7 075	1 811	耐瘠
IR71146-97-1-2-1-3	7 059	1 015	香稻
IR77498-127-3-2-3-2	7 019	1 390	籼型

12 改进的新株型品系

2007 年，IR77186-122-2-2-3 在菲律宾作为国家品种推广，并命名为托比干 12。这大概是源于籼粳交改良的新株型品系在菲律宾推广的第 1 个例子。

13 在育种过程中须选择大穗、高生物学产量和抗倒伏的株型以突破水稻产量的关卡

14 中国的超级稻和 IRRI 新株型稻在株型上的相似点

* 大且重的穗。

* 降低分蘖力。

* 增强抗倒力。

* 很少无效分蘖。

* 冠层叶片直立。

* 适当增加株高。

15 中国超级稻和IRRI新株型稻的差别

* 超级稻的穗子位于冠层叶下加大穗高和株高的间距（译者注：这里的株高可能是指基部到剑叶顶端的距离）。

* 超级稻强调上3叶要长、直、窄、凹、厚，并且叶面积在数量上做了详细的规定。

* 通过两系法或三系法利用亚种间杂种优势选育超级杂交稻。

16 在热带能否把水稻产量潜力提高15%

* 每平方米穗数：275。

* 每穗颖花数：175。

* 结实率：80%。

* 千粒重：27 g。

* 日均辐射量：18 MJ/m^2。

* 在大田的生长期：110 d。

* 平均日照截取：70%。

* 辐射利用效率：1.5 g/MJ。

* 收获指数：50%。

* 产量：11.55 t/hm^2。

17 主要问题

* 大穗型品种在热带能否像在亚热带和温带那样表现良好？

* 重穗型品种在热带能否有高结实率？

* 重穗型品种在热带是否存在倒伏问题？

18 新策略

* 在供体选择和杂种优势利用方面学习中国的经验。

* 更加强调上3叶和稻穗位于冠层下面（叶下禾）。

* 考虑到不同性状之间的补偿作用，选择综合性状而不是单一性状。

* 在早期世代加大选择压。

* 发展可计量的指标应用于选择。

* 扩大多点区域试验并使其标准化。

19 为改进而建议的植株性状

* 早期生长强健、中等分蘖力、在营养生长期叶片薄。

* 植株较高，穗层较矮，厚实和坚挺的茎秆。

* 在后期叶片直立、厚、深绿、凹形，高叶面积指数和叶片延迟衰老。

* 着粒密度大的大穗，籽粒重，灌浆期长。

20 供选择的目标性状

* 株高、叶和穗的形态、籽粒大小、生物学产量和结实率。

* 在提高产量方面按产量本身的直接选择比按性状的间接选择更有效。

* 具有理想植株性状的品系，在最适的管理条件下并未表现出更高产。

译者：袁隆平

注：①2011 年5 月31日，国际水稻研究所（IRRI）育种家弗克博士（Dr.Parminder Virk）应邀到国家杂交水稻工程技术研究中心作学术报告，题目是“新株型育种进展”。为了让更多的研究人员了解水稻超高产育种在国际上的最新进展情况，兹根据其报告幻灯片内容（因未提供报告的文章）摘译。

②本文发表于《杂交水稻》2011 年第 26 卷第 4 期。

湖南隆回超级杂交稻“百亩方”单产突破 13.5 t/hm^2 的栽培技术

【摘　要】介绍了超级杂交稻第 3 期目标单产 13.5 t/hm^2 攻关结果和栽培技术，提出了具体的技术改进建议。

【关键词】超级杂交稻；“百亩方攻关”；栽培技术

国家杂交水稻工程技术研究中心自 2005 年开始，在湖南组织实施超级杂交稻第 3 期目标单产 13.5 t/hm^2 攻关，在超级杂交稻新组合选育、适宜生态区域选择以及与组合和生态区域相配套的高产栽培技术等方面不断探索、积累经验，每年组织 2 个以上的新组合、5 个不同的县进行攻关，经过 7 年的艰苦努力，于 2011 年取得重大突破，实现“百亩方”单产超过 13.5 t/hm^2。

2011 年 9 月 18 日，农业部组织中国水稻研究所、江西农业大学、江苏省农业科学院、湖南农业大学、浙江省农业厅、湖北省农业厅和沈阳农业大学等 7 家单位的专家、教授，对国家杂交水稻工程技术研究中心安排在隆回县羊古坳乡雷峰村的“百亩方高产攻关”进行现场测产验收。攻关片实际面积 7.2 hm^2，攻关组合为国家杂交水稻工程技术研究中心选育的两系杂交稻新组合 Y 两优 2 号。专家组在考察了“百亩攻关片”现场的基础上，将攻关片 18 丘田进行编号，随机抽取 3 块田进行测产，结果“百亩攻关片”加权平均单产达 13.9 t/hm^2。现将该“百亩方”获得高产的主要技术总结如下。

1　地理位置与土壤条件

隆回县地处雪峰山脉东部，羊古坳乡雷峰村位于该县东北部中低山区，气候温和，光热充足，雨水充沛，年均气温 16.2 ℃～17.0 ℃，

≥ 10 ℃的初日为 4 月 2—6 日，年降雨量 1 330 mm 左右，无霜期 270 d 左右。“百亩方攻关片”位于群山环抱的山谷之间，地势平坦，中间有一小溪，沙质壤土，土层深厚，保水保肥能力较强，排灌设施齐全，生态条件较好，海拔 375 m。从 2008 年冬季开始，在县、乡两级财政支持下，通过土地流转，由一个农户承包，逐步对该示范片（整体 10.4 hm^2）进行田块平整、成型以及排灌沟渠建设，现已基本完成改造。

2 攻关组合

2011 年确定的攻关组合为 3 个，其中雷峰村“百亩方高产攻关”组合为国家杂交水稻工程技术研究中心选育的两系杂交稻新组合 Y 两优 2 号。该组合已连续 3 年在羊古坳乡作为攻关品种，并于 2011 年通过湖南省品种审定。

3 主要栽培技术

3.1 播种时间与秧田管理

攻关组合 Y 两优 2 号于 4 月 13 日和 17 日分 2 批播种，湿润育秧，秧田播种量 112.5 kg/hm^2，大田用种量 15 kg/hm^2。秧田施超级稻专用肥 600 kg/hm^2 作底肥，4 月 27 日追尿素 45 kg/hm^2 作断奶肥，5 月 7 日追尿素 60 kg/hm^2 作送嫁肥。秧田于 4 月 30 日用 1.8% 阿维菌素防治稻象甲，5 月 11 日进行第 2 次防治。

3.2 移栽时间与密度

Y 两优 2 号于 5 月 12—17 日移栽，全部采取宽窄行插植，东西行向，密度为（48.3+25.0）cm × 20.0 cm，每公顷插 13.62 万蔸，蔸插 2 粒谷苗，每粒谷苗带 2 个分蘖，基本苗 81.0 万 ~ 82.5 万株 /hm^2。

3.3 大田施肥管理

每公顷大田用菜枯粉 450 kg 和超级稻专用肥 1 200 kg 作底肥，因土质偏酸，在翻耕时每公顷施 225 kg 生石灰。5 月 23—24 日每公顷施尿素 75 kg 作分蘖肥，6 月 15 日每公顷施尿素 37.5 kg 作平衡肥，6 月 24—27 日每公顷施钾肥 150 kg 和超级稻专用肥 300 kg 作保穗增粒肥，7 月 1 日每公顷施 45 ~ 75 kg 超级稻专用肥，孕穗期结合病虫防治施用液体硅肥。

3.4 大田水分管理

基于多年攻关经验，大田水分管理采取“前期小苗浅水，中苗跑马水，有水孕穗，足水抽穗，乳熟期与黄熟期干干湿湿，灌浆后期以干为主、适当保持湿润”的管水方法。移栽后至 5 月底浅水管理，6 月 1 日开始轻晒田、灌跑马水，7 月 1 日后实行间歇灌水，7 月 28 日始穗后灌适度深水，8 月 8 日齐穗后保持田间有水。为防倒伏，8 月 25 日后开始重晒田，晒至开坼后灌水，即灌即排，仅仅保持田间湿润。

3.5 大田病虫防治

攻关片肥料用量大，生长旺盛，群体结构大，病虫发生可能性大。由于及时进行病虫测报与防治，整个生长发育期间没有发生病虫危害。于 5 月 28—29 日用倍创 + 乐斯本防治以稻纵卷叶螟为主的虫害 1 次；6 月 17—18 日用福戈 + 茂唑醇 + 爱苗防治 1 次，主治稻纵卷叶螟与二化螟，兼防稻飞虱与纹枯病；7 月 7—10 日用倍创 + 阿维菌素 + 满穗 + 三环唑防治 1 次，主防稻秆潜蝇、稻飞虱，兼防稻瘟病与纹枯病；7 月 24—27 日用倍创 + 稻腾 + 爱苗防治稻飞虱与纹枯病 1 次；8 月 5—9 日用倍创 + 阿维菌素 + 富士 1 号 + 壮谷动力防治稻飞虱与稻瘟病 1 次，兼顾壮籽。整个大田期全部采取人工除草，没有使用除草剂。

4 攻关组合生育期、生长动态与穗粒结构

4.1 生育期

攻关组合 Y 两优 2 号于 4 月 13 日和 17 日分 2 批播种，5 月 12—17 日移栽，秧龄为 29～31 d；7 月 28—30 日始穗，8 月 8—10 日齐穗，9 月 18—20 日成熟，全生育期 156～158 d。

4.2 苗穗生长动态与穗粒结构

移栽时每公顷基本苗 81.0 万～82.5 万株；6 月 1 日，田间调查每公顷苗数达到 300 万株；6 月 13 日达到最高苗阶段，田间调查每公顷最高苗数达 459.45 万株；9 月 16 日田间调查，平均每公顷有效穗数 302.25 万穗，平均每穗总粒数 230.1 粒，每穗实粒数 210.3 粒，结实率 91.39%；全部收割后晒干取样称重，千粒重为 25.66 g。

5 讨论

2011 年攻关片中 Y 两优 2 号采取宽窄行移栽，宽行稍宽，达 48.3 cm，每公顷只有

13.62 万蔸，导致基本苗稍有不足，延长了攻苗时间。可适当加大密度，增至每公顷 15 万蔸，同时也可克服高位分蘖穗形变小的矛盾。

中后期氮肥施用量过大，导致轻度贪青现象发生。要增加有机基肥的施用量，适当减少氮肥用量特别是中后期氮肥用量。

“百亩方高产攻关”必须采取统一、集中的田间管理措施，否则各家各户难以达到田间管理一致，不同田块的产量各不相同，“百亩方”全面达到产量目标很难做到。

国家杂交水稻工程技术研究中心从 2008 年开始，正式组织超级杂交稻第 3 期目标单产 13.5 t/hm^2 攻关，在 4 年间不断筛选新的攻关苗头组合，选择适宜攻关的生态区域，以及与攻关组合、生态区域相配套的高产栽培技术。目前选育的具有单产 13.5 t/hm^2 产量潜力的品种有 Y 两优 2 号与两优 1128 等组合；初步证明湘西山区海拔在 300～600 m 的邵阳、怀化、湘西自治州部分县市，以及湘南山区海拔在 500 m 以上的汝城与桂东等县为具备单产 13.5 t/hm^2 潜力的适宜种植区；攻关组合在不同生态区域种植的配套高产栽培技术还有待进一步的探索与完善。

谢辞：参与实施隆回县羊古坳乡雷峰村“百亩方高产攻关”的还有相关肥料企业、农药企业以及“百亩方”土地承包户，在此一并表示感谢。

References

参考文献

[1] 彭既明，廖伏明．超级杂交稻第 3 期单产 13.5 t/hm^2 攻关获重大突破 [J]．杂交水稻，2011，26(5)：29.

作者：彭既明　袁隆平*　陈立湘　肖利民　徐秋生　吴朝晖

注：本文发表于《杂交水稻》2011 年第 26 卷第 6 期。

发展杂交水稻，造福世界人民

经过 7 年的努力攻关，2011 年我们胜利突破了大面积示范（就是 100 亩示范）亩产 900 公斤[①] 的超级杂交稻第三期目标，达到了 926.6 公斤。从 1996 年超级稻育种立项开始，每 5 年左右就上一个新台阶，这个台阶很高，示范田是每亩增长 100 公斤，大面积生产是每亩增长 50 公斤，我们都跨越了。这一成果的取得是值得我们骄傲的。

经常有人问我，你成功的秘诀是什么？其实谈不上什么秘诀，我的体会是八个字：知识、汗水、灵感、机遇。第一，知识是基础，是创新的基础。现在科学技术这么发达，你是个文盲，是不可能成功的。“知识就是力量”，道理大家都很明白。我认为在知识方面不一定要博古通今，成为一个学问家，但是除了要对自己从事的专业很熟悉以外，还应掌握一些相关领域的知识，以开阔视野。要了解最新发展动态，因此你还要懂一些外文，在科学研究中我赞成标新立异，但大方向要把握好，要正确，一定要避免盲目性，以免走进死胡同。过去有聪明人研究“永动机”，这违反了能量守恒的自然规律，走向了死胡同，所以是搞不成功的。第二点，是汗水。要脚踏实地苦干，任何一个科研成果都来自于深入细致的实干和苦干。我们搞育种研究是一门应用科学，它是要实践的，要到田里去干，肯定要流汗。我们在攻关的时候，在水稻生产基地每天都背上一个水壶，我带两个馒头，中午下田，顶着太阳一干就是两三小时，流了很多的汗。虽然很辛苦，但是我乐在苦中，因为我感觉有很强的希望在激励我。我培养学生，第一要求就是要下试验田，你不下田，我就不培养你，我说书本知识非常重要，电脑技术也很重要，但是书本里面种不出水稻来，电脑里面也种不出水稻来，只有在田里才能种出水稻来。第三，要有灵感。我的体会是灵感在科学研究与艺术创作中，具有几乎相等的重要作用。灵感来了，一首好诗、一首好曲就来了，没有灵感，挖空心思，搜肠刮肚也写不出一首好诗和一首好曲子来。什么是灵感？我的体会是它以思想火花的形式出现，一闪就来了，但一闪又过去

① 1 公斤 =1 千克，后同。

了，你要是去找可以找到，它往往是由一种外界因素诱发产生的。我体会到，灵感是知识、经验、思索和孜孜追求综合在一起的升华产物，它往往在外来因素的刺激下突然产生，擦出火花来。比如我当年从发现“鹤立鸡群”的稻株，到忽然产生它是“天然杂交稻”的念头，就是一种灵感。第四是机遇。雄性不育野生稻的发现，为杂交水稻研究成功打开了突破口。有的人说我们发现的雄性不育野生稻是靠运气，我看这里是有运气存在，但不是单纯靠运气。法国著名生物学家巴斯德有句名言：“机遇偏爱有准备的头脑。”中国古代的韩愈也有一句名言：“世有伯乐，然后有千里马；千里马常有，而伯乐不常有。”我的助手们在海南为什么能找到了雄性败育的野生稻呢？是他们慧眼识珠，而别人不懂这些，即使“身在宝山”，也不见得能够识得出。美国学者唐·帕尔伯格先生在他的书（《走向丰衣足食的世界》）中曾谈到，从统计学上看，发现雄性不育野生稻事件明显是一个小概率事件，可是这种奇迹居然发生了。他还列举科学史上一系列偶然事件的巨大作用，如弗莱明研究导致人体发热的葡萄球菌时，观察到无意飘落的青霉菌可将葡萄球菌全部杀死，由此他发现了葡萄球菌的克星——青霉素；爱德华·詹纳看到挤牛奶的女工免出天花，从而发明了接种疫苗……这些发明、创造的共同特点是，当事人都是从常人不曾注意的现象中，通过内心领悟很快抓住了这些事物的本质。这就是科学研究工作的本质。机会成就有心人，偶然的东西带给我们的可能就是灵感和机遇，所以我们说偶然性是科学的朋友。科学家的任务，就是要透过偶然性的表观现象，找出隐藏在其背后的必然性。

如今，我们研究的杂交水稻已在许多国家大面积推广，2010 年在国外杂交水稻种植面积达到 5 100 多万亩，其中有印度、越南、菲律宾、孟加拉、印度尼西亚、巴基斯坦和美国，增产效果非常明显。越南近几年杂交水稻年种植面积有 1 000 万亩左右，单产是每亩 420 公斤，比本地品种增产近 40%，由一个粮食比较短缺的国家跃居成为仅次于泰国的第二大大米出口国。菲律宾近两年年种植面积是 300 万亩，平均单产达到每亩 470 公斤，而当地灌溉稻的平均产量是 300 公斤。美国近几年也在生产上大面积应用推广杂交水稻，去年的面积达到 600 万亩，占到全国水稻面积的 1/3，增产的幅度是 25%。杂交水稻在非洲、南美等十几个国家试种都非常成功，大概平均每亩增产 150 公斤。全世界有 22 亿多亩水稻，如果有一半种上杂交水稻，每亩增产 150 公斤，每年就能够增产 1.5 亿多吨，会多养活 5 亿人口。

发展杂交水稻对保障粮食安全、促进世界和平都有重要意义，是一件造福世界人民的大事。

作者：袁隆平

注：本文发表于《科技导报》2012 年第 30 卷第 1 期。

水稻两用核不育系龙 S 抗稻瘟病主效基因的定位

【摘 要】龙 S 是一个广谱抗稻瘟病的水稻两用核不育系，利用分子标记技术精细定位其主效抗性基因，对于培育抗稻瘟病水稻新品种具有重要意义。采用来自国内外的 41 个稻瘟病菌系通过接种鉴定方式对龙 S 进行了稻瘟病抗谱分析，结果显示龙 S 的抗性频率为 100%，对其中 39 个菌系表现高水平抗性，与 *Pi9* 的携带品种 75-1-127 抗性频率和抗病级别基本相当。群体遗传分析表明龙 S 的抗性基因表现为显性遗传方式，对于不同菌系龙 S 表现出不同的抗病遗传模式，其中龙 S 对稻瘟菌系 318-2 的抗性由单基因控制。通过抗病亲本龙 S 与感病亲本日本晴构建 F_2 分离群体，采用 BSA（bulk segregant analysis）及 RCA（recessive class analysis）分析方法，将龙 S 的主效抗病基因精细定位于第 9 染色体上的 SSR 标记 M1-M2 所在的 1.31 cM 区间，与已克隆的广谱抗稻瘟病基因 *Pi5* 位于相邻的染色体区域。抗谱分析表明，龙 S 与 *Pi5*、*Pii* 单基因系的抗性频率差异明显，抗谱较后二者更广。龙 S 主效抗性基因的精细定位，为进一步揭示其与 *Pi5*、*Pii* 的等位关系以及通过分子标记辅助选择培育抗病水稻新品种奠定了基础。

【关键词】水稻；龙 S；稻瘟病；抗性基因；基因定位

【Abstract】Long S is a dual purpose genic male sterile rice with broad-spectrum resistance to rice blast. The objective of the present study was to identify the resistance spectrum to rice blast, to analyze the genetic behavior of resistance gene, and to map the major resistance genes in Long S. Long S had a resistance frequency of 100% inoculated with 41 strains of *Magnaporthe oryzae.* Population genetic analysis showed that the resistance genes in Long S exhibited dominant inheritance, the genetic model of *R* gene varied depend on the strains of *Magnaporthe oryzae.* The main-effect resistant gene to rice blast was fine mapped, by using the bulk segregant analysis (BSA) and recessive class analysis (RCA) methods, with the F_2 population derived from the resistant parent of Long S and the susceptible parent of Nipponbare. A single resistant gene to the race of 318-2 located on the interval flanked by the SSR markers of M1 and M2 with a genetic distance of 1.3 cM on chromosome 9 were adjacent to the broad-spectrum blast resistance gene *Pi5*. Both of the resistance spectrum and resistant frequency of Long S, however, were significantly different to those of resistant gene of *Pi5* and *Pii*. In conclusion, the major-eff ect resistant gene identified in this study may be a new broad-spectrum blast resistance gene. The DNA markers linked to the new *R* gene identified in this study should be useful for marker-aided breeding of blast-resistant rice cultivars.

【Keywords】Rice; Long S; Rice blast; Resistant gene; Gene mapping

稻瘟病是水稻三大病害之一，由稻瘟菌 *Magnaporthe oryzae* 引起，广泛发生在种植水稻的国家和地区，给全球稻谷产量造成严重损失[1]。目前主要采用种植抗病品种和化学防治相结合的方法防治稻瘟病。化学防治虽能在一定程度上控制病害发生，但长期施用农药不但造成环境污染，而且威胁人类健康。培育和种植稻瘟病抗性品种是防治稻瘟病最经济、有效的措施。然而，由于稻瘟菌生理小种的多变性以及环境的复杂性，通过常规育种选育的抗病品种往往种植几年后就会失去抗性，导致稻瘟病大爆发[2]。因此，不断挖掘稻瘟病抗性基因特别是广谱抗病基因，利用分子标记辅助选择将多个抗病基因导入目标品种改良其抗性，是获得持久、广谱抗病新品种最有效快捷的途径。

迄今为止，至少已有 88 个稻瘟病抗性基因被鉴定出来[3-6]，它们分布在水稻基因组除第 3 染色体以外的其余 11 条染色体上，其中 *Pia*、*Pib*、*Pita*、*Pi2*、*Piz-t*、*Pi9*、*Pid2*、*Pi21*、*Pi25*、*Pi36*、*Pi37*、*Pi5*、*Pid3*、*Pit*、*Pish*、*Pik*、*Pik-m*、*Pik-p*、*Pb1* 已被成功克隆[2, 7]。然而，目前所定位或克隆的稻瘟病抗性基因多来源于地方品种或野生稻资源，而从生产上大面积主栽品种中定位或克隆抗性基因的报道不多见。如第一个被克隆的广谱抗稻瘟病基因 *Pi9* 来源于小粒野生稻[8]，主效抗稻瘟病基因 *Pi40* 源自澳洲野生稻（*O. australiensis*）[9]；又如 *Pi5*[10]、*Pid2*[11]、*Pi25*[12] 以及最近报道的 2 个广谱抗稻瘟病基因 *Pi47*[6] 和 *Pi48*[6] 分别来自 Tetep、地谷、谷梅、湘资 3150 等地方品种。尽管这些基因对当地稻瘟病优势生理小种表现出较强抗性，但由于携带这些基因的种质资源本身农艺性状较差，其不利性状基因的连锁累赘使育种周期偏长，以致这些抗性基因难以被直接利用。另一方面，在已报道的稻瘟病抗性基因中，仅 *Pi1*[13]、*Pi2*[14]、*Pi9*[8]、*Pi20*[15]、*Pi33*[16]、*Pi40*[9]、*Pigm*[17]、*Pik-h*[18]、*Piz-t*[14] 等具有广谱抗性，而其他多数表现为小种特异性抗性，这些基因难以满足不同生态区域抗稻瘟病育种目标的要求。因此，从生产上大面积推广应用的现代品种中发掘新的广谱抗稻瘟病基因，将有利于拓宽抗病基因的应用生态区域，并缩短抗病品种的育种周期从而提高育种效率。

最近，湖南农业大学选育出一个具有广谱抗稻瘟病的水稻两用核不育系龙 S[19]，田间试验初步观察表明该不育系在湖南省稻瘟病重发区均表现出较高的抗性，推测其可能含有广谱抗性基因。为了发掘该不育系的抗性基因并通过遗传改良选育广谱抗病新不育系，本研究以龙 S 为材料构建遗传群体，对该不育系的抗性基因进行定位研究，为通过分子标记辅助选择改良水稻两用核不育系的稻瘟病抗性提供实用的分子标记。

1　材料与方法

1.1　植物材料

水稻两用核不育系龙 S 种子由湖南农业大学水稻科学研究所提供，75-1-127（*Pi9* 供体）、日本晴（NPB）、CO39 种子由湖南农业大学水稻基因组学实验室提供，*Pi5* 单基因系及 *Pii* 单基因系由韩国庆熙大学（Kyung Hee University）JEON Jong-Seong 教授提供。

2008 年夏季在长沙采用龙 S 与 NPB 杂交获得 F_1 种子。2008 年冬季在海南播种 F_1 种子，使其自交后收获 F_2 种子用于后续的稻瘟病抗性鉴定。

1.2　供试菌系

用于稻瘟病抗性鉴定的稻瘟病菌系包括 RB1-RB22、CHL645、CHL1788、CHL1907、CHL438、CHL1 743、CHL440、236-1、236-2、220-1-1、195-2-2、318-2、193-1-1、X2007A-1、X2007A-7、110-2、87-4、E2007 046A-2、ROR1、IC-17、P06-6、ES6 和 CHNOS60-2-3 均由湖南农业大学水稻基因组学实验室保存提供。

1.3　室内稻瘟病抗性鉴定

将龙 S/NPB 的 F_2 种子及抗谱鉴定用种子消毒后按常规方法播种于装有营养土的塑料盒（长、宽、高分别为 20 cm、12 cm 和 8 cm）中，置温度 25 ℃左右、湿度 70%～75% 的人工气候箱中，待秧苗长至三至四叶期将塑料盒移至接种箱中接种稻瘟菌。接种前，把保存在滤纸片上的稻瘟菌孢子在燕麦培养基上活化 7d 后扩大培养，并在光照条件下诱导产孢。接种时，用无菌水洗下分生孢子，配制成孢子悬浮液用喷枪喷雾接种，接种孢子浓度控制在 1×10^5 个 /mL 左右，每个育秧盘接种 40～50 mL，接种后于 26 ℃下恒温保湿（湿度≥ 95%）24 h。接种 5～7 d 后，调查发病情况。分级标准如下 0 级，无任何病斑；1 级，直径不超过 0.5 mm 的褐点病斑；2 级，直径 0.5～1.0 mm 的褐点病斑；3 级，直径

1～3 mm的椭圆形病斑，边缘褐色，中央灰白色；4级，直径1～2 cm纺锤形病斑，边缘褐色，中央灰白，病斑稍有融合或无融合；5级，病斑融合，叶片上半部枯死。统计分析时，将感病级别为0～2级的植株计为抗病（R）类型，将4、5级归入感病（S）类型，3级根据褐点病斑数及有无中央灰色产孢区分为中抗（MR）和中感（MS）。

1.4 DNA提取、PCR扩增及电泳分析

采用CTAB法提取水稻叶片DNA，将其溶解在TE 缓冲液里（10 mmol · L^{-1} Tris base，0.1 mmol · L^{-1}EDTA）。每份DNA 统一用去离子水稀释成20 ng · μL^{-1}，作为PCR分析的模板。根据已有文献报道的SSR和SFP标记引物序列[20-22]，由南京金思瑞公司合成相应的引物。10 μL的PCR体系含：10 mmol · L^{-1}Tris-HCl（pH 8.3）、50 mmol · L^{-1} KCl、1.5 mmol · $L^{-1}$$MgCl_2$、50 μmol · L^{-1} dNTPs、0.2 μmol · L^{-1} 引物、0.5 U *Taq polymerase*（TaKaRa生物公司）和20 ng DNA模板。扩增反应在ABI PCR system 2700上进行，94 ℃预变性5 min，94 ℃ 30 s，55 ℃ 30 s，72 ℃ 1 min，共35个循环；最后，72 ℃延伸7 min。扩增产物经8%的非变性PAGE胶分离，银染显色。

1.5 BSA与RCA分析

采用分离群体分池法（BSA）和极端隐性类型法（RCA）连锁分析抗病基因。首先用分离群体分池法（BSA）。在龙S/NPB的F_2分离群体中，随机选取抗病和感病的单株各10个，取叶片混合提取DNA，分别构成抗病和感病基因池，利用已筛选的多态分子标记分析两DNA池的基因型，初步确定与目标基因可能有连锁关系的分子标记。然后，采用极端隐性类型法分析目标基因与标记的连锁关系。选择34个表现为极端感病的单株分单株提取DNA，采用已获得可能连锁的标记逐株分析基因型，将目标基因锁定于第9染色体；在此基础上，选择该F_2群体中所有极端感病单株（感病级别为4～5级）构成极端隐性群体，构建局部连锁图从而定位目标基因。

1.6 数据处理

将F_2群体中单株DNA电泳条带与亲本龙S一致的记为“A”，与亲本NPB一致的记为“B”，杂合带型计为“H”，未扩增出产物或者条带不清楚的采用“—”表示。运用MAPMAKER/EXP 3.0 软件[23]分析数据，计算分子标记间的遗传距离，并绘制分子标记遗传连锁图谱（取3.0为LOD 阈值）。

2　结果与分析

2.1　龙 S 稻瘟病抗谱分析

选取来自国内外的 41 份稻瘟菌系分别接种龙 S、*Pi9* 供体材料 75-1-127、NPB 和 CO39（表 2）发现，龙 S 对其中 39 个表现高水平抗性，对另 2 个菌系也表现中等水平抗性，抗性频率达到 100%（表 2），表明龙 S 对这 41 份稻瘟菌系表现广谱抗性。*Pi9* 供体品种 75-1-127 对 41 份菌系都表现抗病，对 CHL440 和 RB5 两个菌系表现出比龙 S 更好的抗性，也再次证实 *Pi9* 是广谱抗性基因。感病品种 CO39 和 NPB 抗性频率分别为 14.63% 和 26.83%，与龙 S 在稻瘟病抗谱上差异明显，适合用于构建遗传群体以用于龙 S 抗病基因的定位。

2.2　群体遗传分析

采用在龙 S 和 CO39 或 NPB 之间致病性差异明显的稻瘟病菌系 IC-17、RB7 和 318-2 分别接种鉴定龙 S/CO39、龙 S/NPB 的 F_1 和 F_2 植株，结果发现所有 F_1 植株都表现高抗，推知龙 S 中的抗性基因表现为显性遗传方式。

采用上述 3 个菌系分别接种龙 S/CO39、龙 S/NPB 的 F_2 群体，结果 F_2 群体植株表现出抗感分离。龙 S/CO39 F_2 群体对菌系 IC-17 的抗感分离比例为 1 245∶97，经 χ^2 测验符合 15∶1 的分离比例，暗示龙 S 对菌系 IC-17 的抗病性受 2 对主效基因控制。而对于菌系 RB7 和 318-2，龙 S/NPB F_2 群体植株的抗感分离比例均符合 3∶1，可以推断龙 S 对这 2 个菌系的抗性都由单个主基因控制，因此本研究选用产孢能力较强的菌系 318-2 接种龙 S/NPB 的 F_2 群体用于后续的基因定位研究。

2.3　龙 S 抗稻瘟病主效基因定位

在对龙 S/NPB F_2 群体接种鉴定的基础上，选取高抗和高感的各 10 个单株分别提取 DNA，采用在全基因组基本均匀分布的 120 个 SSR 分子标记对 20 个单株进行基因型分析，结果发现位于第 9 染色体上的标记 SFP-9-2、RM3912 和 RM7212 与抗性反应存在连锁关系。在此基础上，选取 34 个感病单株进行基因型分析，从 RM7212 鉴定到 9 个重组，重组率为 13.24%；RM3912 鉴定到 5 个重组，重组率为 7.35%；SFP-9-2 检测到 2 个重组，重组率为 2.94%（图 1）。由此，将龙 S 的主效抗性基因初步定位于第 9 染色体的 SFP-9-2 和 RM3912 标记区间。

为了精细定位龙 S 的主效抗瘟基因，进一步选取 286 个感病单株进行分析，并根据日本晴基因组序列在 SFP-9-2 与 RM3912 标记区间设计新标记 M1 和 M2（表 3）。连锁分析表明，龙 S 的主效抗瘟基因［暂命名 *Pi-LS*（*t*）］位于标记 M1～M2 间 1.3 cM 的染色体区段。以日本晴基因组序列为参考，该主效抗病基因位于 AP005593-AP005811 重叠克隆群约 110 kb 的染色体区间，与已克隆抗瘟基因 *Pi5* 相邻（图 2）。

表1　龙 S 稻瘟病抗性鉴定结果

菌系	来源	鉴定材料			
		龙 S	75-1-127	CO39	NPB
RB1	中国广东	R	R	R	R
RB2	中国广东	R	R	S	S
RB3	中国广东	R	R	R	MS
RB4	中国广东	R	R	S	S
RB5	中国广东	MR	R	S	S
RB7	中国广东	R	R	S	S
RB8	中国广东	R	R	S	R
RB9	中国广东	R	R	S	S
RB11	日本	R	R	R	S
RB12	中国	R	R	S	R
RB14	中国	R	R	MS	MS
RB15	中国	R	R	S	MR
RB16	中国福建	R	R	S	S
RB17	中国	R	R	S	S
RB18	中国福建	R	R	MS	S
RB19	中国福建	R	R	MR	MS
RB20	中国福建	R	R	MS	S
RB21	中国	R	R	MR	R
RB22	中国	R	R	S	S
CHNOS60-2-3	中国	R	R	S	R
ES6	西班牙	R	R	S	S
CHL645	中国贵州	R	R	MS	S
CHL1788	中国	R	R	MS	R
CHL1907	中国	R	R	MS	R

续表

菌系	来源	鉴定材料			
		龙S	75-1-127	CO39	NPB
CHL438	中国湖南	R	R	S	S
CHL1743	中国广东	R	R	S	S
CHL440	中国湖南	MR	R	S	R
236-1	中国湖南	R	R	S	S
236-2	中国湖南	R	R	S	S
220-1-1	中国湖南	R	R	S	MS
195-2-2	中国湖南	R	R	MS	R
318-2	中国湖南	R	R	S	S
193-1-1	中国湖南	R	R	S	S
X2007A-1	中国湖南	R	R	S	S
X2007A-7	中国湖南	R	R	S	S
110-2	中国湖南	R	R	S	S
87-4	中国湖南	R	R	S	S
E2007046A-2	中国湖北	R	R	—	R
ROR1	韩国	R	R	S	S
IC-17	菲律宾	R	R	S	MS
P06-6	菲律宾	R	R	S	MS

注：R. 抗病；S. 感病；MR. 中抗；MS. 中感；—. 缺失值。

表2 龙S/CO39和龙S/NPB F_2群体对不同稻瘟病菌系的抗、感病分离比例

F_2群体	菌系	抗病株数	感病株数	抗/感理论值	χ^2	$P_{0.05}$
龙S/CO39	IC-17	1245	97	15∶1	2.51	3.84
龙S/CO39	RB7	210	58	3∶1	1.61	3.84
龙S/NPB	RB7	50	14	3∶1	0.33	3.84
龙S/NPB	318-2	374	109	3∶1	1.52	3.84

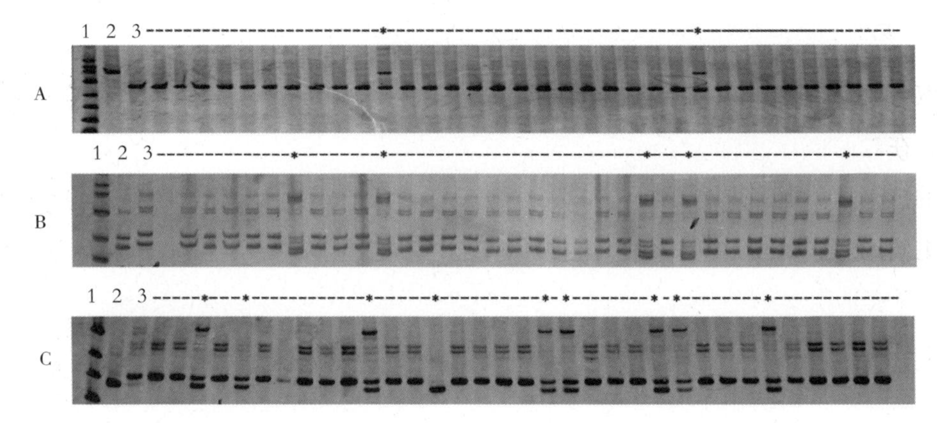

A. SFP-9-2; B. RM3912; C. RM7212; 1. Marker; 2. 龙 S; 3. NPB; -. 感病单株; *. 重组单株。

图1　标记 SFP-9-2、RM3912 和 RM 7212 与龙 S/NPB F_2 感病单株的连锁分析

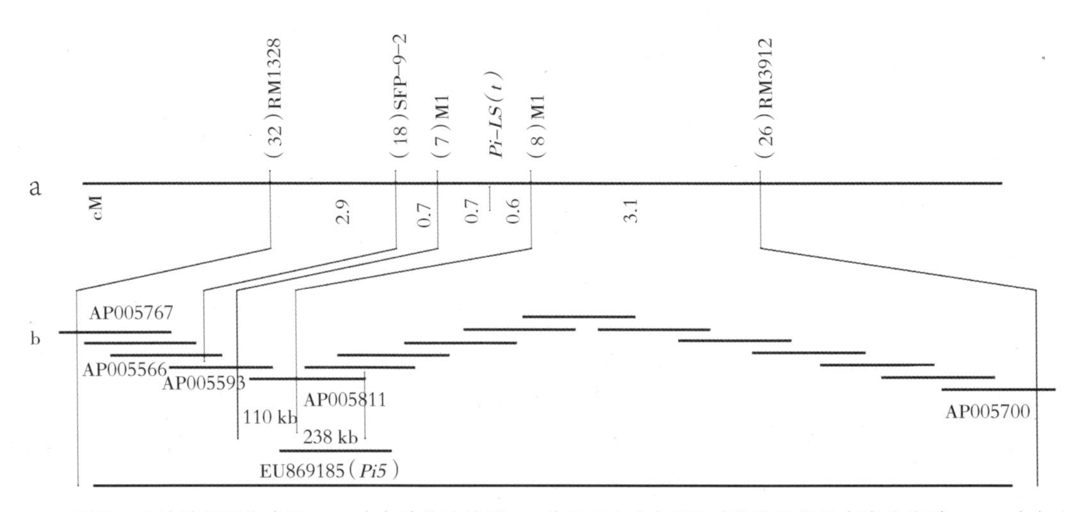

a. 利用 5 个连锁标记构建的 *Pi-LS*(*t*) 遗传连锁图; b. 基于日本晴序列构建的该区段的克隆重叠群; *Pi-LS*(*t*). 龙 S 主效抗瘟基因; 遗传距离单位 cM。

图2　龙 S 主效抗性基因定位图

表3　第 9 染色体上连锁标记的引物序列

标记	正向引物（5′-3′）	反向引物（5′-3′）
RM7212	ATTGTAGGAGCGCCATATGG	GAGCTGGGTAACGAGTCGAG
RM1328	GAATGGGATTAGACGATTTG	CCATGAGTGACATCAAAAGG
SFP-9-2	CCCAAGTGCCACAATCATTA	AGAAAGTGCCTCGTCAAGGA
M1	TTTCGTGGATGGAGGGAGTACG	TGGCGACTTATGAGCGTTTGTAGG
M2	TACAAGTTGGCAGCTTTATCTGAG	TCAGAAGCACTGGATCTTTCTGCA
RM3912	TGTGTGTGCCCGATCTAC	CCTCTCGATGAGCATTCC

2.4 龙S抗性基因与*Pi5*和*Pii*的抗谱比较

选取与龙S抗谱鉴定相同的41份稻瘟菌系分别接种龙S、*Pi5*及*Pii*单基因系材料。结果显示，在对RB4、RB5、RB7、RB8、RB15、RB21、CHL1907、CHL438和110-2等菌系的抗性上，龙S与*Pi5*及*Pii*单基因系的抗性差异明显。其差异是否因龙S第9染色体上的主效抗性基因与*Pi5*、*Pii*的不同而引起，尚待进一步的精细定位或克隆*Pi-LS*(*t*)后才能确定（表4）。

表4 龙S抗性基因与*Pi5*和*Pii*的抗谱比较

菌系	鉴定材料			菌系	鉴定材料		
	龙S	*Pi5*单基因系	*Pii*单基因系		龙S	*Pi5*单基因系	*Pii*单基因系
RB1	R	R	R	CHL645	R	R	R
RB2	R	MS	MS	CHL1788	R	—	—
RB3	R	R	R	CHL1907	R	S	S
RB4	R	S	S	CHL438	R	S	S
RB5	MR	S	S	CHL1743	R	—	—
RB7	R	S	R	CHL440	MR	—	—
RB8	R	S	S	236-1	R	—	—
RB9	R	R	R	236-2	R	—	—
RB11	R	R	R	220-1-1	R	MR	MR
RB12	R	R	S	195-2-2	R	—	—
RB14	R	R	MS	318-2	R	R	R
RB15	R	S	R	193-1-1	R	S	S
RB16	R	R	R	X2007A-1	R	R	R
RB17	R	R	R	X2007A-7	R	R	R
RB18	R	R	R	110-2	R	R	MR
RB19	R	R	R	87-4	R	S	S
RB20	R	R	R	E2007046A-2	R	R	R
RB21	R	S	S	ROR1	R	R	MR
RB22	R	R	R	IC-17	R	R	R

续表

菌系	鉴定材料			菌系	鉴定材料		
	龙 S	*Pi5* 单基因系	*Pii* 单基因系		龙 S	*Pi5* 单基因系	*Pii* 单基因系
CHNOS 60-2-3	R	R	R	P06-6	R	R	R
ES6	R	R	R				

注：R 代表抗病，S 代表感病，MR 代表中抗，MS 代表中感，—代表缺失值。

3 讨论

在已鉴定的 88 个稻瘟病抗性基因中[3-6]，在第 9 染色体上报道的抗性基因主要有 *Pii*、*Pi5/Pi3*、*Pi15* 等[2-3, 24]。本研究采用 BSA 和 RCA 分析方法，将龙 S 的广谱抗性基因 *Pi-LS*(*t*) 精细定位在第 9 染色体的标记 M1 ~ M2 间 1.3 cM 的染色体区段。与该染色体上已报道的抗性基因相比较，发现龙 S 的主效抗病基因与 *Pi5* 在染色体上位置相近，但龙 S 携带的抗性基因与 *Pi5* 及 *Pii* 的抗谱差异很大，尤其在对 RB4、RB5、RB7、RB8、RB15、RB21、CHL1907、CHL438 和 110-2 等菌系的抗性表现上，龙 S 与 *Pi5* 及 *Pii* 单基因系的抗感差异明显。然而，由于本研究仅定位了第 9 染色体上对菌系 318-2 抗性表现为显性单基因遗传特征的主效抗性基因，而对在龙 S 和 *Pi5* 及 *Pii* 单基因系抗谱表现差异的其他菌系的抗性基因遗传方式尚不明确。龙 S 抗谱更广可能是其多个抗性基因综合作用的表现，也有可能是 *Pi-LS*(*t*) 单个主效基因作用的结果。因此，本研究发现的主效抗性基因 *Pi-LS*(*t*) 与 *Pi5* 及 *Pii* 的关系，有待进一步深入研究。

近年全国两系杂交稻种植面积占杂交稻播种面积的 25% 以上[25]，两系法已成为水稻杂种优势利用的主要途径之一。然而，目前生产上使用的水稻两用核不育系对稻瘟病抗病和耐病能力普遍较低[26]，因此培育对稻瘟病具有持久广谱抗性的籼型两用核不育系将对两系杂交水稻的发展具有重要作用。龙 S 是利用不育临界温度低、株叶形态好和具有多个稻瘟病抗源背景（HA79317-7、02428 和科辐红 2 号）的徐 S（湖南杂交水稻研究中心育成，来源于安湘 S/ 株 173）作母本，以配合力好但不育起点温度高的 133S（湖南杂交水稻研究中心育成）作父本杂交改良育成[19]。该不育系不仅具有优良的农艺性状，而且在稻瘟病抗性方面也具有很强的优势，本研究通过室内接种鉴定发现，龙 S 与广谱抗瘟材料 75-1-127（*Pi9* 供体）的抗性水平相当，对来自国内外的 41 个稻瘟菌生理小种的抗病频率为 100%，尤其是对来自湖南烟溪（236-1、236-2 和 220-1-1）、桃江（195-2-2 和 193-1-1）和汉寿（87-4）等稻瘟病重发区的优势生理小种也表现抗病。本研究精细定位龙 S 的主效抗性基因 *Pi-LS*（*t*），一方面为进一步通过图位克隆该基因奠定了基础；另一方面，获得的与目标基因紧密连锁的分子标记 M1、M2，为通过分子标记辅助选择技术改良水稻两用核不育系的稻瘟病抗性提供了实用的分子标记。

Pi5 来源于持久广谱抗病品种 Tetep，与 *Pii* 可能是同一个基因[10]，然而本研究发现两者抗菌谱存在差异，如 RB7、RB15 对 *Pi5* 是致病，而对 *Pii* 不致病；*Pi5* 对 RB12、RB14 表现抗病，而 *Pii* 对 RB12、RB14 表现为感病及中感。这两基因抗谱差异的原因可能是 *Pi5* 与 *Pii* 在基因结构上不完全一致，或两者的抗性表现与遗传背景有关（本研究中 *Pi5* 单基因系的背景是丽江新团黑谷，而 *Pii* 单基因系的背景是 NPB）。

4 结论

龙 S 对来自国内外的 41 个稻瘟病菌系的抗性频率为 100%，是一个具有广谱抗性的水稻两用核不育系。龙 S 的抗性基因表现为显性遗传方式，对于不同菌系表现出不同的抗病遗传模式。龙 S 的主效抗性基因被定位于第 9 染色体上的 SSR 标记 M1 ~ M2 所在的 1.31 cM 的染色体区间。

References 参考文献

[1] Dean R A, Talbot N J, Ebbole D J, Farman M L, Mitchell T K, Orbach M J, Thon M, Kulkarni R, Xu J R, Pan Q H, Read N D, Lee Y H, Carbone I, Brown D, Oh Y Y, Donofrio N, Jeong J S, Soanes D M, Djonovic S, Kolomiets E, Rehmeyer C, Li W, Harding M, Kim S, Lebrun M H, Bohnert H, Coughlan S, Butler J, Calvo S, Ma L J, Nicol R, Purcell S, Nusbaum C, Galagan J E, Birren B W. The genome sequence of the rice blast fungus *Magnaporthe grisea*. *Nature*, 2005, 434: 980–986

[2] Liu J L, Wang X J, Mitchell T, Hu Y J, Liu X L, Dai L Y, Wang G L. Recent progress and understanding of the molecular mechanisms of the rice-*Magnaporthe oryzae* interaction. *Mol Plant Pathol*, 2010, 11: 419–427

[3] Ballini E, Morel J B, Droc G, Price A, Courtois B, Notteghem J L, Tharreau D. A genome-wide meta-analysis of rice blast resistance genes and quantitative trait loci provides new insights into partial and complete resistance. *Mol Plant-Microbe Interact*, 2008, 21: 859–868

[4] Lee S, Wamishe Y, Jia Y, Liu G, Jia M H.

Identification of two major resistance genes against race IE–1k of *Magnaporthe oryzae* in the *indica* rice cultivar Zhe733. *Mol Breed*, 2009, 24: 127–134

[5] Xiao W M, Yang Q Y, Wang H, Guo T, Liu Y Z, Zhu X Y, Chen Z Q. Identification and fine mapping of a resistance gene to *Magnaporthe oryzae* in a space-induced rice mutant. *Mol Breed*, Online First, 31 July 2010, doi: 10.1007/s11032–010–9481–6

[6] ·Huang H M, Huang L, Feng G P, Wang S H, Wang Y, Liu J L, Jiang N, Yan W T, Xu L C, Sun P Y, Li Z Q, Pan S J, Liu X L, Xiao Y H, Liu E M, Dai L Y, Wang G L. Molecular mapping of the new blast resistance genes *Pi*47 and *Pi*48 in the durably resistant local rice cultivar Xiangzi 3150. *Phytopathology*, 2011, 101: 620–626

[7] Jie C, Shi Y F, Liu W Z, Chai R Y, Fu Y P, Zhuang J Y, Wu J L.A *Pid*3 allele from rice cultivar Gumei2 confers resistance to *Magnaporthe oryzae. J Genet Genomics*, 2011, 38: 209–216

[8] Qu S H, Liu G F, Zhou B, Bellizzi M, Zeng L R, Dai L Y, Han B, Wang G L. The broad-spectrum blast resistance gene *Pi9* encodes a nucleotide-binding site-leucine-rich repeat protein and is a member of a multigene family in rice. *Genetics*, 2006, 172: 1901–1914

[9] Suh J P, Roh J H, Cho Y C, Han S S, Kim Y G, Jena K K. The *Pi*40 gene for durable resistance to rice blast and molecular analysis of *Pi40*–advanced backcross breeding lines. *Phytopathology*, 2009, 99: 243–250

[10] Lee S K, Song M Y, Seo Y S, Kim H K, Ko S, Cao P J, Suh J P, Yi G, Roh J H, Lee S, An G, Hahn T R, Wang G L, Ronald P, Jeon J S. Rice *Pi5*–mediated resistance to *Magnaporthe oryzae* requires the presence of two coiled-coil-nucleotide-bindingleucine-rich repeat genes. *Genetics*, 2009, 181: 1627–1638

[11] Chen X W, Shang J J, Chen D X, Lei C L, Zou Y, Zhai W X, Liu G Z, Xu J C, Ling Z Z, Cao G, Ma B T, Wang Y P, Zhao X F, Li S G, Zhu L H. A B-lectin receptor kinase gene conferring rice blast resistance. *Plant J*, 2006, 46: 794–804

[12] Wu J L, Fan Y Y, Li D B, Zheng K L, Leung H, Zhuang J Y. Genetic control of rice blast resistance in the durably resistant cultivar Gumei 2 against multiple isolates. *Theor Appl Genet*, 2005, 111: 50–56

[13] Fuentes J L, Jos é Correa-Victoria F, Escobar F, Prado G, Aricapa G, Duque M C, Tohme J. Identification of microsatellite markers linked to the blast resistance gene *Pi*–1(*t*) in rice. *Euphytica*, 2008, 160: 295–304

[14] Zhou B, Qu S H, Liu G F, Maureen D, Hajime S, Lu G D, Maria B, Wang G L. The eight amino-acid differences within three leucine-rich repeats between *Pi2* and *Piz-t* resistance proteins determine the resistance specificity to *Magnaporthe grisea. Mol Plant-Microbe Interact*, 2006, 19: 1216–1228

[15] Li W, Lei C L, Cheng Z J, Jia Y L, Huang D Y, Wang J L, Wang J K, Zhang X, Su N, Guo X P, Zhai H Q, Wan J M. Identification of SSR markers for a broad-spectrum blast resistance gene *Pi20*(*t*) for marker-assisted breeding. *Mol Breed*, 2008, 22: 141–149

[16] Berruyer R, Adreit H, Milazzo J, Gaillard S, Berger A, Dioh W, Lebrun M H, Tharreau D. Identification and fine mapping of *Pi33*, the rice resistance gene corresponding to the *Magnaporthe grisea* avirulence gene *ACE*1. *Theor Appl Genet*, 2003, 107: 1139–1147

[17] Deng Y W, Zhu X D, Shen Y, He Z H. Genetic characterization and fine mapping of the blast resistance locus *Pigm*(*t*) tightly linked to *Pi2* and *Pi9* in a broad-spectrum resistant Chinese variety. *Theor Appl Genet*, 2006, 113: 705–713

[18] Xu X, Hayashi N, Wang C T, Kato H, Fujimura T, Kawasaki S.Efficient authentic fine mapping of the rice blast resistance gene *Pik-h* in the *Pik* cluster, using new *Pik-h*-differentiating isolates.*Mol Breed*, 2008, 22: 289–299

[19] Liu J-F(刘建丰), Li C-G(李春庚). Breeding of rice PTCMS line LongS with good disease resistance and grain quality. *Hybrid Rice*(杂交水稻), 2010, 25(3): 3-4(in Chinese with English abstract)

[20] International rice genome sequencing project. The map-based sequence of the rice genome. *Nature*, 2005, 436: 793-800

[21] McCouch S R, Teytelman L, Xu Y, Lobos K B, Clare K, Walton M, Fu B, Maghirang R, Li Z, Xing Y, Zhang Q, Kono I, Yano M, Fjellstrom R, DeClerck G, Schneider D, Cartinhour S, Ware D, Stein L. Development and mapping of 2240 new SSR markers for rice(*Oryza* sativa L.). *DNA Res*, 2002, 9: 199-207

[22] Jeremy D E, Jaroslav J, Megan T S, Ambika B G, Liu B, Hei L, David W G. Development and evaluation of a high-throughput, low-cost genotyping platform based on oligonucleotide microarrays in rice. *Plant Methods*, 2008, 4: 13

[23] Lincoln S, Daley M, Lander E. Constructing Genetic Maps with MAPMAKER/EXP 3.0, 3rd edn. Whitehead Institute Technical Report, Cambridge, 1992

[24] Yang Q-Z(杨勤忠), Lin F(林菲), Feng S-J(冯淑杰), Wang L(王玲), Pan Q-H(潘庆华). Recent progress on molecular mapping and cloning of blast resistance genes in rice(*Oryza sativa* L.). *Sci Agric Sin*(中国农业科学), 2009, 42(5): 1601-1615(in Chinese with English abstract)

[25] Liu H(刘海), Xiao Y-H(肖应辉), Tang W-B(唐文邦), Deng H-B(邓化冰), Chen L-Y(陈立云). Development and application of a computer-aided selection system for thermo-sensitive genic male sterile rice multiplying site. *Acta Agron Sin*(作物学报), 2011, 37(5): 755-763(in Chinese with English abstract)

[26] Yang S-H(杨仕华), Cheng B-Y(程本义), Shen W-F(沈伟峰), Xia J-H(夏俊辉). Progress of application and breeding on two-line hybrid rice in China. *Hybrid Rice*(杂交水稻), 2009, 24(1): 5-9(in Chinese with English abstract)

作者:王建龙 吴立群 刘建丰 戴良英 刘雄伦 肖应辉 谢红军 刘群恩 李婷 贾先勇 王国梁* 袁隆平*

注:本文发表于《作物学报》2012年第38卷第3期。

垄栽模式对海南三亚超级杂交稻主要性状和产量影响的初步研究

【摘　要】在海南三亚，以超级杂交水稻组合两优培九和两优 0293 为材料，设置了窄垄、中垄、宽垄 3 个不同垄栽处理，以平作为对照研究了不同栽培模式对水稻产量、苗穗、根系、剑叶的影响。结果表明，总体上产量及各项性状指标与对照相比无明显优势，与起垄宽度无明显关系，而且在不同组合中表现不同。认为在海南三亚不宜推广水稻垄栽模式。

【关键词】超级杂交稻；垄栽；应用；南方

水稻是中国最主要的粮食作物之一，稻谷年产量占世界稻谷年产量的 37% 左右，居世界首位[1]。1996 年，农业部组织实施的“中国超级稻育种”计划除了研究超高产育种的途径、方法及目标外，还包括超高产栽培的技术与措施，即通过各种途径的品种改良及相应的配套栽培技术体系，到 2000 年水稻单产稳定实现 10.5 t/hm^2，到 2005 年突破 12 t/hm^2，到 2015 年达到 13.5 t/hm^2 的 3 期目标[2]。第 1、第 2 期目标都已按时或提前完成，第 3 期目标 2011 年在隆回好取得了重大突破，“百亩片”平均单产超 13.5 t/hm^2。这些成绩的取得除了育出好的品种外，也与栽培技术提高有关。近年来人们对水稻栽培技术的研究日益增多，北方对垄栽技术研究较多。大垄双行栽培最早始于朝鲜，1960 年辽宁省从朝鲜引进。大垄栽培和大垄双行栽培，主要是为了解决当时水稻生产上遇到的农时和草荒 2 个主要问题[3]。杨守仁等认为，大垄栽培是高产的良好栽培形式，但只是大垄栽培不进行畜力中耕毫无意义[4]。进入 20 世纪 90 年代，随着旱育稀植和超稀植栽培技术的推广，水稻大垄双行栽技术又开始推广[5]。通过大垄双行栽培，充分利用边际效应，协调群体和个体之间的矛盾。同时，还有利于通风透光，提高水温、地温和群体光能利用率，从而增加分蘖率、成穗率、结实率和千粒重，提高产量[6]。陈庆玉等也认为水稻垄作栽培和宽窄行栽培均能充分发挥植株边际优势，提高光合效率，促进干物质积累，与常规栽培比较，增产明显，效益可观[7]。付金宁等试验研究结果表明，大垄50 cm、小垄10 cm的移栽方式具有较好的丰产性能，其效果显著[8]。水稻垄栽在南方表现会怎么样呢？笔者在三亚的湖南杂交水稻研究中心南繁基地进行了水稻垄栽试验，现将试验结果总结如下。

1 材料与方法

1.1 试验设计

本试验以两系超级杂交稻组合两优培九和两优0293为材料，试验在三亚市三亚警备区农场湖南杂交水稻研究中心南繁基地进行。试验田面积1 260 m^2，沙性土壤，土壤肥力中上，有机质含量32.9 g/kg，全氮 1.7 g/kg，全磷 0.6 g/kg，全钾 3.2 g/kg，碱解氮 105.4 mg/kg，速效磷 57.6 mg/kg，速效钾 60.0 mg/kg，pH值6.2。

共设4个不同垄栽处理，即：窄垄（50 cm开1沟栽2行）、中垄（100 cm开1沟栽4行）、宽垄（150 cm 开1沟栽6行）、平作（CK，不开沟），沟宽均为25 cm。移栽后7 d 开垄（1月15日前后）。栽插密度：25 cm×25 cm，每蔸插2 粒种子苗。小区面积20 m^2，重复3次，随机区组排列。基肥施用：每公顷施猪牛粪有机肥15 t、磷肥1 500 kg、钾肥225 kg。追肥施用：移栽后7 d 施纯氮150 kg/hm^2；栽后1个月施纯氮150 kg/hm^2；幼穗分化Ⅱ~Ⅳ期每公顷施纯氮150 kg、钾肥225 kg。

试验统一于2009年12月25日播种，2010年1月7日小区划行移栽，其他管理措施同当地水稻高产栽培大田。

1.2 测定项目和方法

1.2.1 分蘖动态

移栽后5 d调查各小区基本苗数；移栽后10 d开始，各小区定点10蔸观察分蘖发生动态，11叶以前每3 d记录1次，11叶以后每5 d记录1次，直到剑叶露尖；分别在高峰苗期和灌浆期调查高峰苗数和有效穗数。基本苗数、高峰苗数和有效穗数每小区随机调查50蔸总数，再取平均值。

1.2.2 株型调查

齐穗期各小区定点调查植株高度、主茎叶片数、剑叶叶片长和叶片宽。每点10蔸，重复2点。

1.2.3 叶片开张角

齐穗期在田间小区呈梅花形 5 点取样（每点 1 蔸）测剑叶张角。

1.2.4 根系测量

于孕穗期和齐穗期在田间小区选代表性植株 2 蔸，测根系活力（伤流）和地上部干物重。以稻株为中心，以株、行距为半径，挖取 30 cm 深的土柱，以发根处为基点，0～10 cm 为第 1 层，10～20 cm 为第 2 层，20 cm 以下为第 3 层进行根系分层。

1.2.5 农艺性状

产量测定以每 1 个小区去除四周 3 行边行后实割平均产量折算而成。收获前 2 d 取出茎蘖动态观察点全部植株，每小区再按梅花形 5 点取样（共 5 蔸）进行考种。

1.2.6 SPAD 值

应用 SPAD-502 仪器测定，每小区梅花形 5 点取样，每点代表性 1 蔸，每蔸取主茎，于分蘖末期选取顶部全展叶片，每片叶片测定叶中部、叶中部上端 3 cm 和叶中部下端 3 cm 共 3 个测定点，取平均值。

1.2.7 光合作用测定

使用便携式光合气体分析系统（LI-6400，USA）进行净光合速率、气孔导度和胞间 CO_2 浓度测定。

1.2.8 数据处理

在 DPS 数据处理软件平台[9]上进行数据处理。

2 结果与分析

2.1 垄栽模式对生长发育进程及分蘖动态的影响

试验结果表明，对于不同生育时期的进程以及全生育期，不同组合间有区别，但同一组合不同垄栽模式间没有区别，说明垄栽模式对生长发育进程没有影响。两优培九各处理均是 12 月 25 日播种，1 月 7 日移栽，2 月 20 日达最高苗，3 月 27 日始穗，4 月 1 日齐穗，5 月 1 日成熟，全生育期 126 d；两优 0293 各处理均是 12 月 25 日播种，1 月 7 日移栽，2 月 20 日前后达最高苗，3 月 29 日始穗，4 月 6 日齐穗，5 月 6 日成熟，全生育期 131 d。

表1　不同垄栽处理对超级杂交稻分蘖发生动态的影响

组合	处理	移栽后不同天数的苗穗数 /（万穗 · hm^{-2}）								成穗率/%
		10	16	22	28	34	42	52	90	
两优培九	窄垄	41.6	73.6	166.4	320.0	563.2	636.8	604.8	300.8	47.24
	中垄	35.2	89.6	185.6	364.8	672.0	793.6	723.2	320.0	40.32
	宽垄	32.0	67.2	160.0	278.4	649.6	806.4	732.8	345.6	42.86
	平作	16.0	54.4	112.0	249.6	496.0	652.8	604.8	329.6	50.49
两优0293	窄垄	38.4	83.2	169.6	396.8	595.2	688.0	656.0	272.0	39.53
	中垄	41.6	86.4	188.8	361.6	662.4	758.4	643.2	313.6	41.35
	宽垄	44.8	92.8	140.8	275.2	563.2	803.2	742.4	323.2	40.24
	平作	25.6	70.4	144.0	300.8	643.2	736.0	646.4	300.8	40.87

从表1可以看出，两优培九成穗率呈现平作 > 窄垄 > 宽垄 > 中垄，而两优0293的成穗率各处理基本一致。两优培九的最高苗数为宽垄 > 中垄 > 平作 > 窄垄，宽垄、中垄比较接近，平作、窄垄比较接近，但宽垄、中垄远大于平栽、窄垄；有效穗数为宽垄 > 平作 > 中垄 > 窄垄。两优0293的最高苗数和有效穗数不同处理之间呈现宽垄 > 中垄 > 平作 > 窄垄。这似乎与垄栽的控水控苗效果初衷相背离，但考虑到当地灌溉不方便的实际，不轻易把水放干，而是让其自然落干，这就影响了垄栽的控苗效果。

2.2　垄栽模式对根系伤流的影响

伤流量间接反映根系活力的强弱，随着栽培模式的变化，伤流量也有变化（表2）。两优培九和两优0293的根系伤流量均表现出垄栽模式大于对照平作，且随着垄栽宽度的减小，伤流量加大，说明垄栽对根系活力有促进作用。

表2　不同垄栽处理下超级杂交稻齐穗期根系伤流量比较　　单位 · mg/h

组合	处理	每茎伤流量
两优培九	窄垄	16.3
	中垄	12.5
	宽垄	11.7
	平作	11.3

续表

组合	处理	每茎伤流量
两优 0293	窄垄	29.6
	中垄	26.6
	宽垄	17.9
	平作	13.3

2.3 垄栽模式对根层分布的影响

从表 3 可以看出，两优培九 3 层根重比窄垄、中垄、宽垄、平作各处理均接近 7：2：1；窄垄表层根比例小于中垄、宽垄，平作的表层根比例也少，这是因为窄垄中禾蔸靠近开沟空处的根要往下扎才能吸水。两优 0293 各个处理的 3 层根重比例差异较大，但与两优培九相似，窄垄表层根比例小于中垄、宽垄，平作的表层根比例也少。2 个组合中的平作模式表层根重所占比重也少，是因为小区干旱，根系要往下扎。

表 3　不同垄栽处理下超级杂交稻齐穗期根层分布比较

组合	处理	各层根重所占比例 /%		
		第 1 层	第 2 层	第 3 层
两优培九	窄垄	66.7	23.7	9.7
	中垄	68.6	22.5	9.9
	宽垄	67.9	22.3	9.8
	平作	66.3	23.3	10.4
两优 0 293	窄垄	68.8	20.3	10.9
	中垄	75.2	17.8	7.0
	宽垄	79.5	16.3	4.2
	平作	67.2	21.1	11.7

2.4 垄栽模式对剑叶性状的影响

从表 4 可以看出，两优培九随着垄栽宽度增加，剑叶夹角加大，剑叶变披，对照平作夹角最大，说明窄垄剑叶直立性最好，最有利于两面受光。不同处理间剑叶长、宽差异不大。

表4 不同垄栽处理下超级杂交稻抽穗期剑叶性状比较

组合	处理	与茎夹角/°	叶长/cm	叶宽/cm
两优培九	窄垄	10.5	29.10	2.30
	中垄	12.1	29.08	2.31
	宽垄	13.1	28.35	2.29
	平作	14.5	29.31	2.34
两优0293	窄垄	13.8	27.75	2.36
	中垄	15.2	29.64	2.32
	宽垄	14.8	26.73	2.24
	平作	13.8	25.35	2.26

两优0293抽穗期剑叶夹角以中垄栽培最大，剑叶最长、较宽，窄垄剑叶直立，最有利于两面受光。与两优培九不同的是，两优0293平作模式的剑叶直立性也同窄垄一样好，有利于两面受光，但平作的剑叶与其他模式相比最短且较窄，受光面积不大，抵消了直立性的优势。

2.5 垄栽模式对剑叶光合作用的影响

从表5可以看出，垄栽对光合作用的影响没有明显的规律性，是真实反映还是检测方法有问题还需进一步研究。

表5 不同垄栽处理下超级杂交稻圆秆拔节期剑叶光合作用比较

组合	处理	光合速率/（CO_2·m^{-2}·s^{-1}）	气孔导度/（molH_2O·m^{-2}·s^{-1}）	胞间CO_2浓度/（μmolCO_2·mol^{-1}）	蒸腾速率/（mmolH_2O·m^{-2}·s^{-1}）	空气与叶室温/℃
两优培九	窄垄	15.8	2.18	404.0	12.53	3.23
	中垄	17.7	1.31	392.3	10.57	2.65
	宽垄	16.4	1.86	397.3	11.50	3.49
	平作	18.2	1.84	394.7	11.12	3.66
两优0293	窄垄	18.2	2.22	396.0	10.46	3.28
	中垄	19.9	2.31	394.0	11.23	3.11
	宽垄	17.4	1.91	393.3	11.23	3.22
	平作	16.3	1.91	398.3	11.90	3.22

2.6 垄栽模式对顶叶完全叶 SPAD 值（叶绿素含量相对值）的影响

从表 6 可见，分蘖末期顶部叶片的叶绿素含量，两优培九和两优 0293 都是垄栽 > 平作，但窄垄、中垄、宽垄之间差异不明显。由此可见，垄栽有利于增加叶绿素含量。

表 6　不同垄栽处理下超级杂交稻分蘖末期顶叶 SPAD 值比较

组合	处理	SPAD 值
两优培九	窄垄	40.49
	中垄	40.54
	宽垄	40.52
	平作	40.03
两优 0293	窄垄	41.48
	中垄	41.36
	宽垄	41.34
	平作	40.88

2.7 垄栽模式对产量及主要经济性状的影响

从表 7 可以看出，两优培九理论产量垄栽均低于对照，实际产量仅宽垄栽高于对照平作；垄栽模式内部比较，理论产量：宽垄 > 中垄 > 窄垄，实际产量：宽垄 > 窄垄 > 中垄。两优 0293 理论产量垄栽均高于对照，且宽垄 > 中垄 > 窄垄；实际产量则仅中垄栽高于对照，中垄 > 平作 > 宽垄 > 窄垄。两优培九有效穗数：宽垄 > 平作 > 中垄 > 窄垄，每穗总粒数、千粒重随着垄栽宽度的增加而降低，垄栽只有窄垄的千粒重、每穗总粒数高于对照平作；结实率中垄最高，中垄 > 宽垄 > 平作 > 窄垄。两优 0293 宽垄栽有效穗数最多，宽垄 > 中垄 > 平作 > 窄垄；每穗总粒数随着垄栽宽度的增加而降低，平作 > 窄垄 > 宽垄 > 中垄；垄栽的结实率均低于平作，以窄垄最低。

表 7 不同垄栽处理下超级稻的产量及主要经济性状比较

组合	处理	株高/cm	穗长/cm	有效穗/(10^4·hm^{-2})	每穗总粒数	结实率/%	千粒重/g	理论产量/(t·hm^{-2})	实际产量/(t·hm^{-2})	收获指数
两优培九	窄垄	114.1	21.4	301.8	143.2	94.0	26.0	10.56	7.74	0.541
	中垄	115.5	21.0	321.0	136.1	95.9	25.8	10.82	7.27	0.532
	宽垄	113.0	21.3	346.6	132.0	95.1	25.3	10.99	9.05	0.535
	平作	113.8	21.4	330.6	139.2	94.9	25.8	11.27	8.08	0.521
两优0293	窄垄	107.6	20.4	272.9	164.8	93.0	24.3	10.16	7.92	0.556
	中垄	111.2	21.3	314.6	154.7	94.0	23.8	10.89	8.56	0.542
	宽垄	105.0	21.5	324.2	149.4	94.0	24.0	10.93	8.24	0.557
	平作	109.6	21.1	301.8	132.5	95.0	24.5	9.31	8.40	0.565

3 讨论

本试验结果表明，两优培九理论产量窄垄、中垄和宽垄 3 种垄栽方式均低于对照（平作），实际产量只有宽垄栽高于对照且幅度较大；两优 0293 的理论产量垄栽均高于对照，实际产量则仅中垄栽高于对照，且幅度较小。但为什么理论产量与实际产量表现不一致，是否由于取样的代表性不够抑或其他原因，还需进一步重复试验。

本试验中垄栽对光合作用的影响看似没有明显的规律性。从理论上讲，叶绿素是光合作用的工厂，垄栽有利于增加叶绿素含量，叶绿素的增加应有利于光合作用的增强，但本试验中其影响效果并不明显，具体原因还有待继续研究。

北方垄栽有利于通风透光，提高水温、地温和群体光能利用率，通过增加分蘖率、成穗率、结实率和千粒重，提高产量，而本试验垄栽由于只在行距中开沟，不具有像北方那样大垄开沟的边际优势。同时两地气候生态条件不同，北方寒冷，低温、冷浸水成为不利因子，而南方三亚基本不存在这些问题，所以垄栽与对照平作相比，就不如北方那样有明显优势。从本试验来说，垄作没有表现明显优势，且增加了人力成本，如果先起垄再栽培又不易推广，所以在海南三亚，不宜推广水稻垄栽模式。

References

参考文献

[1] 胡孔峰，杨泽敏，雷振山. 中国稻米品质的现状与展望［J］. 农艺科学，2006，22（1）：130–134.

[2] 邹应斌，周上游，唐启源. 中国超级杂交水稻超高产栽培研究的现状与展望［J］. 中国农业科技导报，2003，5（1）：31–35.

[3] 孟立民. 正确对待水稻大垄栽培［J］. 辽宁农业科学，1965，（2）：12–16.

[4] 杨守仁. 水稻大垄畜力中耕效果的研究初报［J］. 辽宁农业科学，1965，（3）：39–42.

[5] 陈健. 水稻栽培方式的演变与发展研究［J］. 沈阳农业大学学报，2003，34（5）：389–393.

[6] 宋福金. 水稻宽窄行栽培技术［J］. 作物杂志，1998，（1）：37.

[7] 陈庆玉，石长江，闯嘉宏，等. 不同栽培方式对水稻产量的影响［J］. 现代化农业，2003，289（8）：8.

[8] 付金宁，张志刚，蒋正萍. 不同栽培方式对水稻生产水平影响的研究［J］. 内蒙古农业科技，2001（增刊）：114.

[9] 唐启义，冯光明. 实用统计分析及其 DPS 数据处理系统［M］. 北京：科学出版社，2002.

作者：吴朝晖　周建群　袁隆平*

注：本文发表于《杂交水稻》2012 年第 27 卷第 6 期。

溆浦超级杂交稻“百亩示范”单产超 13.5 t/hm^2 高产栽培技术

【摘　要】2005—2012 年，湖南杂交水稻研究中心在湖南省溆浦县横板桥乡兴隆村基地进行 70 hm^2 以上的超级杂交稻高产示范，连续多年获得 12 t/hm^2 以上超高产，在 2012 年“百亩片”单产突破了 13.5 t/hm^2。总结了杂交稻在当地适生稀植高产栽培技术。

【关键词】杂交水稻；超高产；栽培技术；溆浦

溆浦县位于湖南省西部，雪峰山北麓，沅水中游，面积 3 440.04 km^2，人口 83 万。2005—2012 年，湖南杂交水稻研究中心在溆浦县横板桥乡兴隆村基地每年进行 70 hm^2 以上的超级杂交稻高产示范，笔者一直参与其中，并在 2012 年进行全面技术指导。示范点连续多年单产均在 12 t/hm^2 以上，通过不断完善以“选择最适于当地气候的播种期并培育好壮秧、选择最适于示范品种早生快发的移栽期并宽窄行错位移栽和适当稀植、选择最适于当地土壤条件的肥料种类和选择最适于示范品种的施肥时期并精量施好四肥、全程湿润好气灌溉以旺根健体促源畅流”为主要技术的超高产栽培技术[1-2]，2012 年“百亩片”单产突破了 13.5 t/hm^2。现将 2012 年示范表现及高产栽培技术总结如下。

1　2012 年示范表现

1.1　示范点基本情况

攻关片选择在溆浦县横板桥乡兴隆村，位于溆浦县南部，雪峰山北麓，海拔 540 m 左右，属亚热带季风气候，全年平均气温 16.2 ℃，无霜期达 254 d，全年≥ 10 ℃活动积温达 5 220 ℃，全年≥ 10 ℃始日到≥ 20 ℃终日间隔天数为 172 d，年太阳辐射总量为 43.7 万 J/m^2，年日照时长 1 445 h。攻关片呈南北走向，土壤由花岗岩成土母质发育的麻沙泥为主，耕作层较深，土壤有机质较丰富，土壤碱解氮 147～209 mg/kg、有效磷 8.4～17.3 mg/kg、速效钾 33～98 mg/kg、有机质 32.3～40.2 g/kg、pH 值 5.3～5.6。攻关点连片面积 71.12 hm^2，四面环山，地势较平缓，为小阶梯田，水利方便，光照条件较好。种植模式为油—稻两熟制。该示范点土地经流转后全部由当地吴伟传等 9 户农民统一管理。

1.2 示范表现

2012 年攻关组合为 Y 两优 8188，不仅产量高，而且示范田稻纵卷叶螟、螟虫、稻飞虱得到有效控制，未发生稻瘟病、纹枯病、稻曲病、稻粒黑粉病危害，前期早生快发低位分蘖多，中期植株稳健生长成穗率高，后期落色好结实率高。有效穗数 312.30 万～343.35 万穗 /hm^2，每穗总粒数 167.1～185.6 粒，每穗实粒数 162.8～176.9 粒，结实率 94.2%～97.4%，千粒重 28.6 g，株高 125.92 cm，穗长 27.28 cm。2012 年 9 月 20 日经武汉大学、湖南省水稻研究所、湖南师范大学、湖南农业大学、湖南省农业厅等单位的专家现场实收测产，71.12 hm^2 攻关片平均单产达 13.77 t/hm^2。

2 栽培技术

2.1 适时播种，培育壮苗

根据当地气候和品种播历始期推算，播种期定在 4 月 11 日，始穗至成熟期天气晴好少雨，昼夜温差大，有利于营养物质积累和输送，结实率高达 94.2%～97.4%。4 月 23—24 日寄插小苗，每蔸寄插 2 粒谷秧。每公顷寄秧田施超级稻专用肥 600 kg、土壤酶修复剂 1 500 kg、土壤胶体修复剂 4 500 kg。移栽时秧苗粗壮、白根多、无病虫。

2.2 中小苗移栽，适当稀植

5 月 15—18 日带泥移栽，15.9 万蔸 /hm^2，栽后及时查漏补缺。采用宽窄行，宽行行距 40.0 cm，窄行行距 23.3 cm，株距 21.0 cm，统一东西向划行，相邻的 2 行中 1 行按正穴位插，另 1 行对齐 2 蔸中间插，形成三角形（或菱形）的错位式宽窄行。大田每 24 行在宽行中开沟以便晒田和管理。

2.3 配方施肥，侧重有机肥

根据目标产量、土壤供肥能力和肥料养分利用率确定肥料用量，坚持 3 个原则：一是有机肥坚持以人畜粪为主、稻草还田的原则；二是坚持基肥足、蘖肥速、穗肥巧的施肥原则；三是坚持氮、磷、钾肥的平衡施用原则。底肥：结合大田耕整两犁两耙分 2 次施入，第 1 次用超级稻专用肥（20-8-12）675 kg、土壤胶体修复剂 1 650 kg 和发酵桐油枯饼 750 kg 拌匀后于第 1 次犁田翻耕时深施；第 2 次用超级稻专用肥 450 kg 和土壤酶修复剂 450 kg 混合均匀后在第 2 次犁田时撒施。促蘖攻苗肥：栽后 5～7 d 每公顷追尿素 75～120 kg、氯化钾 150 kg，并结合追肥进行人工除草，促早生快发，搭好丰产苗架。壮秆促花肥：晒田复水后，每公顷追氯化钾 150 kg，促茎秆长粗形成大穗并提高成穗率。保花壮籽肥：幼穗分化Ⅳ期末至Ⅴ期初，每公顷追施复合肥（17-17-17）90～150 kg、氯化钾 112.5 kg，防止枝梗退化，攻大穗多粒。此外在抽穗 50% 时喷施谷粒饱 15 包 /hm^2（每包 50 g），在分蘖期、孕穗期、抽穗期、灌浆期结合病虫防治用富万钾（有机质≥ 380 g/L，K_2O ≥ 220 g/L）3.75 L/hm^2 或优马液体硅钾等叶面喷施，提高结实率，增加千粒重，防倒伏。

2.4 薄水勤灌，湿润好气灌溉

本栽培方法特别注重薄水勤灌，移栽至拔节期田间干湿交替管理，施肥则灌浅层水。够苗时彻底晒田控苗，控蘖增粒，同时促进田间通风，降低田间湿度，减轻病虫害的发生。特别是在 2012 年晒田前期阴雨连绵的情况下，全部采取深开围沟和大田同时开腰沟的办法，控制了分蘖过多的问题，达到了抑制弱小分蘖、控制无效分蘖的目的。进入幼穗分化Ⅲ期后及时复水，保证幼穗分化对水分的需求。抽穗扬花期以后，干干湿湿，时露时灌，保证在成熟前 7 d 不脱水。

2.5 统一防治，环保用药

根据田间调查结果和预测预报，认真搞好病虫防治，确保不出现虫灾、病灾。当地稻纵卷叶螟、二化螟、稻飞虱和稻瘟病、纹枯病较为严重。病虫防治以预防为主，统防统治，及时抓住防治适期，使用高效、长效、低毒农药进行防治，每次用药适量，用水要足，避免药害，保证防治质量，特别是在 2012 年全国稻飞虱大暴发和稻瘟病大流行的情况下，做到了整个攻关片无病虫危害。主要做法是在分蘖期适时用三唑磷防治二化螟；在孕穗期适时用阿维菌素防治稻纵卷叶螟，用井冈霉素防治纹枯病；稻飞虱的防治策略主要是压前控后，在孕穗期和齐穗后适时用吡虫啉和噻嗪酮防治稻飞虱；破口期用三环唑防治稻瘟病的发生。

3 讨论

2011年和2012年实践证明，在海拔300～600 m的山区，“百亩片”单产过13.5 t/hm^2是可能的，在同一生态区能重复实现。2012年溆浦“百亩片”单产突破13.5 t/hm^2，一是选择生态条件适宜、群众基础适合的基地作为攻关点，最大限度地凸显攻关效果；二是不断总结2005年以来的示范经验，并结合当地栽培基础，有效地配套完善了高产栽培技术。

References

参考文献

[1] 彭既明，廖伏明. 超级杂交稻第3期单产13.5 t/hm^2攻关获得重大突破［J］. 杂交水稻，2011，26(5)：29.

[2] 宋春芳. 隆回县超级杂交稻示范表现及高产栽培技术［J］. 杂交水稻，2011，26(4)：46.

作者：宋春芳　舒友林　彭既明　张克友　袁隆平*

注：本文发表于《杂交水稻》2012年第27卷第6期。

选育超高产杂交水稻的进一步设想

【摘　要】在当前水稻超高产育种不断取得新的突破后，如何实现更高的水稻产量目标？作者提出了在保持现有水稻收获指数的基础上，通过逐步提升植株高度的株型发展模式来实现水稻产量不断提高的新设想。

【关键词】杂交水稻；超高产育种；株高；产量；株型发展模式

水稻育种的实践表明，迄今为止，通过育种提高稻谷产量，只有两条有效途径。一是形态改良，二是利用杂种优势。单纯的形态改良，潜力有限，杂种优势不与优良形态结合，效果必差。其他途径，包括分子育种等高技术，最终必须落实到优良的形态和强大的杂种优势上，才能对提高产量有所贡献。

图1　超级杂交稻株型模式

优良株型是水稻高产的骨架。受培矮 64S/E32（在云南永胜试验田创下每公顷高达 17.1 t 的纪录）株叶形态的启发，笔者于 1997 年提出“高冠层、矮穗层、中大穗”的超级杂交稻株型模式（图 1）。湖南杂交水稻中心育成的示范田每公顷产 12 t 的第 2 期超级杂交稻组合 Y 两优

1 号和 P88S/0293 以及示范田每公顷产 13.9 t 的第 3 期超级杂交稻组合 Y 两优 2 号，基本上都是按这种株叶形态选育的（图 2）。看来，只要栽培措施恰当，这种株型品种的潜力每公顷可产 14～15 t 稻谷。理论上，从水稻的光能利用率来看，水稻尚具有更高的产量潜力。每公顷产 15 t 实现之后的下一步棋怎么走？采取什么技术路线选育每公顷产 16～18 t 甚至 18～20 t 的超级杂交稻组合？

图 2　Y 两优 2 号植株形态

稻谷产量 = 收获指数（HI）× 生物学产量。中国传统的水稻是高秆品种，一般株高 1.6 m 左右，草多谷少，收获指数 0.3 左右，即 1/3 是谷，2/3 是草，在较好的条件下产量水平为 4～5 t/hm^2。20 世纪 60 年代初，水稻矮化育种在中国率先成功，这是一次重大突破。矮秆品种的产量水平为 6 t/hm^2 左右，比高秆品种高 20% 以上，增产的主要因素是把收获指数提高到 0.5 左右，并且耐肥抗倒。

品种矮化之后，收获指数已很高，再要提高，潜力相当有限，进一步提高稻谷产量，应依靠提高生物学产量。从形态学的观点来看，提升植株高度是提高生物学产量有效且可行的方法，典型矮秆品种的株高在 70 cm 左右，生物学产量不高。为了提高生物学产量，育种家们成功地育成了株高为 90～100 cm 的半矮秆品种，其产量水平为 7～8 t/hm^2。2004 年，湖南杂交水稻研究中心选育成功第 2 期超级杂交稻，示范田的产量达到 12 t/hm^2，大面积产量水平为 9～10 t/hm^2，代表组合是 Y 两优 1 号和 P88S/0293，株高为 1.2 m 左右，收获指数为 0.5 左右。2011 年，湖南杂交水稻研究中心初步实现了第 3 期每公顷产 13.5 t 稻谷的指标。代表组合为 Y 两优 2 号，示范田的产量达 13.9 t/hm^2，株高 1.32 m，收获指数为0.48。可将株高在1.3～1.4 m的品种称为半高秆品种。

根据上述水稻高产育种的历程，可以初步得出一个总的趋势或规律，即在保持收获指数为0.5左右的前提下，生物学产量随株高的增加而增加，亦即稻谷的产量随株高的增加而增加。

事物的发展规律多半是呈螺旋式上升的，看来，稻株高度育种的变化也可能是如此，即由高变矮，再上升到半矮、半高、新高、超高（图3）。

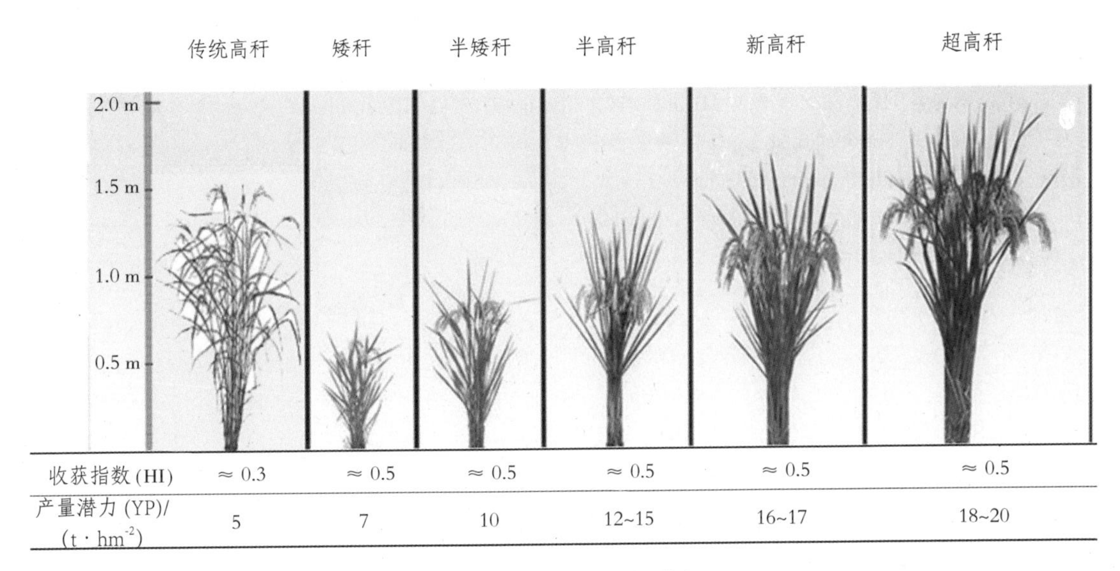

图3　水稻的株型发展模式

根据这一发展趋势，笔者大胆假设：株高1.3～1.4 m的半高秆品种，产量潜力可达14～15 t/hm²；株高1.5～1.7 m的新株型高秆品种，产量潜力可达16～17 t/hm²；株高1.8～2.0 m的超高秆品种，产量潜力可达18～20 t/hm²。

实现上述目标，须攻克三大难关。首先是在高株、高生物学产量的基础上，要有0.5左右的高收获指数，达标的难度很大。初步认为，利用现有的穗重达7～8 g的大穗型材料，可能是解决这道难题的有效对策。再就是单位面积内要有适度的穗数。收获指数 × 生物学产量是单株的稻谷产量，单位面积的稻谷产量是穗数 × 每穗谷重，以穗谷重为7 g的品种为例，若要求每公顷产18 t，则每平方米必须有260穗方能达标，难度不小，因为大穗与多穗是有矛盾的。看来解决的办法主要应从株型改良着手，要培育新型的、形态优良、松紧适度、分蘖力较强、主穗与分蘖穗差异不大的组合。难度最大的课题是要解决超高产高秆品种的高度抗倒伏的性能。力学原理指出，空心杆所能承受的压力与其高度成反比。这意味着，稻秆越高的品种越易倒伏。初步认为，利用杂种优势强大的亚种间组合，使根系十分发达；稻穗要下垂，使重心下降；利用茎秆非常坚韧和基部节间短、粗、脚重头轻的稻种资源，这样多管齐下，就有可能选育出高度抗倒伏的超高产组合。

“大胆假设，小心求证”是胡适的至理名言。以上浅见，旨在抛砖引玉，请批评、指正。

作者：袁隆平

注：本文发表于《杂交水稻》2012年第27卷第6期。

Y两优2号在安徽舒城低海拔地区“百亩方”单产突破12.5 t/hm² 栽培技术

【摘　要】2012年Y两优2号在安徽舒城低海拔地区进行“百亩方”（7.4 hm²）高产攻关，取得了12.5 t/hm² 的高产。总结了其高产栽培技术。

【关键词】两系杂交稻；Y两优2号；高产；栽培技术

近年，中国开展的水稻大面积（6.67 hm² 连片以上）高产攻关研究主要集中在较高海拔的山区，如2011年中国第1次水稻6.67 hm² 连片单产突破13.5 t/hm² 的湖南省隆回县羊古坳乡，该区域海拔在380 m左右，以及多次出现高产纪录的云南省永胜县涛源乡，其海拔高度约1 500 m[1]。中国不少学者认为水稻要取得高产应在较高海拔的山区，这种生态环境容易形成昼夜温差，有利于水稻干物质的累积，获取高产的可能性大大提高。然而，中国的水稻主要种植在平原、丘陵和低岗等较低海拔区域，同时，针对低海拔区域内大面积高产栽培研究较少。为了了解在低海拔区域内超级杂交稻的产量潜力，为推广超级杂交稻提供技术支持，2012年初，国家杂交水稻工程技术研究中心与安徽省六市人民政府合作，开展低海拔区域超级杂交稻6.67 hm² 连片高产攻关，探索该生态条件下超级杂交稻大面积高产栽培技术。

2012年9月20日，安徽省农业委员会组织安徽农业大学、安徽省农业科学院和安徽省农业技术推广总站相关专家，对安徽省舒城县千人桥镇五里桥村的“百亩方”（7.4 hm²）高产攻关试验田进行现场测产验收。千人桥镇属北亚热带湿润气候区，四季分明，雨水充沛，光照充足，季风性气候明显；年均气温17.6 ℃，年均降雨量1 033.5 mm，无霜期224 d；属洪水冲积平原，地势平坦，东西落差较小，土壤肥沃；海拔最高处为张湾村中心宕（海拔15.6 m），最低处为黄城大墩（海拔

8.2 m），平均海拔 9.4 m。攻关组合为 Y 两优 2 号，该组合由国家杂交水稻工程技术研究中心选育并提供，也是中国第 1 个“百亩方”单产突破 13.5 t/hm^2 的水稻品种。测产组专家对攻关田块进行编号，随机抽取 3 块田采用机械收割进行测产验收，不计田间损耗，“百亩方”加权平均单产达到 12.5 t/hm^2。Y 两优 2 号于 2012 年 5 月 15 日播种，9 月 20 日成熟，全生育期 146 d；株高 148.8 cm，主茎总叶片数 15.5 叶，剑叶挺直、较宽，叶色偏淡；栽插基本苗 29.93 万株 /hm^2，最高苗 408 万株 /hm^2，有效穗数 282.15 万穗 /hm^2；平均穗长 28.6 cm，每穗总粒数 234 粒，结实率 83.7%，千粒重 25.9 g。现将其高产栽培技术总结如下。

1　适时播种，确保最佳抽穗期

根据当地历史气候资料记载，舒城 8 月中旬气温一般在 25 ℃ ~ 32 ℃，而且晴多雨少，有利于水稻抽穗扬花。根据 Y 两优 2 号生育特性，播种时间安排在 4 月 25 日，抽穗时间在 8 月 10 日左右。

2　旱育秧

选择排灌方便、土质肥力较好、便于管理的田块作秧田。苗床准备：播前 15 d 进行床土培肥，选择稻田表层土作为苗床土，培肥用有质机含量为 50% 的超级杂交稻专用有机肥 400 kg/hm^2，连续旋耕 2 ~ 3 次。播前 2 d 精整秧板，达到“实、平、光、直”标准。秧田与大田面积比为 1 ∶ 10，大田用种量 15 kg/hm^2。播种前 5 d 准备好充足的过筛细土，用于播种覆盖。

播种前 1 d 和播种前各浇 1 次透水。为预防苗期立枯病等病害，在播种前浇透水后，每公顷苗床用 60% 敌磺钠 30 kg 兑水 1 500 kg，用喷壶均匀喷施，进行土壤消毒（敌磺钠易光解，最好在早晚喷施，喷施后应立即播种盖土）。播种时用旱育保姆 350 g 拌 1 kg 种子，做到分厢定量，稀播匀播。播种后撒营养细土，以不见种子为宜，然后喷施 1 次除草剂，每公顷用 20% 丁恶乳油 1 500 mL 用喷雾器均匀喷到苗床表面。0.5 h 后用新农膜覆盖严实以保温出苗，盖膜时用竹片插成拱形，四周用泥土压实压严。

3　秧苗精细管理，培育适龄壮秧

盖膜时间不宜过长，一般在秧苗出土 2 cm 左右、不完全叶至第 1 叶抽出时（播后 5 ~ 7 d）揭膜炼苗。揭膜时间要求晴天 08：00—09：00、阴天 10：00 左右。若遇寒流低温，宜推迟揭膜或不揭，做到日揭夜盖。

苗期管水：播种至齐苗盖膜保湿；齐苗至移栽应以控水、健根、壮苗为主；2.5～3.0 叶期，秧苗叶面积增大而根系尚不健全，对水分亏缺敏感，常出现卷叶死苗，因此，遇旱应适当补水；4 叶期至移栽前严格控水，中午叶片不打卷就不补水。

秧苗追肥要根据床土肥力、秧龄和气温等具体情况进行。在秧苗齐苗时喷施 1 次爱苗。苗床培肥达不到标准的，要重视追肥，一般在 2 叶 1 心时施用效果较好，每公顷用尿素 45 kg 兑成 1% 的肥液于 16：00 后均匀喷施，施肥后用清水淋洗秧苗。在移栽前 1 d 用好送嫁药。

4 平整大田，小苗移栽，合理移植

小苗移栽可以充分利用大田空间和阳光，增加低节位分蘖获得足穗和大穗，4 叶 1 心时移栽[2]。大田准备：栽前 35～40 d 先旋耕灭青晒土，同时进行大田培肥，每公顷施用亿牛牌有机肥 7.5 t。栽前 30～35 d 深犁 30 cm 后上水，并施生石灰 300 kg/hm² 调酸，pH 值调到 6.0 左右，栽前 20 d 再次旋耕晾田。大田移栽前 2 d 平好地，大田高处与低处落差不能相差 3 cm，做到“实、平、光”。

大田采用宽窄行种植方式，插植规格为（46.7 cm+23.3 cm）/2×16.7 cm，每公顷约插 17.15 万穴，每穴插 2 粒谷秧。大田行向以东西向（偏东南 5°）为准，做到分厢插秧，带土移栽、浅插（约 1 cm）、直插（根系垂直入泥）、匀插，不漏穴和不多株，保证插秧苗数和插秧质量。

5 平衡配方施肥

根据 Y 两优 2 号的目标产量，结合不同生长期秧苗生长情况和对营养元素的需求变化，在分析稻田土壤肥力和当地土壤特性的基础上进行平衡配方施肥。按目标产量 13.5 t/hm² 计算，每公顷需吸收纯氮约 290 kg、P_2O_5 约 145 kg、K_2O 约 319 kg（N、P、K 需求量比例为 1.00：0.50：1.15）。

一是施足基肥。每公顷用含量为 32%（12-6-14）的超级杂交稻专用肥 480 kg 和 12% 的过磷酸钙 1 208 kg 于平田前全层施用作基肥。

二是早施多施分蘖肥。移栽后 5 d 开始施返青肥，每公顷施用超级杂交稻专用肥 405 kg。由于砂性土壤保肥性较差，分蘖肥采用“少量多次”的施肥方法，提高肥效利用率，具体为移栽后 15 d 每公顷施超级杂交稻专用肥 473 kg；在该时期清晨或 16：00 以后，避开烈日与高温，用叶面速效硅肥稀释 800～1 500 倍均匀喷洒于叶面，连续 1～2 次，间隔 7～10 d，并中耕除草 1 次。

三是巧施促花肥、保花肥。由于搁田控苗较早，在复水后每公顷施用超级杂交稻专用肥 600 kg/hm^2，促进水稻平衡生长。促花肥在幼穗分化Ⅲ～Ⅴ期施用，Ⅳ期末为最佳，以促进后发分蘖成穗和每穗总粒数的增加，提高功能叶片的叶绿素含量，并适当调节剑叶面积的大小，方法为施用超级杂交稻专用肥 450 kg/hm^2，同时喷施 1 次爱苗作为叶面肥。在幼穗分化第Ⅵ期施保花肥，每公顷施用超级杂交稻专用肥 150 kg。灌浆结实期主要以叶面肥为主，在水稻破口期和齐穗期每公顷分别喷施磷酸二氢钾 2 250 g，延长叶片寿命和增加光合产物的积累，提高结合率和籽粒充实度。

6 干湿结合，旺根健株

对 Y 两优 2 号采用干湿交替灌溉，可以改善大田土壤的通透性，延缓根系衰老，保持根系活力，利于吸收养分，提高茎秆韧性，增强抗倒伏能力[3-4]。移栽后 3 d 灌浅水，以利于秧苗及时返青分蘖。施用追肥后保持水层 4～5 d，严防漏水或漫灌。除在施肥和喷药时灌浅水以外，其他时间以干湿交替灌溉为主。当总苗数达到有效穗数的 80% 时及时排水晒田，宜多次轻晒，引根深扎。后期切忌断水过早，以免引起早衰。

7 病虫以防为主，防治结合

根据当地病虫情报，结合苗情状况，因地制宜、综合防治。防控要点是前期重点控制灰飞虱、稻蓟马、蚜虫危害及传毒；中期重点控制二代稻纵卷叶螟、二代二化螟、二代白背飞虱和纹枯病；中后期重点控制稻曲病、稻瘟病、纹枯病及三代褐飞虱。前期控制：于水稻移栽后 5 d、15 d 和 25 d 共防治 3 次，每公顷用 40% 拓胜（异丙威 · 吡蚜酮）对水喷雾。中期控制：7 月上中旬注意用 10% 垄歌（氟虫双酰胺）对水喷雾防治二代稻纵卷叶螟；7 月中下旬注意用 10% 氟虫双酰胺和 1% 申嗪霉素对水喷雾防治二代二化螟、二代白背飞虱和纹枯病。后期控制重点是防病：在水稻破口前 10 d，用 24% 满穗（噻呋酰胺）、10% 闻曲令（井 · 腊芽）和 40% 拓胜（异丙威 · 吡蚜酮）对水采用机动喷雾；在水稻破口期，用 25% 爱苗（丙环唑 + 苯醚甲环唑）、40% 富士 1 号（稻瘟灵）和美家富采用机动喷雾。

8 适时收获

Y 两优 2 号在肥力充足的条件下穗大粒多，叶色转黄较慢，有利于延长成熟时间。在气候充许的前提下，应等到 95% 以上的籽粒成熟后才开始收获，以提高产量。

References

参考文献

[1] 戚继英，张爱玲，苏永清. 云南省永胜县主要水稻生产区水稻产量影响因子分析［J］. 云南农业大学学报，2010（6）：868–874.

[2] 袁隆平. 水稻强化栽培体系［J］. 杂交水稻，2001，16（4）：1–3.

[3] 曾翔，李阳生，谢小立，等. 不同灌溉模式对杂交水稻生育后期根系生理特性和剑叶光合特性的影响［J］. 中国水稻科学，2003，17（4）：355–359.

[4] 邓文，青先国，马国辉，等. 水稻抗倒伏研究进展［J］. 杂交水稻，2006，21（6）：6–10.

作者：彭玉林　李鸿　何森林　姜国泉　吴朝晖　闻尉宏　袁隆平*

注：本文发表于《杂交水稻》2013 年第 28 卷第 6 期。

Elucidation of miRNAs-Mediated Responses to Low Nitrogen Stress by Deep Sequencing of Two Soybean Genotypes

【Abstract】 Nitrogen (N) is a major limiting factor in crop production, and plant adaptive responses to low N are involved in many posttranscriptional regulation. Recent studies indicate that miRNAs play important roles in adaptive responses. However, miRNAs in soybean adaptive responses to N limitation have been not reported. We constructed sixteen libraries to identify low N-responsive miRNAs on a genome-wide scale using samples from 2 different genotypes (low N sensitive and low N tolerant) subjected to various periods of low nitrogen stress. Using high-throughput sequencing technology (Illumina-Solexa), we identified 362 known miRNAs variants belonging to 158 families and 90 new miRNAs belonging to 55 families.Among these known miRNAs variants, almost 50%were not different from annotated miRNAs in miRBase. Analyses of their expression patterns showed 150 known miRNAs variants as well as 2 novel miRNAs with differential expressions. These differentially expressed miRNAs between the two soybean genotypes were compared and classified into three groups based on their expression patterns. Predicted targets of these miRNAs were involved in various metabolic and regulatory pathways such as protein degradation, carbohydrate metabolism, hormone signaling pathway, and cellular transport. These findings suggest that miRNAs play important roles in soybean response to low N and contribute to the understanding of the genetic basis of differences in adaptive responses to N limitation between the two soybean genotypes. Our study provides basis for expounding the complex gene regulatory network of these miRNAs.

Introduction

Nitrogen (N) is an essential macronutrient of plants and its availability markedly affects crop growth and development[1].The production of high-yielding crops always demands application of substantial N fertilizer[2]. However, due to incomplete capture and poor conversion of N fertilizer, 50% – 70%of N fertilizer is lost, which results in serious environmental pollution [3].Thus, lowering fertilizer input and improving N use efficiency of crops is urgent for improvement of current agricultural practice [4].Studying the biological basis of the response of crops to low N is an essential step towards improving their N use efficiency. Several studies have been undertaken to decipher the response of plants to low N, and these studies elucidate the physiological and biochemical changes that are specifically involved in the response.These include the reduction of growth and photosynthesis, remobilization of N from old mature organs to actively growing ones, and accumulation of abundant anthocyanins [5-11]. Furthermore, the expression of many plant genes, such as those involved in N absorption and assimilation, carbon metabolism, photosynthesis anthocyanin synthesis, and protein degradation were found to be regulated by N limitation [12]. These studies had provided valuable insights into the plants response to N limitation; however, the mechanisms of responses are far from being completely understood. Recently, some miRNAs have been associated with nutrients limitation in plant, which further facilitate in understanding the adaptability of plants to N limitation [13-17].

miRNAs, as a class of non-coding small RNAs (20~24 nt), are widespread in both plants and animals [18-20]. They are derived from primary transcripts that are capable of forming characteristic stem-loop structures and regulate plant gene expression by direct cleavage of their target transcripts or translational repression [18].The biological functions of miRNAs were believed to mainly involve the regulation of plant growth and development [21-25].However, these small RNAs have emerged as important participants in the plant's adaptive responses to diverse environmental stresses [13-17, 26, 27], for example, miR395, miR398, and miR399 respond to sulfur (S), copper (Cu), and Pi deficiency, respectively. Interestingly, miRNAs were also found to be involved in the plant's response to N availability. For example, miR167 was found to mediate a pericycle specific response to N [28]. Under N limitation, several pri-miR169 species as well as pri-miR398a decreased in Arabidopsis seedlings, whereas several pri-miR156species and pri-miR447c were found to be induced [29]. Nine miRNA families (miR164, miR169, miR172, miR397, miR398, miR399, miR408, miR528, and miR827) and nine miRNA families (miR160, miR167, miR168, miR169, miR319, miR395, miR399, miR408, and miR528) were identified to respond to low N in maize shoots and roots respectively [30]. These miRNAs displayed different expression patterns in response to low N in different crops [28-30].

miRNAs were initially identified through direct cloning and computational analysis [31-34], and most of them are of high abundance and highly conserved [35]. The advent of high-throughput sequencing technology has provided opportunity for the large-scale identification of low abundance miRNAs, thus rapidly increasing the total number of identified plant miRNAs [36-37]. Moreover, due to its reproducibility and quantitative feature, high-throughput sequencing can also be used to study the differential expression of miRNAs [38]. Up to now, the technology has been used to identify miRNAs in a large variety of plants such as Arabidopsis, rice, poplar, wheat and tomato [38, 39-41].

Soybean (*Glycine max* (*L.*) *Merrill*), the major legume crop worldwide, is an important protein source and economic crop.Although soybean can acquire N via its N-fixing symbiosis with rhizobacteria, exogenous N fertilizer is still applied to meet the demand of soybean growth, especially in high-yield production [42], so improving the N use efficiency of soybean is very important. Many miRNAs have been identified in soybean by both computational analysis and high-throughput sequencing[43-48]. However, none of these miRNAs were found to be associated with low N stress.

To identify low N-responsive miRNAs in soybean on a genomewide scale, we constructed 16 small RNAs libraries using samples from 2 different genotypes (low N sensitive and low N tolerant) subjected to various periods of low nitrogen stress. Through high-throughput sequencing and analysis, a total of 362 known miRNAs variants of 158 families and 90 new miRNAs of 55 families were obtained. Moreover, we also found that some soybean miRNAs showed differential expression patterns in response to low N stress. Some potential targets of these miRNAs were predicted to be involved in different biological functions. To the best of our knowledge, this is the first report of systematic investigation of low N-regulated miRNAs and their targets in soybean.

Materials and Methods

Plant Materials, Stress Treatments and Sampling

Two soybean cultivar, No.116 (low-N-tolerant soybean variety) and No.84-70 (low-N-sensitive soybean variety) were selected for this study[49]. Seeds of the two varieties were germinated and grown hydroponically with half-strength modified Hoagland solution (7.5 mM/L N) in the greenhouse as previously described[49], The nutrient solution was replaced with fresh solution every 2 days. After they had grown for 10 days until the first trifoliate leaves fully developed, seedlings were transferred to 1/10 N concentrations (0.75 mM/L N) half-strength Hoagland solution for different term (short-term: 0.5 h, 2 h, 6 h, 12 h and long-term: 3 d, 6 d, 9 d, 12 d) low N stress treatment. Ca and K were compensated with $CaCl_2$ and K_2SO_4 respectively at equivalent concentration in low-N Hoagland solution. Control treatment seedlings were maintained in normal N level half-strength Hoagland solution. Each treatment was replicated for thrice.Roots and shoots of total fifteen seedlings with different time point treats were sampled separately, immediately frozen in liquid nitrogen frozen in liquid N and stored at −80 ℃ for RNA extraction. Control treatment samples were collected at the same time.

Small RNA Library Construction and Sequencing

Small RNA isolation and library construction were carried out as described by Hafner et al[50].Total RNAs were extracted separately from above samples [2 genotypes (No.116, low Ntolerant variety; No. 84 - 70, low N-sensitive variety) ×2 treats methods (low N-stress and control) ×2 tissues (roots and shoots) ×8 time points [short-term (0.5 h, 2 h, 6 h, 12 h) and long-term (3 d, 6 d, 9 d, 12 d)] using Trizol kit (Invitrogen, USA). The quality and integrity of total RNA was analyzed using Agilent 2100. Equal amounts (5 μg) of total RNA from short-term (0.5 h, 2 h, 6 h, 12 h) were pooled as short-term library, and equal amounts (5 μg) of total RNA from long-term (3 d, 6 d, 9 d, 12 d) were pooled as long-term library. Thus, sixteen small RNA libraries were constructed: 116RS, (116 - root short-term treatment); 116RL, (116 - root long-term treatment); 84RS, (84 - 70 - root short-term treatment); 84RL, (84 - 70 - root long-term treatment); 116SS, (116 - shoot short-term treatment); 116SL, (116 - shoot long-term treatment); 84SS, (84 - 70 - shoot short-term treatment); 84SL, (84 - 70 - shoot long-term treatment); 116RSC, (116 - root short-term control); 116RLC, (116 - root long-term control); 84RSC, (84 - 70 - root short-term control); 84RLC, (84 - 70 - root long-term control); 116SSC, (116 - shoot short-term control); 116SLC, (116 - shoot long-term control); 84SSC, (84 - 70 - shoot short-term control); 84SLC, (84 - 70 - shoot long-term control). The Solexa/Illumina sequencing was performed at Beijing Genomics Institute (BGI, Shenzhen, China). Briefly, total RNAs were separated on 15% denaturing PAGE for 10 - 30 nt small RNAs selection and then ligated with Solexa 5′ and 3′ adapters sequentially. After ligation and purification, adapter-ligated small RNAs were reverse transcribed and 15 - cycles pre-amplified, and PCR products were sequenced using Illumina HiSeq 2000.

Analysis of Sequencing Data

The raw data from Solexa sequencing were preprocessed to remove contaminant reads and clip adapter sequences, and the adaptertrimmed reads longer than 18 nt were used for further analysis as clean reads. The identical clean reads were grouped as unique sequences with associated counts of the individual reads, and each unique sequence was then mapped to the soybean genome (http://www.phytozome.net/search.php? show=text&method=Org_Gmax) using SOAP v1.11 and no mismatches were allowed[51]. The unique RNA sequences that perfectly matched soybean genome were retained for subsequent analysis.

To identify known miRNAs, those matched-genome unique RNA sequences were aligned with soybean stem-loop miRNA precursors from miRBase 19 (http://www.mirbase.org). Generally, in Solexa sequencing, many variants can also map on miRNA precursors besides annotated miRNA sequences, and the reads of variants are less abundant than those of annotated miRNA sequences. However, some research found that variants are more abundant in some cases, indicating that they could be utilized to refine the annotated miRNA sequences in the miRBase[52-54]. In our study, owing to the construction of 16 small RNA libraries, variants could be compared among libraries. if a variant was more abundant than the annotated miRNA sequences in most libraries, the variant could be convincingly used to substitute for the annotated miRNA sequences. Thus, the most abundant variants in each library were determined from the comparative analysis.

For novel miRNA predictions, these unique RNA sequences matched to known miRNAs precursors, rRNA etc deposited at GenBank (http://www.ncbi.nih.gov/GenBank/) and Rfam (http://rfam.sanger.ac.uk/) databases and genomic exon sequences in the sense strand were removed. 100 nt upstream and 100 nt downstream genome sequences flanking the remaining sequences were extracted to predict secondary structures using RNAfold[55], the resulting potential loci with good hairpin-like structures were then analyzed to predict novel miRNAs by Mireap (http://sourceforge.net/projects/mireap/). Parameters were set based on authentic criteria for annotation of plant miRNAs[56].

Solexa data have been deposited into the NCBI database with accession number SRP021551.

Identifying miRNAs Responsive to low N Stress

In order to identify low N stress responsive miRNAs, the differentially expressed miRNAs (Known miRNAs and new miRNAs) between low-N stress library and corresponding control treatment library need to be investigated. The frequency of miRNA read counts was first normalized as transcripts per million (TPM), then the normalized expression levels of miRNA between the low-N stress and corresponding control samples was carried out to calculate fold change based on the following formula: Foldchange $=\log_2$ (stress/control). If the normalized expression of a miRNA was zero in samples, this data was modified as 0.01; if the normalized expression of a miRNA in both compared samples was less than 1, the miRNA was not used in the analysis of differential expression. Next, Poisson distribution model for P-value calculation was used for estimating the statistical significance of miRNA expression changes under low N stress, and the formula shown below:

P-value formula:

$$(x/y) = \left(\frac{N_1}{N_2}\right)^2 = \frac{(x+y)!}{x!\ y!\left(1+\frac{N_1}{N_2}\right)^{(x+y+1)}} \cdots \quad D(y \geqslant y_{max} \mid x) = \sum_{y \geqslant Y_{max}}^{\infty} p(y/x) \quad D(y \geqslant y_{max} \mid x) = \sum_{y \geqslant Y_{max}}^{\infty} p(y/x)$$

Finally, the miRNAs meeting the following criteria were considered as differentially expressed miRNAs: (i) p-value should be less than 0.05; (ii) fold change or $\log_2$ ratio of normalized counts between low-N stress and corresponding control library was greater than 1 or less than −1.

Quantitative Real-time PCR Analysis

RT-qPCR is widely used to measure the gene expression variation, and the choice of suitable genes to use as reference genes is a crucial factor for interpretation of RT-qPCR results. The expression of reference genes is known to vary considerably under different experimental conditions, therefore, these reference genes should be evaluated for their stability of expression. In the present study, two protein-coding genes (TUA5, ACT) and three miRNAs (gma-miR1520d - 3p, gma-miR156b - 5p, gma-miR166a - 5p) were selected to analyze their expression stability in all eight No. 116 libraries. All primers of the nine candidate reference genes are listed (Table S1). Primer sequences for the two mRNA housekeeping genes were chosen based on current literature [57, 58], and the stem-loop primers, used for miRNAs candidate reference genes, were designed according to Chen et al [59], which consisted of a self-looped 44 bp sequence (5′ - GTCGTATCCAGTGCAGGGTCCGAGGTATT-CGCACTGGATACGAC - 3′) and 6 variable nucleotides that were specific to the 3′end of the miRNA sequence. RT-qPCR was performed as previously described [59, 60]. Briefly, the total RNA was reverse-transcribed using miRNA specific stem-loop primers or Oligo (dT) with M-MLV (Takara, China), then cDNA products were used as template for qPCR with gene-specific primers and universal reverse primer (5′GTGCAGGGTCCGAGGT - 3′). The qPCR reactions were performed in triplicates on IQ™ 5 and MyiQ™ Real-Time PCR Detection Systems (Bio-Rad) using SYBR-Green. Each PCR reaction was performed in a final volume of 20 μL containing containing 10 ml 2×SYBR Premix Ex Taq (TaKaRa, Japan), 0.25 mM of each primers and cDNA from reverse-transcribed from 100 pg total RNA using the following protocol: 95 ℃ for 5 min, 40 cycles of 95 ℃ for 10 sec, 60 ℃ for 10 sec and 72 ℃ for 15 sec. At the end of the cycling protocol, a melting-curve analysis from 55 ℃ to 95 ℃ was performed to determine specificity of the amplified products. All RT-qPCR reactions were performed with three biological replicates. RTqPCR data was analyzed with geNorm software (V3.50) to determine the stability of candidate reference genes expression [61].

After determining the appropriate reference genes, 12 miRNAs were randomly selected for RT-qPCR assays to validate the reliability of Solexa/Illumina sequencing technology. These RTqPCR assays were performed as described above. All the primers used are listed (Table S1). The relative expression levels of these miRNAs were calculated by delta-Ct method [62], which first transformed the Ct values of interest miRNA and reference genes to quantities using delta-Ct, then dividing the quantities of interest miRNA by the geometric mean of the reference genes. The mean and SD are calculated from the triplicate RT-qPCR assays.Student's t-test was used for statistical analysis of RT-qPCR data.

Prediction of Potential Target Genes for Differentially Expressed miRNAs

Target prediction of differentially expressed miRNAs was performed based on methods described by Allen et al. [63].Mature miRNA sequences were used as query to search against the *Glycine max* unigene database by the psRNA target server using the following stringent parameters: (i) No more than two mismatches between miRNA and its target (G-U bases count as 0.5 mismatches), (ii) No mismatches in positions 10 - 11 of miRNA and its target duplex. The functional annotation of identified putative miRNA targets were inspected on the Phytozome using the Blast2Go (B2G) software suite v2.3.1 with the default parameters.

Results

An Overview of Small RNA Libraries Data Sets by Highthroughput Sequencing

In our previous study, the exposure of No.116 (low N tolerant variety) and No.84 - 70 (low N-sensitive variety) to short-term (0.5 h, 2 h, 6 h, 12 h) and long-term (3 d, 6 d, 9 d, 12 d) low N stress resulted in different morphological and physiological changes [49]. Furthermore, 3231 differentially expressed genes involved in 22 metabolism and signal transduction pathways were identified through digital gene-expression [49]. In this study, to identify miRNAs in response to low N stress, sixteen small RNA libraries were constructed and sequenced using Illumina HiSeq 2000, yielding a total of 361, 296, 585 sRNA raw reads (more than twenty million for each library). After removing low quality reads, adapters, poly-A sequences and short RNA reads smaller than 18nucleotides, 348, 651, 354 (96.50%) clean reads including 52, 351, 387 unique sequences were obtained from all these libraries. For clean reads, 116RS library produced the least clean reads (19, 583, 940) and 116RL library yielded the most clean reads (23, 859, 206), while for unique sequences, 84SLC library generated the least unique sequences (955, 962) and 116RL library showed the most abundant unique sequences (4, 853, 221). Although the average sequenced frequency of a unique sequence was from 4.8 (116RLC library) to 20.7 (84SLC library), over 74% of the unique sequences were only sequenced once in these libraries, indicating that sequencing was far from saturated (data not shown). These unique sequences were then perfectly mapped to the soybean genome using SOAP2 software, and the results showed that over 57.4% of unique sequences matched the soybean genome in these libraries. Among these libraries, the highest proportion of unique sequences mapped to the soybean genome came from the 84SS library (78.26%) and the lowest proportion come from the 116RLC library (57.45%) (Table 1).

Size distribution of sRNAs based on both total sRNAs reads and unique sRNAs reads were analyzed (Figure 1).The majority of the total sRNAs reads were found to be in the range of 21 nt to 24 nt in length in all 16 libraries. Three major peaks at 21 nt, 22 nt and 24 nt were observed in eight root libraries

(Figure 1a), while 21 nt small RNAs in total sRNA reads were dominant in eight shoot libraries (Figure 1b). The length distribution of unique sRNA reads revealed that the 24 nt sRNAs were the most abundant class in all libraries and it was followed by 21 nt, 22 nt sRNAs (Figure 1c and Figure 1d). Overall, although these small RNAs were unevenly distributed according to their length in all libraries, a proportion of small RNAs of a certain length was found to be similar among all libraries. To further compare the average abundance of sRNAs with different lengths, the ratio of raw and unique sequences was calculated, which found that the ratio of sRNAs varied along with length, and the 21 nt sRNAs showed the highest redundancy. The result was consistent with previous reports from other plant species[36, 64-65].

The Most Abundant miRNA Variants Corresponded to Soybean known miRNAs

In the process of detecting known miRNAs in soybean, we found that in some cases, the most abundant sequences among all unique sequences mapped to the known pre-miRNAs of soybean were not annotated miRNA sequences in miRBase. Thus, we turned to search for the most abundant variants and compared them among all 16 libraries to determine if these variants were more abundant than annotated miRNA sequences in most libraries. In sixteen libraries, a total number of 349 known pre-miRNAs belonging to 158 miRNA families were analyzed to determine the most abundant variants by investigating the distribution of unique RNA sequences on known pre-miRNAs.In some libraries, some of the known pre-miRNAs could not be well-supported by unique RNA sequences, therefore, numbers of known pre-miRNAs analyzed were different in every library, and number of pre-miRNAs (348) analyzed in 84RLC library was the most (Table 2 and Table S2).

Table 1 Statistics of sequenced reads from all libraries.

libraries	raw reads	clean reads	Unique reads	Total RNAs mapped to genome	Unique RNAs mapped to genome
116RS	20,563,913	19,583,940	3,740,997	15650469(79.91%)	2259049(60.39%)
116RSC	21,657,642	20,229,978	3,807,854	16533150(81.73%)	2364006(62.08%)
116RL	24,982,431	23,859,206	4,853,221	18638795(78.12%)	2837312(58.46%)
116RLC	21,671,329	20,420,678	4,211,257	15594096(76.36%)	2419218(57.45%)
84RS	23,001,960	21,529,981	3,909,940	17589661(81.70%)	2619015(66.98%)
84RSC	21,440,496	20,361,472	3,942,964	16141497(79.27%)	2449851(62.13%)
84RL	23,201,153	22,194,791	4,444,930	17545304(79.05%)	2746226(61.78%)
84RLC	25,102,491	23,835,520	4,146,988	19254010(80.78%)	2510625(60.54%)
116SS	23,151,683	22,694,642	3,409,006	19450015(85.70%)	2558524(75.05%)
116SSC	23,103,654	22,623,753	3,748,081	18926241(83.66%)	2760503(73.65%)
116SL	22,275,675	21,991,532	1,342,837	19965183(90.79%)	984532(73.32%)
116SLC	21,155,459	20,944,820	1,332,422	19331120(92.30%)	987783(74.13%)

Continued

libraries	raw reads	clean reads	Unique reads	Total RNAs mapped to genome	Unique RNAs mapped to genome
84SS	24,004,607	23,602,217	3,294,804	20396440(86.42%)	2578600(78.26%)
84SSC	24,158,394	23,595,539	3,632,865	20461997(86.72%)	2809572(77.34%)
84SL	21,663,173	21,316,261	1,577,259	19181538(89.99%)	1188381(75.34%)
84SLC	20,162,525	19,867,024	955,962	17949389(90.35%)	708189(74.08%)
Total	361,296,585	348,651,354	52,351,387	292,608,905	34,781,386

Note: ① Clean reads are those remaining after low-quality reads have been removed from total raw reads. Unique reads are different types of clean reads. The number of the total clean reads and unique reads from the sixteen libraries that matched to the genome sequences are also listed.

② 116RS, 116 - root short-term treatment; 116RL, 116 - root long-term treatment; 84RS, 84 - 70 - root short-term treatment; 84RL, 84 - 70 - root long-term treatment; 116SS, 116 - shoot short-term treatment; 116SL, 116 - shoot long-term treatment; 84SS, 84 - 70 - shoot short-term treatment; 84SL, 84 - 70 - shoot long-term treatment; 116RSC, 116 - root short-term control; 116RLC, 116 - root long-term control; 84RSC, 84 - 70 - root short-term control; 84RLC, 84 - 70-root long-term control; 116SSC, 116 - shoot short-term control; 116SLC, 116-shoot long-term control; 84SSC, 84 - 70 - shoot short-term control; 84SLC, 84 - 70 - shoot long-term control.

doi: 10.1371/journal.pone.0067423.g001

When the most abundant variants located on their corresponding pre-miRNA 5′ arm or 3′ arm were searched and compared in all 16 libraries, we found that although some of the most abundant variants were same in all 16 libraries, some of the most abundant variants did not coincide among 16 libraries. In order to further study the differential expression analysis, these most abundant variants that showed differences among 16 libraries needed be unified. Therefore, we followed the rule that if a unique RNA sequence mapped to its corresponding pre-miRNA 5′ arm or 3′ arm was the most abundant variant in a majority of these libraries, moreover, and if the sequenced frequency of other unique RNA sequences (most abundant variant in the other libraries) was close to frequency of the former unique RNA sequence in the same libraries, the unique RNA sequence that was most abundant variant in majority of these libraries was assumed as the "unified most abundant variant" in all 16 libraries. Otherwise, other unique RNA sequences that was most abundant variant in the other libraries could not be replaced by the unique RNA sequence that was the most abundant variant in a majority of these libraries to calculate sequenced reads. For example, for gma-miR151 - 3p, gma-miR166h - 3p, gma-miR172i - 3p, gma-miR1510a - 5p and gma-miR398b - 5p, their most abundant variants on their corresponding precursors in 16 libraries were different with greatly varied sequenced reads in the same libraries and couldn't be unified to a sole sequence (Table S2, Figure S1). Interestingly, for gma-miR4361 - 3p and gma-miR4368b - 3p, their most abundant variants on respective miRNA precursors were almost the same in 8 libraries from the same variety, however, they were different between libraries from the two varieties (Table S2, Figure S1). This implied that the most abundant variants might be variety-specific.

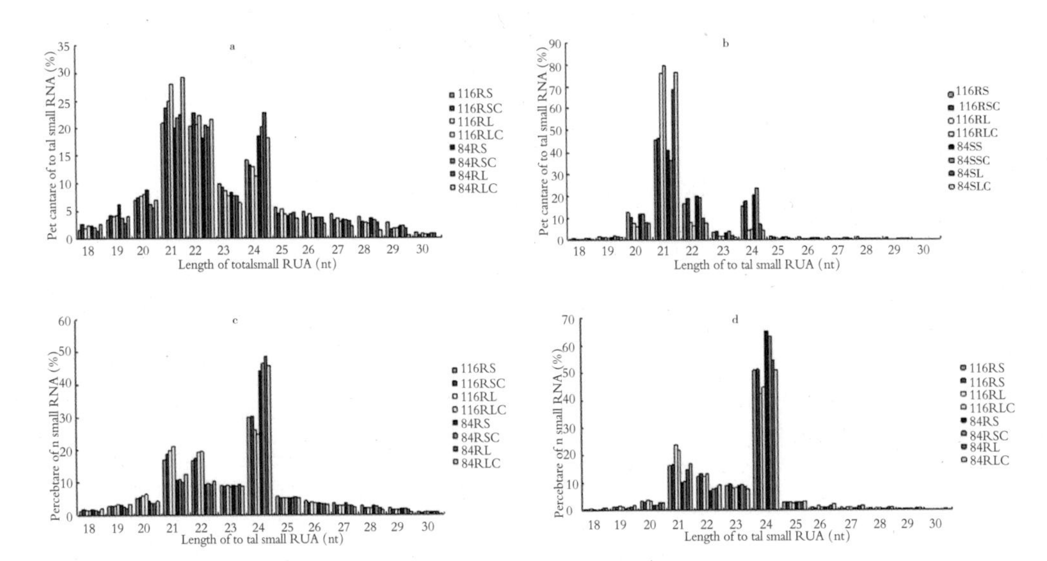

Figure 1 The length distribution of soybean sRNAs. (a) Length distribution of total sRNAs reads in eight root libraries. The y-axis indicates percent of total sRNAs , and the x-axis indicates length of total sRNAs (nt) . (b) Length distribution of total sRNAs reads in eight shoot libraries : The yaxis indicates percent of total sRNAs , and the x-axis indicates length of total sRNAs (nt) . (c) Length distribution of unique sRNAs reads in eight root libraries. The y-axis indicates percent of unique sRNAs , and the x-axis indicates length of unique sRNAs (nt) . (d) Length distribution of unique sRNAs reads in eight shoot libraries. The y-axis indicates percent of unique sRNAs , and the x-axis indicates length of unique sRNAs (nt) . 116RS , 116-root shortterm treatment ; 116RL , 116-root long-term treatment ; 84RS , 84 – 70 – root short-term treatment ; 84RL , 84 – 70 – root long-term treatment ; 116SS , 116 – shoot short-term treatment ; 116SL , 116 – shoot long-term treatment ; 84SS , 84 – 70 – shoot short – term treatment ; 84SL , 84 – 70 – shoot long-term treatment ; 116RSC , 116 – root short-term control ; 116RLC , 116 – root long-term control ; 84RSC , 84 – 70 – root short-term control ; 84RLC , 84 – 70 – root long-term control ; 116SSC , 116 – shoot short-term control ; 116SLC , 116 – shoot long-term control ; 84SSC , 84 – 70 – shoot short-term control ; 84SLC , 84 – 70 – shoot long-term control.

doi : 10.1371/journal.pone.0067423.g001

Table 2 Summary of unified miRNA variants mapping to known miRNAs precursors.

	116RS	116RSC	116RL	116RLC	84RS	84RSC	84RL	84RLC	116SS	116SSC	116SL	116SLC	84SS	84SSC	84SL	84SLC	Total
precursor (location)	342	346	345	345	343	347	346	348	345	344	328	330	343	343	335	333	349
families	153	156	155	154	153	156	156	157	157	157	150	146	157	157	155	151	158
miRNA variants	354	358	358	355	356	360	359	361	355	354	338	340	352	353	343	342	362
miRNA*	181	193	204	201	206	199	205	206	195	206	157	164	189	195	160	151	267

Note: Precursors are annotated known miRNA precursors (pre-miRNAs) in miRBase. Families are annotated known miRNA families in miRBase. miRNA variants are the most abundant sequences mapping to 5′ arm or 3′ arm of known miRNAs precursors. miRNA* are the sequences which can form miRNA: : miRNA* duplexes with miRNA variants.

doi: 10.1371/journal.pone.0067423.t002

In classical plant miRNA biogenesis pathway, a pre-miRNA is cleaved into miRNA: : miRNA*duplex, the miRNA of which joins with Argonaute (AGO) to form the RNA-induced silencing complex (RISC) to regulate gene expression. In most cases, miRNA* is quickly degraded, so it is found at a much lower frequency than miRNAs[66]. We assumed the most abundant variant on the whole stem of a pre-miRNA (5′ arm or 3′ arm) as miRNA variant, while the most abundant variant on the opposite arm of miRNA variant as miRNA* variant. The analysis of the most abundant variant showed that miRNA variants for over 50% of known pre-miRNAs were the same in these 16 libraries, while the miRNA* variants were less consistent (Table S2, Figure S1) .For example, their corresponding most abundant variants of gmamiR167g, gma-miR169f and gma-miR394b were found to be located in their pre-miRNAs 5′ arm (as miRNA variants) and were consistent in 16 libraries. They also had more sequence reads than the corresponding miRNA* variants located in the pre-miRNAs 3′arm, and the miRNA* variants were different in these 16 libraries.Certainly, miRNA variants could come from their pre-miRNAs 3′ arm and were slightly more prevalent than miRNA variants from the pre-miRNAs 5′ arm (Table S2) . In addition, we found that for some miRNAs, such as gma-miR169l, gma-miR171b and gma-miR4414, their corresponding miRNA variants in some libraries were located on the pre-miRNAs 59 arm, while in other libraries located on the pre-miRNAs 39 arm (Table S2, Figure S1) . These results revealed the alternative use of the pre-miRNAs 5′ and pre-miRNAs 3′ arms as well as the complexity of the mature miRNA variants generating processes in different libraries.

For analysis of these unified miRNA variants′ sequenced reads, these unique RNA sequences located between +2 nt and −2 nt away from unified miRNA variants on their corresponding pre-miRNAs were included in our calculations. We found that gmamiR3522 5p was the most abundantly expressed and was sequenced 79410810 in 16 libraries, followed by some species of gma-miR1507a/b - 3p, gma-miR156d/g/i/j/l/m - 5p and gmamiR166u - 3p. We also calculated sequenced reads of miRNA*variants, and the miRNA* variants were considered to be identified even if miRNA* variants were sequenced once in one library of 16 libraries, thus a total of 267 miRNA* variants were identified in 16 libraries (Table 2 and Table S2) .

Previous studies showed that a single miRNA precursor could produce two or more distinct miRNAs[53]. In this study, we also found that some pre-miRNAs, such as pre-miR159a, pre-miR319a, pre-miR394a, and pre-miR2118a could generate distinct abundant sequences on their 5′ arm or 3′ arms, the positions of which didn't overlap and the sequence frequencies were high enough. Most importantly, we found most of their corresponding miRNA*s sequences, indicating they were likely to be the products of DCL1 processing. These distinct abundant sequences from the same precursor could be annotated as different miRNA variants of the same precursor, amplifying analyzed known miRNA variants to 362 in 16 libraries (Table 2, Table S2, Figure S1) .

To further characterize these miRNA variants, we compared them with annotated mature soybean miRNAs in miRBase (Table S2, Figure S1, Figure 2) . Though many annotated miRNAs were the most abundant sequences on their corresponding pre-miRNAs in all libraries, almost 50% of the miRNA variants were not consistent with annotated miRNAs in miRBase. For example, for gma-miR160d, gma-miR2109, and gma-miR482b, although the most abundant variants on both arms of respective pre-miRNAs were different with annotated miRNAs, they were the same in these 16 libraries and could form miRNA: : miRNA* duplex, supporting that they were likely authentic miRNAs or miRNA*s and could substitute for the annotated miRNAs. In addition, we found that some miRNA variants were located on the opposite arms of the annotated miRNAs on their corresponding premiRNAs.For example, for gma-miR171e, gma-miR159d and gma-miR390c, their corresponding miRNA variants were located on the corresponding pre-miRNAs 5′ arms, whereas their annotated miRNA were located on the corresponding premiRNAs 3′ arms.

Putative Novel miRNAs in Soybean

Besides the unique RNA sequences aligned known miRNA precursors, there were still numerous unclassified small RNAs in these 16 libraries, some of which might be novel miRNAs. The Mireap software was used to predict novel miRNAs with adjusted parameters, which were suitable for plant miRNAs identification[67]. Approximately, 3000 loci were predicted with miRNA precursor-like stem-loop structures in the 16 libraries. Since the most abundant sequences on these new loci weren't always consistent among the libraries, we adopted the above rule of known miRNA variants to unify them to count sequenced frequency. To improve accuracy of a new miRNA prediction, we adopted the following critical criterion: (1) miRNA* was detected in at least one library, (2) total sequenced frequency of a novel miRNA in 16 libraries were over 100, as the use of low expression miRNAs is prone to high false positive. Thus only 90 loci belonging to 55 miRNA families were annotated as new miRNAs, and each library had varied novel miRNAs (Table 3 and Table S3). Generally, these new miRNAs were named temporarily in the form of novel-soy-number − 3p/5p, . For some paralogous loci of newly identified miRNAs that could be classified into the same families, they were designated as novel-soy-number-letters − 3p/5p.For example, novel-soy0055 have nine paralogous loci that were named novel-soy0055a ~ novel-soy0055i, respectively (Table S3).According to the sequencing reads, novel-soy0001 − 3p was found to be the most abundantly expressed novel miRNA, followed by novel-soy0045 − 5p, novel-soy0055i − 3p and novel-soy0027 − 3p (Table S3).

In accordance with the known miRNAs, these newly identified miRNAs derived from predicted hairpin structures ranged from 80 to 376 nt, and the minimum folding free energy (MFE) for these structures hairpin structures was found to be less than 20 kcal · mol^{-1}. Almost 50% of these newly identified miRNAs were 21 nt miRNAs beginning with a U, and the pre-miRNAs 5′ and premiRNAs 3′ arms were alternatively used as sources of miRNA in different libraries (Table S3).

To confirm whether these new miRNAs were homologous with known miRNAs, we compared them with the known miRNAs from all plant species deposited in miRBase. Our results showed that eight new miRNAs or miRNAs* (novel-soy0001, novel-soy0006, novel-soy0013, novel-soy0020, novel-soy0025, novel-soy0026, novel-soy0044 and novel-soy0045) were orthologues of known miRNAs identified in different plant species (Table S3). In addition, although most new miRNAs were independently transcribed from intergenic regions of the genome, we found that a few new miRNAs loci were located in the introns or exons of the protein-coding genes. The positions of these new miRNAs on protein-coding genes as well as the functions of protein-coding genes have been summarized (Table 4).

These genes are involved in distinct plant physiological processes except that the functions of some genes were unclear.

1. gma- miR160d (from 116RL)

```
TGCCTGGCTCCCTGTATGCCATTTGTAGACCCCATTACAAAGGTGATGGCCTTAGCAAATGGCGTATGAGGAGTCATGCATGCTGTGTTTT gma-MIR160d 91
(((.(((((((..((((((((((((.((..(((((((....)))))))..)).))))))))))))..))))))).))).............  structure -44.60
TGCCTGGCTCCCTGTATGCC*********************************************************************** gma-miR160d 20
TGCCTGGCTCCCTGTATGCCA...................................................................... t0003305 21 606
TGCCTGGCTCCCTGTATGCC....................................................................... t0340193 20 3
.............................................................GCGTATGAGGAGTCATGCATG......... t0026379 21 52
```

2. gma- miR2109 (from 116RL)

```
GGTGCGAGTGTCTTCGCCTCTGAGAGAGATACTATGAGATCTCAAGCCTCGGAGGCGTAGATACTCACACC gma-MIR2109 71
((((.((((((((.((((((((((.(((((........)))))....)))))))))).)))))))).)))) structure -41.80
**TGCGAGTGTCTTCGCCTCTG************************************************* gma-miR2109 20
..TGCGAGTGTCTTCGCCTCTGA................................................ t0001052 21 1747
..TGCGAGTGTCTTCGCCTCT.................................................. t0020679 19 71
..TGCGAGTGTCTTCGCCTCTG................................................. t0135066 20 8
..................................................GGAGGCGTAGATACTCACACC t0003940 21 502
```

3. gma-miR171e (from 116RL)

```
ACATGGGGATGTTGGACGGTTCAATCAAATCAAATCTCCTAATGGCTGGGTCCTTTGGTATGATTGAGCCGTGCCAATATCAAATCCTGC gma-MIR171e 90
.((.(((((((((((((((((((((((.((((((...((((.....))))...)))))).)))))))))))).))))))))...))))). structure -39.60
************************************************************TGATTGAGCCGTGCCAATATC********* gma-miR171e 21
........ATGTTGGACGGTTCAATCAAA............................................................. t0016945 21 91
.........TGTTGGACGGTTCAATCAAA............................................................. t0001482 20 1291
.........TGTTGGACGGTTCAATCAAAT............................................................ t0039380 21 32
.........TGTTGGACGGTTCAATCAA.............................................................. t0049477 19 25
............................................................TGATTGAGCCGTGCCAATATC......... t0020326 21 72
```

4. gma- miR390c (from 116RL)

```
TGTAAAGCTCAGGAGGGATAGCGCCATGGATGATCTCTTCTCCACTCTTGATCTTCTCTTGCGCTATCCATCCTGAGTTTCATGGCTTCT gma-MIR390c 90
.((.((((((((((.((((((((((...(((.((((............)))).)))...)))))))))).)))))))))).))....... structure -38.54
*************************************************************CGCTATCCATCCTGAGTTTC********* gma-miR390c 20
....AAGCTCAGGAGGGATAGCGCC................................................................. t0000832 21 2147
....AAGCTCAGGAGGGATAGCGC.................................................................. t0069038 20 17
....AAGCTCAGGAGGGATAGCGCCA................................................................ t0095357 22 12
.....AGCTCAGGAGGGATAGCGCC................................................................. t0019763 20 75
.............................................................CGCTATCCATCCTGAGTTTCA........ t0024541 21 57
.............................................................CGCTATCCATCCTGAGTTTC......... t0125778 20 9
```

Figure 2　Examples where the most abundant sequences were different from the annotated miRNA. only sequences with more than 10 reads are shown except the most abundant variants and the annotated miRNA , the sequences that was the most abundant variants on the two arm of pre-miRNAs were shown in red , and the annotated miRNAs were shown in pink.

doi : 10. 1371/journal.pone. 0067423. g002

The miRNAs Responsive to Short-term and Long-term N Limitation in Soybean Roots

To identify low N-responsive miRNAs (known miRNAs and new miRNAs) in soybean roots, we compared miRNA expression profiling between short-term or long-term low N stress and corresponding control libraries in both genotypes. Specifically, the sequenced amount of a specific miRNA was first normalized as transcripts per million (TPM), then the $\log_2$ ratios between low N stress and corresponding control libraries and P-value based on Poisson distribution model were calculated. To minimize noise and improve accuracy, we only selected the miRNAs with sequence reads over 100 in at least one library for comparison.P-value $\leqslant 0.05$ and the absolute value of $\log_2$ ratio $\geqslant 1.0$ as a threshold were used to judge the statistical significance of miRNA expression. The miRNAs with $\log_2$ ratio $\geqslant 1.0$ were designated as ‘up-regulated’, while the miRNAs with $\log_2$ ratio $\leqslant -1.0$ as ‘downregulated’ (Figure 3, Figure 4 and Table S4). Results showed that in No.116 variety (tolerant genotype), 14 known miRNAs belonging to 5 miRNA families were found to be significantly differentially expressed in response to short-term low

N stress, and these 14 miRNAs were all down-regulated and reduction in gmamiR2109 - 3p expression was the highest. In No.84 - 70 variety (sensitive genotype), 13 known miRNAs belonging to 8 miRNA families were identified to be significantly differentially expressed.Among 13 known miRNAs, 5 known miRNAs (i.e.gmamiR1510a - 5p, gma-miR396b/d/g - 3p) were up-regulated while the other known miRNAs (i.e.gma-miR1512a - 5p, gmamiR5372 - 5p) were down-regulated. Among the significantly differentially expressed miRNAs responsive to short-term N limitation from both genotypes, 3 known miRNAs (gmamiR408a/b/c - 5p) were found to be common and down-regulated.

Table 3 Summary of new miRNAs.

	116RS	116RSC	116RL	116RLC	84RS	84RSC	84RL	84RLC	116SS	116SSC	116SL	116SLC	84SS	84SSC	84SL	84SLC	Total
novel miRNA	89	89	89	89	87	89	88	88	89	89	85	88	80	88	81	84	90
miRNA*	29	31	38	41	25	33	28	24	32	47	22	17	23	36	21	18	74
families	54	54	54	54	52	54	53	53	54	54	52	53	50	53	51	51	55

Note: Novel miRNAs are the small sequences which meet the critical criterion of novel miRNA annotation. miRNA* are the sequences which can form miRNA: miRNA* duplexes with novel miRNA. Families are the novel miRNAs with similar sequences.

doi: 10. 1371/journal. pone. 0067423. t003

Table 4 Some new miRNAs located in the introns or exons of protein-coding genes.

New miRNA name	Genomic-locus	Position of new miRNA located on corresponding gene	gene function
novel-soy0014	Gm19: 36915900: 36915999: +	Glyma19g29360.1_intr10	Predicted ATPase(PP-loop superfamily)
novel-soy0017	Gm10: 50870523: 50870801: -	Glyma10g44540.1_intr6	Starch binding domain
novel-soy0018	Gm13: 41358349: 41358450: +	Glyma13g40930.2_intr2	RRM motif-containing protein
novel-soy0027	Gm13: 35514890: 35515064: +	Glyma13g33830.1_intr3	Hydroxyindole-O-methyltransferase and related SAMdependent methyltransferases
novel-soy0028	Gm02: 42141386: 42141490: +	Glyma02g36710.1_intr3	translation initiation factor IF-3
novel-soy0029	Gm03: 45559347: 45559504: -	Glyma03g39500.1_intr2	26S proteasome regulatory complex, ATPase RPT5

Continued

New miRNA name	Genomic-locus	Position of new miRNA located on corresponding gene	gene function
novel-soy0030	Gm08：41436001：41436101：−	Glyma08g41460.2_intr2	serine − glyoxylate transaminase
novel-soy0031	Gm08：4270886：4271063：−	Glyma08g06010.1_intr8	Thioredoxin
novel-soy0033	Gm18：13659100：13659200：+	Glyma18g14150.1_intr3	unknown
novel-soy0034	Gm10：48411098：48411434：−	Glyma10g41290.1_intr1	Predicted signal transduction protein，PCD6 interacting protein-related
novel-soy0035	Gm14：26871028：26871361：+	Glyma14g22750.1_intr3	unknown
novel-soy0036	Gm08：46321055：46321233：−	Glyma08g47470.2_intr3	Activator of Hsp90 ATPase
novel-soy0037	Gm14：33572225：33572417：−	Glyma14g27380.1_intr9	unknown
novel-soy0038	Gm17：14170511：14170612：−	Glyma17g17360.1_intr1	NADH：ubiquinone oxidoreductase，NDUFS4/18 kDa subunit
novel-soy0039	Gm20：2071915：2072036：+	Glyma20g02450.1_intr1	unknown
novel-soy0040	Gm11：33167338：33167491：+	Glyma11g31810.1_intr4	Hsp70 − interacting protein
novel-soy0041	Gm16：29006145：29006227：+	Glyma16g25080.1_intr1	Leucine Rich Repeat PROTEIN
novel-soy0042	Gm06：44529277：44529430：−	Glyma06g41240.1_exon3	Apoptotic ATPase，Leucine Rich Repeat
novel-soy0045	Gm18：61442586：61442692：−	Glyma18g53060.1_exon1	unknown
nove-soy0050a	Gm20：39792640：39792742：−	Glyma20g31140.3_intr7	unknown
novel-soy0050b	Gm10：893455：893562：+	Glyma10g01210.1_intr2	SBP domain

Continued

New miRNA name	Genomic-locus	Position of new miRNA located on corresponding gene	gene function
novel-soy0050c	Gm11: 36844937: 36845041: -	Glyma11g35100.1_intr5	Arginyl-tRNA-protein transferase
novel-soy0050d	Gm13: 37718475: 37718554: +	Glyma13g36430.1_intr2	Ypt/Rab−specific GTPase-activating protein GYP7 and related proteins
novel-soy0051a	Gm13: 38887195: 38887345: +	Glyma13g37960.2_intr1	Universal stress protein family
novel-soy0051b	Gm09: 109565: 109722: -	Glyma09g00360.1_intr2	RhoGAP domain
novel-soy0052a	Gm05: 40112962: 40113078: +	Glyma05g36260.1_intr14	Protease family M24(methionyl aminopeptidase, aminopeptidase P)
novel-soy0052b	Gm05: 15006208: 15006324: -	Glyma05g14210.1_intr8	DNA double-strand break repair RAD50 ATPase
novel-soy0053a	Gm03: 44205908: 44206007: +	Glyma03g37670.1_intr3	DNA-directed RNA polymerase subunit E
novel-soy0053b	Gm19: 46707950: 46708048: +	Glyma19g40280.2_intr3	DNA-directed RNA polymerase subunit E
novel-soy0053c	Gm19: 5268050: 5268406: +	Glyma19g05020.1_intr5	ATP sulfurylase(sulfate adenylyltransferase)
novel-soy0053d	Gm20: 44946295: 44946393: -	Glyma20g36970.1_intr24	Myosin class V heavy chain
novel-soy0053e	Gm08: 34672874: 34672969: -	Glyma08g36580.1_intr5	unknown
novel-soy0053f	Gm05: 29437141: 29437234: -	Glyma05g23710.2_intr4	LSD1 zinc finger
novel-soy0053g	Gm20: 818958: 819056: -	Glyma20g01180.2_intr12	acetyl-CoA acyltransferase
novel-soy0053h	Gm02: 5732006: 5732122: +	Glyma02g07190.1_intr1	DHHC-type Zn-finger proteins
novel-soy0053i	Gm19: 45160636: 45160733: +	Glyma19g38180.1_intr2	Predicted alpha/beta hydrolase

Continued

New miRNA name	Genomic-locus	Position of new miRNA located on corresponding gene	gene function
novel-soy0053j	Gm08: 5615228: 5615326: -	Glyma08g07840.1_intr1	COPII vesicle protein

doi: 10. 1371/journal.pone. 0067423. g003

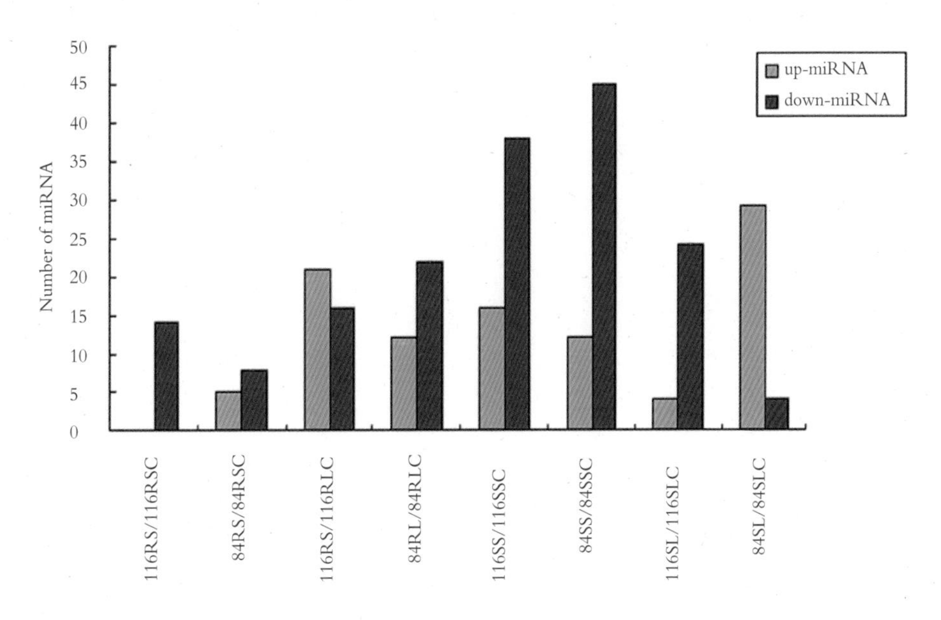

Figure 3 Numbers of up-regulated and down-regulated miRNA were summarized in compared libraries. 116RS , 116 - root short-term treatment ; 116RL , 116 - root long-term treatment ; 84RS , 84 - 70 - root short-term treatment ; 84RL , 84 - 70 - root long-term treatment ; 116SS , 116 - shoot short-term treatment ; 116SL , 116 - shoot long-term treatment ; 84SS , 84 - 70 - shoot short-term treatment ; 84SL , 84 - 70 - shoot long-term treatment ; 116RSC , 116 - root short-term control ; 116RLC , 116 - oot long-term control ; 84RSC , 84 - 70 - root short-term control ; 84RLC , 84 - 70 - root long-term control ; 116SSC , 116 - shoot short-term control ; 116SLC , 116 - shoot long-term control ; 84SSC , 84 - 70 - shoot short-term control ; 84SLC , g00484 - 70 - shoot long-term control.

doi : 10. 1371/journal. pone. 0067423. g003

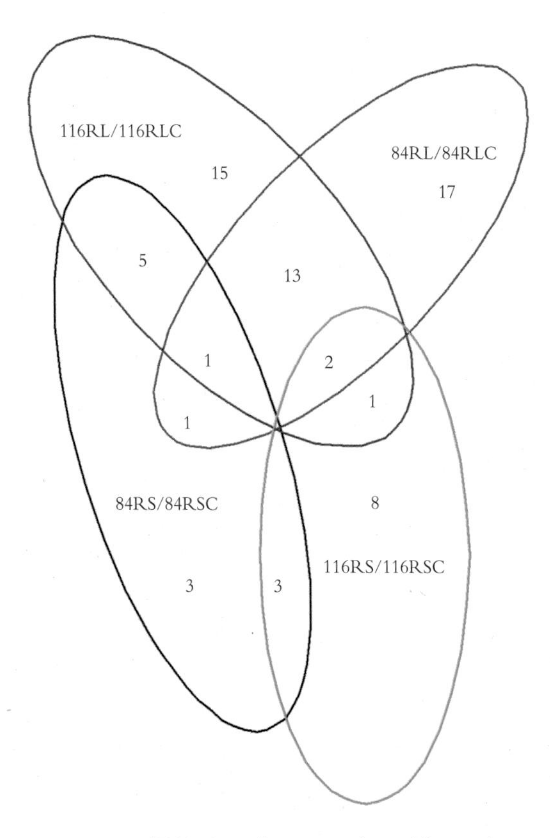

Figure 4 Specific and common response miRNAs in soybean roots from differential compared libraries. 116RS , 116 - root short-term treatment ; 116RL , 116 - root long-term treatment ; 84RS , 84 - 70 - root short-term treatment ; 84RL , 84 - 70 - root long-term treatment ; 116 - root short-term control ; 116RLC , 116 - root long-term control ; 84RSC , 84 - 70 - root short-term control ; 84RLC , 84 - 70 - root long-term control.

doi : 10.1371/journal.pone.0067423.g004

Under long-term low N stress condition, 36 known miRNAs belonging to 12 miRNA families as well as one novel miRNA (novel-soy0006 - 3p) were identified to be significantly differentially expressed in No.116 variety. Among these 36 miRNAs, 15 known miRNAs (i.e.gma-miR396b/d/g - 3p, gma-miR482a/c - 3p, gma-miR2109 - 3p) and the novel miRNA were found to be down-regulated while the other known miRNAs were up-regulated. In No.84 - 70 variety, 34 known miRNAs belonging to 15 miRNA families were identified to be significantly differentially expressed. Among 34 known miRNAs, 12 known miRNAs (i.e. gma-miR1512b - 5p, gma-miR171c/e - 5p, gma-miR482a - 5p) of which were up-regulated while the other known miRNAs (i.e. gma-miR156b/f - 5p, gma-miR169c/p/s - 5p) were down-regulated.Among these significantly differentially expressed miRNAs responsive to long-term N limitation from both genotypes, 16known miRNAs in 7 miRNA families (i.e.gma-miR1512c - 5p, gma-miR159a - 3p - 1, gma-miR159b/f - 5p - 2, gma-miR169c/e/h/p/s−5p, and gma-miR862a/b −5p) were common. To identify the common significantly differentially expressed miRNAs under both short-term and long-term low N stress conditions, miRNAs significantly differentially expressed in response to short-term or long-term low N stress were further compared. The results showed that in No.116 variety roots, 3 significantly differentially expressed known miRNAs belonging to 2 miRNA families (gma-miR159a/e-3p-1, gma-miR2109-3p) were common under short-term and long-term low N stress conditions, while in No.84-70 variety roots, 2 known miRNAs belonging to 2 miRNA families (gmamiR1510a-5p, gma-miR5559-5p) were common under both short-term and long-term low N stress conditions. Among both short-term and long-term low N-responsive miRNAs from roots of both genotypes, no significantly differentially expressed miRNA was found to be common.

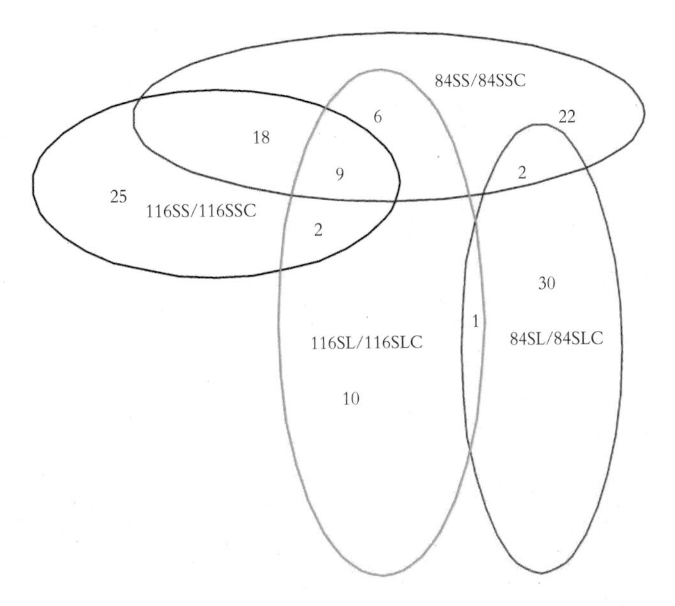

Figure 5 Specific and common response miRNAs in soybean shoots from differential compared libraries. 116SS, 116-shoot short-term treatment; 116SL, 116-shoot long-term treatment; 84SS, 84-70-shoot short-term treatment; 84SL, 84-70-shoot long-term treatment; 116SSC, 116-shoot short-term control; 116SLC, 116-shoot long-term control; 84SSC, 84-70-shoot short-term control; 84SLC, 84-70-shoot long-term control.

doi: 10.1371/journal.pone.0067423.g005

The miRNAs Responsive to Short-term and Long-term N Limitation in Soybean Shoots

In soybean shoots, miRNAs responsive to short-term or long-term low N stress were investigated using the above mentioned method (Figure 3, Figure 5 and Table S4). Results displayed that in No.116 variety, 54 known miRNAs belonging to 19 miRNA families were identified to be significantly differentially expressed in response to short-term low N stress, and 16 of these known miRNAs belonging to 8 miRNA families (i.e. gma-miR166i-5p, gma-miR396b/d/g-3p, gma-miR408a/b/c/d-3p) were found to be up-regulated while the other known miRNAs (i.e. gmamiR160a/b/c/d/e-5p, gma-miR171c-5p, gma-miR398c-5p) were down-regulated. In No.84-70 variety, 56 known miRNAs belonging to 15 miRNA families as well as one novel miRNA (novelsoy0043-5p) were found significantly differentially expressed, and among them 12 known miRNAs belonging to 6 miRNA families (i.e.gma-miR159a/e-3p-1, gma-miR2119-3p, gma-miR482b/d-3p) were up-regulated while the other known miRNAs (i.e. gmamiR156b/f-5p, gma-miR171b/e/h-5p, gma-miR390a/b/c/d－5p) and the novel miRNA were down-regulated. Among these miRNAs responsive to short-term low N stress from shoot of both genotypes, 27 known miRNAs belonging to 7 miRNA families (i.e.gma-miR160/b/c/d/e－5p, gma-miR396b/c/d/f/g－5p, gmamiR2109－5p, gma-miR5372－5p, gma-miR394b/c－5p) were common.Under long-term low N stress condition, 28 known miRNAs belonging to 14 miRNA families were found significantly differentially expressed in No.116 variety, and among them 4known miRNAs belonging to 2 miRNA families (gma-miR156p/t－5p, gma-miR156r－3p ma-miR5774b–5p) were found to be up-regulated while the other known miRNAs (i.e. gma-miR397a/b－5p, gma-miR398c－5p, gma-miR408a/b/c/d－5p) were down-regulated.In No.84－70 variety, 33 known miRNAs belonging to 15 miRNA families were significantly differentially expressed, of which 4 known miRNAs (gma-miR2119－3p, gma-miR398a/b–5p, gma-miR5786－5p) were down-regulated while other known miRNAs belonging to 15 miRNA families (i.e. gma-miR1507a/b/c－5p, ma-miR171e－5p, gma-miR168a/b–5p, gma-miR482a/c－3p) were up-regulated. Among these miRNAs responsive to shortterm low N stress from shoot of both genotypes, only one known miRNAs (gma-miR5774b－5p) were found to be common. The miRNAs that were significantly differentially expressed in response to short-term and long-term low N stress were further compared, and the results showed that in No.116 variety, 11 known miRNAs belonging to 6 miRNA families (i.e.gma-miR160/b/c/d/e－5p, gma-miR398c－5p, gma-miR2109－3p) were significantly differentially expressed under both short-term and long-term low N stress conditions, while in No.84－70 variety, 2 known miRNAs belonging to 2 miRNA families (gma-miR171e－5p, gma-miR2119－3p) were both short-term and long-term low N-responsive miRNAs. Among both short-term and long-term low N-responsive miRNAs from shoots of both genotypes, no significantly differentially expressed miRNA was found to be common.

Comparison of the Soybean Shoots miRNAs with Roots miRNAs Responsive to Short-term and Long-term N Limitation

The miRNAs that were found significantly differentially expressed in response to short-term or long-term low N stress in soybean shoots were further compared with significantly differentially expressed miRNAs in soybean roots (Table S4). The results showed that in No.116 variety, 9 known miRNAs belonging to 3 miRNA families (gma-miR159a/e－3p－1, gma-miR160/b/c/d/e－5p, gma-miR2109－3p, gma-miR2109－5p) were significantly differentially expressed in response to short-term low N stress in both shoots and roots of No.116 variety. Under long-term low N stress condition, 5 known miRNAs belonging to 4 miRNA families (gmamiR159a/e－3p－1, gma-miR2109－3p, gma-miR397b－3p, gmamiR408d－5p) were significantly differentially expressed in both shoots and roots of 116 variety. The significantly differentially expressed miRNAs in both shoots and roots of No.116 variety responsive to short-term were further compared with those responsive to long-term low N stress. The results showed that 3 known miRNAs in 2 miRNA families (gma-miR159a/e－3p－1, gma-miR2109－3p,) were common. In No.84－70 variety, 2 known miRNAs from 2 miRNA families (gma-miR5372－5p, gmamiR5559－5p) were found significantly differentially expressed in response to short-term low N stress in both shoots and roots of No.84－70 variety, while under long-term low N stress condition, 4known miRNAs belonging to 3 miRNA families (gma-miR1510a/b–5p, gmamiR171e - 5p, gma-miR482a - 5p) were significantly differentially expressed in both shoots and roots of No.84 - 70variety. The significantly differentially expressed miRNAs in both shoots and roots of No.84 - 70 variety responsive to short-term were further compared with those responsive to long-term low N stress.The results showed that no known miRNA was common.

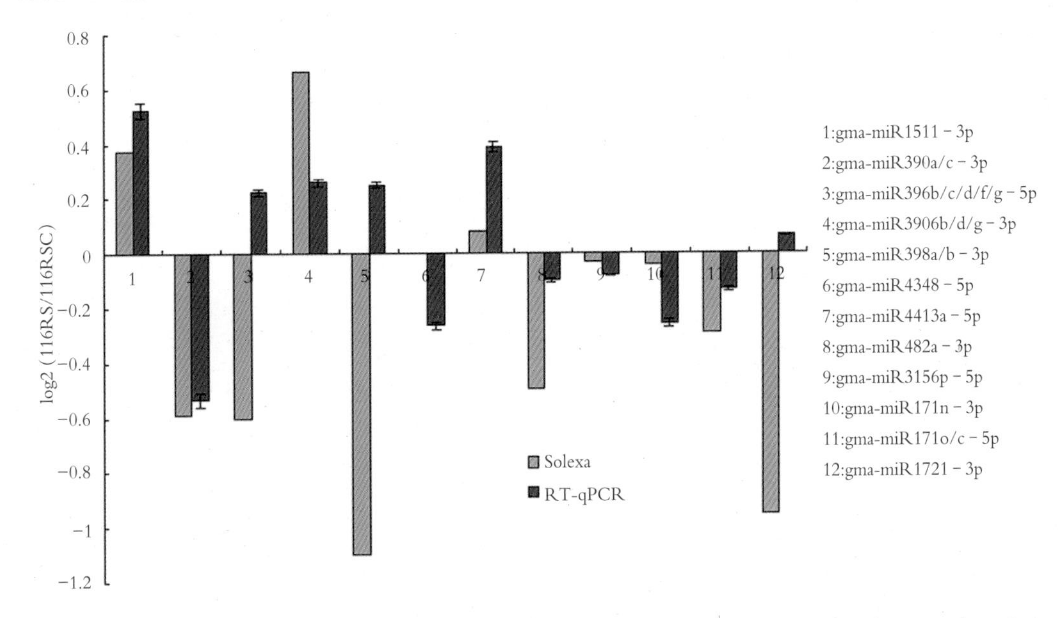

Figure 6 Comparison between qRT-PCR and the deep sequencing in No.116 root exposed to short-term low nitrogen stress. The yaxis indicate the relative expression levels of twelve selected miRNA in qRT-PCR and in Solexa sequencing analysis. The x-axis indicates twelve selected miRNAs , which are respectively as follows : 1.gma-miR1511 - 3p ; 2.gma-miR390a/c - 3p ; 3.gma-miR396b/c/d/f/g - 5p ; 4.gma-miR396b/d/g - 3p ; 5.gma-miR398a/b-3p ; 6.gma-miR4348 - 5p ; 7.gma-miR4413a - 5p ; 8.gma-miR482a - 3p ; 9.gma-miR156p - 5p ; 10.gma-miR171n - 3p ; 11.gma-miR171o - 5p ; 12.gma-miR172l - 3p. gma-miR1520d - 3p and gma-miR156b–5p was chosen as endogenous reference genes.
doi : 10.1371/journal.pone.0067423.g006

Confirmation of miRNAs by qRT-PCR

It is essential to evaluate the stability of candidate reference genes expression before RT-qPCR is used to determine the differential expression of genes. Two protein-coding genes (TUA5, ACT) and three miRNAs (gma-miR1520d - 3p, gma-miR156b–5p, gma-miR166a - 5p) were selected for the analysis of their expression stability in all eight No. 116 libraries by geNorm software. The results showed that the average expression stability values (M) of miR156b–5p and miR1520d - 3p were lower than those of the other genes in eight No. 116 libraries analyzed, which was consistent with previous reports [68] . To further determine the optimal number of reference genes for normalization, we calculated the pair-wise variation of these candidate reference genes. The combination of the two most stable genes (gma-miR1520d - 3p, miR156b) was found to be sufficient for normalization purposes because the V2/3 value was lower than 0.15.Thus, the two miRNA genes (gma-miR1520d - 3p, gma-miR156b–5p) were selected to normalize the level of gene expression (Figure S2) .

After determining reference genes, 12 miRNAs were randomly selected for RT-qPCR assays to validate the reliability of Solexa/Illumina sequencing technology. Student's t-test was used for statistical analysis of RT-qPCR data, and 12 miRNAs randomly selected did not display differential expression in response to shortterm low N stress in No. 116 root.Most of RT-qPCR results were found to be consistent with the deep sequencing data (Figure 6) .However, there were some differences between the deep sequencing results and RT-qPCR data. For example, deep sequencing results showed that the gma-miR172l－3p was down-regulated exposed to short-term low N stress in No. 116 root and $\log_2$ ratio was −0.95, while the RT-qPCR indicated that it showed negligible expression differences and $\log_2$ ratio was 0.06.

The Targets of Low N-responsive miRNAs

To understand the functions of low N-responsive miRNAs, the identification of their targets is an important step. Since plant miRNAs are highly complementary to their targets [34], bioinformatics methods based on the homology between miRNAs and target genes are used to predict target genes and have been applied in a number of studies [69－72]. In this study, potential target genes of all low N-responsive miRNAs were predicted, along with the description of the function of these genes (Tables S5) . We predicted a total of 223 targets genes for 53 out of all 68 low N-responsive known miRNAs as well as 14 genes for one new miRNAs in roots from the two varieties, with the remaining known miRNAs having no target genes. However, in shoots, we identified a total of 399 target genes for 93 out of all 124 low N-responsive known miRNAs, with the remaining 31 known miRNAs and the new miRNA having no target genes. While a few miRNAs were predicted to target only one gene, the great majority of low N-responsive miRNAs had multiple potential target genes. For instance, gma-miR2109－5p had the most 48 target genes followed by gma-miR156b/f－5p and gma-miR397a/b−5p with 32 and 31target genes respectively. In general, multiple members of some miRNAs families can target the same gene, however, species from different miRNAs families might also target the same gene and thus have similar functions. For example, Glyma13g04030.1 was predicted to be the target of both gma-miR159a/e－3p－1 and gmamiR319g/l－3p, and Glyma16g05900.1 was regulated by both gma-miR156b/f－5p and gma-miR169o/r－5p. However, it was not clear how these miRNAs regulate the same genes.

To elucidate the functions of low N-responsive miRNAs, target genes with functional annotations were analyzed. We found that the predicted targets were involved in a broad range of plant physiological and biochemical processes, including regulation of protein degradation (26S proteasome regulatory complex, Apoptotic ATPase, Vesicle coat complex COPI, Mitochondrial import inner membrane translocase etc), cellular Transport (multicopper oxidase, Amino acid transporters), hormone signaling pathways (AUX/IAA family, Auxin response factor, gibberellin 2－oxidase), Carbohydrate metabolism (Long-chain acyl-CoA synthetases, acetyl-CoA carboxylase carboxyl transferase subunit, pyruvate dehydrogenase E1 component), nucleic acid metabolism (Asparaginyl-tRNA synthetase, CCAAT-binding factor, tRNA delta (2) −isopentenylpyrophosphate transferase, RNA recognition motif, Chromatin assembly factor-I) . Interestingly, some target genes are also important transcription factors (Myb superfamily, TCP family transcription factor, GRAS family transcription factor, AP2 domain-containing transcription factor) .

Discussion

Extensive studies on the molecular basis underlying adaptive responses to low N stress have been conducted and many genes have been identified to be responsible for low N adaptability. For example, 10, 422 genes were found to be involved in early stage responses to low N stress in rice seedling by Lian et al. [73].However, most studies were about gene expression regulation at the transcriptional levels. With regard to post-transcriptional regulation, miRNAs associated with low N stress response in some plants have been fragmentarily reported, but little information on the post-transcriptional regulation of N limitation in soybean was available. Particularly, no miRNA in soybean has been identified to be involved in response to low N stress. In the present study, we constructed sixteen libraries for the genome-wide identification of miRNAs in soybean shoots and roots in two different genotypes exposed to long-term and short-term low N-stress using the high-throughput sequencing technology (Illumina-Solexa). We obtained 348, 651, 354 total reads and 52, 351, 387 unique reads. These data were much more than those reported in previous studies and allowed us to analyze low abundance miRNAs and identify more new miRNAs [43-48]. Although 508 soybean miRNAs have been well registered in miRBase database [74], 90 novel miRNAs were detected. Furthermore, sixteen constructed libraries could be compared to improve the reliability of identified miRNAs. For example, the most abundant variants of some miRNAs on their corresponding pre-miRNA were found to be different from their registered miRNA sequences, however, they were the same in all or most libraries and could be utilized to refine miRBase annotations of soybean miRNAs. In addition, the use of latest *Glycine max* genomic database and miRBase in the present study contributed to the identification of more miRNAs.

Some documents reported that miRNAs were involved in plants responses to N availability [28-30]. In our research, a total of 150 known miRNAs variants as well as 2 novel miRNAs were identified to be responsive to low N stress. We further analyzed the differences between the miRNAs determined in our study and the ones previously reported. For example, Gifford ML et al. found that high N repressed miR167a and resulted in the ARF8 transcript to accumulate in the pericycle to regulate root architecture [28]. In our research, all species of gma-miR167 family did not show significantly differential expression in the two varieties under long-term and short-term N limitation. Another study indicated that miR156 was up-regulated by low N in Arabidopsis, whereas miR169, miR395 and miR398 were down-regulated [29]. We found that multiple members of the gma-miR169family were repressed in both roots and shoots of these two soybean varieties under low N stress, and some members of gma-miR398 family were down-regulated only in soybean shoots, while gma-miR395 family were not responsive to low N stress.Moreover, we also found that different species of the gma-miR156family showed different response patterns. For example, gmamiR156b-5p and gma-miR156f-5p were repressed in roots of No.84-70 variety under long-term N limitation, and gmamiR1560-3p was up-regulated in its shoots under long-term N limitation. Recently, Xu et al. studied detailed response of miRNAs to low N availability in maize shoots and roots at the whole genome level and found that under long-term low N condition, miR167, miR169, miR395, miR399, miR408, and miR528 were down-regulated in maize roots, and in maize leaves miR164, miR172, and miR827 were up-regulated while miR169, miR397, miR398, miR399, miR408, and miR528 were down-regulated.Under short-term low N condition, miR160, miR168, miR169, miR319, miR395, and miR399 were up-regulated in roots, while in maize leaves miR172 were up-regulated and miR397, miR398, and miR827 were down-regulated. Interestingly, different species in the miR169 family showed different expression patterns, such as miR169e/f/g/h were down-regulated, while miR169i/j/k/p were up-regulated [30]. We found that in soybean roots, gma-miR408 family were up-regulated in response to long-term low N, and some species of gma-miR160and gma-miR319 family were down-regulated in response to short-term low N. However, members of gma-miR167 and gma-miR168were not responsive, which were contrary to the results obtained from research of Xu et al. [30]. In soybean shoots, some species of gma-miR397, gma-miR398 and gma-miR408-5p family were found to be down-regulated in response to long −term low N, and gma-miR398c-5p was found to be down-regulated in response to short −term low N.These results were consistent with the results obtained from research of Xu et al. [30], but gma-miR164, gma-miR172, gma-miR528 and gma-miR827 did not show significantly differential expression under long-term and short-term N limitation, which were different from the results obtained from research of Xu et al. [30]. Overall, Several possible explanations may account for the differences between our findings and those reported by Xu et al. [30]. The miRNAs were identified by microarray system in the study of Xu et al., which is not as sensitive and sufficient as high−throughput sequencing technology used in our study. Furthermore, the statistical methods for differentially expressed miRNA and material in our research were different from that of Xu et al [30].

One purpose of our study was to identify those miRNAs that showed different expression patterns in the two soybean varieties.Many differentially expressed miRNAs were discovered in our study and could be divided into three types. The first type was the miRNAs that showed differential expression under low N stress only in No.116 variety or No.84-70 variety. For example, gma-miR2606a/b−3p was repressed only in No.116 variety roots under short-term low N, while gma-miR1512a-5p was repressed only in No.84-70 variety roots under short-term low N. The second type of miRNAs exhibited differential expression in both soybean varieties under same low N stress, but the directions of differential expression were different. For example, gma-miR396b/c/d/f/g-5p was down-regulated in No.116 variety shoots and up-regulated in No.84-70 variety shoots under short-term low N stress. The third type of miRNAs included the miRNAs that exhibited specific differential expression under different-term low N stress in the same organ of the two varieties. For example, gma-miR319g/l-3p were down-regulated in No.84-70 variety roots under short-term low N stress while they were up-regulated in No.116 variety roots under long-term low N stress. This implied that those genotype specific regulated miRNAs might be responsible for differences in the response of the two varieties to low N stress.

By comparing the target genes of differentially expressed miRNAs with previously discovered genes involved in low N stress response in other plants, we found that these responsive genes were indeed involved in various metabolic and regulatory pathways. For example, Peng found 21 genes involved in protein degradation through autophagy and ubiquitin-proteosome pathways were up-regulated by N limitation [75]. Some of our predicted target genes were determined to play roles in protein degradation, including Glyma07g31580 (target of gma-miR156b/6f-5p), as well as Glyma05g20930 and Glyma06g18790 (target of gma-miR396g-5p), which were predicted to encode separately E3 ubiquitin ligase and Cathepsin L1. Metabolism of N is closely related to carbon metabolism, because nitrate assimilation and biosynthesis of nitrogenous macromolecules require abundant energy, reducing equivalents and organic carbon intermediates provided by carbon metabolism. Some studies found that genes involved in carbon metabolism were responsive to low N stress [75-76]. In the present study, we found that some targets of gma-miR159d-3p, gma-miR396b~g-5p, such as Glyma05g23280, Glyma07g05550, Glyma16g02090, Glyma17g16750, Glyma19g44930, Glyma15g08010 and Glyma19g01200 were related to carbon metabolism. Gene expression alterations caused by low N stress correspondingly activate signal transduction and gene transcription regulatory networks to coordinate all of these changes [73, 75-76]. We observed that some target genes were transcription factors and participated in signal transduction, such as MYB, AP2, ARF, SPB, and zinc finger. Futhermore, MYB, ARF and AP2 families have been known to be involved in plant stress responses [77-79]. In addition, we noticed that gma-miR5372-5p showed distinct expression patterns between the shoots of the two genotypes under the short-term low N condition, and its target gene, Glyma09g 02600, encodes peroxidase protein which could eliminate excess concentrations of reactive oxygen species produced under stress conditions. This phenomenon also was observed by Kulcheski et al who found that MIR-Seq11 had different expression behavior between the two contrasting soybean genotypes under the drought stress, and MIR-Seq11 was also predicted to target peroxidase protein [80].

In summary, our study has identified 362 known miRNAs belonging to 158 families and 90 new miRNAs belonging to 55 families from two soybean genotypes, and analyzed their expression patterns during short-term and long-term N limitation.150 known miRNAs variants as well as 2 novel miRNAs with with significantly differential expression were discovered and the putative targets of these miRNAs were predicted. This work can contribute to a better understanding of the genetic basis of the phenotypic differences between the two soybean genotypes under N-limiting conditions and significantly contribute to future research. Our further research plans include the characterization of these differentially expressed miRNAs and their targets and understanding the complex gene regulatory network of these miRNAs.

Supporting Information[①]

Figure S1 Examples where unique sequences were aligned with known pre-miRNAs of soybean.
(DOC)

Figure S2 Stability evaluation of candidate reference genes expression with geNorm software.
(XLS)

Table S1 Stem-loop RT-PCR Primers. All primers used in stem-loop RT-PCR.
(XLS)

Table S2 Known miRNAs or miRNA* variants analyzed in *Glycine max*. Most abundant variants on the whole stem of known miRNA precursors (5′ arm or 3′ arm) in all libraries, comparison between unified known miRNAs variants and annotated known miRNAs and abundance of known miRNAs or miRNA* variants.

① 补充信息可在网页（https://doi.org/10.1371/journal.pone.0067423）查询。

(XLS)

Table S3 Novel miRNAs identified in *Glycine max*. Novel miRNAs sequence in all libraries, characteristics of novel miRNAs identified and abundance of novel miRNAs.

(XLS)

Table S4 Differential expression profiles of *Glycine max* miRNAs. Differentially expressed unified known miRNAs variants and new miRNAs in different compared libraries response to short-term or long-term low N stress.

(XLS)

Table S5 Predicted target genes of *Glycine max* miRNAs.Target genes of differential expressed unified known miRNAs variants and new miRNAs in different libraries.

(XLS)

Acknowledgments

The authors would like to thank the soybean team at Oil Crops Research Institute of the Chinese Academy of Agricultural Sciences and Graduate School of Central South University for their assistance on the inline portion of this study. We would also like to thank our anonymous reviewers for their constructive criticism and advice.

Author Contributions

Conceived and designed the experiments: YW XZ. Performed the experiments: YW. Analyzed the data: YW. Contributed reagents/materials/analysis tools: RZ. Wrote the paper: YW. Extracted RNA and executed the RT-qPCR: YW CZ. Provided advice in experiment design and performance: QH AS. Critically reviewed the manuscript: XZ LY.

References

1. Vidal EA, Araus V, Lu C, Parry G, Green PJ, et al. (2010) Nitrate-responsive miR393/AFB3 regulatory module controls root system architecture in Arabidopsis thaliana. Proc Natl Acad Sci USA 107: 4477 - 4482.

2. Frink CR, Waggoner PE, Ausubel JH (1999) Nitrogen fertilizer retrospect and prospect. Proc Natl Acad Sci USA 96: 1175 - 1180.

3. Ju XT, Xing GX, Chen XP, Zhang SL, Zhang LJ, et al. (2009) Reducing environmental risk by improving N management in intensive Chinese agricultural systems. Proc Natl Acad Sci USA 106: 3041 - 3046.

4. Hirel B, Le Gouis J, Ney B, Gallais A (2007) The challenge of improving nitrogen use efficiency in crop plants: towards a more central role for genetic variability and quantitative genetics within integrated approaches. J Exp Bot 58: 2369 - 2387.

5. Chalker-Scott L (1999) Environmental significance of anthocyanins in plant stress responses. Photo chem Photobiol 70: 1-9.

6. Bongue-Bartelsman M, Phillips DA (1995) Nitrogen stress regulates gene expression of enzymes in the flavonoid biosynthetic pathway of tomato. Plant Physiol Biochem 33: 539-546.

7. Diaz C, Saliba-Colombani V, Loudet O, Belluomo P, Moreau L, et al. (2006) Leaf yellowing and anthocyanin accumulation are two genetically independent strategies in response to nitrogen limitation in Arabidopsis thaliana. Plant Cell Physiol 47: 74-83.

8. Ding L, Wang KJ, Jiang GM, Biswas DK, Xu H, et al. (2005) Effects of nitrogen deficiency on photosynthetic traits of maize hybrids released in different years.Ann Bot (Lond) 96: 925-930.

9. Geiger M, Walch-Liu P, Engels C, Harnecker J, Schulze E-D, et al. (1998) Enhanced carbon dioxide leads to a modified diurnal rhythm of nitrate reductase activity in older plants, and a large stimulation of nitrate reductase activity and higher levels of amino acids in young tobacco plants. Plant Cell Environ 21: 253-268.

10. Khamis S, Lamaze T, Lemoine Y, Foyer C (1990) Adaptation of the photosynthetic apparatus in maize shoots as a result of nitrogen limitation.Plant Physio 194: 1436-1443.

11. Ono K, Terashima I, Watanabe A (1996) Interaction between nitrogen deficit of a plant and nitrogen content in the old shoots. Plant Cell Physiol 37: 1083-1089.

12. Bi YM, Wang RL, Zhu T, Rothstein SJ (2007) Global transcription profiling reveals differential responses to chronic nitrogen stress and putative nitrogen regulatory components in Arabidopsis. BMC Genomics 8: 281.

13. Bari R, Datt Pant B, Stitt M, Scheible WR (2006) PHO2, microRNA399, and PHR1 define a phosphate-signaling pathway in plants. Plant Physiol 141: 988-999.

14. Aung K, Lin SI, Wu CC, Huang YT, Su C, et al. (2006) pho2, a phosphate overaccumulator, is caused by a nonsense mutation in a microRNA399 target gene. Plant Physiol 141: 1000-1011.

15. Chiou TJ, Aung K, Lin SI, Wu CC, Chiang SF, et al. (2006) Regulation of phosphate homeostasis by microRNA in Arabidopsis. Plant Cell 18: 412-421.

16. Fujii H, Chiou TJ, Lin SI, Aung K, Zhu JK (2005) A miRNA involved in phosphate-starvation response in Arabidopsis. Curr Biol 15: 2038-2043.

17. Jones Rhoades MW, Bartel DP, Bartel B (2006) MicroRNAs and their regulatory roles in plants. Annu Rev Plant Biol 57: 19-53.

18. Bartel DP (2004) MicroRNAs: genomics, biogenesis, mechanism, and function.Cell 116: 281-297.

19. He L, Hannon G.J (2004) MicroRNAs: small RNAs with a big role in gene regulation. Nat Rev Genet 5: 522-531.

20. Carrington JC, Ambros V (2003) Role of microRNAs in plant and animal development. Science 301: 33-338.

21. Chen X (2004) A microRNA as a translational repressor of APETALA2 in Arabidopsis flower development. Science 303: 2022-2025.

22. Gutierrez L, Bussell JD, Pacurar DI, Schwambach J, Pacurar M, et al. (2009) Phenotypic plasticity of adventitious rooting in Arabidopsis is controlled by complex regulation of AUXIN response factor transcripts and microRNA abundance. Plant Cell 21: 3119-3132.

23. Reyes JL, Chua NH (2007) ABA induction of miR159 controls transcript levels of two MYB factors

during Arabidopsis seed germination. Plant J 49: 592 - 606.

24. Palatnik JF, Allen E, Wu X, Schommer C, Schwab R, et al. (2003) Control of leaf morphogenesis by microRNAs. Nature 425: 257 - 263.

25. Aukerman MJ, Sakai H (2003) Regulation of flowering time and floral organ identity by a microRNA and its APETALA2 - like target genes. Plant Cell 15: 2730 - 2741.

26. Liang G, Yang FX, Yu DQ (2010) MicroRNA395 mediates regulation of sulfate accumulation and allocation in Arabidopsis thaliana. Plant J 62: 1046 - 1057.

27. Abdel-Ghany SE, Pilon M (2008) MicroRNA-mediated systemic down-regulation of copper protein expression in response to low copper availability in Arabidopsis. J Biochem 283: 15932 - 15945.

28. Gifford ML, Dean A, Gutierrez RA, Coruzzi GM, Birnbaum KD (2008) Cell specific nitrogen responses mediate developmental plasticity. Proc Natl Acad Sci USA 105: 803 - 808.

29. Hsieh LC, Lin SI, Shih AC, Chen JW, Lin WY (2009) Uncovering Small RNAMediated Responses to Phosphate Deficiency in Arabidopsis by Deep Sequencing. Plant Physiol 151: 2120 - 2132.

30. Xu Z, Zhong S, Li X, Li W, Rothstein SJ, et al. (2011) Genome-wide identification of microRNAs in response to low nitrate availability in maize shoots and roots. PLoS One 6: e28009.

31. Mette MF, Van der WJ, Matzke M, Matzke AJ (2002) Short RNAs can identify new candidate transposable element families in Arabidopsis. Plant Physiol 130: 6 - 9.

32. Sunkar R, Zhu JK (2004) Novel and stress-regulated microRNAs and other small RNAs from Arabidopsis. Plant Cell 16: 2001 - 2019.

33. Wang XJ, Reyes JL, Chua NH, Gaasterland T (2004) Prediction and identification of Arabidopsis thaliana microRNAs and their mRNA targets.Genome Biol 5: R65.

34. Jones-Rhoades MW, Bartel DP (2004) Computational identification of plant microRNAs and their targets, including a stress induced miRNA. Mol Cell 14: 787 - 799.

35. Dezulian T, Palatnik J, Huson D, Weigel D (2005) Conservation and divergence of microRNA families in plants. Genome Biol 6: 13.

36. Rajagopalan R, Vaucheret H, Trejo J, Bartel DP (2006) A diverse and evolutionarily fluid set of microRNAs in Arabidopsis thaliana. Genes Dev 20: 3407 - 3425.

37. Lu C, Jeong DH, Kulkarni K, Pillay M, Nobuta K, et al. (2008) Genome-wide analysis for discovery of rice microRNAs reveals natural antisense microRNAs (nat-miRNAs). Proc Natl Acad Sci USA 105: 4951 - 4956.

38. Fahlgren N, Howell MD, Kasschau KD, Chapman EJ, Sullivan CM, et al. (2007) High-throughput sequencing of Arabidopsis microRNAs: evidence for frequent birth and death of MIRNA genes. PLoS ONE 2: e219.

39. Barakat A, Wall PK, Diloreto S, Depamphilis CW, Carlson JE (2007) Conservation and divergence of microRNAs in Populus. BMC Genomics 8: 481.

40. Sunkar R, Zhou X, Zheng Y, Zhang W, Zhu JK (2008) Identification of novel and candidate miRNAs in rice by high throughput sequencing. BMC Plant Biol 8: 25.

41. Wei B, Cai T, Zhang R, Li A, Huo N, et al. (2009) Novel microRNAs uncovered by deep sequencing of small RNA transcriptomes in bread wheat (Triticum

aestivum L.) and Brachypodium distachyon (L.) Beauv. Funct Integr Genomic 9: 499 - 511.

42. Harper JE (1987) Nitrogen metabolism. In: Wilcox JR, editors. Soybeans: Improvement, Production, and Uses. Second edition. Madison, ASA, CSSA, SSSA Inc. 497 - 533.

43. Song QX, Liu YF, Hu XY, Zhang WK, Ma B, et al. (2011) Identification of miRNAs and their target genes in developing soybean seeds by deep sequencing. BMC Plant Biol 11: 5.

44. Joshi T, Yan Z, Libault M, Jeong DH, Park S, et al. (2010) Prediction of novel miRNAs and associated target genes in *Glycine max*. BMC Bioinformatics 11: S14.

45. Zeng HQ, Zhu YY, Huang SQ, Yang ZM (2010) Analysis of phosphorus deficient responsive miRNAs and cis-elements from soybean (*Glycine max* L.) .J Plant Physiol 167: 1289 - 1297.

46. Zhang B, Pan X, Stellwag EJ (2008) Identification of soybean microRNAs and their targets. Planta 229: 161 - 182.

47. Wang Y, Li P, Cao X, Wang X, Zhang A, et al. (2009) Identification and expression analysis of miRNAs from nitrogen-fixing soybean nodules. Biochem Biophys Res Commun 378: 799 - 803.

48. Chen R, Hu Z, Zhang H (2009) Identification of MicroRNAs in Wild Soybean (Glycine soja) . J Integr Plant Biol 51: 1071 - 1079.

49. Hao QN, Zhou XA, Sha AH, Wang C, Zhou R (2011) Identification of genes associated with nitrogen use efficiency by genome-wide transcriptional analysis of two soybean genotypes. BMC Genomics 12: 525.

50. Hafner M, Landgraf P, Ludwig J, Rice A, Ojo T, et al. (2008) Identification of microRNAs and other small regulatory RNAs using cDNA library sequencing. Methods 44: 3 - 12.

51. Li R, Li Y, Kristiansen K, Wang, J (2008) SOAP: short oligonucleotide alignment program. Bioinformatics 24: 713 - 714.

52. Zhu QH, Spriggs A, Matthew L, Fan L, Kennedy G, et al. (2008) A diverse set of microRNAs and microRNA-like small RNAs in developing rice grains. Genome Res 18: 1456 - 1465.

53. Li T, Li H, Zhang YX, Liu JY (2010) Identification and analysis of seven H_2O_2-responsive miRNAs and 32 new miRNAs in the seedlings of rice (Oryza sativa L.ssp indica) . Nucleic Acids Res 39: 2821 - 2833.

54. Li B, Qin Y, Duan H, Yin W, Xia X (2011) Genome-wide characterization of new and drought stress responsive microRNAs in Populus euphratica. J Exp Bot 62: 3765 - 3779.

55. Hofacker IL, Fontana W, Stadler PF, Bonhoeffer LS, Tacker M, et al. (1994) Fast folding and comparison of RNA secondary structures. Monatsh Chem 125: 167 - 188.

56. Meyers BC, Axtell MJ, Bartel B, Bartel DP, Baulcombe D, et al. (2008) Criteria for annotation of plant MicroRNAs. Plant Cell 20 (12): 3186 - 3190.

57. Jian B, Liu B, Bi Y, Hou W, Wu C, et al. (2008) Validation of internal control for gene expression study in soybean by quantitative real-time PCR. BMC Mol Biol 9: 59.

58. Libault M, Thibivilliers S, Bilgin DD, Radwan O, Benitez M, et al. (2008) Identification of four soybean reference genes for gene expression normalization.Plant Genome 1: 44 - 54.

59. Chen C, Ridzon D, Broomer A, Zhou Z, Lee D, et al. (2005) Real-time quantification of microRNAs by stem-loop RT-PCR. Nucleic Acids Res 33 (20): e179.

60. Ding D, Zhang L, Wang H, Liu Z, Zhang Z, et al. (2008) Differential expression of miRNAs in response to salt stress in maize roots. Ann Bot 103: 29 - 38.

61. Vandesompele J, De Preter K, Pattyn F, Poppe B, Van Roy N, et al. (2002) Accurate normalization of real-time quantitative RT-PCR data by geometric averaging of multiple internal control genes. Genome Biol.3: RESEARCH0034.

62. Livak KJ, Schmittgen TD (2001) Analysis of relative gene expression data using real-time quantitative PCR and the 22 DDCT Method. Methods 25: 402 - 408.

63. Allen E, Xie Z, Gustafson AM, Carrington JC (2005) MicroRNA-directed phasing during trans-acting siRNA biogenesis in plants. Cell 12: 207 - 221.

64. Schmutz J, Cannon SB, Schlueter J, Ma J, Mitros T, et al. (2010) Genome sequence of the palaeopolyploid soybean. Nature 463: 178 - 183.

65. Szittya G, Moxon S, Santos DM, Jing R, Fevereiro MPS, et al. (2008) High-throughput sequencing of Medicago truncatula short RNAs identifies eight new miRNA families. BMC Genomics 9: 593.

66. Baumberger N, Baulcombe DC (2005) Arabidopsis ARGONAUTE1 is an RNA slicer that selectively recruits microRNAs and short interfering RNAs. Proc Natl Acad Sci USA 102 (): 11928 - 11933.

67. Kwak PB, Wang QQ, Chen XS, Qiu CX, Yang ZM (2009) Enrichment of a set of microRNAs during the cotton fiber development. BMC Genomics 10: 457.

68. Kulcheski FR, Marcelino-Guimaraes FC, Nepomuceno AL, Abdelnoor RV, Margis R (2010) The use of microRNAs as reference genes for quantitative polymerase chain reaction in soybean. Anal Biochem 406 (2): 185 - 192.

69. Lai EC, Tomancak P, Williams RW, Rubin GM (2003) Computational identification of Drosophila microRNA genes. Genome Biol 4: R42.

70. Bonnet E, Wuyts J, Rouze P, Peer VY (2004) Detection of 91 potential in plant conserved plant microRNAs in Arabidopsis thaliana and Oryza sativa identifies important target genes. Proc Natl Acad Sci USA 101: 11511 - 11516.

71. Rhoades MW, Reinhart BJ, Lim LP, Burge CB, Bartel B, et al. (2002) Prediction of plant microRNA targets. Cell 110: 513 - 520.

72. Song CN, Jia QD, Fang JG, Li F, Wang C, et al. (2009) Computational identification of citrus microRNAs and target analysis in citrus expressed sequence tags. Plant Biol 12: 927 - 934.

73. Lian X, Wang S, Zhang J, Feng Q, Zhang L, et al. (2006) Expression profiles of 10, 422 genes at early stage of low nitrogen stress in rice assayed using a cDNA microarray. Plant Mol Biol 60: 617 - 631.

74. Griffiths-Jones S, Saini HK, van Dongen S, Enright AJ (2007) miRBase: tools for microRNA genomics. Nucleic Acids Res 36: 154 - 158.

75. Peng M, Bi YM, Zhu T, Rothstein SJ (2007) Genome-wide analysis of Arabidopsis responsive transcriptome to nitrogen limitation and its regulation by the ubiquitin ligase gene NLA. Plant Mol Biol 65: 775 - 797.

76. Bi YM, Wang RL, Zhu T, Rothstein SJ (2007) Global transcription profiling reveals differential responses to chronic nitrogen stress and putative nitrogen regulatory components in Arabidopsis. BMC Genomics 8: 281.

77. Todd CD, Zeng P, Huete AM, Hoyos ME, Polacco JC (2004) Transcripts of MYB-like genes respond to phosphorous and nitrogen deprivation in Arabidopsis. Planta 219: 1003 - 1009.

78. Ding D, Zhang L, Wang H, Liu Z, Zhang Z, et al. (2009) Differential expression of miRNAs in response to salt stress in maize roots. Ann Bot (Lond) 103: 29–38.

79. Song CP, Zhang L, Wang H, Liu Z, Zhang Z, et al. (2005) Role of an Arabidopsis AP2/EREBP-type transcriptional repressor in abscisic acid and drought stress responses. Plant Cell 17: 2384–2396.

80. Kulcheski FR, de Oliveira LF, Molina LG, Almerao MP, Rodrigues FA, et al. (2011) Identification of novel soybean microRNAs involved in abiotic and biotic stresses. BMC Genomics 12: 307.

作者：Yejian Wang Chanjuan Zhang Qinnan Hao Aihua Sha Rong Zhou Xinan Zhou Longping Yuan*

注：本文发表于 *PLos One* 2013 年第 8 卷第 7 期。

Rice Zinc Finger Protein DST Enhances Grain Production Through Controlling *Gn1a/OsCKX2* Expression

【Abstract】The phytohormone cytokinin (CK) positively regulates the activity and function of the shoot apical meristem (SAM), which is a major parameter determining seed production. The rice (*Oryza sativa* L.) *Gn1a/OsCKX2* (*Grain number 1a/Cytokinin oxidase 2*) gene, which encodes a cytokinin oxidase, has been identified as a major quantitative trait locus contributing to grain number improvement in rice breeding practice. However, the molecular mechanism of how the expression of *OsCKX2* is regulated in planta remains elusive.Here, we report that the zinc finger transcription factor DROUGHT AND SALT TOLERANCE (DST) directly regulates *OsCKX2* expression in the reproductive meristem. DST-directed expression of *OsCKX2* regulates CK accumulation in the SAM and, therefore, controls the number of the reproductive organs. We identify that DST^{reg1}, a semidominant allele of the *DST* gene, perturbs *DST*−directed regulation of *OsCKX2* expression and elevates CK levels in the reproductive SAM, leading to increased meristem activity, enhanced panicle branching, and a consequent increase of grain number.Importantly, the DST^{reg1} allele provides an approach to pyramid the *Gn1a*−dependent and *Gn1a*-independent effects on grain production.Our study reveals that, as a unique regulator of reproductive meristem activity, DST may be explored to facilitate the genetic enhancement of grain production in rice and other small grain cereals.

【Keywords】transcriptional regulation; cytokinin metabolism; inflorescence meristem

As one of the most important staple food crops, rice (*Oryza sativa* L.) is cultivated worldwide and feeds more than onehalf of the world's population. Accordingly, enhanced grain yield is a major focus of rice breeding programs worldwide (1, 2). Rice grain yield is mainly determined by three components, including number of panicles per plant, grain number per panicle, and grain weight. Among them, grain number per panicle is highly variable and contributes to the most part of grain yield formation (1, 3).During the panicle development stage, the inflorescence meristem, which produces flowers that form seeds after fertilization, is a central determinant of grain number formation. Recently, many studies in rice reveal that a reduction in meristem activity leads to reduced panicle branching and grain production (4－6). By contrast, several high yield genes known as quantitative trait loci (QTLs) in rice show an enhancing effect on meristem activity, panicle branching, and grain production (7－14). Therefore, the size and activity of the reproductive meristem is a crucial parameter determining grain production of rice.

Among the known factors controlling shoot apical meristem (SAM) activity are transcriptional regulators and the plant hormone cytokinin (CK) (15, 16). Experimental reduction of the CK status, either by lowering the CK levels or by reducing CK signaling, abbreviates the SAM activity (17－22). On the contrary, an elevated CK level is associated with increased SAM activity (23, 24). It was shown that the rice *Gn1a* (*Grain number 1a*) locus, a major QTL for increasing grain number, harbors a mutation in the *OsCKX2* gene, which encodes a CK oxidase/dehydrogenase (*CKX*) that catalyzes the degradation of active CKs (7). Reduced expression of *OsCKX2* causes CK accumulation in inflorescence meristems and increases the number of reproductive organs, which results in enhanced grain production (7). Prominently, mutation alleles of *OsCKX2* have been successfully used in rice breeding practice to improve seed production (7). The relationship between *CKX* genes and seed production also exists in the dicotyledonous model plant Arabidopsis thaliana. It was shown recently that simultaneous mutation of *CKX3* and *CKX5* of Arabidopsis elevates CK levels and, thereby, leads to increased SAM activity and seed yield (25).

Although the importance of *CKX* genes in SAMmaintenance and seed production are well recognized in both monocots and dicots, the regulatory mechanisms governing the expression of these CK metabolic genes remain elusive (26). To identify molecular components controlling *OsCKX2* expression, we set up a genetic screen and identified aunique ricemutant, regulator *of Gn1a 1* (*reg1*), which shows reduced *OsCKX2* expression, elevated meristem activity, and increased grain number. Here, we report that the *reg1* phenotype was caused by a semidominant mutation of the *DST* (*DROUGHT AND SALT TOLERANCE*) gene, which encodes a zinc finger protein that regulates drought and salt tolerance in rice (27). Molecular evidence shows that the DST transcription factor regulates the reproductive SAM activity through controlling the expression of *OsCKX2*. We found that the DST^{reg1} allele perturbs DST-directed regulation of *OsCKX2* expression and elevates CK levels in the inflorescence meristem, leading to increased SAM activity and a consequent increase of grain production. Importantly, the DST^{reg1} allele provides a breeding tool to pyramid the *Gn1a*-dependent and *Gn1a*-independent effects on grain production of rice.

Results

***reg1* Mutant Shows Elevated SAM Activity and Enhanced Grain Production.** To gain more insight into the genetic networks controlling SAM activity and grain production, we identified and characterized a rice mutant, *reg1*. Compared with its wild-type Zhefu 802 (ZF802), a cultivated *indica* rice variety in China, the *reg1* mutant showed increased plant stature (Fig.1*A*) and enlarged panicle size (Fig.1*B*). Close examination revealed that the SAM of *reg1* was larger than that of ZF802 (Fig.1*C* and *E*), suggesting an enhancing effect of *reg1* on SAM activity. In comparison with ZF802, the *reg1* panicle produced more primary (Fig.1*F*) and secondary branches (Fig.1*G*) and, eventually, led to an increase of grain number per main panicle by 63.8% (Fig.1*D*). To evaluate the effect of *reg1* on grain production in field conditions, we performed yield test assay. The *reg1* mutation increased grain yield by 31.2%over ZF802 in the test plot (Table 1). Statistical analysis of the three major components of grain yield indicated that, compared with ZF802, the *reg1* mutation actually reduced panicle number by 23.7%, but increased 1,000 - grain weight by 9.9%and grain number per panicle by 56.5% (Table 1). These data support that the *reg1* mutation defines a grain number enhancing gene whose function is tightly associated with SAM activity.

Fig.1 Morphological comparison between wild-type and the *reg1* mutant. (*A*) Gross morphologies of ZF802 and *reg1*. (*B*) The panicle morphologies of ZF802 and *reg1*. (*C*) Longitudinal sections of the inflorescence meristem of ZF802 and *reg1*. (Scale bars: *A*, 20 cm; *B*, 5 cm; *C*, 50 μm.) (*D*) Comparison of grain number per main panicle between ZF802 and *reg1*. (*E*) Comparison of inflorescence meristem width between ZF802 and *reg1*. (*F*) Comparison of primary branch number per main panicle between ZF802 and *reg1*. (*G*) Comparison of secondary branch number per main panicle between ZF802 and *reg1*. Samples in C and E are inflorescence meristem just after the phase change from vegetative to reproductive stage. Values in D-G are means with SD (*n*=30 plants). Thedouble asterisks represent significant difference determinedby the Student t test at *P*<0.01.

Cloning and Characterization of *REG1*. Genetic analysis indicated that *reg1* was a semidominant mutant, given that the phenotypes of heterozygous plants were intermediate between those of the homozygous *reg1* plants and their wild-type counterparts (Fig.S1). Fine mapping using 2,020 mutant F_2 plants delimited the *REG1* locus to a 19 - kb region on chromosome 3, in which only one gene, named *LOC_Os03g57240/DST*, is predicted (Fig.2 A and *B*). DNA sequencing revealed that *reg1* contains an A insertion between the 214th and 215th nucleotides of the DST cDNA (cDNA) (Fig.2*C*). It was recently shown that *DST* encodes a zinc finger protein that negatively regulates drought and salt tolerance of rice plants (27).

To confirm that mutation of *DST* underlies the *reg1* phenotype, we generated transgenic plants expressing different levels of *DST* in Nipponbare (NP), a *japonica* variety suitable for transformation. All transgenic plants overexpressing a wild-type *DST* allele (DST^{REG1}) showed reduced plant stature with less panicle branches and decreased grain number (Fig.S2 *A-D*). In contrast, the *DST* RNA interference (RNAi) transgenic plants showed increased panicle branches and enhanced grain number (Fig.S2 *E–H*). Similarly, transgenic plants overexpressing the *reg1* mutant allele of *DST* (DST^{reg1}) had increased panicle branches and produced more grains (Fig.S2 *I–L*). Therefore, the identified A insertion in the *DST* gene is responsible for the phenotype of the *reg1* mutation and that DST^{reg1} acts as a dominant negative regulator of reproductive meristem activity and grain production.

Table 1 Yield test in a paddy

Traits	ZF802	*reg1*	NIL 93－11－DST^{REG1}	NIL 93－11－DST^{reg1}	NIL NP－DST^{REG1}	NIL NP－DST^{reg1}
Panicles per plot	2,220.7±46.2	1,695.3±20.3	2,347.8±36.2	2,049.2±40.5	3,228.8±58.4	2,539.2±44.7
Grains per panicle	121.7 ±1.3	190.5±1.6	152.8± 2.3	208.5±5.8	82.5±2.3	122.6±5.8
1,000－grain weight, g	24.3±0.5	26.7±0.5	30.8±0.9	31.5±0.8	20.1±0.8	21.1±0.8
Theoretical yield per plot, kg	6.6±0.4	8.6±0.3	11.0±0.6	13.5±0.3	5.4±0.5	6.6±0.7
Actual yield per plot, kg	5.4±0.3	7.1±0.2	8.8±0.7	10.7±0.7	4.4±0.4	5.3±0.7

Note: Data are from plants in randomized complete block design with three replications under natural condition in Beijing, China, in 2011. The planting densitywas 25 cm × 25 cm, with one plant per hill. The area per plot was 13.34 m^2. Values are means with SD of three replications.

***reg1* Mutation Elevates CK Levels in the Meristem Through Reducing *OsCKX2* Expression.** Consistent with its effect on panicle branching and grain number formation, *DST* mRNA was richly expressed in the SAM, the primordia of primary branches, secondary branches, and young spikelets of developing panicles (Fig.3 *A-E*). Considering that CK plays a positive role in regulating SAM activity and grain production, we examined the CK status in the SAM of *reg1*.RNA in situ hybridization showed that the transcript levels of *RESPONSE REGULATOR* 1 (*OsRR*1), a marker gene for CK response in the SAM (28, 29), were greatly increased in *reg1* than those in ZF802 (Fig.3 *F-I*). Comparison of CK levels in the inflorescence meristem revealed that the contents of iP, iPR, and iP9G were substantially more abundant in *reg1* than those in ZF802 (Fig.3*T*). To explore how *reg1* affects CK levels in the

SAM, we examined the expression of *OsCKX2*, which has been shown to be important for SAM activity and seed production (7) .RNA in situ hybridization revealed that, during different stages of inflorescence development, the expression levels of *OsCKX2* are generally lower in *reg1* than those in ZF802 (Fig.3*J-Q*) . Consistently, quantitative real-time PCR (qRT-PCR) assays indicated that the expression levels of *OsCKX2* (Fig.3*R*) and several other members of the *OsCKX* family, including OsCKX1, 3, 4, 5, and 9, were considerably reduced in *reg1* than those in ZF802 (Fig.3*S*) .In addition, the expression levels of three cytokinin-*O*-glucosyltransferase genes including *LOC_Os02g51910*, *LOC_Os02g51930*, and *LOC_Os04g25440* are also reduced in *reg1*, which may contribute to the increased iP9G levels in the mutant (Fig.S3) . These data support that DST^{reg1} reduces *OsCKX2* expression, elevates CK levels in the inflorescence meristem, and therefore increases seed production.

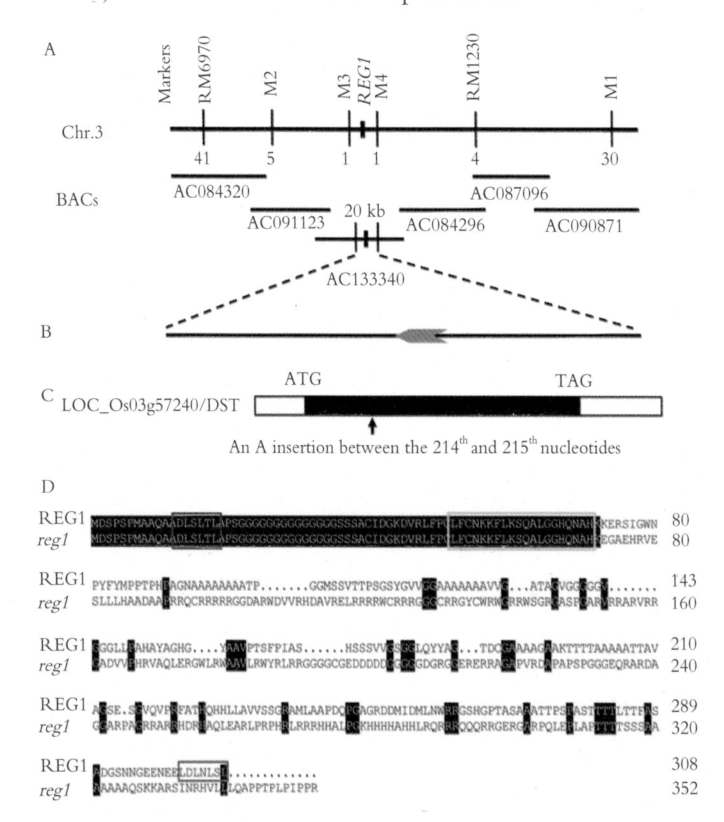

Fig.2 Map-based cloning of *REG1*. (*A*) The *REG1* locus was mapped to an interval between the molecular markers RM6970 and M1 on chromosome 3.(*B*) Positional cloning narrowed the *REG*1 locus to a 19 - kb region between M3and M4 at BAC AC133340. Only one gene is predicted in this region by the Rice Annotation Project Database. Numbers on the map indicate the number of recombinants. (*C*) The *REG1* structure and the mutation site in *reg1*. Predicted ORF and sequence differences between ZF802 and *reg1* at the *REG1* candidate region are shown. (*D*) Sequence alignment of the REG1 protein from ZF802 and the *reg1* mutant. Identical residues are indicated by dark gray boxes. The EAR motifs in the N-terminal and C-terminal are indicated by purple and pink frames , and the zinc finger domain is indicated by a green frame.

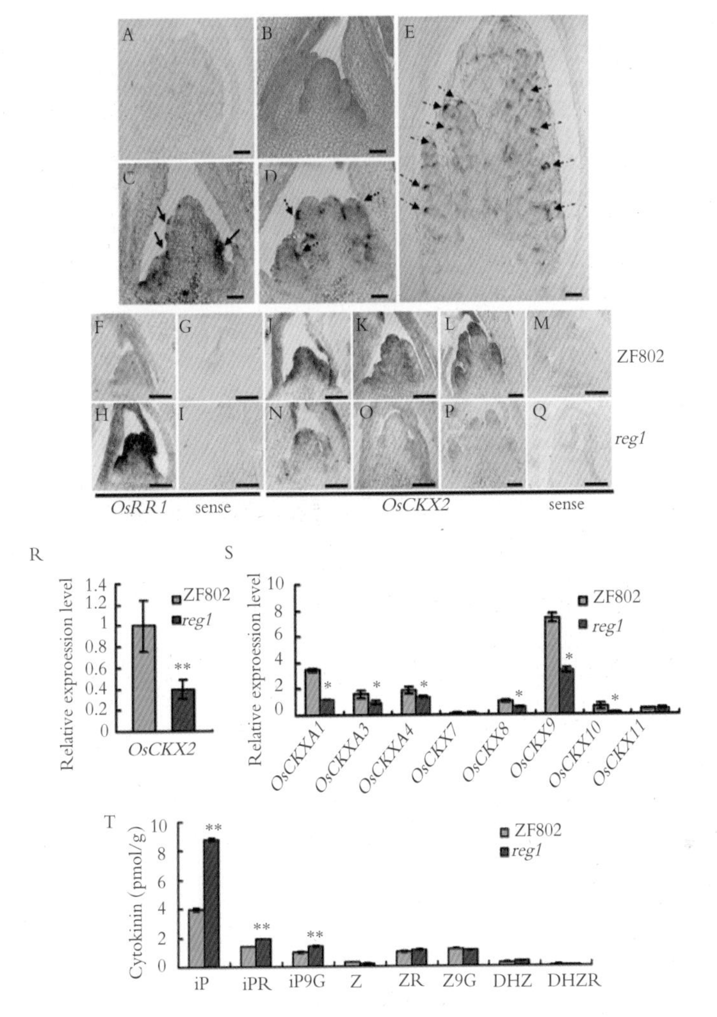

Fig.3 The function of *reg1* mutation in the inflorescence meristem. (*A-E*) *DST* expression during panicle development revealed by RNA in situ hybridization. *A* is a negative control preparation made with a sense DST probe. *B* is just after the phase change from vegetative to reproductive stage. *C* is at the stage of primary branch meristem differentiation. *D* is at the stage of formation of primary branch primordia. *E* is at the stage of initiation of spikelet primordia. Arrows in *C-E* indicate primary branch primordia , secondary branch primodia , and floret primodia , respectively. (*F-I*) Expression of OsRR1 in inflorescence meristems of ZF802 (*F and G*) and *reg1* (*H and I*) revealed by RNA in situ hybridization. Samples are inflorescence meristems just after the phase change from vegetative to reproductive stage. *F* and *H* are hybridization of OsRR1. G and I are hybridization of sense probes. (*J-Q*) Expression of *OsCKX2* in developing panicles of ZF802 (*J-M*) and *reg1* (*N-Q*) revealed by RNA in situ hybridization. J and N are just after the phase change from vegetative to reproductive stage. *K* and *O* are at the stage of primary branch meristem differentiation. *L* and *P* are at the stage of formation of primary branch primordia. *M* and *Q* are hybridization of sense probes. (Scale bars : 50 μm) . (*R*) Transcript levels of *OsCKX2* in the inflorescence meristems of ZF802 and *reg1* revealed by qRT-PCR. Transcript levels of *OsCKX2* in ZF802 were arbitrarily set to 1. (*S*) Transcript levels of *OsCKXs* in the inflorescence meristems of ZF802 and *reg1* revealed by qRTPCR.Transcript levels of *OsCKX8* in ZF802 were arbitrarily set to 1. (*T*) Comparison of CK levels in the inflorescence meristems of ZF802 and *reg1*.iP , isopentenyladenine ; iPR , iP riboside ; iP9G , iP 9 - glucoside ; Z , zeatin ; ZR , zeatin riboside ; Z9G , zeatin 9 - glucoside. Values are means with SD (n=3 measurements) in R-T. The asterisks in *R-T* represent significance difference determined by the Student t-test at P<0.01.

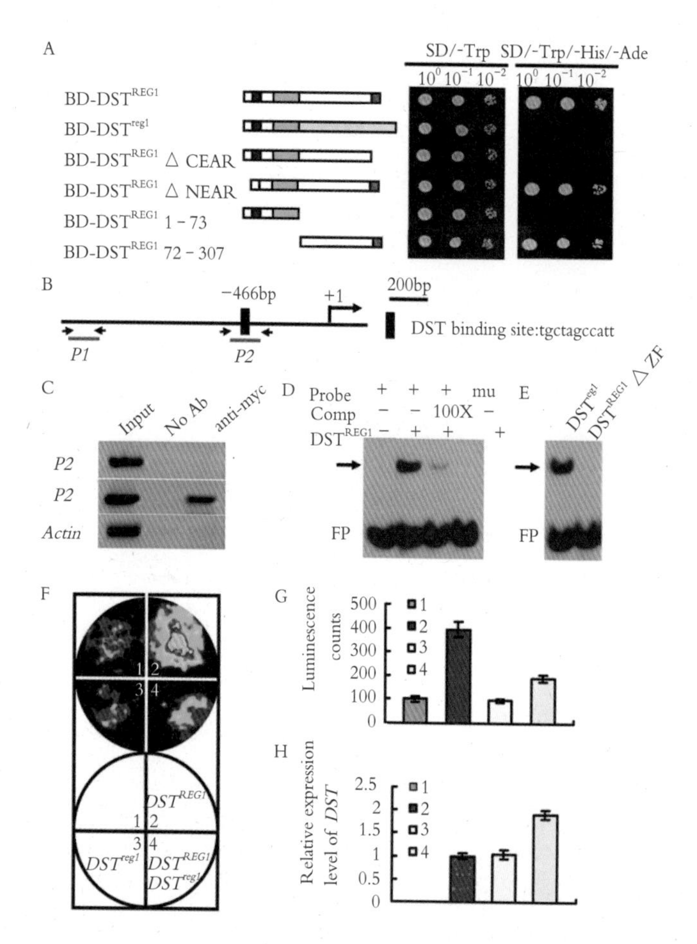

Fig.4 DST^{REG1} promotes the expression of *OsCKX2*. (*A*) Transactivation activity assay in the yeast. BD , GAL4 - DNA binding domain ; DST^{REG1} , DST from ZF802 ; DST^{reg1} , DST from *reg1*. Purple box indicates N-terminal EAR motif ; green box indicates zinc finger domain ; and pink box indicates C-terminal EAR motif. (*B*) Schematic diagram of the promoter region of *OsCKX2*. Black box represents DST binding site. Numbers above indicate the distance away from the ATG. Region between the two coupled arrow indicates the DNA fragment used for ChIP-PCR. (*C*) ChIP assay shows the association of DST^{REG1}with the promoter of *OsCKX2*. Immunoprecipitation was performed with or without myc antibody (no Ab) . (*D*) EMSA assay shows the binding of DST^{REG1}to the promoter of *OsCKX2*. (*E*) EMSA assay shows the binding of *pOsCKX2*with DST^{reg1} or DST^{REG1}-ZF. In D and E , the arrows indicate the up-shifted bands ; FP indicates free probe. (*F*) DST^{REG1} promotes *OsCKX2* expression in vivo. Tobacco leaves were transformed with *pOsCKX2* : LUC plus vector control (1) , pUBI : DST^{REG1} (2) , pUBI : DST^{reg1} (3) , or pUBI : DST^{REG1} and *pUBI* : DST^{reg1} (4) . (*G*) Statistics of luciferase activity in F. These experiments were repeated three times with similar results. (*H*) qRT-PCR analysis of the expression level of *DST* in *F*. Values in G and H are means with SD of three replicates.

DST Directly Activates *OsCKX2* Expression. DST^{REG1} contains a highly conserved C2H2-type zinc finger domain and shows transcriptional activation activity (27). Notably, our sequence analysis identified that DST^{REG1} contains two ethylene-responsive element binding factor-associated amphiphilic repression (EAR) motifs (30-33), which located at the N-terminal and C-terminal of the DST^{REG1}protein (Fig.2*D*). The EAR motif, which contains two distinct sequence conservation patterns—LxLxL and DLNxxP-is generally believed to be involved in negative or positive regulation of gene transcription (8, 9, 27, 32, 34-37). In the *reg1* mutant, the A insertion leads to a frameshift after the first 72 amino acids (Fig.2*D*), which destroys the C-terminal EAR motif.

A yeast assay was performed to determine the transcriptional activation activity of DST^{REG1} and DST^{reg1}. As expected, DST^{REG1}exhibits transcription activation activity in the yeast assays, whereas DST^{reg1} does not (Fig.4*A*), indicating that the *reg1* mutation abolishes the transcriptional activation capacity of the DST^{REG1}protein. Next, a series of protein truncations were generated to determine the domains required for the transcriptional activity of DST^{REG1}. Deletion of the N-terminal EAR did not affect transcription activation, whereas deletion of the C-terminal EAR abolished transcription activation activity (Fig.4*A*), indicating that the C-terminal EAR, but not the N-terminal EAR, is required for the transcriptional activation of DST^{REG1} in the yeast system.

It has been shown that DST binds to the TGNTANN (A/T) T sequence, a *cis* element named DST-binding sequence (DBS) (27).Sequence analysis revealed the presence of DBS in the promoter regions of *OsCKX2* (Fig.4*B*) and other *OsCKX* genes (Fig.S4).Chromatin immunoprecipitation assays using 35 S*pro*: *DST^{REG1}-4myc* transgenic plants and anti-myc antibodies indicated that DST was enriched in the *OsCKX2* promoter region containing the DBS (Fig.4*C*). We then conducted DNA electrophoretic mobility shift assays (EMSA) to test that DST directly binds the DBS in vitro. For these experiments, full-length DST^{REG1} was expressed as a His—tag fusion protein in *Escherichia coli* and affinity purified.As shown in Fig.4D, the DST^{REG1}—His fusion protein was able to bind DNA probes containing the DBS motif but failed to bind DNA probes containing a mutant form of the DBS. The addition of unlabeled DNA probes competed for the binding of DST^{REG1}to the DBS probes. Significantly, EMSA showed that DST^{reg1}, the mutant version of the DST protein, still can bind the DBS DNA probes; in contrast, DST^{REG1} ZF, in which the zinc finger domain of DST^{REG1} was deleted, lost this binding ability (Fig.4*E*).Together, these data support that the *reg1* mutation does not affect the binding ability of the DST^{REG1} protein to the DBS motif in the promoter of *OsCKX2*.

Using the well-established transient expression assay of *Nicotiana benthamiana* leaves (38-40), we seek to determine the effect of DST^{REG1} and DST^{reg1} on the expression of a reporter containing the *OsCKX2* promoter fused with the firefly luciferase gene (*LUC*). When the *pOsCKX2*: *LUC* reporter was infiltrated into *N. benthamiana*, a substantial amount of LUC activity could be detected, indicating that endogenous factors of *N. benthamiana* may activate the expression of the *pOsCKX2*: *LUC* reporter.Coexpression of the *pOsCKX2*: *LUC* reporter with DST^{REG1} led to an obvious increase of the luminescence intensity (Fig.4 *F-H*), indicating that DST^{REG1} activated the expression of *pOsCKX2*: *LUC*. In contrast, DST^{reg1} failed to increase the expression of *pOsCKX2*: *LUC* (Fig.4 *F-H*), indicating that DST^{reg1}lost the ability to activate *pOsCKX2*: *LUC* expression, albeit this allele still can bind the

OsCKX2 promoter as revealed by EMSA assays (Fig.4*E*). Importantly, coexpression of DST^{reg1} with DST^{REG1} substantially reduced the effect of DST^{REG1} on the activation of *pOsCKX2*: *LUC* expression (Fig.4 *F-H*), providing another line of evidence that DST^{reg1} may compete DST^{REG1} for binding the promoter of the *pOsCKX2*: *LUC* reporter.

The above-described results support a scenario that, in *reg1* plants, the DST^{reg1} protein still can bind the *OsCKX2* promoter as DST^{REG1} does, but this mutant protein loses the transcriptional activation activity to promote *OsCKX2* expression. Competition between DST^{reg1} and DST^{REG1} could underlie that the *reg1* mutant shows a semidominant phenotype.

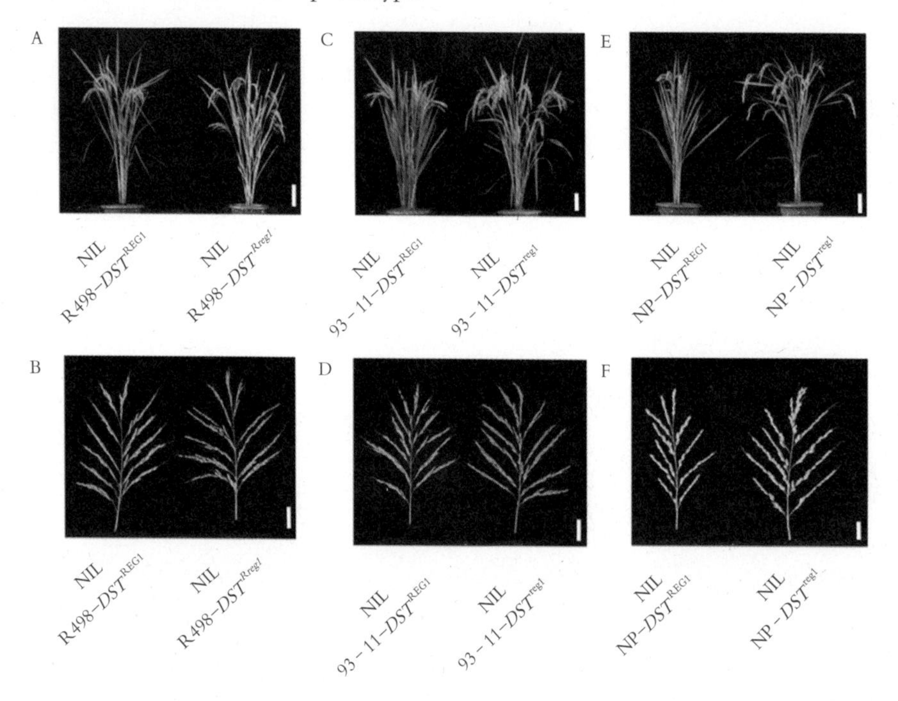

Fig.5 Effect of the *DST*^{reg1} mutation on grain number formation in different alleles of Gn1a/*OsCKX2*. (*A*) Gross morphologies of NIL R498-*DST*^{REG1} and NIL R498-*DST*^{reg1} at the mature stage. (*B*) Comparison of the panicle morphologies of NIL R498-*DST*^{REG1} and NIL R498-DST^{reg1}. (*C*) Gross morphologies of NIL 93-11-*DST*^{REG1} and NIL 93-11-*DST*^{reg1} at the mature stage. (*D*) Comparison of the panicle morphologies of NIL 93-11-DSTREG1 and NIL 93-11-*DST*^{reg1}. (*E*) Gross morphologies of NIL NP-DST^{REG1} and NIL NP-*DST*^{reg1} at the mature stage. (*F*) Comparison of the panicle morphologies of NIL NPDSTREG1 and NIL NP-*DSTreg*^{1}. (Scale bars: *A*, *C*, and *E*, 20 cm; *B*, *D*, and *F*, 5 cm.)

***DST*^{reg1} Enhances Grain Production in both *indica* and *jopanic Rice*.** Because mutation alleles of *OsCKX2* have been successfully applied in rice breeding practice (7), our elucidation of the DST function to regulate *OsCKX2* expression highlights the feasibility to apply the DST^{reg1} allele in rice breeding to improve grain production. Like the reported variety 5150 (7), the high-yielding *indica* variety R498 contains an 11-bp deletion in the third exon of *OsCKX2* (Fig.S5*A*) and, therefore, impairs the expression of this CK catabolic gene (Fig.S5*C*). We developed a near isogenic line (NIL) in the genetic background of R498 that contains the DST^{reg1} allele. Consistent with a scenario that DST-mediated regulation of *OsCKX2* expression is involved in seed production, the resulting NIL R498 - DST^{reg1} plants showed similar panicle size and grain number per panicle as NIL R498 - DST^{REG1} did (Fig.5 A and *B* and Fig.S6*A*).

In contrast to 5150 and R498, *93 - 11*, another high−yielding *indica* variety from China (41), does not contain any mutation in *OsCKX2* (Fig.S5 B and *C*), suggesting that the high−yielding trait of *93 - 11* is contributed by QTLs other than *Gn1a*. To evaluate whether the *reg1* mutation can further enhance the seed production of this high−yielding *indica* rice, we generated NIL in the genetic background of *93 - 11* that contains the *DST^{reg1}* allele. The resulting NIL *93 - 11 -DST^{reg1}* showed increased primary and secondary panicle branching and produced more grains than its recurrent parent, NIL 93 - 11 -*DST*^{REG1} (Fig.5 *C* and *D* and Fig.S6*B*) .In the yield test assay of field conditions, the NIL 93 - 11 -*DST^{reg1}* increased grain yield by 21.6%over NIL 93 - 11 -*DST*^{REG1} (Table 1).

To evaluate the effect of the *reg1* mutation on yield enhancement in *japonica* rice, we generated *DST^{reg1}* NIL in the genetic background of NP, which does not contain any mutation in the *OsCKX2* locus (Fig.S5 *B* and *C*). As expected, NIL NP-*DST^{reg1}* showed increased panicle branching and produced more grains per panicle in comparison with NIL NP-*DST^{REG1}* (Fig.5 *E* and *F* and Fig. S6*C*). In the yield test assay of field conditions, the NIL NP-*DST^{reg1}* increased grain yield by 20.5%over NIL NP-*DST^{REG1}*in the test plot (Table 1). Taken together, our results indicate that the *reg1* allele of the DST gene is applicable to pyramid the *Gn1a*-dependent and *Gn1a*-independent yield enhancing effects in both *indica* and *jopanic* rice.

***DST^{reg1}* Enhances Grain Number in Wheat.** Sequence analysis identified DST homologs in small grain cereals including barley and wheat (Fig.S7*A*), suggesting functional conservation of this protein.To investigate the possible effect of DST on grain production in wheat, we generated a number of transgenic wheat plants carrying *DST^{REG1}* and *DST^{reg1}*. Transgenic wheat lines with increased expression of *DST^{REG1}* show a decrease in the length of the ear and a reduced number of spikelets, whereas transgenic wheat lines with increased expression of *DST^{reg1}* showed increased ear size and spikelet number (Fig.S7 *B* and *C*). These data suggest an application potential of *DST^{reg1}* in wheat breeding to increase grain yield.

Discussion

The bioactive CK status of the SAM is determined by many factors, including the biosynthesis, activation, and degradation of the hormone. Accumulating evidence indicated that the action of CK in maintaining SAM activity is tightly linked to transcription factors involved in the activation or repression of the expression of CK−related genes (16, 42). For example, the Class I KNOTTED1 - like homeobox (KNOXI) proteins, which are essential for SAM maintenance and function, act in part through regulating the expression of *ISOPENTENYL TRANSFERASE*7 (*IPT*7), which encodes a rate-limiting enzyme for CK biosynthesis (43 - 45). Although the role of the *CKX* genes in maintaining SAM function and seed production is well recognized in both monocots and dicots, less is known about how the expression of these genes is regulated in planta (7, 25, 26). We report here that the rice *Gn1a*/*OsCKX2* gene, which has been used as a breeding tool, is under the direct regulation of the zinc finger transcription factor DST^{REG1}. Several lines of evidence support this finding. First, DST^{REG1} is a transcription activator and its C-termial EAR motif is required for its transcriptional activity. Second, as revealed by EMSA and ChIP assays, DST^{REG1} specifically binds to the DBS motif in the promoter of *OsCKX2*. Third, transactivation assays in *N. benthamiana* leaves support that DST^{REG1} stimulates the activity of LUC as a reporter driven by *OsCKX2* promoter. Given that both DST^{REG1} (this work) and *OsCKX2* (7) are important for the SAM function and seed production, our results reveal a unique pathway in which a transcription factor directly links to a specific CK metabolic gene in the regulation of the SAM function.Indeed, we show that DST-executed expression of *OsCKX2*contributes to the accumulation of CKs in the SAM and, therefore, plays a crucial role in SAM maintenance. In the *reg1* mutant, the DST^{reg1} still binds the DBS motif of the *OsCKX2* promoter, but losses the ability to activate the expression of *OsCKX2*; reduced expression of *OsCKX2* leads to increased CK accumulation in the SAM, which renders enhanced seed production of *reg1*.

Significantly, our finding provides a strategy to apply the DST^{reg1} allele in rice breeding practice. Because total grain number per plant is the most important factor for increasing grain yield under field production conditions, rice breeders have been devoted to identifying QTLs showing enhanced effect on grain number (7 - 14). Among them, *Gnla/OsCKX2* has been molecularly characterized and successfully applied in rice breeding (7). Pyramiding the grain number enhancing effects of *Gn1a* (i.e., *Gn1a*-dependent) and other QTLs (i.e., *Gn1a*-independent) is a major target of rice breeding program (7). We provide evidence showing that, when the DST^{reg1} allele is introduced into rice varieties that do not contain a *Gn1a* mutation, the resulting NILs show substantial grain number enhancing effect. Therefore, DST^{reg1} is applicable in conventional rice breeding program to pyramid the *Gn1a* dependent and *Gn1a*—independent QTLs for grain production.Importantly, the semidominant nature of DST^{reg1} renders that this mutation allele is especially suitable for hybrid rice breeding.In addition, ectopic expression of DST^{reg1} in wheat leads to increased grain production, suggesting an application potential of DST or its homologs in other small grain cereals.

Intriguingly, the zinc finger transcription factor DST was also shown to regulate drought and salt tolerance via stomatal control (27). In this case, the zinc finger motif of DST is required for its transactivation activity to regulate genes involved in the homeostasis of reactive oxygen species. Loss of DST function increases stomatal closure and reduces stomatal density, consequently resulting in enhanced drought and salt tolerance in rice (27). This observation, together with our finding that DST contributes to seed production via controlling CK degradation, indicate that DST plays a dual role in regulating development and stress response.

Materials and Methods

Cytokinin Analysis. Extraction and determination of CKs from rice young panicles (<0.5 cm) were performed by using a polymer monolith microextraction/hydrophilic interaction chromatography/ electrospray ionizationtandem mass spectrometry method as described (46).

RNA in Situ Hybridization. RNA in situ hybridization was performed as described (47). Primers used for probe amplification are listed in Table S1.

Transient Expression Regulation Assays in *N. benthamiana* Leaves. The transient expression assays were performed in *N. benthamiana* leaves as described (40) .The relevant PCR primer sequences are given in Table S1.

EMSA. EMSA was performed by using a LightShift Chemiluminescent EMSA kit (Thermo Scientific) . The probe sequences of *OsCKX2* are listed in Table S2.

ChIP-PCR Assay. ChIP-PCR was carried out as described (40) . Primers used for ChIP-PCR are listed in Table S1.

Accession Codes. Genes, and their associated accession codes from Gen-Bank are as follows: *DST* (GQ178286.1); *OsRR1* (AB249661.1); *OsCKX2* (NM_001048837.1); *OsCKX1* (NM_001048787.1); *OsCKX3* (NM_001071421.1); *OsCKX4* (NM_001051888.1); *OsCKX9* (NM_001061906.2); *OsCKX11* (NM_001068512.1); *OsACT1* (NM_001057621.1); and *NbACT1* (EU938079.1) .

Genes, and their associated accession codes from Rice Annotation Project Database are as follows: *OsCKX7* (LOC_Os02g12780.1); *OsCKX8* (LOC_Os04g44230.1); and *OsCKX10* (LOC_Os06g37500.1) .

ACKNOWLEDGMENTS. We thank Y. Xue for critical comments and advice, J. Li for providing the pTCK303/1460 vector, C. Gao for generating transgenic wheat plants, and Z. Yuan and W. Luo for taking care of the rice plants. This work was supported by the National Natural Science Foundation of China Grants 90717007 and 91117013.

References

1. Sakamoto T, Matsuoka M (2004) Generating high-yielding varieties by genetic manipulation of plant architecture. *Curr Opin Biotechnol* 15 (2): 144 - 147.

2. Wang Y, Li J (2008) Rice, rising. Nat Genet 40 (11): 1273 - 1275.

3. Sakamoto T, Matsuoka M (2008) Identifying and exploiting grain yield genes in rice. *Curr Opin Plant Biol* 11 (2): 209 - 214.

4. Komatsu K, et al. (2003) LAX and SPA: Major regulators of shoot branching in rice. *Proc Natl Acad Sci USA* 100 (20): 11765 - 11770.

5. Ikeda K, Ito M, Nagasawa N, Kyozuka J, Nagato Y

(2007) Rice ABERRANT PANICLE ORGANIZATION 1, encoding an F-box protein, regulates meristem fate. *Plant J* 51 (6): 1030 - 1040.

6. Kurakawa T, et al. (2007) Direct control of shoot meristem activity by a cytokinin-activating enzyme. *Nature* 445 (7128): 652 - 655.

7. Ashikari M, et al. (2005) Cytokinin oxidase regulates rice grain production. *Science* 309 (5735): 741 - 745.

8. Tan L, et al. (2008) Control of a key transition from prostrate to erect growth in rice domestication. *Nat Genet* 40 (11): 1360 - 1364.

9. Jin J, et al. (2008) Genetic control of rice plant architecture under domestication. *Nat Genet* 40 (11): 1365 - 1369.

10. Huang X, et al. (2009) Natural variation at the DEP1 locus enhances grain yield in rice.*Nat Genet* 41 (4): 494 - 497.

11. Miura K, et al. (2010) OsSPL14 promotes panicle branching and higher grain productivity in rice. *Nat Genet* 42 (6): 545 - 549.

12. Jiao Y, et al. (2010) Regulation of OsSPL14 by OsmiR156 defines ideal plant architecture in rice. *Nat Genet* 42 (6): 541 - 544.

13. Ikeda-Kawakatsu K, et al. (2009) Expression level of ABERRANT PANICLE ORGANIZATION1 determines rice inflorescence form through control of cell proliferation in the meristem. *Plant Physiol* 150 (2): 736 - 747.

14. Ookawa T, et al. (2010) New approach for rice improvement using a pleiotropic QTL gene for lodging resistance and yield. *Nat Commun* 1: 132.

15. Tucker MR, Laux T (2007) Connecting the paths in plant stem cell regulation. *Trends Cell Biol* 17 (8): 403 - 410.

16. Veit B (2009) Hormone mediated regulation of the shoot apical meristem. *Plant Mol Biol* 69 (4): 397 - 408.

17. Werner T, Motyka V, Strnad M, Schmülling T (2001) Regulation of plant growth by cytokinin. *Proc Natl Acad Sci USA* 98 (18): 10487 - 10492.

18. Werner T, et al. (2003) Cytokinin-deficient transgenic Arabidopsis plants show multiple developmental alterations indicating opposite functions of cytokinins in the regulation of shoot and root meristem activity. *Plant Cell* 15 (11): 2532 - 2550.

19. Higuchi M, et al. (2004) In planta functions of the Arabidopsis cytokinin receptor family. *Proc Natl Acad Sci USA* 101 (23): 8821 - 8826.

20. Nishimura C, et al. (2004) Histidine kinase homologs that act as cytokinin receptors possess overlapping functions in the regulation of shoot and root growth in *Arabidopsis.Plant Cell* 16 (6): 1365 - 1377.

21. Riefler M, Novak O, Strnad M, Schmülling T (2006) Arabidopsis cytokinin receptor mutants reveal functions in shoot growth, leaf senescence, seed size, germination, root development, and cytokinin metabolism. *Plant Cell* 18 (1): 40 - 54.

22. Heyl A, et al. (2008) The transcriptional repressor ARR1-SRDX suppresses pleiotropic cytokinin activities in Arabidopsis. *Plant Physiol* 147 (3): 1380 - 1395.

23. Chaudhury AM, Letham S, Craig S, Dennis ES (1993) amp1 - a mutant with high cytokinin levels and altered embryonic pattern, faster vegetative growth, constitutive photomorphogenesis and precocious flowering. *Plant J* 4: 907 - 916.

24. Rupp HM, Frank M, Werner T, Strnad M, Schmülling T (1999) Increased steady state mRNA levels of the STM and KNAT1 homeobox genes in cytokinin overproducing Arabidopsis thaliana indicate a role for cytokinins in the shoot apical meristem. *Plant J*

18 (5): 557-563.

25. Bartrina I, Otto E, Strnad M, Werner T, Schmülling T (2011) Cytokinin regulates the activity of reproductive meristems, flower organ size, ovule formation, and thus seed yield in Arabidopsis thaliana. *Plant Cell* 23 (1): 69-80.

26. Werner T, Köllmer I, Bartrina I, Holst K, Schmülling T (2006) New insights into the biology of cytokinin degradation. *Plant Biol (Stuttg)* 8 (3): 371-381.

27. Huang XY, et al. (2009) A previously unknown zinc finger protein, DST, regulates drought and salt tolerance in rice via stomatal aperture control. *Genes Dev* 23 (15): 1805-1817.

28. Kuroha T, et al. (2009) Functional analyses of LONELY GUY cytokinin-activating enzymes reveal the importance of the direct activation pathway in Arabidopsis. *Plant Cell* 21 (10): 3152-3169.

29. Jain M, Tyagi AK, Khurana JP (2006) Molecular characterization and differential expression of cytokinin-responsive type-A response regulators in rice (Oryza sativa) .BMC Plant Biol 6: 1.

30. Ohta M, Matsui K, Hiratsu K, Shinshi H, Ohme-Takagi M (2001) Repression domains of class Ⅱ ERF transcriptional repressors share an essential motif for active repression. *Plant Cell* 13 (8): 1959-1968.

31. Hiratsu K, Ohta M, Matsui K, Ohme-Takagi M (2002) The SUPERMAN protein is an active repressor whose carboxy-terminal repression domain is required for the development of normal flowers. *FEBS Lett* 514 (2-3): 351-354.

32. Tiwari SB, Hagen G, Guilfoyle TJ (2004) Aux/IAA proteins contain a potent transcriptional repression domain. *Plant Cell* 16 (2): 533-543.

33. Tsukagoshi H, Saijo T, Shibata D, Morikami A, Nakamura K (2005) Analysis of a sugar response mutant of Arabidopsis identified a novel B3 domain protein that functions as an active transcriptional repressor. *Plant Physiol* 138 (2): 675-685.

34. Kagale S, Links MG, Rozwadowski K (2010) Genome-wide analysis of ethylene-responsive element binding factor-associated amphiphilic repression motif-containing transcriptional regulators in Arabidopsis. *Plant Physiol* 152 (3): 1109-1134.

35. Weigel RR, Pfitzner UM, Gatz C (2005) Interaction of NIMIN1 with NPR1 modulates PR gene expression in Arabidopsis. *Plant Cell* 17 (4): 1279-1291.

36. Pauwels L, et al. (2010) NINJA connects the co-repressor TOPLESS to jasmonate signalling.*Nature* 464 (7289): 788-791.

37. Kim SH, et al. (2004) CAZFP1, Cys2/His2-type zinc-finger transcription factor gene functions as a pathogen-induced early-defense gene in Capsicum annuum. *Plant Mol Biol* 55 (6): 883-904.

38. Shang Y, et al. (2010) The Mg-chelatase H subunit of Arabidopsis antagonizes a group of WRKY transcription repressors to relieve ABA-responsive genes of inhibition. *Plant Cell* 22 (6): 1909-1935.

39. Qi T, et al. (2011) The Jasmonate-ZIM-domain proteins interact with the WD-Repeat/bHLH/MYB complexes to regulate Jasmonate-mediated anthocyanin accumulation and trichome initiation in Arabidopsis thaliana. *Plant Cell* 23 (5): 1795-1814.

40. Chen Q, et al. (2011) The basic helix-loop-helix transcription factor MYC2 directly represses PLETHORA expression during jasmonate-mediated modulation of the root stem cell niche in Arabidopsis. *Plant Cell* 23 (9): 3335-3352.

41. Yu J, et al. (2002) A draft sequence of the rice genome (Oryza sativa L. ssp. indica) .*Science* 296

(5565): 79-92.

42. Shani E, Yanai O, Ori N (2006) The role of hormones in shoot apical meristem function. *Curr Opin Plant Biol* 9 (5): 484-489.

43. Jasinski S, et al. (2005) KNOX action in Arabidopsis is mediated by coordinate regulation of cytokinin and gibberellin activities. *Curr Biol* 15 (17): 1560-1565.

44. Leibfried A, et al. (2005) WUSCHEL controls meristem function by direct regulation of cytokinin-inducible response regulators. *Nature* 438 (7071): 1172-1175.

45. Yanai O, et al. (2005) Arabidopsis KNOXI proteins activate cytokinin biosynthesis. *Curr Biol* 15 (17): 1566-1571.

46. Liu Z, Wei F, Feng YQ (2010) Determination of cytokinins in plant samples by polymer monolith microextraction coupled with hydrophilic interaction chromatographytandem mass spectrometry. *Anal Methods* 2: 1676-1685.

47. Qi J, et al. (2008) Mutation of the rice Narrow leaf1 gene, which encodes a novel protein, affects vein patterning and polar auxin transport. *Plant Physiol* 147 (4): 1947-1959.

作者：Shuyu Li[#]　Bingran Zhao[#]　Dingyang Yuan[#]　Meijuan Duan[#]　Qian Qian[#]　Li Tang　Bao Wang　Xiaoqiang Liu　Jie Zhang　Jun Wang　Jiaqiang Sun　Zhao Liud　YuQi Feng　Longping Yuan[*]　Chuanyou Li[*]

注：本文发表于 *Proceedings of the National Academy of Sciences of the United states* 2013 年第 110 卷第 8 期。

超级杂交稻两优培九产量杂种优势标记与 QTL 分析

【摘 要】【目的】对超级杂交稻两优培九影响产量及其构成因素性状的杂种优势位点进行定位，在此基础上探讨亲本培矮 64S 和 9311 的遗传差异与水稻产量性状的杂种优势间的关系，以探明水稻产量杂种优势的分子预测途径。【方法】应用经单粒传法获得后续世代的 219 个培矮 64S×9311 F_8 重组自交系（RILs）株系材料与亲本培矮 64S 回交，并选用 151 个分布于水稻基因组 12 条染色体上的 SSR 多态性标记，构建回交群体 RILs BCF_1；构建基因组总长为 1617.7 cM、标记间平均距离 10.93 cM 和含 151 个分子标记的遗传图谱；采用分子标记技术和自由度不等的单向分组方差两组法、三组法分析，用 SAS 软件 ANOVA 分析、混合线性模型复合区间作图等方法，对回交 RILs BCF_1 群体的产量性状及其构成因素的 F_1 表型值进行相关分析、优势预测与 QTL 定位。【结果】本回交杂种群体 RILs BCF_1 具备多种基因型，遗传变异丰富，性状平均值均显著高于亲本群体重组自交系 RILs F_8，共筛选到影响 RILs BCF_1 群体产量及其构成因素性状杂种优势的阳性、增效位点 74 个；其中，三组法所筛选的阳性、增效位点数高于两组法，用这些阳性、增效位点所预测的遗传距离与产量 F_1 性状值的相关性也显著提高；三组法所筛选产量性状的增效位点与两组法所筛选的增效位点完全一致；连锁紧密的位点有成簇分布的现象，每穗空粒数、每穗实粒数、结实率有 6 个杂种优势位点相同，并与 3 个产量杂种优势位点重叠，且均处在第 7 染色体上；通过逐步回归建立了对 4 个产量性状进行预测的回归方程模型；筛选到 28 个杂合型的特异性标记，它们与产量性状的表型值显著相关，使用特异性标记可使遗传距离与产量 F_1 性状值的相关系数由全部标记的 0.335 提高到 0.617；定位到 3 个与产量杂种优势相关的 QTL 和 3 个影响每穗实粒数杂种优势的 QTL。其中，在第 7 染色体上影响每穗实粒数和产量杂种优势的 QTL *QGpp7* 和 *QHy7* 与影响每穗实粒数和产量杂种优势的增效位点的结果相符。【结论】通过增加筛选产量杂种优势阳性位点或增效位点数量、筛选影响杂种优势特异性分子标记的方法，可显著提高分子标记遗传距离与产量 F_1 性状值的相关性，有效提高用分子标记遗传距离对杂种优势预测效率。定位了 3 个影响产量杂种优势的 QTL 及 3 个影响每穗总粒数杂种优势的 QTL，分别在第 2、第 3、第 7、第 11 和第 12 染色体上，其中，影响产量杂种优势的数量性状位点 QHy7，贡献率为 7.48%，可用于杂种优势的预测和杂交组合的选配。定位于第 3 染色体 RM293 - RM468 的表型贡献率为 14.9% 的抽穗期 QTL 可用于早熟高产水稻的选育。

【关键词】超级杂交稻；产量性状杂种优势；杂种优势预测；QTL 定位

【Abstract】【Objective】The heterosis loci and QTLs of yield and yield components were detected by using a RILsBCF_1 population derived from a cross between Pei'ai 64S and 9311. The relationship was explored between the genetic variance of these two parental lines and yield heterosis in the resulted hybrid for predicting hybrid heterosis.【Method】Based on a population of 219 recombinant inbred lines (RILs) of F_8 generation produced by single seed descendant method from the Pei-ai 64S × 9311 cross, a RILsBCF_1 population was generated by backcrossing of RILs to Pei-ai 64S. With a total of 151 polymorphic SSR markers, a linkage map was constructed spanning 1617.7 cM across the whole genome with an average marker interval of 10.93 cM. The correlation between genetic distances and F_1 trait performance of RILsBCF1 and their prediction in yield and yield component traits were conducted respectively by using molecular marker analysis, one-way ANOVA with different freedoms, and composite interval mapping using mix linear model in SAS, together with heterosis prediction and QTL mapping.【Result】The RILsBCF_1 used in the study showed significant diversity with high segregation in multiple traits, and their average performance was significantly higher than that of RILs F_8. In this RILsBCF_1 population, 74 heterosis positive loci and effect-increasing loci were identified by two-group method and three-group method in yield and yield component traits, respectively. Compared with two-group method, three-group method could get more positive loci or effect-increasing loci to a certain degree and raise efficiency of predicting correlationship between genetic distances of both positive loci and effect-increasing loci and F_1 traits' performances. The result of the effect-increasing loci detecting was the same in both two-group and three-group methods. Six heterosis loci were detected at the same regions for three traits (Sterile lemma per panicle, Grains per panicle and Pencentage seed setting), overlapped with three yield effect-increasing loci clustered on chromosome 7. Based on the relationship between marker-effect values of yield effect-increasing loci using the three-group method and F_1 trait performance, four multiple regression prediction models were constructed using a stepwise procedure. A total of 28 markers with heterozygous genotypes were identified to significantly increase the correlation coefficient between the genetic distances and the F_1 trait performance from 0.335 to 0.617. Three QTLs for yield heterosis and three QTLs for grain per panicle heterosis were mapped using this RILsBCF_1 population. The mapped loci of QTL *QGpp7* for grain per panicle heterosis and *QHy7* for yield heterosis matched the effect-increasing loci identified by the methods of two-group and three group analyses.【Conclusion】The approaches of screening more positive loci or effect-increasing loci and specific markers which influent heterosis can increase the correlation coefficient between the genetic distances and the F_1 traits performances, and thus can be applied more efficiently in predicting the yield heterosis of rice hybrids with genetic distance of molecular markers. The yield QTL *QHy7* located on chromosome 7 with a yield increase contribution of 7.48% can be used for yield heterosis prediction and in hybrid rice breeding. A heading stage QTL located between RM293-RM468 on chromosome 3 with the contribution of 14.9% can be used for rareripe high yield rice breeding.

【Keywords】super-yielding hybrid rice; yield component trait heterosis; heterosis prediction; QTL mapping

引言

【研究意义】快速有效地预测杂种优势一直是育种工作者共同关心的重要课题。从分子水平探讨遗传差异与水稻产量及其构成因素杂种优势间的关系，筛选影响产量杂种优势分子标记位点以及与杂种优势有关的 QTL，为杂种优势早期预测提供可行的思路和方法，对当前指导超级杂交水稻的育种，提高组合选配准确性和缩短育种进程，更好地利用杂种优势，具有重要的意义。【前人研究进展】杂种优势已在玉米、水稻、油菜等多种作物上得到广泛应用，并成为提高产量的最重要途径。但繁重测交工作给人们带来了诸多不便，自认识杂种优势现象以来，遗传学家和育种学家一直在寻找快速、准确的预测方法，如早期的数量遗传学方法、生理生化方法等。20 世纪 80 年代以来，运用分子生物学技术已开发了大量的基于 DNA 多态性的分子标记，并借此揭示了极其丰富的遗传变异。近年来，高密度遗传连锁图谱的构建和动植物基因组计划的成功实施更为从分子水平认识和预测杂种优势提供了可能性。Smith 等[1]、Stuber 等[2]、Zhang 等[3-5]、Xiao 等[6]、Martin 等[7]和 Diers 等[8]对于用分子标记估算的遗传距离和杂种优势的相关性，在玉米、水稻、小麦、油菜等作物中已进行了大量研究。Lee 等[9]、蔡健等[10]、吴敏生等[11]和袁力行等[12]的研究报道表明，利用分子标记技术测定亲本间的遗传距离，发现亲本遗传距离与杂种产量的相关性显著，但决定系数很小，因此，亲本遗传距离在决定杂种产量方面是有限的或相关程度并不足以预测杂种优势。Zhang 等[3-5]的进一步研究还表明，分子标记杂合性与杂种表现及杂种优势的相关关系随性状及选用亲本的不同而变化很大。Xiao 等[6]和 Saghai 等[13]用籼、粳二种类型的水稻亲本杂交时发现：同一类型的亲本杂交，其杂种产量与亲本遗传距离相关性极显著，而不同类型间的亲本杂交其杂种产量与亲本遗传距离相关性较低；韦新宇等[14]认为双亲适度的遗传差异可有效提高杂种产量性状，并使杂种产生显著的产量优势。Melchinger 等[15]据此推断，杂种优势的表达与基因型杂合性有一定的关联，通过检测与杂种优势表达有关的位点，然后利用这些基因的杂合性可预测杂种优势。Zhang 等[3]还将双亲标记基因型差异为 F_1 的杂合性，分为一般杂合性和特殊杂合性，亲本间一般杂合性与 F_1 杂种的表现相关性通常较低，亲本间特殊杂合性与 F_1 杂种表现呈极显著正相关。何光华等[16]将检测影响水稻产量及其构成因素的阳性位点或特异性座位区分为增效位点和减效位点，利用增效位点和减效位点可更有效地提高相关系数。卢瑶等[17]、查仁明等[18-19]的进一步研究认为该方法提供了筛选与杂种优势具有强相关性的分子标记的可能性。综合各项研究表明，利用分子标记计算亲本遗传距离与杂种优势的相关性无法获得完全一致的结果。Bernardo[20]认为影响亲本遗传距离与杂种优势相关性的决定因素是所用标记与杂种优势有关 QTL 的连锁程度，提高分子标记预测杂种优势的准确性在很大程度上取决于与杂种优势有关的 QTL 的覆盖率及与杂种优势有关的 QTL 连锁的标记比例。吴敏生等[11, 21]研究表明要获得亲本遗传距离与杂种优势较高的相关性，有效的途径是增加与杂种优势相关 QTL 连锁的标记位点的相对数目。孙其信等[22]认为杂种优势的表达与控制有关性状的 QTL 杂合性有明显的关联。因而，借助分子标记研究与杂种优势有关的 QTL 及其效应也成为一个重要的研究领域，迄今，Lin 等[23]、Yano 等[24]、包劲松等[25]、廖春燕等[26]、陈深广等[27]已开展大量研究。【本研究切入点】利用杂交稻的重组自交系与不育系回交株系的群体定位杂种产量 QTL 的研究较少。【拟解决的关键问题】本研究通过构建亲本培矮 64S 与培矮 64S × 9311 的重组自交系（RILs）回交的群体 RILs BCF_1，分析两优培九产量及其构成因子性状的杂种优势以及影响杂种优势的基因作用位点和 QTL，以寻求预测水稻杂种优势的有效方法。

1 材料与方法

1.1 供试群体

以超级杂交稻两优培九及其亲本培矮 64S 和 9311 作为研究材料，通过杂交、自交，并通过 SSR 分子标记鉴定进行选择，构建具有双亲遗传背景的分子标记均匀分布于水稻全基因组的 219 个重组自交系 RILs F_8，将培矮 64S 与培矮 64S × 9 311 的 219 个重组自交系 RILs F_8 基础群体的每一株系回交，获得 219 个 F_1 组合构成的群体 RILs BCF_1 为供试群体。

1.2 田间种植及性状考查

RILs F_9 与 RILs BCF_1 群体及对照两优培九于 2008 年 5 月 8 日播种，5 月 27 日移栽，单株种植，株行距为 16.7 cm × 23.3 cm；每个家系种 3 行，每行 11 株，3 次重复，随机区组试验，田间管理同一般大田。

成熟时，每小区取中间行的中间 5 株，风干考种，考查项目包括单株有效穗数（effective

panicle，EP，个）、穗长（panicle length，PL，cm）、每穗总粒数（spikelets per panicle，SPP）、每穗实粒数（grains per panicle，GPP）、每穗空粒数（sterile lemma per panicle，SLPP）、结实率（pencentage seed setting，PSS，%）、千粒重（1 000 grains weight，GW，g）和小区产量（harvest yield per plant，HY_{plot}，kg）。

1.3 遗传连锁图谱的构建

根据重组自交系（RILs）基因型数据，对回交群体 RILs BCF_1 进行基因型检测分析，参照标记位点已发表连锁图上的位置，用 MAPMAKER/EXP Version 3.0 软件、Kosambi 函数将重组值转化为遗传距离图距单位（centimorgan，cM），构建包括 151 个 SSR、图谱覆盖 1617.7 cM、标记间平均距离为 10.93 cM 的遗传连锁图谱。

1.4 数据处理分析

数据分析采用分子标记技术和自由度不等的单向分组方差分析、ANOVA 分析、混合线性模型复合区间作图等方法，在构建适宜进行水稻产量及产量构成因素性状杂种优势研究的回交 RILs BCF_1 群体基础上，对该群体产量性状 F_1 表型值进行相关分析，以及影响杂种优势位点的筛选与 QTL 定位，进行产量杂种优势的预测情况分析。

1.5 阳性标记、增效位点筛选

所用亲本 RILs 可认为在各个位点上是纯合的，对一个位点，有带的亲本标记型为 1，无带的为 0。根据双亲的标记型可以推测出其 F_1 的标记型，按该标记在双亲间存在状态的差异性分为两组：1 组，该标记在杂种的双亲间以杂合状态存在，即只在一个亲本中出现；0 组，标记在杂种中的双亲间以纯合状态存在或不存在，即该标记在杂交双亲中均出现或均不出现，进而把 F_1 分为纯合组（双亲标记型都是 1 或都是 0）和杂合组（双亲标记型其中一个为 1，另一个为 0）。具体地，应用 SSR 标记，利用 F_1 性状值对标记位点进行筛选，若 F 值显著或极显著，则称该标记为阳性标记；若 F 值显著或极显著，且 1 组性状平均值大于 0 组性状平均值，则称该标记为增效阳性标记；若 F 值显著或极显著，且 1 组性状平均值小于 0 组性状平均值，则称该标记为减效阳性标记。以标记为固定因子，在每个固定因子的位点上，各性状值可按重组自交系 RILs 的标记结果将 RILs BCF_1 群体分成 3 个组别 A 组（即母本型组或纯合 0 组）、B 组（即父本型组或纯合 1 组）和 H 组（杂合组）三组，每个组别实际对应一类子亚群，即 A 型子亚群、B 型子亚群和 H 型子亚群，采用三组法在子亚群中比较组间产量性状表型值差异和对标记位点进行阳性位点与增效位点的筛选。

2 结果

2.1 RILs BCF1 群体遗传分析与性状杂种优势表现分析

通过对 RILs BCF_1 群体进行遗传分析（图 1），可知各产量性状在 RILs BCF_1 群体中呈连续分布（除千粒重集中在 23~24 g 外），而且基本上是正态分布，表现为典型的数量性状。因此，可以对各个性状进行有关影响杂种优势位点的筛选及 QTL 定位分析。

考察 RILs BCF_1 群体与其相应的亲本群体 RILs F_9，由于杂种优势的存在，RILs BCF_1 群体产量及其构成因子性状表现平均观测值均显著高于 RILs F_9 群体；试验考种数据显示，以产量的优势最大，产量 3 个构成因子中以千粒重的优势最小。简单相关分析结果表明，小区产量、每穗实粒数、每穗总粒数 3 个性状之间呈显著正相关；其中，小区产量与每穗总粒数、每穗实粒数之间，每穗总粒数与每穗实粒数之间，呈高度相关。其余 5 个性状的相关性则明显降低：千粒重与其他性状之间，结实率与每穗总粒数之间相关性均不显著。综合考虑各个性状的杂种优势表现以及各性状的相关性情况，RILs BCF_1 群体适于产量及其构成因子性状的杂种优势遗传分析。

根据与对照两优培九的竞争优势度量群体组合杂种优势表现，对 RILs BCF_1 群体 Nei 氏遗传距离与产量及产量构成因素性状竞争优势相关性进行分析（表 1），表明 Nei 氏遗传距离分别与有效穗数竞争优势和每穗空粒数竞争优势呈负相关关系，且与每穗空粒数竞争优势负相关达显著水平；与穗长竞争优势和每穗总粒数竞争优势呈正相关，但未达显著水平；与千粒重竞争优势达显著正相关；与每穗实粒数竞争优势、结实率竞争优势和小区产量竞争优势均呈极显著正相关。与 Nei 氏遗传距离关联系数由大到小的顺序依次是：小区产量竞争优势（0. 328 5）> 每穗实粒数竞争优势（0. 308 1）> 结实率竞争优势（0. 247 9）> 每穗总粒数竞争优势（0. 197 8）> 千粒重竞争优势（0. 181 3）> 穗长竞争优势（0. 056 3）> 单株有效穗数竞争优势（-0. 15）> 每穗空粒数竞争优势（-0. 191 2）。说明与对照两优培九比较，RILs BCF_1 群体 Nei 氏遗传距离越大的材料在小区产量、每穗实粒数和结实率的优势越突出，其次是每穗总粒数，再次是千粒重，穗长较小。

表 1　RILs BCF1 群体 Nei 氏遗传距离与竞争优势相关系数

变量	x1	x2	x3	x4	x5	x6	x7	x8	GD
x1	1								
x2	0.088 7	1							
x3	-0.172^{*}	$0.482\ 9^{**}$	1						

续表

变量	x1	x2	x3	x4	x5	x6	x7	x8	GD
x4	0.135 4	0.154 3	0.240 1**	1					
x5	−0.224*	0.116 3	0.314 6**	−0.846**	1				
x6	0.196 9*	0.024 9	−0.055	0.946**	−0.954 6**	1			
x7	0.159 3	0.063 8	0.119 3	0.131	−0.061 8	0.118 1	1		
x8	0.067 3	−0.053 8	0.056	0.787 1**	−0.739 2**	0.771 4**	0.046 2	1	
GD	−0.15	0.056 3	0.197 8	0.308 1**	−0.191 2*	0.247 9**	0.181 3*	0.328 5**	1

注：* 和 ** 分别表示 5% 和 1% 显著水平。x1. 单株有效穗数竞争优势；x2. 穗长竞争优势；x3. 每穗总粒数竞争优势；x4. 每穗实粒数竞争优势；x5. 每穗空粒数竞争优势；x6. 结实率竞争优势；x7. 千粒重竞争优势；x8. 小区产量竞争优势；GD.Nei'sD。

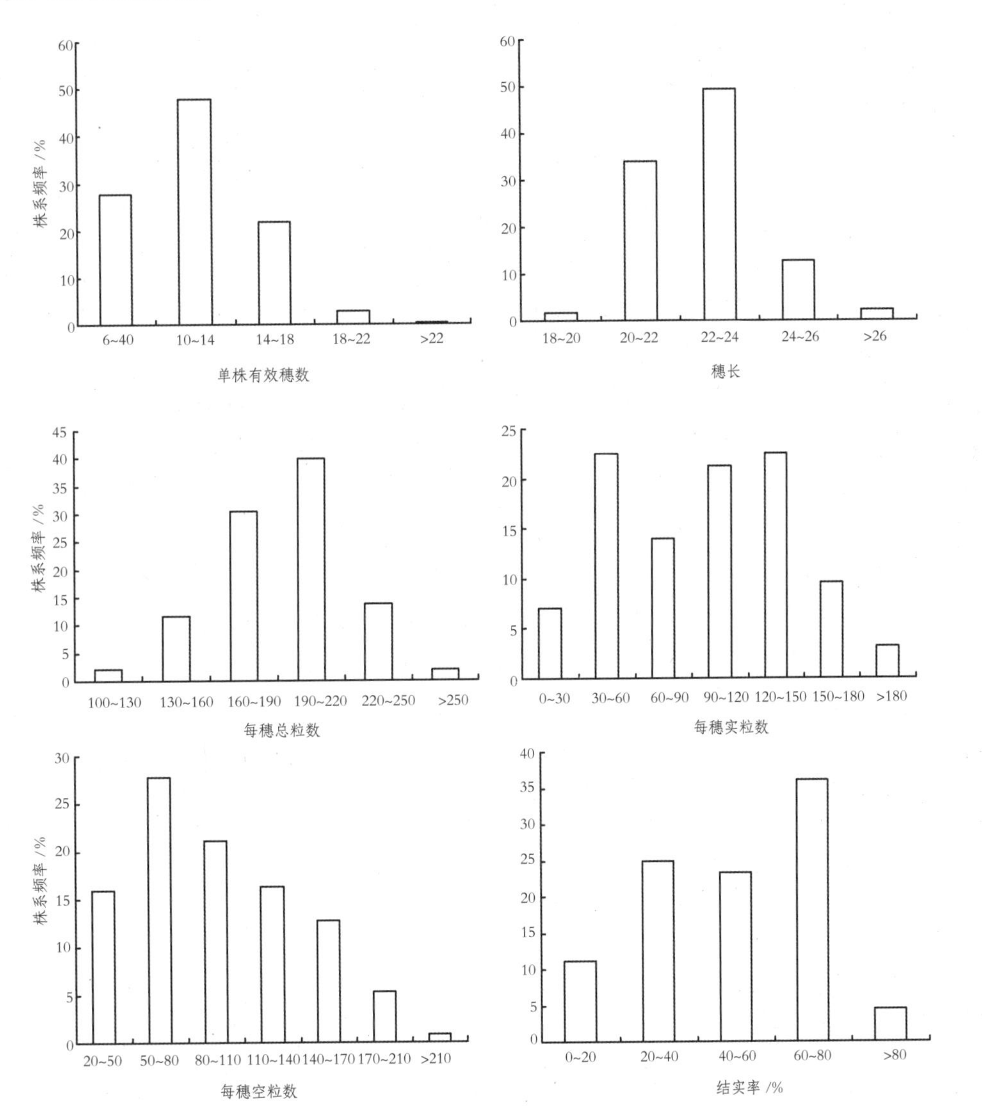

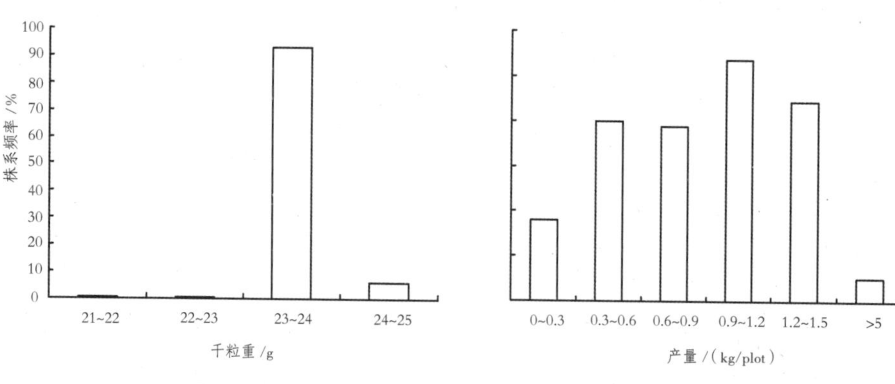

图 1　RILs BCF_1 群体产量及其构成因素性状分布图

2.2　筛选阳性位点、增效位点分析

通过两组法分析亲本阳性遗传距离、增效遗传距离与 RILsBCF_1 群体各组合 F_1 性状值的相关性，结果（表 2）显示，除产量性状筛选到阳性、增效位点较多（8 个）外，其他产量构成因素性状筛选到的阳性、增效位点数较少，大都为 1 ~ 2 个，甚至未筛选到相关位点，如每穗实粒数；单株有效穗数、穗长、每穗总粒数、每穗空粒数性状只筛选到阳性位点，且为负相关，仅每穗空粒数为负显著相关，预测效果差（-0. 285 65 ~ -0. 209 32）；产量（小区产量，后同）、结实率、千粒重性状都分别筛选到增效位点，其中，仅产量性状位点的基因型与杂种 F_1 表现的相关性达极显著水平，结实率和千粒重性状的基因型与杂种性状表现相关但未达显著水平，增效位点预测好于前者（0. 215 89 ~ 0. 425 75），但预测效果低（≤ 0. 4）。

表 2　两组法阳性、增效位点筛选分析结果

性状	相关系数	阳性位点	增效位点	位点数
EP	−0.214 32	RM437		1
PL	−0.221 53	RM300		2
		RM561		
SPP	−0.209 32	RM246		1
GPP				0
SLPP	−0.285 65*	RM264		
		RM519		2
PSS	0.215 89	RM264	RM264	1

续表

性状	相关系数	阳性位点	增效位点	位点数
GW	0.220 23	RM309	RM309	1
HY_{plot}	0.425 75**	RM561	RM561	8
		RM115	RM115	
		RM253	RM253	
		RM276	RM276	
		RM542	RM542	
		RM445	RM445	
		RM418	RM418	
		RM309	RM309	

注：* 和 ** 分别表示 5% 和 1% 显著水平；EP. 有效穗数；PL. 穗长；SPP. 每穗总粒数；GPP. 每穗实粒数；SLPP. 每穗空粒数；PSS. 结实率；GW. 千粒重；HY_{plot}. 小区产量。下同。

针对每个性状，三组法把 RILs BCF$_1$ 群体各 F$_1$ 性状值分三组资料进行方差分析。所获得的不论是阳性位点数还是增效位点数，大多数性状与二组法均有不同程度的增加，且产量性状的增效位点与两组法所筛选的增效位点完全一致，亲本增效遗传距离与所有性状的相关性有所提高。除穗长阳性位点的相关系数（0.399 4）、每穗总粒数与千粒重的增效位点的相关系数（分别为 0.335 6 和 0.223 1）偏低外，产量、每穗实粒数、结实率增效遗传距离与 F$_1$ 性状值相关性均达极显著，分别为 0.499 8、0.480 2 和 0.460 6，每穗空粒数阳性遗传距离与 F$_1$ 性状值也达极显著（0.539）（表 3），亲本增效遗传距离与所有性状的相关性提高。对阳性遗传距离与 F$_1$ 性状表型值显著正相关的亚群体数进行检测，A 型有 8 个亚群体，B 型仅有 5 个亚群体，而 H 型有 27 个亚群体，说明 H 组即杂合型亚群体筛选到的与回交 F$_1$ 性状表型值呈显著相关关系的阳性位点的数量最多，这对前人研究所得亲本杂合型其 F$_1$ 具杂种优势的结论是一个验证。

表 3　三组法阳性、增效位点筛选分析结果

性状	相关系数	筛选位点	阳性位点	增效位点	位点数
EP		RM468（A，B）			1
PL	0.399 4*	RM423（B，H）	RM467		3
		RM467（A，H）	RM020B		
		RM020B（A，H）			

续表 1

性状	相关系数	筛选位点	阳性位点	增效位点	位点数
SPP	0.335 6*	RM448（A，B）	RM293	RM293	11
		RM520（B，H）	RM025	RM025	
		RM293（A，H）	RM126	RM126	
		RM307（B，H）			
		MRG4633（B，H）			
		RM261（B，H）			
		RM505（A，H）			
		RM025（A，H）			
		RM126（A，H）			
		RM222（A，B）			
		RM020B（A，H）			
GPP	0.480 2**	RM180（A，H）	RM561	RM561	9
		RM542（A，H）	RM180	RM180	
		RM445（A，B）	RM542	RM542	
		RM418（A，H）	RM445	RM445	
		RM011（A，H）	RM418	RM418	
		RM560（A，H）	RM011	RM011	
		RM460（B，H）	RM560	RM560	
		RM519（A，H）	RM519	RM519	
		RM309（A.H）	RM309	RM309	
SLPP	0.538 9**	RM293（A，H）	RM180		14
		RM219（A，H）	RM542		
		RM540（A，H）	RM445		
		RM469（A，H）	RM011		
		RM180（A，H）	RM418		
		RM542（A，H）	RM560		
		RM445（A，H）	RM219		
		RM418（A，H）	RM309		
		RM011（A，H）			
		RM560（A，H）			

续表2

性状	相关系数	筛选位点	阳性位点	增效位点	位点数
		RM042（B，H）			
		RM460（B，H）			
		RM519（A，H）			
		RM309（A，H）			
PSS	0.460 6**	RM219（A，H）	RM219	RM219	10
		RM180（A，H）	RM309	RM309	
		RM542（A，H）	RM180	RM180	
		RM445（A，H）	RM542	RM542	
		RM418（A，H）	RM445	RM445	
		RM011（A，H）	RM418	RM418	
		RM560（A，H）	RM011	RM011	
		RM460（B，H）	RM560	RM560	
		RM519（A，H）			
		RM309（A，H）			
GW	0.223 1	RM208（A，B）	RM072	RM072	5
		RM406（A，B）			
		RM498（A，B）			
		RM481（A，H）			
		RM277（B，H）			
HY_{plot}	0.499 8**	RM577（A，B）	RM561	RM561	13
		RM561（A，B）	RM115	RM115	
		RM087（B，H）	RM253	RM253	
		RM115（A，H）	RM276	RM276	
		RM253（A，H）	RM542	RM542	
		RM276（A，H）	RM445	RM445	
		RM542（A，H）	RM418	RM418	
		RM445（A，H）	RM309	RM309	
		RM418（A，H）			
		RM560（A，H）			
		RM070（A，H）			

续表 3

性状	相关系数	筛选位点	阳性位点	增效位点	位点数
		RM566（B，H）			
		RM309（A，H）			

综合两组法与三组法分析结果，产量及其构成因素等 8 个性状，共筛选到影响杂种优势的阳性、增效位点 74 个，其中，对单株有效穗数只检测到 2 个阳性位点；对穗长只检测到 4 个阳性位点；对千粒重只检测到 1 个阳性位点和 1 个增效位点，而产量及每穗总粒数、每穗实粒数、每穗空粒数、结实率较多，对产量检测到 5 个阳性位点和 8 个增效位点，对每穗总粒数检测到 9 个阳性位点和 3 个增效位点，对每穗实粒数检测到 9 个增效位点，对每穗空粒数检测到 15 个阳性位点，对结实率检测到 9 个增效位点，占检测位点的比率分别为 16.88%、15.58%、11.69%、19.48% 和 11.69%。分析结果还表明，无论是阳性位点还是增效位点，均以每穗空粒数、产量、每穗实粒数、结实率居多，每穗总粒数、穗长、千粒重有阳性、增效位点存在，但偏少。筛选到的分别影响 8 个性状杂种优势的所有位点的位置涉及全部 12 条染色体，且连锁紧密的位点有成簇分布的现象。如在每穗实粒数、每穗空粒数与结实率性状上均检测到 RM180、RM542、RM445、RM418、RM011、RM560 这 6 个紧密连锁的位点；在产量性状上也检测到 RM542、RM445、RM418 位点，与每穗实粒数、每穗空粒数、结实率的 3 个位点相同。表明有的位点具多效性，即一个位点同时影响到多个性状。其中，同时影响 3 个性状的位点有 6 个，同时影响 4 个性状的位点有 3 个。值得注意的是，这类位点全部处于第 7 染色体上，紧密连锁并成簇分布，同时影响多个性状的杂种优势，且作用方向基本一致，对每穗实粒数、结实率、产量都存在显著的正向效应，对每穗空粒数存在显著的负向效应（表 4）。这种现象表明，客观存在一些位点在产量杂种优势形成中可能起协同作用，并可能在第 7 染色体上存在影响结实率进而影响产量的 QTL 位点。

表 4　三组法筛选阳性、增效位点效应值

标记	EP（0，1）	PL（0，1）	SPP（0，1）	GPP（0，1）	ESPP（0，1）	SSR（0，1）	GW（0，1）	HY_{plot}（0，1）
RM561				0.450 2				0.472 1
RM293			0.510 4					
RM115								0.511 2
RM253								0.482 2

续表

标记	EP（0，1）	PL（0，1）	SPP（0，1）	GPP（0，1）	ESPP（0，1）	SSR（0，1）	GW（0，1）	HY_{plot}（0，1）
RM276								0.46
RM180				0.661 9	−0.747 8	0.699 6		
RM542				0.779 7	−0.954 5	0.859 9		0.576 1
RM445				0.595 9	−0.676 8	0.633 2		0.496 1
RM418				0.570 9	−0.706 5	0.647 4		0.486 9
RM011				0.513	−0.616 2	0.585 2		
RM560				0.484 1	−0.567 3	0.542 2		
RM025			0.499 7					
RM126			0.472 4					
RM072							0.464 4	
RM219					−0.482 2	0.458 7		
RM467		0.528 4						
RM020B		−0.680 2						
RM519				0.499 1				
RM309				0.639 6	−0.726 8	0.674 7		0.626 8

2.3 以标记位点效应与 F_1 表型值的相关回归建立预测模型

用 8 个 F_1 产量性状表型值分别对 151 个 SSR 位点进行三组法筛选，得到阳性位点，并进一步从中获得增效位点，用这些阳性、增效位点的效应值（表 4），结合 RILs BCF$_1$ 群体的亲本标记型计算 RILs BCF$_1$ 群体各组合的标记效应值，再与各 F_1 性状值作多元逐步回归分析，得到多元线性回归方程 - 预测模型。由于不同性状阳性、增效位点的标记效应与相应性状 F_1 表型值的预测相关系数有差异，预测效果也不相同。增效位点对千粒重的预测效果差（0.223 1）；增效位点对每穗总粒数（0.335 6）、阳性位点对穗长（0.399 4）的预测虽达到了显著，但仍偏低（<0.4），预测水平效果不理想；增效位点对每穗实粒数（0.480 2）、结实率（0.460 61）和产量（0.499 8）的预测水平接近 0.5，因此，有一定的预测价值，对育种工作有一定参考意义；阳性位点对每穗空粒数（0.538 9）的预测水平在 0.5 以上，预测水平效果可在育种中应用。

下面列举了达到和接近可预测水平的预测模型，它们的预测有一定参考和指导价值。其中

X_1，X_2，X_3，…，X_n 等未知数为 RILs BCF$_1$ 群体组合在筛选到的阳性、增效位点中的相应座位的标记效应，RILs BCF$_1$ 群体组合某座位标记为（0，0）、（1，0）、（1，1）三者之一，相应的标记效应用于计算组合的预测模型参数（表 5、表 6）。预测模型在回归中剔除了某些导致筛选的位点与目标性状相关系数小而影响预测的干扰因素，因此，所用到的位点数有所减少。

模型 1　阳性位点预测每穗空粒数，方程相关系数 0.538 9；

Y=147.506 8+33.156 3X_2+30.304 8X_7+34.983 6X_8

模型 2　增效位点预测每穗实粒数，方程相关系数 0.480 2；

Y=50.442 7+36.312 8X_1+37.291 8X_3+33.936 0X_9

模型 3　增效位点预测结实率，方程相关系数 0.460 61；

Y=26.088 8+16.695 8X_2+15.244 9X_7+17.514 4X_8

模型 4　增效位点预测产量，方程相关系数 0.499 8；

Y=0.454 0+0.298 7X_1+0.252 5X_2+0.283 5X_5+0.295 3X_8

表 5　阳性位点预测模型参数

性状	因子	预测位点	RILs BCF$_1$ 群体组合标记效应		
			（0，0）	（0，1）	（1，1）
SLPP	X_2	RM542-2	0	−0.954 5	0
	X_7	RM219-2	0	−0.482 2	0
	X_8	RM309-2	0	−0.726 8	0

注：SLPP. 每穗空粒数。

表 6　增效位点预测模型参数

性状	因子	预测位点	RILs BCF$_1$ 群体组合标记效应		
			（0，0）	（0，1）	（1，1）
GPP	X_1	RM561-2	0	0.450 2	0
	X_3	RM542-2	0	0.779 7	0
	X_9	RM309-2	0	0.639 6	0
PSS	X_2	RM542-2	0	0.859 9	0
	X_7	RM219-2	0	0.458 7	0
	X_8	RM309-2	0	0.674 7	0

续表

性状	因子	预测位点	RILs BCF_1 群体组合标记效应		
			（0，0）	（0，1）	（1，1）
HY_{plot}	X_1	RM561-2	0	0.472 1	0
	X_2	RM115-2	0	0.511 2	0
	X_5	RM542-2	0	0.576 1	0
	X_8	RM309-2	0	0.626 8	0

注：GPP. 每穗实粒数；PSS. 结实率；HY_{plot}. 小区产量。

2.4　用特异性标记预测产量 F_1 表型值与基因型杂合性的关系

通过对全部标记的杂合性与性状及其杂种优势的相关性分析，结果表明，总体的基因型杂合性与性状及其杂种优势的相关性不显著。进一步通过 SAS　GLM 过程分析，从全部标记中筛选到 28 个对产量性状表现显著相关的特异性标记（表 7），使遗传距离与产量 F_1 性状值相关分析的相关系数由 0. 335 提高到 0. 617，达到极显著水平，决定系数由 0. 112 2 提高到 0. 381 0（图 2 和图 3）。

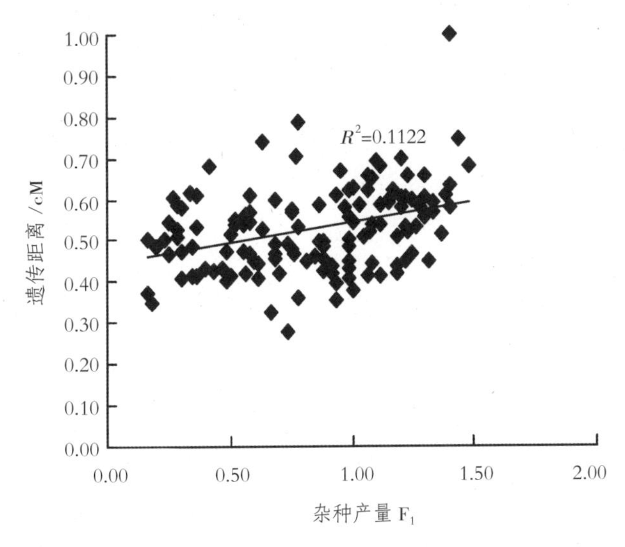

图 2　全部标记与产量的线性相关图

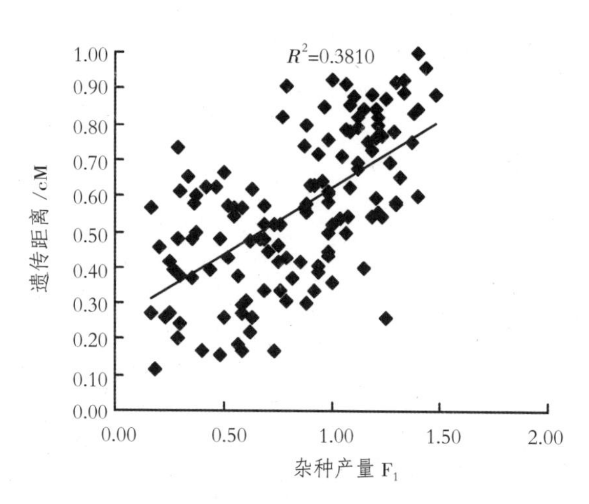

图 3　特异性标记与产量的线性相关图

表 7　对产量性状表现显著相关的特异性标记筛选结果

标记	染色体	在染色体上位置 /cM	标记	染色体	在染色体上位置 /cM
RM104	1	186.6	RM070	7	64.6
RM561	2	74.1	RM505	7	78.6
RM282	3	100.6	RM025	8	52.2
MRG5358	3	127.7	RM126	8	57
RM540	6	0	RM072	8	60.9
RM115	6	30.7	RM223	8	80.5
RM253	6	37	RM284	8	83.7
RM276	6	40.3	RM447	8	124.6
RM180	7	33.1	RM219	9	11.7
RM542	7	34.7	RM020B	11	0
RM445	7	39.3	RM441	11	43.9
RM418	7	42.1	RM277	12	57.2
RM011	7	47	RM519	12	62.6
RM560	7	54.2	RM309	12	74.5

经过 ANOVA 分析，筛选到的 28 个对产量 F_1 性状值表现显著相关的特异性标记对 RILs BCF$_1$ 群体产量的表现存在着影响，经分析发现这些标记的状态均为杂合状态，杂合度达 42.59%～68.03%（表 8）。说明标记的杂合状态对 F_1 产量杂种优势的影响极其显著，这一结果在一定程度上与前述阳性、增效位点筛选结果具有一致性。

表8 特异性标记杂合性对产量的显著影响

特异性标记	杂合度	显著性 $Pr>F$	纯合态（AA）产量之和	杂合态（AB）产量之和	杂合态（AA）产量－纯合态（AA）产量
RM104	68.03	0.021 5	0.733 3	0.879 6	0.146
RM561	48.62	0.028 2	0.735	0.896	0.161
RM282	44.35	0.045 2	0.782	0.905	0.123
MRG5358	49.11	0.023 5	0.751	0.879	0.128
RM540	54.05	0.048 6	0.755	0.887	0.132
RM115	62.26	<0.000 1	0.692	0.934	0.242
RM253	59.96	0.000 4	0.720	0.921	0.201
RM276	52.68	<0.000 1	0.731	0.949	0.218
RM180	63.64	0.000 2	0.680	0.924	0.244
RM542	66.06	<0.000 1	0.629	0.933	0.304
RM445	65.45	<0.000 1	0.653	0.916	0.262
RM418	67.59	0.000 1	0.654	0.914	0.26
RM011	64.86	0.000 1	0.675	0.926	0.251
RM560	63.64	0.000 1	0.679	0.927	0.248
RM070	46.67	0.001 9	0.733	0.931	0.198
RM505	42.59	0.011 7	0.742	0.897	0.155
RM025	49.53	0.013 5	0.742	0.900	0.158
RM126	50	0.017 2	0.737	0.889	0.152
RM072	51.82	0.004 4	0.723	0.909	0.185
RM223	50.88	0.031 2	0.780	0.908	0.128
RM284	52.99	0.031 6	0.778	0.906	0.129
RM447	49.12	0.009 1	0.743	0.902	0.159
RM219	50	0.038 9	0.767	0.898	0.131
RM020B	48.15	0.021 1	0.765	0.915	0.15
RM441	53.91	0.020 3	0.748	0.892	0.144
RM277	57.8	0.013 4	0.752	0.905	0.154
RM519	62.26	0.000 7	0.693	0.918	0.225
RM309	64.49	<0.000 1	0.653	0.926	0.273

2.5 影响产量及构成因素杂种优势的 QTL 分析

利用 RILs BCF$_1$ 群体，定位到 6 个影响产量和每穗实粒数杂种优势的 QTL（表 9）。其中，3 个与产量杂种优势相关的 QTL（图 4），分别位于第 7、第 11 和第 12 染色体的 RM560—RM070、RM020B—RM332 及 RM277—RM519，表型贡献率分别为 7.48%、4.81% 和 5.28%，联合贡献率为 17.57%（后二者属微效基因），加性效应全部为负值，表明来自培矮 64S 的等位基因降低产量杂种优势。检测到 3 个影响每穗实粒数杂种优势的 QTL，分别分布在第 2、第 3 和第 7 染色体的 RM300—RM561、MRG5358—RM426 及 RM180—RM542 区间（图 4），表型贡献率分别为 16.93%、19.28% 和 27.32%，联合贡献率为 63.53%，加性效应均为负，说明来自培矮 64S 的等位基因可能也是降低产量构成因素性状杂种优势的原因。在第 7 染色体上几乎同一区域同时检测到影响每穗实粒数和产量杂种优势的增效位点和 QTL，与前面筛选到连锁紧密成簇分布阳性、增效位点，以及发现杂合效应极显著的染色体区域的结果具有一致性。没有检测到的 QTL 可能是难以检测的微效基因，或者是受环境因素的影响未检测到。对单株有效穗数、每穗实粒数和千粒重 3 个产量构成因素杂种优势的 QTL 分析表明，在 $P<0.01$ 域值下没有检测到显著影响单株有效穗数和千粒重杂种优势的 QTL。

表 9 RILs BCF1 群体产量及构成因素杂种优势 QTL 定位结果

性状	数量性状位点 QTL	染色体	标记区间	LOD 值	加性效应 A	概率 P	贡献率 R^2/%
产量	*QHy7*	7	RM560-RM070	2.74	−0.26	0.000 4	7.48
HY_{plot}	*QHy11*	11	RM020B-RM332	1.8	−0.20	0.003 6	4.81
	QHy12	12	RM277-RM519	1.99	−0.19	0.002 7	5.28
每穗	*QGpp2*	2	RM300-RM561	2.46	−22.0	0.000 9	16.93
实粒数	*QGpp3*	3	MRG5358-RM426	2.87	−23.48	0.000 3	19.28
GPP	*QGpp7*	7	RM180-RM542	3.42	−27.95	0.000 1	27.32

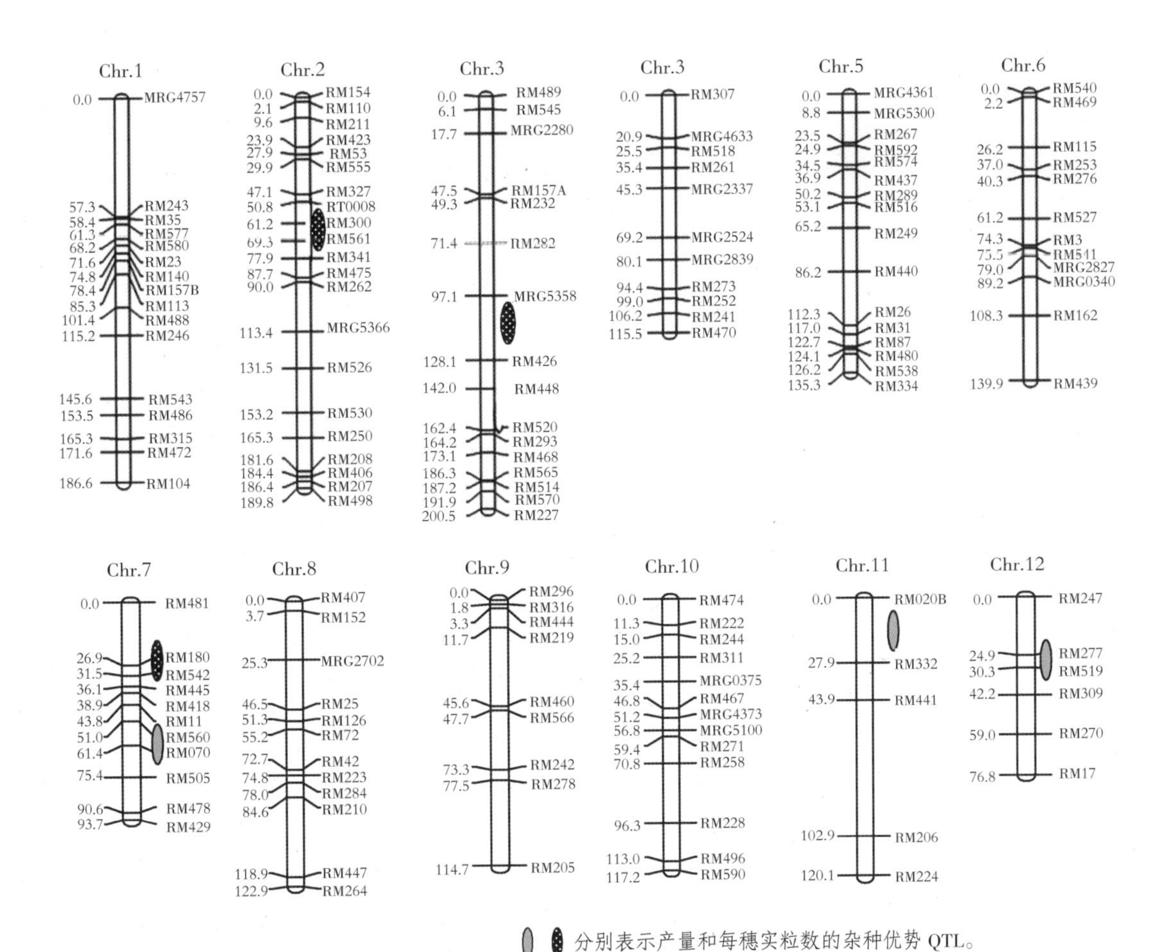

图 4 影响产量及构成因素的杂种优势 QTL 在染色体上的分布

综合以上分析表明，比较影响性状杂种优势位点和杂种优势 QTL 定位结果，发现部分位点既是影响性状的杂种优势显著的位点，又是杂种优势 QTL 所在区域的位点。取概率为 0.05，这类影响性状杂种优势共同的位点 12 个，分布在第 2、第 3、第 7、第 11、第 12 染色体上，共 37 个位点次。其中产量 15 个，穗长 3 个，实粒数 11 个，空粒数 4 个，结实率 3 个，千粒重 1 个。基于杂种优势值的意义，在不考虑环境误差的前提下，可以认为这些位点对性状杂种优势起协同作用，影响杂种优势的形成。

3 讨论

3.1 回交 RILs 群体与其他试验群体的比较

高代回交群体 QTL 分析法（advanced backcross QTL analysis，AB-QTL）可以

将栽培作物近缘野生种中有利 QTL 的检测与育种应用结合在一起，显示了良好的应用前景[28-29]。本研究中使用的回交 RILsBCF$_1$ 群体是基于重组自交系群体，通过回交配组实现了同一基因型多个单株的重复，不同于 RILs 群体，它只是 RILs 的近似群体。该群体每一基因型（组合）的每一个体（单株），均由其重组自交系亲本回交形成，群体的分子标记数据能够从 219 个重组自交系获得；解决了 RILs 群体缺少杂合子的难题，因具备杂合基因型，群体遗传信息量比之重组自交系丰富，性状表现的变异分离更大，能够直接检测显性效应，因而可以直接研究杂种优势，还可以同时对性状进行定位分析。

3.2 影响杂种优势位点与杂种优势预测

有研究提出了寻找阳性位点并利用阳性位点的杂合性预测杂种优势的途径[3]，利用阳性位点中的增效阳性标记位点预测杂种优势是提高预测效果的新途径[16]。本研究采用此原理，借鉴两组法、三组法对产量及其构成因素的性状杂种优势位点进行了筛选。用两组法对 RILs BCF$_1$ 群体 F$_1$ 表型值进行考察，通过阳性和增效遗传距离预测 F$_1$ 性状值相关性未达显著水平，筛选到的阳性、增效位点偏少，有的性状难以筛选到阳性或增效位点，导致预测效果差，难以在育种中应用。三组法较之两组法可明显提高通过阳性和增效遗传距离预测 F$_1$ 性状值的相关系数，增加增效位点数，因此使预测的效果得到提高。本研究的分析群体有内在固有的因素，可能造成的分析难度，但目前的研究已经展示出有利于增效位点筛选的方法，借分子标记遗传距离对杂种优势的预测可取得较理想效果，这对今后的杂交水稻的育种工作具有积极的影响。

用分子标记阳性位点、增效位点标记效应对杂种产量性状表现的预测及模型构建是进一步探索和深化的研究途径，它比用分子标记遗传距离预测杂种优势有更大的优势，其使用的标记位点更少，这不仅排除了部分干扰位点，而且据其建立的预测数学模型在育种中应用的可行性更高，预测成本更低。

3.3 特异性标记杂合性分析

前述的研究还提出了一般异质性和特殊异质性两种评价亲本异质性的方法[3]。本研究标记遗传差异预测产量的相关系数由全部标记的 0.335 提高到特异性标记的 0.617，充分说明全部标记预测的不可靠性，以及特异性标记预测是更为有效、更为可靠的预测方法。分子标记不能精确反映杂种优势的形成，可能是由于杂种优势的形成在于双亲基因组内特异 DNA 差异，而不是杂交组合亲本基因组水平上的差异。28 个特异性标记均具杂合性，表明这些杂合子效应显著高于纯合子，可以说在一定程度上与前人杂合子效应超过纯合子的研究结果相吻合。也有研究建议，在实际预测杂种优势所用的分子标记中应至少包括有 30% 的特异性标记（与杂种优势 QTL 连锁的标记）[30]。进一步探究显著影响产量杂种优势表现的染色体区域，有助于 QTL 定位的深入研究，并提高标记的 QTL 覆盖率，从而可望提高杂种优势预测的准确性。如果将此与准确高效的杂优分子预测模型的建立相结合，将可能成为高效预测杂种优势的新途径。

3.4 影响产量杂种优势 QTL 定位分析

本研究检测到影响每穗实粒数杂种优势的 3 个 QTL：*QGpp*2、*QGpp*3 和 *QGpp*7。其中，位于第 3 染色体 MRG5358—RM426 区段的 *QGpp*3 及位于第 7 染色体 RM180—RM542 区段的 *QGpp*7 分别与前人检测到每穗粒数在第 3 染色体 RM227—RM85 区段上 *QSnp3b*、第 7 染色体 OSR4—RM336 区段上 *QSnp*7 位置接近[31]。本研究通过两组法、三组法筛选获得一系列影响每穗实粒数、每穗空粒数、结实率、小区产量杂种优势的、紧密连锁并成簇分布的增效位点，均处于第 7 染色体 RM180—RM418 的区段，推测该区间存在既有影响粒数的作用，又有影响结实率的作用，进而影响产量的 QTL；经检测，定位了第 7 染色体 RM180—RM542 区段的 *QGpp*7，贡献率达 27.32%，恰好证明了这一推论；且与其他研究检测到影响结实率的 QTL 位于第 7 染色体的 RM180—RM214 区段相吻合[32]。值得注意的是，本研究通过两组法、三组法、筛选特异性标记法及 QTL 区间定位法等不同的方法，一致地鉴定获得在第 7 染色体上几近同一染色体区域聚集着影响每穗实粒数、每穗空粒数、结实率、小区产量杂种优势且紧密连锁并成簇分布的标记座位，并定位获得 QTL 的存在，说明分析结果是客观可靠的。

3.5 抽穗期 QTL 分析

以往的研究表明在水稻中存在对抽穗期和产量具有多效性的 QTL。为此，本研究也用回交 RILs BCF_1 群体分析了影响抽穗期的 QTL，并检测到 1 个控制抽穗期的 QTL 位点，其 LOD 值为 3.718 4，位于第 3 染色体 RM293—RM468，表型贡献率为 14.9%。所筛选的抽穗期 QTL 位点偏少，可能由于所构建的分子图谱上的标记不是很密集和均匀，导致可能没有检测到存在的 QTL。从筛选到的 QTL 位置来看，与本研究前述检测到的位于 MRG5358—RM42 的影响每穗实粒数杂种优势的 QTL 都处于第 3 染色体上，位置处于 97.1～173.1 cM。从生理上，水稻生育期可分为营养生长阶段和生殖生长阶段。水稻抽穗期主要由营养生长阶段长短决定；水稻穗粒数与穗部发育的快慢有关，故生殖生长阶段长短与产量或经济系数有关[33]。本研究所检测到控制抽穗期的 QTL 位点的加性效应为负值，表明来自培矮 64S 的等位基因使抽穗提早。水稻生育期与产量呈正相关，以播种到抽穗的时间界定抽穗期，抽穗期长短与产量成正比。根据育种家经验，对于生育期一定的水稻品种，抽穗期越短，表明其灌浆时间越长，光能利用率越高；齐穗越快，最终产量就越好。本研究所检测的抽穗期 QTL 与每穗实粒数杂种优势 QTL 的关联作用，可能对产量杂种优势产生一定的影响。

4 结论

通过增加筛选产量杂种优势阳性位点或增效位点数量、筛选影响杂种优势特异性分子标记的方法，可显著提高分子标记遗传距离与产量 F_1 性状值的相关性，有效提高用分子标记遗传距离对杂种优势的预测效率。定位了 3 个影响产量杂种优势的 QTL 及 3 个影响穗总粒数杂种优势的 QTL，分别在第 2、第 3、第 7、第 11 和第 12 染色体上，其中，影响产量杂种优势的数量性状位点 *QHy7*，贡献率为 7.48%，可用于杂种优势的预测和杂交组合的选配。定位于第 3 染色体 RM293—RM468 的表型贡献率为 14.9% 的抽穗期 QTL 可用于早熟高产水稻的选育。

致谢：本研究得到国家重点基础研究发展“973”计划项目、教育部博士学科点专项基金项目、美国水稻技术公司（RiceTec.Inc.）的大力支持；在研究过程中，中国科学院遗传与发育生物研究所朱立煌研究员，国际水稻所高级科学家谢放鸣博士，西南大学何光华教授与卢遥博士、查仁明博士，中国科学院亚热带作物所农业生态研究所肖国樱研究员与蒋显斌博士、赵森博士以及国家杂交水稻工程技术研究中心罗孝和研究员、邓小林研究员、罗崇善研究员，以及邓启云博士、曹孟良博士、符习勤博士等给予了精心指导和无私帮助；美国杜邦先锋公司李继明博士对于论文的修改提出了有参考价值的意见，在此一并致谢！

References
参考文献

[1] Smith O S, Smith J S, Bowen S L, Tenborg R A, Wall S J. Similarities among a group of elite maize inbreds as measured by pedigree, F_1 grain yield, grain yield, heterosis, and RFLPs. *Theo-retical and Applied Genetics*, 1990, 80: 833-840.

[2] Stuber C W, Lincoln S E, Wolff D W, Helentjaris T, Lander E S.Identification of genetic factors contributing to heterosis in a hybrid from two elite maize inbred lines using molecular markers. *Genetics*, 1992, 132: 823-839.

[3] Zhang Q, Gao Y J, Yang S H, Ragab R A, Saghai Maroof M A, Li Z B.Diallel analysis of heterosis in elite hybrid rice based on RFLPs and microsatellites. *Theoretical and Applied Genetics*, 1994, 89: 185-192.

[4] Zhang Q F, Gao Y J, Saghai Maroof M A, Yang S H, Li J X.Molecular divergence and hybrid performance in rice. *Molecular Breeding*, 1995, 1(2): 133-142.

[5] Zhang Q, Zhou Z Q, Yang G P, Xu C G, Liu K D, Saghai Maroof M A.Molecular marker heterozygosity and hybrid performance in indica and japonica rice. *Theoretical and Applied Genetics*, 1996, 93: 1218-1224.

[6] Xiao J, Li J, Yuan L, McCouch S R, Tanksley S D. Genetic diversity and its relationship to hybrid performance and heterosis in rice as revealed by PCR-based markers. *Theoretical and Applied Genetics*, 1996, 92(6): 637-643.

[7] Martin J M, Talbert L E , Lanning S P, Blake N K. Hybrid performance in wheat s related to parental diversity. *Crop Science*, 1995, 35: 104-108.

[8] Diers B W, Mcvetty P B, Osborn T C. Relationship between heterosis and genentic distance based on restiriction fragment length polymer phism markers in oilseed rape (*Brassica napus L.*). *Crop Science*, 1996, 36: 79-83.

[9] Lee M, Godshalk E B, Lamkey K R, Woodman W W. Association of restriction fragment length polymorphisms among maize inbreds with agronomic performance of their crosses. *Crop Science*, 1989, 29(4): 1067-1071.

[10] 蔡健，兰伟. AFLP 标记与水稻杂种产量及产量杂种优势的预测. 中国农学通报，2005，21(4): 39-43.

[11] 吴敏生，王守才，戴景瑞. RAPD 分子标记与玉米杂种产量预测的研究. 遗传学报，1999，26(5): 578-584.

[12] 袁力行，傅骏骅，刘新芝，彭泽斌，张世煌，李新海，李连城. 利用分子标记预测玉米杂种优势的研究. 中国农业科学，2000，33(6): 6-12.

[13] Saghai Maroof M A, Yang G P, Zhang Q, Gravois K A. Correlation between molecular marker distance and hybrid performance in US southern long grain rice. *Crop Science*, 1997, 37: 145-150.

[14] 韦新宇，许旭明，张受刚，卓伟，马彬林，杨腾帮，杨旺兴，邹文广，范祖军. 籼粳交恢复系产量相关性状的遗传方差与杂种优势分析. 三明农业科技，2010，118(3): 2-5.

[15] Melchinger A E, Lee M, Lamkey K R, Hallauer A R, Woodman W L.Genetic diversity for RFLP: Relation to estimated genetic effect in maize inbreds. *Theoretical and Applied Genetics*, 1990, 80: 488-496.

[16] 何光华，侯磊，李德谋，罗小英，牛国清，

唐梅，裴炎. 利用分子标记预测杂交水稻产量及其构成因素. 遗传学报，2002，29（5）：438－444.

［17］卢瑶，凌英华，杨正林，陈春燕，钟秉强，何光华. 用二组法和三组法预测杂交稻米直链淀粉和蛋白质含量. 农业生物技术学报，2008，16（2）：309－314.

［18］查仁明，桑贤春，赵芳明，凌英华，罗洪发，李云峰. AFLP 增效和减效位点预测杂交水稻产量性状模型构建. 中国农学通报，2010，26（11）：18－22.

［19］查仁明，杨正林，赵芳明，桑贤春，凌英华，谢戎，何光华. 分子标记遗传效应预测杂交水稻产量性状. 植物遗传资源学报，2010，11（1）：72－77.

［20］Bernardo R. Relationship between single-cross performance and molecular marker heterozygosity. *Theoretical and Applied Genetics*，1992，83：628－634.

［21］吴敏生，戴景瑞. AFLP 标记与玉米杂种产量、产量杂种优势的预测. 植物学报，2000，42（6）：600－604.

［22］孙其信，倪中福，陈希勇，刘志勇，黄铁城. 冬小麦部分基因杂合性与杂种优势表达. 中国农业大学学报，1997，2（1）：64－116.

［23］Lin H X，Qian H R，Zhuang J Y，Lu J，Min S K，Xiong Z M，Huang N，Zheng K L. RFLP mapping of QTLs for yield and related characters in rice（*Oryza sariva* L.）. *Theoretical and Applied Genetics*，1996，92：920－927.

［24］Yano M，Sasaki T. Genetic and molecular dissection of quantitative traits in rice. *Plant Molecular Biology*，1997，35：145－153.

［25］包劲松，何平，夏英武，陈英，朱立煌. 不同发育阶段水稻苗高的 QTL 分析. 遗传，1999，21（5）：38－40.

［26］廖春燕，吴平，易可可，胡彬，倪俊健. 不同遗传背景及环境中水稻穗长的 QTLs 和上位性分析. 遗传学报，2000，27（7）：599－607.

［27］陈深广，沈希宏，曹立勇，占小登，冯跃，吴伟明，程式华. 水稻产量性状杂种优势的 QTL 定位. 中国农业科学，2010，43（24）：4983－4990.

［28］Tanksley S D. Mapping polygenes. *Annual Review of Genetics*，1993，27：205－233.

［29］Xiao J H，Li J M，Yuan L P，Tanksley S D. Dominance is the major genetic basis in rice as revealed by QTL analysis using molecular markers. *Genetics*，1995，140（2）：745－754.

［30］吴晓林. 用分子标记预测植物和动物杂种优势的研究［D］. 长沙：湖南农业大学，2000.

［31］徐建龙，薛庆中，罗利军，黎志康. 水稻单株有效穗和每穗粒数的 QTL 剖析. 遗传学报，2001，28（8）：752－759.

［32］郑景生，江良荣，曾健敏，林文雄，李义珍. 应用明恢 86 和佳辐占的 F_2 群体定位水稻部分重要农业性状和产量构成的 QTL. 分子植物育种，2003，1（5/6）：633－639.

［33］Zhou Y，Li W，Wu W，Chen Q，Mao D，Worland A J. Genetic dissection of heading time and its components in rice. *Theoretical and Applied Genetics*，2001，102：1236－1242.

作者：辛业芸　袁隆平

注：本文发表于《中国农业科学》2014 年第 14 期。

Days to Heading 7, a Major Quantitative Locus Determining Photoperiod Sensitivity and Regional Adaptation in Rice

【Abstract】Success of modern agriculture relies heavily on breeding of crops with maximal regional adaptability and yield potentials. A major limiting factor for crop cultivation is their flowering time, which is strongly regulated by day length (photoperiod) and temperature.Here we report identification and characterization of Days to *heading 7* (*DTH7*), a major genetic locus underlying photoperiod sensitivity and grain yield in rice. Map-based cloning reveals that *DTH7* encodes a pseudo-response regulator protein and its expression is regulated by photoperiod. We show that in long days *DTH7* acts downstream of the photoreceptor phytochrome B to repress the expression of *Ehd*1, an up-regulator of the "florigen" genes (*Hd3a* and *RFT1*), leading to delayed flowering. Further, we find that haplotype combinations of *DTH7* with Grain number, *plant height, and heading date* 7 (*Ghd7*) and *DTH8* correlate well with the heading date and grain yield of rice under different photoperiod conditions.Our data provide not only a macroscopic view of the genetic control of photoperiod sensitivity in rice but also a foundation for breeding of rice cultivars better adapted to the target environments using rational design.

【Keywords】rice; grain yield; flowering time; photoperiod sensitivity; *DTH7*

Flowering time in plants (or heading date in crops) is a critical determinant of the distribution and regional adaptability of plants. Plants have evolved multiple genetic pathways that integrate both internal cues and extrinsic stimuli (e.g., day length and temperature) to control their flowering time to maximize their environmental fitness and survival chances (1) . Among them, photoperiod response is a major genetic pathway controlling the timing of flowering in higher plants. Variation in photoperiod response has been extensively manipulated during crop domestication and improvement (2); however, the molecular mechanisms underlying photoperiod sensitivity (PS) of plants, particularly crop plants, have just began to be unraveled.

Rice (*Oryza sativa* L.), an important calorie source for over half of the world's population, is a model short-day plant that exhibits robust PS. Generally its flowering is delayed when days are long and nights are short but accelerated when days are getting shorter. Cultivars with reduced PS response are characterized with early flowering and were developed to suit for growing at higher latitudes in the temperate zone (the northern limit is ≤ 53°N) or for two (even three) successive rounds of planting in the long growing season areas (e.g., some provinces in South China) (3, 4). By contrast, cultivars with enhanced PS (late flowering) have been developed for increased grain yield in most rice planting regions (5, 6). Thus, deciphering the molecular genetic mechanisms underlying flowering time control and regional adaptability has been a major goal of rice breeders and plant biologists.

Molecular genetic studies in the past few decades have uncovered a number of flowering-time loci (3 – 9). Among them, a major quantitative trait locus (QTL), *Heading date* 3*a* (*Hd*3*a*), which encodes a rice ortholog of the *Arabidopsis Flowering locus T* (*FT*), promotes floral transition under short day conditions (SDs) (9). *Hd3a* protein (which functions as a systemic flowering signal) is synthesized in leaves and moves through the phloem to the shoot apical meristem, where it triggers flower development (10). Recently it was found that *RICE FLOWERING LOCUS T* 1 (*RFT*1), the closest paralog of *Hd3a*, also functions as a mobile flowering signal that works mainly under long day conditions (LDs) (11, 12). Both of the "florigen" genes are regulated by *Hd1*, *Early heading date 1* (*Ehd1*), and *Days to heading 2* (*DTH2*) (4, 7, 13). *Heading date* 1 (*Hd*1) (counterpart of *Arabidopsis CONSTANS*, *CO*) (14) promotes *Hd3a* expression under SDs but suppresses it under LDs (7, 10, 11), whereas *DTH2*, another COlike protein, induces flowering by promoting the expression of *Hd3a* and *RFT1* under LDs (4). *Ehd*1, encoding a B–type response regulator, up-regulates both florigen gene expression under SDs and LDs (13). Further, dozens of upstream negative regulators of *Ehd*1 have been identified. Among them, *OsphyB* executes transcriptional suppression of *Ehd1* expression to inhibit flowering under LDs (15, 16). *Grain number*, *plant height*, *and heading date 7* (*Ghd7*), encoding a CO, CO-like, TOC1 (CCT) domain protein, and *Days to heading 8* (*DTH8*), encoding a putative HAP3subunit of the CCAAT box-binding transcription factor, act as LD-specific repressors of *Ehd1* (5, 6). On the other hand, several positive *Ehd1* regulators have also been cloned by isolating mutants with extreme late flowering. It was shown that *Early heading date* 2 (Ehd2) */Rice Indeterminate* 1 (*RID*1) / *Oryza sativa Indeterminate* 1 (*OsId*1) (*referred to as Ehd2* hereafter), encoding a Cs2/His2 – type zinc finger protein; *Early heading date* 3 (*Ehd3*), encoding a putative plant homeodomain finger containing protein; and *Early heading date* 4 (*Ehd4*), encoding a CCCHtype zinc finger protein, independently promote *Ehd1* expression under both SDs and LDs (3, 17, 18). Therefore, it appears that *Ehd1* is a pivotal convergence point that integrates multiple signaling pathways, including "SD-activation pathway," "LD-repression pathway," and "LD-activation pathway," to regulate the flowering time of rice under diverse environmental conditions (19).

In this study, we report a molecular-genetic analysis of the flowering trait and PS in 91 accessions of the rice germplasm collection in four agriculture environments with a wide geographical span (from 18.3°N to 45.2°N). Map-based cloning reveals that *Days to heading* 7 (*DTH7*) is a major determinant of photosensitivity and grain yield in rice and encodes a pseudo-response regulator protein (*OsPRR37*).

DTH7 expression is regulated by the circadian clock, and it acts downstream of *OsphyB* to regulate *Ehd1* expression specifically under LDs. Furthermore, we demonstrate a close correlation between haplotype combinations of three major PS regulators-*DTH7*, *Ghd7*, and *DTH8* - with flowering time and yield in diverse environments.

Results

Rice Grain Yield Is Positively Correlated with Flowering Time in Various Natural Conditions. Flowering time plays an important role in regulating the biomass of crops by affecting their duration of basic vegetative growth, and thereby grain yield (1, 20). To further substantiate this notion, 91 selected cultivated accessions, representing a broad range of genetic backgrounds from around the world (4, 5), were grown under four distinct geographical locations across China (ranging from lower to higher

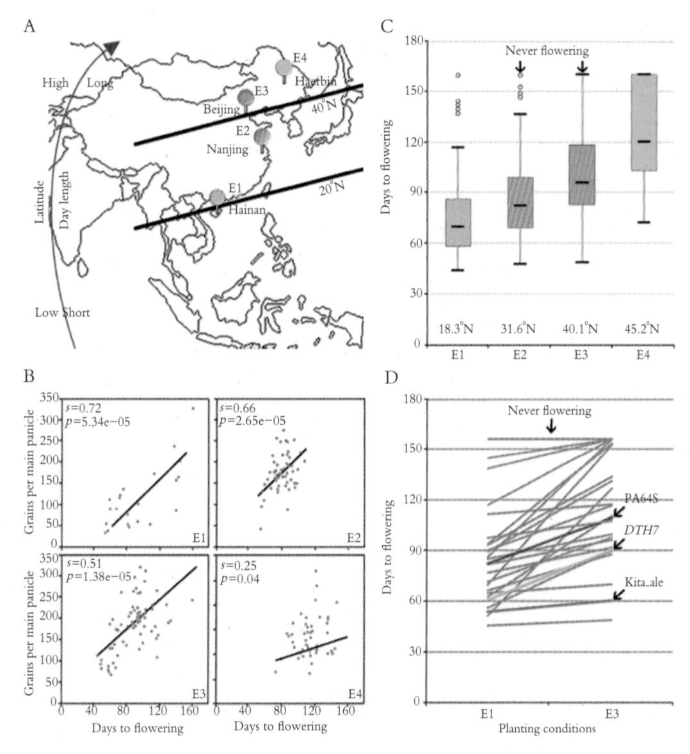

Fig.1 Association between grain yield and flowering time in rice. (*A*) Geographic locations of four planting stations: E1, Hainan (18°30′N, 110°2′E); E2, Nanjing (31°56′N, 119°4′E); E3, Beijing (40°13′N, 116°13′E); and E4, Haerbin (45°20′N, 127°17′E). (*B*) Flowering time of 91 accessions in the core collections under E1, E2, E3, and E4 conditions. The standardized coefficient was represented by s. Student's t tests were used to generate the *p* values. (*C*) Grains per main panicle is associated with flowering time. Grains per main panicle of a partial set of accessions were record under E1 to E4 conditions. (*D*) Flowering time of a partial set of the core collection accessions under natural SDs (E1) and LDs (E3). Flowering time and grains per main panicle of 91 accessions were recorded under E1, E2, E3, and E4 conditions. Flowering time and grains per main panicle of each accession are presented as means±standard deviations (n=20).

latitudes) (Fig.1*A*): E1 (Hainan, 18°30' N), E2 (Nanjing, 31°56' N), E3 (Beijing, 40°13' N), and E4 (Haerbin, 45°20' N). In general, we found that grain yield, represented by grain number per main panicle here, was positively correlated with flowering time, most evidently under long growing season areas such as E1, E2, and E3 (Fig.1*B*). Despite their varying PS responses, flowering of these accessions were gradually prolonged with the increasing day length (from E1 to E4, Fig.1 A and *C*), consistent with the facultative short-day plant flowering habit of rice (Fig.1*C*). To better measure the PS levels in these accessions, we adopted the PS index here [PS index = (DTH_{E3}−DTH_{E1}) /DTH_{E3}; DTH, days to heading] (6). We found that accessions more sensitive to the increasing day length (with higher PS index) tend to flower later under LDs (E3) than under SDs (E1) (Fig.1*D* and *SI Appendix*[①], Table S1). Therefore, these data suggest that manipulating PS could be a meaningful approach for improving the regional adaptability of rice, and thus grain yield.

***DTH7* Is a Major Effect Locus Underlying PS and Grain Yield in Rice.** To gain a better understanding of the molecular mechanisms underlying rice grain yield and PS responses, we constructed a set of near isogenic lines (NILs) using two distinct accessions that exhibited natural variations in flowering time (Fig.2*A*). PA64S (the donor parent), a parental variety of Liang-You−Pei-Jiu (a leading high−yield super hybrid cultivar widely grown in China) (21), displayed a moderate photoperiod response (PS index, 0.21; Fig.1*D*), whereas Kita-ake (the recurrent parent), an early flowering variety (3), showed an impaired day−length response (PS index, 0.09; Fig.1*D*). From a total of 38 NILs, one line, *DTH7* (for *Days to heading on chromosome 7*), displayed a modest PS (PS index, 0.25; Fig.1*D*) and was selected for further study.

By screening a set of genome-wide InDel markers (totally 180), we found that *DTH7* carries a 1.05 - Mb PA64S genomic segment at the very end of chromosome 7 in the Kita-ake background (Fig.2*A*). Days to flowering of *DTH7* plants were prolonged more significantly than Kita-ake with elevating latitudes (from E1 to E4; Fig.2*B*), indicating that *DTH7* plants were more sensitive to the increasing day length than Kita-ake. For example, *DTH7*plants delayed flowering time by 4.7 d under E1, but 29.3 d under E3 conditions, compared with Kita-ake (Fig.2*B*). Similar results were observed under controlled SDs and LDs (Table 1). Notably, *DTH7* plants showed a similar leaf emergence rate with Kita-ake under controlled conditions (*SI Appendix*, Fig.S1), suggesting that the differences in flowering time were not caused by alterations in growth rate. Due to the longer basic vegetative growth phase, the mature *DTH7* plants were taller, producing larger panicles and more seeds than Kita-ake (Fig.2 D-*F* and Table 1), leading to gradually increased grain yields when days were getting longer (Fig.2*C*), despite the 1, 000 - grain weight being similar in Kita-ake and *DTH7* plants under E1 and E3 conditions (Table 1) .As another test of this notion, *DTH7* and Kita-ake plants were grown at four different continuous stages (over a time course of 20 d) in a paddy field under E3 (Fig.2*G*), in which day length became successively shorter as the season progressed. Strikingly, the flowering time and grain yield of *DTH7* decreased more markedly than Kita-ake when days became shorter (Fig.2*H* and *I*) .Taken

① 补充信息（SI Appendix）可在网页（http://doi. org/10. 1073/pnas. 1418204111）查询。

together, these results suggest that *DTH7* is a major QTL underlying PS and grain yield in rice.

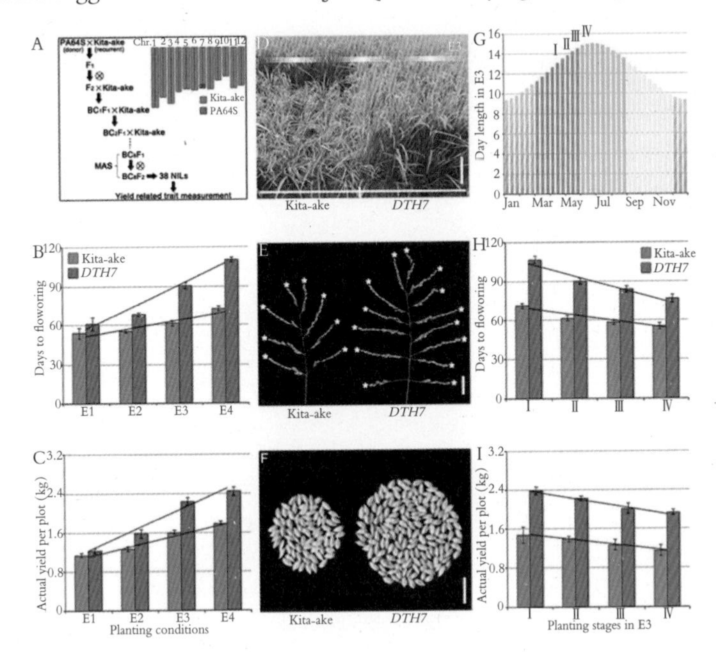

Fig.2 *DTH7* has a remarkable effect on photoperiod response and grain yield in rice. (*A*) A workflow of the NIL construction and graphical genotype of one NIL plant (BC_8F_2), *DTH7*. PA64S (donor) and Kita-ake (recurrent) were used as the parents. Blue and red bars indicate the Kita-ake chromosomes and PA64S genomic fragment, respectively. (*B*) Flowering time of Kita-ake and *DTH7* plants under E1 to E4. (*C*) Grain yield per plot of Kita-ake and *DTH7* plants under E1 - E4. (*D*) Phenotypes of Kita-ake and *DTH7* plants at the mature stage under E3. (Scale bar, 20 cm.) (*E*) Panicles of Kita-ake and *DTH7* plants under E3. (Scale bar, 2 cm.) (*F*) Grains per panicle of Kita-ake and *DTH7* plants at different planting stages under E3. (Scale bar, 2 cm.) (*G*) Day length in E3 during the whole year. Asterisks indicate the planting time point in E3. (*H*) Flowering time of Kita-ake and *DTH7* plants at different planting stages under E3. (*I*) Grain yield per plot of Kita-ake and *DTH7* plants in different planting stages under E3. Values are shown as means±standard deviations (*n*=20).

Positional Cloning of *DTH7*. Genetic analysis of an F2 population derived from a cross between *DTH7* and Kita-ake showed a 1 : 3 segregation of early– and late-flowering plants [x^2 (1 : 3) =0.33< $x^2_{0.05}$ =3.84], indicating that *DTH7* behaves as a single Mendelian factor. We then focused on map-based cloning of *DTH7*. High–resolution mapping using 4, 600 early flowering F_2 plants delimited *DTH7* to a 114 - kb region, in which 14 putative ORFs were annotated (Rice Annotation Project Database, RAPDB; rapdb.dna.affrc.go.jp) (*SI Appendix*, Fig.S2). Of these, ORF6 (LOC_Os07g49460), which encodes a OsPRR37 that contains one cheY-homologous receiver (REC) domain at its N terminus and one conserved CCT domain at its C terminus, was selected as the candidate gene for *DTH7* (*SI Appendix*, Fig.S2) .The CCT domain has been shown to be involved in protein localization and probably has an important role in mediating protein-protein interaction (22 - 24). Interestingly, *OsPRR37* has been reported to be the same allele with a major QTL, *Hd2* (also known as *Ghd7.1*), that was firstly identified in a photoperiod-sensitive variety Nipponbare background (3, 25 - 27). In addition, homologous genes, such as *Ppd-H1* in barley, *SbPRR*37in sorghum, and *Arabidopsis PRR*1, 3, 5, 7, and 9 (*SI Appendix*, Fig.S3), have been reported as regulators of photoperiod flowering in diverse plant species (20, 28, 29). Comparison of the coding sequences of LOC_Os07g49460 in Kita-ake (designated *DTH7 - k*) and PA64S (designated *DTH7 - p*) identified 10 polymorphisms that lead to amino acid substitutions (*SI Appendix*, Fig.S2). Three of them: N214S, L462P, and P710L (in the CCT domain) are located at the conserved positions, among their homologs (*SI Appendix*, Figs. S2 and S3). We speculated that these changes in conserved amino acids may affect *DTH7 - k* function. To test this, we developed transgenic plants carrying a 16.74 - kb PA64S genomic fragment containing *DTH7* - p in a Kita-ake background. The flowering phenotype and other agronomic traits were all restored to the *DTH7* NIL level in several independent transgenic lines (T1 generation) (Table 1and *SI Appendix*, Fig. S2). Thus, we concluded that ORF6 rep-represents the PS regulator *DTH7* in rice.

Table 1 Phenotypes of Kita-ake , DTH7 , transgene-positive and transgene-negative plants

Genotype	Condition or location	Days to flowering	Plant height, cm	Tiller *n*	Panicle length, cm	Primary branches *n*/panicle	Secondary branches *n*/panicle	Grains/ panicle	1,000 - grain weight, g
Kitaake	SD	53.05±0.91	—	—	—	—	—	—	—
NIL (*DTH7*)		57.63±1.54	—	—	—	—	—	—	—
Kitaake	LD	58.94±0.91	—	—	—	—	—	—	—
NIL (*DTH7*)		79.74±1.33	—	—	—	—	—	—	—
Kitaake	E1	53.65±1.21	57.37±2.53	21.65±3.76	10.43±1.28	4.50±0.46	3.50±0.65	33.85±5.51	26.58±0.21
NIL (*DTH7*)		60.77±5.22	71.46±2.81	17.88±3.15	12.76±1.23	5.62±0.50	5.23±1.01	44.73±6.40	26.86±0.22
Kitaake	E3	63±1.3	72.44±2.30	19.90±2.65	13.97±0.93	6.9±0.85	11.45±2.63	71.80±9.04	26.93±0.27
NIL (*DTH7*)		94±1.56	105.27±2.24	13.60±1.67	18.15±1.12	12.85±0.67	22.40±2.74	138.65±9.53	27.04±0.27
No.18(+)	E3	92.54±2.55	97.07±2.09	15.50±2.14	17.93±0.96	13.81±1.06	18.85±1.95	131.50±7.65	27.13±0.32
No.2(+)		92.26±5.83	98.07±2.28	15.43±2.24	17.93±0.67	13.52±0.90	18.09±1.59	127.87±3.65	26.93±0.43

Continued

Genotype	Condition or location	Days to flowering	Plant height, cm	Tiller *n*	Panicle length, cm	Primary branches *n*/panicle	Secondary branches *n*/panicle	Grains/ panicle	1,000-grain weight, g
No.6(+)		96.10±2.74	96.08±1.72	15.22±1.29	17.96±0.67	14.62±0.97	19.57±3.31	136.76±13.06	27.11±0.21
No.11(-)	E3	65.44±2.55	68.93±3.09	24.50±1.65	13.59±0.70	6.94±0.73	10.56±3.15	67.94±7.34	26.97±0.27
No.12(-)		64.23±2.25	70.35±1.93	23.62±1.33	13.87±0.77	7.46±0.90	10.54±1.56	67.92±4.92	27.01±0.26
No.16(-)		63.27±2.75	75.19±2.26	25.05±1.53	13.58±0.63	7.09±0.81	10.32±0.94	65.05±8.35	26.95±0.31

Note: Agronomic traits of Kita-ake, *DTH7*, under natural SDs (E1) and LDs (E3), and three independent T1 transgene-positive (+) —no.18, no.2, and no.6 - and transgene-negative (−) —no.11, no.12, and no.16 - plants under E3 are shown. Days to flowering and other traits are means±standard deviations (n=22).

DTH7 **Expression Exhibits a Constitutive and Diurnal Pattern.** As deduced from available microarray data (RiceXPro, ricexpro.dna.affrc.go.jp/) (30) and confirmed by real-time quantitative reverse transcription-PCR (qRT-PCR) analysis, *DTH7* is expressed widely in all tissues examined, including leaf blades, leaf sheaths, roots, stems, and inflorescences (*SI Appendix*, Fig.S4). The highest expression of *DTH7* was found in young leaf blades (*SI Appendix*, Fig.S4). Interestingly, the *DTH7* transcript level in those tissues was about twofold higher in Kita-ake (*DTH7-k*) than in *DTH7* (*DTH7-p*) plants (*SI Appendix*, Fig.S4). In addition, qRT-PCR analysis revealed that the *DTH7* transcript exhibits a diurnal pattern in leaves with a maximum at Zeitgeber 8 under both SDs and LDs (*SI Appendix*, Fig.S4), indicating that *DTH7* expression is modulated by the circadian clock. The diurnal expression of *DTH7* greatly declined under continuous darkness (DD) (*SI Appendix*, Fig. S4), although the rhythm expression of several other central oscillator components such as *OsELF3-1*, *OsLHY*, *OsPRR*1, *OsPRR*73, and OsPRR95 remained unchanged in Kita-ake and *DTH7* plants under both DD or continuous light conditions (31) (*SI Appendix*, Fig.S5). These results suggest that the diurnal waveform of *DTH7* expression is regulated by light and photoperiod.To investigate the subcellular localization of the *DTH7* protein, we transiently expressed the *DTH7*—p-GFP and *DTH7*—k-GFP fusion proteins in rice leaf protoplasts. Both proteins were exclusively colocalized with a nuclear marker, the OsMADS3-mCherry fusion protein (*SI Appendix*, Fig.S4), suggesting that *DTH7* functions in the nucleus.

DTH7 **Acts Downstream of *phyB* to Regulate Expression of *Ehd1* and the Florigen Genes.** We next examined whether reduced florigen activity is responsible for the late flowering phenotype of *DTH7* plants. qRT-PCR results showed that under LDs, but not SDs, Hd3a and *RFT1* mRNA levels were markedly reduced in *DTH7* plants (compared with Kita-ake) at all time points examined during the 24h period (Fig.3 *A-D*). In addition, the mRNA level of *Ehd1*, but not *Hd1* or *DTH2*, was severely impaired in *DTH7* plants in LDs, but no significant differences were observed in SDs (Fig.3*E* and *F* and *SI Appendix*, Fig.S6). Similarly, the transcript levels of *Ehd1*, *Hd3a*, and *RFT1* were also greatly down-regulated in the *DTH7-p* transgenic plants under LDs (*SI Appendix*, Fig.S6). Further, in agreement with the phenotypic observations (Fig.2*D* and *G*), transcript levels of *Ehd1*, *Hd3a*, and *RFT1*, but not *DTH7*, gradually reduced with the increasing day length, with a critical

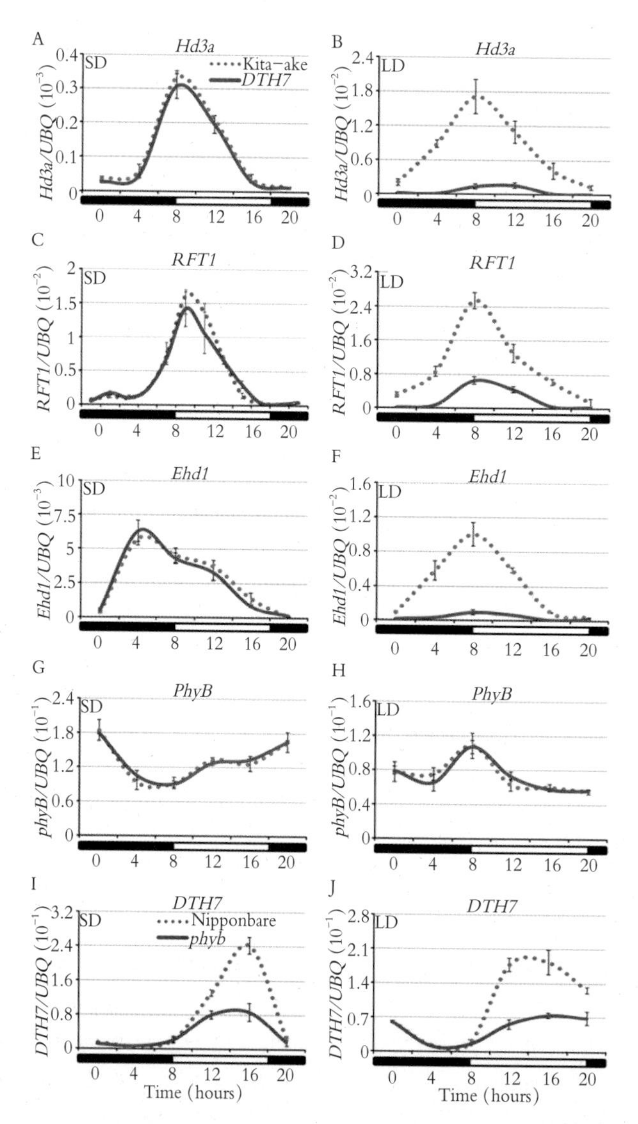

Fig.3 *DTH7* mediates repressing signaling of *OsphyB* to regulate *Hd3a*, *RFT1*, and *Ehd1* expression under LDs. The transcript levels of *Hd3a*, *RFT1*, and *Ehd1* were greatly reduced in *DTH7* plants under LDs (*B*, *D*, and *F*), but not SDs (*A*, *C*, and *E*). (*G* and *H*) No significant difference of *OsphyB* expression level was detected in Kita-ake and *DTH7* plants under both SDs and LDs. (*I* and *J*) *DTH7* transcript level was decreased in *osphyb* mutants under both SDs and LDs. The dotted line and solid line represent Kita-ake and *DTH7* plant in *A-H* or Nipponbare and *osphyb* plants in *I* and *J*, respectively. The rice *Ubiquitin*-1 (*UBQ*) gene was used as the internal control. The data are means±standard deviations of three independent amplifications and two biological replicates.

day length of ≥ 14 h (*SI Appendix*, Fig.S7). Moreover, mRNA levels of three negative regulators (*OsPhyB*, *Ghd7*, and *DTH8*) and three positive regulators (*Ehd2*, *Ehd3*, *and Ehd4*) of *Ehd1* were not significantly affected in *DTH7* (Fig.3 G and H and *SI Appendix*, Fig.S6). These results indicate that *DTH7* functions as a negative regulator of *Ehd1* and the florigen genes *Hd3a* and *RFT1*, specifically under LDs.

qRT-PCR analysis also revealed that *DTH7* expression was not significantly affected in NILs deficient in *Ghd7*, *DTH8*, *Ehd1*, *Hd1*, *DTH2*, or *Hd3a* (*SI Appendix*, Fig.S6). Strikingly, *DTH7* transcript levels decreased markedly in the *osphyb* mutants (Fig.3 *I* and *J*), under both SDs and LDs. These data suggest that *DTH7* acts downstream of the photoreceptor *phyB* to regulate *Ehd1*expression and flowering time in rice.

Correlation of Haplotype Combinations of *DTH7*, *Ghd7*, and *DTH8* with Flowering Time Under Various Photoperiod Conditions. We next analyzed the genetic diversity of the *DTH7* coding region in our core collection. Nineteen nucleotide polymorphisms (SNPs) and two InDels were identified in the locus (*SI Appendix*, Fig.S8), in which 12 accessions carry the Kita-ake haplotype (Hap_2), one accession carries a mutation that leads to a premature stop codon (Hap_24), and additionally one and 14 accessions carry a 2-bp and an 8-bp deletion (Hap_3 and Hap_6), respectively; both resulted in a frame shift stop codon and premature truncated *DTH7* proteins (*SI Appendix*, Fig.S8). Additionally, eight accessions are of the PA64S functional haplotype (Hap_7), and two accessions are of the Nipponbare haplotype (Hap_13). This result suggests that *DTH7* is highly diversified in cultivated rice.

Due to the quantitative nature of the flowering trait, we thus sequenced *Ghd*7 (5) and *DTH8* (6), the other two major genetic loci underlying flowering time, regional adaptability, and grain yield, and evaluated the combinatorial effects of *DTH7* with *Ghd*7and *DTH8* on the local fitness of rice. In our core collection, nine and eight haplotypes were found in the coding sequences of *Ghd*7 and *DTH8*, respectively (*SI Appendix*, Fig.S8 and Table S1).Consistent with previous reports, we identified a MH63 haplotype (Hap_1, functional), Nipponbare haplotype (Hap_5), Kita-ake haplotype (Hap_8, nonfunctional), and ZS97 haplotype (Hap_9) at the *Ghd7* locus, and an Asominori haplotype (Hap_1, functional), IR24 haplotype (Hap_7, nonfunctional), ZS97 type (Hap_4), Yangeng 15 type (Hap_2), and Longtepu B type (Hap_3) at the *DTH8* locus (6) (*SI Appendix*, Fig.S8 and Table S1).

Next, we investigated the relationship between the different haplotype combinations of *DTH7*, *Ghd7*, and *DTH8* and flowering times of the core collection across E1 to E4 conditions.These accessions were clustered into four groups: group I carries three nonfunctional loci, group Ⅱ carries two nonfunctional loci, group Ⅲ carries one nonfunctional locus, and group IV carries three functional loci (Fig.4*A* and *SI Appendix*, Table S1). As expected, flowering time among group I, group Ⅱ, group Ⅲ, and group Ⅳ was gradually prolonged under these four conditions (Fig.4*A*), whereas accessions carrying two functional loci (group Ⅲ) flowered much later than accessions of group I and Ⅱ when days were getting longer, and some accessions of group Ⅱ never flowered under E4 (Fig.4*A* and *SI Appendix*, Table S1). Strikingly, flowering of accessions carrying all three functional loci (group Ⅳ) was further delayed than other groups, and many accessions could not flower under E3 and E4 conditions (Fig.4A and *SI Appendix*, Table S1). These data suggest that rice flowering is controlled to a great extent by the combinatorial effects of the haplotype combinations of *DTH7*, *Ghd7*, or *DTH8* under various agricultural environments, especially under long photoperiod conditions. In support of this observation, variance analysis (ANOVA analysis) showed that functional differences at the *DTH7*, *Ghd*7, or *DTH8* individual locus could partially explain the phenotypic variations and their contributions became increasingly bigger with the prolonged photoperiods (Fig.4*B*). For example, although functional differences at the *DTH7* locus explained 20.1%, 28.2%, 42.2%, and 41.2%of the flowering time variations at E1, E2, E3, and E4, respectively [bigger than that of *Ghd*7 (explained 14.7%, 21.3%, 34.5%, and 40.5%) and *DTH8* (explained 6.9%, 11.8%, 17.5%, and 19.4%)], haplotype combinations of these three loci could explain 21.3%, 32.3%, 45.6%, and 52.3% of the flowering time variations at E1, E2, E3, and E4, respectively (Fig.4*B*). These observations together suggest that selection of the haplotype combinations of these three loci (and together with other flowering regulators) could improve

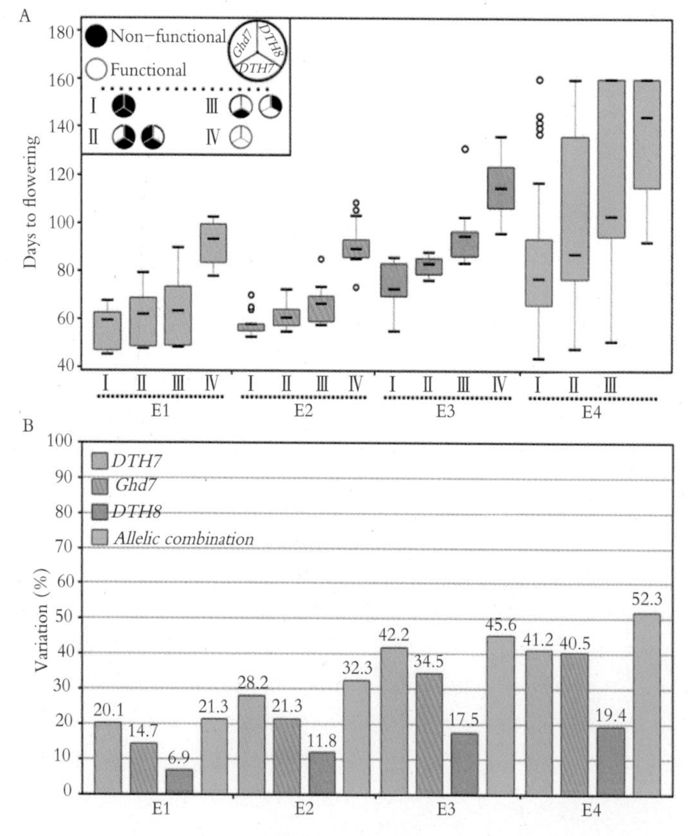

Fig.4 Association analysis of haplotype combinations of *DTH7*, *Ghd7*, and *DTH8* with flowering time. (*A*) Association analysis of various combinations of functional and nonfunctional haplotypes of *DTH7*, *Ghd7*, and *DTH8* with flowering time under E1, E2, E3, and E4 conditions. (*B*) Variance analysis of the contributions of *DTH7*, *Ghd7*, or *DTH8* individual locus and their combined effects on flowering time in the core collection. Flowering time of each accession is presented as means±standard deviations (*n*=20).

the local fitness of rice, especially under LDs. Thus, developing molecular markers for the various haplotypes of *DTH7*, *Ghd7*, and *DTH8* could facilitate molecular breeding of rice cultivars suitable for different environment conditions with desired PS responses.

Discussion

In this study, we demonstrated that *DTH7* is a major regulator of PS and grain yield in rice. We show that an NIL (in Kita-ake background) containing *DTH7-p* (from PA64S) was more sensitive to increasing day length than Kita-ake (carries *DTH7-k*), and accordingly its heading date was more delayed in higher geographical regions. The longer basic vegetative growth phase allows the mature *DTH7* plants to grow much more taller, produce larger panicles and more seeds than Kita-ake, and as a result, increase grain yield under LDs (Fig.2). Map-based cloning revealed that *DTH7* encodes an *OsPRR*37 that is most closely related to the gene products encoded by barley *Ppd-H*1, sorghum *SbPRR37*, and *Arabidopsis AtPRR7*. *DTH7* expression is regulated by the circadian clock under both LDs and SDs, but it acts as a LD-specific suppressor of *Ehd1* transcription. Our data suggest that *DTH7* activity is gradually enhanced with the increased day length, causing more significant delay in rice flowering.However, how *DTH7* activity is regulated by day length remains to be elucidated in future studies.

It is notable that despite a number of flowering-related genes being cloned and characterized as important targets of natural or artificial selection for adaptation of rice to specific natural conditions, the genetic interplay and regulatory relationship among these genes/loci still remain largely unknown. In this study, we performed association analysis of flowering time and different haplotype combinations of *DTH7* with two other major flowering time *QTL* loci, *Ghd7* and *DTH8*, in the core germplasm collection, which contains 91 accessions collected around the world under four geographical conditions across the major rice cultivation areas in China. Our variance analysis showed that each of these three loci contributes significantly to the long photoperiod response and that haplotype combinations of *DTH7*, *Ghd7*, and *DTH8* could explain most of the phenotype variations and how their contributions became bigger with the prolonged photoperiods from E1 to E4 conditions (Fig.4). In addition, our data suggest that these genes also play a minor but important role in regulating flowering under SDs, as accessions carrying all three functional loci flowered later than accessions that lost the three loci under SDs.Future efforts to comprehensively analyze the respective contribution and allelic combinations of *DTH7*, *Ghd7*, and *DTH8* with other genetic loci controlling flowering should allow us to develop a platform for rational design of rice cultivars best adapted to different environmental conditions with maximized grain yield potential and fitness. For example, accessions clustered into group I could be selected for planting in higher latitude conditions, such as E4, to secure a harvest before cold weather approaches, whereas allelic combinations similar to group IV should be excluded when improving and creating new varieties with longer vegetative growth in target environments like E4.

Methods

Plant Material and Growth Conditions. A *DTH7* NIL plant was isolated from a set of NILs in a backcrossing program using two rice parents, Kita-ake (the recurrent parent) and PA64S (the donor parent). F_2 population was used for genetic analysis and positional cloning of *DTH7*. A set of 91 O.sativa rice accessions collected from 17 countries was used in this study (*SI Appendix*, Table S1). All plants were grown in a paddy field in Hainan (18°30' N, 110°2' E), Nanjing (31°56' N, 119°4' E), Beijing (40°13' N, 116°13' E), and Haerbin (45°20' N, 127°17' E), respectively.

Map-Based Cloning. A *DTH7* NIL plant was crossed with Kita-ake, and then the resultant F_1 plants were self-crossed to generate a F_2 mapping population. Two DNA pools were generated from 15 F_2 late-flowering and 15 early–flowering plants, respectively, were used for rough mapping. We used 4, 600 early–flowering plants derived from the F_2 population for fine mapping.

Vector Construction and Plant Transformation. For the genetic complementation test, the 16.7 - kb genomic DNA fragment containing *DTH7 - p* (including a 3.3 - kb promoter region, 11.2 - kb coding region, and 2.2 - kb downstream sequence) was amplified using PrimeSTAR GXL DNA Polymerase (Takara) and then cloned into the binary vector pCAMBIA1305.1using In-Fusion Advantage PCR Cloning Kits (Clontech). The resultant plasmid was transformed into the Agrobacterium tumefaciens strain *EHA*105 and then introduced into Kita-ake via agrobacteria-mediated transformation.

Subcellular Localization of *DTH7* Protein. The GFP coding region was fused in frame into the *DTH7* C terminus and controlled by the 35S CaMV promoter. The *DTH7*–p-GFP or *DTH7*–k-GFP fusion protein and the nucleus marker OsMADS3 - mCherry fusion protein were transiently coexpressed in rice leaf protoplasts using polyethylene glycol (PEG) treatment (32). Fluorescence was observed using a Leica TCS–SP4 confocal microscope.

Real-Time qRT-PCR. For real - time qRT-PCR, total RNA was extracted from various tissues using the RNeasy Plant Mini Kit (QIAGEN). The first-strand cDNA was synthesized using the QuantiTect Reverse Transcription Kit (QIAGEN). PCR was performed using gene-specific primers and SYBR Premix ExTaq reagent (Takara) with an ABI Prism 7900 HT Sequence Detection System (Applied Biosystems) according to the manufacturer's instructions. PCR was performed in triplicate for each sample from two independent biological replicates. The rice *Ubiquitin* - 1 gene was used as the internal control. Plants were grown in controlled growth chambers (Conviron) under SDs (9 h light at 30 ℃/15 h dark at 25 ℃) or LDs (15 h light at 30 ℃/9 h dark at 25 ℃) with a relative humidity of 70%. The light intensity was set at 800 μmol · m^{-2} · s^{-1}.

Primers. The primers used in this study are listed in SI *Appendix*, Table S2.

Accession Codes. The following GenBank accession codes were used: fulllength *DTH7 - p* CDS, KF977867; *DTH7 - p* genomic DNA, KF977869; full-length *DTH7 - k* CDS, KF815740; and *DTH7 - k* genomic DNA, KF977868.

ACKNOWLEDGMENTS. We thank Dr. Masahiro Yano (The National Institute of Agrobiological Sciences) for providing NILs (*Hd1* and *Hd3a*) and mutants (*ehd2* and *ehd3*), Dr. Atsushi Yoshimura (Kyushu University) for a mutant (*osphyb*), Dr. Qifa Zhang (Huazhong Agricultural University) for an NIL (*Ghd7*), and George Coupland (Max Planck Institute for Plant Breeding Research), Amaury de Montaigu (Max Planck Institute for Plant Breeding Research), Song Ge (Institute of Botany, Chinese Academy of Sciences), and Jiankang Wang (Institute of Crop Sciences, Chinese Academy of Agricultural Sciences) for critical reading and comments on the manuscript.We acknowledge funding from the 863 Program of China Grants 2011AA10A101 and 2012AA100101, National Natural Science Foundation of China Grants 31000534 and 31300276, and Jiangsu Cultivar Development Program Grant BE2012303 (to J.W.).

References

1. Andrés F, Couplyand G (2012) The genetic basis of flowering responses to seasonal cues. *Nat Rev Genet* 13 (9): 627 - 639.

2. Xing Y, Zhang Q (2010) Genetic and molecular bases of rice yield. *Annu Rev Plant Biol* 61: 421 - 442.

3. Gao H, et al. (2013) Ehd4 encodes a novel and Oryza—genus-specific regulator of photoperiodic flowering in rice. *PLoS Genet* 9 (2): e1003281.

4. 4 Wu W, et al. (2013) Association of functional nucleotide polymorphisms at DTH2 with the northward expansion of rice cultivation in Asia. *Proc Natl Acad Sci USA* 110 (8): 2775 - 2780.

5. Xue W, et al. (2008) Natural variation in *Ghd7* is an important regulator of heading date and yield potential in rice. *Nat Genet* 40 (6): 761 - 767.

6. Wei X, et al. (2010) *DTH8* suppresses flowering in rice, influencing plant height and yield potential simultaneously. *Plant Physiol* 153 (4): 1747 - 1758.

7. Yano M, et al. (2000) Hd1, a major photoperiod sensitivity quantitative trait locus in rice, is closely related to the Arabidopsis flowering time gene CONSTANS. *Plant Cell* 12 (12): 2473 - 2484.

8. Takahashi Y, Shomura A, Sasaki T, Yano M (2001) Hd6, a rice quantitative trait locus involved in photoperiod sensitivity, encodes the α subunit of protein kinase CK2. *Proc Natl Acad Sci USA* 98 (14): 7922 - 7927.

9. Kojima S, et al. (2002) Hd3a, a rice ortholog of the Arabidopsis FT gene, promotes transition to flowering downstream of Hd1 under short-day conditions. *Plant Cell Physiol* 43 (10): 1096 - 1105.

10. Tamaki S, Matsuo S, Wong HL, Yokoi S, Shimamoto K (2007) Hd3a protein is a mobile flowering signal in rice. *Science* 316 (5827): 1033 - 1036.

11. Komiya R, Ikegami A, Tamaki S, Yokoi S, Shimamoto K (2008) Hd3a and RFT1 are essential for flowering in rice. *Development* 135 (4): 767 - 774.

12. Komiya R, Yokoi S, Shimamoto K (2009) A gene network for long-day flowering activates RFT1 encoding a mobile flowering signal in rice. *Development* 136 (20): 3443 - 3450.

13. Doi K, et al. (2004) Ehd1, a B—type response regulator in rice, confers short-day promotion of flowering and controls FT-like gene expression independently of Hd1.*Genes Dev* 18 (8): 926 - 936.

14. Putterill J, Robson F, Lee K, Simon R, Coupland G (1995) The CONSTANS gene of Arabidopsis promotes flowering and encodes a protein showing similarities to zinc finger transcription factors. *Cell* 80 (6): 847 - 857.

15. Lee YS, et al. (2010) OsCOL4 is a constitutive flowering repressor upstream of Ehd1and downstream of OsphyB. *Plant J* 63 (1): 18 - 30.

16. Takano M, et al. (2009) Phytochromes are the sole photoreceptors for perceiving red/far-red light in rice. *Proc Natl Acad Sci USA* 106 (34): 14705 - 14710.

17. Matsubara K, et al. (2008) Ehd2, a rice ortholog of the maize INDETERMINATE1 gene, promotes flowering by up-regulating Ehd1. *Plant Physiol* 148 (3): 1425 - 1435.

18. Matsubara K, et al. (2011) Ehd3, encoding a plant homeodomain finger-containing protein, is a critical promoter of rice flowering. *Plant J* 66 (4): 603 - 612.

19. Tsuji H, Taoka K, Shimamoto K (2011) Regulation of flowering in rice: Two florigen genes, a complex gene network, and natural variation. *Curr Opin Plant Biol* 14 (1): 45 - 52.

20. Murphy RL, et al. (2011) Coincident light and clock regulation of pseudoresponse regulator protein 37 (PRR37) controls photoperiodic flowering in sorghum. *Proc Natl Acad Sci USA* 108 (39): 16469 - 16474.

21. Gao Z-Y, et al. (2013) Dissecting yield-associated loci in super hybrid rice by resequencing recombinant inbred lines and improving parental genome sequences. *Proc Natl Acad Sci USA* 110 (35): 14492 - 14497.

22. Lazaro A, Valverde F, Piñeiro M, Jarillo JA (2012) The Arabidopsis E3 ubiquitin ligase HOS1 negatively regulates CONSTANS abundance in the photoperiodic control of flowering. *Plant Cell* 24 (3): 982 - 999.

23. Liu L-J, et al. (2008) COP1-mediated ubiquitination of CONSTANS is implicated in cryptochrome regulation of flowering in Arabidopsis. *Plant Cell* 20 (2): 292 - 306.

24. Wenkel S, et al. (2006) CONSTANS and the CCAAT box binding complex share a functionally important domain and interact to regulate flowering of Arabidopsis.*Plant Cell* 18 (11): 2971 - 2984.

25. Lin H, Yamamoto T, Sasaki T, Yano M (2000) Characterization and detection of epistatic interactions of 3 QTLs, Hd1, Hd2, and Hd3, controlling heading date in rice using nearly isogenic lines. *Theor Appl Genet* 101 (7): 1021 - 1028.

26. Murakami M, Matsushika A, Ashikari M, Yamashino T, Mizuno T (2005) Circadianassociated rice pseudo response regulators (OsPRRs): Insight into the control of flowering time. *Biosci Biotechnol Biochem* 69 (2): 410 - 414.

27. Yan W, et al. (2013) Natural variation in *Ghd* 7.1 plays an important role in grain yield and adaptation in rice. *Cell Res* 23 (7): 969 - 971.

28. Nakamichi N, et al. (2010) PSEUDO-RESPONSE REGULATORS 9, 7, and 5 are transcriptional repressors in the Arabidopsis circadian clock. *Plant Cell* 22 (3): 594 - 605.

29. Turner A, Beales J, Faure S, Dunford RP, Laurie DA (2005) The pseudo-response regulator Ppd-H1 provides adaptation to photoperiod in barley. *Science* 310 (5750): 1031 - 1034.

30. Sato Y, et al. (2013) RiceXPro version 3.0: Expanding the informatics resource for rice transcriptome. *Nucleic Acids Res* 41 (Database issue, D1): D1206-D1213.

31. Zhao J, et al. (2012) OsELF3 - 1, an ortholog of Arabidopsis early flowering 3, regulates rice circadian rhythm and photoperiodic flowering. *PLoS ONE* 7 (8): e43705.

32. Bart R, Chern M, Park C-J, Bartley L, Ronald PC (2006) A novel system for gene silencing using siRNAs in rice leaf and stem-derived protoplasts. *Plant Methods* 2 (1): 13.

作者：He Gao# Mingna Jin# XiaoMing Zheng# Jun Chen Dingyang Yuan Yeyun Xin Maoqing Wang Dongyi Huang Zhe Zhang Kunneng Zhou Peike Sheng Jin Ma Weiwei Ma Huafeng Deng Ling Jiang Shijia Liu Haiyang Wang Chuanyin Wu Longping Yuan* Jianmin Wan*

注：本文发表于 *Proceedings of the National Academy of Sciences of the United states of America* 2014 年第 111 卷第 46 期。

Development of Super Hybrid Rice for Food Security in China

The current population in China is over 1.3 billion and will reach 1.4 billion soon. Meanwhile, China's arable land is decreasing year by year. Facing such a severe situation of population-growth pressure plus cropland reduction, it is obvious that the only way to solve the food shortage problem is to greatly enhance the yield level of food crops per unit of land area through advances in science and technology. Thus, we are currently carrying out three yield-increasing projects.

1 Project No.1 : Developing a super high-yielding hybrid rice variety (16 t · hm^{-2})

The development of higher and higher crop yields is an eternal pursuit. Rice is the number one grain crop in both China and the world. In order to substantially increase rice yield, Japan took the lead in initiating a super high-yielding rice breeding program that was targeted to raise rice yield to 12 t · hm^{-2} within 15 years. However, this target has not yet been realized, after 34 years. Next, the International Rice Research Institute (IRRI) launched a program to develop super rice in 1989, which was later altered into a new plant-type breeding program, with the target of developing a super rice yielding 12–12.5 t · hm^{-2} by 2000. However, this target was not reached either. Evidently, it is extremely difficult to develop a super rice yielding 12 t · hm^{-2}.

In order to meet the food demand required by the Chinese people in the 21st century, a super rice breeding program was set up by the Ministry of Agriculture and the Ministry of Science and Technology in 1996 and 1997, respectively. This program was divided into four phases. The yield targets are listed below (based on an average yield at a location with 6.7 hm^2 or 100 mu, where 1 mu=1/15 hm^2):

Phase Ⅰ: 1996—2000 10.5 t · hm^{-2} or 700 kg · mu^{-1}

Phase Ⅱ: 2001—2005 12 t · hm^{-2} or 800 kg · mu^{-1}

Phase Ⅲ: 2006—2015 13.5 t · hm^{-2} or 900 kg · mu^{-1}

Phase Ⅳ: 2016—2020 15 t · hm^{-2} or 1 000 kg · mu^{-1}

Through morphological improvement plus the utilization of inter-subspecific heterosis, as well as the unceasing efforts and collaborative work of our research team, all of the yield targets to date have been fulfilled one by one, either on schedule or ahead of schedule. The representative variety of Phase I, named *Liang-you-pei-jiu*, was co-developed by the Jiangsu Academy of Agriculture Sciences and the Hunan Hybrid Rice Research Center. This variety was released to largescale commercial production in the first few years of the 21st century, with a highest annual planting area of nearly 10 million mu and an average yield of 550 kg · mu^{-1}. The representative variety of Phase Ⅱ, *Y Liangyou 1*, was planted over 8 million mu in 2014, with an average yield of around 600 kg mu^{-1}; and the representative variety of Phase Ⅲ, *Y Liangyou 2*, yielded 926.6 kg · mu^{-1} at a 100 mu demonstration location in Longhui County, Hunan Province, in 2012. The latter variety began to be commercialized in 2013, and the planting area reached 1 million mu in 2014, with a higher yield of 650 kg · mu^{-1}. The representative variety of Phase Ⅳ, *Y Liangyou 900*, yielded over 1 000 kg · mu^{-1} at four locations covering 100 mu each, and yielded 1 026.7 kg · mu^{-1} (15.4 t · hm^{-2}) in Xupu County, the highest yield of rice in the world to date. It is predicted that variety can produce a further yield increase of 50 kg · mu^{-1} in large-scale commercialization.

Figure.1 The Super 1 000 variety in the trial field in Sanya, Hainan.

Theoretically, rice still has a huge yield potential to be tapped. Currently, we are struggling to breed hybrid rice varieties with a target yield of 16 t · hm^{-2}. A very promising variety, *Super 1 000*, has recently been bred successfully with this target yield. On April 9, 2015, a field workshop was held in Sanya, Hainan Province. More than 300 rice experts and personnel from the seed industry witnessed and were excited by the excellent performance of this variety. Dr. Ish Kumar, a renowned Indian rice breeder, was in fact too excited to leave the demonstration field; when asked what he felt, he replied, "More than excited!" At present, this variety is at the ripening stage. Anyone who is interested in (or has doubts about) super rice is welcome to investigate the variety at Sanya. Your opinions and suggestions will be appreciated. After al, "seeing is believing."

2 Project No.2: "Planting three to produce four" bumper harvesting project

In this project, the goal is to plant super hybrid rice over three mu, and thus obtain a yield equivalent to that from four mu, based on the average yield of the past five years. This project has been mainly implemented in medium-and low-yielding rice fields. In 2007, Hunan took the lead in carrying out this project. Of the 20 counties participating in the project, 18 achieved the goal by obtaining a rice yield that was 33% higher than the average yield of the past five years (2002—2006). In 2014, up to 52 counties participated in the project, with a total planting area of 11.46 million mu. The total planting area has reached 43.353 million mu in the 8 years since the implementation of the project, with an increased paddy of 4.733 billion kg. The planting area is planned to be extended to 15 million mu by 2017, and to produce as much rice grain as was produced from 20 million mu, based on the average yield of the past five years from 2002—2006. This increase is equivalent to the effect of planting an extra 5 million mu of rice fields, and harvesting 2 billion kg more grain annually. (The average yield over five years from 2002 to 2006 is about 400 kg · mu^{-1}) Many participants from Sichuan, Guizhou, Anhui, Guanggong, Guangxi, Zhejiang, and Henan have asked for involvement in the project; the project has already been initiated in Guangdong, Guizhou, Guangxi, Sichuan, and Anhui, and good results have been obtained. I suggest that this project be integrated into the national program, with the aim of extending the planting area of super hybrid rice to 60 million mu in the next five years. This would produce a yield of grain equivalent to that produced from 80 million mu at the current yielding level, the same effect as obtaining an additional 20 million mu of rice fields. Based on a yielding level of 400 kg · mu^{-1}, the annual increased paddy of 8 billion kg would be sufficient to meet the food demand of the entire population of a mega city like Beijing or Shanghai for a whole year.

3 Project No.3: "Feeding one person on 0.3 mu (200 m^2) of cropland" high-yielding project

This project, also known as the "Three-One" project, focuses on the food requirements for an individual A yearly yield of 360 kg of grain, produced from 0.3 mu, can meet the food demand of one person per year. In 2014, this project was initiated in highyielding areas of 16 counties in Hunan under three models:

Model 1: Double cropping super hybrid rice, with early hybrid rice yielding 550 kg · mu^{-1} and late hybrid rice yielding 650 kg · mu^{-1} on average;

Model 2: Potato plus single-cropping super hybrid rice, with potato yielding 2 000 kg · mu^{-1} (equivalent to a rice yield of 500 kg · mu^{-1}) and single-cropping super hybrid rice yielding 700 kg · mu^{-1}; and

Model 3: Spring corn plus single-cropping super hybrid rice, with corn yielding 500 kg · mu^{-1} and single-cropping super hybrid rice yielding 700 kg · mu^{-1}.

In 2014, the yield target was met in Xiangtan County and Lilin County, both of which had adopted Model 1. Taking the Yuhu district of Xiangtan County as an example, early hybrid rice yielded 584.5 kg · mu^{-1} and late hybrid rice yielded 662.5 kg · mu^{-1} at a demonstrative location covering 310 mu. In Shimen County, Longshan County, and Yongshun County, all of which had adopted Model 2, the yielding level remained at more than 1 200 kg · mu^{-1} of paddy year-round. With hard work being done, and under the support of relevant departments, the planting area is projected to be extended to 11 million mu by 2020, taking up 19% of the arable land in Hunan; the grain produced from such an area will meet the food demand of half the population of Hunan. It is advisable for this project to be carried out in districts, cities, or provinces where the ecological conditions are similar to or better than those in Hunan.

4 Raising grain yield by raising biomass

Grain yield is calculated as follows:

$$\text{Grain yield} = \text{Harvest index} \times \text{Biomass} \quad (1)$$

At present, the harvest index is very high (above 0.5), leaving very limited room for improvement. Thus, further increases in rice yield will mainly rely on increasing the biomass. From the perspective of morphology, raising plant height is an effective and feasible way to increase biomass. As many developments do, rice variety improvement has developed in a spiral trend. For example, rice plant height has been developed from dwarf, to semi-dwarf, to semi-tall, tall, and super tall. Primitive rice varieties were tall plant types with heights as high as 1.7 m to 1.8 m. These varieties produced more straw and less grain, and yielded only 250 kg · mu^{-1} with a harvest index of only 0.3. The dwarf-type varieties were invented in the early 1960s, with a plant height of about 70 cm and a harvest index that was improved to 0.5; these varieties had a yield potential that was increased to 400 kg · mu^{-1} At present, the major commercialized varieties belong to the semi-dwarf type, with a plant height of 90 cm to 100 cm. While the harvest index remains above 0.5, the taller the plant, the higher the biomass; therefore, rice yield has increased, with a yield potential of 600 kg · mu^{-1}. Our latest super hybrid rice yields about 1 000 kg · mu^{-1} with a plant height of 1.2 m. In order to obtain a further increase in yield, even taller plants may be developed.

Development in science and technology is endless. We anticipate the successful development of a super hybrid rice yielding 16 t · hm^{-2} by next year.

作者：Longping Yuan

注：本文发表于 *Engineering* 2015 年第 1 卷第 1 期。

发展超级杂交水稻
保障国家粮食安全

中国现有13亿多人口，很快就会达到14亿，同时，中国的耕地在逐年减少。面对这种人增地减的严峻形势，唯有通过科技进步大幅度提高粮食作物的单位面积产量，才能解决全国人民吃饱饭的难题。为此，我们正在实施3项粮食增产工程。

第一，选育每公顷产16 t稻谷的超高产杂交稻品种。

追求作物高产、更高产是永恒的主题，水稻是中国也是世界的第一大粮食作物，为了大幅度提高水稻的产量，日本率先于1981年开展了水稻的超高产育种，计划在15年内把水稻的单产提高到每公顷12 t，但是时至今日，34年过去了，尚未实现。国际水稻研究所于1989年正式启动了选育超级稻（superrice）后改为新株型稻的研究，计划到2000年育成每公顷产12.0~12.5 t的超级稻，同样，至今仍未成功。由此可见，要育成每公顷产12 t的超级稻，难度极大。

为了满足全国人民在21世纪对粮食的需求，农业部和科技部分别于1996年和1997年立项和启动了中国超级稻育种计划，分4个时期的产量指标（6.7 hm^2平均）为：

第1期：1996—2000年，10.5 t/hm^2；

第2期：2001—2005年，12.0 t/hm^2；

第3期：2006—2015年，13.5 t/hm^2；

第4期：2016—2020年，15.0 t/hm^2。

通过形态改良和利用亚种间杂种优势的技术路线，加上我们团队不辞劳苦地钻研攻关，上述产量指标均逐一按期或提前实现了。第1期的代表品种是两优培九，是湖南杂交水稻研究中心与江苏省农科院合作选育的，21世纪初的几年间，在大面积生产上应用，最高年推广面积近

67 万 hm^2，平均单产 8.25 t/hm^2；第 2 期的代表品种是 Y 两优 1 号，2014 年的种植面积达 53 万 hm^2，平均单产 9 t/hm^2；第 3 期的代表品种是 Y 两优 2 号，2012 年在湖南隆回县，6.7 hm^2 示范片单产 13.9 t/hm^2，2013 年开始推广，2014 年种植面积 6.7 万 hm^2 以上，产量又上了一个台阶，单产为 9.75 t/hm^2 左右；第 4 期的代表品种是 Y 两优 900，2014 年在湖南有 4 个 6.7 hm^2 示范片单产超 15 t/hm^2，其中溆浦县创单产 15.4 t/hm^2，遥遥领先于全球。预计大面积推广后单产又可再上一个台阶。生产实践表明，这个台阶的高度为 750 kg/hm^2。

理论上，水稻蕴藏着巨大的产量潜力。目前，我们正在向 16 t/hm^2 攻关，代表品种是超优千号，形势很好。2015 年 4 月 9 日在海南三亚召开了现场观摩会，300 多位专家和种业界人士目睹了该品种的特优表现，个个感到惊喜万分，印度著名育种家 IshKumar 博士在现场留连忘返，问他的感受，回答是“More than excited（加倍的激动）”。2015 年 9 月，超优千号在湖南等地的示范将处于黄熟期，欢迎对超级稻感兴趣和持怀疑态度的人士到现场参观、考察和指导，“百闻不如一见”。

第二，“种三产四”丰产工程，即种 3 hm^2 超级杂交稻，产原有水平（前 5 年平均）4 hm^2 田的粮。

此项目主要在中低产区实施，2007 年在湖南省率先启动，20 个示范县参与了项目实施，其中有 18 个县达标，即比 2002—2006 年 5 年平均单产增加了 33%。2014 年扩大到 52 个县（市、区）共 76.4 万 hm^2。项目 8 年累计种植面积 289 万 hm^2，增产稻谷 47.33 亿 kg。计划力争 2017 年发展到 100 万 hm^2，项目实施前 5 年（2002—2006 年）平均单产水平下 133.3 万 hm^2 的粮食，等于增加了 33.3 万 hm^2 耕地，可年增粮食 20 亿 kg（2002—2006 年 5 年平均单产 6 000 kg/hm^2）。四川、贵州、安徽、广东、广西、浙江、河南等省（区）也要求参与该项工程，其中广东、贵州、广西、四川、安徽已启动实施，效果很好。建议此项目纳入国家计划，在 5 年内全国发展到 400 万 hm^2，产出现有水平 533.3 万 hm^2 的粮食，即等于增加了 133.3 万 hm^2 的稻田。按单产 6 000 kg/hm^2 计算，能年增粮食 80 亿 kg，可供北京或上海特大城市人口全年的口粮。

第三，“三分地养活一个人”的粮食高产工程，简称“三一工程”，即三分地（200 m^2）年产粮 360 kg（单产 18 t/hm^2），足够一个人全年的口粮。

这项工程，2014 年开始在湖南省 16 个县的高产地区实施，有 3 种模式：一是双季超级稻，早稻单产 8.25 t/hm²，晚稻单产 9.75 t/hm²；二是一季超级中稻 + 马铃薯，水稻单产 10.5 t/hm²，马铃薯单产 30 t/hm²（折合稻谷为 7.5 t/hm²）；三是春玉米 + 一季超级稻，玉米单产 7.5 t/hm²，水稻单产 10.5 t/hm²。2014 年采用双季稻模式的湘潭县和醴陵市产量达到设计指标，如湘潭县雨湖区，20.7 hm² 示范田，早稻平均单产 8.77 t/hm²，晚稻平均单产 9.94 t/hm²。采用超级杂交稻 + 马铃薯模式的石门县、龙山县、永顺县，全年原粮单产都在 18 t/hm² 以上。这项工程，要在有关部门的支持和配合下，力争到 2020 年发展至 73.3 万 hm²，占湖南省耕地面积的 19%，产出的粮食可供全省一半人口之需。建议生态条件与湖南相似或更好的省（市、区）借鉴湖南的经验，因地制宜地实施这项工程，为保障国家的粮食安全做出更大的贡献。

科学技术发展无止境，预计每公顷产 16 t 的超级杂交稻，可望 2016 年成功实现。但我对此并不满足，老骥伏枥的精神在激励我，要向更高的产量攻关，争取在我 90 岁之前育成产量更高的超级杂交稻品种。

作者：袁隆平

注：本文原载于《科技日报》2015 年 4 月 30 日第 3 版。

水稻单叶独立转绿型黄化突变体 *grc2* 的鉴定与基因精细定位

【摘　要】转绿型叶色突变体是研究植物叶绿体分化与发育的基础材料。*grc2* 是利用 $^{60}Co-\gamma$ 射线诱变籼型三系保持系 T98B 后获得的单叶独立转绿型黄化突变体。*grc2* 植株上任一叶片刚抽出时为黄色，在生长 10 d 左右后变绿，具有单叶不依赖于植株特定发育阶段而独立转绿的特性。与野生型 T98B 相比，*grc2* 黄化叶片的总叶绿素和叶绿素 b 含量显著降低，叶绿体滞留在黄化质体阶段，表明 *grc2* 可能在叶片早期发育中起关键作用。遗传分析表明，*grc2* 受 1 对隐性核基因独立控制；利用源于 *grc2*/Nipponbare 的 F_2 群体的 960 个突变单株，将 *grc2* 基因定位在 STS 标记 S254 与 S258 之间约 31 kb 的范围内，该区域含有 5 个未报道过的注释基因。这些结果为 *grc2* 的克隆及功能研究提供了重要信息。

【关键词】水稻；单叶独立转绿型黄化突变体；叶绿体分化与发育；基因精细定位

【Abstract】Green revertible leaf-color mutants are basical materials for studying the mechanism of chloroplast differentiation and development.We have obtained a *green-revertible chlorina* mutant named *grc2* with every leaf greening independently, from an *indica* maintainer line T98B treated by $^{60}Co-\gamma$ radiation.Each leaf of *grc2* is initially chlorotic, and then turns green after growing about 10 days.The mutant *grc2* showed a new pattern of virescence which refreshed green regardless of its plant growth stage.Compared with the wild type T98B, the total chlorophyll and chlorophyll b content reduced significantly in the yellowish leaves of *grc2* and chloroplast remained in the etioplast stage, suggesting that *grc2* would probably be an essential gene functioning in the development of young leaves.Genetic analysis revealed that, *grc2* was controlled by a single recessive nuclear gene.The gene of *grc2* was fine mapped between STS markers S254 and S258 with a physical interval of 31 kb on the short arm of chromosome 6, by using 960 F_2 plants with mutant phenotype from a cross between *grc2* and Nipponbare.This region contained five annotated genes that had not published. These results provides important information for studying in gene cloning and gene function of *grc2*.

【Keywords】Rice (*Oryza sativa* L.); *Green-revertible chlorina*; Chloroplast differentiation and development; Gene fine mapping

叶色变异是发生在高等植物中的一类突变频率较高、变异类型较丰富、表型直观明显的性状突变。水稻叶色变异的表现形式多样，按照苗期叶色表现，可分为黄化、白化、浅绿、深绿、常绿、条纹和斑点等基本类型[1]，而按照叶色变异后能否转绿则可分为转绿和非转绿类型。转绿型突变体是一类在经历阶段性失绿后又能恢复到正常叶色形态的特殊叶色突变体，这类材料具有重要的理论和应用研究价值：一方面，通过对这类突变体转色前、中、后各阶段的细胞学、生理生化及其基因表达与调控等水平的系统研究，有助于认识叶绿素生物合成[2]与叶绿体发育[3]的基本规律，增强对光合作用机理的了解；另一方面，通过将这类材料作为形态标记资源应用于水稻遗传改良，可以显著提高良种繁育和杂交种生产过程中的除杂效率，确保种子纯度[4-5]。

不同转绿型突变体的失绿表型和转绿行为可能各有差异，这为揭示叶绿体分化与发育的分子机制提供了丰富的试验材料。按照失绿表型，可将转绿型突变体划分为白化转绿、条纹转绿和黄化转绿类型，在已鉴定的约 36 个受隐性核基因控制的水稻转绿型叶色突变体中，有 31 个属于白化转绿或条纹转绿类型，仅有 5 个为黄化转绿类型。相关研究表明，多数转绿型叶色突变体的转绿行为受温度、生育进程或二者的共同调控，如受温度控制的 *w1*[6]、*w17*[7] 及 *w25*[8] 等突变体在相对低温条件下（如 20 ℃~25 ℃）叶片呈白色，随着温度升高（如达到 30 ℃）叶色逐渐转绿；而受生育进程控制的 *ysa*[9] 与 *hfa-1*[10] 等在苗期白化，三叶期后开始转绿，白化条纹转绿突变体 *st1* 转绿时期晚，直至抽穗后叶片才转绿[11]。据不完全统计，已完成了 16 个基因如 *gra*[12]、*wyv1*[13]、*sgra*[14] 等的精细定位，以及 6 个白化转绿控制基因如 *v1*[15]、*v2*[16]、*v3* 和 *st1*[11]、*ysa*[9]、*hw-1*（*t*）[17] 和 3 个黄化转绿控制基因 *ygl1*[18]、*vyl*[19] 与 *grc1*[20] 的克隆。通过对已克隆基因的功能研究发现，由于基因突变直接或间接地干扰到质体转录本的形成、编辑、剪接、稳定和翻译等过程，导致叶绿素生物合成和叶绿体分化发育受阻，降低了叶绿素特别是叶绿素 *b* 的含量，从而表现为阶段性失绿现象[9, 11, 15-16]。但是，在失绿后生物体如何恢复到叶绿素合成和叶绿体发育正常秩序的相关机制还远未阐明，这必然有赖于更多转色型突变体的挖掘及其深入而系统的基因功能研究。

grc2（*green-revertible chlorina 2*，*grc2*）是在辐射诱变三系保持系 T98B 的后代中发现的一个受单个隐性核基因控制的黄化转绿型突变体，*grc2* 植株上的任一叶片在刚抽出

时为黄色，在经历 10 d 左右后全叶变绿；*grc2* 叶片的转绿行为具有明显的个体独立性，不受生育进程和温度控制，这与其他转绿型材料多在植株发育至特定生育阶段或其生长环境温度达到特定要求后完成植株全部叶片变绿的转色行为完全不同。一方面，这意味着 *grc2* 作为一个重要的功能基因程序性地调控了个体叶片的早期发育，另一方面，反映出了在遗传育种和杂交种除杂保纯上，*grc2* 由于具有选择标记可辨别期长、对植株生理伤害相对较轻等优势可能较其他叶色标记更为理想[5]。鉴于 *grc2* 的重要理论和应用价值，本研究利用 BSA 法将 *grc2* 基因精细定位至第 6 染色体短臂一个 31 kb 的区域，为该基因的最终克隆及生物学功能解析奠定了基础。

1 材料与方法

1.1 试验材料

在利用 $^{60}Co-\gamma$ 射线诱变籼型三系保持系 T98B 成熟种子的 M_2 代中鉴定出一个新型黄化转绿突变体 *grc2*；该突变体植株上新生的每一个叶片都为黄色，尔后逐渐变绿；连续种植 8 代，均表现同一表型；配制 *grc2* 和日本晴（Nipponbare，Nipp）、湘恢 299（R299）等的杂交组合，利用其 F_1 和 F_2 群体进行遗传分析和基因定位。

1.2 *grc2* 叶片转绿前后的叶绿素含量分析

以野生型品种 T98B 为对照，在三叶一心期标记突变体 *grc2* 新生的心叶；参照 Wellburn[21] 的方法，分别取生长 5 d 的黄化叶片与生长 15 d 的转绿叶片，利用紫外分光光度计测定叶绿素 a 和叶绿素 b 的含量，并计算总叶绿素含量。

1.3 *grc2* 叶片转绿前后的叶绿体超微结构观察

取生长 5 d 与 15 d 的黄化叶片和转绿叶片，通过戊二醛和锇酸双重固定后，利用不同梯度的乙醇逐级脱水，再置换和包埋；超薄切片后，以醋酸双氧铀和柠檬酸铅液双重染色，在透射电镜观察叶绿体超微结构。

1.4 *grc2* 的遗传分析

分别以叶色正常的粳稻品种日本晴（Nipp）及籼稻品种湘恢 299（R299）与突变体 *grc2* 进行正交和反交，观察 F_1 的表型；统计 *grc2*/Nipp 与 R299/*grc2* 两个组合的 F_2 群体中突变表型和野生表型单株数量，计算分离比；通过对分离比例的卡方检验，推断 *grc2* 的遗传方式。

1.5 *grc2* 的基因定位

利用*grc2* 与 Nipp 杂交产生的 F_2 代群体进行定位分析。按照 CTAB[22] 法提取亲本及 F_2 单株叶片中的基因组 DNA；分别取 F_2 代 15 个正常植株和 15 个黄化转绿植株叶片的 DNA 等量混合，构建正常池和突变池。选取均匀覆盖 12 条染色体的 268 对 SSR、Indel 引物［由生工生物工程（上海）股份有限公司合成］，进行亲本多态性筛选，根据多态性引物在正常池和突变池的基因型，确定*grc2* 所处的连锁群。在*grc2* 所在的染色体上发展分子标记进行目的基因的连锁分析，按照公式［$(B+2A)/2n$］$\times$100 计算遗传距离并构建连锁图谱（其中 A 表示纯合显性单株数，B 表示杂合显性单株数，n 表示隐性群体数量）。在水稻注释计划数据库（RAP-DB，http://rapdb.dna.affrc.go.jp/）中，查找定位区域内的基因信息。

用于检测分子标记的 PCR 总体系为 12 μL，包括 6.0 μL 的 2×*Easy Taq* PCR SuperMix（TRANSGEN，中国），5.0 μL 的 H_2O 和 1.0 μL 的模板 DNA。PCR 程序为 92 ℃预变性 2 min，92 ℃变性 30 s，55 ℃～63 ℃复性 35 s，72 ℃延伸 40 s，共 32 个循环；最后，72 ℃延伸 5 min，4 ℃保存备用。取 1 μL 加入溴酚蓝的 PCR 产物点样于 10% 非变性聚丙烯酰胺凝胶中，在 170 V 恒定电压下电泳 1.5～2.0 h，硝酸银染色观察。

2 结果与分析

2.1 *grc2* 的叶色表型观察

grc2 是一个以“个体叶片”为单位进行转绿的新型黄化突变体。在秧苗期，*grc2* 自露芽、形成新叶至新叶生长 5 d 左右的时期内，均为明显可见的黄化表型（图 1A–B）；至新叶生长 10 d 左右后，叶片转为浅绿；至生长 15 d 左右后，叶色恢复至正常绿色；在移栽后的整个营养生长期，*grc2* 新生叶片同样表现出由黄转绿的叶色转换特性（图 1C–E），这使得在同一植株上能同时观察到黄叶与绿叶两种叶色表型，而野生型品种 T98B 的所有叶片自抽出至成熟过程中都表现为正常绿色（图 1C–D）。

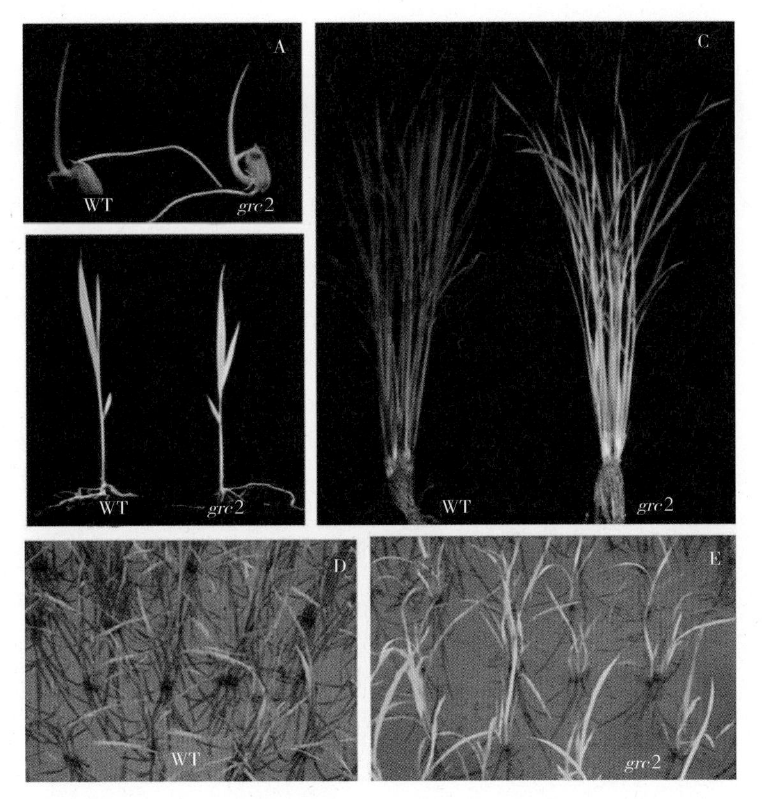

A. 芽期植株；B. 苗期植株；C. 分蘖盛期植株；D. 移栽 25 d 后野生型 T98B 的大田表现；E. 移栽 25 d 后 *grc2* 的大田表现。

图1　野生型 T98B 和 *grc2* 的表型

2.2　*grc2* 叶片转绿前后的叶绿素含量分析

grc2 叶片在转绿前后的叶绿素含量变化明显，转绿后叶绿素含量显著增加（图 2）。*grc2* 的心叶生长 5 d 后仍为黄色，叶片总叶绿素、叶绿素 b 含量显著低于野生型品种 T98B，分别为 T98B 的 76.12% 与 46.15%，而叶绿素 a 含量与对照接近（为对照的 95.12%）。心叶生长 15 d 后，叶色转绿，叶片叶绿素 b 含量大幅度增加，达到了对照的 85.23%；由于叶绿素 b 的显著增加，而叶绿素 a 含量变化不明显，使得总叶绿素含量明显提高，达到了对照的 90.69%。由此推断，*grc2* 是一个影响叶片早期发育的叶绿素 b 降低型突变体。

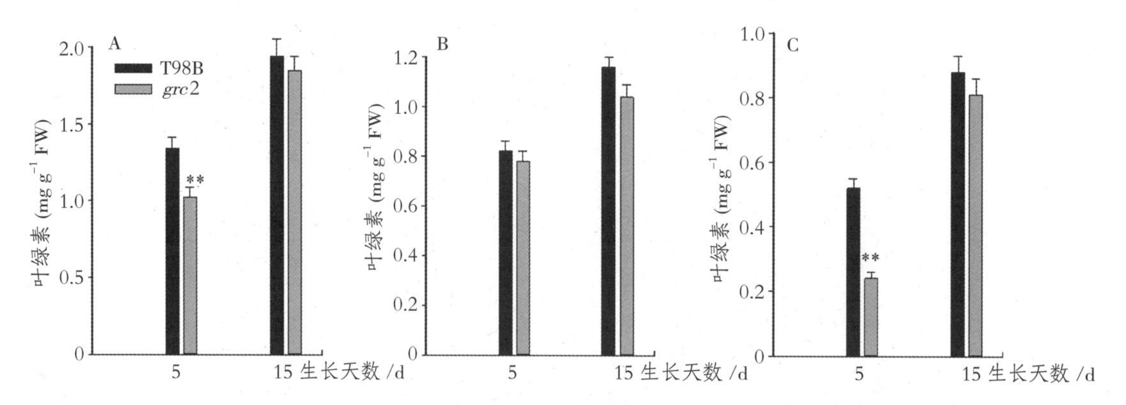

A. 总叶绿素含量；B. 叶绿素 a 含量；C. 叶绿素 b 含量。** 表示在 0.01 水平差异显著。

图 2　野生型 T98B 和 *grc2* 中生长 5 d 与 15 d 叶片的叶绿素含量分析

2.3　*grc2* 叶片转绿前后的叶绿体超微结构观察

grc2 叶片在转绿前后的叶绿体超微结构发生了明显的改变，转绿后叶绿体发育正常（图 3）。心叶生长 5 d 后（叶片为黄色），其叶绿体发育处于黄化质体阶段，叶绿体中以单个的原片层体居多，基质稀疏（图 3-A）；而心叶生长 15 d 后，叶色变绿，叶绿体发育成熟，单个原片层经垛叠形成了基粒，基质变得浓密，并积累了淀粉粒和嗜锇粒，为行使正常的生物学功能创造了条件（图 3B）。

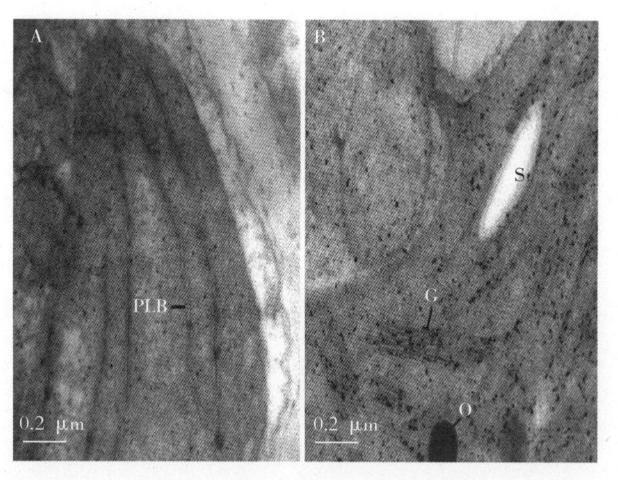

A. 生长 5 d 的黄化叶片叶绿体；B. 生长 15 d 的转绿叶片叶绿体；PLB. 原片层体；G. 基粒；O. 嗜锇粒；S. 淀粉粒。

图 3　*grc2* 叶片在转绿前后的叶绿体超微结构观察

2.4　*grc2* 的遗传分析

正常叶色的粳稻品种 Nipp、籼稻品种 R299 分别与突变体 *grc2* 的 4 个正反杂交 F_1 组合都表现为正常叶色，组合 R299/*grc2* 与 *grc2*/Nipp 的 F_2 后代中分离出了正常叶色和黄化转绿 2 种类型单株，二者理论分离比都符合 3∶1，表明 *grc2* 受 1 对隐性核基因独立控制（表 1）。

表 1　突变体 *grc2* 的遗传分析

组合	F_2 群体单株数	正常株数	突变株数	理论分离比	卡方值 $\chi^2_{0.05=3.84}$
grc2/Nipp	4 122	3 162	960	3∶1	3.29
R299/*grc2*	3 834	2 962	872	3∶1	3.40

2.5　*grc2* 的精细定位

在所使用的平均分布于 12 条染色体上的 286 对引物中，有 135 对在 Nipp 和 *grc2* 之间具有多态性；利用这些亲本多态性引物筛选正常池和突变池，发现第 6 染色体上的多个 SSR 引物如 RM587 和 RM204 等在 2 个基因池间表现多态性，特推断第 6 染色体为 *grc2* 所坐落的连锁群。

在此基础上，再利用 960 个 F_2 代隐性单株及第 6 染色体上新筛选的亲本多态性标记，将 *grc2* 定位于 RM19266 与 RM19275 之间约 220 kb 的范围内；利用 RM19266 与 RM19275 分别检测出了 10 个和 13 个交换单株，二者与 *grc2* 的遗传距离分别为 0.57cM 和 0.78 cM，而介于这 2 个标记之间的 RM19270 没有检测出交换单株，推断 RM19270 为 *grc2* 的共分离标记（图 4A）。为了更精细地确定 *grc2* 的定位边界，在 RM19270 两侧设计了一系列序列标签位点（STS）标记，如分别坐落于 LOC_Os06g02540、LOC_Os06g02580、LOC_Os06g02600 的 S254、S258 与 S260 等 STS 标记（表 2）；结果显示，RM19270 的左侧标记 S254 检测出了 1 个杂合显性单株，而右侧标记 S258 与 S260 分别检测出了 3 个和 5 个杂合显性单株，根据这一结果，确定 *grc2* 位于 S254 与 S258 之间约 31 kb 的范围内，推算 S254、S258 与 *grc2* 的遗传距离分别为 0.05 cM 和 0.16 cM（图 4B-C）。RAP-DB 数据库显示，在这 31 kb 的定位区域内仅注释了 5 个非报道过的基因（表 3），这些基因编码与生长调控（LOC_Os06g02560）、囊泡运输与抗病（LOC_Os06g02570）、镍运输（LOC_Os06g02580）等相关的蛋白，以及含保守肽 uORF 的转录产物（LOC_Os06g02550）。

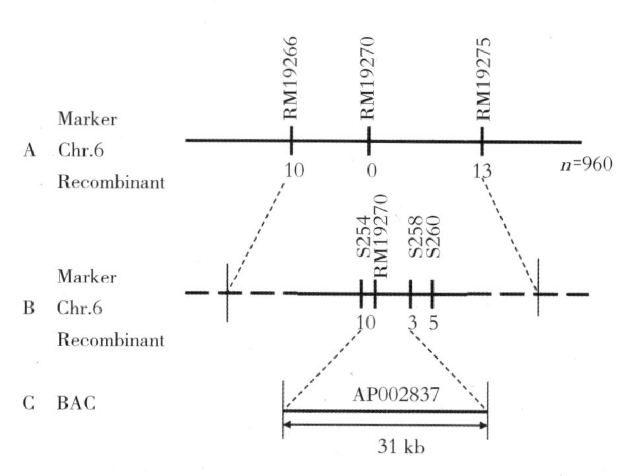

A. *grc2* 被定位到第 6 染色体 RM19266 与 RM19275 之间的 220 kb 以内；B. *grc2* 被精细定位在 STS 标记 S254 与 S258 之间；C. *grc2* 定位在 AP002837 的 31 kb 范围内。

图 4 *grc2* 基因的精细定位

表 2 *grc2* 基因的连锁标记

标记	正向引物（5′-3′）	反向引物（5′-3′）
RM19266	TTTGAGGAGAGTTCTTGGGTTTGG	CTCCACTTCTCTCTTCACTCCCTTCC
RM19270	CAGGCAAGCAGGAAGAAGAAGG	CCTCTCCCTCTCACACTCACACG
RM19275	GTGTGCATGAGACACACATCACG	CTACATATGCATGCGCAAACACC
S254	AGCTAGATGAGTACATCCTGGG	CGTTAATGAAATGGGAGAGGAGC
S258	AGGTGATCTTCTTCCTGGTG	ACGCTGCTCGTCATCG
S260	CCAGGAAGCCCTGTCATACAA	GTTCCTTGCCTATGTTTTGGTT

表 3 *grc2* 定位区域内基因信息

基因位点	基因表达产物
LOC_Os06g02580	High-affinity nickel-transport family protein，putative，expressed
LOC_Os06g02570	Syntaxin，putative，expressed
LOC_Os06g02560	Growth-regulating factor，putative，expressed
LOC_Os06g02550	CPuORF21-conserved peptide uORF-containing transcript，expressed
LOC_Os06g02540	Expressed protein

3 讨论

目前，在 *grc2* 所定位的第 6 染色体上已鉴定了 4 个转绿控制基因，分别是控制白化转

绿的 *st1*、*v3*、与 *v3* 等位的 *gra75*，以及控制黄化转绿的 *grc1*，但无论从位置上还是表型上都可推断 *grc2* 是一个新的叶色基因。在位置上，*grc1* 位于第6染色体长臂，而 *grc2* 与 *st1*、*v3* 同位于第6染色体上短臂，但 *grc2* 与 *st1*、*v3* 分别相距2.5 Mbp和7.3 Mbp[11]。在表型上，*v3* 和 *st1* 同时受温度和生育进程调控，如在三叶期和四叶期之前的 *v3* 和 *st1* 叶片为绿色，至分蘖期大部分叶片完全白化；当将二者置于恒定20 ℃或30 ℃的条件下，都出现了白叶表型，当于30 ℃和20 ℃交替的条件下则几乎全绿[11]。相比而言，*gra75* 和 *grc1* 只受生育进程调控，*gra75* 的前3叶为绿色，从第4叶开始出现白化，至第8叶开始转为正常绿色[23]；而 *grc1* 在四叶期以前叶片为黄绿，在此之后叶色转为正常[20]。与 *st1*、*v3*、*gra75* 及 *grc1* 不同的是，本研究所鉴定的叶色突变体 *grc2* 为新型黄化转绿表型，*grc2* 植株上的任一叶片刚抽出后都为黄化，尔后又能不依赖于植株发育阶段而独立转绿（图1），这种独特的转色行为仅与 *vy1*、热农1A等接近。*vy1* 在全生育期都表现为黄化转绿，其新生叶片为萎黄表型，之后自顶端向下逐渐转绿[19]；热农1A的每一片叶都经历幼叶黄化，随后从叶尖向叶基部由黄转绿的动态发育过程[5]。为了从表型特征上科学区分这些转绿型材料，我们认为，可以按植株叶片是否具有独立转绿特性划分为两类，一类是不受植株生育进程控制的单叶独立转绿型突变体，如 *grc2* 和热农1A等；另一类是依赖特定生育阶段的全植株转绿型突变体，如 *v1* 和 *grc1* 等。由于在单叶独立转绿型材料的整个生育阶段几乎都有失绿叶的存在，将此性状转育至三系和两系不育系中，可有效延长除杂期，有利于提高杂交种子纯度；可见，这类资源将在品种遗传改良上具有较大的应用前景。

通常根据叶色变异特点可以大致推断出突变基因的作用时期。在叶绿体发育的时间尺度上，高等植物都必须经历由前质体至黄化质体再到成熟叶绿体的发展阶段。一般白叶突变体的叶绿体发育停滞在前质体（proplastid）阶段，其叶绿体中填充了大量的囊泡，难以形成片层，这种破坏性的组织结构容易导致植株死亡[24-25]；而黄叶突变体一般能正常发育至黄化质体（etioplast）阶段，其叶绿体中虽能积累大量的单个类囊体片层，但仅有少量片层经相互垛叠形成基粒，这种不正常的叶绿体结构通常会导致植株生长势下降[26]；与白化或黄化突变体不同的是，正常叶色材料经历的前质体和黄化质体时期非常短，一般在见光数小时后叶绿体即可发育成熟，并行使正常的生物学功能[27]。因此，对于可转绿的叶色突变体而言，一旦植株的发育状态或其生长的外界条件满足某种需求后，植物体将依靠某种修复机制[28-29]摆脱其叶绿体长期停滞在前质体或黄化质体阶段的发育状态，逐渐回归至正常的叶绿体发育轨道。从这个意义上讲，可以将转绿型突变体看成是叶绿体发育进程滞后的缓绿或迟绿型材料[30-31]；而通过对 *grc2* 等转绿控制基因的克隆，可以为阐明叶绿体发育的调控机制提供有力的遗传工具。

叶绿体的正常发育是编码叶绿体蛋白的细胞核基因与编码自身蛋白的叶绿体基因之间相互协调的结果，细胞核和叶绿体基因组之间通过质核信号转导等途径相互影响，共同调控叶绿体的发育和叶绿素的代谢。在已克隆到的白化转绿控制基因中，大多数与质体基因复制、转录和翻译进程受到干扰或破坏有关，如 *V3* 和 *St1* 分别编码核苷酸还原酶（RNR）的大、小亚基 RNRL1 和 RNRS1，当 RNR 活性不足时，通过降低质体 DNA 的合成而优先保障核基因的复制[11]；*V2* 编码一个定位于质体和线粒体上的新类型鸟苷酸激酶（pt/mtGK），该基因抑制叶绿体分化早期质体遗传体系中质体转录本的翻译[16]；而 *YSA* 则编码一个参与 RNA 转录后加工的 PPR 蛋白[9]。*VYL*、*GRC1* 和 *YGL1* 是仅已克隆的 3 个黄化转绿控制基因，*VYL* 基因编码一个叶绿体 Clp 蛋白酶亚基，*VYL* 的表达影响光介导的叶绿体发育进程[19]，而 *GRC1*[20] 与 *YGL*1[18] 基因分别编码血红素氧合酶和叶绿素合成酶，调控叶绿素的生物合成；可见，任何直接或间接参与叶绿体发育和叶绿素合成的相关基因的突变都有可能引发叶色变异。由于 *grc2* 是一个未曾报道的新基因，其调控叶色变异的分子机制可能不同于以往叶色突变体；本研究对于 *grc2* 的精细定位将为最终克隆该基因及揭示 GRC2 调控叶色的分子机制奠定基础。

4 结论

鉴定了一个受隐性核基因控制的单叶独立转绿型黄化突变体 *grc2*；转绿前的 *grc2* 叶片总叶绿素和叶绿素 b 含量显著降低，叶绿体发育停滞在黄化质体阶段，转绿后叶绿体发育正常；已将 *grc2* 精细定位至第 6 染色体短臂 31 kb 的区域内，该区域含有 5 个未报道过的注释基因，这些结果为该基因的最终克隆及生物学功能解析奠定基础。

References

参考文献

[1] Awan A M, Konzak D F, Rutger J N.Mutagenic effect of sodium azide in rice. *CropSci*, 1980, 20: 663-668

[2] Reinbothe S, Reinbothe C.The regulation of enzymes involved in chlorophyll biosynthesis. *Eur J Biochem*,

1996, 237: 323-243

[3] Keegstra K, Cline K.Protein import and routing systems of chloroplasts. *Plant Cell*, 1999, 11: 557-570

[4] 沈圣泉，舒庆尧，吴殿星，陈善福，夏英武. 白化转绿型水稻三系不育系白丰A的选育. 杂交水稻, 2005, 20(5): 10-11

[5] 贺治洲，尹明，谢振宇，王悦，沈建凯，李莉萍. 水稻新型黄化转绿叶色突变体的遗传分析与育种利用. 热带作物学报, 2013, 34: 2145-2149

[6] 崔海瑞，夏英武，高明尉. 温度对水稻突变体 *W1* 叶色及叶绿素生物合成的影响. 核农学报, 2001, 15: 269-273

[7] 舒庆尧，刘贵付，夏英武. 温敏水稻叶色突变体的研究. 核农学报, 1996, 10: 6-10

[8] 吴殿星，舒庆尧，夏英武，郑涛，刘贵付. 一个新的水稻转绿型白化突变系 *W25* 的叶色特征及遗传. 浙江农业学报, 1996, 8: 372-374

[9] Su N, Hu M L, Wu D X, Wu F Q, Fei G L, Lan Y, Chen X L, Shu X L, Zhang X, Guo X P, Cheng Z J, Lei C L, Qi C K, Jiang L, Wang H, Wan J M.Disruption of a rice pentatricopeptide repeat protein causes a seedling-specific albino phenotype and its utilization to enhance seed purity in hybrid rice production. *Plant Physiol*, 2012, 159: 227-238

[10] 郭涛，黄永相，罗文龙，黄宣，王慧，陈志强，刘永柱. 水稻叶色白化转绿及多分蘖矮秆突变体 *hfa-1* 的基因表达谱分析. 作物学报, 2013, 39: 2123-2134

[11] Yoo S C, Cho S H, Sugimoto H, Li J, Kusumi K, Koh H J, Iba K, Paek N C.Rice *virescent*3 and *stripe*1 encoding the large and small subunits of ribonucleotide reductase are required for chloroplast biogenesis during early leaf development. *Plant Physiol*, 2009, 150: 388-401

[12] 郭士伟，王永飞，马三梅，李霞，高东迎. 一个水稻叶片白化转绿叶突变体的遗传分析和精细定位. 中国水稻科学, 2011, 25: 95-98

[13] Sang X C, Fang L K, Vanichpakorn Y, Ling Y H, Du P, Zhao F M, Yang Z L, He G H.Physiological character and molecular mapping of leaf-color mutant *wyv1* in rice (*Oryza sativa* L.). *Genes Genomics*, 2010, 32: 123-128

[14] 张向前，李晓燕，朱海涛，王涛，解新明. 水稻阶段性返白突变体的鉴定和候选基因分析. 科学通报, 2010, 55: 2296-2301

[15] Kusumi K, Sakata C, Nakamura T, Kawasaki S, Yoshimura A, Iba K.A plastid protein NUS1 is essential for build-up of the genetic system for early chloroplast development under cold stress conditions. *Plant J*, 2011, 68: 1039-1050

[16] Sugimoto H, Kusumi K, Noguchi K, Yano M, Yoshimura A, Iba K.The rice nuclear gene, *VIRESCENT 2*, is essential for chloroplast development and encodes a novel type of guanylate kinase targeted to plastids and mitochondria. *Plant J*, 2007, 52: 512-527

[17] 郭涛，黄永相，黄宣，刘永柱，张建国，陈志强，王慧. 水稻叶色白化转绿及多分蘖矮秆基因 *hw-1*(*t*) 的图位克隆. 作物学报, 2012, 38: 1397-1406

[18] Wu Z M, Zhang X, He B, Diao L P, Sheng S L, Wang J L, Guo X P, Su N, Wang L F, Jiang L, Wang C M, Zhai H Q, Wan J M.A chlorophyll deficient rice mutant with impaired chlorophyllide esterification in chlorophyll biosynthesis. *Plant Physiol*, 2007, 145: 29-40

[19] Dong H, Fei G L, Wu C Y, Fu Q W, Sun Y Y, Chen M J, Ren Y L, Zhou K N, Cheng Z J, Wang J L, Jiang L, Zhang X, Guo X P, Lei C L, Su N, Wang H Y, Wan J M.A rice virescent-yellow leaf mutant reveals new insights into the role and assembly of plastid caseinolytic protease in higher plants. *Plant Physiol*, 2013, 162:

1867–1880

[20] Li J Q, Wang Y H, Chai J T, Wang L H, Wang C M, Long W H, Wang D, Wang Y L, Zheng M, Peng C, Niu M, Wan J M. *Green-revertible chlorina 1* (*grc1*) is required for the biosynthesis of chlorophyll and the early development of chloroplasts in rice. *J Plant Biol*, 2013, 56: 326–335

[21] Wellburn.Determinations of total carotenoids and chlorophylls a and b of leaf extracts in different solvents. *Biochem Soc Trans*, 1983, 11: 591–592

[22] McCouch S R, Kochert G, Yu Z H, Wang Z Y, Khush G S, Coffman W R, Tanksley S D.Molecular mapping of rice chromosomes. *Theor Appl Genet*, 1988, 76: 815–829

[23] 王平荣，王兵，孙小秋，孙昌辉，万春美，马晓智，邓晓建. 水稻白化转绿基因*gra75*的精细定位和生理特性分析. 中国农业科学，2013，46：225–232

[24] Jung K H, Hur J, Ryu C H, Choi Y, Chung Y Y, Miyao A, Hirochika H, An G.Characterization of a rice chlorophyll-deficient mutant using the T-DNA gene-trap system. *Plant Cell Physiol*, 2003, 44: 463–472

[25] Nakanishi H, Nozue H, Suzuki K, Kaneko Y, Taguchi G, Hayashida N.Characterization of the *Arabidopsis thaliana* mutant *pcb2* which accumulates divinyl chlorophylls. *Plant Cell Physiol*, 2005, 46: 467–473

[26] Zhang H, Li J, Yoo J H, Yoo S C, Cho S H, Koh H J, Seo H S, Paek N C.Rice *Chlorina–1* and *Chlorina–9* encode ChlD and ChlI subunits of Mg-chelatase, a key enzyme for chlorophyll synthesis and chloroplast development. *Plant Mol Biol*, 2006, 62: 325–337

[27] Domanskii V, Rassadina V, Gus-Mayer S, Wanner G, Schoch S, Rüdiger W.Characterization of two phases of chlorophyll formation during greening of etiolated barley leaves. *Planta*, 2003, 216: 475–483

[28] Nott A, Jung H S, Koussevitzky S, Chory J.Plastid-to-nucleus retrograde signaling. *Annu Rev Plant Biol*, 2006, 57: 739–759

[29] Larkin R M, Alonso J M, Ecker J R, Chory J.GUN4, a regulator of chlorophyll synthesis and intracellular signaling. *Science*, 2003, 299: 902–906

[30] Chi W, Mao J, Li Q N, Ji D L, Zou M L, Lu C M, Zhang L X.Interaction of the pentatricopeptide-repeat protein DELAYED GREENING 1 with sigma factor SIG6 in the regulation of chloroplast gene expression in *Arabidopsis* cotyledons. *Plant J*, 2010, 64: 14–25

[31] Huang C, Yu Q B, Lü R H, Yin Q Q, Chen G Y, Xu L, Yang Z N.The reduced plastid-encoded polymerase-dependent plastid gene expression leads to the delayed greening of the *Arabidopsis fln2* mutant. *PLoS One*, 2013, 8(9): e73092.doi: 10.1371/journal.pone0073092

作者：谭炎宁# 孙学武# 袁定阳 孙志忠 余 东 何 强 段美娟* 邓华凤* 袁隆平*

注：本文发表于《作物学报》2015 年第 41 卷第 6 期。

An Anther Development F-box(ADF) Protein Regulated by Tapetum Degeneration Retardation(TDR) Controls Rice Anther Development

【Abstract】The tapetum, the innermost sporophytic tissue of anther, plays an important supportive role in male reproduction in flowering plants. After meiosis, tapetal cells undergo programmed cell death (PCD) and provide nutrients for pollen development. Previously we showed that tapetum degeneration retardation (TDR), a basic helix-loop-helix transcription factor, can trigger tapetal PCD and control pollen wall development during anther development. However, the comprehensive regulatory network of TDR remains to be investigated. In this study, we cloned and characterized a panicle-specific expression F-box protein, anther development F-box (*OsADF*). By qRT-PCR and RNA in situ hybridization, we further confirmed that *OsADF* expressed specially in tapetal cells from stage 9 to stage 12 during anther development. In consistent with this specific expression pattern, the RNAi transgenic lines of *OsADF* exhibited abnormal tapetal degeneration and aborted microspores development, which eventually grew pollens with reduced fertility. Furthermore, we demonstrated that the TDR, a key regulator in controlling rice anther development, could regulate directly the expression of *OsADF* by binding to E–box motifs of its promoter. Therefore, this work highlighted the possible regulatory role of TDR, which regulates tapetal cell development and pollen formation via triggering the possible ADF–mediated proteolysis pathway.

【Keywords】Rice; Male sterility; Tapetum; TDR; PCD; *OsADF*

Introduction

Rice (*Oryza sativa*) is the most important agricultural crop feeding more than half of the world's population, and has became a model monocot crop for both fundamental biology and agricultural traits because of its small genome size, efficient transformation system, available mutant collections, etc. (Jiang et al., 2012; Jung et al., 2005). Hybrid rice technology requires the utilization of male sterile lines due to higher vigor (heterosis) of hybrid plants over the parent's lines with 20% - 30% yield increase (Yuan et al., 2003) .Expression analysis revealed that about 29,000 unique transcripts were detectable in rice anther and male reproductive organs, suggesting that the anther development requires the function of various genes. However, relatively little is known about the molecular regulatory network of male reproduction development, particularly in crop rice (Zhang et al., 2011) .

Although rice flower has a distinct structure compared to that of dicot *Arabidopsis* (Zhang and Yuan, 2014; Zhang et al., 2013), the process of rice anther ontology is similar to that of Arabidopsis (Zhang et al., 2011), including the formation of stamen primordium, cell differentiation, and establishment of characteristic tissues. After the morphogenesis, the anther develops four lobes connected to the filament, and each lobe tissue consists of four somatic wall layers, i.e., the epidermis, the endothecium, the middle layer, and the tapetum in addition to the microspore mother cells (MMCs) within the locule (Ma, 2005; McCormick, 1993; Scott et al., 1991) .

As a nutritive tissue, tapetal cells directly contact with developing gametophytes and have been assumed to provide materials/signals for microspore formation, release and subsequent pollen maturation (Goldberg et al., 1993; Sanders et al., 2000; Wu and Cheun, 2000) via tapetal disintegration promoted by programmed cell death (PCD) after the meiosis (Li et al., 2006) .

Premature or delayed tapetal PCD always causes abnormal tapetal development, leading to male sterility. Recently, genetic studies have identified that several transcription factors play a relatively conserved role in controlling tapetum identity, differentiation and degradation. Generally, the identity and numbers of the tapetal cells were suggested to be controlled by the species specific cell surface-localized leucine-rich repeat receptor-like kinases (LRR–RLKs) signaling.In rice, *MULTIPLE SPOROCYTE* 1 (*MSP*1) expressed in cells neighboring the male and female sporocytes, but not in the sporocytes. While *OsTDL1A* (*TPD*1 - *like* 1*A*) /*MICROSPORELESS* 2 (*MIL*2) were mainly detected in inner parietal cells (Hong, 2012, #33) . Both of them were suggested to play key role in specifying the normal differentiation of primary parietal cells in rice. Then, rice GAMYB (Aya et al., 2009), *MYB*33/*MYB*65 (Millar and Gubler, 2005), *DYSFUNCTIONAL TAPETUM*1 (*DYT*1) (Zhang et al., 2006), *DEFECTIVE IN TAPETAL DEVELOPMENT AND FUNCTION*1 (*TDF*1) (Zhu et al., 2008), *ABORTED MICROSPORE* (*AMS*) (Xu et al., 2010; Yang et al., 2014), *MALE STERILITY*1 (Wilson et al., 2001), *PERSISTENT TAPETAL CELL* 1 (*PTC*1) (Li et al., 2011), *TDR INTERACTING PROTEIN*2 (Fu et al., 2014), *Undeveloped Tapetum*1 (*UDT*1) (Jung et al., 2005), *TAPETUM DEGENERATION RETARDATION* (*TDR*) (Li et al., 2006; Zhang et al., 2008), *ETERNAL TAPETUM* 1 (*EAT*1) (Niu et al., 2013) and *PERSISTENT TAPETAL CELL* 1 (*PTC*1) (Li et al., 2011) play key roles in regulating tapetal cells development and degeneration, as well as normal microsporogenesis.

TDR encodes a putative basic helix-loop-helix (bHLH) transcription factor and mainly expressed in the tapetum (Li et al., 2006) . The *TDR* mutant exhibits delayed tapetal PCD and retarded degeneration with the increased size of tapetal cells as well as aborted pollen development, causing complete male sterile (Li et al., 2006) . Mechanically, TDR was shown to affect the expression of genes relative to tapetal PCD and pollen wall formation (Zhang et al., 2008) .Particularly, TDR can directly regulate the expression of *OsCP*1, *Osc*6, and *CYP703A*3 (Li et al., 2006; Wu and Cheun, 2000) . *OsCP*1 encodes a Cys protease which belongs to an enzyme family widely distributed in animals, plants, and microorganisms that play crucial functions in degrading intracellular proteins and promoting PCD. *OsC6*encodes a specified lipid transfer protein (LTP) with lipid binding activity, and OsC6 is required for the development of the specified tapetal structures: orbicules (i.e. Ubisch bodies) and outer pollen wall (call exine) (Wu and Cheun, 2000) . Rice CYP703A3 is a cytochrome P450 hydroxylase catalyzing an in-chain hydroxylation for a specific substrate, lauric acid, and CYP703A3 required for development of anther cuticle and pollen exine (Yang et al., 2014) .Furthermore, it was found recently that TDR could interact with two bHLH proteins: TDR INTERACTING PROTEIN2 (TIP2) (Fu et al., 2014) and ETERNAL TAPETUM 1 (EAT1) (Niu et al., 2013), respectively. TDR acts downstream of TIP2 and upstream of EAT1, the three bHLH proteins TIP2, TDR, and EAT1 form a regulatory cascade in controlling differentiation, morphogenesis, and degradation of anther wall layers, and pollen development (Fu et al., 2014) . Totally, all these results confirm that TDR is a key regulator in promoting PCD-associated tapetal degeneration and limiting the cell size of tapetal layer.However, the detail regulatory networks of TDR in controlling tapetal PCD process still remains largely unknown.

Therefore, we screened a set of panicle-specific expression genes and studied their role in regulating rice tapetum development, as well as its relationship to TDR. In this study, we reported that TDR is able to directly regulate the expression of a F-box protein-encoding gene, *OsADF*. The RNAi transgenic lines of *OsADF* grew defective tapetal cell and pollen formation. This finding highlighted the possible regulatory role of TDR in regulating the tapetal PCD via *OsADF*-mediated proteolysis pathway.

Materials and methods

Isolation and sequence analysis

The *OsADF* clone was obtained from a rice panicle cDNA.Nucleotide sequence and putative amino acid sequence were analyzed with the basic local alignment search tool (BLAST) at the National Center for Biotechnology Information (http: //www.ncbi.nlm.nih.gov) and the soft Vector NTI Advance® 11.5 (Invitrogen) . *OsADF* amino acid sequence was examined for the F-box domain using the hidden Markov model of SMART tool (http: //smart.emblheidelberg.de/) . Sequence comparisons were conducted using MUSCLE 3.6.

RT-PCR and quantitative real-time PCR assay

Rice total RNA from root, shoot, leaf, lemma, palea, and pistil at stage 12 of anther development as well as anthers at various stages (stages 6 - 12) was extracted using Trizol Reagent kit (Invitrogen, USA) The stages of anthers were classified according to Zhang and Wilson (2009) . After treatment with DNase (Promega, USA), 0.3 mg of RNA was used to synthesize oligo (dT) -primed first-strand cDNA using the ReverTra Ace-a-first strand cDNA synthesis kit (TOYOBO, Japan) . Two microliters of the reverse transcription product was then used as template for conventional and quantitative RT-PCR analysis. PCR was performed with TaKaRa ExTaq DNA polymerase. RTPCR primers are listed in Supplemental Table 1, with *Oryza sativa* L. actin as internal control. The primers for real-time PCR were the same as the primers for RT-PCR.Quantitative real-time PCR was performed with a Rotor-Gene RG3000A detection system (Corbett RESEARCH, Australia) using SYBR Green I master mix (Generay Biotech, Co. Ltd, Shanghai).

Expression profile analysis of OsADF

The promoter region (2,000 bp upstream of the initiation codon) of *OsADF* was amplified using Pro-F and Pro-R, which are listed in Supplemental[①] Table 1. The PCR product was cloned into pMD18-T vector (TaKaRa), and the after the sequence was confirmed; a fragment digested with *Bam*HI and *NcoI* was subcloned into the binary vector pCAMBIA1301 and fused to a beta-glucuronidase (GUS) reporter gene to generate $OsADF_{PRO}$: : *GUS*. The construct was introduced into wild-type rice via Agrobacterium EHA105. GUS activity was visualized by staining the root, stem, leaf, and flowers from spikelets of transgenic lines overnight in X-Gluc (Willemsen et al., 1998) and then cleared in 75 % (v/v) ethanol.

In situ hybridization

A 482 bp fragment of *OsADF* cDNA was amplified from the wild-type rice with the In Site Hybridization-F and In Site Hybridization-R (Supplemental Table 1). The PCR product was cloned into pMD18 - T vector (TaKaRa), digested with *Bam*HI and *Xba*I, and subcloned into the vector pBluescript II SK+ (Stratagene). Subsequently, the vector was transcribed in vitro under the control of T7 or SP6 promoter with RNA polymerase using the DIG RNA labeling kit (Roche). The digoxigenin-labeled RNA antisense or sense RNA probe hybridization and immunological detection of the hybridized probes were performed according to the procedure of Kouchi and Hata (1993).

pHB-*OsADF-RNAi* vector construction and transfection

A 500 bp *OsADF* cDNA fragment with low similarity to other rice genes after sequence analysis was amplified from the cDNA of wild-type rice using primers RNAi-F and RNAi-R (Supplemental Table 1) and digested with *Eco*RV/*Pst*I and *Xba*I/*Bam*HI, respectively. The two fragments were subsequently inserted in opposite directions into the binary RNAi vector pHB (Mao et al., 2005) to generate the pHB-*OsADF-RNAi* plasmid with a double cauliflower mosaic virus 35S promoter. Rice calli were used for transformation with Agrobacterium EHA105carrying pHB-*OsADF-RNAi* and the control plasmid pHB, respectively, as described by Hiei et al. (1994). The transfected plants and flowers were photographed at mature stage with a Nikon E995 digital camera. Flowers were randomly collected from *ADF-RNAi* lines. Anthers were dissected and immersed in I2 - KI solution (1% I2 - KI), crushed, and photographed with a microscope (Leica DM2500). Observation of anther development by semithin sections was done as described by Li et al. (2006).

Subcellular localization analysis of *OsADF*

A 1420 bp *OsADF* cDNA fragment was amplified from the cDNA of wild-type rice with primers YFP-F and YFP-R (Supplemental Table 1). The amplified fragment was digested with *Xho*I/*Bam*HI and ligated into the *Xho*I/*Bam*HI digested pA7 - YFP vector to create pA7 - *OsADFYFP*.pA7 - YFP

① 补充信息（Supplemental information）可在网页（https://doi.org/10.1007/S00425-014-2160-9）查询。

was used as positive control vector (provided by Zhang dasheng, Shanghai Jiaotong University, China). The onion epidermis was peeled and bombarded with gold particle-coated plasmids. Cells with YFP fluorescence were observed under a microscope (Leica DM2500).

ChIP-assay

ChIP and quantitative PCR analysis: The procedure for ChIP of TDR-DNA complexes in rice wild type was modified from Haring et al. (2007). Rice spikelets at stages 9 and 11 were fixed with formaldehyde under vacuum.Chromatin was isolated and sonicated to produce DNA fragments shorter than 500 bp. Some untreated sonicated chromatin was reversely cross-linked and used as the total input DNA control. Immunoprecipitation with TDR-specific immune antiserum and without any serum was performed as described elsewhere (Haring et al.,2007).

Oligonucleotide primers specific for the upstream of ChIP-F and ChIP-R were added to PCR reactions in which the templates were ChIP populations from immune or control immunoprecipitations. Typically, 34 cycles of PCR were performed, and the products were analyzed by agarose gel electrophoresis.

EMSA analysis

The DNA fragments (P3) containing the E-box binding site 5′-CANNTG-3 regulated by plant bHLH protein were generated using PCR amplification with the primers EMSA-F and EMSA-R.

The DNA fragment was cloned into pMD18-T vector (TaKaRa) for sequence confirmation. Then, the fragment was labeled with DIG-labeled kit (DDLK-010) using the specific primers. The DNA binding reactions were performed according to Wang et al. (2002) with the following modifications. Reaction components were incubated in binding buffer [10 mM Tris-HCl, pH 7.5, 50 mM NaCl, 1 mM EDTA, 5% glycerol, 0.05 mg · mL^{-1} 21 poly (dI-dC), and 0.1 mg · mL^{-1} 21BSA] at room temperature for 20 min. The entire reaction mixture was analyzed on a 5% PAGEgel. After drying the gel, DIG-labeled DNA fragments were detected.

Results

***OsADF* encodes a F-Box protein**

OsADF is one of our selected panicle-specific expression transcription factor (Li, 2010), which is a member of the F-box protein family. F-box proteins are an expanding family of eukaryotic proteins characterized by an F-box motif (Risseeuw et al., 2003) and they are the substrate specificity initiating part of the Skp, Cullin, F-box (SCF), a multi-protein E3 ubiquitin ligase complex, which ubiquitinates proteins for their subsequent proteasomal degradation (Zheng et al., 2002). These proteins have been shown to be critical for many physiological processes, such as cell-cycle transition, signal transduction, gene transcription, and they are also involved in programmed cell death (Kipreos and Pagano, 2000). For this reason we chose this gene for further study.

The full length of *OsADF* cDNA was 3237 bp (Supplemental Fig.1), *OsADF* contains twelve exons, and it encodes a predicted protein with 1,078 amino acid residues with two F-box domains (Fig.1).

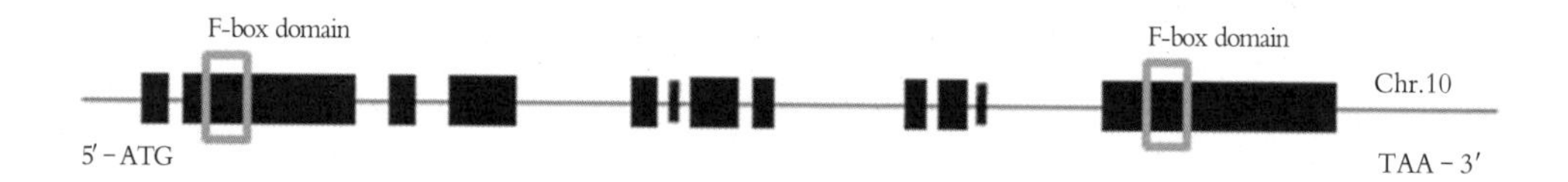

Fig.1 Schematic representation of the exon and intron organization of *OsADF*. A schematic representation of the exon and intron organization of *OsADF*. 5'-ATG indicates the putative starting nucleotide of translation, and the stop codon is TAA-3'. *Black boxes* indicate exons, and *intervening lines* indicate introns. The region with *gray box* indicates the F-box domain

OsADF belongs to F-box family members among terrestrial plants

F-box proteins are an expanding family of eukaryotic proteins characterized by an "F-box" motif, which is responsible for substrate specificity in the ubiquitin-proteasome pathway and therefore play a pivotal role in many physiological activities such as cell-cycle progression, transcriptional regulation, programmed cell death and cell signal transduction (Kipreos and Pagano,2000). To gain the information on its potential function of *OsADF* in the F-box evolutionary tree, we used the *OsADF* full-length protein sequence as the query to search for its closest relatives form diverse species among terrestrial plants. A total of 33 putative F-box protein and annotated protein sequences that are related to rice *OsADF* were obtained from 16 different species. *OsADF* and other five F-box protein, Bra039616.1 (*Brassica rapa*), POPTR 0007s12980 (*Populus trichocarpa*), GRMZM2G162086 (*Zea mays*), EFJ21596 (*Selaginella moellendorffii*) and AT3G51940.1 (*Arabidopsis thaliana*) belonged to same branch. Altogether, these observations suggest an essential and conserved function of *OsADF* during plant male reproductive development (Fig.2).

A neighbor-joining analysis was performed using MEGA 3.1 based on the alignment given in Gramene online data of *OsADF* with the most similar F-box sequences from difference species. Bootstrap values are percentage of 1000 replicates. Blue branch shows the most similar members of *OsADF* from diverse species.These observations suggest an essential and conserved function of *OsADF* during plant male reproductive development.

OsADF is mainly expressed in tapetal cells and microspores

To understand the function of *OsADF*, we analyzed the expression pattern of *OsADF*. We first detected *OsADF* expression by RT-PCR with total RNA extracted from different organs of rice (root, shoot, leaf, and floral organs) (Fig.3a). There was no detectable transcription of *OsADF* in vegetative and floral organs other than the anther. *OsADF* expression was detectable in anthers starting from stage 10, and was highest at stage 12. Also qRT-PCR analysis showed that *OsADF* expression was detectable in anthers starting from early stage 9 of development, and was highest at stage 12; it was detectable only marginally in other vegetative organs and not detectable in root, shoot or leaf (Fig.3b). The results of qRT-PCR are in accordance with RT-PCR and showed that the *OsADF* gene was mainly expressed in middle-late stage of anther development.

To further analyze *OsADF* temporal and spatial expression characteristics, we used RNA in situ hybridization of the rice anther. The results showed that the expression of *OsADF* was strong in late stage tapetal cells and microspores (Fig.3d, e). The $OsADF_{Pro}$: : *GUS* fusion construct (expressing

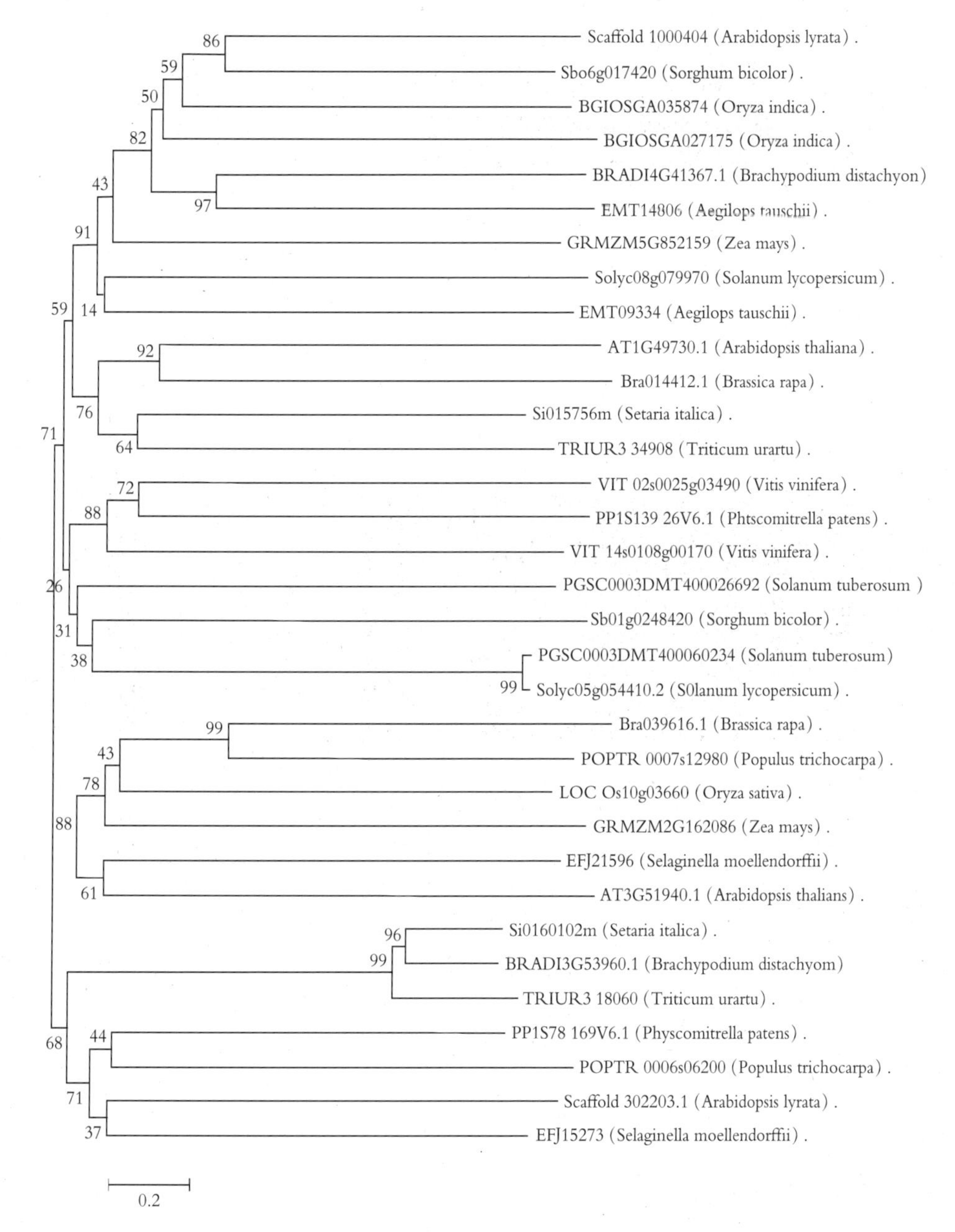

Fig.2 Protein Phylogeny of the *OsADF* and related F-box protein. A neighbor-joining analysis was performed using MEGA 3.1 based on the alignment given in Gramene online data of *OsADF* with the most similar F-box sequences from difference species.Bootstrap values are percentage of 1，000 replicates. *Blue branch* show the most similar members of *OsADF* from diverse species

GUS marker protein driven by the 2，000 bp *OsADF* promoter region) was transformed into wild-type rice. Histochemical5－bromo－4－chloro－3－indolyl glucuronide（X-Gluc）staining of wild-type lines containing p*OsADF*-GUS showed that GUS activity was detectable at a maximum level at stage 12（Fig.3c，f）.

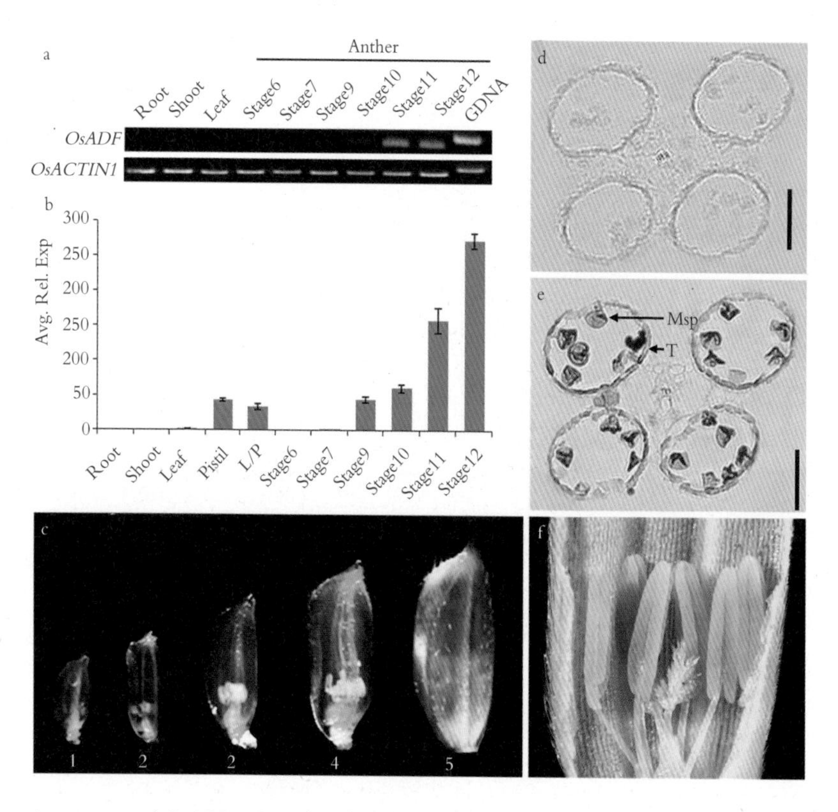

Fig.3 Expression pattern of *OsADF*. a Spatial and temporal expression analyses of *OsADF* by RT-PCR. Rice *Actin1* (*OsActin1*) expression was used as a control. From stage 6 to stage 12, the flowerswith different stage of anther development. GDNA , genomic DNA.b Spatial and temporal expression analyses of *OsADF* by qRT-PCR.L/P : lemma and palea ; From stage 6 to stage 12 , the flowers with different stage of anther development. c GUS expression (*bluestaining*) patterns in the heterozygous spikelets of the *OsADFpro* : : GUS transgenic line at various stages. 1 stage 7 , 2 stage 8 , 3 stage 9 , 4stage 10 , 5 stage 11. d , e RNA in situ hybridization of *OsADF*.Successive section to that shown in (d) and (e) , probed with the *OsADF* sense-probe and antisense-probe respectively. A wild-typeanther at the stage 9 showing stronger *OsADF* expression in tapetalcells. f GUS staining in the flower shown at stage 11 after removal ofthe palea and lemma

The fusion protein of *OsADF* and yellow fluorescent protein (YFP) was constructed and was transformed into onion epidermal cells through gene gun (Fig.4) . The results showed that the cell expressed free YFP showing fluorescence in nucleus, cytoplasm, and plasma membrane, and the cell expressed *OsADF*-YFP showing fluorescence in the cell membrane.

Silencing of *OsADF* reduces pollen fertility

To understand the biological role of *OsADF* in anther development, we used RNAi. The pHB-*OsADF-RNAi* construct used a 482 bp *OsADF* cDNA fragment. Twelve independent T_0 generation *ADF-RNAi* plants were obtained. To further identify the plant is positive, we use the PCR and southern-blot analysis (data not shown) .

The phenotype of the transgenic plants is not clearly different from the wild-type (WT) plant (Fig.5a – c) . The anthers of *ADF-RNAi* plants were white and smaller and showed reduced seed

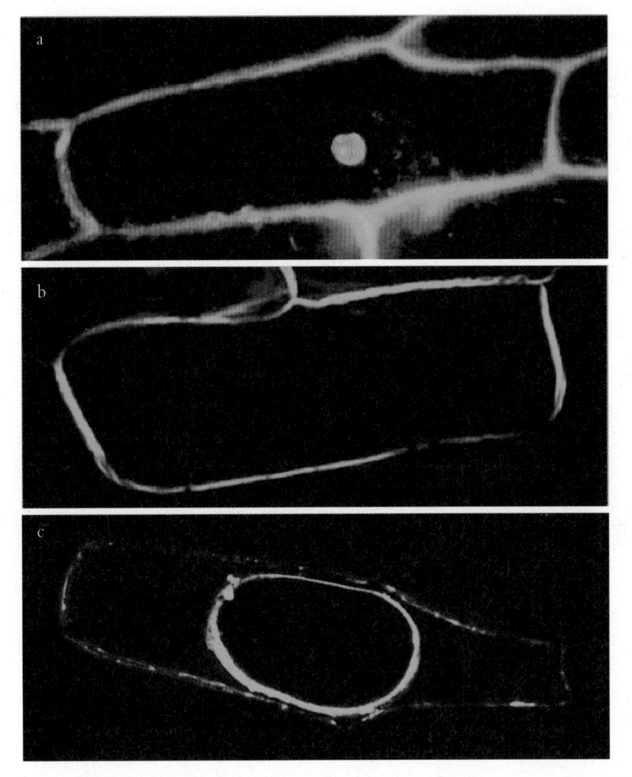

Fig.4 The onion epidermal cell that expressed YFP and OsADFYFP. a A cell that expressed free YFP showing fluorescence in nucleus , cytoplasm , and plasma membrane. b A cell that expressed OsADF-YFP showing fluorescence in the plasma membrane. c A cell that expressed OsADF-YFP showing fluorescence mainly in the cell membrane after plasmolysis

setting compared with the WT plant (Fig.5d, e) . We used a I_2-KI staining of the pollen of these twelve independent *ADF-RNAi* lines at stage 13 (Fig.5f, g) .All of the lines showed pollen sterility; among them 81.8 % belonged to a high level of sterility, 67.8 % showed a middle level, and 33 % a weak level of sterility (Fig.5h) . These observations suggested that silencing of *OsADF* could alter pollen development in rice. Figure 5i showed that the transcription level of *OsADF* differed significantly between WT plant and *ADF-RNAi* plants in anthers and particularly at stage 12 the *ADF-RNAi* plants lost their *OsADF* expression.

OsADF-RNAi application leads to abnormal anther development

To determine the morphological defects of anthers of the *ADF-RNAi* lines, transverse sections were examined (Fig.6) . At stage 8, pollen mother cells underwent normal meiosis and formed tetrads. There was no detectable difference between WT plant and *ADF-RNAi* plant at this stage. At late stage 9 microspores were released from the tetrads and there was still no obvious difference in anther cellular morphology between WT plant and *ADF-RNAi* plant. At stage 10, the middle layer of the WT plant was hardly visible in the RNAi-control plant, but in contrast, the *ADF-RNAi* plant's tapetal cells continued to expand, and the middle layers were still clearly visible. At stage 11, WT tapetal cells differentiated and degenerated. However, the *ADF-RNAi* middle layer and tapetum became more

***OsADF* Fusion protein was located in the cell membrane**

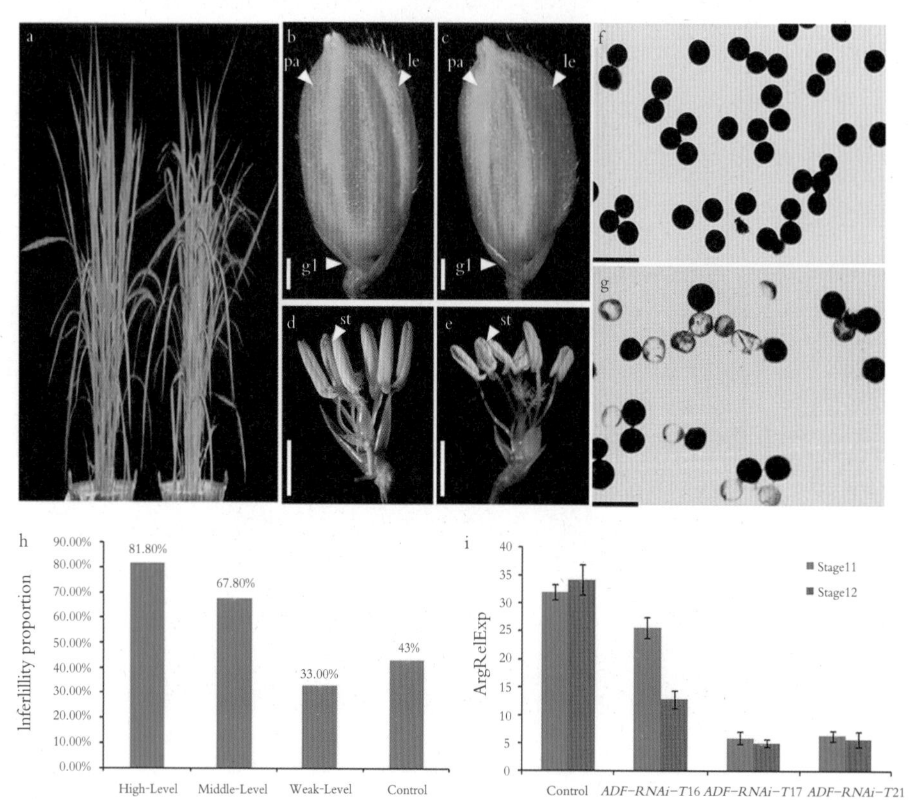

Fig.5 Comparison of the Wild Type and the tdr Mutant. a Comparison of WT (*left*) and *ADF-RNAi* plant (*right*) after heading. b , c the spikelet of WT (b) and *ADF-RNAi* plant (c) . d , e the spikelet of WT (d) and *ADF-RNAi* plant (e) after removing the palea and the lemma. f , g anthers and I2 - KI-stained pollen grains of WT (f) and *ADF-RNAi* plant (g) , the single anther in right-bottom. h Comparison of male sterility , high level of phenotype 70% - 100% , middle level of phenotype 40% - 70% and weak level of phenotype 0 - 40% , between WT and *ADF-RNAi* plant. i Expression level of *OsADF* between WT and *ADF-RNAi* plant in anther development stage 11 and stage 12 using qRT-PCR

vacuolated and expanded. At the mature pollen stage 12, WT pollen grains were full of starch, lipids, and other nutrients, and the tapetum was fully degenerated. In contrast, the *ADF-RNAi* microspores were completely degenerated, whereas tapetum cells became abnormally large and extremely vacuolated and the middle layer did not degenerate.

***OsADF* is regulated by TDR**

The DNA fragments of upstream promoter region of genes regulated by TDR have been screeded. The 151 downstream genes were shown to be likely direct targets of TDR (Li 2010) . To investigate the possible direct regulation of *OsADF* by TDR, we used quantitative ChIP-PCR in vivo and EMSA in vitro. Our results indicated that *OsADF* is directly regulated by the TDR in specific binding E-box sites of *OsADF* upstream promoter region (Fig.7) .

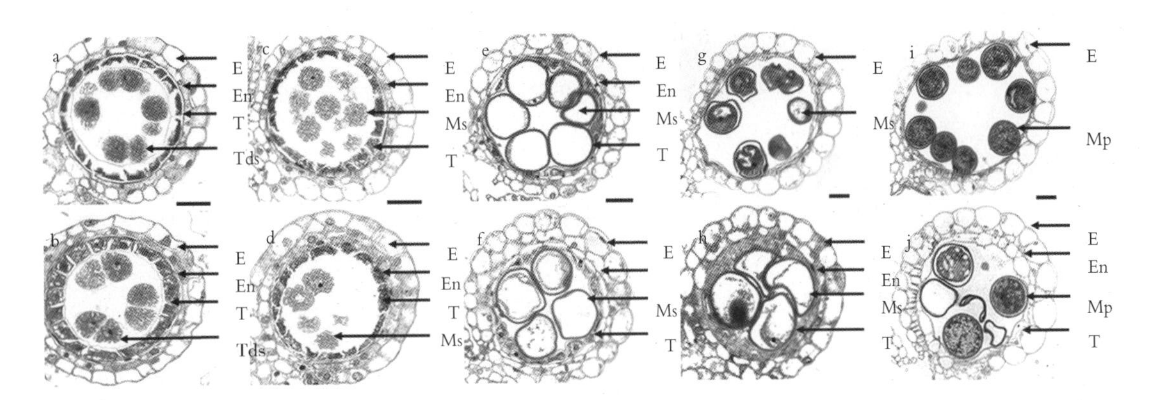

Fig.6 Transverse section comparison of the anther development of WT and *ADF-RNAi* lines. Five stages of anther development were compared. WT sections are shown in a , c , e , g and i , and other panels show *ADF-RNAi* sections. a , b stage 8 , c , d stage 9 , e , f stage 10 , g , h stage 11 , i , j stage 12. *E* epidermis , *En* endothecium , *T* tapetum ; *Ms* microsporocyte , *Tds* tetrads , *MP* mature pollen , *Bars*=15 μm

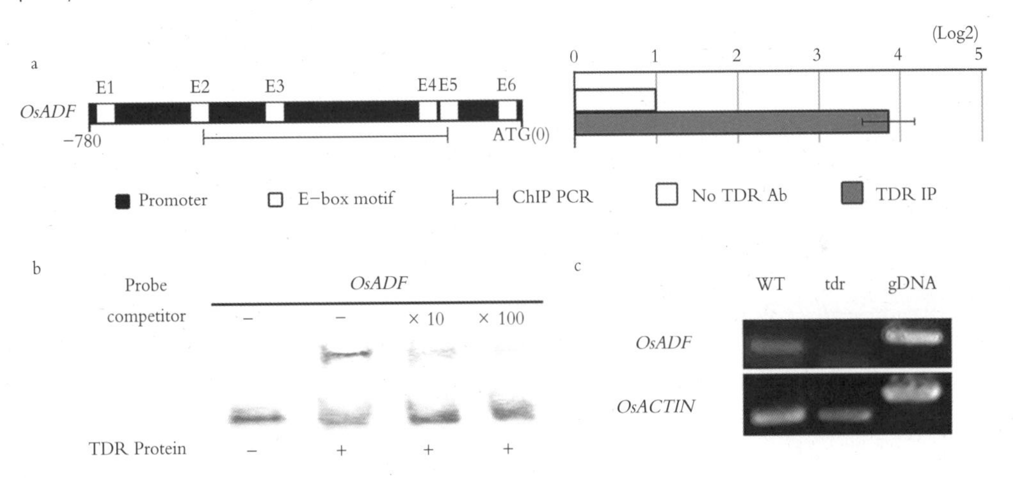

Fig.7 Direct binding of TDR to the regulatory regions of *OsADF*. a Presence of the E-box motifs in the promoters of *OsADF* (*left*) and qChIP-PCR results (*right*) .The site of E-box motif : E1 (−749 to −744) , E2 (−584 to −579) , E3 (−401 to −396) , E4 (−151 to −146) , E5 (−141 to −136) and E6 (−17 to −12) . b Recombinant TDR binding to the promoter region of *OsADF* with containing E-box was determined by EMSA. c RT-PCR analysis of *OsADF* in tdr

Discussion

Tapetum plays an important role in the process of pollen development in flowering plants, because it provides cellular contents supporting pollen wall formation and the subsequent pollen development (Wu and Cheun,2000) . On the other hand its degeneration in the late stages of the pollen development is essential for the release of fertile pollen. This degeneration is proposed to be triggered by a programmed cell death (PCD) process during late stages of pollen development (Wu and Cheun,2000) . TDR plays a central role for this morphological anther changes. However, the molecular basis regulating tapetum PCD in plants remains poorly understood. In this study, we report about the key role of *OsADF*, which belongs to the F-Box family in the process of pollen development in rice. *OsADF* expression is mainly detectable in tapetal cells and microspores from stage 9 to stage 12 of anther development (Fig.3). Moreover, plants in which *OsADF* was silenced exhibited abnormal degeneration retardation of the tapetum as well as collapse of microspores and had reduced pollen fertility (Fig.5).

In our experiments, we could identify *OsADF* as another TDR transcription target, which is decreased expressed in TDR plants (Fig.7). *OsADF* contains two F-boxes, one at the N terminus and one at the C terminus (Fig.1). F-box proteins are also involved in protein degradation and function as adapter for directing substrate proteins to the SCF-complex, which ubiquitinates the substrate then for subsequent selective proteasomal degradation.Taken together our results underline a previous finding, that tapetum degeneration is related to protein degradation and its inhibition leads to changed developmental anther morphology with increased infertile pollen development. Furthermore, the transcriptional regulation of our newly discovered tapetum degeneration related gene *OsADF* could be determined as anther specific and is depending on TDR, a transcription factor, which is also transcribing other tapetum development related genes like *OsC6* and *OsCP1* (Zhang et al.,2008) (Fig.8). The exact role of the F-box containing *OsADF* gene needs further investigation. This work provides new insights into the role of *OsADF* in anther development and pollen formation.

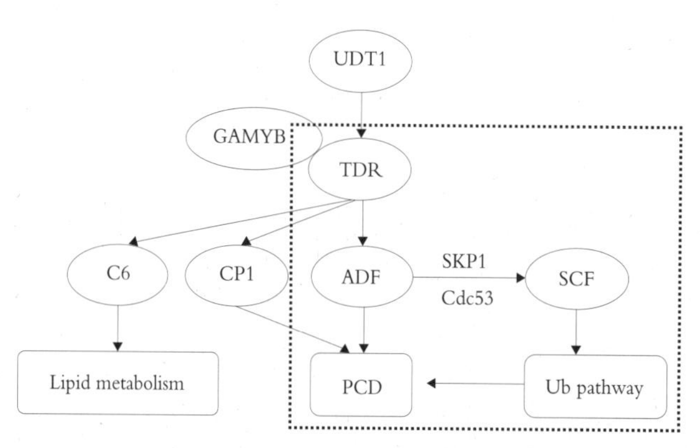

Fig.8 Gene regulatory network of *OsADF* for anther development in rice. TDR might function downstream of UDT1, *OsCP1* and *OsC6* which encoding a cysteine protease and plant lipid transfer protein (LTP), respectively, were regulated by TDR, TDR and GAMYB likely co-regulate *OsC6*, *OsCP1*, *OsADF* for controlling rice anther development

Author contribution Conception and design: Li Li. Analysis and interpretation: Li Li, Yixing Li. Data collection: Li Li, Shufeng Song, Guanghui Chen. Writing the article: Li Li, Critical revision of the article: Xiqin Fu, Huafeng Deng. Final approval of the article: LongpingYuan. Statistical analysis: Li Li, Na Li. Overall responsibility: Longping Yuan.

Acknowledgments We thank Zong Jie for data analysis, Yi Wenwei for rice transformation, Luo Qingsong for field work. Prof. Zhang Dabing and Prof. Yuan Zheng from Shanghai Jiao Tong University is gratefully acknowledged for his valuable suggestions on the experimental design and manuscript. This study was supported by the National Natural Science Foundation of China (#31201184), Natural

Science Foundation of Hunan Province, China (#14JJ2138), the National Key Programs for Transgenic Crops (#2011ZX08001 - 004) and the Program of Breeding and Application of hybrid Rice with Strong Heterosis (#2011AA10A101) .

Conflict of interest The authors declare that they have no conflict of interest.

References

1. Aya K, Ueguchi-Tanaka M, Kondo M, Hamada K, Yano K, Nishimura M, Matsuoka M (2009) Gibberellin modulates anther development in rice via the transcriptional regulation of GAMYB. Plant Cell 21 (5): 1453–1472. doi: 10.1105/tpc.108.062935.

2. Fu Z, Yu J, Cheng X, Zong X, Xu J, Chen M, Li Z, Zhang D, LiangW (2014) The rice basic helix-loop-helix transcription factor TDR INTERACTING PROTEIN2is a central switch in early anther development. Plant Cell 26 (4): 1512–1524. doi: 10.1105/tpc.114.123745.

3. Goldberg RB, Beals TP, Sanders PM (1993) Anther development: basic principles and practical applications. Plant Cell 5 (10): 1217–1229. doi: 10.1105/tpc.5.10.1217.

4. Haring M, Offermann S, Danker T, Horst I, Peterhansel C, Stam M (2007) Chromatin immunoprecipitation: optimization, quantitative analysis and data normalization. Plant Methods 3: 11. doi: 10.1186/1746-4811-3-11.

5. Hiei Y, Ohta S, Komari T, Kumashiro T (1994) Efficient transformation of rice (Oryza sativa L.) mediated by Agrobacterium and sequence analysis of the boundaries of the T-DNA. Plant J 6 (2): 271–282.

6. Hong L, Tang D, Shen Y, Hu Q, Wang K, Li M, Lu T, Cheng Z (2012) MIL2 (MICROSPORELESS2) regulates early cell differentiation in the rice anther. New Phytol 196 (2): 402–413.doi: 10.1111/j.1469-8137.2012.04270.x .

7. Jiang Y, Cai Z, Xie W, Long T, Yu H, Zhang Q (2012) Rice functional genomics research: progress and implications for crop genetic improvement. Biotechnol Adv 30 (5): 1059–1070. doi: 10.1016/j.biotechadv.2011.08.013.

8. Jung KH, Han MJ, Lee YS, Kim YW, Hwang I, Kim MJ, Kim YK, Nahm BH, An G (2005) Rice Undeveloped Tapetum1is a major regulator of early tapetum development. Plant Cell 17 (10): 2705–2722. doi: 10.1105/tpc.105.034090.

9. Kipreos ET, Pagano M (2000) The F-box protein family. Genome Biol 1 (5): REVIEWS3002. doi: 10.1186/gb-2000-1-5-reviews 3002.

10. Kouchi H, Hata S (1993) Isolation and characterization of novel nodulin cDNAs representing genes expressed at early stages of soybean nodule development. Mol Gen Genet 238 (1-2): 106–119.

11. Li YX (2010) Studies on selection verification and function of male sterile TDR down-regulated gene Os503 [Dissertation] . http: //www.cnki.net/KCMS/detail/detail.aspx?

12. Li N, Zhang DS, Liu HS, Yin CS, Li XX, Liang WQ, Yuan Z, Xu B, Chu HW, Wang J, Wen TQ,

Huang H, Luo D, Ma H, Zhang DB (2006) The rice tapetum degeneration retardation gene is required for tapetum degradation and anther development. Plant Cell 18 (11): 2999–3014. doi: 10.1105/tpc.106.044107.

13. Li H, Yuan Z, Vizcay-Barrena G, Yang C, Liang W, Zong J, Wilson ZA, Zhang D (2011) PERSISTENT TAPETAL CELL1encodes a PHD-finger protein that is required for tapetal cell death and pollen development in rice. Plant Physiol 156 (2): 615–630. doi: 10.1104/pp.111.175760.

14. Ma H (2005) Molecular genetic analyses of microsporogenesis and microgametogenesis in flowering plants. Annu Rev Plant Biol 56: 393–434. doi: 10.1146/annurev.arplant.55.031903.141717.

15. Mao J, Zhang YC, Sang Y, Li QH, Yang HQ (2005) From the Cover: a role for Arabidopsis cryptochromes and COP1in the regulation of stomatal opening. Proc Natl Acad Sci USA 102 (34): 12270–12275. doi: 10.1073/pnas.0501011102.

16. McCormick S (1993) Male gametophyte development. Plant Cell 5 (10): 1265–1275. doi: 10.1105/tpc.5.10.1265.

17. Millar AA, Gubler F (2005) The Arabidopsis GAMYB-like genes, MYB33and MYB65, are microRNA-regulated genes that redundantly facilitate anther development. Plant Cell 17 (3): 705–721. doi: 10.1105/tpc.104.027920.

18. Niu N, Liang W, Yang X, Jin W, Wilson ZA, Hu J, Zhang D (2013) EAT1promotes tapetal cell death by regulating aspartic proteases during male reproductive development in rice. Nat Commun 4: 1445. doi: 10.1038/ncomms2396.

19. Risseeuw EP, Daskalchuk TE, Banks TW, Liu E, Cotelesage J, Hellmann H, Estelle M, Somers DE, Crosby WL (2003) Protein interaction analysis of SCF ubiquitin E3ligase subunits from Arabidopsis. Plant J 34 (6): 753–767.

20. Sanders PM, Lee PY, Biesgen C, Boone JD, Beals TP, Weiler EW, Goldberg RB (2000) The arabidopsis DELAYED DEHISCENCE1gene encodes an enzyme in the jasmonic acid synthesis pathway. Plant Cell 12 (7): 1041–1061.

21. Scott R, Hodge R, Paul W (1991) The molecular biology of anther differentiation. Plant Sci 80: 167–191.

22. Wang H, Tang W, Zhu C, Perry SE (2002) A chromatin immunoprecipitation (ChIP) approach to isolate genes regulated by AGL15, a MADS domain protein that preferentially accumulates in embryos. Plant J 32 (5): 831–843.

23. Willemsen V, Wolkenfelt H, de Vrieze G, Weisbeek P, Scheres B (1998) The HOBBIT gene is required for formation of the root meristem in the Arabidopsis embryo. Development 125 (3): 521–531.

24. Wilson ZA, Morroll SM, Dawson J, Swarup R, Tighe PJ (2001) The Arabidopsis MALE STERILITY1 (MS1) gene is a transcriptional regulator of male gametogenesis, with homology to the PHD-finger family of transcription factors. Plant J 28 (1): 27–39.

25. Wu HM, Cheun AY (2000) Programmed cell death in plant reproduction. Plant Mol Biol 44 (3): 267–281.

26. Xu J, Yang C, Yuan Z, Zhang D, Gondwe MY, Ding Z, Liang W, Zhang D, Wilson ZA (2010) The ABORTED MICROSPORES regulatory network is required for postmeiotic male reproductive development in Arabidopsis thaliana. Plant Cell 22 (1): 91–107. doi: 10.1105/tpc.109.071803.

27. Yang X, Wu D, Shi J, He Y, Pinot F, Grausem B, Yin C, Zhu L, Chen M, Luo Z, Liang W, Zhang D (2014) Rice CYP703A3, a cytochrome P450hydroxylase, is essential for development of anther cuticle and pollen exine. J Integr Plant Biol. doi:

10.1111/jipb.12212.

28. Yuan LP, Wu XJ, Liao FM, Ma GH, Xu QS (2003) Hybrid rice technology. China Agriculture Press Zhang DB, Wilson ZA (2009) Stamen specification and anther development in rice. Chin Sci Bull 54: 2342-2353.

29. Zhang D, Yuan Z (2014) Molecular control of grass inflorescence development. Annu Rev Plant Biol 65: 553-578. doi: 10.1146/annurev-arplant-050213-040104.

30. Zhang W, Sun Y, Timofejeva L, Chen C, Grossniklaus U, Ma H (2006) Regulation of Arabidopsis tapetum development and function by DYSFUNCTIONAL TAPETUM1 (DYT1) encoding a putative bHLH transcription factor. Development 133 (16): 3085-3095. doi: 10.1242/dev.02463.

31. Zhang DS, Liang WQ, Yuan Z, Li N, Shi J, Wang J, Liu YM, Yu WJ, Zhang DB (2008) Tapetum degeneration retardation is critical for aliphatic metabolism and gene regulation during rice pollen development. Mol Plant 1 (4): 599-610. doi: 10.1093/mp/ssn028.

32. Zhang D, Luo X, Zhu L (2011) Cytological analysis and genetic control of rice anther development. J Genet Genomics 38 (9): 379-390. doi: 10.1016/j.jgg.2011.08.001.

33. Zhang DB, Yuan Z, An G, Dreni L, Hu JP, Kater MM (2013) Genetics and genomics of rice, plant genetics and genomics: crops and models. Panicle Dev 5: 279-295.

34. Zheng N, Schulman BA, Song L, Miller JJ, Jeffrey PD, Wang P, Chu C, Koepp DM, Elledge SJ, Pagano M, Conaway RC, Conaway JW, Harper JW, Pavletich NP (2002) Structure of the Cul1-Rbx1-Skp1-F boxSkp2SCF ubiquitin ligase complex. Nature 416 (6882): 703-709. doi: 10.1038/416703a.

35. Zhu J, Chen H, Li H, Gao JF, Jiang H, Wang C, Guan YF, Yang ZN (2008) Defective in Tapetal development and function 1is essential for anther development and tapetal function for microspore maturation in Arabidopsis. Plant J 55 (2): 266-277. doi: 10.1111/j.1365-313X.2008.03500. x

作者：Li Li　Yixing Li　Shufeng Song　Huafeng Deng　Na Li　Xiqin Fu　Guanghui Chen　Longping Yuan*

注：本文发表于 *Planta* 2015 年第 241 期。

第三代杂交水稻初步研究成功

杂交水稻的发展，目前开始进入第三代：

第一代的是以细胞质雄性不育系为遗传工具的三系法杂交水稻；

第二代的是以光温敏雄性不育系为遗传工具的两系法杂交水稻；

第三代的是以遗传工程雄性不育系为遗传工具的杂交水稻。

三系法杂交水稻是经典的方法，优点是不育性稳定，不足之处是其育性受恢保关系制约，恢复系很少，保持系更少。因此，选到优良组合的概率较低。

两系法的优点是配组的自由度很高，几乎绝大多数常规品种都能恢复其育性，因此，选到优良组合的概率大大高于三系法杂交稻。此外，选育光温敏不育系的难度较小。缺点是育性受气温高低的影响，而天气非人力能控制，制种遇异常低温或繁殖遇异常高温，结果都会失败。

国家杂交水稻工程技术研究中心将普通核不育水稻通过基因工程育成的遗传工程雄性不育系，不仅兼有三系不育系育性稳定和两系不育系配组自由的优点，同时又克服了三系不育系配组受局限和两系不育系可能“打摆子”和繁殖产量低的缺点。

遗传工程雄性不育系每个稻穗上约结一半有色的种子和一半无色的种子（图 1），无色的种子是非转基因的、雄性不育的，可用于制种，因此制出的杂交稻种子也是非转基因的；有色种子是转基因的、可育的，可用来繁殖，其自交后代的稻穗，又有一半结有色、一半结无色的种子，利用色选功能将二者彻底分开，因此，制种和繁殖都非常简便易行。

图1　遗传工程雄性不育系稻穗

作者：袁隆平

注：本文发表于《科学通报》2016 年第 61 卷第 31 期。

中国杂交水稻的研究与发展

粮食维系着人类的生命，也关系着一个国家经济的发展与社会的和谐。随着我国城市化进程日益加快，农村被征用的土地逐步增多，耕地数量逐年减少，再加上不少农民涌入城市，放弃田间耕作，中国粮食安全问题面临更大挑战，农业发展面临更大压力。面对这个世界性的难题，我们应紧紧依靠科技进步提高粮食产量，促进农业发展。

水稻是我国也是世界的主要粮食作物之一，它养活了世界近一半的人口。中国于 1964 年开始杂交水稻研究，利用杂种优势提高水稻的产量。经过 9 年的努力，于 1973 年实现“三系”（即雄性不育系、雄性不育保持系和雄性不育恢复系）配套，培育出在生长势与产量上具有很大优势的杂交水稻品种，1976 年开始在全国大面积推广应用，中国成为世界上第一个成功地利用水稻杂种优势的国家。1981 年，籼型杂交稻获得中国第一个也是到目前为止唯一一个国家技术发明奖特等奖。1980 年，该技术还作为中国第 1 项农业高新技术出口美国。

科学探索永无止境，1987 年，国家 863 计划立项两系法杂交水稻研究，以袁隆平为首的中国杂交水稻科技工作者站在更高的起点开展协作攻关。1995 年，两系法杂交水稻取得了成功，两系杂交水稻一般比同熟期的三系杂交稻增产 5%～10%，且米质一般都较好，近年的种植面积为 533.33 万 hm^2 左右。两系法杂交水稻为中国独创，经过 20 多年的研究，建立了光温敏不育系的两系法杂种优势有效利用的新途径，解决了三系法杂交稻配组困难主要限制因素，它的成功是作物育种上的重大突破，继续使中国的杂交水稻研究水平保持在世界领先水平。2014 年 1 月，“两系法杂交水稻技术的研究与应用”获得国家科技进步奖特等奖。这是继籼型杂交稻技术获国家技术发明奖特等奖后，杂交水稻第 2 次登上国家科技奖特等奖的领奖台。水稻超高产育种，是近 20 多年来不少国家和研究单位的重点项目。中国农业部为了满足新世纪对粮食的需求，于 1996 年立项“中国超级稻育种计划”，笔者提出了超高产杂交水稻选育理论和技术路线，开始牵头实施超级杂交稻的攻关研究。2000 年，实现了超级稻第一期大面积示范亩产 700 kg 的目标；2004 年，提前 1 年实现了第二期大面积示范亩产 800 kg 的目标；2012 年，再次提前 3 年实现了第三期大面积示范亩产 900 kg 的目标。2013 年 4 月，农业部启动了第 4 期超级杂交稻亩产 1 000 kg 攻关项目，研究团队再接再厉又取得可喜的新进展，培育出具有高冠层、矮穗层、特大穗、高生物学产量、秆粗、茎秆坚韧等特点的苗头组合“Y 两优 900”，有效协调了穗大与穗数、秆粗与穗数等几对难以平衡的生理矛盾。“Y 两优 900”于 2014 年在湖南溆浦县横板桥乡红星村的百亩示范片经农业部验收，实现了亩产 1026.7 kg 的产量新纪录，充分显示中国在这一领域的研究水平居于国际领先地位。

多年来的生产实践表明，杂交水稻比常规稻增产 20% 以上，从 1976 年至 2013 年，全国累计种植杂交水稻近 4 亿 hm^2，累计增稻谷约 8 000 亿 kg。近年来，杂交水稻年种植面积超过 0.16 亿 hm^2，占水稻总种植面积的 57%，而产量约占水稻总产的 65%。杂交水稻年增产水稻约 240 万 t，每年可多养活 8 000 万人口，对解决中国的粮食需求问题发挥了极其重要的作用。尤其是近 10 余年来，超级杂交稻成果已陆续转化为生产力，使中国水稻产量每 5 年左右就登上一个新台阶，每上一个台阶均使在大面积生产中亩产提高 50 kg，超级杂交稻的年应用推广面积达到了近 533.33 万 hm^2。超级杂交稻成果为中国粮食增产提供了强有力的技术支撑，将为保障中国粮食安全做出新贡献。

改革开放以来，中国经济得到飞速发展，目前，城乡居民已基本摆脱饥饿。但是，我们不应忘记曾经发生的饥荒致使无数无辜的人们走向死亡。粮食安全问题维系着我们的生命，关乎着中国社会的稳定与发展，是治国安邦的头等大事。国际市场不能有效保障中国的粮食安全，我们必须立足国内，必须确保中国粮食安全置于国家发展政策的首要地位，必须紧密依靠科技增加粮食的供给能力，必须实现自己国家粮食的自给自足。中国超级杂交稻的研究仍在前行，它将在解决人类饥饿的问题中做出更大贡献。

作者：袁隆平

注：本文发表于《科技导报》2016 年第 34 卷第 20 期。

水稻斑马叶突变体 *zebra1349* 的表型鉴定及基因精细定位

【摘 要】从恢复系育种材料［R128//（R318/R1025）F_1］F_6 中获得一个新的斑马叶突变体 *zebra1349*，突变体秧苗期如果不移栽，与野生型一样表现绿色，移栽后 5 d 新抽出的叶片包括叶鞘会呈现出与叶脉垂直的黄绿相间的条纹，移栽后 30 d 抽出的叶片又表现正常绿色，成熟期主要农艺性状与野生型无明显差异。与野生型相比，突变体六叶期斑马叶黄区部位的总叶绿素、叶绿素 *a*、叶绿素 *b* 和类胡萝卜素的含量分别下降了 55.86%、61.02%、39.34% 和 47.03%。透射电镜（TEM）观察表明，突变体斑马叶绿区部位叶绿体发育正常；黄区部位叶肉细胞中叶绿体结构异常，类囊体膜退化和分解严重，类囊体基粒片层数量明显减少，片层间距拉大，排列疏松。对 *zebra1349* 与正常叶色品种杂交 F_1、F_2 代的遗传分析表明该性状受 1 对隐性核基因调控。利用 1192 株 *zebra1349*/02428 F_2 隐性定位群体，最终把 *zebra1349* 基因定位在水稻第 12 染色体 InDel 标记 indel39 和 indel44 之间，其遗传距离分别为 0.04 cM 和 0.17 cM，根据日本晴基因组序列推测，两标记之间的物理距离约为 89 kb。本研究为 *zebra1349* 基因的图位克隆和功能研究以及分子标记辅助育种奠定了基础。

【关键词】水稻（*Oryza sativa* L.）；斑马叶突变体；叶绿体；基因精细定位

【Abstract】A new zebra leaf mutant *zebra1349* was attained in a restorer line crossing population of［R128//（R318/R1025）F_1］F_6 in Hengyang Agricultural Science Research Institute of Hunan province. This mutant showed normal green leaves at seedlings stage, but a zebra leaf phenotype with green-yellow bands in penpendicular to leaf vein appeared at five days after transplanting, which was most obvious at sixth-leaf stage, and recovered normal green leaves around 30days（ninth-leaf stage）after transplanting. Until the mature stage, the *zebra1349* mutant showed insignificant difference with the wild type in major agronomic traits. The contents of total chlorophyll, chlorophyll *a*, chlorophyll *b* and carotenoid in yellow parts of the mutant leaf at sixth-leaf stage decreased by 55.86%, 61.02%, 39.34%, and 47.03%, respectively. Transmission Electron Microscopic（TEM）results indicated that the chloroplast of the mutant yellow leaf showed a serious thylakoid membrane degradation and decomposition, and the number of thylakoid grana lamella decreased significantly with larger gap and looser arrangement. Genetic analysis using F_1 and F_2 of the reciprocal crosses between *zebra1349* and normal green rice varieties revealed that the zebra-leaf trait was controlled by one pair of recessive nuclear genes. With 1192 recessive plants in a F_2 population from the cross between *zebra1349* mutant and normal green variety 02428, the *ZEBRA1349* gene was finely mapped between two InDel markers indel39 and indel44 on chromosome 12 with a genetic distance of 0.04 cM and 0.17cM respectively, and the physical distance was 89 kb based on comparing with the reference genome of *Japonica* rice Nipponbare. These results provide a foundation for further map-based cloning of *ZEBRA1349* and molecular marker-assisted breeding.

【Keywords】Rice (*Oryza sativa* L.); Zebra leaf mutant; Chloroplast; Gene fine mapping

叶色突变是一种表型比较明显、易于鉴别、相对容易获得的突变性状，有关叶色突变的研究早在20世纪30年代就有报道，迄今已在水稻、拟南芥、小麦、大豆、大麦、玉米、番茄、烟草、油菜等多种植物中被报道。叶色突变通常在苗期表达，根据苗期叶色表型可分为白化、黄化、浅绿、绿白、白翠、黄绿、绿黄、条纹8种类型[1]。而其中的条纹突变体又可分为两类，一类为与叶脉平行的条纹叶，另一类为与叶脉垂直的条纹，俗称“斑马叶”。叶色突变体如今已广泛应用于叶绿素生物合成途径[2]、光合作用[3]、光形态建成[4]、激素生理[5]、质-核基因互作及信号传导途径[6]等光合系统结构、功能及其调控机制的研究。另外把叶色标记应用到水稻不育系中，对保证水稻不育系繁殖和杂交制种纯度具有重要的意义[7]。

对水稻叶色突变体的遗传分析和基因定位，国内外已有较多报道，目前已发现近134个水稻叶色突变体，这些突变基因分布在水稻所有12条染色体上[8]。水稻叶色突变体性状大多受1对隐性核基因控制[9]，而由细胞质基因或显性基因控制的叶色突变体很少[10-11]。叶色突变的机制主要有：①叶绿素生物合成途径相关基因突变；②血红素生物合成途径中的基因突变；③编码其他叶绿体蛋白的基因突变；④与光合系统无直接关系的基因突变等。目前被子植物中拟南芥的叶绿素生物合成从谷氨酰-tRNA到叶绿素*a*，叶绿素*a*再经叶绿素酸酯a加氧酶氧化形成叶绿素*b*，整个反应过程需要15步，所有控制这15步反应的酶基因都已被成功克隆。水稻中也成功克隆了一些叶色相关基因，如编码Mg^{2+}-螯合酶3个亚基的*OsChlH*、*OsChlD*和*OsChlI*基因[12-13]，编码叶绿素合酶的*YGL1*基因[14]，编码叶绿素酸酯a加氧酶的*OsCAO1*和*OsCAO2*基因[15]，编码鸟苷酸激酶的基因*virescent2*[16]，编码核糖核苷酸还原酶大亚基蛋白RNRL1和小亚基蛋白RNRS1的基因*Virescent3*和*Stripe1*[17]，三角状五肽重复

蛋白基因 *OsPPR1*[18]，持绿突变体基因 *SGR*[19]，叶绿素 *b* 还原酶基因 *NYC1*[20] 及其同源基因 *NYC1-LIKE*[21]，以及编码联乙烯还原酶的 *OsDVR* 基因[22]，但这些基因主要是集中在编码叶绿素合成与降解途径中的酶基因，水稻叶色变化过程和调控机制还远未阐明。因此有必要发掘、鉴定一些新的水稻叶色突变体，进行基因定位、克隆和功能分析等方面的研究，对于补充和完善叶绿体发育机制及叶绿素合成代谢途径具有重要的意义。

本课题组从恢复系育种材料［R128//（R318/R1025）F_1］F_6 中获得一个斑马叶突变体 *zebra1349*，该突变体秧苗期如果不移栽，叶色和正常的秧苗一样表现绿色，移栽后 5 d，新出的叶片包括叶鞘出现与叶脉垂直的黄绿相间斑马叶性状，以后又逐渐转绿，其突变性状与目前已报道的叶色突变体性状均不相同，是一份新的叶色突变材料。本研究对其主要农艺性状、叶绿素含量和叶绿体超微结构等进行了研究，同时构建了 *zebra1349*×02428 F_2 群体，对突变基因进行遗传分析和利用分子标记对突变基因进行精细定位，旨在为相关基因的克隆、基因功能研究及育种应用奠定基础。

1 材料与方法

1.1 实验材料

斑马叶突变体 *zebra1349* 经 10 代连续自交观察，其斑马叶表型性状在湖南衡阳、湖南长沙、海南三地都能稳定遗传。以野生型亲本 R1349 为对照。

1.2 *zebra1349* 表型特征及主要农艺性状调查

2014 年在湖南省衡阳市农业科学研究所试验田种植斑马叶突变体 *zebra1349* 和野生型亲本 R1349。5 月 10 日播种，四叶期移栽，单本植，株行距 20 cm×20 cm，采用随机区组设计，田间种植 3 次重复，每个小区 5 行，每行 12 株，按育种小材料田进行田间肥水管理，及时防治病虫害。观察实验材料在不同时期的叶色变化，成熟期分别取斑马叶突变体和野生型亲本各 10 株，考察生育期、株高、剑叶长、单株有效穗数、穗长、每穗总粒数、千粒重、结实率等主要农艺性状。以 *t* 测验分析突变型与野生型的相关性状是否存在显著差异。

1.3 *zebra1349* 不同时期叶绿素含量分析

从斑马叶突变体 *zebra1349* 与其野生型亲本 R1349 群体中，分别取三叶期（未移栽前）、六叶期（移栽后斑马叶典型期）、九叶期（复绿后）植株的第一叶，去中脉，分别剪碎混匀，参照 Lichtenthaler[23] 的方法测定光合色素含量。

1.4 *zebra1349* 叶绿体超微结构观察

取自然条件下突变体 *zebra1349* 斑马叶黄区部位和绿区部位叶片及复绿叶片，先用3% 戊二醛和 1% 四氧化锇双重固定，接着用 0.2 mol · L^{-1} 的磷酸缓冲液漂洗，再用 50%、70%、80%、95% 和 100% 的乙醇梯度脱水，最后用环氧化树脂包埋，超薄切片，经醋酸铀-柠檬酸铅双染色后，在透射电子显微镜下观察叶绿体超微结构，并拍照记录。

1.5 *zebra1349* 的遗传分析

2013 年夏用斑马叶突变体 *zebra1349* 分别与正常叶色野生型亲本 R1349、粳型广亲和材料 02428 正反交得到 F_1，其中 R1349/*zebra1349*、*zebra1349*/02428 两个组合同年冬季在海南三亚加代获得 F_2，2014 年在衡阳市农业科学研究所试验基地同时种植 F_1、F_2，5 月 10 日播种，5 月 30 日移栽，单本植，移栽后，当植株长至五至六叶期，观察各植株的叶色，同时统计两个组合 F_2 群体中突变表型和正常表型的植株数，计算分离比，根据孟德尔遗传规律，进行遗传分析，并进行 χ^2 测验，推断 *zebra1349* 的遗传模式。

1.6 *zebra1349* 的基因定位

用 *zebra1349* 与粳型广亲和材料 02428 杂交产生的 F_2 作为定位群体，CTAB 法[24]提取亲本及 F_2 群体中叶色突变单株的基因组 DNA。先用实验室均匀分布于水稻 12 条染色体上的 550 对分子标记（引物由上海生工生物工程有限公司合成）进行亲本多态性分析，然后采用 Michelmore 等[25]提出的近等基因池分析法，将 F_2 群体中 10 株正常绿叶和 10 株斑马叶单株 DNA 等量混合，构建正常池和突变池。用在两亲本间具有多态性的标记分别对亲本和突变体 DNA 混池进行电泳分析，根据多态性引物在亲本和突变池的基因型，初步找到目的基因所在的连锁群，再用 179 株 F_2 群体中的斑马叶单株进行重组分析和连锁验证，确定目的基因在染色体上的大概区段，最后在目标基因附近开发新的 SSR 标记和 InDel 标记进行进一步精细定位。

PCR 扩增总体系为 10 μL，包括 1.0 μL 模板 DNA，5.0 μL 2×Easy *Taq* PCR SuperMix（TRANSGEN，中国），3.0 μL ddH$_2$O，1.0 μL 引物。PCR 程序为 94 ℃预变性 3 min；94 ℃变性 30 s，53 ℃～60 ℃退火 35 s，72 ℃延伸 1 min，35 个循环；最后再 72 ℃后延伸 5 min。扩增产物经 8% 非变性聚丙烯酰胺凝胶电泳和硝酸银染色后观察。

2　结果与分析

2.1　*zebra1349* 的表型特征及主要的农艺性状

通过对 *zebra1349* 的叶色观察，发现其叶色转变过程为正常绿色—斑马叶色—正常绿色。秧苗期，如果不移栽，*zebra1349* 与野生型一样表现绿色，不会出现叶色的变化（图 1A）；移栽后 5 d 左右，新出的叶片包括叶鞘会呈现出与叶脉垂直的黄绿相间条纹（图 1B），这种性状在六叶期表现最为明显，以后斑马叶片上的黄色条纹逐渐消失，移栽后 30 d，从第九叶开始及以后抽出的叶片表现正常绿色（图 1C）。突变体 *zebra1349* 成熟后（图 1D），与野生型相比，在株高、剑叶长度、穗长、每穗总粒数上略有减少，而生育期、有效穗数、结实率、千粒重有不同程度的增加（表 1），但 *t* 测验表明，突变体 *zebra1349* 与野生型亲本 R1349 在所有调查的主要农艺性状上差异不显著。由上可知，*zebra1349* 移栽后出现的斑马叶表型对其后期的主要农艺性状几乎没有影响。

A. 苗期，移栽前；B. 移栽后 5 d，斑马叶出现；C. 移栽后 30 d，斑马叶复绿；D. 成熟期；WT. 野生型；M. 突变体。

图 1　突变体 *zebra1349* 与其野生型亲本 R1349 在不同时期的表型

表1　突变体 *zebra1349* 与野生型（WT）亲本主要农艺性状比较

材料	生育期 /d	株高 /cm	剑叶长 / cm	有效穗数	穗长 /cm	每穗总粒数	结实率 /%	千粒重 /g
WT	127.50±1.31	88.71±2.60	19.16±1.19	7.94±0.61	18.60±0.76	148.40±5.52	92.04±1.31	22.1±0.12
zebra1349	128.30±1.42	87.45±2.29	18.27±1.23	8.07±0.70	18.30±0.52	146.46±3.29	92.87±0.83	22.2±0.12
|t|	1.242	1.091	1.560	0.420	0.977	0.906	1.606	1.768

注：*zebra1349* 和野生型的所有性状均差异不显著（$P > 0.05$），$t_{(18)0.05}$=2.10。

2.2　突变体与野生型叶绿素含量的差异

三叶期 *zebra1349* 叶绿素和类胡萝卜素的含量与野生型差异均不显著，六叶期 *zebra1349* 斑马叶黄区部位的色素含量极显著低于野生型，其总叶绿素、叶绿素 *a*、叶绿素 *b* 和类胡萝卜素的含量分别下降了 55.86%、61.02%、39.34% 和 47.03%。而 *zebra1349* 转绿后，其叶绿素和类胡萝卜素的含量与野生型差异又均不显著，说明 *zebra1349* 转绿后，叶片的色素合成也随之恢复正常（图 2）。

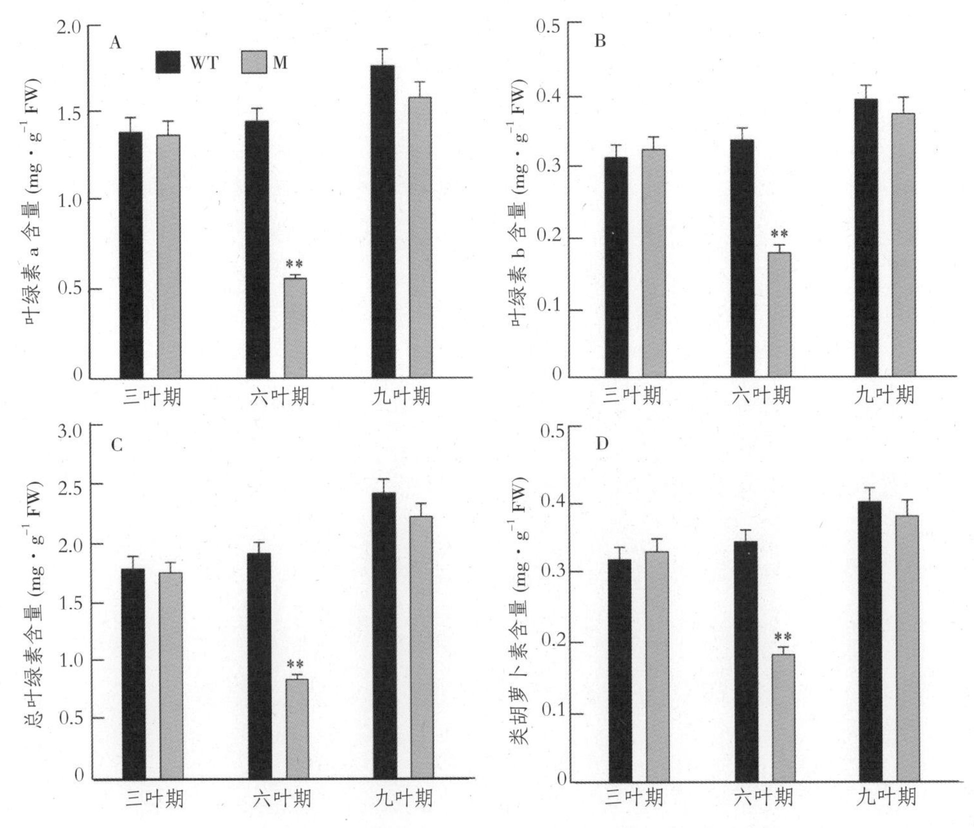

图2　*zebra1349* 和野生型（WT）不同发育时期叶片中色素含量分析

注：** 表示野生型与突变体在 0.01 水平上差异显著。

2.3 突变体叶绿体超微结构观察

超微结构观察显示，野生型叶肉细胞中叶绿体数目多，形状呈椭圆型，基质浓厚，基粒丰富，片层垛叠排列紧密、厚实（图 3A）。*zebra1349* 斑马叶片绿区部位叶肉细胞中叶绿体发育正常（图 3B）；黄区部位叶肉细胞中叶绿体类囊体膜系统退化和分解严重，类囊体基粒片层数量明显减少，片层间距拉大，排列疏松（图 3C）。复绿后的叶片叶肉细胞中叶绿体结构恢复正常，类囊体膜系统重建（图 3D）。说明 *zebra1349* 的叶色变异与类囊体结构发育异常有关。

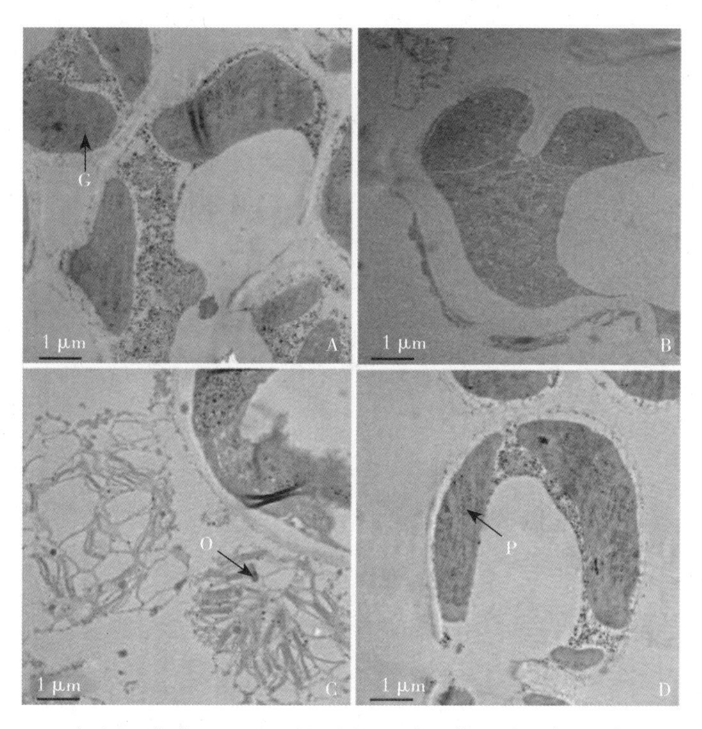

A、B、C、D 分别为野生型、*zebra1349* 斑马叶绿区部位和黄区部位及复绿叶片的叶绿体结构；P. 原片层体；G. 基粒；O. 嗜锇粒。

图 3 突变体 *zebra1349* 和野生型叶肉细胞中叶绿体显微结构

2.4 *zebra1349* 的遗传模式

zebra1349 分别与正常叶色野生型亲本 R1349、粳型广亲和材料 02428 正反交，4 个 F_1 杂交植株叶片均表现为正常绿色，R1349/*zebra1349*、*zebra1349*/02428 F_2 群体中正常绿苗植株与斑马叶突变植株分离十分明显，经 χ^2 检验均符合 3∶1 的理论比（表 2），表明 *zebra1349* 的斑马叶性状由 1 对隐性核基因控制。

表 2　*zebra1349* 与野生型亲本 R1349 和 02428 杂交 F_2 斑马叶分离情况

杂交组合	正常植株数	斑马叶植株数	F_2 群体总株数	$\chi^2(3:1)$	$\chi^2_{0.05}$
zebra1349/02428	3 767	1 217	4 984	0.454	3.84
R1349/*zebra1349*	1 559	633	2 492	2.602	

2.5　*zebra1349* 的基因精细定位

利用 550 对分子标记对亲本 *zebra1349* 和 02428 的基因组进行多态性分析，共筛选到 225 对在两亲本间呈现多态性的引物，多态性检出率为 39. 57%。选取 186 对扩增效果好、均匀分布于水稻 12 条染色体的多态性引物分别扩增 2 个亲本和 2 个基因池，发现第 12 染色体上的 RM3103、RM1986、RM235、RM17 和 SFP-12-3 标记与目标基因是连锁的，随后用第 12 染色体上的 6 个多态性标记 IRO5399、RM27809、RM101、Zm12-5、CS1215 和 RIO5415 进一步对 F_2 群体中 179 个具斑马叶表型的单株进行验证，发现这 6 个标记的交换单株数依次为 22、15、1、0、11 和 36，进一步说明该基因位于第 12 染色体上，遗传连锁分析表明，斑马叶基因位于 RM101 和 CS1215 之间，遗传距离分别为 0. 3 cM 和 2. 9 cM，而介于这 2 个标记之间的 Zm12-5 没有检测出交换单株，推断目标基因在 Zm12-5 标记附近。

为进一步精细定位该斑马叶基因，在 Zm12-5 标记附近设计了一系列 SSR、InDel 标记（表 3），利用这些标记对 F_2 群体的 1192 株突变单株进行连锁分析，发现 indel39 有 1 个交换株，indel44 有 4 个交换株，indel40 标记与目标基因共分离，因此将目标基因定位在 indel39 和 indel44 之间，遗传距离分别为 0. 04 cM 和 0. 17cM。根据日本晴序列，两标记之间的物理距离约为 89 kb，位于一个 BAC 克隆 OJ1194_E11 上（图 4）。MSU（http: //rice. plantb iology. msu. edu/）网站提供的基因注释信息，在定位区域内包含 12 个预测基因（表 4）。

表 3　*ZEBRA1349* 基因的连锁标记

引物名称	正向序列（5′-3′）	反向序列（5′-3′）
SFP-12-3	AATTTTCAGTGTGGCGCAAT	GATCTGAGTCCCTCCATCC
IRO5399	ACGCGTCCAGGAAGGATT	GATGCATGCAGGAGAACATC
CS1215	CACCTATAAATGCCAAGC	TGACCCTATCCAGAAACT
RIO5415	TGCATGTTACTCAATCCTGTCC	GGATATCTTGAGGCCCCTTG

续表

引物名称	正向序列（5′-3′）	反向序列（5′-3′）
RM27919	TGGCAGGTAGGAGAGGGTCTCG	CTTCGGCAACGTCAGCAATGG
Zm12-5	TGGGCAACTGAATCTAACCA	GGAGATGATGATGCGGTGAT
indel35	TGTAGGCGTATGTACGATTG	TGTCCATATTTTCTTATCAG
indel39	TGTATATACCACCGGAACAA	GAGGGAAAAGACTTCCATTT
indel40	ATTCTAAGTCCATGAGGCAA	TCTCCAACATTGAGAACACA
indel44	AGTCAGGCAATTTGAAACAT	ATGAGGAATGTGGAGTATGG
indel45	AAAAGTCCATGTTCCAAAAA	CATAACATTCGCGTCATCTA

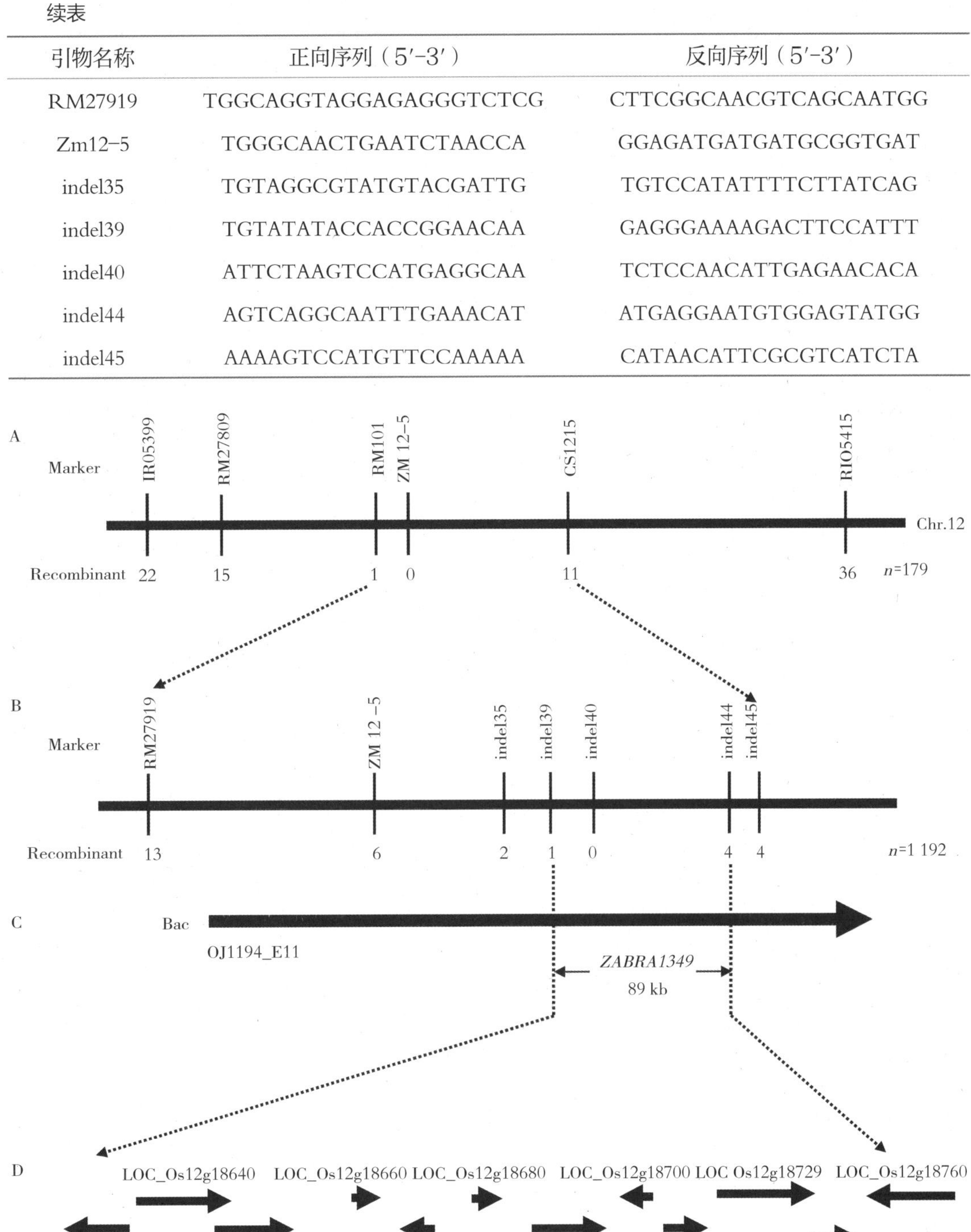

A. *ZEBRA1349* 被定位到第 12 染色体 RM101 与 CS1215 之间；B. *ZEBRA1349* 被精细定位在 InDel 标记 indel39 与 indel44 之间；C. *ZEBRA1349* 被定位在 BAC 克隆 OJ1194_E11 89 kb 范围内；D. 定位区间预测的基因。

图 4 *ZEBRA1349* 基因在第 12 染色体上的精细定位

表4　水稻第12染色体定位区间内基因及其推测功能

基因名称	推测功能
LOC_Os12g18630	Expressed protein
LOC_Os12g18640	Pentatricopeptide，putative，expressed
LOC_Os12g18650	Regulator of chromosome condensation domain containing protein，expressed
LOC_Os12g18660	Expressed protein
LOC_Os12g18670	Expressed protein
LOC_Os12g18680	Retrotransposon protein，putative，unclassified
LOC_Os12g18690	Expressed protein
LOC_Os12g18700	Expressed protein
LOC_Os12g18710	Expressed protein
LOC_Os12g18729	Expressed protein
LOC_Os12g18750	Expressed protein
LOC_Os12g18760	Peptidase family C78 domain containing protein，expressed

3　讨论

有关水稻斑马叶突变体，早在20世纪80年代Iwata等[26]就报道过，迄今为止国内外发现的水稻斑马叶突变体至少有34个[8]，已定位到染色体上的有15个（*z1*～*z15*）（http：//www.shigen.nig.ac.jp/rice/oryzabase/），精细定位的有2个（*z15*[27]和*zebra524*[28]），克隆的有2个（*zn*[29]和*z2*[30]）。它们分别位于水稻第1、第2、第3、第4、第5、第6、第7、第8和第11染色体上。目前在*ZEBRA1349*所定位的第12染色体上只定位了3个叶色突变基因（http：//www.gramene.org/rice_mutant），即*ETL2*[31]（已克隆）、*TCML2*[32]和*YGL6*[33]，*ETL2*和*YGL6*为控制水稻黄化的叶绿素缺乏突变基因，*ETL2*位于水稻第12染色体短臂147 kb和209 kb的范围内，*etl2*全生育期叶片呈黄色；*YGL6*位于水稻第12染色体着丝粒区域Indel标记Ind23和Ind37之间143 kb范围内，*ygl6*在苗期叶片为黄绿色，到拔节期叶色变成淡绿色。*TCML2*为一个控制水稻温敏感失绿的基因，位于水稻第12染色体长臂上分子标记ID21199和ID21436之间的237 kb区域内，*tcml2*在20 ℃条件下第2、第3幼叶失绿，第4叶开始完全转绿，而24 ℃以上条件其表型与野生型一致，呈正常绿色。本研究所鉴定的叶色突变体*zebra1349*秧苗期如果不移栽，与野生型一样表现绿色，移栽后5 d新出的叶片包括叶鞘会呈现出与叶脉垂直的黄绿相间条纹，移栽后30 d抽出的叶片又表现正常绿色，其叶色变异特征和以往报道的斑马叶色突变体完全不同，并且其基因位于水稻第12染色体短臂靠近着丝粒 InDel 标记 indel39 和 indel44 之间，因此无论是从叶色的表型上还是基因在染色体的位置上都可推断 *ZEBRA1349* 是一个新的叶色基因。

叶绿体是光合作用的场所，其发育调控机制一直是植物生理和分子生物学研究的热点。Kusumi 等[34]将水稻叶绿体发育在分子水平上分为3个时期：①与叶绿体发育和分裂相关的基因（如 *OsPOLP*1 和 *FtsZ*）大量表达；②依赖核基因编码的 RNA 聚合酶（NEP）转录的质体编码的 RNA 聚合酶（PEP）基因，如 *OsRpoTp*、*v*2、*rpoA* 等基因大量表达；③与光合作用相关的核编码和质体编码的基因大量表达。*zebra1349* 是一个由移栽等机械损伤引起叶色变异的新材料，其调控叶色变异的分子机制可能不同于以往叶色突变体，该突变体的发现可能会成为研究高等植物叶绿体发育机理的理想材料。本研究将 *ZEBRA1349* 基因定位在水稻第12染色体短臂靠近着丝粒 InDel 标记 indel39 和 indel44 之间，分别距其 0.04 cM 和 0.17cM，根据日本晴序列可知物理距离约为 89 kb。利用 MSU 网站对该区域内的12个预测基因分析，发现2个与叶色有关的基因，1个是 LOC_Os12g18630，该基因表达蛋白与质体发育有关；另一个是 LOC_Os12g18640，该基因编码一个三角状五肽蛋白（pentatricopeptide repeat protein）。近年来的研究表明，*PPR* 基因在植物中大量存在，水稻基因组中有650个，PPR 蛋白基因由细胞核控制，亚细胞定位大多数定位在叶绿体或线粒体上，PPR 蛋白基因对这些细胞器基因的表达具有重要的调控作用[35]，许多植物失绿突变体与 PPR 蛋白有关[36]，生物信息学方法分析表明 PPR 的基因结构有一个显著特点，其基因序列几乎不含内含子[35]，而据水稻基因组信息，LOC_Os12g18640 只有一个内含子，其转录子全长 2028 bp，说明 LOC_Os12g18640 编码典型的 PPR 蛋白。但要最终确定哪个基因是 *ZEBRA1349*，还需对野生型和突变体全长基因进行克隆、测序，并对候选基因进行互补验证，相关研究正在进行当中。

近年来，叶色标记在育种中的应用愈来愈受到关注，舒庆尧等[37]经多年研究认为，作为叶色标记应具备以下4个条件：①标记性状明显，易鉴别；②标记性状稳定，不易受环境因素影响；③标记性状无显著负效应；④标记性状受隐性核基因控制。由于叶色突变往往直接或者间接影响叶绿素的合成降解，导致光合效率下降，造成植株生长发育不正常而减产，在迄今发现的水稻叶色突变体中，绝大多数由于农艺性状欠佳难以在育种上利用。*zebra1349* 遗传行为简单、由1对隐性核基因控制，叶色标记明显、易于识别，同时成熟期主要农艺性状与野生型相比差异均不显著，说明突变性状对植株的生长发育没有产生不利影响，因此，*ZEBRA1349* 作为叶色标记基因在水稻遗传育种中具有更大的应用前景。

4 结论

从恢复系育种材料［R128//（R318/R1025）F_1］F_6中获得一个斑马叶突变体 *zebra1349*，该突变体秧苗期如果不移栽，叶色和正常的秧苗一样表现绿色，移栽后 5 d，新出的叶片包括叶鞘会出现斑马叶性状，从第九叶开始及以后抽出的叶片表现正常绿色，成熟期主要农艺性状与野生型相比没有明显的差异。斑马叶片黄区部位中的叶绿素和类胡萝卜素含量显著下降，叶绿体结构异常，绿区部位叶绿体结构正常。突变性状由 1 对隐性核基因控制，该基因位于第 12 染色体短臂靠近着丝粒 InDel 标记 indel39 和 indel44 之间，遗传距离分别为 0.04 cM 和 0.17 cM，物理距离约为 89 kb，尚未见该区段内有叶色突变体的报道。*zebra1349* 是一个新的水稻叶色突变体，为水稻叶色变异机制的研究提供了理想材料，本研究为下一步该基因的克隆和功能分析奠定了基础。

References
参考文献

［1］Awan M A, Konzak C F, Rutger J N, Nilan R A. Mutagenic effects of sodium azide in rice. *Crop Sci*, 1980, 20: 663-668

［2］黄晓群，赵海新，董春林，孙业盈，王平荣，邓晓建. 水稻叶绿素合成缺陷突变体及其生物学研究进展. 西北植物学报，2005，25：1685-1691

［3］Fambrini M, Castagna A, Dalla Vecchia F, Degl' innocenti E, Ranieri A, Vernieri P, Pardossi A, Guidi L, Rascio N, Pugliesi C. Characterization of a pigment-deficient mutant of sunflower（*Helianthus annuus* L.）with abnormal chloroplast biogenesis, reduced PSII activity and low endogenous level of abscisic acid. *Plant Sci*, 2004, 167: 79-89

［4］Parks B M, Quail P H. Phytochrome-deficient *hy1* and *hy2* long hypocotyl mutants of Arabidopsis are defective in phytochrome chromophore biologysynthesis. *Plant Cell*, 1991, 3: 1177-1186

［5］Agrawal G K, Yamazaki M, Kobayashi M, Hirochika R, Miyao A, Hirochika H. Screening of the rice viviparous mutants generated by endogenous retrotransposon tos17insertion. Tagging of a zeaxanthin epoxidase gene and a novel *OsTATC* gene. *Plant Physiol*, 2001, 125: 1248-1257

［6］Stern D B, Hanson M R, Barkan A. Genetics and genomics of chloroplast biogenesis: maize as a model system. *Trends Plant Sci*, 2004, 9: 293-301

［7］沈圣泉，舒庆尧，吴殿星，陈善福，夏英武. 白化转绿型水稻三系不育系白丰 A 的选育. 杂交水稻，2005，20（5）：10-11

［8］邓晓娟，张海清，王悦，舒志芬，王国槐，王

国梁. 水稻叶色突变基因研究进展. 杂交水稻，2012，27(5)：9-14

[9] 谭炎宁，孙学武，袁定阳，孙志忠，余东，何强，段美娟，邓华凤，袁隆平. 水稻单叶独立转绿型黄化突变体 *grc2* 的鉴定与基因精细定位. 作物学报，2015，41：831-837

[10] 钱前，朱旭东，曾大力，张小惠，严学强，熊振民. 细胞质基因控制的新特异材料白绿苗的研究. 作物品种资源，1996(4)：11-12

[11] 李贤勇，王楚桃，李顺武，何永歆，陈世全. 一个水稻高叶绿素含量基因的发现. 西南农业学报，2002，15(4)：122-123

[12] Jung K H，Hur J，Ryu C H，Choi Y，Chung Y Y，Miyao A，Hirochika H，An G. Characterization of a rice chlorophyll-deficient mutant using the T-DNA gene-trap system. *Plant Cell Physiol*，2003，44：463-472

[13] Zhang H T，Li J J，Yoo J H，Yoo S C，Cho S H，Koh H J，Seo H S，Paek N C. Rice *chlorina-1* and *chlorina-9* encode ChlD and ChlI subunits of Mg-chelatase，a key enzyme for chlorophyll synthesis and chloroplast development. *Plant Mol Biol*，2006，62：325-337

[14] Wu Z M，Zhang X，He B，Diao L P，Sheng S L，Wang J L，Guo X P，Su N，Wang L F，Jiang L，Wang C M，Zhai H Q，Wan J M.A chlorophyll-deficient rice mutant with impaired chlorophyllide esterification in chlorophyll biosynthesis. *Plant Physiol*，2007，145：29-40

[15] Lee S，Kim J H，Yoo E S，Lee C H，Hirohika H，An G. Differential regulation of *chlorophyll a oxygenase* genes in rice. *Plant Mol Biol*，2005，57：805-818

[16] Sugimoto H，Kusumi K，Tozawa Y，Yazaki J，Kishimoto N，Kikuchi S，Iba K. The *virescent-2* mutation inhibits translation of plastid transcripts for the plastid genetic system at an early stage of chloroplast differentiation. *Plant Cell Physiol*，2004，45：985-996

[17] Yoo S C，Cho S H，Sugimoto H，Li J，Kusumi K，Koh H J，Koh I，Paek N C. Rice *virescent3* and *stripe1* encoding the large and small subunits of ribonucleotide reductase are required for chloroplast biogenesis during early leaf development. *Plant Physiol*，2009，150：388-401

[18] Gothandam K M，Kim E S，Cho H J，Chung Y Y. *OsPPR1*，a pentatricopeptide repeat protein of rice is essential for the chloroplast biogenesis. *Plant Mol Biol*，2005，58：421-433

[19] Park S Y，Yu J W，Park J S，Li J，Yoo S C，Lee N Y，Lee S K，Jeong S W，Seo H S，Koh H J，Jeon J S，Park Y I，Paek N C. The senescence-induced stay green protein regulates chlorophyll degradation. *Plant Cell*，2007，19：1649-1664

[20] Kusaba M，Ito H，Morita R，Iida S，Sato Y，Fujimoto M，Kawasaki S，Tanaka R，Hirochika H，Nishimura M，Tanaka A. Rice NON-YELLOW COLORING1 is involved in light-harvesting complex II and grana degradation during leaf senescence. *Plant Cell*，2007，19：1362-1375

[21] Yutaka S，Ryouhei M，Susumu K，Minoru N，Ayumi T，Makoto K.Two short-chain dehydrogenase/reductases，NON-YELLOW COLORING 1 and NYC1-LIKE，are required for chlorophyll b and light-harvesting complex II degradation during senescence in rice. *Plant J*，2009，57：120-131

[22] Wang P R，Gao J X，Wan C M，Zhang F T，Xu Z J，Huang X Q，Sun X Q，Deng X J. Divinyl chlorophyll (ide) a can be converted to monovinyl chlorophyll (ide) a by a divinyl reductase in rice. *Plant Physiol*，2010，153：994-1003

[23] Lichtenthaler H K. Chlorophylls and carotenoids: Pigments of photosynthetic biomembranes. *Methods Enzymol*，1987，148：350-382

[24] Murray M G，Thompson W F. Rapid isolation of

high molecular weight plant DNA. *Nucl Acids Res*, 1980, 8: 4321–4326

[25] Michelmore R W, Paran I, Kesseli R V. Identification of markers linked to disease-resistance genes by bulked segregant analysis: a rapid method to detect markers in specific genomic regions by using segregating populations. *Proc Natl Acad Sci USA*, 1991, 88: 9828–9832

[26] Iwata N, Omura T, Sato H. Linkage studies in rice (*Oryza sativa* L.) on some mutants for physiological leaf spots. *Fac Agric Kushu Univ*, 1978, 22: 243–251

[27] Wang Q S, S C, Ling Y H, Zhao F M, Yang Z L, Li Y F, He G H.Genetic analysis and molecular mapping of a novel gene for zebra mutation in rice (*Oryza sativa* L.). *J Genet Genomics*, 2009, 36: 679–684

[28] 李燕群，钟萍，高志艳，朱柏羊，陈丹，孙昌辉，王平荣，邓晓建. 水稻斑马叶突变体 *zebra524* 的表型鉴定及候选基因分析. 中国农业科学，2014，47: 2907–2915

[29] Li J J, Pandeya D, Nath K, Zulfugarov I S, Yoo S C, Zhang H T, Yoo J H, Cho S H, Koh H Jon, Kim D S, Seo H S, Kang B C, Lee C H, Paek N C. *ZEBRA-NECROSIS*, a thylakoid-bound protein, is critical for the photoprotection of developing chloroplastsduring early leaf development. *Plant J*, 2010, 62: 713–725

[30] Chai C L, Fang J, Liu Y, Tong H N, Gong Y Q, Wang Y Q, Liu M, Wang Y P, Qian Q, Cheng Z K, Chu C C. *ZEBRA2*, encoding a carotenoid isomerase, is involved in photo protection in rice. *Plant Mol Biol*, 2011, 75: 211–221

[31] Mao D H, Yu H H, Liu T M, Yang G Y, Xing Y Z. Two complementary recessive genes in duplicated segments control etiolation in rice. *Theor Appl Genet*, 2011, 122: 373–383

[32] Dong Y J, Lin D Z, Mei J, Su Q Q, Zhang J H, Ye S H, Zhang X M. Genetic analysis and molecular mapping of a thermo-sensitive chlorosis mutant in rice. *Mol Plant Breed*, 2013, 11: 1–7

[33] Shi J Q, Wang Y Q, Guo S, Ma L, Wang Z W, Zhu X Y, Sang X C, Ling Y H, Wang N, Zhao F M, He G H. Molecular mapping and candidate gene analysis of a *yellow-green leaf* 6 (*ygl6*). *Crop Sci*, 2014, 55: 669–680

[34] Kusumi K, Chono Y, Shimada H, Gotoh E, Tsuyama M, Iba K.Chloroplast biogenesis during the early stage of leaf development in rice. *Plant Biotechnol*, 2010, 27: 85–90

[35] Lurin C, Andres C, Aubourg S, Bellaoui M, Bitton F, Bruyere C, Caboche M, Debast C, Gualberto J, Hoffmann B, Lecharny A, Ret M L, Martin-Magniette M L, Mireau H, Peeters N, Renou J P, Szurek Boris, Taconnat L, Small I. Genome-wide analysis of arabidopsis pentatricopeptide repeat proteins reveals their essential role in organelle biogenesis. *Plant Cell*, 2004, 16: 2089–2103

[36] Su N, Hu M L, Wu D X, Wu F Q, Fei G L, Lan Y, Chen X L, Shu X L, Zhang X, Guo X P, Cheng Z J, Lei C L, Qi C K, Jiang L, Wang H Y, Wan J M. Disruption of a rice pentatricopeptide repeat protein causes a seedling-specific albino phenotype and its utilization to enhance seed purity in hybrid rice production. *Plant Physiol*, 2012, 159: 227–238

[37] 舒庆尧，夏英武，左晓旭，刘贵付. 二系杂交水稻制繁种中利用标记辅助去杂技术. 浙江农业大学学报，1996，22(1): 56–60

作者：郭国强　孙学武　孙平勇　尹建英　何　强　袁定阳　邓华凤*　袁隆平*

注：本文发表于《作物学报》2016 年第 42 卷第 7 期。

Integrated Analysis of Phenome, Genome, and Transcriptome of Hybrid Rice Uncovered Multiple Heterosis-Related Loci for Yield Increase

【Abstract】Hybrid rice is the dominant form of rice planted in China, and its use has extended worldwide since the 1970s.It offers great yield advantages and has contributed greatly to the world's food security.However, the molecular mechanisms underlying heterosis have remained a mystery.In this study we integrated genetics and omics analyses to determine the candidate genes for yield heterosis in a model two--line rice hybrid system, Liang-you-pei 9 (LYP9) and its parents. Phenomics study revealed that the better parent heterosis (BPH) of yield in hybrid is not ascribed to BPH of all the yield components but is specific to the BPH of spikelet number per panicle (SPP) and paternal parent heterosis (PPH) of effective panicle number (EPN) .Genetic analyses then identified multiple quantitative trait loci (QTLs) for these two components.Moreover, a number of differentially expressed genes and alleles in the hybrid were mapped by transcriptome profiling to the QTL regions as possible candidate genes.In parallel, a major QTL for yield heterosis, *rice heterosis 8* (*RH8*), was found to be the *DTH8/Ghd8/LHD1* gene.Based on the shared allelic heterozygosity of *RH8* in many hybrid rice cultivars, a common mechanism for yield heterosis in the present commercial hybrid rice is proposed.

【Keywords】hybrid rice; heterosis; yield; QTL; RH8

Hybrids often present phenotypes that surpass their parents in terms of growth and fertility, a phenomenon known as "hybrid vigor" or "heterosis," which was first described by Charles Darwin in 1876 (1) and was rediscovered by George H.Shull 32 y later (2) .Since then, because of its practical importance and scientific significance, heterosis has become a primary interest for both breeders and biologists.Beginning with the breeding of hybrid maize in the 1930s, and later continued by commercialization of hybrid rice in the 1970s, crop heterosis has been applied extensively to the agricultural production of several species, offering significant yield advantages over the respective traditional inbred lines worldwide (3) .

However, despite the successful agronomic exploitation of yield heterosis in crop production, progress in uncovering the molecular mechanisms underlying crop heterosis has lagged, although three main competing but nonmutually exclusive hypotheses— dominance (4, 5), over-dominance (6, 7), and epistasis (8, 9)—have been proposed to explain heterosis at the genetic level.Recently, Birchler et al. (10) suggested that additive partial dominance and over-dominance might be different points on a continuum of dosage effects of alleles.Thus far, by quantitative trait locus (QTL) mapping and genome-wide association studies (GWAS), a number of Mendelian factors, some of which are dominant and others that function in an over-dominant or an epistatic manner, have been identified in hybrid maize, rice, and other crops (11 - 15), Nevertheless, only a limited number of these factors have been characterized systematically for their involvement in yield heterosis (16) .On the other hand, high-throughput gene-expression profiling in heterotic cross combinations has been carried out in both maize and rice, and a large number of genes have been found to be differentially expressed in the hybrids and their parents (17); some of these genes were reported to display nonadditive expression, in support of over-dominance, but others were mainly additive, supporting the dominance hypothesis.In addition, allelic variation in gene expression in hybrids has been reported in maize and rice (18) .However, very few of the data obtained from high-throughput transcriptome analysis have been integrated with phenotypic profiles or mapped to single genetic loci associated with yield heterosis.Thus, a causative link between heterotic phenotypes and the underlying molecular events has yet to be established in grain crops.Therefore describing heterosis in a predictable manner is a major challenge, mainly because the genetic and molecular parameters of heterosis are far from elucidated (19) .

In the model plant *Arabidopsis thaliana*, vegetative growth heterosis has been well studied.Hybrid vigor occurs in both interand intraspecies combinations, to different degrees depending on developmental stages, tissues, and cross combinations and even with maternal effects in some crosses (17, 20) . *Arabidopsis* hybrid vigor can be observed in such varying traits as photosynthetic efficiency, seedling viability, seed number, phosphate efficiency, biomass, freezing tolerance, seed size, flowering time, metabolite contents, and leaf area (21, 22) .Of note, genes involved in flowering time and circadian clock control were found to be linked to heterosis by mediating physiological and metabolic pathways (21 - 25) .Recent studies further confirm the role of epigenetic regulation of transcription in hybrid vigor in *Arabidopsis* (25 - 27) .Although *Arabidopsis* is not a staple crop, these advanced studies gave deep insight into the molecular mechanism of heterosis and highlighted the importance of integrating molecular approaches with phenomics methods for the study of crop heterosis.

To understand the mechanisms underlying heterosis in rice, we have undertaken sequential research steps to identify the genes responsible for yield heterosis in Liang-you-pei 9 (LYP9), a model two-line superhybrid rice from the cross of Peiai64S (PA64S) × 93 - 11 (28 - 30) that was ranked as the most widely planted hybrid rice cultivar in China from 2002 - 2007.We first sequenced the genome of the paternal variety 93 - 11 (31) and then profiled and compared the transcriptomes of LYP9 and its two parents at various life stages (32) .Subsequently, we released the whole-genome sequence of the other parental line, PA64S (33), and developed a recombinant inbred line (RIL) population consisting of

219 RILs derived from LYP9 and a backcross population (RILBC1) derived from crossing each RIL with the female parent PA64S (34). In this study, we integrated phenome analyses, QTL mapping by genome resequencing, and transcriptome profiling to identify genes that drive yield heterosis in LYP9s.

Results

The Grain Yield Heterosis in LYP9 Is the Result of Hybrid Vigor in Only Two Yield-Component Traits, Spikelet Number per Panicle and Effective Panicle Number. A two-line rice hybrid has a maternal parent with photo-thermogenic male sterility and a paternal parent that possesses fertility restoration capacity. The paternal line itself is usually an excellent inbred variety as well. To be commercially advantageous, a two-line hybrid should outperform its paternal parent with respect to agronomic traits, especially the traits related to grain yield. Thus, heterotic traits in the two-line rice hybrid are those that exceed either the better parent value (BPV) or the midparent value (MPV) on the basis of the good performance of the paternal parent value (PPV). Accordingly, heterosis in a two-line rice hybrid is actually referred as "heterobeltiosis" [i.e., better parent heterosis (BPH)], "middle parent heterosis" (MPH), or "paternal parent heterosis" (PPH).

Normally, the grain yield of hybrid LYP9 in the field is about 9.5–11.0 metric tons/hectare (MTH), corresponding to an increase of 10.6%–25.2% over the model three-line hybrid variety Shanyou 63 (SY63) (30, 35). However, the degree to which LYP9 outperforms its parents in yield-related traits had not been well defined before the current study. To determine the causal traits for yield heterosis, we carried out a phenomics investigation focusing on the performance of the yield and yield-component traits in LYP9 compared with its two parents during five consecutive years under standard agricultural conditions in Changsha, China (28°12′N, 112°58′E, long-day conditions) and in Sanya, China (18°15′N, 109°30′E, short-day conditions). The yield traits were evaluated in terms of field yield (FY) and yield per plant (YPP), and the yield-component traits included grains per panicle (GPP) [with its two components, spikelet numbers per panicle (SPP) and seed set rate (SRT)], effective panicle number (EPN), and 1,000-grain weight (KGW). For the maternal parent PA64S, no yield traits other than EPN and SPP were recorded because it cannot produce filled grains during the hybrid growing season. The data are collectively presented in Dataset S1, and, as an example, the results obtained in 2013 in Changsha, a typical growing region for two-line hybrid rice cultivars in China, are shown in Fig.1. Under our field conditions, the FY of LYP9 could reach 9.8 MTH, a 13.8%–37.9% increase over its male parent 93-11 (Fig.1 A and *B*); the YPP for LYP9 was 31.3 g, 25.3% higher than for 93-11 (Fig.1*B*). Thus, LYP9 shows obvious BPH and PPH for both field yield and grain yield per plant. However, when all the component traits of YPP were compared in the hybrid and the two parents, we found that no obvious BPH in the yield components except for GPP. Furthermore, when SPP and SRT, the two component traits of GPP, were investigated, a complicated scenario appeared. The SPP in LYP9 was 175.1, 23.8 more than in 93-11 and 41.1 more than in PA64S on average, representing an increase of 15.7% over the PPV and/or BPV (Fig.1*B*). Moreover, the constituents of the SPP, including primary branch number, secondary branch number, and spikelet number in each branch, were all significantly higher in the hybrid than in either parent, with a heterosis level of 4.5%,

1.6%, 7.7%, and 6.4%, respectively, over the BPV of PA64S and 13.3%, 43.8%, 18.7%, and 5.9% over the PPV of 93－11 (Fig.1*C*) .However, the SRT of LYP9 fell below 65.9%, 14.1% lower than the PPV of 80.0%.Cumulatively, LYP9 developed 12.5% more filled grains per panicle than did 93－11, giving a PPH of 10.4% (Fig.1*B*) .Also, LYP9 had an EPN of 8.2 on average, lower than the 10.6 EPN of in PA64S but higher than the EPN of 7.30 in 93－11, which was 8.1% lower than the MPV but 12.6% higher than the PPV (Fig.1*B*) .Moreover, the KGW of LYP9 was 26.4 g, 5.2 g less than that of 93－11, representing a 16.5% reduction compared with the PPV (Fig.1*B*) .In addition, the agronomic traits that indirectly impact rice yield, such as plant height (PH), tiller number, biomass, heading date (HD), photosynthesis capacity in leaf, and vascular number in stem, were also analyzed dynamically at four agronomically important stages: in 20d-old seedlings, at tillering, at heading, and at maturity. No significant differences were detected between LYP9 and 93－11 except for PH, tiller number, and consequently biomass in vegetative growth (*SI Appendix*, Fig.S1) .

When grain yield and its component traits in the hybrid and its parents were compared year by year, the heterotic expressions varied significantly at different geographical locations (Dataset S1); however

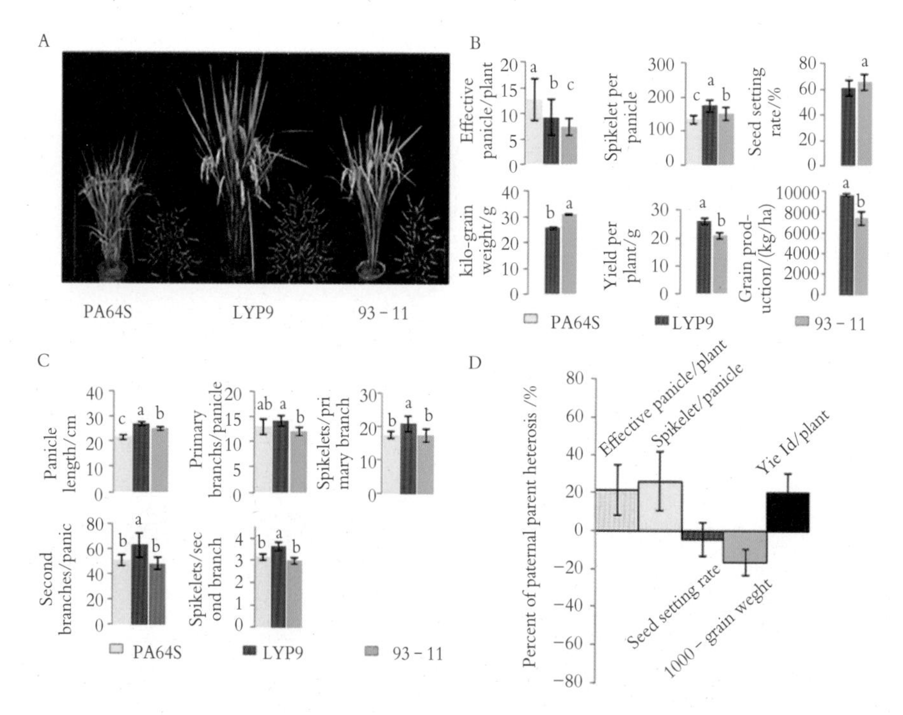

Fig.1 Phenotypes of the rice hybrid LYP9 and its parental inbred lines. (*A*) Whole-plant and panicle morphology of the two-line rice hybrid LYP9 and its parental lines Peiai64S (PA64S) and 93 － 11.The images were taken when the plants had reached maturity. (Scale bars : left , 50 cm , plant height ; right , 10 cm , panicle length.) (*B*) Phenomics investigation into the yield performance and yield-component traits in LYP9 and its two parents. (*C*) Phenomics investigation into the performance of panicle-related traits in LYP9 and its two parents.B and C show examples of results obtained in 2013 under normal agricultural conditions in Changsha , China (28°12′N , 112°58′E , long-day conditions) .Different letters above the bars represent significant differences ($P < 0.05$) by t test. (*D*) The percent of yield and yield component PPH.

all heterotic traits other than the SRT could be stably detected across all 5 y (although at varied levels) in both Changsha and Sanya.The SRT for either LYP9 or 93-11 changed significantly with year and geographic location, so that the SRT of the hybrid could be higher, lower, or equal to that of 93-11, and in general no reliable PPH was observed for the SRT.When these observations are considered together, the yield heterosis of LYP9 is not reflected in all yield-related traits but only in two specific yield-related components: the outperformance of the SPP over the BPV and of the EPN over the PPV in the hybrid, which in most cases must offset the negative effects of the grain weight (GW) and the reduced SRT in the hybrid (Fig.1*D*) .

The Yield-Related Heterotic Traits of LYP9 Are Shared by Other Commercial Hybrid Rice Cultivars. The yield traits and yield-related heterosis were surveyed further in 13 other representative commercial hybrid rice cultivars, including the most frequently planted superhybrids and the three-line hybrid rice SY63, to see whether our observations in LYP9 are common features of hybrid rice combinations (Fig.2) .We performed cluster analyses of the heterotic performances of the hybrids for each of the yield-related traits (Fig.2*A* and Dataset S1) .Significant yield outperformance of the hybrids over the PPV was observed in all combinations, with the level of the PPH ranging from 8.6-43.6%; in all instances the SPP wasamajor causal trait for yield heterosis.In all the combinations hybrids exhibited MPH for the SPP; nine of these combinations presented BPH, and all but three showed PPH.We found that the EPN also was a determinant yield component for yield heterosis in most combinations.Similar to our observations in LYP9, no hybrids developed more tillers than the BPV, and all but two developed fewer tillers than the MPV.However, PPH for the EPN was still detected in 9 of 13 combinations.In contrast, no consensus PPH was observed for KGW.Similarly, we found that the SRT was higher than,

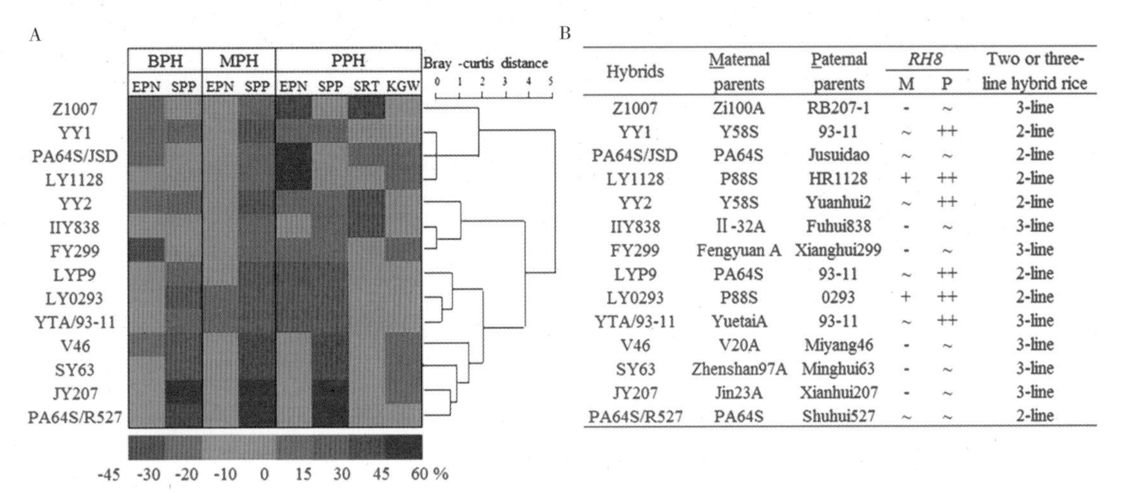

Hybrids	Maternal parents	Paternal parents	*RH8* M	*RH8* P	Two or three-line hybrid rice
Z1007	Zi100A	RB207-1	-	~	3-line
YY1	Y58S	93-11	~	++	2-line
PA64S/JSD	PA64S	Jusuidao	~	~	2-line
LY1128	P88S	HR1128	+	++	2-line
YY2	Y58S	Yuanhui2	~	++	2-line
IIY838	II-32A	Fuhui838	-	~	3-line
FY299	Fengyuan A	Xianghui299	-	~	3-line
LYP9	PA64S	93-11	~	++	2-line
LY0293	P88S	0293	+	++	2-line
YTA/93-11	YuetaiA	93-11	~	++	3-line
V46	V20A	Miyang46	-	~	3-line
SY63	Zhenshan97A	Minghui63	-	~	3-line
JY207	Jin23A	Xianhui207	-	~	3-line
PA64S/R527	PA64S	Shuhui527	~	~	2-line

Fig.2 Heterosis performance of LYP9 and 13 other commercial hybrids and *RH8* genotype analysis. (*A*) Cluster analysis of LYP9 and 13 other rice hybrids based on yield-related traits.Cluster analysis was performed with the Vegan package in R using Bray-Curtis distance (https://cran.r-project.org/).Abbreviations are as defined in the text. (*B*) Genotypes of *RH8* in 14 hybrid combinations.+, weak allele; ++, strong allele; - and ~, null allele caused by either frameshift mutation or deletion of 1 116 bp.

lower than, or similar to the PPV, depending on the combinations.Thus, our observations suggest that the cumulative outperformance of PPH in the SPP (ascribed to either BPH or MPH) and of the PPH in tiller number (ascribed to MPH) are conserved features in these commercial hybrid rice cultivars, whereas the effects of SRT and GW are case dependent.

Construction of a High-Density SNP Marker Linkage Map and Detection of Yield-Related QTLs in the LYP9 - Derived RIL Population. To identify the candidate genes for yield-component traits of the parents of LYP9, we used an LYP9 - derived RIL population for QTL mapping.All the phenotypic values of the yield-component traits except for the HD obeyed a normal distribution, indicative of quantitative inheritance and suitable for QTL mapping (*SI Appendix*, Fig.S2) .The genomes of 219 RIL lines were sequenced to an average approximate depth of 1.8 - fold on an Illumina HiSEq 2 500 instrument.Based on the sequence variations in 93 - 11 and PA64S and the variant sequences among the RILs, 780, 717 loci were randomly selected for linkage analysis.The loci that cosegregated with one another were anchored into the same blocks, called "bins"; a total of 2,972 bins were used to construct the molecular linkage map using Highmaps software (*SI Appendix*, Fig.S3) .The phenotypic datasets for the RILs collected for 4 y in Changsha were first used for QTL analysis.A total of 27 QTLs for all traits were mapped independently on rice chromosomes 1, 2, 4, 6, 8, 10, 11, and 12 (Fig.3 and Dataset S2), 16 of which had been reported previously, with nine detected in another LYP9 - derived

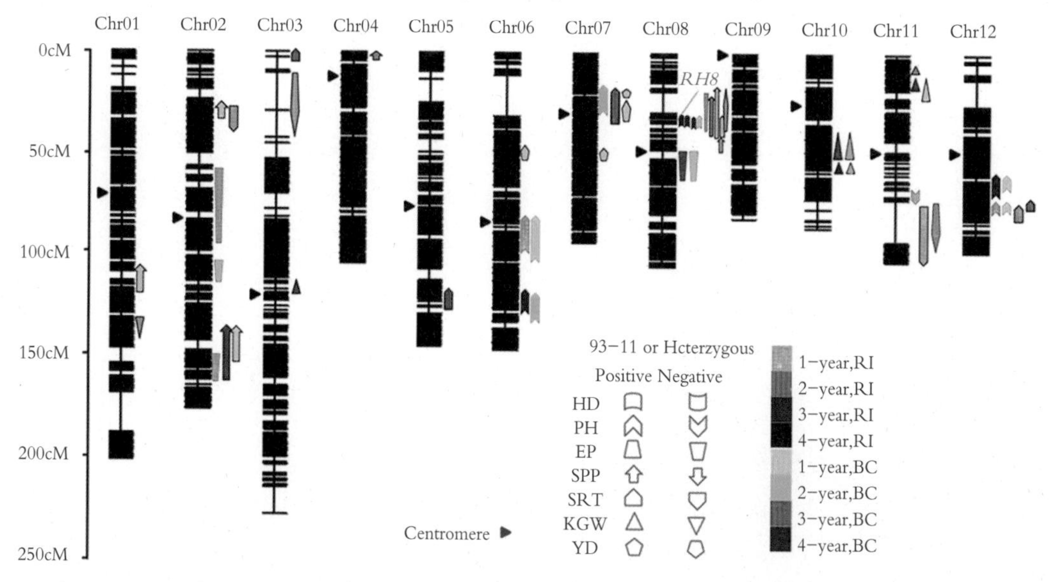

Fig.3 QTL analysis of heterosis in LYP9 based on the high-density bin maps derived from the RIL and RILBC populations. At left is the scale for the genetic length of each chromosome.The upward direction indicates that the 93 - 11 parental allele for each locus increases the phenotype in the RIL population or that the heterozygous genotype increases the phenotypes in the backcrossed (BC) population.The downward direction indicates that the 93 - 11 allele for each locus decreases the phenotype in the RIL population or that the heterozygous genotype decreases the phenotypes in the BC population.The red shapes indicate QTLs detected in the RIL population ; green shapes represent QTLs in the BC population.The intensity of the colors indicates QTLs detected for 1 to 4 year.

RIL population (36) and six detected ina set of chromosome segment substitution lines carrying PA64S genomic segments in the 93-11 genetic background (37) .Three of these QTLs on chromosomes 2, 4, and 8 were identified for SPP.The positive alleles of these QTLs were all from 93-11, and each explained less than 10% of the variance.Two QTLs were detected for EPN on chromosomes 2 and 8, with positive alleles originating from PA64S; these QTLs explained 7.0%-12.8% of the phenotypic variance.We detected four QTLs for SRT and four for GW with minor effects.In addition, one QTL was mapped for HD, and six were mapped for PH.With regard to the QTL positions, two QTL clusters are highlighted: *qSPP2/ qEP2* and *qHD8/qPH8/qSPP8/qYD8* are on chromosomes 2 and 8, respectively (Fig.3), suggesting that the two groups of loci may be controlled either by one gene with pleiotropy or by a group of closely linked genes.

Mapping of QTLs for Yield-Related Heterotic Traits in the RILBC1 Population. We then used the RILBC1 population (34) to detect QTLs for yield-component heterosis that are associated with the effects of the heterozygous genotype of 93-11 on the PA64S genetic background.Twenty-five loci for the respective phenotypes were detected on chromosomes 1, 2, 3, 6, 7, 8, 10, 11, and 12 in the 4-year results (Fig.3 and Dataset S2) .Twelve of these loci overlapped with QTLs detected in the RIL population, and 13 were detected independently in the RILBC1 population only, presenting a mode of dominance or superdominance in the heterozygote.A set of five QTLs for SPP were detected: three superdominant QTLs were mapped to chromosomes 1, 2, and 8, one partially dominant QTL was mapped to chromosome 2, and another displaying complete dominance was mapped to chromosome 8.The percent of variance explained by these loci ranged from 6.3%-13.7%. These five loci function together to drive the BPH of LYP9 for the SPP.For the EPN, we detected a completely dominant QTL on chromosome 2 and a partially dominant locus on chromosome 8, both of which were from PA64S; each explained less than 8% of the variance.This result is consistent with our observation of PPH in LYP9 for the EPN.In addition, four loci for the SRT and three for KGW were also detected, explaining 6.2%-17.2% of the phenotypic variance.QTLs for HD and PH in the hybrids were also analyzed.Only one QTL with partial dominance for HD on chromosome 8, named *qhHD8*, was identified in the RILBC1 population.As a major QTL, *qhHD8* explained more than 40% of the variance and had a genetic effect of 5.7d on average.For PH, six QTLs with incomplete dominance, over-dominance, or superdominance were detected.A major QTL was detected on chromosome 8 that displayed over-dominance and explained 28.4% of the variance, thus explaining why LYP9 had BPH for plant height (*SI Appendix*, Fig.S1) .

Notably, only one QTL cluster, *qhHD8/qhPH8/qhSPP8/qhEP8*, was found in the RILBC1 population, on chromosome 8. This cluster overlaps with the QTL cluster *qHD8/qPH8/qSPP8* that was detected in the RIL population (Fig. 3) . Because we later identified one gene with pleiotropic function in this cluster (see below), we tentatively named this QTL cluster *rice heterosis 8* (*RH8*) . It can explain >40% of the variance for HD in each population, and it overlaps with QTLs for SPP and PH. Thus, we regard this QTL cluster as the major effective locus contributing to yield heterosis in LYP9.

Transcription Profiling Reveals Significant Differences in Gene Expression Between LYP9 and Its Parents. To explore further the possible mechanisms and genes involved in the yield heterosis performance of LYP9, we profiled the transcriptomes of young inflorescence buds in the hybrid and its parents at the four successive early developmental stages at which the spikelet numbers were determined (*SI Appendix*, Fig. S4) (38) and in the 6-week-old leaf blades at the key stage for the rice reproductive growth transition (39) by genome-wide transcriptional profiling using the SOLiD next-generation sequencing system. In total, 21 different poly-A-enriched mRNA-sequencing libraries, including three biological replicates for the inflorescence buds (3-4 mm in length), were constructed and sequenced (*SI Appendix*, Fig. S5 and Dataset S3). We identified 15,843 differentially expressed genes (DEGs) ($P < 0.05$) out of 17,993 genes expressed in the panicle and 10,821 DEGs out of 15,145 genes expressed in the leaf between any two cultivars (Fig. 4*A* and *SI Appendix*, Table S1). Validating the RNA-sequencing data for dozens of genes by quantitative RT-PCR supported the reliability of our transcriptome data (*SI Appendix*, Fig. S6). Genes showing differential expression between the hybrid and its parental lines were classified into five major expression patterns based on gene-expression level: over higher parent (OHP), below lower parent (BLP), over midparent (OMP), below midparent (BMP), and similar to midparents (MPV), with the BMP and OMP patterns being the highest, ranging from 27%-35% for each stage, and the OHP and BLP patterns being the lowest, ranging from 3.8%-14% (Fig. 4*B* and *SI Appendix*, Table S2). We further identified a stack of nonadditive expressed genes (3,224-6,266) that differ significantly from the MPV (Fig. 4*C*). Kyoto Encyclopedia of Genes and Genomes (KEGG) pathway enrichment analysis for the nonadditively expressed genes in each stage revealed that they are involved in a variety of biological pathways (Fig. 4*D*). Most of the enriched pathways are for translation, transcription, circadian rhythm, carbon fixation, and starch and sucrose metabolism. Consistent with the reports that the circadian rhythm regulation and flowering time pathways are involved in *Arabidopsis* vegetative heterosis (23), some genes involved in circadian rhythm regulation and flowering time pathways were expressed at higher levels in the hybrid than in either parental line at one or more developmental stages (Fig. 4*E* and Dataset S4). Although we harvested the samples for transcriptome profiling only in the morning (*SI Appendix*, *SI Materials and Methods*), and thus the eveningexpressed circadian genes were missing in our current data, 16 known flowering-related genes, 34 circadian-associated factors, and 11 panicle-branching regulators were found to be nonadditively expressed in one or all stages of panicle and leaf development (Fig. 4*E* and Dataset S4). This list includes genes related to circadian rhythm and flowering time, such as *OsPHYA*, *B*, and *C*, and *OsPRR73/37/95/59*, *OsCCA1*, *OsLHY*, *OsGI*, and genes related to panicle branching and panicle development such as *FZP*, *Cga1*, *APO2*, *LAX1*, *TWA1*, and *DEP1/2/3*.

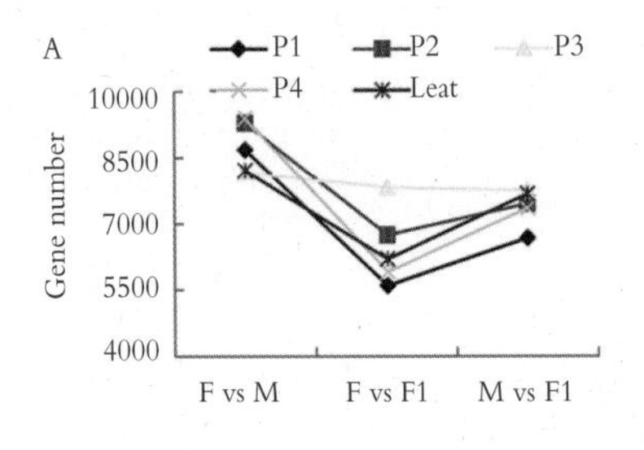

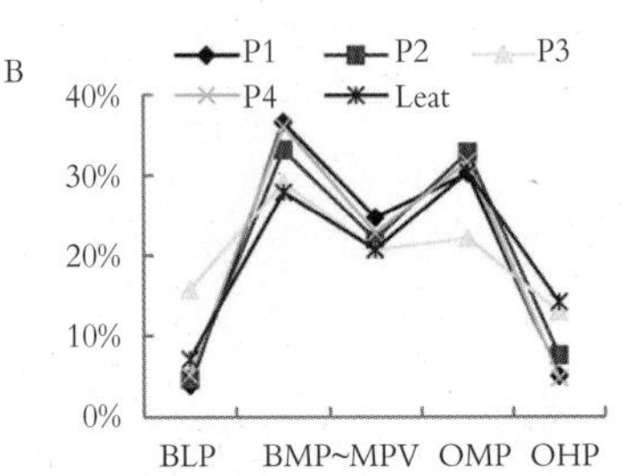

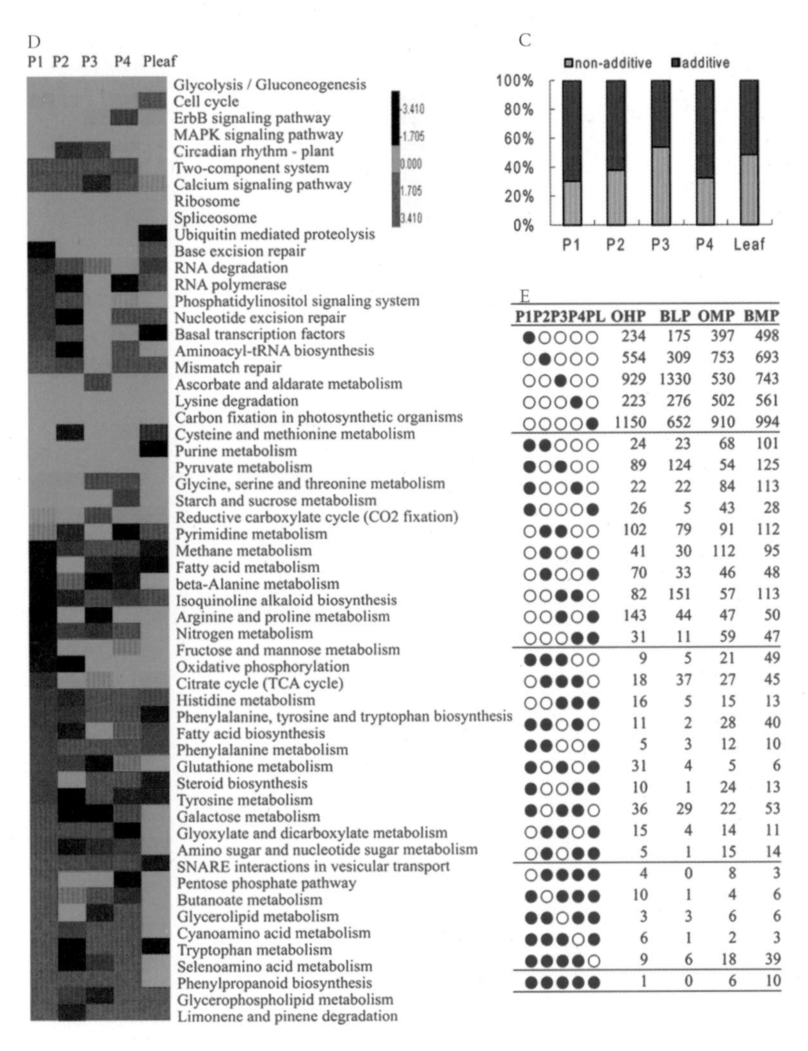

P1P2P3P4PL	OHP	BLP	OMP	BMP
●○○○○	234	175	397	498
○●○○○	554	309	753	693
○○●○○	929	1330	530	743
○○○●○	223	276	502	561
○○○○●	1150	652	910	994
●●○○○	24	23	68	101
●○●○○	89	124	54	125
●○○●○	22	22	84	113
●○○○●	26	5	43	28
○●●○○	102	79	91	112
○●○●○	41	30	112	95
○●○○●	70	33	46	48
○○●●○	82	151	57	113
○○●○●	143	44	47	50
○○○●●	31	11	59	47
●●●○○	9	5	21	49
○●●●○	18	37	27	45
○○●●●	16	5	15	13
●●○●○	11	2	28	40
●●○○●	5	3	12	10
●○●○●	31	4	5	6
●○○●●	10	1	24	13
●○●●○	36	29	22	53
○●●○●	15	4	14	11
○●○●●	5	1	15	14
○●●●●	4	0	8	3
●○●●●	10	1	4	6
●●○●●	3	3	6	6
●●●○●	6	1	2	3
●●●●○	9	6	18	39
●●●●●	1	0	6	10

Fig. 4 Expression patterns of DEGs. (*A*) The number of DEGs between any two cultivars in each sequenced sample. F, paternal line 93-11 (father); M, maternal line PA64S (mother); F1, F1 hybrid LYP9. P1, P2, P3, and P4 indicate young inflorescences collected in the morning from panicles with lengths of <1mm (P1), 1-2 mm (P2), 2-3 mm (P3), and 3-4 mm (P4). (*B*) The five major expression patterns of DEGs in the F_1 hybrids and their parental lines, based on reads per kilobase of transcript per million reads mapped (RPKM) values. (*C*) The percentage distribution of nonadditive and additive DEGs at each developmental stage. (*D*) Enriched KEGG pathways for nonadditive DEGs. (*E*) The number of nonadditive DEGs for four major expression patterns (OHP, BLP, OMP, BMP) in those sequenced developmental periods showed as filled circles.

In addition, based on the genomic sequence SNPs discovered by resequencing the PA*64*S and *93-11* genomes and the expressed SNPs (eSNPs) found by surveying the transcriptome sequences (see details in *Materials and Methods*), we constructed a heterozygosity map of LYP*9* (*SI Appendix*, Fig. S*7A* and *B*) to identify allelic DEGs in the hybrid. Of the total *3, 767-5, 770* DEGs with eSNPs (Materials and Methods), *0.26-0.45%* of the DEGs showed monoallelic expression (MAE) i.e., expressing only one maternal or paternal allele in a parent-dependent fashion, 11.63% - 13.65% of the DEGs showed preferential allelic expression (PAE), i.e., more than a twofold difference between the two expressed alleles, and 85.91% - 88.11% of the DEGs showed biallelic expression (BAE).

Several Differentially Expressed Genes Are Located in the Yield-Related QTL Regions. To integrate the data from transcriptome profiling and QTL mapping, we mapped the DEGs onto the QTL regions (Fig. 5). In the five QTL regions for SPP, 673 genes were differentially expressed in LYP9 and

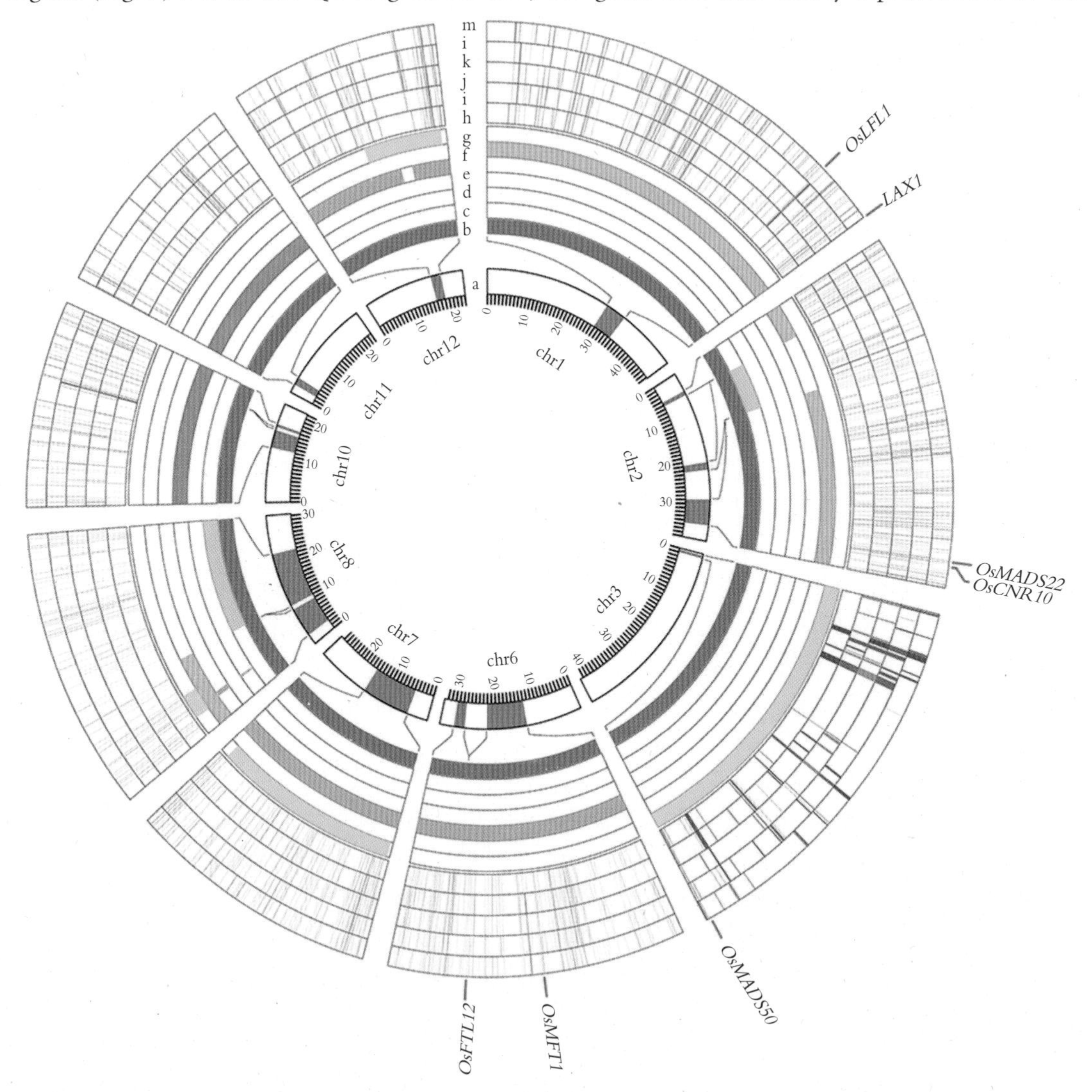

Fig. 5 Distribution of mapped heterosis QTLs and DEGs in QTL regions.a and b : Mapped QTLs for related phenotypes shown in red blocks (a) and in purple bars (b) at amplified modes. c–h : QTL blocks for EPN (c, cyan), HD (d, yellow), KGW (e, red), PH (f, blue), SPP (g, orange), and SRT (h, greeb) phenotypes. i–m : DEGs located in the QTL regions in panicles with lengths of 0–1 mm (i, P1), 1–2 mm (j, P2), 2–3 mm (k, P3), and 3–4 mm (l, P4) and leaves (m). The names of some known flowering genes are indicated on the outside of the circle.

its parents at the young inflorescence bud stages (Dataset S5). Of these, *17* overlapped with the QTL peak signals (*SI Appendix*, Table S3). Interestingly, we found one known flowering-related gene, *OsMADS22* (LOC_Os02g52340, spikelet meristem indeterminacy) (40), and one known circadian rhythm-related gene, *OsLFL1* (LOC_Os01g51610), which are known to be involved in regulating flowering time and panicle development (41, 42), located in the overlapping regions of *qhSPP2.2* and *qhSPP1* and expressed in the BMP and OHP modes, respectively. In addition, there are 236 DEGs in the QTL loci for EPN, 4 in the QTL loci for HD, 349 in the QTL loci for SRT, 199 in the QTL loci for KGW, and 521 in the QTL loci for PH (Fig. 5). The DEGs located in the identified heterosis-related QTL regions, especially those in the QTL peak regions, could provide clues about the genes responsible for yield-related trait heterosis in the hybrid. We next investigated the allelic DEGs in the QTL regions of the hybrid.Atotal of 868 DEGs with eSNPs were found to be located in the yield-related QTL regions, 649 of which showed MAE or PAE patterns, suggesting their possible relationships to yieldrelated component heterosis. For example, a gene putatively regulating cell number, *OsCNR10* (LOC_Os02g52550) (43), located in the *qEP2.3*-, *qSPP2.2*-, and *qhSPP2.2*-overlapping regions, was expressed nonadditively in the LYP9 hybrid, with the expression of the paternal allele 2.3 times that of the maternal allele. Similarly, for LOC_Os06g29800, a member of the pentatricopeptide repeat (PPR) family located in the *qhPH6.1* region, the paternal allele is expressed preferentially in LYP9 at about twofold the frequency of the maternal allele. For LOC_Os10g33620, a ubiquitin protein located in the *qKGW10* regions, the maternal allele is dominantly expressed in LYP9 (*SI Appendix*, Fig. S7C). These genes that show preferential allelic expression in QTL regions might play roles in yield-related trait heterosis.

The Heterotic Locus for *RH8* Is the Known Gene *DTH8/Ghd8/LHD1*. The *RH8* QTL cluster on chromosome 8 explained >40% of the variance for HD, 28.7% for PH, and 6.3% for SPP in the RILBC1 population and also showed strong effects in the RIL population. To identify further the exact gene (s) responsible for these QTLs, HD was chosen as the first trait for fine mapping, and it was mapped to a 31.8 kb interval in bin 9,220 (Fig. 6*A*; also see *SI Appendix*, *SI Materials and Methods*). There are three annotated genes, LOC_Os08g07740 (*DTH8/Ghd8/LHD1*), LOC_Os08g07760 (BRI1-associated receptor kinase), and LOC_Os08g07774 (disease resistance protein RPM1) in this bin (Fig. 6 B and *C*). Notably, one of these genes, *DTH8/Ghd8/LHD1*, has been shown previously to be a pleiotropic major QTL responsible for HD, PH, and grain yield (44-46) and also for tiller number in a genetic backgrounddependent manner (44). Moreover, this gene has been confirmed to be *qSN8* and *qHD8*, which are responsible for HD and SPP, respectively, in a previously reported population consisting of 132 LYP9-derived RILs (36). In that study, the 93-11 allele was shown to be able to complement the PA64S allele in HD, PH, and grain yield simultaneously. Of note, in the RILBC1 population the *DTH8/Ghd8/LHD193-11* lines had significantly higher SPP (~18.2%) and were later maturing (~14.6%) and taller (~14.8%) than the *DTH8/Ghd8/LHD1PA64S* lines (*SI Appendix*, Fig. S8). Thus, we can conclude that *DTH8/Ghd8/LHD1* is the responsible gene in the *RH8* QTL cluster.

We then sequenced the promoter region and the coding region of *RH8* in 93-11 and PA64S and confirmed the presence of a previously reported deletion of 8 bp in the promoter region of the PA64S allele (36) . In addition, we found four SNPs (T-873→C-873, G-537→A-537, T-418→C-418, and G-333→A-333) in the promotor region and two deletions (+322A+323, +813GGCGGCGGC+822) and one insertion (+519GGC+522) in the coding region (Fig. 6*C*) . Notably, the 1-bp deletion (+322A+323) results in a frameshift mutation that leads to a premature termination codon (Fig. 6*C*) . Thus the RH^{8PA64S} allele is nonfunctional. As a result, the genetic effect of *RH8* in LYP9 is caused mainly by allelic heterozygosity of one functional allele and one nonfunctional allele in the hybrid.

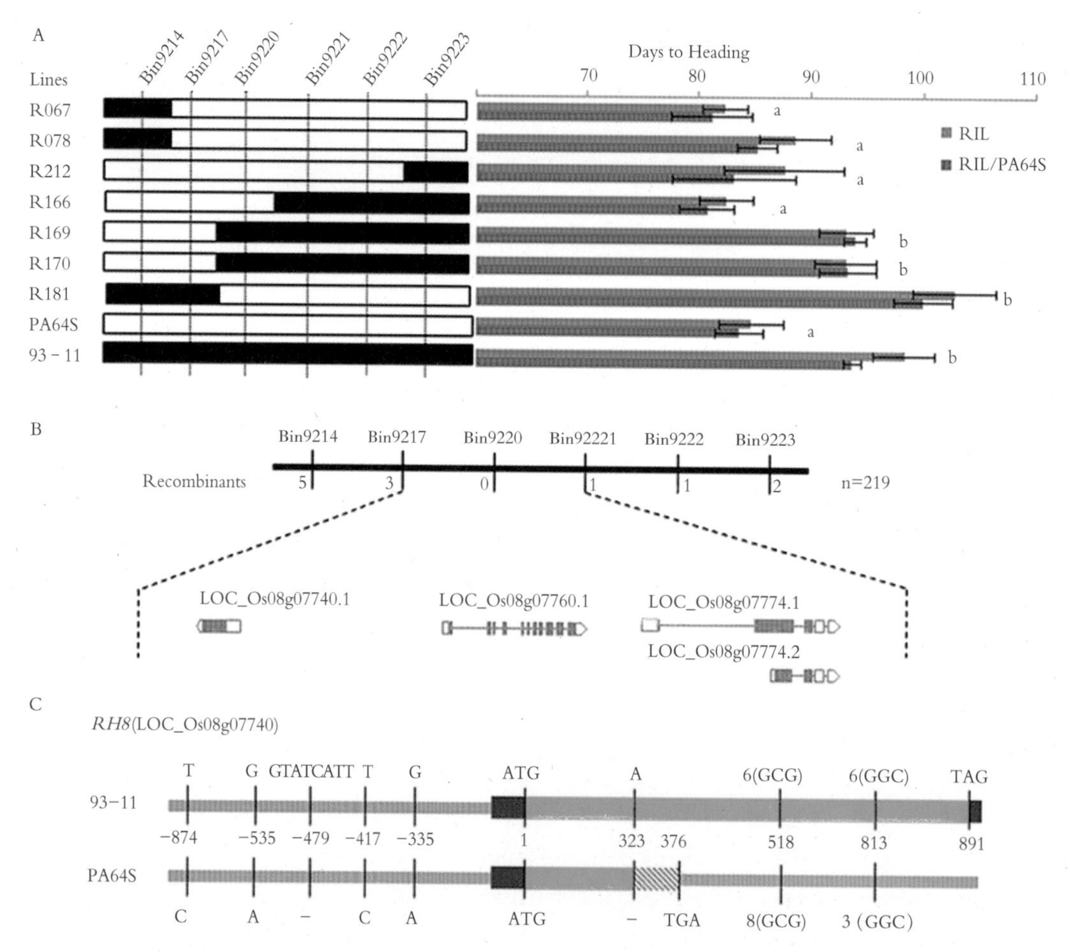

Fig. 6 Fine mapping and sequence comparison of *RH8* in LYP9 and its parental lines. (*A*) Fine mapping the *RH8* locus using the heading date as the first trait. The letters "a" and "b" at the right of bars represent significant differences ($P < 0.05$) as determined by Student's *t* test. *RH8* was mapped to a 31.8-kb interval in bin 9,220. (*B*) Three annotated genes located within the interval (rice.plantbiology.msu.edu/) . (*C*) Sequence comparison of *RH8/DTH8* (LOC_Os08g07740) in 93-11 and PA64S. Four SNPs (T-873→C-873 , G-537→A-537 , T-418→C-418 , and G-333→A-333) , an 8-bp indel (TATCATTG) in the promotor region and two deletions (+322 A+323 and +813GGCGGCGGC+822) and one insertion (+519GGC+522) in the coding region were detected. The 1-bp deletion (+322A+323) is predicted to result in a frameshift mutation that would lead to a premature termination codon in PA64S.

The Allelic Heterozygosity of *RH8* is a Significant Feature in Commercial Two-Line Hybrid Rice Cultivars. We surveyed the allelic variation of *RH8* in other commercial hybrid cultivars in which the heterosis for SPP and EPN were ubiquitously expressed (Fig. 2*A*). As shown in Fig. 2*B*, *RH8* was heterozygous in five of the two-line hybrids, each with a paternal functional allele identical to *RH893-11* and a maternal nonfunctional or weakly functional allele identical to $RH8^{Nipponbare}$ (47). In the other eight hybrids, which included two two-line and six three-line combinations, both parents contributed nonfunctional alleles. It seems that the LYP9-like heterozygosity of *RH8* is a notable feature shared by most two-line rice hybrids.

We next analyzed the allelic combinations of *RH8* in a set of 361 commercial hybrid rice populations comprising 125 two-line hybrids and 236 three-line hybrids (SI *Appendix*, Table S4). *RH8* heterozygosity, consisting of a strong allele and a nonfunctional allele, was found in 89 hybrids, of which 51 were two-line hybrids and 38 were three-line hybrids, accounting for 40.8% and 16.1% of the two- and three-line hybrids, respectively. Thus we can postulate that heterozygosity at the *RH8* locus could be a significant feature, but not the only one, in commercial hybrid rice cultivars and particularly in the two-line hybrids.

Discussion

Hybrid vigor resulting from crossing rice varieties was first described in 1926 by Jones (48) in the United States, and the first commercial hybrid rice variety was bred in 1973 by Yuan (49) in China. Currently, hybrid rice dominates rice production in China and also has taken root worldwide.A large number of elite commercial combinations have been developed, with yield increases ≥ 20%compared with their inbred counterparts (50). The most popular hybrid combinations are SY63 and LYP9, both of which have been adopted as model systems for studying the molecular mechanism of heterosis for three-line hybrids and two-line hybrids, respectively (51–53). Despite the great achievements made in rice breeding programs, our understanding of the molecular mechanism of rice heterosis is still in its infancy. Here we integrated phenomics analysis with genome resequencing, transcriptional profiling, and QTL mapping to identify the genes (QTLs) responsible for yield-related trait components.

In the current study, yield heterosis in LYP9 and the other investigated rice hybrids turned out to be a complicated quantitative-and component trait-specific phenotype. The expression of yield-related heterosis in rice is the accumulative output of many phenotypic components (Fig. 1*C*). Moreover, most of the yield trait components are environmentally sensitive (Dataset S1). Here we clearly demonstrated that the yield heterosis of LYP9 over its paternal parent is a complex trait contributed mainly by the outperformance of two yield components, SPP and EPN, over the BPV the PPV, respectively, but compromised in most cases by the negative effects of two other component traits, GW and SRT (Fig. 1*D*). We then explored the possible genes underlying the two yield heterosis-related component traits by an integrative genetic approach, because neither transcriptome profiling based on expressed sequence differences nor genome mapping based on genomic sequence variations alone can identify all heterosisrelated genes. Finally, with all the data from phenome, genome, transcriptome, and genetic analyses, we were able to identify a number of candidate genes for the traits related to yield heterosis.

Thus, by using systems genetics, our study has paved the way toward a greater understanding of the molecular mechanisms of hybrid vigor in rice and other grain crops.

By QTL mapping in the LYP9–derived RIL and RILBC1 populations, we identified a stack of QTLs that are responsible for the yield or yield-related heterosis (Fig. 3 and Dataset S3); some of these had already been detected in other LYP9-derived populations (36, 37). Five QTLs were detected for the BPH heterosis of SPP with the positive alleles from either parent, whereas for EPN two QTLs were detected with the positive alleles only from PA64S, suggesting that both parents contribute to the yield heterosis and do so mainly in a dominant way. *DHT8/Ghd8/LHD1*, as a member of the group of circadian genes controlling flowering time, was confirmed here as the major heterosis-related QTL, *RH8*, for SPP and also for HD and PH because of its significant phenotypic effects in the two mapping populations (Fig. 6). Other detected QTLs also showed minor effects on SPP or EPN and were difficult to fine map. Nevertheless, our transcriptome data revealed some of the nonadditive DEGs (Fig. 4 and *SI Appendix*, Table S2) and DEGs with allelic expression variations (Fig. 4 and Dataset S4) enriched in the QTL regions that might be candidates for yield heterosis genes. For example, it is tempting to test the hypothesis that a gene controlling flowering time, such as *OsLFL1*, which is located in the region of *qhSPP1* and has a known function in determining spikelet number, is involved in yield heterosis (42).

Our results suggest that hybrid rice cultivars share some common yield-related heterotic component traits to some extent. As described above, although hybrid advantages may differ in various traits at different developmental stages, depending on the parental combinations, MPH for SPP and PPH for EPN were observed in most of the hybrid combinations investigated (Fig. 2*B*). At the gene level, we found that the heterotic gene *RH8/DTH8/Ghd8/LHD1* is one of the loci contributing to yield heterosis in hybrid rice cultivars. (Fig. 2). Of note, the heterozygote of *RH8* was detected initially in five of seven two-line hybrid combinations that showed a yield heterotic phenotype pattern similar to that of LYP9 and then was detected in 51 of 125 two-hybrid commercial hybrid combinations that we later investigated (*SI Appendix*, Table S4). In parallel with our observation, *DTH8* also was found to be one of a few genes with the largest effects on grain yield, which showed the highest correlation with panicle number and grain number in a GWAS survey of 1,495 hybrid rice combinations (15). The *DTH8/Ghd8/ LHD1* gene is mainly responsible for HD but also for grain yield in a genetic background dependent manner. Previous studies have shown that the *DTH8/Ghd8/LHD*$^{93-11}$ allele could increase grain number in the two male sterile lines, Zhengshan (a maternal parent for three-line hybrid rice) and PA64S, possibly by upregulating *MOC1* (44), but not in the inbred cultivar Teqing (36, 44–46). Thus, *RH8* actually may be nonfunctional in some of the rice hybrids, and the *RH8* heterozygosity would not be present in these hybrids.

Interestingly, *Ghd7*, another flowering-time gene functioning parallel to *DTH8*, has been found to contribute significantly to high yield heterosis in the model three-line hybrid SY63 (54). In our phenotypically characterized hybrid combinations, we also found heterozygosity consisting of a strong allele and a weak or nonfunctional allele at the *Ghd7* locus (SI Appendix, Table S5). It has been reported that *Ghd7*, *Ghd8*, and *Hd1* all belong to the class of flowering-time genes and define yield potential and eco-geographical adaptation in cultivated rice varieties (47). Thus, it can be postulated that *RH8*, *Ghd7*, and perhaps other flowering-time genes may independently or cooperatively underlie yield heterosis in most, if not all, hybrid rice cultivars and make them suitable for cultivation mainly in the subtropical region where hybrid rice originated. Thus, our study may have revealed a common genetic mechanism for the present commercial hybrid rice.

Our study also shed some light on future directions in hybrid rice breeding. The hybrid rice has reached a yield ceiling, and ways to improve it further are needed. Our phenotypic data showed that in every instance the GW, and in some environments the SRT, reduced the yields in LYP9 and in most other hybrid rice varieties tested. Developing hybrids with a stably increased SRT is highly desirable (55). Because the SRT is environmentally sensitive, the identification of environmentally insensitive QTLs and their integration into hybrids to mitigate the unstable status of expression of SRT will be greatly beneficial. In contrast, KGW performance in hybrid rice is very stable, and the related QTLs function mainly in an additive manner, as shown in our study and by others (15, 36). Thus, improved seed yield will benefit from pyramiding more QTLs from both parents, especially those that do not have a negative effect on other traits (56-58). Genetic analysis revealed that most QTLs detected in this study showed incomplete dominance and dominance effects, implying that dominance plays a leading role in driving yield heterosis and that it is possible to generate higher-yield hybrid rice by pyramiding more superior alleles. So far, most of the paternal parents already are excellent, with inbred varieties reaching a yield plateau, whereas the yield-related performance of maternal parents has been less focused. Thus, developing maternal parent lines with superior QTLs will complement the excellent paternal parent breeding for further improvement of hybrid rice. Yuan (59) has proposed an ideal of "new type morphology," the main concept of which is to increase PH and subsequently plant biomass to raise the rice yield ceiling further and to break through the yield limitation imposed by harvest index. In this study, the heterosis of PH and biomass was observed in the vegetative growth in LYP9 and other combinations, although it is not very significant. Notably, both *RH8/DTH8/Ghd8/LHD1* and *Ghd7* are photoperiodsensitive genes in rice responsible for PH and grain yield (44). Because the heterosis of PH and biomass underlies the yield heterosis indirectly, the new type morphology of hybrid rice also may be realized by manipulating some other photoperiod genes, as has been demonstrated in the model plant *Arabidopsis* (23).

Materials and Methods

Materials and methods are described in *SI Appendix*, *Materials and Methods*. The original sequencing datasets have been deposited in the Genome Sequence Archive of Beijing Institute of Genomics, Chinese Academy of Sciences (gsa.big.ac.cn) under accession no PRJCA000131. Phenotyping data are available in Dataset S1.

ACKNOWLEDGMENTS. We thank Dr. Zhikang Li and Dr. Pedro Rocha for their critical reading of and helpful comments on the manuscript. This work was supported by State Key Laboratory of Plant Genomics, China, Grant 2015B0129-03 (to L.Z.); National Natural Science Foundation of China Grants 31123007 (to L.Z.), 31270426 (to C.C.), and 30900831 and 31271372 (to S.S.);

National Key Research and Development Program of China Grant 2016YFD0100904 (to X. C. and D.L.); Beijing Nova Program Grant Z121105002512060 (to S.S.); National Key Basic Research and Development (973) Program of China Grant 2006CB101700 (to Y.X.); Doctor of Science Research Foundation of the Ministry of Education Grant 20060533064 (to Y.X.); and National Key Technology Support Program Grant 2012BAC01B07 (to Y.X.).

References

1. Darwin C (1876) *The Effects of Cross and Self Fertilisation in the Vegetable Kingdom* (Murray, London).

2. Shull GH (1908) The composition of a field of maize. *Journal of Heredity* 4 (1): 296-301.

3. Xu Y (2003) Developing marker-assisted selection strategies for breeding hybrid rice. *Plant Breed Rev* 23: 73-174.

4. Bruce AB (1910) The Mendelian theory of heredity and the augmentation of vigor. *Science* 32 (827): 627-628.

5. Jones DF (1917) Dominance of linked factors as a means of accounting for heterosis. *Genetics* 2 (5): 466-479.

6. Shull GH (1911) The genotypes of maize. *Am Nat* 45 (4): 234-252.

7. East EM (1936) Heterosis. *Genetics* 21 (4): 375-397.

8. Minvielle F (1987) Dominance is not necessary for heterosis-a 2-locus model. *Genet Res* 49 (3): 245-247

9. Schnell FW, Cockerham CC (1992) Multiplic-ative vs. arbitrary gene action in heterosis. *Genetics* 131 (2): 461-469.

10. Birchler JA, Johnson AF, Veitia RA (2016) Kinetics genetics: Incorporating the concept of genomic balance into an understanding of quantitative traits. *Plant Sci* 245 (2): 128-134.

11. Xiao J, Li J, Yuan L, Tanksley SD (1995) Dominance is the major genetic basis of heterosis in rice as revealed by QTL analysis using molecular markers. *Genetics* 140 (2): 745-754.

12. Li ZK, et al. (2001) Overdominant epistatic loci are the primary genetic basis of inbreeding depression and heterosis in rice. I. Biomass and grain yield. *Genetics* 158 (4): 1737-1753.

13. Semel Y, et al. (2006) Overdominant quantita-tive trait loci for yield and fitness in tomato. *Proc Natl Acad Sci USA* 103 (35): 12981-12986.

14. Riedelsheimer C, et al. (2012) Genomic and metabolic prediction of complex heterotic traits in hybrid maize. *Nat Genet* 44 (2): 217-220.

15. Huang X, et al. (2015) Genomic analysis of hybrid rice varieties reveals numerous superior alleles that contribute to heterosis. *Nat Commun* 6: 6258.

16. Krieger U, Lippman ZB, Zamir D (2010) The flowering gene SINGLE FLOWER TRUSS drives heterosis for yield in tomato. *Nat Genet* 42 (5): 459-463.

17. Chen ZJ (2010) Molecular mechanisms of polyploidy and hybrid vigor. *Trends Plant Sci* 15 (2): 57-71.

18. Song G, et al. (2013) Global RNA sequencing reveals that genotype-dependent allelespecific expression contributes to differential expression in rice F1 hybrids. *BMC Plant Biol* 13: 221.

19. Birchler JA (2015) Heterosis: The genetic basis of hybrid vigour. *Nat Plants* 1 (3): 15020.

20. Lippman ZB, Zamir D (2007) Heterosis: Revisiting the magic. *Trends Genet* 23 (2): 60-66.

21. Fujimoto R, Taylor JM, Shirasawa S, Peacock WJ, Dennis ES (2012) Heterosis of Arabidopsis hybrids between C24 and Col is associated with increased photosynthesis capacity. *Proc Natl Acad Sci USA* 109 (18): 7109-7114.

22. Meyer RC, et al. (2012) Heterosis manifestation during early Arabidopsis seedling development is characterized by intermediate gene expression and enhanced metabolic activity in the hybrids. *Plant J* 71 (4): 669-683.

23. Ni Z, et al. (2009) Altered circadian rhythms regulate growth vigour in hybrids and allopolyploids. *Nature* 457 (7227): 327-331.

24. Moore S, Lukens L (2011) An evaluation of Arabidopsis thaliana hybrid traits and their genetic control. *G3-Genes Genom Genet* 1 (7): 571-579.

25. Groszmann M, et al. (2014) Intraspecific Arabidopsis hybrids show different patterns of heterosis despite the close relatedness of the parental genomes. *Plant Physiol* 166 (1): 265-280.

26. Dapp M, et al. (2015) Heterosis and inbreeding depression of epigenetic Arabidopsis hybrids. *Nat Plants* 1 (7): 15092.

27. Greaves IK, et al. (2015) Epigenetic changes in hybrids. *Plant Physiol* 168 (4): 1197-1205.

28. Luo X, Qiu Z, Li R (1992) PeiAi64S, a dual-purpose sterile line whose sterility is induced by low critical temperature. *Hybrid Rice* 7 (1): 27-29.

29. Dai Z, et al. (1999) Yangdao 6-a new cultivar with fine quality and high yield developed from the strains of rice irradiated by 60Co-γ rays. *Acta Agriculturae Nucleatae Sinica* 13 (6): 377-379.

30. Lv C, Zou J (2016) Theory and practice on breeding of two-line hybrid rice, Liangyoupeijiu. *Scientia Agricultura Sinica* 49 (9): 1635-1645.

31. Yu J, et al. (2002) A draft sequence of the rice genome (*Oryza sativa L. ssp. indica*). *Science* 296 (5565): 79-92.

32. Wei G, et al. (2009) A transcriptomic analysis of superhybrid rice LYP9 and its parents. *Proc Natl Acad Sci USA* 106 (19): 7695-7701.

33. Wang D, Xia Y, Li X, Hou L, Yu J (2013) The Rice Genome Knowledgebase (RGKbase): An annotation database for rice comparative genomics and evolutionary biology. *Nucleic Acids Res* 41 (Database issue, D1): D1199-D1205.

34. Xin Y, Yuan L (2014) Heterosis loci and QTL of super hybrid rice Liangyoupeijiu yield by using molecular marker. *Scientia Agricultura Sinica* 47 (14): 2699-2714.

35. Zou J, et al. (2003) Breeding of two-line hybrid rice variety "Liang you pei jiu" and preliminary studies on its cultivation characters. *Scientia Agricultura Sinica* 36 (8): 869-872.

36. Gao ZY, et al. (2013) Dissecting yield-associ-ated loci in super hybrid rice by resequencing recombinant inbred lines and improving parental genome sequences. *Proc Natl Acad Sci USA* 110 (35): 14492-14497.

37. Liu X, et al. (2016) Construction of chromoso-

mal segment substitution lines and genetic dissection of introgressed segments associated with yield determination in the parents of a super-hybrid rice. *Plant Breed* 135 (1): 63-72.

38. Ikeda K, Sunohara H, Nagato Y (2004) Developmental course of inflorescence and spikelet in rice. *Breed Sci* 54 (2): 147-156.

39. Tsuji H, Taoka K, Shimamoto K (2011) Regulation of flowering in rice: Two florigen genes, a complex gene network, and natural variation. *Curr Opin Plant Biol* 14 (1): 45-52.

40. Sentoku N, Kato H, Kitano H, Imai R (2005) *OsMADS22*, an STMADS11-like MADS-box gene of rice, is expressed in non-vegetative tissues and its ectopic expression induces spikelet meristem indeterminacy. *Mol Genet Genomics* 273 (1): 1-9.

41. Peng LT, Shi ZY, Li L, Shen GZ, Zhang JL (2007) Ectopic expression of *OsLFL1* in rice represses *Ehd1* by binding on its promoter. *Biochem Biophys Res Commun* 360 (1): 251-256.

42. Peng LT, Shi ZY, Li L, Shen GZ, Zhang JL (2008) Overexpression of transcription factor OsLFL1 delays flowering time in *Oryza sativa*. *J Plant Physiol* 165 (8): 876-885.

43. Guo M, et al. (2010) Cell number regulator1 affects plant and organ size in maize: Implications for crop yield enhancement and heterosis. *Plant Cell* 22 (4): 1057-1073.

44. Yan WH, et al. (2011) A major QTL, Ghd8, plays pleiotropic roles in regulating grain productivity, plant height, and heading date in rice. *Mol Plant* 4 (2): 319-330.

45. Wei X, et al. (2010) DTH8 suppresses flowering in rice, influencing plant height and yield potential simultaneously. *Plant Physiol* 153 (4): 1747-1758.

46. Dai X, et al. (2012) *LHD1*, an allele of *DTH8/Ghd8*, controls late heading date in common wild rice (*Oryza rufipogon*). *J Integr Plant Biol* 54 (10): 790-799.

47. Zhang J, et al. (2015) Combinations of the *Ghd7*, *Ghd8* and *Hd1* genes largely define the ecogeographical adaptation and yield potential of cultivated rice. *New Phytol* 208 (4): 1056-1066.

48. Jones J (1926) Hybrid vigor in rice. *J Am Soc Agron* 18 (5): 423-428.

49. Yuan L, Virmani SS (1988) Status of hybrid rice research and development. Hybrid rice.Proceedings of the International *Symposium on Hybrid Rice* (International Rice Research Institute, Manila, Philippines).

50. Pan X (2015) Reflection of rice development in Yangtze river basin under the new situation. *Hybrid Rice* 30 (6): 1-5.

51. Zhou G, et al. (2012) Genetic composition of yield heterosis in an elite rice hybrid. *Proc Natl Acad Sci USA* 109 (39): 15847-15852.

52. Li J, Yuan L (2000) Hybrid rice: Genetics, breeding, and seed production. *Plant Breeding Reviews*, ed Janick J (John Wiley & Sons, Inc., Oxford, UK), Vol 17.

53. Wan J (2010) *Chinese Rice Breeding and Cultivar Pedigree* (1986-2005) (China Agriculture Press, Beijing).

54. Xue W, et al. (2008) Natural variation in *Ghd7* is an important regulator of heading date and yield potential in rice. *Nat Genet* 40 (6): 761-767.

55. Dan Z, et al. (2014) Balance between a higher degree of heterosis and increased reproductive isolation: A strategic design for breeding inter-subspecific hybrid rice. *PLoS One* 9 (3): e93122.

56. Hu J, et al. (2015) arare allele of *GS2* enhances grain size and grain yield in rice. *Mol Plant* 8 (10): 1455-1465.

57. Duan P, et al. (2015) Regulation of OsGRF4 by *OsmiR396* controls grain size and yield in rice. *Nat Plants* 2: 15203.

58. Che R, et al. (2015) Control of grain size and rice yield by GL2-mediated brassinosteroid responses. *Nat Plants* 2: 15195.

59. Yuan L (2014) Progress in breeding of super hybrid rice. *Public-private partnership for hybrid rice. Proceedings of the 6th International Hybrid Rice Symposium*, ed Xie F HB (International Rice Research Institute, Manila, Philippines).

作者：Dayong Li[#] Zhiyuan Huang[#] Shuhui Song[#*] Yeyun Xin[#] Donghai Mao[#], Qiming Lv[#] Ming Zhou Dongmei Tian Mingfeng Tang Qi Wu Xue Liu Tingting Chen Xianwei Song Xiqin Fu Bingran Zhao Chengzhi Liang Aihong Li Guozhen Liu Shigui Li Songnian Hu Xiaofeng Cao Jun Yu Longping Yuan[*] Caiyan Chen[*] Lihuang Zhu[*]

注：本文发表于 *Proceedings of the National A Cademy of Sciences of the United States of America* 2016 年第 113 卷第 41 期。

超优千号在山东莒南县试验示范表现及栽培技术

【摘　要】总结了超优千号在山东莒南县的试验示范表现及高产栽培技术。
【关键词】杂交水稻；超优千号；种植表现；栽培技术

2014年，国家杂交水稻工程技术研究中心开始在高纬度地区山东日照市莒县进行超级杂交稻试种示范。2016年，山东临沂市莒南县按照国家杂交水稻工程技术研究中心的安排，选用超级杂交稻第5期攻关苗头组合超优千号（广湘24S/R900）进行超级稻高产攻关试验示范。2016年10月10日，由科技部组织的7个单位的专家组成的验收专家组对莒南县大店镇的7.2 hm^2连片攻关片测产验收，平均单产为每公顷15.21 t，刷新了北方高纬度地区水稻单产最高纪录。现将试验示范表现及栽培技术总结如下。

1　试验示范基地情况

攻关示范基地位于山东省临沂市莒南县大店镇，海拔200 m，118.77°E，35.3°N，属暖温带季风区半湿润大陆性气候。年平均气温12.7 ℃，年降水856.7 mm，年无霜期200 d，年平均日照时数2 434.6 h。常年最热月为7月和8月，平均气温为25.5 ℃；常年最冷月为1月，平均气温为-1.9 ℃。各月平均日照时数以5月、6月最多，分别为244.1 h和222.0 h；最少是2月和7月，分别为173.7 h和181.4 h。

超优千号攻关片面积7.2 hm^2，整地前土壤取样化验：有机质含量为28.5 g/kg，碱解氮含量为138.3 mg/kg，速效磷含量为30.1 mg/kg，速效钾含量为282.5 mg/kg，pH值为5.3；有效中微量元素含量分别为锌 2.52 mg/kg，硼 0.24 mg/kg，钼 2.2 mg/kg，铜 5.12 mg/kg，铁 33.7 mg/kg，钙 2 222 mg/kg，镁 319 mg/kg。

2 试验示范结果

2.1 产量高，产量潜力大

2016 年 10 月 10 日，由科技部组织福建省农科院、四川省农科院、河南农业大学、天津国家杂交粳稻工程技术研究中心、山东省水稻研究所、湖北省农技推广中心、湖南省水稻研究所 7 家单位的专家组成专家组，由中科院院士谢华安任组长，对莒南县大店镇的 7.2 hm^2 连片攻关片测产验收。专家组在考察了攻关现场的基础上，随机抽查了 3 块攻关田，采用收割机机械收割：第 1 块田实收面积 590.3 m^2，实收稻谷 1 161.9 kg，含水量 28.1%，扣除 2% 杂质后，按 13.5% 标准含水量折算单产 16.04 t/hm^2；第 2 块田实收面积 545.0 m^2，实收稻谷 932.0 kg，含水量 25.0%，扣除 2% 杂质后，按 13.5% 标准含水量折算单产 14.53 t/hm^2；第 3 块田实收面积 498.4m^2，实收稻谷 877.0 kg，含水量 24.6%，扣除 2% 杂质后，按 13.5% 标准含水量折算单产 15.05 t/hm^2。经算术平均，攻关片平均单产 15.21 t/hm^2，刷新了北方高纬度地区水稻单产最高纪录。

2.2 库大源足

超优千号低位分蘖能力强，高位分蘖能力弱；无效分蘖少、穗粒协调，有效穗 337.5 万穗 /hm^2，每穗总粒数 218.9 粒，结实率 88.5%，千粒重 25 g。超高产栽培每公顷总颖花数达 75 000 万个以上，具备单产 16 t/hm^2 的库容优势。根系活力强，后期落色好，枝梗活力强，叶片光合功能期长，灌浆动力足、结实率高。茎秆坚韧，基部节间短，抗倒性强，抗病、抗寒性强，耐高温能力较强。基地日照丰富，生态条件适宜超优千号的生长。

2.3 无主要病虫害发生

据品种说明书介绍，该组合稻瘟病抗性不强，因此栽培过程中进行了预防，结果 7.2 hm^2 攻关示范片均无叶瘟、穗颈瘟、白叶枯病、稻曲病、纹枯病发生。说明防治措施到位，效果好。

2.4 灌浆时间长，二次灌浆明显

攻关片于 4 月 3 日播种，5 月 5 日人工移栽，8 月 2 日始穗，8 月 12 日齐穗，10 月 10

日成熟，全生育期 186 d，其中齐穗到成熟 58 d。灌浆时间长，二次灌浆非常明显，一是与品种特性有关，二是与用地下井水（低温）灌溉有关，低温水导致生育期延长。

3 超高产栽培综合配套技术

3.1 适期播种，培育壮秧

以最佳抽穗期为标准定适宜播种期，避灾防灾，以先进的育秧方式和适宜的播量及秧龄为基础，努力提高秧苗素质，培育壮秧。7.2 hm^2 攻关片于 3 月 21 日进行苗床整地，秧田每公顷施用 18-9-18 的腐殖酸复合肥 1 125 kg 作为底肥。浸种前 2～3 d 晒种 1 次，精选饱满种子浸种消毒，日浸夜露，高温（32 ℃～33 ℃）破胸，温室催芽，至种子破胸即可，人为创造良好发芽条件，使稻谷发芽“快、齐、匀、壮”。结合气候特征和品种特性，播种期安排在 4 月 3 日，拌种、播种并覆膜，施用尿素 225 kg/hm^2 作为种肥。手插秧秧龄控制在 30 d 左右，叶龄 5 叶左右，苗高 20 cm 左右，带蘖苗 90% 以上，多数苗带蘖 1～2 个，根系短、白、粗、多。育秧方式采用旱育拱棚保温育秧，技术要点为肥床（疏松肥沃的菜园地或旱作地）、足肥（壮秧剂 450～600 kg/hm^2）、稀播匀播（150 kg/hm^2，秧大田比 1∶15）。苗床追肥看苗而定，若 2 叶 1 心时叶色褪淡明显，每平方米苗床追尿素 15 g，移栽前 3～5 d 追 1 次送嫁肥和喷施 1 次送嫁药，具体做法为每平方米用 25 g 尿素对水 100 倍喷施，喷后用清水冲洗 1 遍，以防烧苗。旱育秧管水原则是如果秧苗早晨叶尖挂露水，中午叶片不卷叶，就不用浇水，否则应立即浇水，并要一次性浇足浇透，下雨时要及时盖膜防雨淋，以防失去旱秧的优势，移栽前 1 d 傍晚浇透水以利于起秧栽插。4 月 23 日大部分水稻进入 3 叶 1 心，适当保持干旱，有助于水稻根系的生长。

3.2 精细整地，规格移栽

4 月 26 日选择地势平坦、土壤肥沃、灌溉方便、水利设施齐全的地块施足基肥，多次翻耕并灌水，5 月 5 日—13 日人工移栽，行距为 30 cm、穴距为 18 cm，每 2 株为 1 穴。为了提高栽插质量，尽量做到浅、直、匀、稳栽插，同时要求现起秧现栽插，不栽插中午烈日秧或隔夜苗。同时最好选择东西行向栽培，每 3～4 m 留 30～40 cm 丰产沟，提高光能利用率，促进水稻稳健生长。从 5 月 13 日水稻进入分蘖期，5 月 15 日平均带蘖为 3.2 个。6 月 13 日水稻分蘖 20 个左右，适当晒田控制分蘖。6 月 23 日莒南县大范围降水，降水量为 52.7 mm。7 月 6 日水稻进入拔节期，7 月 12 日开始穗分化，7 月 26 日进入孕穗期，8 月 2 日进入抽穗期，10 月 10 日成熟收割。

3.3　测土配方，分期施肥

测土配方，精确定量，有机无机结合，提氮稳磷增钾补微，前肥后移，减少基蘖肥，增施穗肥，控制前期无效生长量，主攻大穗，淘汰“一头轰”施肥技术。攻关田施纯氮 375 kg/hm^2 左右，N：P_2O_5：K_2O=1.0：0.6：1.1，尽可能多施有机肥作基肥，同时加锌肥 15～30 kg 与硅肥 225 kg 作基肥。氮肥基蘖肥与穗肥的比例为 6：4。4 月 26 日大田每公顷施用 18-9-18 的腐殖酸复合肥 1 125 kg 作为底肥，旱耕水整（深耕达 30 cm），做到田面落差不过 3.33 cm，基肥每公顷施用农家肥 15 t 或商品有机肥 1.5 t、45% 的复合肥 900 kg。5 月 16 日施用尿素 225 kg/hm^2 作为分蘖肥，7 月 10 日施用钾肥 300 kg/hm^2、尿素 225 kg/hm^2 作为穗肥，抽穗后喷施叶面肥 2 次。

3.4　合理灌溉，适时控苗

推广节水健身栽培，采用群体质量控制技术，严格控制高峰苗，提高有效穗数和成穗率，淘汰长期水层灌溉和深水灌溉。全生育期推行浅湿干间歇灌溉技术，需水临界期遇雨蓄水，一般返青期浅水，分蘖期前期（栽后 20 d 以内）浅水湿润交替。全田总苗数达到预期穗数的 80% 时晒田，至拔节初期，以干为主，根据天气情况可分次搁田控苗，这是控制高峰苗、强根壮秆健身栽培及减少无效生长和提高成穗率的关键，也为以后施用促花肥和保花肥主攻大穗打下基础。二次枝梗分化期至抽穗开花期以浅水湿润交替为主，该时段是水稻需水临界期，不能干旱。灌浆至成熟干湿交替，养根保叶，活熟到老。

3.5　预防为主，综合防治

在高肥、高群体条件下，特别注意防治中后期的纹枯病和稻飞虱。病虫害实行以防为主、防治结合的统防统治方法。重点是秧田期稻蓟马、大田期钻心虫、稻纵卷叶虫、稻飞虱、稻瘟病、纹枯病等的防治。4 月 17 和 18 日喷施农药福戈 180 g/hm^2 预防秧田虫害，4 月 26 日喷施福戈 180 g/hm^2 为移栽做准备。大田 6 月 2 日喷施吡虫啉 150 g/hm^2 和福戈 180 g/hm^2 防治稻飞虱，喷施噻呋酰胺 300 mL/hm^2 和三环唑 300 g/hm^2 防治叶瘟。7 月 10 日喷施福戈 270 g/hm^2 和噻呋酰胺 300 mL/hm^2 防治叶瘟和纹枯病，喷施吡蚜酮 150 g/hm^2 防治稻飞虱。8 月 5 日喷施吡蚜酮 150 g/hm^2 和福戈 180 g/hm^2 防治稻飞虱和稻纵卷叶螟，8 月 10 日喷施三环唑 300 g/hm^2 预防穗瘟和稻曲病，8 月 15 日喷施稻瘟灵 600 mL/hm^2 和噻呋酰胺 300 mL/hm^2 防治稻瘟病和纹枯病，8 月 22 日施稻瘟灵 600 mL/hm^2 和噻呋酰胺 300 mL/hm^2 防治稻瘟病和纹枯病。

3.6 适时收获

7.2 hm^2 攻关片于 10 月 10 日进行测产验收，田间稻谷实际成熟度已达 90%，且功能叶还具有功能，收获时机比较合适。

4 讨论

2016 年未达 16 t/hm^2 的预期目标的主要原因是灌溉用水是地下井水，温度太低，导致苗期僵而不发，限制了低位分蘖，最后小穗多，且井水过凉造成离井较近的田块生育延迟。此问题可以通过加长渠道和改进进水方式解决。收割测产前受台风影响，遇狂风低温阴雨，对成熟和充实有影响，其结实率和每穗粒数均未达到品种特性应具有的最佳水平。为了充分挖掘超优千号的生产潜力，必须坚持“良种、良田、良态、良法”等四良配套。结合莒南实际，播种宜于 3 月底 4 月初，秧龄控制在 30 d 内；大田前期促苗增加低位分蘖，适用河（塘）水灌溉。

作者：吴朝晖　孙钦洪　董玉信　王延稳　袁隆平*

注：本文发表于《杂交水稻》2017 年第 32 卷第 1 期。

Progress in Super-hybrid Rice Breeding

1 Introduction

To meet the food demand of the Chinese people in the 21st century, a super-rice breeding program aimed at increasing rice yield was initiated by the Ministry of Agriculture of China in 1996. It is divided into four phases, with the following yield targets:

10.5 $t \cdot ha^{-1}$ (phase Ⅰ, 1996—2000), 12 $t \cdot ha^{-1}$ (phase Ⅱ, 2001—2005), 13.51 $t \cdot ha^{-1}$ (phase Ⅲ, 2006—2015), and 15 $t \cdot ha^{-1}$ (phase Ⅳ, 2016—2020) [1]. The average yield of super-rice should be verified in two locations of 6.7 ha each in two consecutive years.

Through morphological improvement and the use of inter-subspecific (indica/japonica) heterosis, much progress in developing super hybrid rice varieties has been achieved. By 2000, several pioneer super hybrids that met the phase I yield target had been developed, and they were released for commercial production in 2001. In recent years the planting area of these hybrids has been approximately 1 million hectares and their average yield has been 8.3 $t \cdot ha^{-1}$. The phase Ⅱ breeding objective of super-hybrid rice was achieved in 2004. The planting area of phase II hybrids was close to 1 million hectares in 2014 and their average yield was 9 $t \cdot ha^{-1}$.

A yield breakthrough in super-rice varieties has been rapidly realized with the great efforts of Chinese rice breeders since 2011. The average yield of the super-hybrid rice Y-U - 2 reached 13.9 t · ha^{-1} in a 7.2 ha demonstration trial in 2011. Another new super-hybrid, Y-U - 900, yielded 14.8 and 15.4 t · ha^{-1}, respectively, in 6.8 - ha demonstration trials evaluated in Longhui county, Hunan province in 2013 and in Xupu county, Hunan in 2014. These experimental results mean that the phase Ⅲ and phase Ⅳ breeding objectives of the super-rice breeding program have been achieved. Accordingly, the phase Ⅴ breeding program for super-hybrid rice has been proposed in 2015, with a yield target of 16 t · ha^{-1}. The current landmark variety of super-hybrid rice, Super - 1 000, was developed, with yield reaching 16.0 t · ha^{-1} in a 6.8 - ha demonstration trial in Gejiu county, Yunnan province in 2015.

2 Technical approaches

To date, morphological improvement and heterosis use are the only two effective approaches to increasing yield potential in rice breeding, as verified by long-term crop improvement practice [2]. Increases in yield potential are very limited without these two approaches. Any other breeding approaches and methods, including modern breeding technologies such as genetic engineering, must be combined with favorable morphological characters and strong heterosis; otherwise, there will be no actual contributions to yield increase [3].

2.1 Morphological improvement

A plant ideotype is the foundation for super-high yield in rice breeding [4]. For example, the high-yielding combination P64S/E32, with striking characteristics, achieved a yield record of 17.1 t · ha^{-1}. Based on our studies, a super-high-yielding rice variety displays the following morphological features [5]:

(1) Tall erect-leaf canopy [6, 7]: The upper three leaf blades should be long, erect, narrow, V-shaped, and thick. Long and erect leaves usually present a larger leaf area. They can receive light on both sides and will not shade one other from sunlight. Thus, light is used more efficiently, and air ventilation is also better within such a canopy. Narrow leaves occupy a relatively small space and thus allow a higher effective leaf area index. V-shaped leaves make the leaf blade stiffer so that the leaf is not prone to droop. Thick leaves have higher photosynthetic function and do not readily senesce. These morphological features afford a large source of assimilates that are essential to super-high yield.

(2) Lower panicle position [8-10]: The tip of the panicle should be only 70 cm above the ground during the ripening stage. With this architecture, the center of gravity of a plant is low, making the plant highly resistant to lodging. Lodging resistance is also one of the essential characters required for breeding super-high-yielding rice.

(3) Greater panicle size [8]: Grain weight per panicle should be around 7 g, and the number of panicles about 250 per square meter. Theoretically, the yield potential is about 15 t · ha^{-1} in this case.

2.2 Raising the level of heterosis

Our studies indicate that the heterosis level in rice shows the following general trend [11]: indica/japonica>indica/javanica>japonica/javanica>indica/indica >japonica/japonica. Indica/japonica hybrids possess a very large sink and rich source, of which the yield potential is 30% higher than that of indica/

indica hybrids used commercially. For this reason, the use of indica/japonica heterosis has become our focus in developing super hybrid rice. However, there are many challenges in developing indica/japonica hybrids, a key one being low seed set[12], By use of the wide compatibility (WC) gene (S^n_s) and the intermediate-type male parent instead of typical japonica varieties[13], several inter-subspecific hybrid varieties with stronger heterosis and normal seed set have been successfully developed.

Grain yield is the product of harvest index (HI) and biomass. As HI has already reached a very high level (above 0.5), further improvement of the rice yield ceiling should rely on an increase in biomass[2, 14], From a morphological viewpoint, increasing plant height is an effective and feasible way to increase biomass. Our experience in super-hybrid rice breeding has indicated a general trend: the greater the plant height, the higher are the biomass and grain yield, provided that the HI remains above 0.5 and the plant is resistant to lodging[15]. This trend is illustrated in Fig. 1.

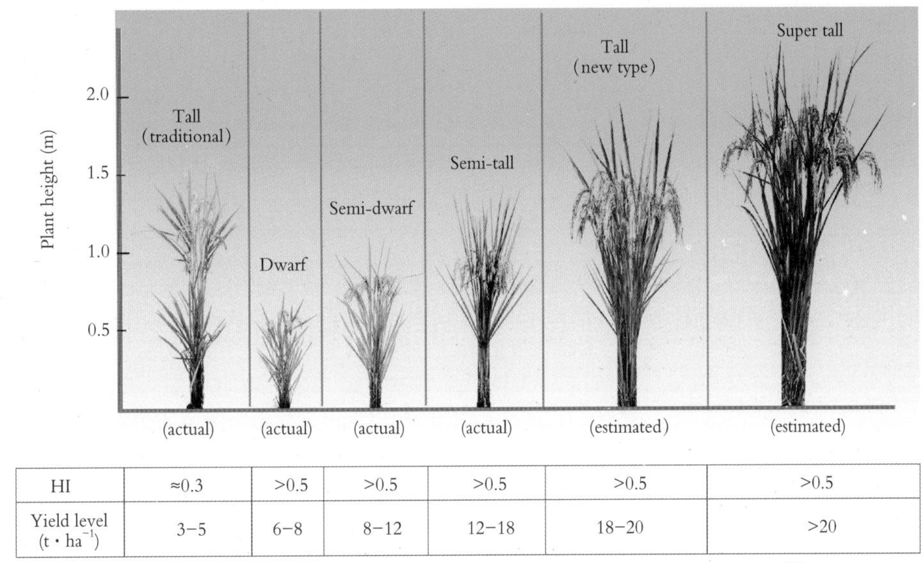

HI	≈0.3	>0.5	>0.5	>0.5	>0.5	>0.5
Yield level ($t \cdot ha^{-1}$)	3–5	6–8	8–12	12–18	18–20	>20

Fig. 1 Trend in plant height for development of super-high-yielding hybrid rice[3].

Another effective approach to increasing biomass is increasing the thickness of the stem. Comparing a promising new hybrid, Super - 1 000, with a super-hybrid, Y-U - 900 (Table 1), we found that the height of Super - 1 000 was 7.2 cm less than that of Y-U - 900, its biomass per culm was almost the same as that of Y-U - 900, and Super - 1 000 had thicker and heavier stems. The advantage of this approach is that the developed hybrids are highly resistant to lodging. However, it is more difficult to increase stem thickness than plant height.

Table 1 Comparison of agronomic traits between Super - 1 000 and Y-U - 900 (Changsha, Oct., 2014).

Source	Yield ($t \cdot ha^{-1}$)	HI	Plant height (cm)	Biomass perculm	Stem weight ($g \cdot 100\ cm^{-1}$)
Super - 1 000	14.19	0.58	118.00	12.28	8.42

续表

Source	Yield ($t \cdot ha^{-1}$)	HI	Plant height (cm)	Biomass perculm	Stem weight ($g \cdot 100\ cm^{-1}$)
Y-U - 900 (CK)	14.14	0.57	125.20	12.26	7.53
Difference (%)	0.35	1.75	−5.75	0.16	11.82

3 Conclusions

The development of science and technology is endless. Pursuing higher and higher crop yields is an eternal theme.

Rice still has great potential for yield increases. Our further objective is to achieve a yield of 17 $t \cdot ha^{-1}$ within two or three years. Super-hybrid rice has a very bright future and can make a great contribution to world food security and peace.

References

1. L.P. Yuan, Developing super hybrid rice for the food security of China, Hybrid Rice 30 (3) (2015) 1 - 2 (in Chinese).

2. G.H. Ma, L.P. Yuan, Hybrid rice achievements, development and prospect in China, J. Integr. Agric. (2015) 197 - 205.

3. L.P. Yuan, Conceiving of breeding further super-high-yield hybrid rice, Hybrid Rice 27 (6) (2012) 1 - 2 (in Chinese with English abstract).

4. C.M. Donald, The breeding of crop ideotypes, Euphytica 7 (1968) 385 - 403.

5. L.P. Yuan, Breeding of super hybrid rice, in: S.B. Peng, B. Hardy (Eds.), Rice Research for Food Security and Poverty Alleviation, International Rice Research Institute, Los Banos, Philippines 2001, pp. 143 - 149.

6. E.H. Murchie, Y. Chen, S. Hubbart, S.B. Peng, P. Horton, Interactions between senescence and leaf orientation determine in situ patterns of photosynthesis and photoinhibition in field-grown rice, Plant Physiol. 119 (1999) 553 - 564.

7. P. Horton, Prospects for crop improvement through the genetic manipulation of photosynthesis: morphological and biochemical aspects of light capture, J. Exp. Bot. 51 (2000) 475 - 485.

8. S.B. Peng, G.S. Khush, P. Virk, Q.Y. Tang, Y.B. Zou, Progress in ideotype breeding to increase rice yield potential, Field Crops Res. 108 (2008) 32 - 38.

9. T.L. Setter, E.A. Conocono, J.A. Egdane, MJ. Kropff, Possibility of increasing yield potential of rice by reducing panicle height in the canopy. I. Effects of panicles on light interception and canopy photosynthesis, Funct. Plant Biol. 22 (1995) 441 - 451.

10. T.L. Setter, E.A. Conocono, J.A. Egdane,

Possibility of increasing yield potential of rice by reducing panicle height in the canopy. II. Canopy photosynthesis and yield of isogenic lines, Funct. Plant Biol. 23 (1996) 161 - 169.

11. L.P. Yuan, Recent Progress in breeding super hybrid rice in China, in: Y.X. Lu (Ed.), Science Progress in China, Elsevier Science Ltd., Oxford 2003, pp. 231 - 236.

12. L.Y. Chen, Y.H. Xiao, W.B. Tang, D.Y. Lei, Practices and prospects of super hybrid rice breeding, Rice Sci. 14 (2007) 71 - 77.

13. Q. Ji, J.F. Lu, Q. Chao, M.H. Gu, M.L. Xu, Delimiting a rice wide-compatibility gene S_5^n to a 50 kb region, Theor. Appl. Genet. lll (2005) 1495 - 1503.

14. J.F. Ying, S.B. Peng, Q.R. He, H. Yang, C.D. Yang, R.M. Visperas, K.G. Cassman, Comparison of high-yield rice in tropical and subtropical environments: I. Determinants of grain and dry matter yields, Field Crops Res. 57 (1998) 71 - 84.

15. H.F. Deng, Studies on the Objective Traits of Super Hybrid Rice in the Yangtze River BasinPh.D. Dissertation Hunan Agricultural University, 2008.

作者：Yuan Longping

注：本文发表于 *The Crop Journal* 2017 年第 5 卷第 2 期。

Performance and Cultivation Techniques of a Promising Super Hybrid Rice Combination Chaoyou 1000 in High-latitude Area

【Abstract】The performance and cultivation techniques of Chaoyou 1000 in Junan County, Shandong Province were summed up.

【Key words】Hybrid rice; Chaoyou 1000; Performance; Cultivation techniques

【摘　要】总结了超优千号在山东莒南县的试验示范表现及高产栽培技术。

【关键词】杂交水稻；超优千号；种植表现；栽培技术

The National Hybrid Rice Engineering Technology Research Center began to plant super hybrid rice in Ju County, Rizhao City, Shandong Province in 2014, and the high yield record in high latitudes has been broken every year since then. In 2016, Guangxiang 24S/R900 (code name: Chaoyou 1000), one of the phase V super hybrid rice varieties, was introduced to Dadian Town, Junan County, Linyi City, Shandong Province to conduct a 6.67 hm^2 highyielding experiment under the guidance of the National Hybrid Rice Engineering Technology Research Center. On October 10, 2016, the yield of Chaoyou 1000 was measured by an acceptance group consisting of experts from seven institutions, and it was found that the yield reached 15 207 kg/hm^2, which broke the highest yield record of rice in the northern high latitudes.

Overview of Experimental Base

The demonstration base is located in Dadian Town, Junan Town, Linyi City, Shandong Province (118.77°E, 35.3° N). It has an altitude of 200 m and a semi-humid continental climate with annual average temperature of 12.7 ℃, annual precipitation of 856.7mm, frost-free period of 200 d and average annual sunshine duration of 2 434.6 h. It is hottest in July and August with average temperature of 25.5 ℃ and coldest in January with average temperature of −1.9 ℃. The monthly sunshine duration is longest in May (244.1 h) and June (222.0 h) and shortest in February (173.7h) and July (181.4 h).

The experimental field covered an area of 7.2 hm^2. The basic properties of the tested soil were as follows: organic matter 28.5 g/kg, alkali-hydrolyzable nitrogen 138.3 mg/kg, available phosphorus 30.1 mg/kg, available potassium 282.5 mg/kg, pH 5.3, zinc 2.52 mg/kg, boron 0.24 mg/kg, molybdenum 2.2 mg/kg, copper 5.12 mg/kg, iron 33.7mg/kg, calcium 2 222 mg/kg and magnesium 319 mg/kg.

Appearance of Chaoyou 1000 in Demonstration Experiment

High yield and high yield potential

The yield of Chaoyou 1000 was measured by an acceptance group consisting experts from Fujian Academy of Agricultural Sciences, Sichuan Academy of Agricultural Sciences, Henan Agricultural University, Tianjin Engineering Technology Research Center for Japonica Hybrid Rice, Shandong Rice Research Institute, Hubei Agricultural Technology Extension Center and Hunan Rice Research Institute under the direction of Xie Huaan from the Chinese Academy of Sciences on October 10, 2016. They first inspected the experimental field and then selected three pieces for measurement of yield. In the first piece of the experimental field, the actual harvest area was 590.3 m^2 with gross yield of 1 161.9 kg. After deducting water (28.1%) and impurity (2%), the yield was calculated as 1 069.5 kg/667 m^2 (standard water content of 13.5%). In the second piece of the experimental field, the actual harvest area was 545.0 m^2 with gross yield of 932.0 kg. After deducting water (25%) and impurity (2%), the yield was calculated as 968.8 kg/667 m^2 (standard water content of 13.5%). In the third piece of the experimental field, the actual harvest area was 498.4 m^2 with gross yield of 877.0 kg. After deducting water (24.6%) and impurity (2%), the yield was calculated as 1 003.0 kg/667 m^2 (standard water content of 13.5%). The average yield of Chaoyou 1000 in the 6.67 hm^2 experimental field was calculated as 1 013.8 kg/667 m^2, which sets the highest record of rice yield in the northern high latitudes.

Large sink and plentiful source

Chaoyou 1000 has a strong tillering ability in the lower position and weak tillering ability in the upper position. The ineffective tiller number is small. The ear and grain are coordinated. In northern China, the effective panicle number, grain number per panicle, seed-setting rate and 1 000- grain weight of Chaoyou 1000 are 0.17-0.21 million/667 m^2, 230-280, 90% and 27 g, respectively. In the super high-yielding cultivation pattern, the total spikelet number of Chaoyou 1000 reaches 750 million per hectare with sink potential for 1 000 kg/667 m^2. It has strong root and stem vigor, good color in the late period, long photosynthesis duration, strong grain-filling power, high seed-setting rate, tough stems, short basal internodes, strong disease, stress and lodging resistance, and strong cold and heat tolerance. The experimental base is rich in sunshine, and its ecological conditions are suitable for the growth of Chaoyou 1000.

Field investigation was carried out on September 23 (Table 1).

Table 1 Population dynamics of Chaoyou 1000 in Junan County in 2016

Point code	Cluster number 10^4/667 m^2	Plant number per cluster	Maximum tiller number 10^4/667 m^2	Panicle number 10^4/667 m^2	Grain number per panicle	Estimated 1 000-grain weight/g	Theoretical yield kg/667 m^2	Actual yield kg/667 m^2
1	1.39	1.90	34.75	21.60	218.50	26.50	1 250.69	1 063.09
2	1.28	2.10	25.34	20.90	227.50	26.50	1 260.00	1 071.00
3	1.11	2.20	30.30	19.90	238.70	26.50	1 258.78	1 069.96
4	1.33	1.90	31.90	21.27	222.70	26.50	1 255.26	1 066.97
Mean	1.28	2.03	30.57	20.92	226.85	26.50	1 256.18	1 067.75

No occurrence of main diseases and pests

Chaoyou 1000 has a weak resistance against rice blast, so related prevention was carried out during the cultivation. In the experimental field, none of leaf blast, panicle blast, bacterial blight, false smut and sheath blight occurred in the rice plants, indicating that previous prevention measures achieved a good effect.

Long grain-filling period and obvious secondary grain filling

In the experimental field, Chaoyou 1000 was sowed on April 3 and transplanted on May 5. It began to tassel on August 2 and reached the full heading stage on August 12. It ripened on October 10. Thus, the whole growth period was 186 d, and the duration from full heading to mature was 58 d. The grain-filling duration of Chaoyou 1000 was longer, and its secondary grain filling was very obvious, which might be due to variety characteristics and low-temperature irrigation well water (i. e., low-temperature irrigation water extended the growth period of Chaoyou 1000).

Super-high-yielding cultivation techniques of Chaoyou 1000

Timely sowing and nursing vigorous seedlings

The sowing date was determined according to the optimal heading stage. In order to nurse robust seedlings, advanced nursing method, appropriate sowing amount and appropriate seedling age were adopted. Seedbeds were prepared on March 21. Humic acid was applied as base fertilizer (75 kg/667 m^2). The seeds of Chaoyou 1000 were exposed to the sunshine 2–3 d before the soaking, and then full seeds were selected and soaked for disinfection (soaked only at day). They were cultured in greenhouse (32 ℃–33 ℃), and good germination conditions were created to nurse growth-uniform robust seedlings. Combining climate characteristics and variety characteristics, the seeds of Chaoyou 1000 were sowed and covered with plastic film on April 3. At the same time as sowing, urea was applied according to the amount of 15 kg/667 m^2. When the age of Chaoyou 1000 seedlings was about 30d, the leaf age was about 5 leaves, the height was around 20 cm, the proportion of tillered seedlings was above 90%, most of the seedlings carried 1–2 tillers, and the roots were short, white, thick and dense, artificial transplanting was carried out. The seedlings of Chaoyou 1000 were nursed on upland field in an arched shed, and the technical points included fertile seedbed (loose and fertile vegetable garden or dryland), enough fertilizer (seedling strengthen agent 30－40 kg/667 m^2) and low-density and evenly sowing (10 kg/667 m^2, seedbed-field ratio of 1 : 15). Topdressing was carried out according to the growth of seedlings. If the leaf color of Chaoyou 1000 faded obviously at the two-leaf stage, additional urea was applied to the seedbeds (15 g/m^2). Fertilization (25 g urea+2 500 g water) /m^2, rinsed after spraying) and pesticide application were carried out once 3－5 d before the transplanting. If there were dew droplets on the leaf tip of Chaoyou 1000 seedlings in the morning and the seedlings did not roll at noon, watering was not required. Otherwise, the seedlings should be watered thoroughly immediately. During the rain, the seedlings should be covered timely with plastic film to prevent the loss of advantages of dry nursery. In the evening one day before transplanting, the seedlings of Chaoyou 1000 were watered thoroughly. On April 23, most of the seedlings entered the three-leaf stage. Appropriate-degree drought stress should be maintained to contribute to the growth of rice roots.

Fine land preparation and specified transplanting

The field with flat terrain, fertile soil, easy irrigation and complete water conservancy facilities was selected. It was plowed repeatedly and watered on April 26. From May 5 to May 13, the seedlings were transplanted by hand at the row and hole spacing of 30 cm× 18 cm. There were two rice plants in each hole. In order to improve the transplanting quality, the seedlings should be transplanted shallowly, evenly and stably. In addition, the seedlings should be transplanted immediately, and the transplanting at noon or overnight seedlings was forbidden. The rows should be best E-W directed, and ditches in width of 30－40 cm were dug every 3－4 m to improve light utilization, promote rice robust growth and improve rice comprehensive production capacity. The rice began to tiller on May 13. The tiller number rose to 3.2 and the root number rose to 17 in average on May 15. On June 13, about 20 tillers appeared. The field was dried appropriately to control the tillering. On June 23, it rained in most area of Junan County with precipitation of 52.7 mm. The rice entered the jointing stage since July 6 and began to tassel and differentiate on July 12. On July 26, the plant height of rice was about 1 m, and it entered the booting stage. On August 2, the rice entered the heading period. On October 10, the rice ripened.

Soil testing and staging fertilization

Soil testing was carried out to determine the accurate application amount of fertilizers. Both organic and inorganic fertilizers were applied. The application amounts of nitrogen, potassium and trace elements fertilizers were increased appropriately, while that of phosphorus fertilizer was stabilized. The application amount of base and tiller fertilizer was reduced, while that of panicle fertilizer was increased to control the ineffective growth amount in the early period. The fertilization amount of pure nitrogen was about 25 kg/667 m^2, and the N-P_2O_5－K_2O ratio was 1 : 0.6 : 1.1. Most of the organic fertilizer along with 1－2 kg of zinc fertilizer and 15 kg of silicon fertilizer was applied as base fertilizer. For nitrogen fertilizer, the base-tiller fertilizer to panicle fertilizer ratio was 6 : 4. On April 26, humic acid compound fertilizer was applied (75 kg/667 m^2) as base fertilizer. The experimental field was ploughed (as deep as 30 cm) under dry condition and flatted under water-immersed condition (the difference in field surface was less than 1 inch). Base fertilizer included farm manure (1 000 kg/667 m^2) or commercial organic fertilizer (100 kg/667 m^2) and 45%compound fertilizer (60 kg/667 m^2); tiller fertilizer included urea (10 - 13 kg/667 m^2) and potassium chloride (12 kg/667 m^2); and panicle fertilizer included urea (5 - 10 kg/667 m^2) and potassium chloride (15 - 20 kg/ 667 m^2). On May 16, urea was applied as tiller fertilizer (15 kg/667 m^2); on July 10, potassium fertilizer (20 kg/667 m^2) and urea (15 kg/667 m^2) were applied as panicle fertilizer; and after tasseling, foliar fertilizer was applied twice.

Rational irrigation and timely thinning

Water-saving simple cultivation mode was promoted. Peak seedlings were controlled strictly using the population quality control technology. The effective panicle number and ear forming rate were improved, and the longterm deep irrigation was eliminated. During the whole growth period, shallow intermittent irrigation technology was adopted. In the critical period of water requirement, water was stored during the rain; at the returning green stage, shallow water was maintained; and in the early tillering period (within 20 d after the transplanting), shallow water and wet state was alternative. The field was exposed to the sunshine in appropriate time to control ineffective tillers. When the total number of seedlings in the field reached 80% of the expected number, the field was exposed to the sunshine. Till the early jointing period, the field was dried in most of the time. According to the weather conditions, the field was drained in appropriate time to control seedlings. This period was the key to control peak seedlings, harden seedlings, reduce the ineffective growth and increase the ear forming rate, laying a foundation for future application of spikelet-promoting fertilizer and spikelet-developing fertilizer. From the secondary branch differentiation period to heading-flowering period, shallow water and wet state was alternative. This period was a critical period of water demand for rice, and drought must be avoided. From the grain-filling period to mature stage, drainage and irrigation was alternative to promote the growth of rice roots and leaves.

Comprehensive prevention and control

Under the conditions of high fertility and high group, sheath blight and rice planthoppers should be particularly controlled in the late period. Disease and pest control should pay more attention on prevention and preventioncontrol combination. The focus was on the thrips in the seedbeds and stem borers, leaf rollers, rice planthoppers, rice blast and sheath blight in the field. On April 17 and 18, 40% chlorantraniliprole · thiamethoxam (WG) was sprayed (12 g/667 m^2) to control rice pests. On April 26, 40% chlorantraniliprole · thiamethoxam (WG) was sprayed (12 g/667 m^2) for transplanting. On June 2, imidacloprid (10 g/667 m^2) and 40% chlorantraniliprole · thiamethoxam (12 g/667 m^2) were sprayed on June 2 to control rice planthoppers, and thifluzamide (20 mL/667 m^2) and tricyclazole (20 g/667 m^2) were sprayed to control leaf blight. On July 10, 40% chlorantraniliprole · thiamethoxam (18 g/667 m^2) and thifluzamide (20 mL/667 m^2) were sprayed to control leaf and sheath blight, and pymetrozine (10 g/667 m^2) was sprayed to control rice planthoppers. On August 5, pymetrozine (10 g/667 m^2) and 40% chlorantraniliprole · thiamethoxam (12 g/667 m^2) were sprayed to control rice planthoppers and rice leaf rollers. On August 10, tricyclazole (20 g/667 m^2) was sprayed to control panicle blight and rice false smut. On August 15, isoprothiolane (40 mL/667 m^2) and thifluzamide (20 mL/667 m^2) were sprayed to control rice blast and sheath blight. On August 22, isoprothiolane (40 mL/667 m^2) and thifluzamide (20 mL/667 m^2) were sprayed to control rice blast and sheath blight.

Timely harvest

The rice was harvest on October 10, and the yield was measured. The actual maturity of rice reached 90%, and the functional leaves still had the function, thus the harvest time was more appropriate. The investigation showed that in the experimental field, the cluster number, average panicle number, seed-setting rate, average grain number per panicle, 1 000-grain weight, theoretical yield and actual yield of Chaoyou 1000 were 12 800 clusters/667 m^2, 225 000 panicles/667 m^2, 88.5%, 218.9, 25 g, 1 231.31 kg/667 m^2 and 1 046.61 kg/667 m^2, respectively. Total three pieces of field were selected randomly for acceptance, and the average yield was 1 013.8 kg/667 m^2.

Discussion

The results of demonstration experiment of Chaoyou 1000 in the south of Shandong (Rizhao, Linyi) showed that it has the potential of achieve 16 t per hectare. It is characterized by more and large spikes, more spikelets (the mounds with total spikelet number higher than 750 million/hm^2 accounted for more than 60%, and the maximum total spikelet number reached 780 million/ hm^2), high 1 000-grain weight (as high as 27g in northern China), developed root system, robust growth, fertilizer tolerance, lodging resistance, longer grain-filling duration, obvious secondary grain filling and high seedsetting rate (the seed-setting rate in northern China is higher than that in southern China). The failure to meet the target of 16 t/hm^2 might be due to the following reasons. Firstly, the temperature of underground well water was too low, and the growth of seedlings was obstructed, and the lower-position tillering was limited, resulting in more tillers and more small spikes, The low-temperature well water extended the growth period of Chaoyou 1000 near the well. This could be solved through the extension of channels and the improvement of input water type. Secondly, strong wind, low temperature and precipitation occurred just before the acceptance, thus the maturity and grain filling of Chaoyou 1000 was affected, resulting in unsatisfactory seed-setting rate and grain number per panicle. In order to fully tap the huge production potential of Chaoyou 1000, good seed, good field, good ecology and good method must be integrated. Considering the actual situations in Junan, the rice seeds should be better sowed from late March to early April, and the seedling age should be controlled within 30d. In order to meet the expected target (16 t/hm^2), the lower-position tillering should be promoted in the early field period; river (pond) water should be better adopted for irrigation; fine fertilization is required, and micro-fertilizer (foliar fertilizer) can be employed for regulation; scientific irrigation (sufficient irrigation in the late period) is required; and the rice must be harvest in an appropriate time[1-3].

References

[1] PENG JM(彭既明), LIAO FM(廖伏明).A great breakthrough made in reaching phase III yield target of 13.5 t/hm^2 in the research on super hybrid rice(超级杂交稻第3期单产13.5 t/hm^{2}攻关获得重大突破)[J]. Hybrid Rice(杂交水稻), 2011, 26(5): 29.

[2] SONG CF(宋春芳). Performance and high-yielding cultural techniques of super hybrid rice in demonstrative production at Longhui, Hunan(隆回县超级杂交稻示范表现及高产栽培技术)[J].Hybrid Rice(杂交水稻), 2011, 26(4): 46.

[3] SONG CF(宋春芳), SHU YL(舒友林), PENG JM(彭既明), *et al.* High-yielding cultural techniques of super hybrid rice in large-scale demonstration with a yield over 13.5 t/hm^2 at Xupu, Hunan(溆浦超级杂交稻"百亩示范"单产超13.5 t/hm^{2}高产栽培技术)[J]. Hybrid Rice(杂交水稻), 2012, 27(6): 50-51.

作者：吴朝晖　孙钦洪　董玉信　王延稳　袁隆平

注：本文发表于《农业科学与技术（英文版）》2017年第18卷第6期。

超级杂交稻研究进展

【摘　要】为满足全国人民 21 世纪的粮食需求，农业部于 1996 年立项超级杂交稻育种计划。该计划共分四期。第一期：1996—2000 年，10.5 t/hm^2；第二期：2001—2005 年，12 t/hm^2；第三期：2006—2015 年，13.5 t/hm^2；第四期：2016—2020 年，15 t/hm^2。2000 年，育成了几个超级杂交稻先锋组合，其产量达到了农业部制定的“中国超级稻”计划第一期 10.5 t/hm^2 的指标。21 世纪初，以“两优培九”为主要品种的第一期超级稻最大年推广面积约 100 万 hm^2，平均产量在 8.3 t/hm^2 左右。第二期超级杂交稻 12 t/hm^2 的指标于 2004 年实现，比原计划提前一年，从 2006 年开始推广。2014 年第二期超级稻种植面积接近 100 万 hm^2，平均单产为 9 t/hm^2 左右。大面积示范目标产量为 13.5 t/hm^2 的第三期超级杂交稻于 2011 年实现。第四期超级杂交稻攻关于 2014 年取得突破，经农业部组织专家组验收，在湖南溆浦县百亩片单产达 15.4 t/hm^2。基于上述已取得的成绩和进展，以及水稻在理论上的产量潜力，启动了第五期超级杂交稻育种攻关，产量指标为 16 t/hm^2。

【关键词】超级杂交稻；育种；进展

【Abstract】In order to meet food requirement for all Chinese people in the 21st century, a super rice breeding program was set up by Chinese Ministry ofAgriculture in 1996, in which the yield targets are: Phase Ⅰ (1996–2000) 10.5 t/hm^2, Phase Ⅱ (2001–2005) 12 t/hm^2, Phase Ⅲ (2006–2015) 13.5 t/hm^2, Phase Ⅳ (2016–2020) 15 t/hm^2. With morphological improvement plus the use of inter-subspecific (indica/japonica) heterosis, several pioneer super hybrids were developed by 2000, which met the phase Ⅰ yield standard and were released for commercial production since 2001. In recent years the area under these pioneer super hybrids is around 1 million hm^2 and the average yield is about 8.3 t/hm^2. The breeding of phase Ⅱ, super hybrids succeeded in 2004, one year ahead of schedule, and super hybrids were popularized since 2006. The planting area of these hybrids was near 1 million hm^2 in 2014 and the average yield was around 9 t/hm^2. The super hybrid variety, Y-U-2, yielded 13.9 t/hm^2 on average at a 7.2 hm^2 demonstrative location in 2011. It means the goal of phase Ⅲ super rice breeding program is attained. The breeding of Phase Ⅳ super hybrid was achieved in 2014. A new super hybrid Y-U-900 yielded 15.4 t/hm^2 at a 6.8 hm^2 demonstrative location in Xupu County, Hunan Province. Based on the above progress, the phase Ⅴ of super hybrid rice breeding program has been proposed, its yield target suggested is 16 t/hm^2.

【Keywords】Super Hybrid Rice; Breeding; Progress

引言

为满足21世纪全国人民的粮食需求，农业部于1996年启动了超级稻育种计划。该计划分四期进行，每期的产量目标是：第一期（1996—2000）10.5 t/hm^2；第二期（2001—2005）12 t/hm^2；第三期（2006—2015）13.5 t/hm^2；第四期（2016—2020）15 t/hm^2（连续2年在2个6.7 hm^{2}示范田的平均产量）。

通过形态改良和亚种间（籼/粳）杂种优势利用，超级杂交稻研究取得了良好成绩。

至2000年，育成了几个达到第一期产量目标的超级杂交稻先锋组合，并于2001年起投入大面积生产。近年来，这些超级杂交稻先锋组合的种植面积约为100万hm^2，平均产量为8.3 t/hm^2。

第二期超级杂交稻育种目标于2004年成功，2014年二期品种的种植面积接近100万hm^2，平均产量约9 t/hm^2。

令人振奋的是，2011年超级杂交品种Y两优2号在两块7.2 hm^{2}示范田的平均产量达到了13.9 t/hm^2，意味着超级稻育种计划第三期目标已经实现。

自2012年起，笔者开始努力专注于第四期超级杂交稻的培育，产量目标为15 t/hm^2。2013年，新品种Y两优900在隆回县6.8 hm^{2}示范田产量达到了14.82 t/hm^2，2014年，该品种在溆浦县6.8 hm^{2}示范田产量达到15.4 t/hm^2。至此，第四期超级稻育种取得成功。

基于上述发展，第五期超级杂交稻育种计划于2015年启动，产量目标为16 t/hm^2。更令人兴奋的是，2015—2017年连续3年新品种超优千号在云南个旧6.8 hm^{2}示范田产量达到了16 t/hm^2。2016—2017连续两年在河北永年县每公顷产量在16 t以上。

1 技术途径

作物改良的实践表明，通过植物育种提升作物产量潜力有两种有效途径，即形态改良和杂种优势的利用。然而若仅采取形态改良，提升潜力十分有限，杂种优势育种若不与形态改良相结合也将无法产生令人满意的结果。包括诸如基因工程等高科技在内的任何其他育种途径和手段，都必须结合优良的形态特征和强杂种优势，否则不会对产量提升带来实际贡献。

1.1 形态改良

良好的株型是超高产的基础。根据笔者的研究，超高产水稻品种有以下形态特征，见图 1。

1.1.1 高冠层

上三叶叶片长、直、窄、V 形、厚（图 1）。长而直立的叶片拥有更大的叶面积，两面都能接受光照，且互相不会遮盖。因此，能更有效地利用阳光，这样的冠层内空气流通也更好。窄叶占用空间相对较小，因此叶面积指数更高。V 形使叶片更硬挺，不易下垂。厚叶的光合功能更强且不易衰老。这些形态特征意味着能产生充足的同化物，是超高产的基础。

1.1.2 矮穗层

成熟期穗顶仅距地面 70～80 cm（图 1）。因为植株的重心很低，这种构型使植株能高度抗倒伏。抗倒伏也是超高产水稻品种的基本特征之一。

图 1 超高产水稻的形态特征

1.1.3 中大穗

单穗粒重约为 6 g，每平方米约 250 穗（图 1）。理论上来说，在此情况下，水稻的产量潜力为 15 t/hm^2。

1.2　提高杂种优势水平

根据研究结果，水稻的杂种优势水平有以下的总体趋势：籼 / 粳 > 籼稻 / 爪哇稻 > 粳稻 / 爪哇稻 > 籼 / 籼 > 粳 / 粳。籼粳杂交品种库大源足，其产量潜力比已大面积种植的籼籼交品种高 30%。因此，利用籼粳杂种优势发展超级杂交稻是努力的重点。然而，籼粳杂交存在许多问题，尤其是结实率较低，若要利用其杂种优势必须先解决这个问题。采用广亲和（*WC*）基因（*S5n*），并用中间型代替典型粳稻品种作为父本，已经选育出了一些杂种优势强且结实率正常的亚种间杂交品种。

$$S_5^I/S_5^J \to F_1(\text{不育})$$

$$S_5^I/S_5^n \text{ 或 } S_5^J/S_5^n \to F_1(\text{可育})$$

稻谷产量 = 收获指数 × 生物量……………………………………………………………（1）

目前，收获指数（*HI*）已经非常高了（超过 0.5）。因此，进一步提升水稻产量上限应依赖于提高生物量。从形态学的角度来看，提升株高是增加生物量的一项有效且可行的方法。笔者培育超级杂交稻的实践表明了一个普遍趋势，即只要 *HI* 保持 0.5 以上且作物抗倒伏，那么植株越高，生物量和粮食产量越高。图 2 描述了这个趋势。

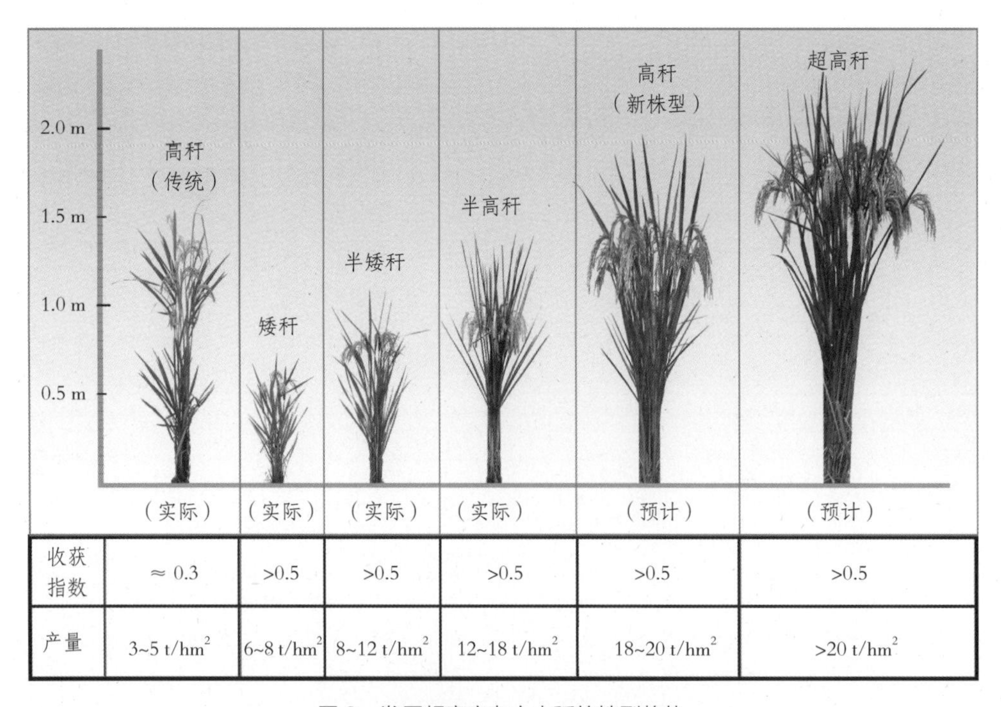

	（实际）	（实际）	（实际）	（实际）	（预计）	（预计）
收获指数	≈ 0.3	>0.5	>0.5	>0.5	>0.5	>0.5
产量	3~5 t/hm^2	6~8 t/hm^2	8~12 t/hm^2	12~18 t/hm^2	18~20 t/hm^2	>20 t/hm^2

图 2　发展超高产杂交水稻的株型趋势

除了提升株高，另一个提高生物量的有效途径是增大茎秆壁厚度。例如，表 1 中列出了超级杂交稻新组合超优千号和另一种超级稻组合 Y 两优 900 的一些农艺性状。

尽管超优千号的株高比 Y 两优 900 低 7.2 cm，两者的单茎生物量几乎相同，这归功于超优千号的茎比 Y 两优 900 更厚重。这种发展超级杂交稻方法的优势是杂交品种高度抗倒伏。然而提升茎粗比提升株高更困难。

表 1　超优千号和 Y 两优 900 的农艺性状对比（长沙，2014 年 10 月）

	产量 /（t/hm^2）	*H. I.*	株高 /cm	单茎生物量	茎重 /（g/100 cm）
超优千号	14.19	0.58	118	12.28	8.42
Y-两优 900（CK）	14.14	0.57	125.2	12.26	7.53
差值	+0.35%	+1.75%	−5.75%	+0.16%	+11.82%

2 展 望

科技的发展是永无止境的。追求农作物高产、高产、更高产是一个永恒的主题。水稻仍有很大的增产潜力，笔者的下一个目标是在两到三年内使产量达到 17 t/hm^2。超级杂交稻前景光明，它将为世界粮食安全与和平做出杰出贡献！

作者：袁隆平

注：本文发表示《农学学报》2018 年第 8 卷第 1 期。

大力开展“种三产四”推动湖南水稻持续发展

【摘　要】回顾了超级杂交稻“种三产四”丰产工程项目提出的背景，介绍了2007—2017年项目实施的5种种植模式、6项主推技术、26个示范超级杂交稻品种及其推广面积和增产效果，总结了加强项目组织实施的成功经验。认为超级杂交稻“种三产四”丰产工程技术将融入到未来满足种植农户与市场需求、促进水稻生产可持续发展的进程中去，有着广泛的应用前景。

【关键词】超级杂交稻；“种三产四”丰产工程；技术措施；效果

湖南是全国水稻生产大省，2007年水稻种植面积389.72万 hm^2，稻谷总产2 425.7万t，单产6.22 t/hm^2，面积与总产均居全国首位，但单产偏低[1]，主要原因是由于湖南的中低产田面积大，约占总面积的2/3[2]。如何促进中低产稻区的产量由低产向高产发展，实现平衡增产，并由此推动湖南由水稻大省向水稻强省的转变，是一个重大课题。在经过充分的调研、论证之后，袁隆平于2006年提出“超级杂交稻‘种三产四’丰产工程”的粮食增产战略设想，即“运用超级杂交稻的技术成果，用3 hm^2 地产出现有4 hm^2 地的粮食，大幅度提高水稻的单产和总产，增加农民种粮的经济效益，确保国家粮食安全”[3]，并提出在湖南年最高推广面积达到100万 hm^2，相当于133.3万 hm^2 所产粮食的目标。

袁隆平的这一设想得到湖南省委、省政府的高度关注与大力支持，从2007年开始，设立“湖南省超级杂交稻‘种三产四’丰产工程”（以下简称“种三产四”丰产工程）财政重大专项，在全省实施[4]。在市（州）、县（市、区）各级政府强有力的支持与相关单位的大力配合下，通过11年的艰苦努力，项目实施单位和协作单位团结协作，克服旱灾、水灾、异常高低温等自然灾害以及水稻病虫严重危害等不利影响带来的各种困难，“种三产四”丰产工程取得了巨大的经济效益和社会效益，为促进水稻种植户增产增效，为湖南粮食持续稳定增长做出了重大贡献。

1 超级杂交稻“种三产四”丰产工程项目实施效果

“种三产四”丰产工程自2007年开始实施至2017年结束，11年全省累计有466个县（市、区）次实施，累计实施面积563.89万hm^2（表1）。其中，实施早超模式的有30个县次，种植面积为17.44万hm^2，增产稻谷42.09万t；实施中超模式的有144个县次，种植面积为108.35万hm^2，增产稻谷273.36万t；实施一季晚超模式的有48个县次，种植面积为32.90万hm^2，增产稻谷86.01万t；实施晚超模式的有42个县次，种植面积为35.90万hm^2，增产稻谷78.56万t；实施双超模式的有202个县次，种植面积为369.30万hm^2，增产稻谷474.64万t（表2）。按照“单产与项目实施前5年平均单产比较”进行计算（下同），累计增产稻谷954.67万t。按项目实施计划对“示范面积”与“单产增加”这2项指标的要求，11年中2项指标达标率均在86.8%以上。

2017年，“种三产四”丰产工程在全省53个县（市、区）实施，实际完成项目面积105.92万hm^2，达到项目最初计划的100万hm^2的目标，项目增产稻谷达177.31万t。按项目实施计划对“示范面积”与“单产增加”这2个指标的要求，在“示范面积”指标上，49个县（市、区）达到项目计划标准，达标率达92.5%；在“单产增加”指标上，按比项目前5年单产平均值的增加计算，51个县（市、区）单产达标，1个未达标，达标率为98.0%。

表1 超级杂交稻“种三产四”丰产工程各年度实施结果

年度	实施县（市、区）数	种植面积/万hm^2	增产稻谷/万t	单产增加/（$kg \cdot hm^{-2}$）
2007	20	0.06	0.14	2 543.25
2008	20	0.70	1.80	2 577.00
2009	32	9.84	16.77	1 958.85
2010	36	26.90	44.47	1 986.15
2011	47	47.30	80.32	2 343.75
2012	50	58.81	95.94	2 109.15
2013	51	68.96	109.47	2 041.80
2014	52	76.44	124.45	1 627.50

续表

年度	实施县（市、区）数	种植面积 / 万 hm²	增产稻谷 / 万 t	单产增加 /（kg · hm⁻²）
2015	52	79.78	138.59	2 129.10
2016	53	89.17	165.41	2 430.00
2017	53	105.93	177.31	2 250.00
合计 / 平均	466	563.89	954.67	2 181.50

表 2　超级杂交稻“种三产四”丰产工程 5 种种植模式实施结果

种植模式	实施县数（市、区）	种植面积 / 万 hm²	增产稻谷 / 万 t	单产增加 /（kg · hm⁻²）
双超	202	369.30	474.64	1 420.47
早超	30	17.44	42.09	2 420.67
中超	144	108.35	273.36	2 508.83
一季晚超	48	32.90	86.01	2 655.86
晚超	42	35.90	78.56	2 138.77
合计 / 平均	466	563.89	954.67	2 181.50

2　超级杂交稻“种三产四”丰产工程项目实施的技术措施

2.1　项目实施的 5 种植模式

通过不断探索总结项目实施成功经验，结合不同的生态类型，项目确定实施了 5 种种植模式：①超级杂交早稻 + 超级杂交晚稻的“双超模式”，主要由浏阳市等 25 个县（市、区）实施[5-10]；②超级杂交早稻 + 优质常规晚稻的“早超模式”，主要由赫山区等 2 个县（区）实施[11-13]；③全部种植超级杂交中稻的“中超模式”，主要由隆回县等 16 个县（市、区）实施[14-23]；④一季超级杂交晚稻的“一季晚超模式”，主要由临澧县等 6 个县实施[24]；⑤优质常规早稻 + 超级杂交晚稻的“晚超模式”，主要由实行“双超模式”季节矛盾大的涟源市等 4 个县（市、区）实施[25]（表 3）。

表3　超级杂交稻“种三产四”丰产工程5种种植模式实施地区分布

种植模式	实施县（市、区）
双超	长株潭与湘中、湘南的长沙县、浏阳市、宁乡县、醴陵市、攸县、株洲县、茶陵县、湘潭县、湘乡市、汨罗市、平江县、南县、桃江县、衡山县、衡南县、衡阳县、祁东县、双峰县、祁阳县、冷水滩区、零陵区、苏仙区、宜章县、嘉禾县与永兴县
早超	湘阴县、赫山区
中超	邵阳市、怀化市、自治州与张家界市的隆回县、新邵县、溆浦县、中方县、麻阳县、靖州县、慈利县、永定区、桑植县、龙山县、泸溪县、永顺县、吉首市、新化县以及湘南山区的汝城县与蓝山县等16个县（市、区）
一季晚超	湘北的临澧县、桃源县、澧县、石门县、华容县以及湘南头季种植烤烟的桂阳县
晚超	涟源市、鼎城区、汉寿县、临湘市

在重点推广以上5种种植模式的基础上，探索并适度推广了“一季中稻＋再生稻”模式，主要由双峰县与中方县两县实施[26-28]。

2.2　项目种植的超级杂交稻品种

项目所用水稻品种均系农业部和湖南省农委（原湖南省农业厅）已经公布且适宜在湖南各生态区域种植的超级杂交稻品种，或是业已审定、正在向农业部申报超级杂交稻品种的组合，共计26个，其中超级杂交早稻品种包括陆两优996等5个品种；超级杂交中稻与一季超级杂交晚稻品种包括Y两优1号等12个品种，以及正向农业部申请超级稻品种认定的Y两优143等4个品种；超级杂交晚稻品种包括H优518等5个品种（表4）。

表4　超级杂交稻“种三产四”丰产工程种植品种

季别	品种
早稻	陆两优996、株两优819、株两优02、株两优30和陵两优268等5个品种
中稻和一季晚稻	Y两优1号、深两优5814、Y两优2号、N两优2号、准两优1141、准两优608、Y两优7号、C两优396、科优21、两优389、湘华优7号、T优272等12个品种，正向农业部申请超级稻品种认定的Y两优143、Y两优9918、Y两优8188与Y两优1998等4个品种
晚稻	H优518、天优华占、Y两优372、五丰优T025和丰源优299等5个品种

2.3　项目实施的主推技术

项目主要选用已经成熟并在全省推广应用的6项主推技术。

2.3.1 “双超”栽培技术

以早、晚2季超级杂交稻品种合理搭配为基础，集成早稻软盘旱育技术、晚稻稀播壮秧技术、改良型强化栽培技术、节氮高效栽培技术、湿润灌溉强根壮秆技术、病虫无害化控制技术，形成了双季稻高产区“双超”栽培技术体系。

2.3.2 水稻设计栽培技术

根据目标产量和品种特性，确定播种量、插秧密度、基本苗数、穗粒结构、施肥种类、数量以及施肥方法；按照目标产量和当地水分状况及栽培模式，确定各个生育期的田间水分管理目标，实行全程目标动态管理。重点推广“水稻‘三定’栽培法”。

2.3.3 水稻节氮高产高效栽培技术

主要包括选择氮高效品种、缓控释肥、速缓相配、水肥耦合、群体均衡稳健栽培，提高氮肥利用率。

2.3.4 水稻改良型强化栽培技术

主要技术包括软盘旱育秧、适龄早栽、合理稀植、节水强根、平衡施肥等。

2.3.5 水稻机械化生产技术

主要包括机械化耕整、机械化插秧、机械化施肥、机械化喷药和机械化收获等5个方面。

2.3.6 水稻物化栽培技术

使用的物化产品包括以提高水稻苗期抗寒性和秧苗综合素质的种衣剂与旱育保姆等，以提高肥料利用率、确保全生育期稳长的缓释肥如“洋丰超级稻专用肥”等，以防止品种倒伏的高产抗倒剂如“立丰灵”与“不倒汉”等，以促进谷粒充实和提高结实率的生长调节剂如“谷粒保”与“粒料饱”等。

此外，结合生产实际与市场需求，适时适地选用了能降低稻米重金属含量特别是镉含量的技术；根据实际情况，配套推广水稻软（无）盘育秧及抛栽、水稻测土配方施肥、沼液浸种与沼肥施用、稻草还田技术、稻鸭无公害高效种养共育技术和超级杂交稻主要病虫草害综合控制技术等。

2.4 项目技术培训与现场观摩交流

为充分展示“种三产四”成果，交流项目实施经验，每年从3月底早稻播种开始，到10月中下旬晚稻收割，项目组织小规模专家组到各示范基地进行现场指导、交流与观摩达20次以上，11年累计组织专家1 200多人次到各示范基地进行了技术指导。项目每年组织召开1次全省“种三产四”现场观摩会议，累计在湘阴县、隆回县（2次）、双峰县、醴陵市、赫山区、零陵区（2 次）、永定区、攸县、溆浦县等县（市、区）召开了 11 次现场会议。

项目及时进行技术总结，并通过《杂交水稻》等刊物发表相关论文，进行广泛宣传，加快传播，为推动项目实施起到了积极作用。2017 年 9 月 8 日，湖南杂交水稻研究中心组织在溆浦县举行了“湖南省超级杂交稻‘种三产四’丰产工程中稻现场观摩会”，核心示范基地位于该县观音阁镇，451 个农户，面积 107.06 hm^2，种植的 Y 两优 957、湘两优 143、广两优 143 与隆两优 1813 等 4 个超级杂交稻品种表现良好。

3 超级杂交稻“种三产四”丰产工程项目实施的组织措施

3.1 实施可行性论证，提前规划，获得省委、省政府大力支持

2006 年袁隆平基于当时的杂交水稻研发成果，根据湖南省杂交水稻发展状况，提出超级杂交稻“种三产四”丰产工程的设想，希望用 3 hm^2 地产出 4 hm^2 地的粮食，在湖南年示范推广 100 万 hm^2，相当于 133.33 万 hm^2 产出的稻谷，为农民增产增收和国家粮食安全做出贡献。在组织省内外专家进行了充分的可行性论证后，袁隆平向时任省委书记张春贤同志、时任省长周强同志汇报，受到省委、省政府的高度重视和强力支持。立项后，该项目一直由主管副省长任总指挥，袁隆平任技术总顾问。

湖南省财政厅对“种三产四”丰产工程项目高度重视，设立重大专项给予大力支持，湖南省财政在 2007—2017 年连续 11 年中累计拨专项经费 9 200 万元。其中，2017 年 8 月，以“湘财农指〔2017〕118 号”文拨付超级杂交稻“种三产四”丰产工程项目资金 1 000 万元，有力地支持了该项目的顺利实施。

3.2 加强指导督促，确保项目高效、高质实施

每年从早稻播种开始，项目持续组织专家到示范基地进行现场指导与督促；每年项目组织湖南杂交水稻研究中心、湖南农业大学、湖南省水稻研究所等协作单位的 30 多位专家组成 6 个项目评估组，对全省所有“种三产四”丰产工程项目示范基地进行技术指导，并对项目实施进行全面评估和考核[29]。

2017 年，项目组派出 30 余批次专家组到各示范基地进行了技术指导；派出 30 位专家组成的 6 个项目评估组，从 8 月上旬至 10 月中旬，全面评估了 53 个县市区核心基地的实施情况。

3.3 组织管理到位，技术措施过硬

在项目实施过程中，各示范县（市、区）成立了以主管农业的副县（市、区）长为组长的项目领导小组、农业局长为组长的技术实施小组，加强了领导。按照技术实施方案，派出专门技术人员蹲点，技术指导到田、到户，确保了技术措施的落实。每年印发的技术资料均在10万份以上，在电视、电台、报纸、杂志等媒体广泛宣传，使“种三产四”丰产工程在全省得以声势浩大、轰轰烈烈地开展。

3.4 实行目标管理，建立激励机制

为严格项目管理，确保项目安全运行，项目组制定了“超级杂交稻‘种三产四’丰产工程项目管理办法”“超级杂交稻‘种三产四’丰产工程基地达标评估标准”，在湖南省财政厅、湖南省农科院的指导下制定了“超级杂交稻‘种三产四’丰产工程项目专项资金管理办法”，项目组与各示范基地严格执行。每年由市（州）农业局组织，对所有县（市、区）早稻、中稻、一季晚稻与晚稻的核心示范基地进行专家现场测产验收。项目组对组织严密、技术规范、按期达标的先进示范基地和个人进行表彰奖励，对未达标的个别单位实行了淘汰。

3.5 及时总结经验，表彰先进，树立榜样

项目组在每年底均组织召开“湖南省超级杂交稻‘种三产四’丰产工程年度总结与计划会议”，或者组织召开以“种三产四”项日为主要内容之一的“湖南省超级杂交稻高产攻关工作会议”，全体“种三产四”丰产工程示范县（市、区）的农业局长、项目技术负责人，14个市（州）农业局项目主管局长，相关种子企业、肥料企业代表，省直单位领导、专家共同参加会议，并邀请新闻媒体参加。共计主办了11 次年度总结会议，表彰了130次先进单位和82人次先进个人[30]。

4 展望

水稻高产是一个永恒的主题，“超级杂交稻‘种三产四’丰产工程”在追求从低产向高产转变的历程中进行了有效的探索。中国正处在经济高速发展与农业供给侧改革的大潮中，农村劳动力短缺与成本升高、农药和化肥施用量大与环境污染严重、农村土地流转并向种粮大户集中、机械化程度不断提升乃至全程机械化管理等诸多因素，都对超级杂交稻种植的绿色、安全、高产与高效提出了新的要求与标准，超级杂交稻的发展也将从注重高产到高产与优质、效益并重[31]，超级杂交稻“种三产四”丰产工程也将以它成熟的技术融入未来满足种植农户与

市场需求、促进水稻生产可持续发展的进程中去，"种三产四"丰产技术有着广泛的应用前景。

References 参考文献

[1] 中国农业年鉴编辑委员会. 中国农业年鉴 [M]. 北京：中国农业出版社，2007.

[2] 张尚武，周胜蓝. 湖南高产田土不足三分之一 [N]. 湖南日报，2016-12-17(04).

[3] 袁隆平. 实施超级杂交稻"种三产四"丰产工程的建议 [J]. 杂交水稻，2007，22(4)：1.

[4] 彭既明. 稳步推进"种三产四"丰产工程促进粮食持续稳定增长 [J]. 杂交水稻，2012，27(3)：1-4.

[5] 胡德斌，肖冬根，彭既明，等. 汨罗市双季超级稻产量 18 t/hm^2 攻关示范与超高产栽培技术 [J]. 杂交水稻，2016，31(4)：43-44.

[6] 蔡壮夫，陈红怡，彭既明，等. 桃江县双季超级杂交稻"种三产四"丰产工程示范与技术措施 [J]. 杂交水稻，2015，30(2)：47-49.

[7] 廖加冬，彭锐，谭欣荣，等. 宜章县双季超级杂交稻"种三产四"丰产工程示范栽培技术 [J]. 杂交水稻，2012，27(6)：52-53.

[8] 肖安民，童中全，熊小英，等. 南县双季超级杂交稻"种三产四"丰产工程示范栽培技术 [J]. 杂交水稻，2011，26(4)：48-50.

[9] 胡正祥，彭既明，田丰，等. 浏阳市双季超级杂交稻"种三产四"高产栽培技术 [J]. 杂交水稻，2010，25(5)：54-55.

[10] 丁秋凡，彭既明，帅海洪，等. 醴陵市双季超级杂交稻"种三产四"丰产工程示范表现及栽培管理技术 [J]. 杂交水稻，2010，25(5)：51-53.

[11] 李晓平，陈丽妮，周学其，等. 赫山区超级杂交早稻"种三产四"丰产工程高产栽培技术 [J]. 杂交水稻，2013，28(1)：47-48.

[12] 李概明，彭既明. 湘阴县超级杂交早稻"种三产四"丰产工程示范及应用技术 [J]. 杂交水稻，2009，24(6)：37-39.

[13] 陈红怡，李山鹰，周建成，等. 陆两优 996 在郴州"种三产四"丰产工程中的种植表现及高产栽培技术 [J]. 杂交水稻，2010，25(1)：54-55.

[14] 谭善生，李加发，邓云军，等. 泸溪县超级杂交中稻"种三产四"丰产工程高产栽培技术 [J]. 杂交水稻，2015，30(5)：38-39.

[15] 罗剑秋，陈石桥，彭既明. 新邵县超级杂交稻"种三产四"丰产工程示范推广的实践 [J]. 杂交水稻，2016，31(5)：49-50.

[16] 韩盛兵，陈红怡，彭既明. 超级杂交稻"种三产四"丰产工程在慈利的实践与探讨 [J]. 杂交水稻，2015，30(5)：42-44.

[17] 田经宏，张蓉，欧阳红，等. 永定区超级杂交稻"种三产四"丰产工程成建制示范与推广 [J]. 杂交水稻，2014，29(5)：37-39.

[18] 彭顺湘，罗金玲，叶立涛，等. 龙山县超级稻"种三产四"丰产工程实施效果与推广措施 [J]. 杂交水稻，

2012, 27(5): 56-58.

[19] 屈楚顺，陈胜平，李春萍，等 . 永定区超级杂交中稻“种三产四”丰产工程示范栽培技术 [J]. 杂交水稻, 2012, 27(3): 47-48.

[20] 何志霞，彭既明，谭炎宁 . 汝城县超级杂交中稻“种三产四”丰产工程高产栽培技术 [J]. 杂交水稻, 2011, 26(2): 40-41.

[21] 梁建红，严梦来，廖翠猛，等 . 准两优 1141 在涟源市“种三产四”中的“三定”栽培思路与实践 [J]. 杂交水稻, 2011, 26(3): 38-40.

[22] 陈立湘，彭既明，苏卓，等 . 隆回县超级杂交中稻“种三产四”高产栽培技术 [J]. 杂交水稻, 2011, 26(5): 48-50.

[23] 舒友林，何国海，舒刚文，等 . 溆浦县超级杂交中稻“种三产四”高产栽培技术 [J]. 杂交水稻, 2010, 25(1): 51-53.

[24] 陈轶林，徐良梅，罗丕荣，等 . 临澧县一季超级杂交晚稻“种三产四”高产栽培技术 [J]. 杂交水稻, 2010, 25(2): 51-52.

[25] 严梦来，吴细华，梁中卫，等 . 涟源市超级杂交晚稻“种三产四”丰产工程示范效果及栽培管理技术 [J]. 杂交水稻, 2010, 25(4): 47-49.

[26] 王启华，欧阳红，赵湘群，等 . 准两优 608 一季加再生单产超 15 t/hm² 高产栽培技术 [J]. 杂交水稻, 2014, 29(4): 31-32.

[27] 曹庆华，李立志，曾文雄，等 . 超级杂交稻“一季加再生”高产示范与主要栽培技术 [J]. 杂交水稻, 2010, 25(3): 49-51.

[28] 李杰，谭保钦，曹庆华，等 . 两系超级杂交稻 Y 两优 1 号在湘中作“一季稻—再生稻”种植表现及高产栽培技术 [J]. 杂交水稻, 2008, 23(4): 51-53.

[29] 邓文，彭既明 . 湖南超级杂交稻“种三产四”丰产工程增产增收效果评价 [J]. 湖南农业科学, 2015(7): 14-17.

[30] 彭既明，陈红怡，黄婧 .2009 年度湖南省超级杂交稻“种三产四”丰产工程总结会议在长沙召开 [J]. 杂交水稻, 2010, 25(2): 18.

[31] 彭既明 . 多穗型超级杂交稻研究 [J]. 杂交水稻, 2017, 32(4): 1-8.

作者：彭既明　袁隆平 *

注：本文发表于《杂交水稻》2018 年第 33 卷第 1 期。

基于高通量测序的超级稻不同生育期土壤细菌和古菌群落动态变化

【摘 要】为阐明超级稻生长不同生育期土壤细菌和古菌群落特征及其影响因素，选取湖南高产区（湖南隆回）和低产区（湖南宁乡）两个水稻种植区，利用I llumina MiSeq高通量测序技术分别对超级稻移栽前，分蘖期、抽穗期、收获期的稻田土壤进行16S rDNA分析，并解析土壤性质对细菌和古菌群落的影响。结果表明：高产生态区土壤微生物多样性在超级稻生育期显著大于移栽前（$P<0.05$），而低产生态区各时期间差异不显著（$P>0.05$）。两个生态区的共同优势细菌为*Proteobacteria*、*Acidobacteria*、*Chlorflexi*和*Verrucomicrobia*，而*Bacteroidetes*只是高产区的优势细菌类群。*Chloroflexi*在低产区相对丰度显著大于高产区（$P<0.05$），*Bacteroidetes*和*Proteobacteria*的相对丰度则在高产区显著大于低产区（$P<0.05$），*Acidobacteria*和*Verrucomicrobia*的相对丰度在两种生产区差异不显著（$P>0.05$）。低产区古菌数量显著大于高产区（$P<0.05$），是高产区的2.8～5.5倍。低产区和高产区相对优势古菌群分别是泉古菌门（*Crenarchaeota*）和广古菌门（*Euryarchaeoa*）。随生育期的变化，*Crenarchaeota*、*Euryarchaeota*、*Acidobacteria*和*Verrucomicrobia*的相对丰度呈先减少后增加的趋势，*Bacteroidetes*和*Proteobacteria*呈下降趋势，*Chloroflexi*呈先上升后降低的趋势。RDA分析表明，*Proteobacteria*的动态变化主要受土壤有机质含量影响，而*Bacteridetes*主要受土壤速效磷驱动。高产区和低产区细菌和古菌群落动态变化的主控因子分别是土壤速效氮和速效磷。研究表明，超级稻高产和低产生态区土壤细菌和古菌群落结构差异明显，且随生育期有一定变化，说明土壤速效养分含量是影响土壤细菌和古菌群落的主要因素。

【关键词】超级稻；细菌；古菌；高通量测序；高产区；低产区；生育期

【Abstract】The bacterial and archaeal community structure and the influencing factors had been detected in paddy soils of super hybrid rice cultivation areas based on high throughput sequencing. Soil samples were collected from Longhui（HLW, high-yield）and Ningxiang（LNX, low-yield）at four different stages（pre-transplanting, tllering, booting and mature stage）with the cultivation of super hybrid rice “Y Liangyou 900”. Combined with the soil physiochemical properties, the main driving factors were analyzed. Results showed that the bacterial diversity during cultivation was significantly higher than that in pre-transplanting stage in high-yield area（$P<0.05$）, and no significant difference among the four stages in low-yield area ($P>0.05$). The shared dominant phyla in both areas were *Proteobacteria*, *Acidobacteria*, *Chloroflexi* and *Verrucomicrobia*, whereas *Bacteroidetes* just dominated the high-yield area. The relative abundance of *Chloroflexi* in low-yield area was significantly higher than that in high-yield area ($P<0.05$), while the relative abundances of *Bacteroidetes* and *Proteobacteria* were much higher in high-yield area ($P<0.05$), and no significant differences of the relative abundances of *Acidobacteria* and *Verrucomicrobia* were detected between the two areas ($P>0.05$). The relative abundance of archaeal community in low-yield area was 2.8–5.5 times higher than that in high-yield area ($P<0.05$). The dominant phylum was *Crenarchaeota* in low-yield area, whereas *Euryarchaeota* dominated the high-yield area. The variations of relative abundances of *Crenarchaeota*, *Euryarchaeota*, *Acidobacteria* and *Verrucomicrobia* had the same trend with decreasing first and then increasing during the four stages, while the *Chloroflexi* had an opposite trend. The relative abundances of *Bacteroidetes* and *Proteobacteria* were declined through the four stages. RDA analysis indicated that soil organic matter was the most important environmental factor affecting *Proteobacteria*, while available P was the key factor influencing *Bacteroidetes* and *Proteobacteria* communities. The key driving factor in shaping microbial communities in high-yield and low-yield areas was available N and available P, respectively. In a word, the soil bacterial and archaeal communities was obviously different between high-yield and low-yield areas, and varied with the super hybrid rice growth stages. The results revealed that contents of available nutrients were the main factors affecting soil bacterial and archaeal communities.

【Keywords】super hybrid rice; bacteria; archaea; high throughput sequencing; high-yield area; low-yield area; growth stage

我国水稻土分布广泛，面积约占世界水稻土面积的 1/4，占我国耕地面积的 25% 左右[1]。水稻作为最重要的粮食作物，一直被放在优先发展地位。在水稻与土壤系统中，土壤微生物是维系此系统健康与稳定的重要成员。水稻在不同生育期内对养分的需求不同，其生长过程实质是一个土壤—微生物—水稻相互作用的过程[2-3]。水稻及其根系生长代谢活动改变土壤理化性质，土壤性质又影响水稻及其根系的生长代谢，且两者相互作用调控土壤微生物群落结构和丰度的变化[4]；土壤微生物通过分解非根际士中几丁质和肽聚糖，再经菌根真菌供给作物吸收利用，从而影响作物生长[5-6]。同时，水稻根系分泌的氧气可以扩散到根际周围[7]，促进微生物的氧化过程；水稻根系分泌的有机物可以为异养菌的繁衍提供充足的有机碳源[8-9]。水稻生长旺盛时期由于根系分泌物增加，促进微生物繁衍；同时水稻植株与微生物对养分产生竞争，促使土壤微生物增强胞外酶的分泌，加速对土壤有机质的水解作用，从而为水稻和微生物提供更多的养分和能量[10]。因此，水稻-土壤-微生物相互作用维系着水稻土环境生物生长的营养元素计量学需求[11-13]。以上研究多通过酶学等方法对水稻根系与土壤微生物关系进行探讨，而土壤胞外酶的状况与水稻土壤微生物的种类及其生长状况有着密切关系，所以对水稻土微生物群落组成状况的研究具有重要意义。吴朝晖和袁隆平[14]通过培养法对不同施氮水平根际土中微生物数量变化研究显示，超级稻根际微生物数量及活性在不同施肥处理间差异显著。Zhu等[15]通过磷脂脂肪酸法对 7 个品种超级稻根际微生物群落结构研究表明，超级稻根际土壤微生物群落结构和活性与水稻品种的遗传背景有关。张振兴等[16]通过末端限制性片段长度多态性分子生物技术对水稻分蘖期根际土壤中细菌组成研究发现，水稻根系活动和稻田土壤水分状况是影响细菌生态功能的重要因素。近年来高通量测序技术，以耗时少，通量高，能够较准确全面反映土壤微生物群落分布特征等优势，逐渐被运用在环境样品分析中[17]。目前对于超级稻不同生育期土壤微生物群落组成状况的研究报道较少。

我国水稻育种和栽培技术在国际上取得了很有影响力的成果。半高秆超级杂交稻是袁隆平院士 2012 年提出来的新概念，其特点是产量优势明显，生物量大，具有强大的根系。因此研究高产和低产生态区半高秆超级稻不同生育期土壤微生物的群落组成和丰度特征及微生物变化的主要影响因子，对阐明超级稻高产的适宜土壤环境条件，揭示其高产机制有重要科学意义。本研究以大田条件下半高秆超级杂交稻稻田土壤为研究材料，运用高通量测序技术，分析高产生态区和低产生态区高产条件下超级稻不同生育期对土壤微生物群落结构、多样性与丰度的影响，揭示半高秆超级杂交稻不同生育期土壤微生物动态变化及其影响因素，为探究超级稻高产机制提供数据支持。

1 材料与方法

1.1 试验地概况与供试材料

试验区位于湖南水稻高产区（HLW）隆回王化永村（110°56′E，27°27′N）和低产区（LNX）宁乡（112°16′E，28°08′N），土壤类型为潮土，栽种前土壤耕作层（0～20 cm）的基本理化性状见表 1。供试水稻品种为超级稻 Y 两优 900，由湖南杂交水稻研究中心提供。2014 年 5 月移栽，10 月收获，水肥等栽培条件和管理措施按常规进行。其中隆回试验区于 5 月 1 日施基肥鲜鸡粪 6 000 kg/hm^2，复合肥 750 kg/hm^2；5 月 14 日追施尿素 135 kg/hm^2，复合肥 112.5 kg/hm^2；5 月 22 日追施尿素 75 kg/hm^2，氯化钾 112.5 kg/hm^2；7 月 5 日追施尿素 60kg/hm^2，氯化钾 150 kg/hm^2，分别于 8 月 8 日和 16 日喷施 0.5% 氨基酸叶面肥 1 800 L/hm^2。宁乡试验区于 5 月 25 施基肥过磷酸钙 600 kg/hm^2，氯化钾 90 kg/hm^2，复合肥 450 kg/hm^2，6 月 5 日追施尿素 120 kg/hm^2，6 月 15 日追施尿素 90 kg/hm^2，氯化钾 150 kg/hm^2，复合肥 225 kg/hm^2，7 月 20 日追施尿素 60 kg/hm^2，氯化钾 135 kg/hm^2，复合肥 75 kg/hm^2，分别于 8 月 8 日和 16 日喷施 0.5% 氨基酸叶面肥 1 800 L/hm^2。

表 1　不同产区土壤化学性质

生态区	有机质（g/kg）	全氮（g/kg）	全磷（g/kg）	全钾（g/kg）	pH
高产生态区	47.53 ± 5.49 A	2.77 ± 0.22 A	0.61 ± 0.05 A	27.53 ± 0.42 A	7.23 ± 0.31 A
低产生态区	36.07 ± 2.65 B	1.96 ± 0.16 B	0.50 ± 0.07 A	25.63 ± 2.95 A	5.50 ± 0.17 B

注：大写字母表示不同生态区显著性，$P<0.05$，下同。

1.2　样品采集

分别于超级稻移栽前（4 月 29 日）、分蘖期（6 月 14 日）、抽穗期（8 月 15 日）和成熟期（9 月 24 日），按“S”形采集表层 0～20 cm 土壤样品，每个重复区取 10～15 个点混合，混合后的样品立即分成 2 份，一份包入无菌锡箔纸放入液氮中速冻，带回实验室后保存在 -80 ℃冰箱中用于微生物群落分析，另一份装入封口聚乙烯袋，带回风干处理，用于理化指标分析。每个生态区采集 3 个重复样品。

1.3　样品测定与分析

pH 用酸度计法测定（土水比 1：2.5）；全氮用凯氏定氮法测定；有效磷用碳酸氢钠浸提-钼锑抗比色法测定；速效钾用乙酸铵浸提-原子吸收火焰光度法测定；有机质用重铬酸钾容量法测定[18]。

土壤微生物基因组 DNA 采用 MOBIO 土壤微生物提取试剂盒（PowerSoil® DNA Isolation kit）进行提取，提取的 DNA 采用 NanoDrop 分光光度计（Thermo Fisher）进行质量和浓度检测。

以提取的土壤微生物基因组 DNA 为模板，采用 16S rDNA 通用引物 515F（5′-GTGCCAGCMGCCGCGGTAA-3′）和 806R（5′-GGACTACHVGGGTWTCTAAT-3′）扩增细菌和古菌的 16S rRNA V4 高变区，扩增体系和条件参考 Caporaso 等[19]的研究，然后对 PCR 扩增产物进行纯化，并将纯化产物送至中南大学资源加工与生物工程学院采用 I llumina MiSeq 测序平台进行高通量测序。

1.4 数据处理

对所得测序结果进行加工和去杂（使用软件FLSAH），去除前后引物，获得首尾整齐的高质量序列，然后用软件Mothur（http://www.mothur.org/wiki/Download-mothur）对这些序列数据进行生物信息学分析，以97%相似性划分OTU（Operational Taxonomic Unit），并采用RDP classifier 贝叶斯算法对各OTU代表的序列进行分类学分析（Release 11.1，http://rdp.cme.msu.edu/），从而获得细菌和古菌组成和多样性数据。采用SPSS19.0双尾ANOVA分析，以及CANOCO4.5进行RDA冗余分析，以获取细菌和古菌群落结构与土壤理化性质的耦合关系。

2 结果与分析

2.1 土壤基本理化性质

从超级稻栽种前土壤理化性质分析看，高产区（隆回）土壤偏碱性（7.23），低产区（宁乡）土壤偏酸性（5.50）；高产区养分全量均大于低产区，其中有机质和全氮的差异均达到显著水平（$P<0.05$），全磷、全钾无显著差异（$P>0.05$）（表1）。土壤速效养分含量在两个产区均随着超级稻生育期的变化有下降的趋势，其中碱解氮下降最明显，速效钾在两个产区均没有显著变化，速效磷只在高产区有显著变化趋势（表2）。

表2 土壤速效养分随超级稻生育期的变化 单位：mg/kg

生态区	生育期	碱解氮	速效磷	速效钾
高产生态区	移栽前	234.33±18.50 aA	30.77±2.77 aA	262.33±12.58 aA
	分蘖期	195.00±13.11 bA	19.27±11.71 bA	217.67±52.01 aA
	抽穗期	171.33±18.56 bcA	22.60±6.22 abA	228.33±58.38 aA
	成熟期	156.33±10.26 cA	17.23±9.72 bA	223.67±31.88 aA
低产生态区	移栽前	150.00±10.69 abB	5.03±4.74 aB	47.33±10.26 aB
	分蘖期	149.33±27.61 abB	5.35+4.77 aB	42.67±8.02 aB
	抽穗期	135.67±32.39 abB	5.18±4.34 aB	42.67±8.50 aB
	成熟期	131.67±25.16 bB	4.94±4.91 aB	36.33±6.66 aB

注：同列小写字母表示同一生态区不同生育期的差异性，大写字母表示不同生态区同一生育期间的差异性，$P<0.05$，下同。

2.2 超级稻不同生育期土壤细菌和古菌群落高通量文库分析

通过对微生物 16S rRNA 的 V4 区进行高通量测序，本研究中高产生态区和低产生态区 24 个样品共获得 383 286 条有效序列，其中细菌序列占 91.7%~98.9%，古菌占 1.1%~8.3%。以 97% 相似水平为划分依据，高产和低产生态区各时期获得 3 243~4 154 个 OTU（表 3），高产区水稻移栽前 OTU 数量显著低于生育期（$P<0.05$），而低产区水稻移栽前和生育期微生物 OTU 数量没有显著变化（$P>0.05$）；高产生态区微生物 OTU 数量大于低产区，在分蘖期和抽穗期达到显著水平（$P<0.05$）。

表 3　土壤细菌和古菌群落高通量测序文库质量分析

生态区	生育期	有效序列数	OTU 数量
高产生态区	移栽前	15 988 ± 8	3 609 ± 178 bA
	分蘖期	15 995 ± 2	4 005 ± 172 aA
	抽穗期	15 992 ± 6	4 154 ± 130 aA
	成熟期	15 972 ± 13	4 115 ± 246 aA
低产生态区	移栽前	15 971 ± 3	3 421 ± 191 aA
	分蘖期	15 965 ± 6	3 243 ± 336 aB
	抽穗期	15 941 ± 6	3 651 ± 192 aB
	成熟期	15 934 ± 22	3 731 ± 462 aA

三种多样性指数分析显示，生育期土壤中微生物多样性大于移栽前，其中低产田各时期微生物多样性差异不显著（表 4），Chao 指数显示高产区微生物多样性在生育期显著大于移栽前期（$P<0.05$）。

表 4　超级稻不同生育期土壤细菌和真菌群落多样性

生态区	生育期	Chao 指数	Simpson 指数	Shannon 指数
高产生态区	移栽前	5 381 ± 475 bA	488 ± 131 aA	7.053 ± 0.125 bA
	分蘖期	6 039 ± 95 aA	583 ± 62 aA	7.277 ± 0.058 aA
	抽穗期	6 474 ± 213 aA	548 ± 21 aA	7.190 ± 0.061 abA
	成熟期	6 166 ± 294 aA	551 ± 16 aA	7.167 ± 0.006 abA
低产生态区	移栽前	5 058 ± 317 aA	277 ± 73 aB	6.867 ± 0.115 aA
	分蘖期	5 039 ± 233 aB	363 ± 92 aB	6.937 ± 0.101 aB
	抽穗期	5 439 ± 258 aB	264 ± 101 aB	6.897 ± 0.110 aB
	成熟期	5 490 ± 457 aA	257 ± 56 aB	6.833 ± 0.040 aB

高产区微生物多样性大于低产区，其中Chao指数分析显示在分蘖期和抽穗期达到显著水平（$P<0.05$），Shannon 指数显示在分蘖期、抽穗期和成熟期均达到显著水平（$P<0.05$），Simpson 指数在4个时期均达显著水平（$P<0.05$）。

2.3 超级稻不同生育期土壤细菌和古菌群落结构动态分析

本研究获得的微生物序列可分为28～32个门，73～81个纲，101～120个目，160～211个科，251～399个属。

2.3.1 超级稻不同生育期细菌群落结构与丰度分析

根据相对丰度在0.1%以下的为稀有微生物的划分标准[20]，将各样品中相对丰度均小于0.1%的菌门舍去。所有样品中，变形菌门（Proteobacteria，16.65%～38.92%）、酸杆菌门（Acidobacteria，12.61%～19.77%）、绿弯菌门（Chloroflexi，4.98%～28.26%）、疣微菌门（Verrucomicrobia，2.90%～8.84%）所占比例最多，为2种生态区表层（0～20 cm）水稻土中主要细菌类群；拟杆菌门（Bacteroidetes，4.98%～9.45%）只是高产区的优势细菌类群。样品中检测到的细菌还有浮霉菌门（Planctomycetes）、厚壁菌门（Firmicutes）、放线菌门（Actinobacteria）、芽单胞菌门（Gemmatimonadetes）、蓝细菌（Cyanobacteria）、装甲菌门（Armatimonadetes）、硝化螺旋菌门（Nitrospira）、绿菌门（Chlorobi）等。

优势菌群中，*Chloroflexi* 在低产区相对丰度显著大于高产区（$P<0.05$），*Bacteroidetes* 和 *Proteobacteria* 的相对丰度则是在高产区显著大于低产区（$P<0.05$），*Acidobacteria* 和 *Verrucomicrobia* 的相对丰度在2种生产区差异不显著（$P>0.05$）（图1和图2）。其他菌群中，*Planctomycetes*、*Actinobacteria* 和 *Nitrospira* 在高产区相对丰度大于低产区，*Firmicutes* 的相对丰度在高产区和低产区差异不显著（$P>0.05$）。

Acidobacteria 和 *Verrucomicrobia* 的相对丰度在2种生产区随生育期的变化呈先减小后增大的趋势，在收获期相对丰度最大，并且在低产区变化更明显（图2）。*Bacteroidetes* 和 *Proteobacteria* 的相对丰度在高产区随超级稻生育期的变化呈现下降趋势，在低产区总体上也呈下降趋势，只在抽穗期有一定升高。*Chloroflexi* 的相对丰度在2种生产区均呈现先上升后降低的趋势（图2）。另外，Actinobacteria 和 Planctomycetes 的相对丰度在2种生产区也呈现先上升后降低的趋势（图1）。

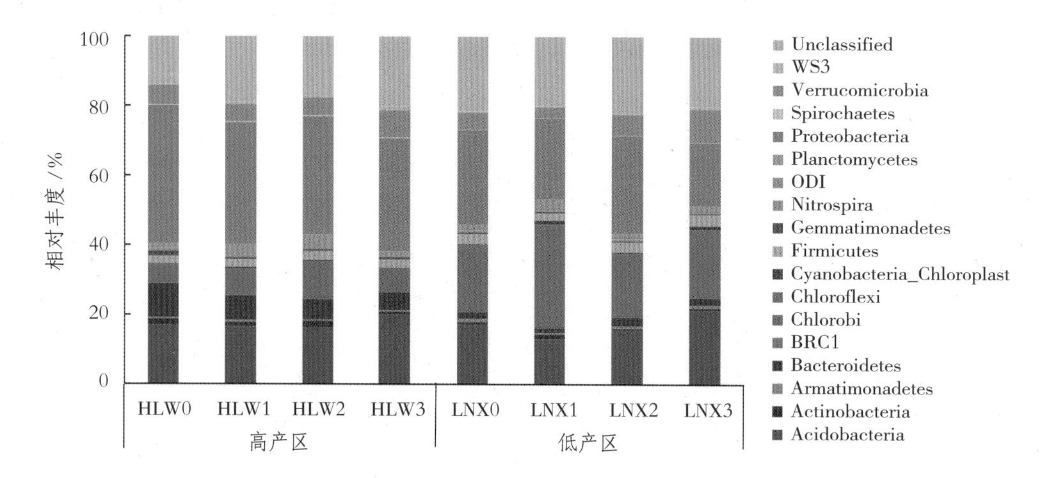

0 表示移栽前；1 表示分蘖期；2 表示抽穗期；3 表示成熟期。下同。

图1　超级稻不同生育期门分类水平上土壤细菌群落结构

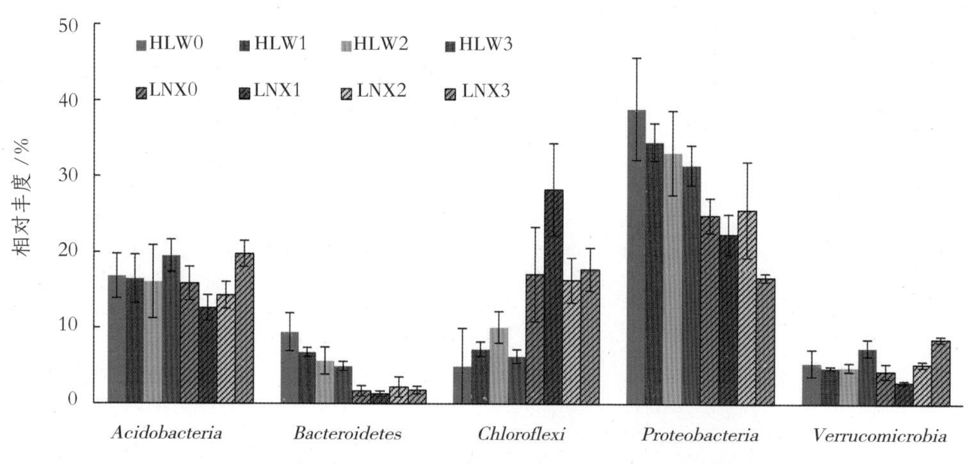

图2　不同生育期门分类水平上各优势细菌群落丰度变化

2.3.2　超级稻不同生育期土壤古菌群落结构与丰度分析

土壤古菌在门分类水平上的群落结构表明，高产区稻田表层土壤（0～20 cm）的主要优势菌群是广古菌门（Euryarchaeota），占该区古菌总量的70.1%～84.2%；而低产区稻田表层土壤中的优势菌群是泉古菌门（Crenarchaeota），占该区古菌总量的38.0%～62.7%，其次是广古菌门，占30.7%～56.2%（图3）。

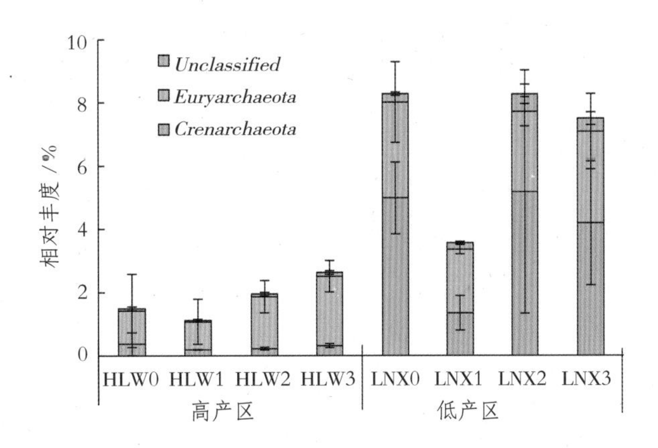

图 3　不同生育期门分类水平上古菌群落组成

低产区古菌数量显著大于高产区，是高产区的 2.8～5.5 倍（图 3）；并且低产区泉古菌门丰度显著大于高产区，是高产区的 7.1～23.0 倍。总体上，各优势古菌门丰度在超级稻生长期呈现先减少后增加的趋势（图 4）。泉古菌门（Crenarchaeota）丰度在高产区整个生育期无显著变化（$P>0.05$）；在低产区，分蘖期丰度显著降低（$P<0.05$），抽穗期急剧增加（$P<0.01$），收获期略有下降，但不显著（$P>0.05$）。广古菌门（Euryarchaeota）在高产区和低产区的变化趋势比较一致，均是分蘖期丰度下降，之后呈现增长趋势（图 4）。

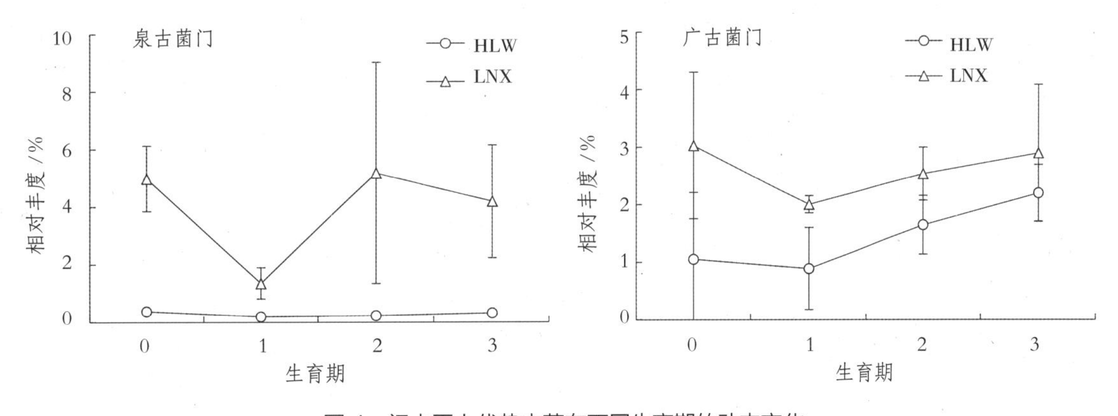

图 4　门水平上优势古菌在不同生育期的动态变化

2.4　超级稻不同生育期土壤微生物群落组成的影响因素

通过方差分析显示，超级稻耕作土壤中微生物多样性与环同生产区和不同超级稻生育时期均存在显著相关性（表 5）。

表5 不同产区和生育期土壤微生物群落结构差异性分析（双尾方差分析）

Two-way ANOVA	Shannon	Simpson	Pielou evenness
产区效应	< 0.001	0.001	< 0.001
生育期效应	< 0.001	0.034	< 0.001
交互作用	0.026	0.182	0.082

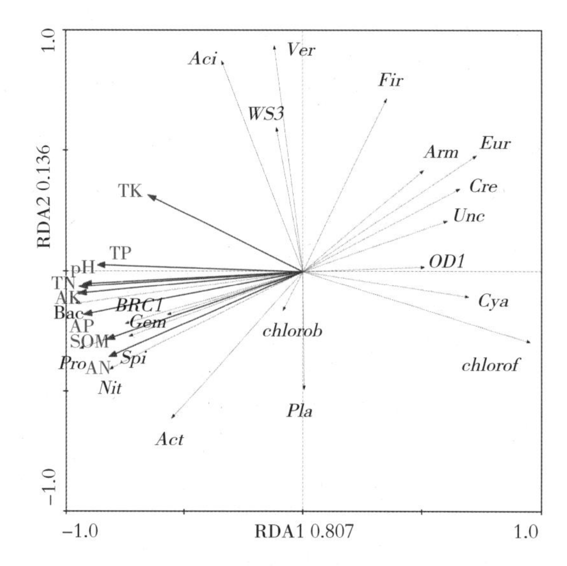

TK—全钾；TP—全磷；TN—全氮；AK—速效钾；AP—速效磷；SOM—有机质；AN—速效氮；*Bac—Bacteroidetes*；*Gem — Gemmatimonadetes*；*Pro — Proteobacteria*；*Spi — Spirochaetes*；*Nito Nitrospira*；*Act — Actinobacteria*；*Chlorob — Chlorobi*；*Pla — Planctomycetes*；*Chlor of — Chloroflexi*；*Cya — Cyanobacteria*；*Unc — Unclassified*；*Cre — Crenarchaeota*；*Eur — Euryarchaeota*；*Arm — Armatimonadetes*；*Fir — Firmicutes*；*Ver — Verrucomicrobia*；*Aci — Acidobacteria*。下同。

图5 不同生育期土壤性质与细菌和古菌群落的 RDA 分析

通过冗余分析法（RDA）对不同产区超级稻不同生育期土壤理化性质与微生物在门水平上的关系进行分析（图5）。基于这个模型，两个排序轴共解释了细菌和古菌菌群的 94.3% 的变异，其中第一排序轴解释了 80.7% 的变异，而第二排序轴解释了 13.6% 的变异。第一轴排序轴主要与速效钾、全氮、速效磷、pH、全磷、有机质、速效氮高度相关，相关系数分别为 -0.951，-0.946 8，-0.942，-0.931，-0.871，-0.828 和 -0.804。*Bacteroidetes*、*Proteobacteria* 和 *Ntrospira* 与速效钾、全氮、速效磷、pH、全磷、有机质及速效氮正相关。对 *Bacteroidetes* 种群影响最大因素的是速效磷，对 *Proteobacteria* 影响最大的因素是有机质。优势菌 *Acidobacteria* 与全钾含量有一定正相关性，而受其他土壤理化性质影响较小，优势菌 *Verrucomicrobia* 与土壤理化性质相关性也较小。

Crenarchaeota、*Euryarchaeota*、*Cyanobacteria* 和优势菌 *Chloroflexi* 与速效钾、全氮、速效磷、pH 等理化性状呈负相关关系。

通过 RDA 分别对两个不同产区微生物群落影响因素分析表明，高产区微生物群落组成的主要影响因子是速效氮（0.980），其次是速效磷（0.945），然后是速效钾（0.894）。而低产区的主要影响因子是速效磷（0.896）（图 6）。

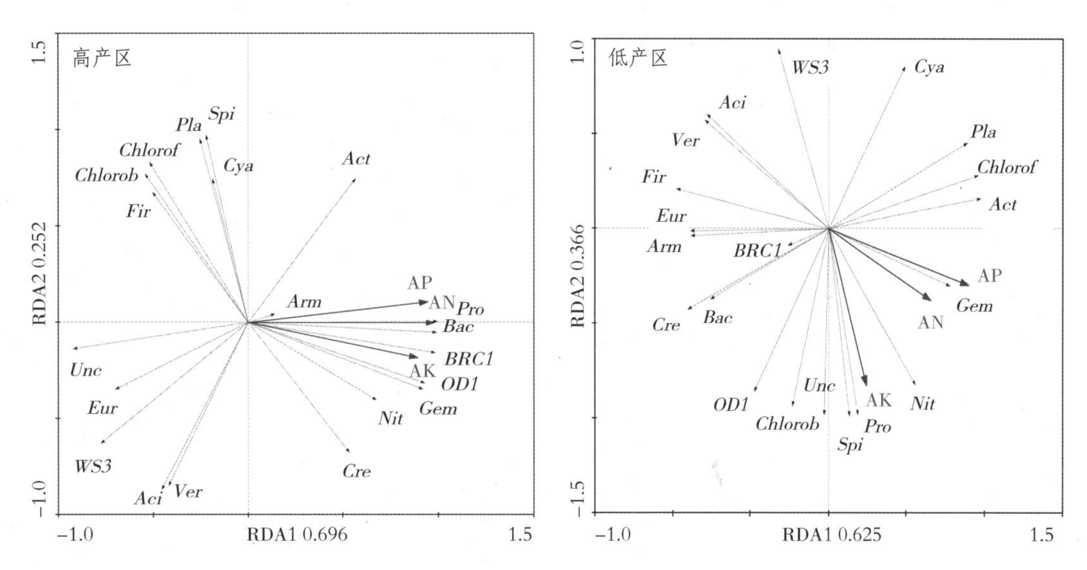

图 6　高产区和低产区土壤速效养分与细菌和古菌群落的 RDA 分析

3　讨论

高通量测序技术以其数据产出通量高的特点在土壤微生物物种多样性方面得到广泛应用[17]，本研究利用此技术获得较好的微生物数量（图 1）。多样性指数分析显示高产区微生物多样性大于低产区（表 4），这可能是高产区养分含量有机质、全氮等显著高于低产区所致（表 1）。秦杰等[21]研究发现，有机质含量高的 NPK 处理土壤细菌和古菌的多样性显著高于有机质含量低的 CK 和 PK 处理，原因可能是有机质含量低的土壤中细菌和古菌可利用的有机碳源减少。本研究也发现，超级稻生育期土壤微生物多样性大于移栽前，可能是生育期存在水稻根系分泌的有机物促进了微生物繁衍；Henriksen 和 Breland[22]、Meidute 等[23]发现碳氮底物的可获性和种类是微生物繁殖的重要控制因素，在水稻根系比较发达的分蘖期和抽穗期，高产区与低产区微生物多样性差异已达到显著水平也间接说明可利用碳氮源对微生物多样性有影响（表 1，高产区速效氮含量显著大于低产区）。Singh 等[4]和张振兴等[16]研究结果显示土壤理化性质影响水稻根系的生理代谢，水稻根系的生长代谢活动改变土壤理化性状，两者相互作用共同影响微生物的群落组成及多样性。本研究方差分析显示土壤中微生物多样性与不同产区（理化性状不同）和不同生育期（根系生长代谢差异）均存在显著相关性，也印证了土壤-植物-微生物间的关系。

有研究表明，土壤养分含量不同，使土壤优势细菌各门、纲的相对丰度不同，土壤营养元素含量的变化导致土壤微生物组成及群落结构发生变化[24-26]。本研究显示，优势细菌在两个产区的分布存在差异，Bacteroidetes 和 Proteobacteria 的相对丰度在高产区显著大于低产区，而 Chloroflexi 在低产区相对丰度显著大于高产区。从 RDA 分析可见，土壤速效磷含量是影响 Bacteroidetes 丰度的最主要因子，Proteobacteria 也与土壤有机质和速效氮高度正相关，而 Chlorflexi 与土壤养分呈负相关，这可能是这 3 类优势菌在两个产区形成差异的主要原因。其他常见菌群中，Planctomycetes、Actinobacteria 和 Nitrospira 在高产区相对丰度大于低产区，可能受土壤碱解氮和有机质的影响（图 6）；其中参与硝化作用的硝化螺旋菌门 Nitrospira 受土壤速效氮素影响最大。如已有研究报道，古菌耐受性较强，适宜在养分含量较低的环境中生长[27-29]，本研究得出类似结论，低产区古菌数量显著大于高产区，RDA 分析发现古菌与土壤养分含量，特别是速效氮和有机质呈负相关关系。通过分析微生物组成与土壤养分含量关系，可以得出 Bacteroidetes、Proteobacteria、Planctomycetes、Actinobacteria 和 Nitrospira 喜好营养丰富的土壤环境，Chloroflexi、Crenarchaeota 和 Euryarchaeota 在较低营养环境中生长更好。

大量研究表明，土壤微生物群落组成与土壤 pH 密切相关[30-34]。陈孟立等[24]和 Liu 等[25]研究报道 *Proteobacteria* 为碱性土壤中的主要优势菌群，本研究虽显示在碱性水稻土中其丰度显著大于偏酸性水稻土，但最大影响因素是土壤有机质和速效氮含量，差异存在原因可能是前者研究对象是旱地土壤环境，本研究是水稻土环境。有研究发现 Acidobacteria 的数量与组成受 pH 的影响较大[35-37]，而本研究显示 pH 对 Acidobacteria 的影响不大，并且与土壤养分含量的关系也不大，这与袁红朝等[38]和 Pankratov 等[39]的研究结果不一致。

在门分类水平上，高产区和低产区在超级稻不同生育期微生物组成存在差异。Acidobacteria 和 Verrucomicrobia 的相对丰度在 2 种生产区随生育期的变化呈先减小后增大的趋势，其变化趋势与超级稻根系生长趋势[40-41]相反。Chloroflexi、Actinobacteria 和 Planctomycetes 的相对丰度在 2 种生产区均呈现先上升后降低的趋势，与超级稻根系生长趋势相近，其可能受水稻根系影响更大。Proteobacteria 和 Bacteroidetes 的相对丰度呈现下降趋势，与土壤速效养分氮磷钾含量变化趋势一致，具有极显著相关性（表 6）；从相关系数大小来看，速效磷是影响此两种菌门的首要肥力因子，其次是速效钾。

表 6　超级稻不同生育期 Proteobacteria 和 Bacteroidetes 与土壤速效养分的相关性分析（n=8）

细菌门	速效氮	速效磷	速效钾
Proteobacteria	0.873**	0.954**	0.875**
Bacteroidetes	0.763**	0.848**	0.846**

注：** 表示 $P<0.01$。

通过 RDA 分别对两个不同产区微生物群落影响因素分析的结果表明（图 6），高产区微生物群落组成的主要影响因子是速效氮，而低产区的主要影响因子是速效磷。这可能因高产区土壤碳氮含量较高（表 1），速效氮和速效钾均处于极丰富状态，速效磷含量也较丰富[42]（表 2），说明在土壤肥力较高水稻土中，速效氮是影响微生物群落的首要限制因子。低产区虽然速效氮处于较丰富状态，但是速效磷和速效钾处于较缺乏状态（表 2），所以在养分含量较贫乏水稻土中，速效磷是影响微生物群落组成的主要因子。

4　结论

研究表明，高产区和低产区土壤微生物群落动态变化的主控因子分别是速效氮和速效磷，说明在土壤肥力较高水稻土中，速效氮是影响微生物群落的首要限制因子，而在养分含量较低水稻土中，速效磷是影响微生物群落组成的主要因子。不同产区中土壤有机质是影响 Proteobacteria 分布的最关键因子，土壤速效磷则是影响 Bacteroidetes 分布的主要因子，而 Acidobacteria 与土壤养分含量的关系并不大，说明优势菌群的分布对土壤性质的响应不同。超级稻土壤中微生物多样性与不同产区（理化性状不同）和不同生育期（根系生长代谢差异）均存在显著相关性，印证了土壤-植物-微生物间存在相互作用关系。这些结论为进一步探明超级稻高产的土壤环境微生物分子机制提供数据支持。

References

参考文献

[1] 龚子同，张效朴. 我国水稻土资源特点及低产水稻土的增产潜力 [J]. 农业现代化研究，1988(8)：33-36.

[2] 曾路生，廖敏，黄昌勇，等. 水稻不同生育期的土壤微生物量和酶活性的变化 [J]. 中国水稻科学，2005，19(5)：441-446.

[3] Sinsabaugh R L, Manzoni S, Moorhead D L, et al. Carbon use efficiency of microbial communities: Stoichiometry, methodology and modelling [J]. Ecology Letters, 2013, 16(7): 930-939.

[4] Singh B K, Dawson L A, Macdonald C A, et al. Impact of biotic and abiotic interaction on soil microbial communities and functions: A field study [J]. Applied Soil Ecology, 2009, 41(3): 239-248.

[5] Richardson A E, Barea J, McNeill A M, et al. Acquisition of phosphorus and nitrogen in the rhizosphere and plant growth promotion by microorganisms [J] Plant and Soil, 2009, 321(1/2): 305-339.

[6] Anderson R C, Liberta A E. Infuence of supplemental inorganic nutrients on growth, survivorship, and mycorrhizal re lationships of *Schizachyrium scoparium* (Poaceae) grown in fumigated and unfumigated soil [J]. American Journal of Botany, 1992, 79(4): 406-414.

[7] Revsbech N P, Pedersen O, Reichardt W, et al. Microsensor analysis of oxygen and pH in the rice rhizosphere under field and laboratory conditions [J]. Biology and Fertility of Soils, 1999, 29(4): 379-385.

[8] Briones A M, Okabe S, Umemiya Y, et al. Influence of different cultivars on populations of ammonia-oxidizing bacteria in the root environment of rice [J]. Applied and Environmental Microbiology, 2002, 68(6): 3067-3075.

[9] Prashar P, Kapoor N, Sachdeva S. Rhizosphere: Its structure, bacterial diversity and significance [J]. Reviews in Environmental Science and Bio/Technology, 2014, 13(1): 63-77.

[10] Kumar A, Kuzyakov Y, Pausch J. Maize rhizosphere priming: Field estimates using 13C natural abundance [J]. Plant and Soil, 2016, 409(1/2): 87-97.

[11] 魏亮，汤珍珠，祝贞科，等. 水稻不同生育期根际与非根际土壤胞外酶对施氮的响应 [J]. 环境科学，2017，38(8)：3489-3496.

[12] 吴金水，葛体达，祝贞科. 稻田土壤碳循环关键微生物过程的计量学调控机制探讨 [J]. 地球科学进展，2015，30(9)：1006-1017.

[13] Loeppmann S, Blagodatskaya E, Pausch J, et al. Substrate quality affects kinetics and catalytic efficiency of exo-enzymes in rhizosphere and detritusphere [J]. Soil Biology and Biochemistry, 2016, 92: 111-118.

[14] 吴朝晖，袁隆平. 微生物量的变化与超级杂交稻产量的关系研究 [J]. 湖南农业科学，2011(13)：45-47.

[15] Zhu Y J, Hu G P, Liu B, et al. Using phospholipid fatty acid technique to analysis the rhizosphere specific microbial community of seven hybrid rice cultivars [J]. Journal of Integrative Agriculture, 2012, 11(11): 1817-0827.

[16] 张振兴，张文钊，杨会翠，等. 水稻分蘖期根系对根际细菌丰度和群落结构的影响 [J]. 浙江农业学报，2015，27(12)：2045-2052.

[17] 楼骏，柳勇，李延. 高通量测序技术在土壤微生物多样性研究中的研究进展 [J]. 中国农学通报，

2014, 30(15): 256-260.

[18] 鲍士旦. 土壤农化分析 [M]. 北京: 中国农业出版社, 2000.

[19] Caporaso J G, Lauber C L, Waters W A, et al. Global patterns of 16S rRNA diversity at a depth of millions of sequences per sample[J]. Proceedings of the National Academy of Sciences of the United States of America, 2011, 108: 4516-4522.

[20] Lynch M D J, Neufeld J D. Ecology and exploration of the rare biosphere[J]. Nature Reviews Microbiology, 2015, 13(4): 217-229.

[21] 秦杰, 姜昕, 周晶, 等. 长期不同施肥黑土细菌和古菌群落结构及主效影响因子分析 [J]. 植物营养与肥料学报, 2015, 21(6): 1590-1598.

[22] Henriksen T M, Breland T A. Nitrogen availability effects on carbon mineralization, fungal and bacterial growth, and enzyme activities during decomposition of wheat straw in soil[J]. Soil Biology and Biochemistry, 1999, 31(8): 1121-1134.

[23] Meidute S, Demoling F, Bååth E. Antagonistic and synergistic effects of fungal and bacterial growth in soil after adding different carbon and nitrogen sources[J]. Soil Biology and Biochemistry, 2008, 40(9): 2334-2343.

[24] 陈孟立, 曾全超, 黄懿梅, 等. 黄土丘陵区退耕还林还草对土壤细菌群落结构的影响 [J]. 环境科学, http: //kns.cnki.net/kcms/detail/11.1895.X.20171027.1350.043.ht.

[25] Liu Z F, Fu B J, Zheng X X, et al. Plant biomass, soil water content and soil N: P ratio regulating soil microbial functional diversity in a temperate steppe: A regional scale study[J]. Soil Biology and Biochemistry, 2010, 42(3): 445-450.

[26] 尹娜. 中国北方主要草地类型土壤细菌群落结构和多样性变化 [D]. 长春: 东北师范大学, 2014.

[27] 沈菊培, 张丽梅, 贺纪正. 几种农田土壤中古菌、泉古菌和细菌的数量分布特征 [J]. 应用生态学报, 2011, 22(11): 2996-3002.

[28] Kemnitz D, Kolb S, Conrad R. High abundance of *Crenarchaeota in a temperate acidic forest soil*[J]. FEMS *Microbiology Ecology*, 2007, 60(3): 442-448.

[29] Lipp J S, Morono Y, Inagaki F, et al. Significant contribution of Archaea to extant biomass in marine subsurface sediments[J].Nature, 2008, 454(7207): 991-994.

[30] Wu Y P, Ma B, Zhou L, et al. Changes in the soil microbial community structure with latitude in eastern China, based on phospholipid fatty acid analysis[J]. Applied Soil Ecology, 2009, 43(2): 234-240.

[31] Hackl E, Zechmeister B S, Bodrossy L, et al. Comparison of diversities and compositions of bacterial populations inhabiting natural forest soils[J]. Applied Environmental Microbiology, 2004, 70(9): 5057-5065.

[32] Kuske C R, Ticknor L O, Miller M E, et al. Comparison of soil bacterial communities in rhizospheres of tree plant species and the interspaces in an arid grassland[J]. Applied Environmental Microbiology, 2002, 68(4): 1854-1863.

[33] Sessitsch A, Weilharter A, Gerzabek M H, et al. Microbial population structures in soil particle size fractions of a long-term fertilizer experiment[J]. Applied Environmental Microbiology, 2001, 67(9): 4215-4224.

[34] Campos S B, Lisboa B B, Camargo F A O, et al. Soil suppressiveness and its relations with the microbial community in a Brazilian subtropical agroecosystem under different management systems[J]. Soil Biology and Biochemistry, 2016, 96: 191-197.

[35] 刘洋, 黄懿梅, 曾全超. 黄土高原不同植被类型下土壤细菌群落特征研究 [J]. 环境科学, 2016, 37(10): 3931-3938.

[36] Rehman K, Ying Z, Andleeb S, et al. Short term influence of organic and inorganic fertilizer on soil microbial biomass and DNA in summer and spring[J]. Joumal of Northeast Agricultural University(English Edition), 2016, 23(1): 20–27.

[37] Jones R T, Robeson M S, Lauber C L, et al. A comprehensive survey of soil acidobacterial diversity using pyrosequencing and clone library analyses[J]. The ISME Journal, 2009, 3(4): 442–453.

[38] 袁红朝，吴昊，葛体达，等. 长期施肥对稻田土壤细菌、古菌多样性和群落结构的影响[J]. 应用生态学报, 2015, 26(6): 1807–1813.

[39] Pankratov T A, Ivanova A O, Dedysh S N, et al. Bacterial populations and environmental factors controlling cellulose degradation in an acidic sphagnum peat[J]. Environmental Microbiology, 2011, 13(7): 1800–1814.

[40] 徐庆国，杨知建，朱春生，等. 超级杂交稻的根系形态特征及其与地上部关系的研究[C]// 第1届中国杂交水稻大会论文集. 长沙:《杂交水稻》编辑部, 2010: 378–384.

[41] 沈建凯，贺治洲，郑华斌，等. 我国超级稻根系特性及根际生态研究现状与趋势[J]. 热带农业科学, 2014, 34(7): 33–38, 50.

[42] 全国土壤普查办公室. 中国土壤普查技术[M]. 北京: 农业出版社, 1992.

作者：吴朝晖　刘清术　孙继民　周建群　李鸿波　袁隆平*

注：本文发表于《农业现代化研究》2018年第39卷第2期。

杂交水稻发展的战略

【摘　要】事物的发展无止境。杂交水稻经历了从第 1 代以细胞质雄性不育系为遗传工具的三系法杂交水稻到第 2 代以光温敏雄性不育系为遗传工具的两系法杂交水稻的快速发展，目前正在研究攻关以遗传工程雄性不育系为遗传工具的第 3 代杂交水稻。同时，提出了杂交水稻发展的战略，将沿着第 4 代 C_4 型杂交水稻和以利用无融合生殖固定水稻杂种优势的第 5 代杂交水稻的方向不断向前发展。

【关键词】杂交水稻；细胞质雄性不育系；光温敏雄性不育系；遗传工程雄性不育系；高光合效率；无融合生殖；发展方向

【Abstract】Things are always going on and on. Hybrid rice has been developing fast from the first generation of threeline hybrid rice with a cytoplasmic male sterile (CMS) line as the genetic tool to the second generation of two-line hybrid rice with a photo-thermo-sensitive genic male sterile (PTGMS) line as the genetic tool. Currently, the third generation hybrid rice with a genetically-engineered male sterile (GEMS) line as the genetic tool has been researched as the key task and target. Meanwhile, the strategy for future hybrid rice development was put forward, i.e., hybrid rice would move forward constantly in the direction of the fourth generation of C_4 hybrid rice and the fifth generation of apomixis hybrid rice.

【Keywords】hybrid rice; cytoplasmic male sterile line; photo-thermo-sensitive genic male sterile line; geneticallyengineered male sterile line; high photosynthetic efficiency; apomixis; developing direction

事物的发展无止境，而在人力能控制的情况下，事物是朝着美好、完善的方向发展的。杂交水稻的发展正是沿着这一普遍规律在运行。

第 1 代的杂交水稻是以细胞质雄性不育系为遗传工具的三系法杂交水稻。1964 年开始研究，1973 年三系配套成功，1976 年开始大面积推广，最高年推广面积在 1 333 万 hm^2 以上，而且经久不衰，至今的种植面积仍占杂交水稻的 50% 左右。三系法的优点是其不育系育性稳定，不足之处是其不育系育性受恢保关系的制约，恢复系很少，保持系更少，因此选到优良组合的难度大，概率较低[1]。

第 2 代的杂交水稻是以光温敏雄性不育系为遗传工具的两系法杂交水稻。两系法的优点是配组的自由度很高，几乎绝大多数常规品种都能恢复其不育系的育性，因此选到优良组合的概率大大高于三系法[1]。目前，多数的超级杂交稻组合都属于两系法杂交稻。此外，选育光温敏不育系的难度较小。但是，两系法的弱点是其不育系育性受气温高低的影响，而天气非人力能控制，制种遇异常低温或繁殖遇异常高温，结果都会失败。

以遗传工程雄性不育系为遗传工具的第 3 代杂交水稻是青出于蓝而胜于蓝，不仅兼有三系不育系不育性稳定和两系不育系配组自由的优点，同时又克服了三系不育系配组受局限和两系不育系制种时可能“打摆子”和繁殖产量低的缺点[1]。

遗传工程雄性不育系每个稻穗上约结一半有色的种子和一半无色的种子。无色的种子是非转基因的、雄性不育的，可用于制种，因此，制出的杂交稻种子也是非转基因的；有色种子是转基因的、可育的，可用来繁殖，其自交后代的稻穗，又是一半结有色、一半结无色的种子，利用色选功能将二者彻底分开。因此，制种和繁殖都非常简便易行[1]。

初步试验表明，利用遗传工程雄性不育系配制的第 3 代杂交水稻的苗头组合显露锋芒，偏籼型的双季晚稻杂交组合（在长沙于 2018 年 6 月 17 日播种，7 月 14 日移栽），每公顷颖花数高达 7.95 亿朵，产量潜力为 15 t/hm^2 左右。偏粳型的一季稻杂交组合，每公顷颖花数为 8.70 亿朵，产量潜力为 18 t/hm^2 左右。预计第 3 代杂交水稻大面积推广后，将为保障中国粮食安全发挥重大作用。

第 4 代应是正在研究中的碳四（C_4）型杂交水稻。理论上 C_4 型的玉米、甘蔗等作物的光合效率比 C_3 型的水稻、小麦等作物高 30%～50%[2]。国际水稻研究所前所长 Zeigler 博士于 2007 年估计，C_4 水稻可在未来 10～15 年研究成功[3]。高光效、强优势的 C_4 杂交稻必将把水稻的产量潜力进一步大幅度提高。国外有的专家称 C_4 水稻育成将是第 2 次绿色革命，但笔者认为应列为第 3 次绿色革命。第 1 次是形态改良，高秆变矮秆或半矮秆，提高了收获指数；第 2 次是杂交水稻育成，利用了水稻的杂种优势。

第 5 代的杂交水稻是利用无融合生殖固定水稻的杂种优势，这是杂交水稻发展的最高阶段。无融合生殖是不通过受精作用而产生种子的生殖方式，二倍体无融合生殖可使世代更迭但不会改变基因型，后代的遗传构成与母本相同，因此可以固定杂种优势，育成不分离的杂交种。只要获得一个优良的杂种单株，就可凭借种子繁殖，迅速地在大面积生产上应用。但是，要育成专性无融合生殖的杂交种，难度很大，笔者认为，随着分子育种的进步，在本世纪中期可望获得成功。

References 参考文献

[1] 袁隆平 . 第三代杂交水稻初步研究成功 [J]. 科学通报，2016，61(31)：3404.

[2] HIBBERD J M，FURBANK R T. Fifty years of C_4 photosynthesis [J]. Nature，2016，538：177-179.

[3] ZEIGLER R S. Foreword [M] //SHEEHY J E，MITCHELL P L，HARDY B. Charting new pathways to C4 rice. Metro Manila：International Rice Research Institute，2007.

作者：袁隆平

注：本文发表于《杂交水稻》2018 年第 33 卷第 5 期。

Natural Variation in the *HAN1* Gene Confers Chilling Tolerance in Rice and Allowed Adaptation to a Temperate Climate

【Abstract】Rice (*Oryza sativa* L.) is a chilling-sensitive staple crop that originated in subtropical regions of Asia. Introduction of the chilling tolerance trait enables the expansion of rice cultivation to temperate regions. Here we report the cloning and characterization of *HAN1*, a quantitative trait locus (QTL) that confers chilling tolerance on temperate *japonica* rice. *HAN1* encodes an oxidase that catalyzes the conversion of biologically active jasmonoyl-L-isoleucine (JA-Ile) to the inactive form 12-hydroxy-JA-Ile (12OH-JA-Ile) and fine-tunes the JA-mediated chilling response. Natural variants in *HAN1* diverged between *indica* and *japonica* rice during domestication. A specific allele from temperate *japonica* rice, which gained a putative MYB cis-element in the promoter of *HAN1* during the divergence of the two *japonica* ecotypes, enhances the chilling tolerance of temperate *japonica* rice and allows it to adapt to a temperate climate. The results of this study extend our understanding of the northward expansion of rice cultivation and provide a target gene for the improvement of chilling tolerance in rice.

【Keywords】rice; jasmonate; chilling tolerance; temperate adaption

Rice (*Oryza sativa* L.), a chilling sensitive crop that feeds more than half the world's population, originated in subtropical regions of Asia and subsequently expanded to a wide range of geographical regions (1). The two subspecies are composed of five ecotypes: *indica*, *aus*, *aromatic*, temperate *japonica*, and tropical *japonica* rice. These ecotypes are characterized by specific climate adaptations based on agro-ecological cultivation conditions (2, 3). While *indica* rice is mainly cultivated in tropical and subtropical regions, *japonica* rice experienced a wider habitat expansion. A *japonica* rice subgroup extended to tropical regions of Southeast Asia and evolved into tropical *japonica*. Another subgroup, termed temperate *japonica*, expanded to more northern and higher elevation regions and reached the northern limits of its natural cultivation area. Through enhanced chilling tolerance, temperate *japonica* rice adapted progressively to a temperate climate (4). Tolerance to low temperatures above 0 ℃, termed chilling tolerance, was one of the most important factors that ensured the northward expansion of rice (5, 6). Genes involved in chilling adaptation should exhibit allelic differences across latitudinal gradients. The relative frequencies in the allele pool present in different geographical regions may reflect the adaptation mechanism of rice to new climatic conditions (6, 7).

Chilling tolerance in rice is a quantitative trait controlled by multiple genetic factors and the environment. Dissecting the genetic basis of chilling tolerance in rice is still at its infant stage. A number of quantitative trait loci (QTLs) that confer chilling tolerance have been mapped, and some have been genetically characterized; examples are *qLTG3-1*, *Ctb1*, *qCTS7*, *COLD1*, *qCTS-9*, *CTB4a*, *and qPSR10* (6-13). In addition to *COLD1* and *CTB4a*, the natural variation of the gene *bZIP73* has been identified to enhance rice adaptation to cold habitats (14). However, the natural allele which confers chilling tolerance on temperate *japonica* rice specifically has been seldom discovered, and thus the molecular mechanisms underlying the adaptation to chilling in temperate *japonica* rice during its northward expansion are still unknown. In this study we identified a chilling tolerance QTL, dubbed *HAN1* ("han" termed "chilling" in Chinese). The natural allele of temperate *japonica* rice, distinct from other ecotypes and wild rice populations, conferred chilling tolerance and enabled the expansion of temperate *japonica* rice to temperate regions.

Results

***HAN1* Is a Major QTL for Chilling Tolerance in Temperate *Japonica* Rice.** To understand the subspecies divergence of chilling tolerance and to identify the potential genes responsible for adaptation to chilling, a recombinant inbred line (RIL) population derived from a cross between *indica* cultivar Teqing and temperate *japonica* cultivar 02428 was used for linkage analysis of chilling tolerance. The *indica* rice parent Teqing was chilling sensitive, while the *japonica* rice parent 02428 was highly tolerant to chilling stress (*SI Appendix*, Fig. S1 *A* and *B*). In the RIL population, there was a continuous distribution in chilling tolerance at the seedling stage, and two QTLs were detected on chromosomes 4 and 11 for chilling tolerance in rice (*SI Appendix*, Fig. S1 *C* and *D*, and Table S1). Chilling Tolerance *1* (*HAN1*) was a major QTL located on chromosome 11, with a logarithm (base 10) of odds (LOD) value of 11.5. The positive allele from 02428 improved chilling tolerance with an increase of 20.4% in seedling survival rate and accounted for 35.8% of the total phenotypic variation under a chilling stress condition (8 ℃ for 6 d). A near-isogenic line (NIL) population was further developed in the Teqing genetic background. Compared with the indica genotype, $HAN1^{Teqing/Teqing}$, plants with the *japonica* genotype, $HAN1^{02428/02428}$, had a higher survival rate following chilling treatment. Furthermore, the chilling tolerance of plants with the heterozygous genotype $HAN1^{Teqing/02428}$ was close to the midparent value of $HAN1^{Teqing/Teqing}$ and $HAN1^{02428/02428}$, suggesting that *HAN1* had an additive effect but no significant dominant effect on chilling tolerance (Fig. 1 *A-C* and *SI Appendix*, Fig. S1 *E* and *F*).

Through high-density molecular markers in the extremely tolerant and highly sensitive RILs,

HAN1 was further mapped to an 871 - kb interval between the two marker loci R11ID1646 and R11ID1733 (*SI Appendix*, Table S2) . In the NIL population (BC5F2) of *HAN1* with 3,000 individuals, 11 recombinants between R11ID1535 and R11ID1764 were selected for progeny tests of chilling tolerance. The progeny tests revealed that *HAN1* cosegregated with a 59 - kb interval between R11ID1693 to R11ID1699 (Fig. 1*D* and *SI Appendix*, Table S3) . There are 10 genes annotated in this region based on the Nipponbare reference genome (Fig. 1*E*) . Among them, the gene numbered LOC_Os11g29290 is chilling responsive and exhibits differential expression between the two genotypes of the NIL in response to chilling stress treatment. The Teqing allele displayed a higher expression level than the 02428 allele at the third hour of chilling stress treatment (Fig. 1*G*) . Sequence comparison identified several nucleotide variations in LOC_Os11g29290 between the two parental lines. There was an insertion/deletion (InDel) of 241 bp and several SNPs in ciselements predicted to be involved in low temperature response in the promoter region (https: //sogo.dna.affrc.go.jp/cgi-bin/sogo.cgi? lang=en&pj=640&action=page&page=newplace) . There was also one 6 - bp InDel that caused amino acid changes in the coding region of the gene (Fig. 1*F*) . Therefore, we consider LOC_Os11g29290 to be a strong candidate gene for *HAN1*.

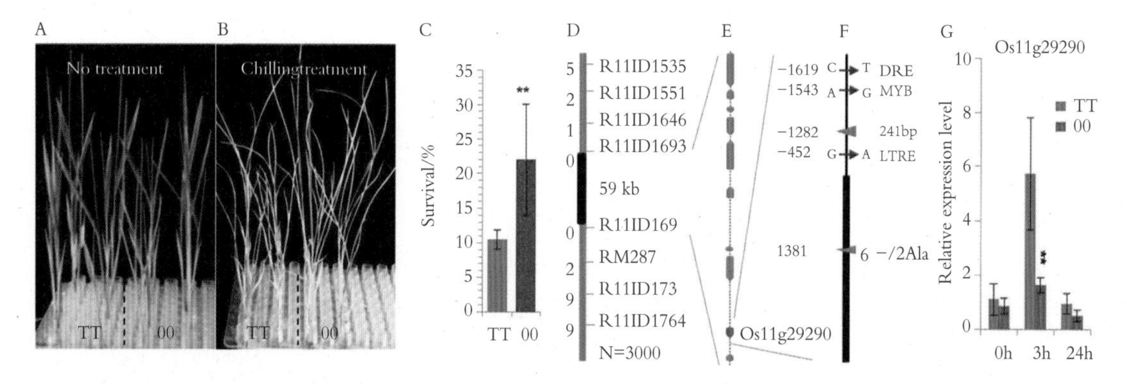

Fig. 1. Map-based cloning of *HAN1*. (*A* and *B*) Performance of seedlings with two genotypes in the near-isogenic line (TT , Teqing/Teqing ; 00 , 02428/02428) before (*A*) and after chilling treatment (*B*). (*C*) Chilling tolerance of two genotypes in the near-isogenic line background (Student's t test , $^{**}P < 0.01$, $n=5$). (*D*) Fine mapping of HAN1 on the long arm of chromosome 11. The numbers of recombinants are shown on the left , and the InDel marker loci used for finemapping are shown on the right of the linkage map. (*E*) There were a total of 10 putative genes in the 59 - kb chromosomal interval containing *HAN1*. The candidate gene LOC_Os11g29290 is shown in red. (*F*) DNA sequence comparison of the *HAN1* candidate gene between the two parental rice cultivars. The negative and positive numbers indicate the positions of polymorphic sites in the promoter and coding region of *HAN1* , respectively , relative to the ATG start codon. The arrows indicate the SNPs between Teqing (*Right*) and 02428 (*Left*) , and the two triangles show the InDels between Teqing (both insertions) and 02428 (both deletions). The predicted effects of these SNPs/InDels are shown in the rightmost column. (*G*) Comparison of the expression levels of the candidate gene LOC_Os11g29290 between two genotypes of NIL under low temperature treatment (Reference gene is the Actin gene numbered LOC_Os03g50885 ; Student's t test , $^{**}P < 0.01$, $n=3$).

***HAN1* Is a Negative Regulator of Chilling Tolerance in Rice.** To confirm that *HAN1* is the gene underlying the chilling tolerance QTL, we first analyzed the chilling tolerance of *HAN1* overexpression and knockout lines. The overexpression lines consisted of the maize ubiquitin promoter fused with either the Teqing or 02428 allele of *HAN1*. These overexpression lines withered at the seedling stage and did not survive to reproductive growth. Thus, no progeny were available for further analysis (*SI Appendix*, Fig. S2). Instead, we used the inducible gene expression system mediated by the estrogen receptor to overexpress *HAN1* (15). As shown in Fig. 2 A–*E* and *SI Appendix*, Fig. S3, the T_2 generation transgenic lines carrying either pER8:: *HAN1*^{02428} or pER8:: *HAN1*^{Teqing} had higher gene expression levels under both normal and chilling treatment conditions, and were more sensitive to low temperature treatment than the control Nipponbare in the presence of estradiol. Comparatively, the chilling tolerance of the transgenic lines carrying *pER*8:: *HAN1*^{Teqing} was similar to the lines expressing *pER*8:: *HAN1*^{02428}, excluding the functional difference in the coding regions between the two parental alleles (*SI Appendix*, Fig. S3*D*). Conversely, two CRISPR/Cas9 knockout lines carrying A or T base insertions in the coding region were more chilling-tolerant than the parental control Nipponbare (Fig. 2 F–*J*). These findings suggest that *HAN1* negatively regulates chilling tolerance.

A complementation test was then carried out to determine the allelic variation between the two parental lines. As the coding regions of the two parental alleles of *HAN1* are equally functional (*SI Appendix*, Fig. S3), a 1.8-kb DNA fragment of the *HAN1* promoter region from either 02428 or Teqing was fused to the coding region of the *HAN1* 02428 allele to generate *pHAN1*^{Teqing}:: *HAN1*^{02428} or *pHAN1*^{02428}:: *HAN1*^{02428} transgenic lines within the Teqing background, respectively. As shown in Fig. 3 *A*–*D*, consistent with the observation in the *HAN1* overexpression lines, both of the transgenic lines showed increased chilling sensitivity compared with the parental line Teqing. However, *pHAN*1^{Teqing}:: *HAN1*^{02428} lines were more sensitive to chilling stress than *pHAN1*^{02428}:: *HAN1*^{02428} lines, showing that allelic variations in the *HAN1* promoter region confer genetic variation in chilling tolerance.

To confirm functional differences between the *HAN1* promoters of Teqing and 02428 alleles, we employed an *Arabidopsis* protoplast system, in which firefly luciferase (LUC) fused to *pHAN*1 was expressed to monitor the promoter activity of *HAN1* with different variations (7). As shown in Fig. 3*E*, *pHAN1*^{Teqing}:: LUC protoplasts exhibited higher relative expressions of LUC than *pHAN*1^{02428}:: LUC protoplasts under chilling stress conditions. Moreover, expression analysis of β-glucuronidase (GUS) reporter gene in *pHAN1*^{Teqing}:: GUS and *pHAN1*^{02428}:: GUS T_2 generation transgenic plants also revealed that *HAN1* was chilling-induced and *HAN1*^{Teqing} was higher than that of *HAN1*^{02428} (Fig. 3*F*). These results are consistent with the observations of the complementation test and expression analysis (Figs. 1*G* and 3 *A*–*D*). Taken together, all of these results indicate that *HAN1* is the causal gene responsible for the chilling tolerance QTL. *HAN1* acts as a negative regulator in a dose-dependent manner in rice. Sequence variations in the promoter region result in functional divergence in chilling tolerance between the two parental lines.

HAN1 Is a Chilling-Induced Endoplasmic Reticulum Protein. The HAN1 protein is predicted to be located in the endoplasmic reticulum (ER) when analyzed with ProtComp 9.0 software (linux1.softberry.com/berry.phtml). To investigate the subcellular localization of HAN1 experimentally, we transiently expressed two fusion genes, *HAN1* fused with green fluorescent protein (GFP) (35*S*::

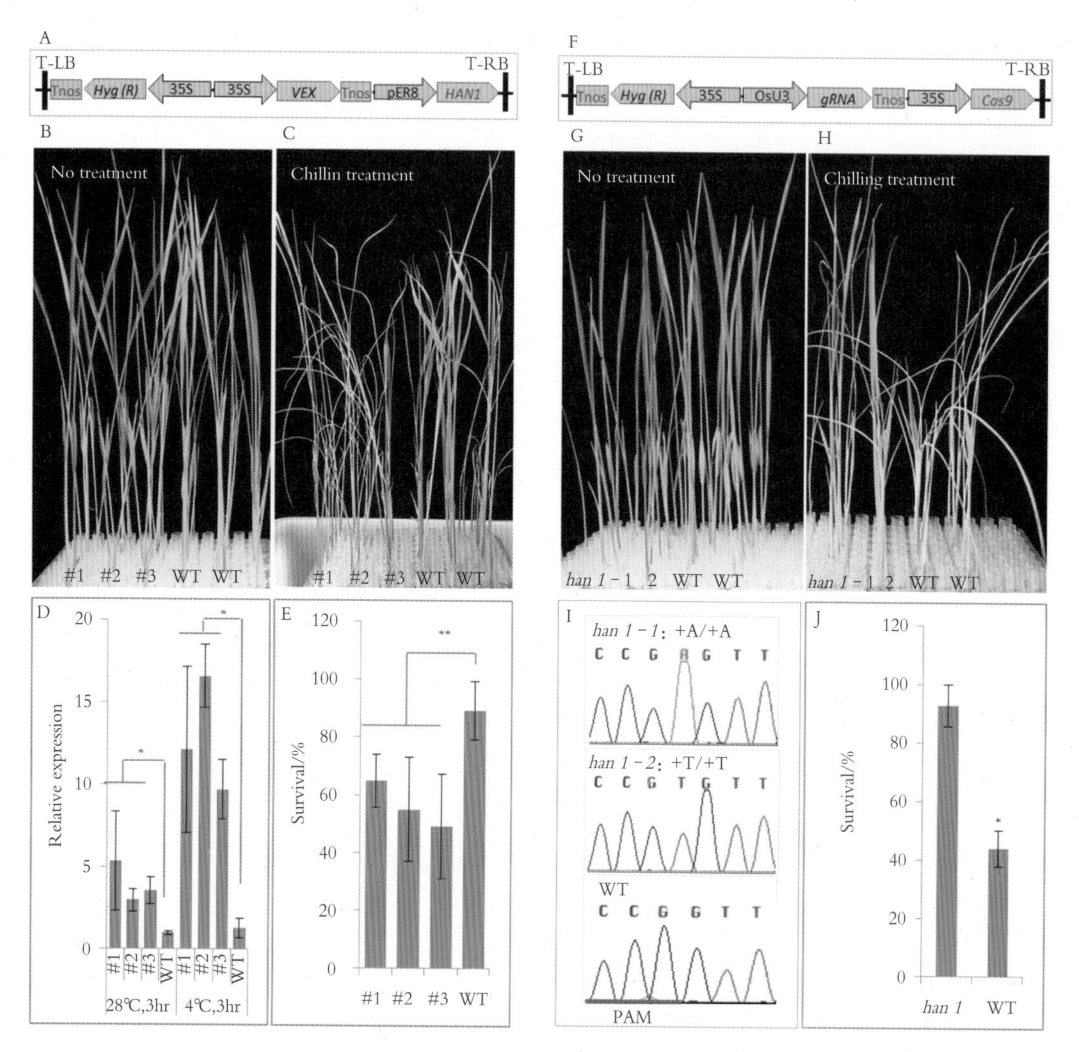

Fig. 2. *HAN1* is a negative regulator of chilling tolerance. (*A*) The DNA construct used for estrogen-inducible overexpression of *HAN1* in rice. *VEX* is the gene coding a chimeric transcriptional activator that binds the pER8 promoter , which consists of eight copies of the LexA operator fused upstream of the -46 35S minimal promoter , to activate transcription of *HAN1* in the presence of exogenous estrogen. (*B* and *C*) Performance of pER8 :: $HAN1^{02428}$ transgenic (No. 1 - 3) and wild-type (WT) lines before (*B*) and after chilling treatment (*C*). (*D*) Expression levels of *HAN1* in *pER8* :: $HAN1^{02428}$ transgenic lines and wild type. (*E*) Survival rate (%) of *pER8* :: $HAN1^{02428}$ transgenic lines and wild type after chilling stress treatment. The DNA construct designed for knockout mutation of *HAN1* using the CRISPR/Cas9 system. (*G-H*) Performance of knockout *han1* mutant (*han1 - 1* and *han1 - 2*) and wild-type (NP) lines before (*G*) and after chilling treatment (*H*). (*I*) Partial DNA sequences from the *HAN1* knockout mutants (*han1 - 1* and *han1 - 2*) show one base (*A* or *T*) insertion in CDS region of *HAN1* for the two alleles , resulting in frameshift mutations. (*J*) Survival rate (%) of *HAN1* knockout mutants and wild-type control after chilling treatment. Significant differences were determined by one-way ANOVA ($*P < 0.05$, or $**P < 0.01$, $n=3$) in *D* , *E* , and *G*.

HAN1-GFP), and the ER marker gene *HDEL* fused with red fluorescent protein (RFP) (*35S::HDEL-RFP*), in rice protoplasts and tobacco leaves. The HAN1-GFP fluores-cence emissions fully overlapped with the HDEL-RFP signals in the cytoplasm of rice protoplasts (*SI Appendix*, Fig. S4 *A-E*). In tobacco leaf cells, the overlapping fluorescence signals were presented as a net-like shape, typical of ER subcellular images (*SI Appendix*, Fig. S4 *F-K*). Thus, HAN1 is targeted to the ER.

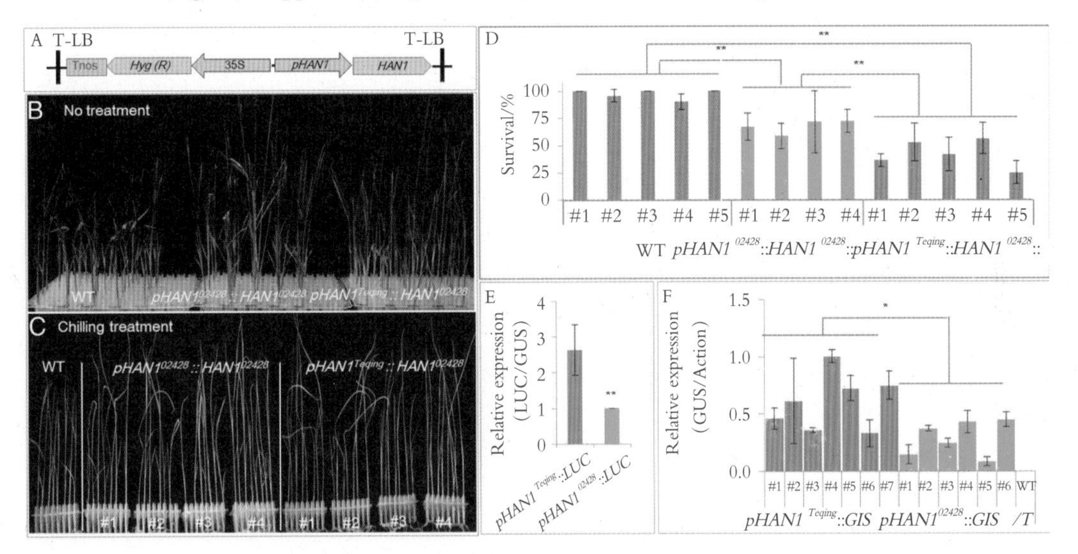

Fig. 3. Genetic variations in the parental alleles of *HAN1*. (*A*) DNA constructs carrying the $HAN1^{02428}$ coding region driven by either Teqing ($pHAN1^{Teqing}$) or 02428 ($pHAN1^{02428}$) promoter region. (*B* and *C*) Perfor-mance of *pHAN102428* :: $HAN1^{02428}$ and $pHAN1^{Teqing}$ :: $HAN1^{02428}$ transgenic plants and wild type (Teqing) before (*B*) and after chilling treatment (*C*). (*D*) Relative survival rates of $pHAN1^{02428}$ :: $HAN1^{02428}$ and $pHAN1^{Teqing}$ :: $HAN1^{02428}$ transgenic plants and wild type (Teqing) after chilling treatment. (*E*) Relative expression levels under chilling treatment (4 ℃) in Arabidopsis protoplasts of the *LUC* reporter genes driven by $pHAN1^{02428}$, and $pHAN1^{Teqing}$. $pHAN1^{02428}$ and $pHAN1^{Teqing}$ are the promoters from the two parental lines. (*F*) RT-qPCR analysis of *GUS* reporter gene expression in $pHAN1^{Teqing}$ :: GUS and $pHAN1^{02428}$ :: GUS transgenic lines in the background of temperate *japonica* rice cultivar Nipponbare under chilling stress (4 ℃ for 3 h; WT, Nipponbare; Actin as reference). Significant differences in *D-F* were determined by one-way ANOVA (*$P < 0.05$, or **$P < 0.01$, $n \geq 3$).

According to gene expression databases (CREP: crep.ncpgr. cn), *HAN1* is expressed ubiquitously in all rice tissues (*SI Appendix*, Fig. S5). During germination, its expression levels are relatively high in radicle and coleoptile tissues, whereas at maturity, these expression levels are high in roots, glumes, and stamens. The transgenic plants that carried the reporter gene *GUS*, driven by the *HAN1* promoter region from either the Teqing or 02428 allele in the Nipponbare background were histologically stained to analyze the expression pattern. Similar spatial-temporal GUS staining patterns were detected in $pHAN1^{Teqing}$:: *GUS* and $pHAN1^{02428}$:: *GUS* plants. GUS staining was detected in both the radicle and coleoptile, but not in the plumule during germination. During reproductive growth period, *GUS* was expressed strongly in the roots, hulls, and stamens and weakly in other tissues (*SI Appendix*, Fig. S6 *A-J*). The leaves showed very weak staining under normal conditions, but were stained strongly after exposure to chilling stresses (*SI Appendix*, Fig. S6*K*).

***HAN1* Functions in JA-Mediated Chilling Tolerance.** Phylogenetic analysis revealed that HAN1 belonged to the cytochrome P450 superfamily. An *Arabidopsis* member of this family, CYP94B3 (AT3G48520), has been shown to act as an oxidase to metabolize JA-Ile, the active form of JA, into 12OH-JA-Ile, an inactive form (16) (Fig. 4 *A* and *B*). To test the role of *HAN1* in JA-Ile catabolism, *HAN1* was expressed in yeast (*Saccharomyces cerevisiae*), and JA-Ile-12-hydroxylase activity was then assayed. Microsomal fractions prepared from yeast cells transformed with an empty vector pYES2NT-C (negative control), *CYP94B3* open reading frame (positive control), and either the Teqing or 02428 allele of *HAN1*, were incubated with JA-Ile, and the reaction products were analyzed by liquid chromatography

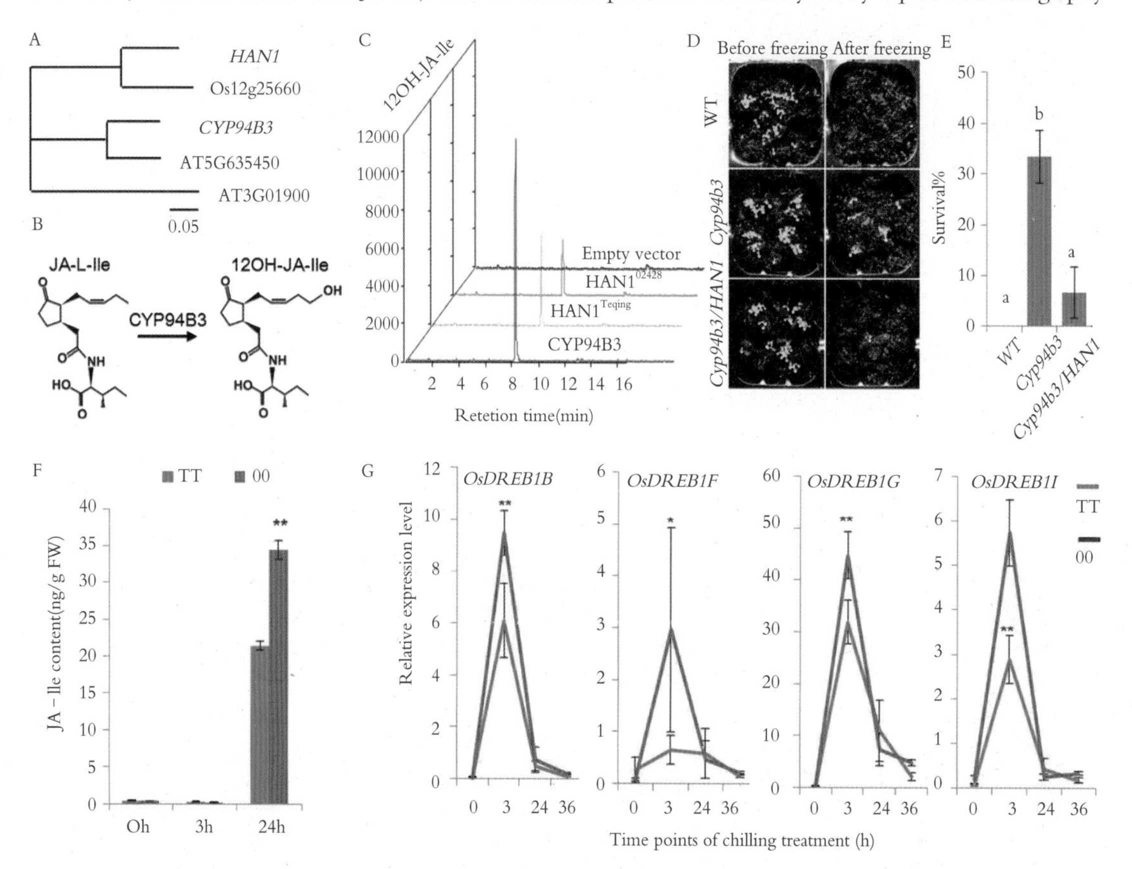

Fig. 4. *HAN1* fine-tunes the JA-mediated chilling tolerance in rice. (*A*) Phylogenetic tree showing the relationships between *HAN1* and the homologous genes from rice and *Arabidopsis.* (*B*) Conversion of JA-Ile to 12OH-JA-Ile catalyzed by the *Arabidopsis* protein CYP94B3 (16). (*C*) Levels of 12OH-JA-Ile detected by mass spectrometry in the mixture of microsomal proteins from yeast cells incubated with the substrate JA-Ile. (*D* and *E*) Survival of the *Arabidopsis* mutant *cyp94b3*, the *cyp94b3* transgenic line expressing *HAN1*, and the wild type Col-0 before and after freezing treatment (−10 ℃ for 1.5 h. There was a significant difference between a and b by Student's t test with $P < 0.01$ and $n=3$). (*F*) The levels of JA-Ile in fresh leaves of the two genotypes in rice NIL (TT, Teqing/ Teqing; 00, 02428/02428) after 0, 3, and 24 h of chilling treatment (Student's *t* test, $^{**}P < 0.01$, $n=3$). (G) Comparison of the relative expression of *CBF/DREB1* genes downstream of JA signal pathway between the two genotypes in rice NIL (TT, Teqing/Teqing; 00, 02428/02428) by RT-qPCR after chilling treatment (Student's *t* test, $^{**}P < 0.01$, $^{*}P < 0.05$, $n=3$).

tandem mass spectrometry (LC-MS/MS). Similar to microsomes isolated from the *CYP94B3*-expressing cells, both HAN1^{Teqing} and HAN1^{02428} produced detectable amounts of 12OH-JA-Ile, whereas 12OH-JA-Ile was not produced in the reaction containing microsomes from empty vector-containing control cells (Fig. 4*C* and *SI Appendix*, Fig. S7). Therefore, HAN1 has a conserved function to its Arabidopsis homolog CYP94B3, and both the Teqing and 02428 alleles possess JA-Ile-12-hydroxylase activity.

We further confirmed the functional role of *HAN1 in planta.* The rice *HAN1* gene fused with CaMV35S promoter was transformed into the *Arabidopsis* mutant *cyp94b3*, which we identified as being more tolerant to freezing stress than wild-type Col-0 plants. *HAN1* restored the freezing sensitivity of the *cyp94b3* mutant (Fig. 4 *D* and *E*). Therefore, *HAN1* and *CYP94B3* are functionally conserved with respect to JA-Ile catabolism. In rice NILs, *HAN1*$^{Teqing/Teqing}$ allele was expressed at a significantly higher level than *HAN1*$^{02428/02428}$ following three hours of chilling treatment, and there was less JA-Ile in fresh plants after a 24-h chilling treatment (Figs. 1*G* and 4*F*). This implied that *HAN1*$^{Teqing/Teqing}$ plants, which exhibited a higher gene expression, catabolized more JA-Ile than *HAN1*$^{02428/02428}$ plants, resulting in increased sensitivity to low temperature compared with *HAN1*$^{02428/02428}$ plants.

Jasmonate positively regulates freezing tolerance in Arabidopsis as a critical upstream signal of the *CBF/DREB1* pathway, the convergent signaling pathway of cold and chilling responses in plants (17-19). We analyzed the expression of *OsDREB1s* by real-time quantitative polymerase chain reaction (RT-qPCR) in NILs carrying the two *HAN1* genotypes under low temperature conditions. A total of 10 *CBF/DREB1s* in rice were analyzed (20). As shown in Fig. 4*G*, the expression levels of four *OsDREB1* genes (*OsDREB1B*, *OsDREB1F*, *OsDREB1G*, and *OsDREB1I*) were relatively higher in NIL-*HAN1*$^{02428/02428}$. Taken together, these results suggest that *HAN1* exerts negative feedback control on JA-Ile levels and performs a key role in attenuating jasmonate over-accumulation. The temperate *japonica* rice cultivar 02428 has a lower expression of *HAN1*, which causes it to maintain higher JA-Ile levels and higher gene expressions in the *CBF/DREB1*-dependent pathway, thus conferring greater chilling tolerance compared with the *indica* rice cultivar Teqing.

Natural Variation in *HAN1* Shows Allelic Differentiation Along Geographic Clines. To investigate the natural variations in *HAN1*, we sequenced the 1.8-kb promoter and the coding region in 101 accessions from a core germplasm collection, including 42 *indica*, 16 tropical *japonica*, 19 temperate *japonica*, and 24 accessions from other ecotypes. Based on nucleotide polymorphisms, we identified 14 haplotypes (Fig. 5 *A* and *B*). Among these haplotypes, Hap1 was found specifically in

A

Groups		Promoter																																		ORF							No. of accessions					Cold tolerance	
HG	Hap	-1619	-1586	-1583	-1570	-1543	-1509	-1499	-1469	-1424	-1371	-1369	-1338	-1317	-1315	-1282	-1027	-725	-641	-635	-633	-627	-620	-618	-595	-540	-518	-507	-459	-456	-452	-425	-412	-241	-194	-128	-19	112	863	1206	1379	1381	1398	1587	*Aus*	*Ind*	*Aro*	*Trj*	*Tej*	Survival%	+/-
J	1	C	C	G	C	A	-	G	A	C	T	C	C	A	A	-	T	G	G	G	G	T	G	T	G	G	T	T	C	G	G	5	T	T	-	C	3	-	G	T	C	-	A	T					15	94.3 ± 8.9^{a}	+++
	3	C	C	G	C	G	-	G	A	C	T	C	C	A	A	-	T	G	G	G	G	T	A	T	G	G	T	T	C	G	G	5	T	T	-	C	3	-	G	T	C	-	A	T				10	3	76.3 ± 28.5^{b}	++
	4	C	T	G	C	G	4	G	A	C	T	C	C	A	A	-	T	G	G	G	G	T	G	T	G	G	C	T	C	G	G	5	C	T	-	C	3	-	G	T	C	-	A	T			2	1		39.8 ± 33.1^{c}	+
	5	C	T	G	C	G	4	G	A	C	T	C	C	A	A	-	T	G	G	G	G	T	G	T	G	G	C	T	C	G	G	5	C	T	-	C	3	-	G	T	T	-	A	G	4	3	3	1	2	26.2 ± 35.3^{c}	+
I	7	T	C	G	C	G	-	A	C	C	C	C	T	G	G	241	G	G	A	A	G	C	G	A	G	A	C	C	C	A	A	-	T	C	-	G	3	-	G	C	C	6	C	G	1	18				1.1 ± 0.6^{d}	-
	8	T	C	G	C	G	-	A	C	C	C	C	T	G	G	241	G	G	A	A	G	C	G	A	G	A	C	C	C	A	A	-	T	C	-	G	-	-	G	C	C	6	C	G		5	1			0.1 ± 0.0^{d}	-
	9	T	C	G	C	G	-	A	C	C	C	C	T	G	G	241	G	G	A	A	G	C	G	A	G	A	C	C	C	A	A	-	T	C	-	G	3	9	G	C	C	6	C	G	1	8	1			2.0 ± 2.8^{d}	-
	12	T	C	G	C	G	-	G	C	T	C	A	T	G	G	241	G	A	A	A	A	C	G	A	A	A	C	C	C	A	A	-	T	C	-	G	3	9	G	C	-	-	C	G	8	3				0.4 ± 0.8^{d}	-
	13	T	C	G	C	G	-	G	C	T	C	A	T	G	G	241	G	A	A	A	A	C	G	A	A	A	C	C	T	A	A	-	T	C	2	G	3	9	T	C	C	-	C	G		2		2		0.0 ± 0.0^{d}	-
Effects		DRE				MYB										MYC															LTRE							InDel	Nonsyn	Syn	Syn	InDel	Syn	Syn							

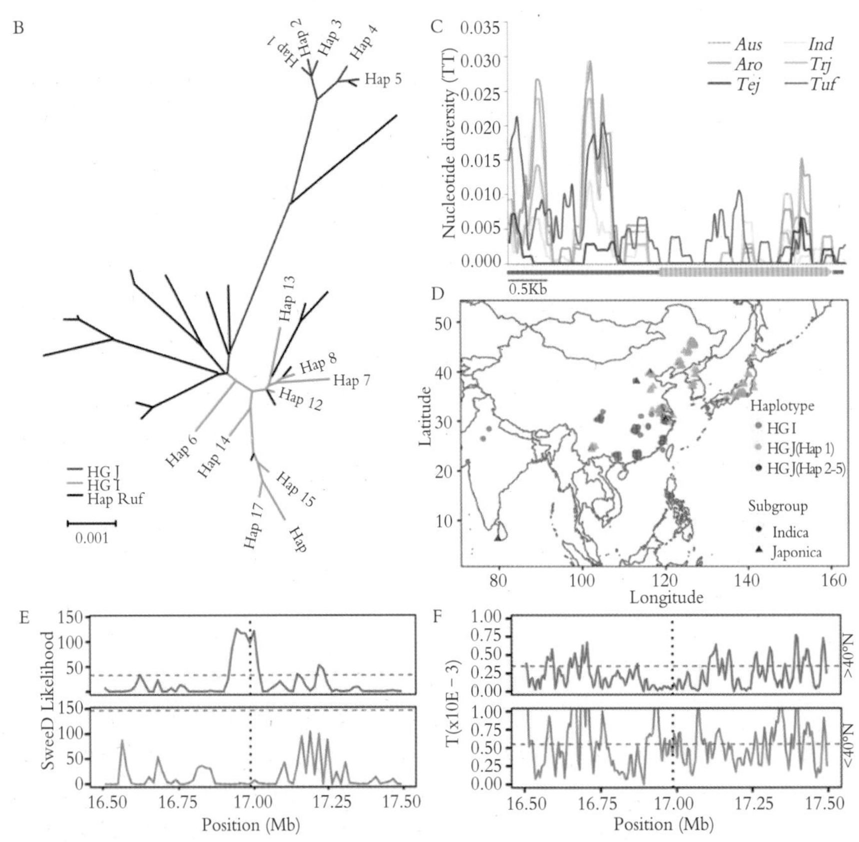

Fig. 5. The haplotypes and evolutionary analysis of *HAN1*. (*A*) Haplotype analysis of *HAN1* in 101 rice germplasm accessions. The purple and green shaded SNPs or InDels represent polymorphisms in the *japonica* and *indica* types , respectively. The highlighted red A is found only in *Hap1* in temperate *japonica* rice , while yellow polymorphisms are not unique among the rice cultivars (There were significant differences among different letters by Student's t - test with $P < 0.01$ and $n \geqslant 3$) . (*B*) A phylogenetic tree showing the relationships between *HAN1* haplotypes from cultivated rice and O. *rufipogon* accessions. (*C*) Nucleotide diversity of *HAN1* in the five cultivated rice subgroups of O. sativa and O. rufipogon accessions. The thick bar represents CDS region of *HAN1* , and the thin bars before or after the CDS are the 1.8 - kb promoter or the 0.5 - kb downstream region of *HAN1* , respectively. Aus , Ind , Aro , Trj , Tej , and Ruf represent the five ecotypes of cultivated rice , such as *aus* , *indica* , *aromatic* rice , tropical *japonica* and temperate *japonica* rice , and wild rice (*O. rufipogon*) . (*D*) The geographical distribution of cultivated rice with different *HAN1* haplotypes. There are two groups , the indica group HG I and the *japonica* group HG J. HG J is further divided into two subgroups HG J (Hap 1) and HG J (Haps 2 - 5) based on presence or absence of the MYB cis element. (*E*) The likelihood of a selective sweep of the 1.0 - Mb region surrounding *HAN1* in the rice population cultivated in typical temperate climate areas in high latitude regions (>40° N) , or elsewhere in low latitude regions (<40° N) . (*F*) Nucleotide diversity in the 1.0 - Mb region flanking *HAN1* in the two populations in *E*. The analyses performed in *A* , *B* , and *C* were based on DNA sequence information generated by Sanger sequencing in a population of 101 rice germplasm accessions , while the analyses in *D* , *E* , and *F* were based on NGS data and geographic information in a collection of 572 rice accessions.

temperate *japonica* rice cultivars (including the parental cultivar 02428). Hap2, Hap3, and Hap4 were found in tropical *japonica* rice cultivars, with Hap3 being the most prevalent. Hap5 was presented in both *indica* and *japonica* rice cultivars. Haps 6–14 were mainly presented in the *indica* rice cultivars, and Hap7 was the dominant haplotype that was found in the parental line Teqing. Based on their phylogenetic relationships, there were two haplotype groups that displayed a clear *indica*–*japonica* differentiation in the *HAN1* genomic region. Haps 1–5 were assigned to the *japonica* haplotype group (HG J), while the others were assigned to the *indica* haplotype group (HG I). Evaluation of chilling tolerance revealed that HG J was significantly more tolerant than HG I (Fig. 5*A*). In the HG J group, Hap1 in temperate *japonica* was the most tolerant to low temperatures, followed by Hap3 in tropical *japonica* (Fig. 5*A* and *B*).

We next examined the evolutionary origin of *HAN1*. The promoter and coding regions of *HAN1* in a total of 21 wild rice accessions (*Oryza rufipogon*) were sequenced and included in phylogenetic analysis together with the DNA sequences from the 101 landraces. As shown in phylogenetic tree (*SI Appendix*, Fig. S8), haplotype tree (Fig. 5*B*), and haplotype network (*SI Appendix*, Fig. S9) of *HAN1*, HG I and HG J descended independently from wild rice Or-I and Or-III respectively. It is noteworthy that we did not identify a wild rice accession with the Hap1 haplotype, nor did we identify one that clustered close to it. Hap1 is much closer to the *japonica* haplotype Hap2, with only a single nucleotide polymorphism at position −1543 (G/A). Therefore, the most chilling-tolerant haplotype of *HAN1*, Hap1, originated directly from *japonica* rice during the divergence between tropical *japonica* and temperate *japonica* rice rather than from O. *rufipogon* during *japonica* domestication.

The special SNP in the temperate *japonica* rice at −1543 (G/A) site is predicted to be located within the MYB cis-element (WAACCA in Hap1, WAACCG in others). When the base at this site was mutated from 02428 type (A) to Teqing type (G), $pHAN1^{02428m}$:: *LUC* had higher expression levels of LUC than $pHAN1^{02428}$:: *LUC* in the transient expression system of protoplasts (*SI Appendix*, Fig. S10*A*). In the transgenic plant $Han1^{\Delta MYB}$, with the knockout of this MYB element which was generated by CRISPR/Cas9 in the genetic background of temperate *japonica* rice cultivar Zhonghua 11, the expression level of *HAN1* was higher under chilling stress treatment. Consequently, the mutant showed stronger chilling tolerance than the wild type (*SI Appendix*, Fig. S10*B*–*G*). Taken together, the temperate *japonica* rice has a special cis-element MYB which negatively regulates the expression of *HAN1* but positively regulates chilling tolerance.

The nucleotide diversity of *HAN1* varies among the rice ecotypes. As shown in Fig. 5*C*, temperate *japonica* exhibits lower nucleotide diversity compared with other ecotypes, suggesting that adaptive selection or a genetic bottleneck played a role during the northward expansion of rice. An examination of the geographical distribution in our previously described collection of 572 resequenced rice accessions with known geographical information revealed that the enrichment of *HAN1* haplotypes differed across latitudinal clines (Fig. 5*D*). Hap1 is restricted to accessions of temperate *japonica* from higher latitude regions (a few come from a higher altitude region, the Yunnan-Guizhou Plateau in China) where the temperature is relatively low during the rice planting season. Other rice cultivars belonging to HG

J are distributed around the world. However, most HG I cultivars are grown in lower latitude regions where the temperature is relatively high during the rice growing season (Fig. 5*D*). In a sweep-D scan of the 572 rice accessions (Fig. 5*E*), a selective signal was detected in a rice population cultivated in a typical temperate climate region (>40° N). This signal was not present in other regions. Compared with the average genomic level, a significantly lower π value was detected only in *HAN1*, and not in the flanking regions in this population. Therefore, a bottleneck effect was excluded (Fig. 5*F*). Taken together, the most chilling-tolerant haplotype of *HAN1*, Hap1, arose in parallel with the northward expansion of temperate *japonica* rice, and has been fixed due to adaptive selection to high latitude growth conditions.

Discussion

***HAN1* Functions to Balance Chilling Tolerance and Growth in Plants.** Jasmonate is a plant hormone involved in stress responses (21). When plants encounter low temperatures, expression of JA biosynthesis genes is induced and the level of active JA-Ile increases, thus activating downstream *CBF/DREB1*-dependent and/or independent signaling to enhance the cold stress response (17, 18, 22-27). However, JA antagonizes GA in regulating plant growth via the interaction between JAZ proteins and DELLA (28). Over-accumulation of JA will also hinder plant growth and development. As a result, a fine-tuned system of JA metabolism is required to balance its effects on stress response and plant growth. *HAN1* plays such a role through metabolizing the active form of jasmonic acid, JA-Ile. *HAN1* prevents over-accumulation of active JA under chilling stress conditions and maintains growth potential upon removal of stresses. In *HAN1*-knockout mutant rice plants, the chilling tolerance increased as expected but growth was severely retarded (Fig. 2*H* and *SI Appendix*, Fig. S11*A*). However, overexpression of *HAN1* led to plant death at the seedling stage (*SI Appendix*, Fig. S2), and introduction of another copy of *HAN1* in transgenic plants led to a decrease in grain production (*SI Appendix*, Fig. S11*B*). These observations suggest that the expression of *HAN1* should be fine-tuned. In natural variants, expression of the temperate *japonica* allele of *HAN1* is induced to a relatively low level and maintains more JA-Ile under chilling stress compared with the *indica* allele, which consequently confers increased chilling tolerance. Because the expression level of this allele only varies during exposure to chilling stress, introduction of $HAN1^{02428}$ into *indica* rice cultivars can enhance chilling tolerance. Furthermore, it has no negative effects on components of plant growth such as plant height, tiller number, spikelet number, and grain weight (*SI Appendix*, Fig. S11*C*). Therefore, Hap1 of *HAN1* is an excellent allele for improving chilling tolerance in rice breeding. Through these aspects, the expression of *HAN1* is fine-tuned, and acts to balance stress tolerance and plant growth by regulating the metabolism of JA-Ile.

Natural Variation in *HAN1* Underlies the Adaptation to a Temperate Climate During the Northward Expansion of *japonica* Rice. Rice is a chilling sensitive crop. Low temperature in regions with temperate climates is the main factor in limiting the northward expansion of rice cultivation. It is widely accepted that *indica* rice and *japonica* rice originated from different ancestors of *O. rufipogon*, though the domestication process is still actively debated (3, 29-31). Further divergence occurred within the *japonica* subspecies; temperate *japonica* rice separated from tropical *japonica* rice with distinct geographical adaptation. It is thought that two sequential rounds of northward expansion occurred in temperate *japonica* rice. The first was from South China to Korea and Japan at the beginning of the first century, and the second was from Korea and Japan to Northeast China in the early 19th century (4). *HAN1* is the QTL gene on chromosome 11 for chilling tolerance of temperate *japonica* rice. A phylogenetic tree constructed from *HAN1* sequences reflects the demographic history of rice domestication and expansion. Variations in *HAN1* diverged during rice domestication, followed by artificial selection during the northward expansion. We identified two haplotype groups, HG I and HG J, which originated independently from Or-I and Or-III. In the *japonica HAN1* haplotype group HG J, the most chilling-tolerant haplotype, Hap1, is mainly represented in temperate *japonica*, the dominant group of rice accessions from Japan, Korea, and Northeast China. Hap1 differs from other *japonica* haplotypes in one special functional polymorphism, and no haplotype from wild rice is closely related, indicating that Hap1 originated in *japonica* rice rather than in wild rice. Therefore, the natural variation at the MYB motif in the promoter of *HAN1* provided an adaptive advantage to the high latitude environment during the northward expansion of *japonica* rice cultivation. To date, several members belonging to the MYB family in plants, including *OsMYB4*, *MYB15*, *OsMYB3R-2*, *MYBS3*, *OsMYB2*, *MYB96*, and *OsMYB30*, were reported for their roles in cold stress regulation (32-40), but their molecular mechanisms have not been clearly revealed. Therefore, further studies should be conducted to test whether these MYB transcription factors or their homologous proteins bind to this MYB ciselement to regulate cold response of *HAN1* in rice.

Materials and Methods①

Materials and Methods are described in *SI Appendix*, *Materials and Methods*. The original sequencing datasets have been deposited in the Genome Sequence Archive of Bejing Institute of Genomics, Chinese Academy of Sciences (bigd.big. ac.cn/gsa) under Accession numbers: CRA000778, CRA000779, and CRA000995.

ACKNOWLEDGMENTS. We thank Dr. E Gonzales at the International Rice Research Institute for kindly providing cultivated rice and wild rice seeds. We thank Dr. David Zaitlin for language improvement. This work was supported by the National Natural Science Foundation of China (Grant 31371603) and partly supported by the Youth Innovation Promotion Association of the Chinese Academy of Sciences (Grant 2018398).

① 该部分可在网页（https://doi.org/10.1073/pnas.1819769116）查询。

References

1. Chang TT (1976) The origin, evolution, cultivation, dissemination, and diversification of Asian and African rices. *Euphytica* 25: 425 - 441.

2. Garris AJ, Tai TH, Coburn J, Kresovich S, McCouch S (2005) Genetic structure and diversity in Oryza sativa L. *Genetics* 169: 1631 - 1638.

3. Huang X, et al. (2012) A map of rice genome variation reveals the origin of cultivated rice. *Nature* 490: 497 - 501.

4. Khush GS (1997) Origin, dispersal, cultivation and variation of rice. *Plant Mol Biol* 35: 25 - 34.

5. Wu W, et al. (2013) Association of functional nucleotide polymorphisms at *DTH2* with the northward expansion of rice cultivation in Asia. *Proc Natl Acad Sci USA* 110: 2775 - 2780.

6. Ma Y, et al. (2015) *COLD1* confers chilling tolerance in rice. *Cell* 160: 1209 - 1221.

7. Zhang Z, et al. (2017) Natural variation in *CTB4a* enhances rice adaptation to cold habitats. *Nat Commun* 8: 14788.

8. Fujino K, et al. (2008) Molecular identification of a major quantitative trait locus, qLTG3 - 1, controlling low-temperature germinability in rice. *Proc Natl Acad Sci USA* 105: 12623 - 12628.

9. Saito K, Hayano-Saito Y, Kuroki M, Sato Y (2010) Map-based cloning of the rice cold tolerance gene *Ctb1*. *Plant Sci* 179: 97 - 102.

10. Liu F, et al. (2013) Microarray-assisted fine-mapping of quantitative trait loci for cold tolerance in rice. *Mol Plant* 6: 757 - 767.

11. Nakamura J, et al. (2011) Rice homologs of *inducer of CBF expression* (*OsICE*) are involved in cold acclimation. *Plant Biotechnol* 28: 303 - 309.

12. Zhao J, et al. (2017) A novel functional gene associated with cold tolerance at the seedling stage in rice. *Plant Biotechnol J* 15: 1141 - 1148.

13. Xiao N, et al. (2018) Identification of genes related to cold tolerance and a functional allele that confers cold tolerance. *Plant Physiol* 177: 1108 - 1123.

14. Liu C, et al. (2018) Early selection of bZIP73 facilitated adaptation of *japonica* rice to cold climates. *Nat Commun* 9: 3302.

15. Zuo J, Niu QW, Chua NH (2000) Technical advance: An estrogen receptor-based transactivator XVE mediates highly inducible gene expression in transgenic plants. *Plant J* 24: 265 - 273.

16. Koo AJ, Cooke TF, Howe GA (2011) Cytochrome P450 CYP94B3 mediates catabolism and inactivation of thc plant hormonc jasmonoyl-L-isoleucine. *Proc Natl Acad Sci USA* 108: 9298 - 9303.

17. Hu Y, Jiang L, Wang F, Yu D (2013) Jasmonate regulates the inducer of cbf expression-C-repeat binding factor/DRE binding factor1 cascade and freezing tolerance in Arabidopsis. *Plant Cell* 25: 2907 - 2924.

18. Hu Y, et al. (2017) Jasmonate regulates leaf senescence and tolerance to cold stress: Crosstalk with other phytohormones. *J Exp Bot* 68: 1361 - 1369.

19. Shi Y, Ding Y, Yang S (2018) Molecular regulation of CBF signaling in cold acclimation. *Trends Plant Sci* 23: 623 - 637.

20. Mao D, Chen C (2012) Colinearity and similar expression pattern of rice *DREB1s* reveal their functional conservation in the cold-responsive pathway.

PLoS One 7: e47275.

21. Santino A, et al. (2013) Jasmonate signaling in plant development and defense response to multiple (a) biotic stresses. *Plant Cell Rep* 32: 1085–1098.

22. Chinnusamy V, et al. (2003) ICE1: A regu-lator of cold-induced transcriptome and freezing tolerance in Arabidopsis. *Genes Dev* 17: 1043–1054.

23. Xu L, et al. (2002) The SCF (COI1) ubiquitin-ligase complexes are required for jasmonate response in *Arabidopsis. Plant Cell* 14: 1919–1935.

24. Chini A, et al. (2007) The JAZ family of repressors is the missing link in jasmonate signalling. *Nature* 448: 666–671.

25. Thines B, et al. (2007) JAZ repressor proteins are targets of the SCF (COI1) complex during jasmonate signalling. *Nature* 448: 661–665.

26. Yan J, et al. (2009) The *Arabidopsis* CORONATINE INSENSITIVE1 protein is a jasmonate receptor. *Plant Cell* 21: 2220–2236.

27. Sheard LB, et al. (2010) Jasmonate perception by inositol-phosphate-potentiated COI1–JAZ co-receptor. *Nature* 468: 400–405.

28. Yang DL, et al. (2012) Plant hormone jasmonate prioritizes defense over growth by interfering with gibberellin signaling cascade. *Proc Natl Acad Sci USA* 109: E1192–E1200.

29. Londo JP, Chiang YC, Hung KH, Chiang TY, Schaal BA (2006) Phylogeography of Asian wild rice, *Oryza rufipogon*, reveals multiple independent domestications of cultivated rice, *Oryza sativa. Proc Natl Acad Sci USA* 103: 9578–9583.

30. Civán P, Craig H, Cox CJ, Brown TA (2015) Three geographically separate domestications of Asian rice. *Nat Plants* 1: 15164.

31. Wang W, et al. (2018) Genomic variation in 3,010 diverse accessions of Asian cultivated rice. *Nature* 557: 43–49.

32. Vannini C, et al. (2004) Overexpression of the rice Osmyb4 gene increases chilling and freezing tolerance of *Arabidopsis thaliana* plants. *Plant J* 37: 115–127.

33. Pasquali G, Biricolti S, Locatelli F, Baldoni E, Mattana M (2008) *Osmyb4* expression improves adaptive responses to drought and cold stress in transgenic apples. *Plant Cell Rep* 27: 1677–1686.

34. Park MR, et al. (2010) Supra-optimal expression of the cold-regulated *OsMyb4* transcription factor in transgenic rice changes the complexity of transcriptional network with major effects on stress tolerance and panicle development. *Plant Cell Environ* 33: 2209–2230.

35. Agarwal M, et al. (2006) A R2R3 type MYB transcription factor is involved in the cold regulation of *CBF* genes and in acquired freezing tolerance. *J Biol Chem* 281: 37636–37645.

36. Ma Q, et al. (2009) Enhanced tolerance to chilling stress in OsMYB3R-2 transgenic rice is mediated by alteration in cell cycle and ectopic expression of stress genes. *Plant Physiol* 150: 244–256.

37. Su CF, et al. (2010) A novel MYBS3–dependent pathway confers cold tolerance in rice. *Plant Physiol* 153: 145–158.

38. Yang A, Dai X, Zhang WH (2012) A R2R3–type MYB gene, OsMYB2, is involved in salt, cold, and dehydration tolerance in rice. *J Exp Bot* 63: 2541–2556.

39. Lee HG, Seo PJ (2015) The MYB96–HHP module integrates cold and abscisic acid signaling to activate the *CBF-COR* pathway in *Arabidopsis. Plant J* 82: 962–977.

40. Lv Y, et al. (2017) The OsMYB30 transcri-ption factor suppresses cold tolerance by interacting with a JAZ protein and suppressing β - Amylase expression. *Plant Physiol* 173: 1475 - 1491.

作者：Donghai Mao# Yeyun Xin# Yongjun Tan Xiaojie Hu Jiaojiao Bai Zhaoying Liu Yilan Yu Lanying Li Can Peng Tony Fan Yuxing Zhu Yalong Guo Songhu Wang Dongping Lu Yongzhong Xing Longping Yuan* Caiyan Chen*

注：本文发表于 *Proceedings of the National Academy of Sciences of the United States of America* 2019 年第 116 卷第 9 期。

Strategic Vision for Hybrid Rice

Life on Earth has been altered to favor mankind under the endeavor of human beings. Hybrid rice is one of the examples that has gone through three generations currently and has two generations likely to come in the near future.

The first generation of hybrid rice is the three-line system that utilizes cytoplasmic male sterility. The research was initiated in 1964, commercial hybrids with yield heterosis were first successfully released in 1973 and extended to more farmlands in 1976 in China. Three-line hybrid rice was topped in 13.5 million hectares (approximately 45% of the total rice planting acreage in China) during the past 40 plus years in China. Up to the current date, three-line hybrid rice still accounts for roughly 50% of the total hybrid rice or about 20% of the entire rice acreage in China. The three-line system has the advantage of male sterility stability, and the disadvantage of a highly restricted restoration and maintaining relationship.

The second generation is based on the two-line system in which thermo-or photoperiod-sensitive genic male sterility is utilized. The major advantage of two-line system is that almost all conventional rice varieties can be used as a restorer. Easier development of thermo-or photoperiod-sensitive genic male sterile lines is another notable advantage of the two-line system. Consequentially, it is easier to develop elite hybrids compared to that of the three-line system. As a result, most commercial super hybrid combinations are two-line hybrid rice. The disadvantage of two-line system is that male sterility/fertility of male sterile lines is affected by the temperature, which is difficult to control. Hybrid seed production often failed when the temperature is below the thresh point. In addition, seed multiplication of male sterile lines is also affected when the temperature is above the thresh point, resulting in lower seed production.

The third generation uses genetically-engineered male sterility. This system possesses the advantages of both the three-line and the two-line systems, resolving the issue of the instability of male sterility/fertility in the two-line system during the hybrid seed production and seed reproduction of male sterile lines, and also overcoming the limitation of mating partner of the three-line system. The genetically-engineered plants produce colored and colorless seeds with each accounting for half of the seeds produced. The colorless seeds are non-transgenic and serve as male sterile plants for hybrid seed production. Therefore, the hybrid rice seeds produced are also non-transgenic. The colored seeds, which are transgenic and fertile, are used for seed reproduction, and its self-pollinated progenies will also produce half colored and half colorless seeds. The mixed colored and colorless seeds can be easily separated by a color-based seed sorter. Therefore, both hybrid seed production and seed reproduction of male sterile/fertile lines are very simple, easy, and reliable. The preliminary yield trials suggest that some hybrid combinations with this approach are very promising. One indica-like hybrid, sown on June 17 and transplanted on July 14, 2018 in Changsha, China as a late-season crop in a double-cropping farming system, generated 795 million spikelets/hectare and yielded 15 metric tons/hectare; one japonica-like hybrid grown in one-cropping farming system, produced 870 million spikelets/hectare and yielded 18 metric tons/hectare. Rapid adoption of the third-generation hybrid rice will help ensure food security in China.

The fourth generation will be the development of C_4 hybrid rice. The photosynthetic efficiency of C_4 plants, such as maize and sugarcane, is believed to be 30 – 50% higher than that of C_3 plants such as rice and wheat [1]. C_4 hybrid rice with high photosynthetic efficiency and stronger heterosis will tremendously increase rice yield potential. The successful development of C_4 rice would likely be given the term of the 2nd green revolution by other experts, but I think it should be called the 3rd green revolution: The 1st green revolution was the success of plant morphological improvement, from tall plants to semi-dwarf plants, which greatly increased the harvest index; the 2nd green revolution was the success of hybrid rice, which utilizes positive heterosis.

The fifth generation will be the development of one-line hybrid rice in which heterosis of F_1 hybrids is fixed through apomixis. Apomixis is seed reproduction without fertilization. The genotype of diploid apomixis does not change from generation to generation. The genetic structure of offspring is identical as that of maternal parents, so the heterosis can be fixed, and non-segregating hybrids can be developed. As long as a highly heterotic hybrid plant is obtained, it can be rapidly deployed for large-scale commercial production by seed propagation. However, it is very difficult to develop obligate apomictic hybrids. With the advancement of molecular breeding technologies such as genome editing, I believe, it will be successful within the next couple of decades.

DISCLAIMER

This paper is translated from Yuan [2], a Chinese paper published in Hybrid Rice journal.

References

1. 1 Hibberd JM, Furbank RT. Fifty years of C4 photosynthesis. Nature. 2016; 538: 177-9.

2. 2 Yuan L. The Strategy for Hybrid Rice Development. Hybrid Rice. 2018; 33 (5): 1-2. Chinese with English Abstract.

作者：Yuan Longping

注：本文发表于 *Crop Breed Genet Genom* 2019 年第 1 期。

籼型杂种雄性不育水稻 9814HS-1 的育性与遗传分析

【摘　要】杂种雄性不育系是培育多系法杂交稻理想的遗传工具；杂种雄性不育性一般发生在水稻种间或亚种间，而鲜见于亚种内的品种间。本文报道了一份籼籼交杂种雄性不育系 9814HS-1。田间观察结果显示，9814HS-1 在长沙 10 月初起或三亚 3 月中旬前抽穗则花粉彻底败育，结实率为 0.00%，而同期抽穗的双亲 T98B 和 M114B 的育性正常。分子标记分析发现 T98B 和 M114B 的籼稻基因型频率分别达到了 0.94 和 1.00；进一步分析注意到，它们与 8 个籼稻品种杂交的 F_1 株系结实全部正常，结实率达到了 80.35%~91.87%，而与 4 个粳稻品种的杂交后代均高度不育，表明 9814HS-1 的双亲都具有籼稻属性。测恢试验发现，9814HS-1 的育性能被所测验的 6 个籼稻品种全部恢复（结实率达到了 85.24%~93.21%），表明 9814HS-1 具有“三交种”育种利用潜力。遗传分析显示，T98B 和 M114B 的正反交 F_2 和 BC_1F_1 群体中不育株与可育株的理论分离比都为 1∶3，推断 9814HS-1 的育性受两个非等位的杂合态核基因互作所控制。籼型杂种雄性不育系 9814HS-1 的发现为重新认识水稻生殖障碍提供了启示，对于建立杂种优势利用新途径具有重要意义。

【关键词】水稻；杂种雄性不育系；杂种优势利用；多系法杂交稻；9814HS-1

杂种不育（hybrid sterility）指双亲杂交后能产生合子但合子发育成植株后不能正常结实的现象，它属于合子后生殖隔离（postzygotic isolation）范畴，常表现为雄性不育[1]、雌性不育[2]和配子间不亲和[3]等形式。在稻作分类学上，野生稻和栽培稻是稻属的两个种，由于它们的亲缘关系较远，染色体组构型和基因组序列差异较大，其杂种败育程度较重[4]；相比而言，同属亚洲栽培稻的粳稻、籼稻两个亚种亲缘关系较接近，在核基因组序列和基因组成方面具有良好的共线性关系[5]，其杂种花粉可育度和结实率显著高于野生稻和栽培稻杂交后代，但普遍低于亚种内的品种间杂交稻[6, 7]。

雄性不育性是杂种优势利用的基础[8]，我国三系、两系杂交稻育种所取得的巨大成功得益于质核互作雄性不育系[9]和光温敏细胞核雄性不育系的发现[10]。质核互作雄性不育性状的产生是细胞质不育基因产物抑制花粉正常发育，而细胞核基因不能逆转这一不利影响的结果[11]；育种实践证实，野生稻和栽培稻种间杂交或者籼稻和粳稻亚种间杂交都有可能造成质核矛盾而导致杂种当代表现为雄性不育；比如，20 世纪 50～60 年代，相继发现中国的红芒野生稻与日本的滕坂 5 号杂交[12]以及印度籼稻品种“Chinsurah Boro II”和粳稻台中 65 杂交[13]后都能获得雄性不育后代；1970—1973 年，袁隆平研究组从海南野生稻中发现了彻底败育的天然不育株，并寻找到了能分别使该不育株保持雄性不育状态的“保持系”及能使其育性恢复至正常水平的“恢复系”，实现了我国籼型杂交稻“三系”配套[9]。

事实上，同亚种内的品种间也有可能因进化程度或地理差异而表现出杂种雄性不育（hybrid male sterility），如冈 12 朝阳 1 号 A 和冈 22 雅安早 A 即是由西非籼稻品种“冈比亚卡”与我国南方籼稻品种杂交产生的不育株[14]；但是，它们的不育性状同样由质核互作所致，都受细胞质不育基因所决定。那么，亚种内是否存在一种不受细胞质基因控制而只受细胞核基因控制的杂种雄性不育现象呢？ 这个问题一直未有答案。本文报道了籼稻品种 T98B 和 M114B 杂交后能产生雄性不育系 9814HS-1，并经遗传分析推断 9814HS-1 受两个细胞核基因互作所控制。

1 材料与方法

（ⅰ）水稻材料。T98B 是长江流域常用的野败细胞质保持系；M114B 是从自选材料 MT2011B（系保持系炳 1B 的改造后代）与珍汕 97B 杂交后选育而成的野败细胞质保持系；9814HS-1 是 T98B 与 M114B 的杂交 F_1 株系。

（ⅱ）育性观察。以 T98B 和 M114B 为对照，2017 年 7—10 月于湖南长沙以及 2018 年 2—4 月于海南三亚观察 9814HS-1 的育性情况。采用 2% 的 I_2-KI 的染色，将圆形、大小正常、可完全染色的圆形花粉视为可染花粉，使用花粉可染率表示花粉育性[15]；以套袋 5 穗的平均结实率作为该株系的自交结实率。

（ⅲ）籼粳属性分析。参照 CTAB 方法[16]分别提取 T98B，M114B 及籼型对照品种 9311、粳型对照品种日本晴（Nipponbare）的叶片基因组 DNA。按照王林友等人[17]的方法，利用 19 对籼粳特异性 Indel 标记检测样品的基因型；将 9311 和日本晴的扩增条带分别定义为“籼型”和“粳型”，将同时出现 9311 和日本晴的带型定义为籼粳杂合型；计算 T98B 和 M114B 样品的籼型和粳型基因频率，以此确定它们的籼粳属性。

另一方面，选择籼、粳材料与 T98B，M114B 配制杂交种，根据杂交组合的结实率（反映“亲和性”的指标）来推断双亲的籼粳属性。所选籼稻品种包括两系恢复系 9311 和五山丝苗（WSSM），野败恢复系华占（HuaZhan）和湘恢 299（R299），以及两系不育系株 1S（Zhu1S）、湘陵 628S（XL628S）、Y58S 和隆科 638S（LK638S）等 8 份材料；粳稻品种包括日本晴、空育 131（KY131）、龙粳 31（LG31）和垦稻 10 号（KD10）等 4 份材料。以 9814HS-1 为对照，2017 年 12 月至次年 4 月将各 F_1 株系种植于海南三亚，各组合随机选取 10 个单株的主穗调查其结实率；将结实率在 67%~100%，34%~66% 和 0%~33% 的组合分别定义为“亲和”“部分亲和”“不亲和” 3 种类型，分析双亲与测试亲本之间的亲和关系。

（iv）可恢性测试。以 9814HS-1 为母本，9311、五山丝苗、华占、湘恢 299 及野败保持系天丰 B、丰源 B 为父本分别配制杂交组合；在相对低温条件下（2018 年 2—3 月，三亚），随机取 10 个单株主穗观察各组合的结实率；将组合结实率在 0%~33% 的测试父本定义为“不可恢”，34%~66% 标记为“部分可恢”，67%~100% 记为“完全恢复”，分析测试亲本对 9814HS-1 的恢复程度。

（v）遗传分析。2017 年 2 月 25 日至 3 月 10 日（相对低温条件），在三亚观察 T98B 与 M114B 的正反交 F_1 育性情况；以 9814HS-1 为母本，分别与 T98B，M114B 杂交，获得回交种子；2017 年 4 月，将正反交 F_1 不育禾兜带回长沙再生，于 7 月上旬（相对高温条件）收获到了自交种子。2018 年 2 月 15 日至 3 月 15 日（相对低温条件），在三亚观察正反交 F_2 群体及 BC_1F_1 群体育性分离情况；经卡方检测分析分离比，推断杂种不育性的遗传方式。

2 结果与分析

2.1 9814HS-1 的育性观察

2013 年 9—10 月，在长沙注意到两个保持系 T98B 与 M114B 的杂交 F_1 植株花粉败育，但雌性正常（能接受 9311，R299 等品种的花粉而结实），表明 F_1 为雄性不育植株；从 2014—2018 年，连续 5 年的田间观察重复了这一结果。为了将杂种雄性不育材料（hybrid male sterile line，HMS 系）与三系、两系不育系相区分，我们使用“HS”作为后缀来标识杂种不育系，并命名 T98B 与 M114B 杂交所产生的不育系为“9814HS-1”。

同时，我们还注意到 9814HS-1 的育性受环境影响。9814HS-1 在 2017 年 9 月 10

日始穗，花粉呈现半不育状态，可染花粉率为 49.43%，套袋结实率为 22.24%；自 2017 年 9 月 25 日至 10 月 22 日，稻穗出现了不同程度的“卡颈”和败育，花药瘦小，I_2-KI 镜检有典败和圆败花粉粒，可染花粉率从 4.26% 迅速降低至 0.00%，套袋自交率达到或接近 0.00%。9814HS-1 在三亚于 2018 年 2 月 10 日始穗，至 2018 年 3 月 17 前彻底败育，可染花粉率几乎为 0.00%，完全不能结实（图 1，表 1）；自 2018 年 3 月 24 日开始逐渐积累可染花粉粒。相反，不论是长沙还是三亚，与 9814HS-1 同期抽穗的双亲 T98B 和 M114B 的育性都处于正常水平，其花粉可染率达到了 86.76%~96.87%，平均结实率达到了 78.97%~89.66%（表 1）。这表明杂种与双亲的育性存在明显差异。

图1 9814HS-1 在三亚的育性表现。(a) 植株形态（3 月 3 日）；(b) 花粉（2 月 14 日）和小穗育性（3 月 11 日）

表1 9814HS-1 与双亲的育性差异 a)

时间地点	抽穗日期	花粉可染率 /%			套袋结实率 /%		
		T98B	M114B	9814HS-1	T98B	M114B	9814HS-1
2017 年长沙	9 月 10 日	94.55±3.22a	96.35±2.43a	49.43±7.43b	81.75±4.27a	83.33±5.04a	22.24±6.87b
	9 月 15 日	95.42±4.34a	95.97±3.36a	41.25±6.72b	78.36±3.79b	81.52±5.23a	15.34±6.29c
	9 月 20 日	93.53±4.66a	96.87±3.83a	35.73±4.94b	77.48±4.16a	82.59±4.78a	12.78±5.36b
	9 月 25 日	94.08±5.79a	96.08±3.89a	4.26±2.83b	79.08±4.92a	81.17±4.63a	2.23±2.13b
	10 月 1 日	93.88±3.14a	94.35±3.73a	2.71±1.65b	80.83±4.62b	84.70±4.24a	0.44±0.57c
	10 月 8 日	94.53±1.1a	93.53±2.47a	0.55±0.21b	81.37±3.97a	83.37±4.76a	0.00±0.00b
	10 月 15 日	93.65±2.86a	93.78±2.22a	0.00±0.00b	77.55±4.68a	80.89±6.44a	0.00±0.00b
	10 月 22 日	91.59±3.90a	90.94±2.93a	0.00±0.00b	75.36±3.57a	75.25±5.65a	0.00±0.00b

续表

时间地点	抽穗日期	花粉可染率 /%			套袋结实率 /%		
		T98B	M114B	9814HS-1	T98B	M114B	9814HS-1
2018 年三亚	2 月 10 日	87.83±4.76a	89.59±4.33a	0.00±0.00b	87.83±3.87a	88.42±4.03a	0.00±0.00b
	2 月 17 日	87.29±4.53a	89.47±4.26a	0.00±0.00b	90.29±4.17a	87.61±4.55a	0.00±0.00b
	2 月 24 日	93.45±5.79a	92.45±4.89a	0.00±0.00b	89.52±4.63a	90.45±5.07a	0.00±0.00b
	3 月 3 日	94.44±4.86a	92.76±3.66a	0.00±0.00b	88.44±6.44a	92.31±4.02a	0.00±0.00b
	3 月 10 日	91.64±3.99a	92.87±4.84a	0.75±0.45b	90.64±5.75a	88.46±4.31a	0.00±0.00b
	3 月 17 日	93.91±3.73a	95.79±3.42a	1.33±0.42b	90.14±5.08a	90.23±4.35a	0.00±0.00b
	3 月 24 日	94.80±2.21a	95.28±2.55a	8.27±4.23b	88.07±3.89a	91.35±4.74a	3.64±1.23b
	3 月 31 日	92.31±5.23a	95.10±4.07a	13.32±5.78b	87.05±4.77a	88.47±4.09a	5.30±3.08b

注：a）如果数值后都跟相同子母 a，b 或 c，表示它们之间没有显著性差异；反之，则有显著性差异。$P<0.05$。

2.2 9814HS-1 双亲的籼粳属性分析

分子标记法应用于籼粳属性研究与传统的程氏指数法分析结果非常吻合，其结果可以作为评价品种籼粳属性的依据[17]。19 对籼粳特异性分子标记检测发现，9814HS-1 双亲 T98B，M114B 与籼稻 9311 之间仅存在 1 对（R6M14）和 0 对有基因型差异的 InDel 标记，它们的籼稻基因频率达到了 0.94 和 1.00（超过 0.75 为籼稻）；与粳稻日本晴相比，T98B 和 M114B 分别具有 18 对和 19 对差异标记，其粳稻基因频率仅为 0.05 和 0.00（低于 0.25 为籼稻）。由此推断 T98B 和 M114B 都为籼稻属性（图 2）。

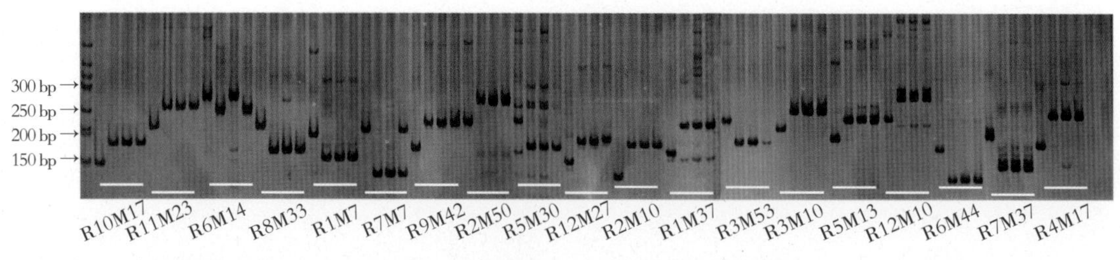

图 2 （网络版彩色）T98B 和 M114B 的籼粳属性分析。样品次序为日本晴，9311，T98B，M114B

杂交试验发现，在 9814HS-1 处于不育状态时，其双亲 T98B，M114B 分别与 8 份籼稻材料所配的 16 份杂交组合的结实率全部正常（80.35%~91.87%），说明双亲与籼稻材料皆为“亲和”关系；但是，T98B，M114B 与 4 份粳稻品种的杂交后代都表现为高度不育，结实率仅为 2.57%~12.84%，暗示它们与粳稻不亲和（图 3）。这一结果进一步证实了

T98B 和 M114B 都具有籼稻属性。

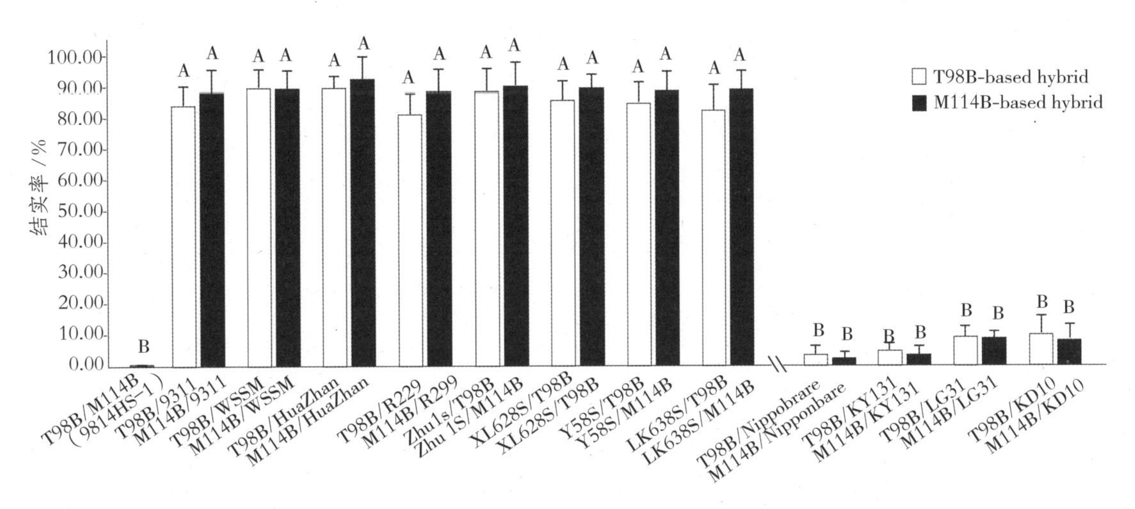

图 3　T98B，M114B 与其他品种的亲和性分析。A 和 B 分别表示亲和与不亲和组合

2.3　籼稻品种对 9814HS-1 的恢复性分析

在三亚相对低温条件下，9814HS-1 与 6 个籼稻亲本所配制的杂交组合（即“三交”组合）全都能正常结实，结实率为 85.24%~93.21%，暗示 9814HS-1 具有宽广的恢复谱（图 4）；由于测恢品种涉及野败保持系、野败恢复系和不带野败恢复基因的亲本，从它们都能将 9814HS-1 的育性恢复至正常水平可以推断出 9814HS-1 的遗传机制不同于质核互作型雄性不育系。

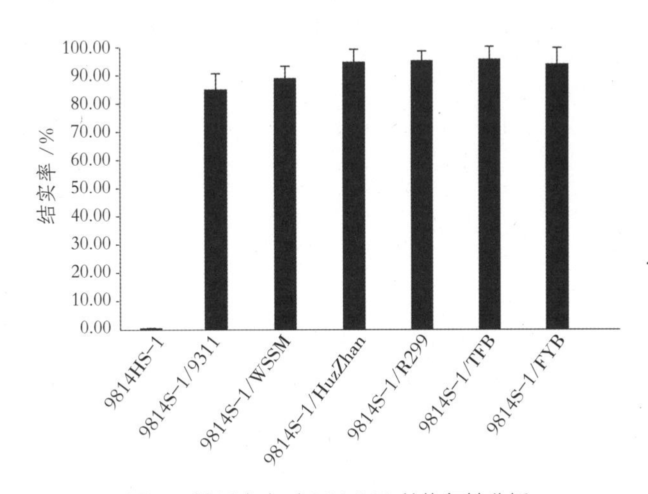

图 4　籼稻亲本对 9814HS 的恢复性分析

2.4 9814HS-1 的遗传模式分析

不论是正交还是反交，T98B 和 M114B 的杂交后代（F_1）都具有完全一致的雄性不育特性，不育株率为 100.00%；在 2 个正反交 F_2 群体和 2 个 BC_1F_1 群体中，都分离出了败育和正常可育两种表型单株，不育株约占群体总株数的 1/4；经卡方测验，不育株与可育株的理论分离比为 1：3（表 2）。

表 2　9814HS-1 雄性不育性的遗传分析[a)]

世代	材料来源	群体数量	不育株	可育株	分离比	χ^2 值（$\chi^2_{0.05}$=3.84）
F_1	T98B/M114B	36	36	0	—	—
	2M114B/T98B	28	28	0	—	—
F_2	T98B/M114B	1 661	446	1 215	1：3	3.04
	M114B/T98B	1 484	387	1 097	1：3	0.92
BC_1F_1	（T98B/M114B）/T98B	33	6	27	1：3	0.82
	（T98B/M114B）/M114B	27	5	22	1：3	0.48

注：a）“—”表示未作分离比和卡方值分析。

根据以上结果，我们提出了控制 9814HS-1 育性的“双杂合基因互作”模式。我们认为，9814HS-1 的杂种不育性受两个非等位的细胞核基因 A 和 B 共同控制，且只有当 A 和 B 都同时处于某一特定的杂合态时才会表现为不育，当以其他杂合态或纯合态形式存在时都为可育（图 5）。

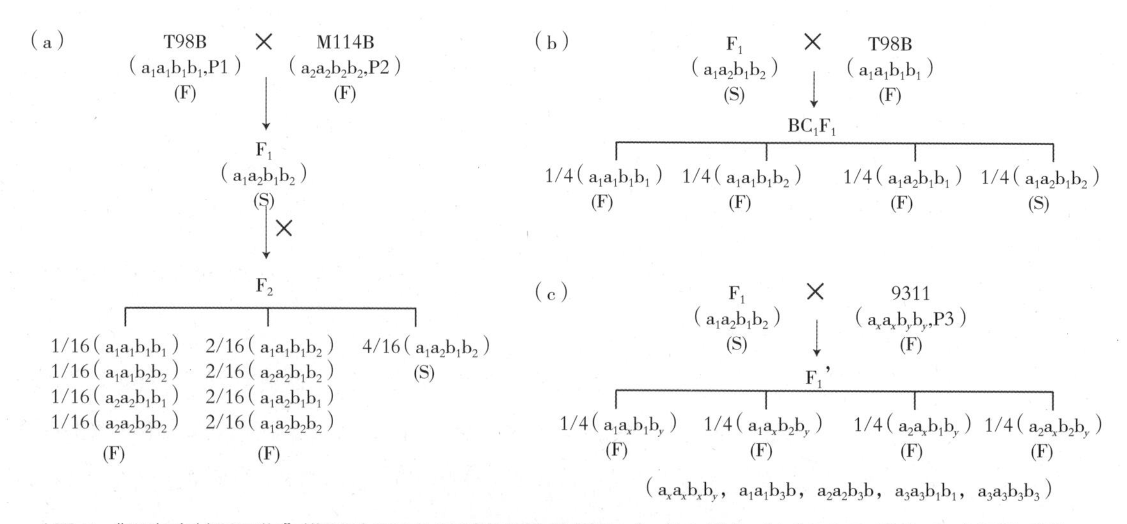

图 5 “双杂合基因互作”模型对 9814HS 遗传行为的解释。（a）F_2 群体；（b）BC_1F_1 群体；（c）测恢群体。F 和 S 分别表示可育和不育

该假说对 F_2，BC_1F_1 分离行为及杂种不育系的测恢结果解释如下。首先，我们假设 A 基因座有 a_1，a_2 和 a_3 等复等位形式，B 基因座有 b_1，b_2 和 b_3 等复等位形式，若 T98B（P1）和 M114B（P2）的基因型分别为 $a_1a_1b_1b_1$ 和 $a_2a_2b_2b_2$，那么，它们的正反交 F_1 植株全携带唯一的双杂合基因型 $a_1a_2b_1b_2$ 而不育；在 T98B 与 M114B 的 F_2 群体中，会分离出 9 种基因型，其中 $a_1a_2b_1b_2$ 基因型占 1/4，其余 8 种基因型占 3/4，从而使不育株与可育株比例维持在 1∶3［图 5（a）］；BC_1F_1 测交群体只存在 4 种基因型，其中 $a_1a_2b_1b_2$ 基因型和其余 3 种基因型的比例为 1∶3，意味着不育株同样占比 1/4［图 5（b）］。测恢杂种（F′）的基因型与恢复系亲本（P3）的基因型有关；理论上，P3 可以携带 1 对与亲本相同或与亲本都不相同的基因型，即可能有 $a_1a_1b_3b_3$，$a_2a_2b_3b_3$，$a_3a_3b_1b_1$ 或 $a_3a_3b_3b_3$ 四种形式；但是，不论它以哪一种形式存在，P3 与 9814HS-1 的杂交子代中都不可能重组出不育基因型 $a_1a_2b_1b_2$，因而造成“三交种”个体全都表现为正常可育［图 5（c）］，这就从遗传层面解释了杂种不育系具有宽广恢复谱的原因。

3 讨论

3.1 9814HS-1 的育性与遗传特点

一般认为，籼亚种内品种间的亲缘关系近，核基因组结构性差异小，遗传组分高度亲和，自由交配后能产生花粉和小穗育性完全正常的子代。我国南方稻区绝大多数优质常规籼稻都是通过不同生态型品种经有性杂交选育而成的自交系品种，而大面积应用的籼型三系杂交稻“汕优 63”[18]和两系杂交稻“Y 两优 1 号”[19]等即是直接利用籼型不育系与籼型恢复系杂交而育成的具有正常育性水平的 F_1 品种。另一方面，籼型同母异父系（或同父异母系）杂交稻品种之间也会出现结实率的差异[20]，暗示了品种演化可能导致籼亚种内品种亲和程度的分化。

籼、粳亚种间的遗传差异显著高于籼籼或粳粳品种间，籼粳交后代育性降低，其不育机制非常复杂。籼粳间杂种不育与等位基因的不同步演化有关；通过对 DPL1/DPL2[21]，S27/S28[22]，Sa[23]，S5[24, 25]和 HSA1[26]等杂种雄性不育位点的克隆，普遍认为隐性重复致死、单位点孢子体与配子体互作及“杀手”与“保护者”互作模式能解释特定材料的杂种不育现象。T98B 和 M114B 是正常可育的保持系品种，籼粳特异性分子标记分析结果支撑它们具有籼稻属性（图 2）；从 T98B 和 M114B 的正反交 F_1 表现为雄性不育（图 1、表 1 和表 2）而 T98B，M114B 分别与其他籼型材料杂交后的 F_1 表现为正常可育（图 3）可以推断出 T98B 和 M114B 的核基因组间存在局部性不亲和，这种不亲和性是否因亲本进化程度或生态类型差异而引起则需进一步研究。遗传分析发现，T98B 和 M114B 杂交后的 F_2 群体和 BC_1F_1 群体中都只分离出了正常可育和雄性不育株两种表型，而没有出现“半不育”中间型（表 2），这是杂种不育系 9814HS-1 与籼粳交不育的显著区别。9814HS-1 的不育性状应是双亲的某些纯合位点转变为杂合态后才得以表现；若 9814HS-1 的不育性只受 1 对杂合基因控制，则 F_2，BC_1F_1 群体中不育与可育分离比应为 1∶1，即不育株占 1/2；但事实上，不育株仅占比总群体的 1/4（卡方测验分离比为 1∶3）；另一方面，在 F_2 分离群体中没有发现致死植株，这就排除了致死逃逸造成偏分离的可能（偏分离现象在籼粳杂交后代中较普遍[25, 27]）；结合这些结果，我们推断 9814HS-1 的育性受 2 对非等位细胞核基因共同控制（图 5），其遗传模式明显不同于质核互作型雄性不育系、光温敏细胞核不育系和普通核不育系。

有趣的是，9814HS-1 的育性对环境敏感。不论是三亚还是长沙，9814HS-1 育性转换前后的温度波动大而日照时数的变化温和，暗示温度是控制育性的主要因子且低温诱导不育。在三亚 3 月 17 日前抽穗，9814HS-1 表现为彻底不育，其所对应的育性敏感期（3 月 2 日前后 5 d）的日均温度约为 27.4 ℃；在长沙 10 月 8 日后抽穗则为不育，其育性敏感期（9 月 23 日前后 5 d）的日均温度约为 27.7 ℃；为此，我们推断 9814HS-1 的不育起点温度应该在 27.5 ℃左右。9814HS-1 的条件型不育特点与籼粳亚种间杂交稻的花粉育性和小穗育性都随温度降低而下降相似[28]，二者的不同之处在于 9814HS-1 的温敏败育程度更为彻底，而籼粳交当代一般不会发生典型败育[29]。

3.2 9814HS-1 的育种利用设想

杂交稻的诸多基因处于杂合状态，有利于弥补隐性不利性状，累积显性优势性状。目前，生产上主推的杂交稻品种都属于由两个自交系杂交所获得的单交种（可表示为“A×B”）；“多系法杂交稻”是利用 3 个或 3 个以上不同遗传背景的自交系先后经过两次或多次杂交而形成的多交种；“三交种”是多系杂交稻中最基础、最简单的类型，它由 3 个亲本杂交而成，可用“(A×B)×C”来表示。相比单交种而言，“三交种”的遗传基础大大拓宽，产量、抗性和耐逆潜力更高[30-32]。尽管水稻单交种育种成就斐然，但“三交种”育种尚处于探索阶段。

为了便于商业化生产，通常先经过细胞质不育系与不同遗传背景的“临时保持系”杂交来获取不育系，然后再利用此不育系与恢复系配组来制备“三交种”[30, 31]；这种体系受恢保关系制约，资源利用效率偏低，选育强优势杂交种的几率不高。相反，若以籼籼交杂种不育系如 9814HS-1 为工具，则能充分发挥其恢复谱宽广（图 4）的特点来培育强优势“三交种”。这一模式的育种流程包括 3 个阶段：首先，将产生杂种不育的一方亲本 A 转变为同背景的两系不育系 AS；其次，利用 AS 的不育性，与另一方亲本 B 制种来获得杂种不育系 F_1；最后，在 F_1 不育条件下，与第三方亲本 C 制种，生产“三交种”种子。为降低“三交种”的分离程度，应在确保优势的前提下降低亲本 A 和 B 在生育期、株高等性状上的差异。

9814HS-1 是核核互作不育新类型，它的发现证明了籼稻亚种内客观存在品种间不亲和现象，是对种间、亚种间杂种不育的发展，为重新认识栽培稻之间的生殖障碍及进一步提高品种间杂交稻结实率开辟了新的视角。同时，9814HS-1 败育彻底，配组灵活，将为“多系法杂交稻”育种提供遗传工具。

4 结论

杂种不育是表征种间和亚种间生殖障碍的具体形式，系杂种优势利用的重要工具；我国利用水稻种间、亚种间杂种雄性不育特性成功培育出了细胞质雄性不育系，实现了三系配套和水稻单产的飞跃。然而，同一亚种内的品种间杂交是否会引发雄性不育却鲜有关注和报道。本研究报道了籼稻中客观存在一种杂种雄性不育现象，通过经典遗传学分析发现该杂种不育性可能受 2 对非等位的细胞核基因控制，与核核基因互作有关；且通过测恢试验发现该杂种不育系存在宽广的恢复谱，为培育强优势“三交种”提供了可能。

References

参考文献

[1] Song X, Qiu S Q, Xu C G, et al. Genetic dissection of embryo sac fertility, pollen fertility, and their contributions to spikelet fertility ofintersubspecific hybrids in rice. Theor Appl Genet, 2005, 110: 205-211

[2] Liu Y S, Zhou K D, Yin G D, et al. Preliminary cytoiogical observations on female sterility of hybrids between *indica* and *japonica* rice (in Chinese). Acta Biol Exp Sin, 1993, 26: 95-99[刘永胜，周开达，阴国大，等. 水稻籼粳杂种雌性不育的细胞学初步观察. 分子细胞生物学报, 1993, 26: 95-99]

[3] Liu H Y, Xu C G, Zhang Q F. Male and female gamete abortions, and reduced affinity between the uniting gametes as the causes for sterility in an *indica/japonica* hybrid in rice. Sex Plant Reprod, 2004, 17: 55-62

[4] Bouharmont J, Olivier M, de Chassart M D. Cytological observations in some hybrids between the rice species *Oryza sativa* L. and O. *glaberrima* Steud. Euphytica, 1985, 34: 75-81

[5] Han B, Xue Y. Genome-wide intraspecific DNA-

sequence variations in rice. Curr Opin Plant Biol, 2003, 6: 134–138

[6] Liu K D, Zhou Z Q, Xu C G, et al. An analysis of hybrid sterility in rice using a diallel cross of 21 parents involving *indica*, *japonica* and wide compatibility varieties. Euphytica, 1996, 90: 275–280

[7] Li H B, Li C G, Chen Z M, et al. Studies on seed setting percentage stability in F_1 hybrids between *indica* and *japonica* rice varieties (in Chinese). Jiangsu J Agric, 1995, 11: 7–11[李和标，李传国，陈忠明，等. 籼粳杂种 F_1 结实率稳定性研究. 江苏农业学报, 1995, 11: 7–11]

[8] Yuan L P. A preliminary report on male sterility in rice, *Oryza sativa* L. (in Chinese). Chin Sci Bull (Chin Ver), 1966, 17: 185–188[袁隆平. 水稻的雄性不孕性. 科学通报, 1966, 17: 185–188]

[9] Yuan L P. Practice and theory of breeding hybrid rice (in Chinese). Sci Agric Sin, 1977, 10: 27–31[袁隆平. 杂交水稻培育的实践和理论. 中国农业科学, 1977, 10: 27–31]

[10] Shi M S. The discovery and preliminary studies of the photoperiod-sensitive recessive male sterile rice (*Oryza sativa* L. subsp. *japonica*) (in Chinese). Sci Agric Sin, 1985, 18: 44–48[石明松. 对光照长度敏感的隐性雄性不育水稻的发现与初步研究. 中国农业科学, 1985, 18: 44–48]

[11] Guo J X, Liu Y G. The genetic and molecular basis of cytoplasmic male sterility and fertility restoration in rice. Chin Sci Bull, 2009, 54: 2404–2409

[12] Katsuo K, Mizushima U. Studies on the cytoplasmic difference among rice varieties. *Oryza sativa* L.: I. On the fertility of hybrids obtained reciprocally between cultivated and wild varieties. Jpn J Breed, 1958, 8: 1–5

[13] Shinjyo C. Cytoplasmic-genetic male sterility in cultivated rice, *Oryza Sativa* L. Jpn J Genet, 1969, 3: 149–156

[14] Rice Research Division, Agronomy Department of Sichuan Agricultural College. The development and utilization of hybrid rice based on Gangtype CMS (in Chinese). // Sichuan Academy of Agricultural Sciences, ed. Rice in Sichuan. Chengdu: Sichuan Science and Technology Press, 1991: 234–236[四川农学院农学系水稻研究室. 冈型杂交水稻的选育和利用 // 四川省农业科学院，编. 四川稻作. 成都：四川科学技术出版社, 1991: 234–236]

[15] Liang M Z, Wang X H, Wu H X, et al. Preliminary studies on heredity of fertility for low temperature induced genic male sterile line and photoperiod (thermo)-sensitive genic male sterile line in rice (*Oryza sativa* L.) (in Chinese). Acta Agron Sin, 2006, 32: 1537–1541[梁满中，王晓辉，吴厚雄，等. 低温敏核不育系与光温敏核不育系杂交后代育性遗传的初步研究. 作物学报, 2006, 32: 1537–1541]

[16] McCouch S R, Kochert G, Yu Z H, et al. Molecular mapping of rice chromosomes. Theor Appl Genet, 1988, 76: 815–829

[17] Wang L Y, Zhang L X, Gou X X. Identification of Indica-Japonica attribute for breeding materials using InDel markers in rice (in Chinese). J Nucl Agric Sci, 2013, 27: 913–921[王林友，张礼霞，勾晓霞，等. 利用 InDel 标记鉴定水稻育种材料的籼粳属性. 核农学报, 2013, 27: 913–921]

[18] Xie H A, Zheng J T, Zhang S G. Rice breeding for the hybrid combination of Shanyou63 and its restore line Minghui63 (in Chinese). Fujian J Agric Sci, 1987, 2: 32–38[谢华安，郑家团，张受刚. 籼型杂交水稻汕优 63 及其恢复系明恢 63 的选育研究. 福建农业学报, 1987, 2: 32–38]

[19] Deng Q Y. Breeding of the PTGMS line Y58S with wide adaptability in rice (in Chinese). Hybrid Rice, 2005, 20: 15–18[邓启云. 广适性水稻光温敏不育系 Y58S 的选育. 杂交水稻, 2005, 20: 15–18]

[20] Tang W B, He Q, Xiao Y H, et al. Heterosis

analysis of the combinations with dual-purpose genic male sterile rice C815S (in Chinese). J Hunan Agric Univ (Nat Sci), 2004, 30: 499–502[唐文邦，何强，肖应辉，等. 水稻两用核不育系C815S所配组合杂种优势分析. 湖南农业大学学报（自然科学版），2004，30: 499–502]

[21] Ouyang Y, Zhang Q. Understanding reproductive isolation based on the rice model. Annu Rev Plant Biol, 2013, 64: 111–135

[22] Mizuta Y, Harushima Y, Kurata N. Rice pollen hybrid incompatibility caused by reciprocal gene loss of duplicated genes. Proc Natl Acad Sci USA, 2010, 107: 20417–20422

[23] Yamagata Y, Yamamoto E, Aya K, et al. Mitochondrial gene in the nuclear genome induces reproductive barrier in rice. Proc Natl Acad Sci USA, 2010, 107: 1494–1499

[24] Long Y, Zhao L, Niu B, et al. Hybrid male sterility in rice controlled by interaction between divergent alleles of two adjacent genes. Proc Natl Acad Sci USA, 2008, 105: 18871–18876

[25] Yang J, Zhao X, Cheng K, et al. A killer-protector system regulates both hybrid sterility and segregation distortion in rice. Science, 2012, 337: 1336–1340

[26] Kubo T, Takashi T, Ashikari M, et al. Two tightly linked genes at the hsa1 locus cause both F_1 and F_2 hybrid sterility in rice. Mol Plant, 2016, 9: 221–232

[27] Pham J L, Bougerol B. Abnormal segregations in crosses between two cultivated rice species. Heredity, 1993, 70: 466–471

[28] Lü C G, Wang C L, Zong S Y, et al. Effects of temperature on fertility and seed set in intersubspecific hybrid rice (*Oryza sativa* L.) (in Chinese). Acta Agron Sin, 2002, 28: 499–504[吕川根，王才林，宗寿余，等. 温度对水稻亚种间杂种育性及结实率的影响. 作物学报，2002，28: 499–504]

[29] Liu Y S, Zhou K D. Cytological basis causing spikelet sterility of intersubspecific hybrid in *Oryza sativa* (in Chinese). Acta Biol Exp Sin, 1997, 30: 335–341[刘永胜，周开达. 水稻亚种间杂种小穗败育的细胞学基础. 实验生物学报，1997，30: 335–341]

[30] Xu S C, Xiong W, Xu H D, et al. Study on breeding of triple hybrid rice (in Chinese). Acta Agric Jiangxi, 2002, 14: 12–16[徐寿昌，熊伟，徐华德，等. 三交杂交水稻的育种研究. 江西农业学报，2002，14: 12–16]

[31] Yuan L Q, Yang L W, Xiang J Q, et al. Application of three-way cross hybrid in breeding of blast resistant three-line hybrid rice (in Chinese). Hybrid Rice, 2003, 18: 7–9[袁利群，杨隆维，向极钎，等. 三交育种在三系杂交水稻抗瘟育种中的应用研究. 杂交水稻，2003，18: 7–9]

[32] Zhang A N, Wang F M, Yu X Q, et al. A preliminary study on the application value of three-way cross hybrid between upland and lowland rice (in Chinese). Chin J Rice Sci, 2009, 23: 327–330[张安宁，王飞名，余新桥，等. 水旱稻三交种的应用价值初步研究. 中国水稻科学，2009，23: 327–330]

作者：谭炎宁[#]　袁定阳[#]　段美娟　李哲理　孙学武　邓华凤　袁隆平[*]

注：本文发表于《科学通报》2019年第64卷第31期。

An R2R3 MYB Transcription Factor Confers Brown Planthopper Resistance by Regulating the Phenylalanine Ammonia-lyase Pathway in Rice

【Abstract】Brown planthopper (BPH) is one of the most destructive insects affecting rice (*Oryza sativa* L.) production. Phenylalanine ammonialyase (PAL) is a key enzyme involved in plant defense against pathogens, but the role of PAL in insect resistance is still poorly understood. Here we show that expression of the majority of *PALs* in rice is significantly induced by BPH feeding. Knockdown of *OsPALs* significantly reduces BPH resistance, whereas overexpression of *OsPAL8* in a susceptible rice cultivar significantly enhances its BPH resistance. We found that *OsPALs* mediate resistance to BPH by regulating the biosynthesis and accumulation of salicylic acid and lignin. Furthermore, we show that expression of *OsPAL6* and *OsPAL8* in response to BPH attack is directly up-regulated by OsMYB30, an R2R3 MYB transcription factor. Taken together, our results demonstrate that the phenylpropanoid pathway plays an important role in BPH resistance response, and provide valuable targets for genetic improvement of BPH resistance in rice.

【Keywords】rice; brown planthopper; phenylalanine ammonia-lyase; salicylic acid; lignin

The brown planthopper (BPH) (*Nilaparvata lugens* Stål, Hemiptera, Delphacidae) is one of the most destructive insect pests of rice (*Oryza sativa* L.) throughout the rice-growing countries. It sucks the sap from the rice phloem, using its stylet, which causes direct damage to rice plants. In addition, it also transmits 2 viral diseases; namely, rice grassy stunt and rugged stunt (1, 2). Pesticides, which are costly and harmful to the environment, are still the most common strategy for combating BPH. Breeding resistant rice cultivars is believed to be the most costeffective and environmentally friendly strategy for controlling BPH.

To date, at least 29 BPH resistance genes have been mapped

on rice chromosomes, but only 6 have been successfully cloned, including *Bph14*, *Bph9* (*allelic to Bph1*, *Bph2*, *Bph7*, *Bph10*, *Bph21*, *Bph18*, *and Bph26*), *Bph3*, *Bph6*, *Bph29*, *and Bph32. Both Bph14 and Bph9* encode nucleotide-binding and leucine-rich repeat (NBS-LRR) proteins (3, 4), whereas *Bph3* contains a cluster of 3 genes predicted to encode lectin receptor kinases (*OsLecRK*1-*OsLecRK*3) (5). *Bph*6 encodes an exocyst-localized protein (6). *Bph*29 encodes a B3 DNA-binding domain-containing protein (7). *Bph*32 encodes an unknown SCR domain-containing protein (8). Despite the progress, the action mechanisms of these BPH resistance genes are still not well understood.

Previous studies have shown that lignin, salicylic acid (SA), and other polyphenolic compounds derived from the phenylpropanoid pathway play important roles in plant defense against various plant pathogens and insect pests (9 - 11). Lignin, as one of the main components of the plant cell wall, plays an important role in determining plant cell wall mechanical strength, rigidity, and hydrophobic properties. When plants are infected with pathogens, increased accumulation of lignin in the cell wall provides a basic barrier against pathogen spread (12). In addition, it is reported that expression of lignin biosynthesis genes and lignin accumulation are induced by aphid penetration, which limits the invasion of aphids (13). Previous studies have also found that expression of *phenylalanine ammonia-lyase* (*PAL*), which encodes the first committed enzyme in phenylpropanoid pathway, is induced by sapsucking herbivores; for example, aphid and BPH (14 - 16). However, it is not clear whether lignin deposition and altered expression of *PAL* and SA content play direct roles in BPH resistance in rice.

In this study, we demonstrate that the phenylpropanoid pathway plays an important role in BPH resistance. The expression of 8 Os*PALs* is significantly induced by BPH feeding. Knockdown or overexpression of *OsPALs* can significantly affect the level of lignin and SA, leading to reduced or enhanced BPH resistance, respectively. In addition, the expression of *OsPALs* in response to BPH attack is directly regulated by OsMYB30, an R2R3 MYB-type transcription factor.

Results

Genes Relevant to the Phenylpropanoid and Diterpenoid Phytoalexins Pathway Are Up-Regulated by BPH Feeding. To explore the molecular basis underlying BPH resistance in rice, we performed a microarray analysis of genes that were differentially expressed in a BPH-resistant cultivar, Rathu Heenati (RH), and a susceptible cultivar, 02428. Compared with 02428, a total of 2,422 genes were significantly up-regulated in RH after infestation with BPH.Gene ontology enrichment analysis showed that genes related to multiple metabolic pathways were enriched in the resistant plants (*SI Appendix*, Fig. S1*A* and *B*).

To eliminate the interference caused by the different genetic backgrounds of the 2 varieties, we conducted a cDNA microarray assay with 2 pools of plants consisting of 10 highly resistant or susceptible plants, respectively, from the RH/02428 $F_{2:3}$ population (*SI Appendix*, Fig. S1*C*). A total of 348 genes were found that were highly expressed in the resistant pool infested with BPH (RB) in comparison with the resistant pool not infested with BPH (RN), and 227 genes were significantly up-regulated in the resistant pool infested with BPH (RB) in comparison with the susceptible pool infested with BPH (SB). Three-way comparison analysis (RH vs. 02428, RB vs. RN, and RB vs.

SB) identified 29 genes that were present in all these comparisons (*SI Appendix*, Fig. S1*D*), including 4 genes annotated as *PAL* and 4 genes related to diterpenoid phytoalexins biosynthesis (*SI Appendix*, Fig. S2*A* and *B*). Up-regulation of these genes in the resistant plants was also confirmed by quantitative reverse transcriptase (qRT) -PCR analysis (*SI Appendix*, Fig. S2*C*). These results indicate that the *PAL*-mediated phenylpropanoid and diterpenoid phytoalexins pathway may play important roles in the defense response to BPH.

Nine *OsPAL* genes were predicted in the Nipponbare reference genome database (*SI Appendix*, Fig. S3). We therefore used qRT-PCR to analyze the expression patterns of these 9 *OsPAL* genes in response to BPH infestation in RH and 02428. Seven of the 9 *OsPALs* were induced by BPH feeding in RH, especially *OsPAL6* and *OsPAL8* ($P < 0.01$; *SI Appendix*, Fig. S3). Expression of *OsPAL9* was not detected, probably due to the absence of *OsPAL9* in the majority of *indica* rice (17). These results suggest that *OsPALs* might be involved in rice-BPH interactions.

Altered Expression of *PALs* Significantly affects BPH Resistance. To verify the role of *OsPALs* in BPH resistance, we constructed an RNAi vector targeting the identical motif of the 9 *PALs* and used it to transform the BPH-resistant cultivar RH. Unfortunately, we failed to obtain any viable transgenic plants. We therefore transformed the RNAi vector into another BPH-resistant cultivar, IR64 (18), and obtained 5 independent RNAi T_2 homozygous transgenic lines. Both the *OsPAL* transcript levels and enzyme activities were significantly reduced in the RNAi plants compared with the nontransgenic parent IR64 (Fig. 1*A* and *B*).Compared with the parent IR64, the *OsPAL* RNAi plants were stunted (Fig. 1*C*) and more susceptible to BPH (Fig. 1 D and *E*).These results suggest that *OsPALs* are involved in regulation of BPH resistance.

BPH prefers to probe and suck sap from the rice stems and leaf sheaths (19). Among the 8 expressed *OsPALs*, *OsPAL6* and *OsPAL8* were specifically expressed in the stems and leaf sheaths (*SI Appendix*, Fig. S4). Therefore, we overexpressed *OsPAL6* and *OsPAL8* in the susceptible variety 02428 to further confirm the role of these 2 *OsPALs* in BPH resistance. The transgenic lines overexpressing *OsPAL8* displayed higher resistance to BPH compared with the parental 02428 plants (Fig. 1*F*–*H*). Unexpectedly, the transgenic lines overexpressing *OsPAL6* showed more susceptibility to BPH than the parental 02428 plants. Moreover, the height of transgenic plants overexpressing *OsPAL6* was also significantly reduced compared with 02428 (*SI Appendix*, Fig. S5*A* and *B*). qRT-PCR analysis showed that the reduction of BPH resistance and plant height could be caused by cosuppression of *OsPAL6* in the transgenic plants (*SI Appendix*, Fig. S5*C*). Together with the results of RNAi analyses, these observations support the notion that *OsPALs* positively regulate BPH resistance.

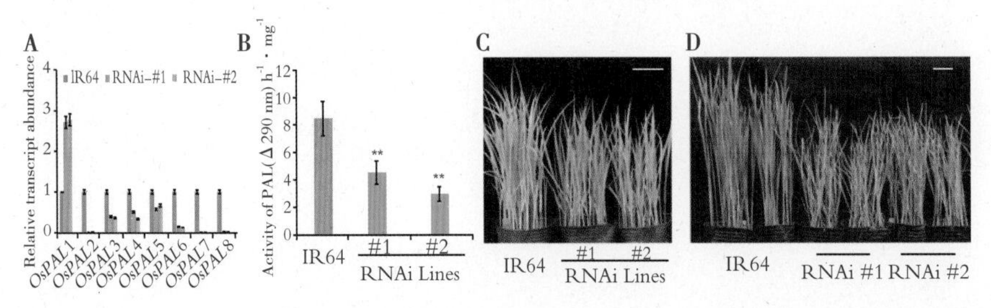

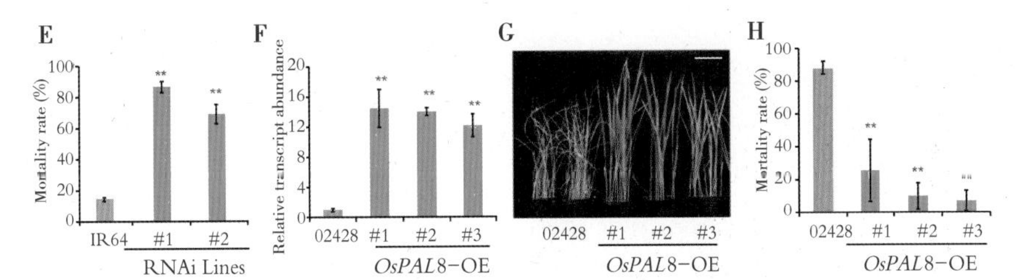

Fig. 1. Altered expression of *PALs* significantly impacts BPH resistance. (*A*) qRT-PCR analysis of *OsPAL* expression in the RNAi knockdown transgenic lines. The expression values are presented relative to those in the background parent IR64. (*B*) The activity of *OsPALs* in IR64 and *OsPAL* knockdown lines. (*C*) Seedlings of IR64 and *OsPAL* knockdown plants not infested with BPH. (Scale bar, 10 cm.) (*D*) Representative image of IR64 and *OsPAL* knockdown plants 7 d after infestation (dpi) with BPH. (Scale bar, 10 cm.) (*E*) Seedling mortality rate of IR64 and *OsPAL* knockdown lines infested with BPH. Data were collected at 7 dpi. (*F*) qRT-PCR analysis of *OsPAL8* expression in the transgenic lines overexpressing *OsPAL8*. Expression level of *OsPAL8* in the background parent 02428 was set as 1. (*G*) Representative image of 02428 and plants overexpressing *OsPAL8* infested with BPH at 7 dpi. (Scale bar, 10 cm.) (*H*) Seedling mortality rate of 02428 and plants overexpressing *OsPAL8* infested with BPH. Data were collected 7 dpi. Values are means±SD of 3 biological replicates, by Student's t-test (*B*, *E*, *F*, and *H*, $**P < 0.01$).

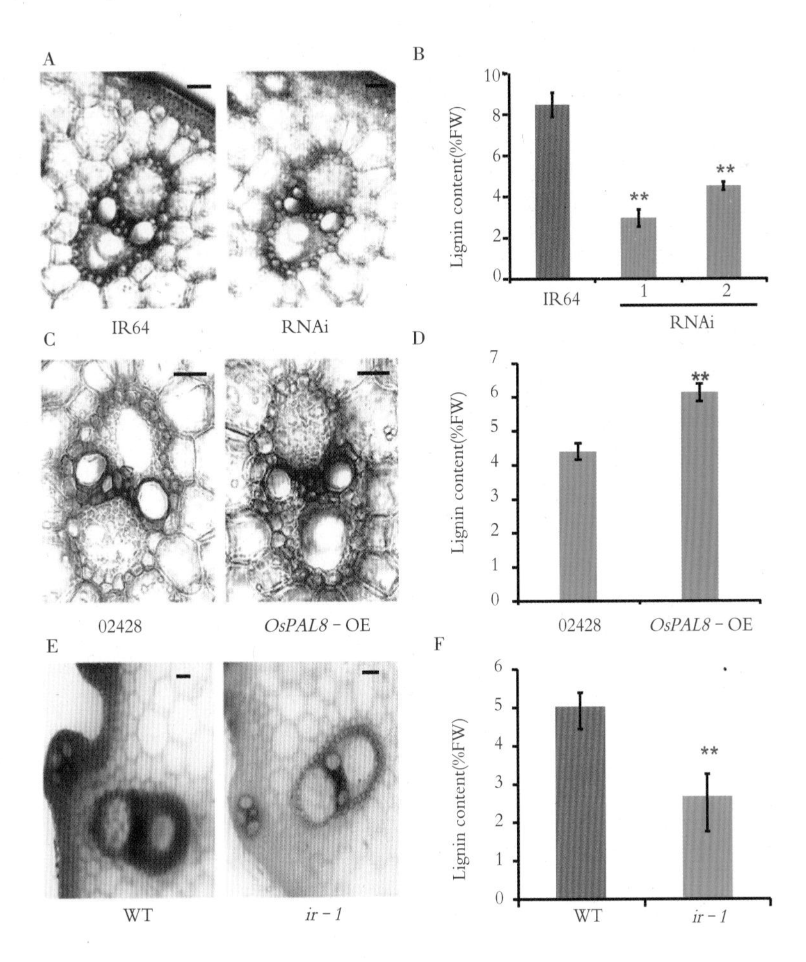

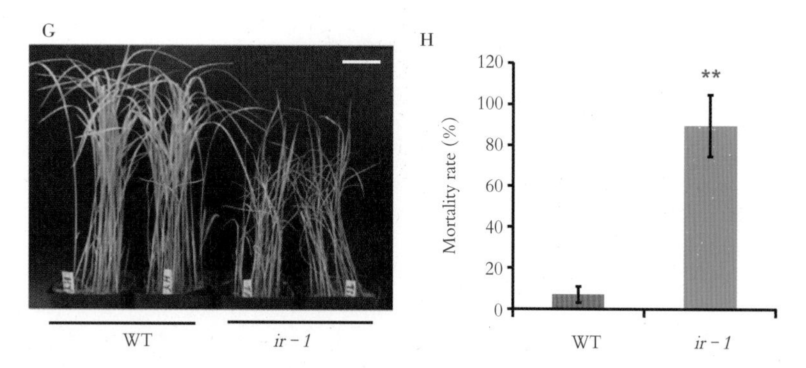

Fig. 2. Lignin accumulation is associated with BPH resistance in rice. (*A*) Histochemical staining showing lignin accumulation in fresh leaf sheaths of IR64 and the *OsPAL* knockdown plants. (Scale bars , 50 μm.) (*B*) Lignin contents of IR64 and the *OsPAL* knockdown plants measured using the acetyl bromide method. (*C*) Histochemical staining showing lignin accumulation in fresh leaf sheaths of WT (02428) and the transgenic plants overexpressing *OsPAL*8. (Scale bars , 50 μm.) (*D*) Quantification of lignin content in fresh leaf sheaths of WT and plants overexpressing *OsPAL*8. (*E*) Histochemical staining showing lignin accumulation in fresh leaf sheaths of wild-type (WT) and *lr - 1* plants. (Scale bars , 50 μm.) (*F*) Quantification of lignin content in fresh leaf sheaths of WT and *lr - 1* plants. (*G*) Representative image of WT and *lr - 1* plants infested with BPH. (Scale bar , 10 cm.) (*H*) Seedling mortality rates of WT and *lr* - 1 plants infested with BPH at 7 dpi. Values are means ± SD of 3 biological replicates (*B* , *D* , *F* , and *H*). $*P < 0.05$, $**P < 0.01$ in comparison with background parent or WT plant (*Student's t*-test).

Influence of Altering *OsPAL* Expression on Lignin and SA. Previous studies have shown that PAL is involved in the biosynthesis of polyphenolic compounds, including lignin and SA in plants (20) . To analyze lignin accumulation in the *OsPAL* RNAi and transgenic overexpression plants, we first examined lignin accumulation in fresh leaf sheaths by staining with phloroglucinol. Compared with the wild-type, the staining intensity was significantly reduced in the *OsPAL* RNAi plants (Fig. 2*A*), but increased in the plants overexpressing *OsPAL*8 (Fig. 2*C*) . Next, we measured the lignin contents using the acetyl bromide method (21) . Consistent with the histochemical staining results, lignin content was significantly reduced in the RNAi plants compared with the wild-type (Fig.2*B*), but increased in the plants overexpressing *OsPAL*8 (Fig. 2*D*) .

To determine the effect of *OsPALs* on SA levels, we compared free SA contents in the *OsPAL* RNAi and transgenic overexpression plants with the wild-type before and after infection with BPH. Regardless of BPH infestation, free SA levels were significantly decreased in the *OsPAL* RNAi plants (Fig. 3*A*), but increased in the plants overexpressing *OsPAL*8 (Fig. 3*B*) . These results indicate that *OsPALs* participate in the biosynthesis of lignin and SA in rice.

Lignin and SA Significantly Affect the BPH Resistance. To further investigate the causal relationship between lignin or SA levels and BPH resistance, we identified a rice mutant, *lr-1*, in which lignin content was reduced by ~40% compared with the wildtype (Fig. 2*E* and *F*) . Notably, *lr-1* was significantly more susceptible to BPH compared with the wild-type (Fig. 2*G* and *H*) .This result supports a positive role of lignin accumulation in conferring BPH resistance.

To verify the role of SA in BPH resistance response, we examined BPH resistance of the NahG#1 transgenic lines (which expresses the *bacterial salicylate hydroxylase* gene) (22). They showed that NahG#1 was more susceptible to BPH than the background parent (Fig. 3*C* and *D*). In addition, we identified 5 rice mutants with reduced free SA contents by screening a mutant library composed of 256 accessions of rice transcription factor T-DNA mutants (*SI Appendix*, Fig. S6*A*) and evaluated their BPH resistance. Similar to the plants expressing *NahG*, the BPH resistance levels of all 5 mutants with reduced SA were significantly decreased compared with the background control (*SI Appendix*, Fig. S6*B*). Moreover, exogenous application of SA on either NahG#1 or the *OsPAL* RNAi lines could significantly increase the BPH resistance (Fig. 3*C*–*F*). Taken together, these results support an important role of SA in BPH resistance in rice.

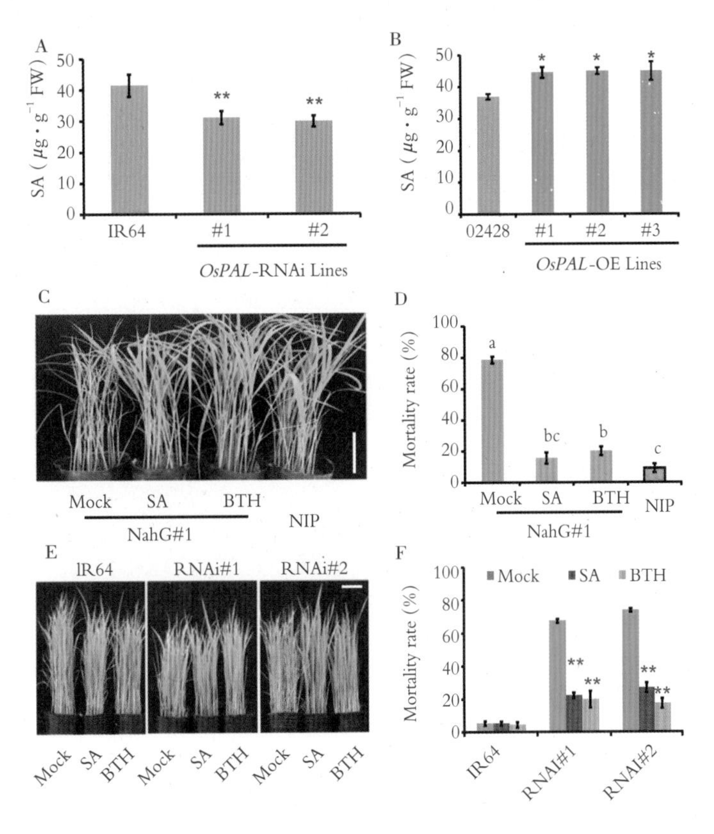

Fig. 3. *OsPAL*-mediated BPH resistance is associated with SA levels. SA level in the *OsPAL* knockdown lines (*A*) or plants overexpressing *OsPAL*8 (*B*). Error bars, mean ± SD of 3 biological replicates. $*P < 0.05$, $**P < 0.01$ in comparison with background parent (Student's *t*-test). Representative image (*C*) and seedling mortality rate (*D*) of NahG#1 transgenic plants infested with BPH for 5 d after pretreatment with SA, BTH, Mock, and the background parent Nipponbare (NIP), respectively. (Scale bar, 10 cm.) Error bars, mean ±SD of 3 biological replicates. Different letters on the histograms indicate statistically significant differences at $P < 0.05$ estimated by one-way ANOVA. (*E*) Representative image and (*F*) mortality rates of the *OsPAL* knockdown lines infested with BPH for 7 d after pretreatment with SA, BTH, and Mock, respectively. (Scale bar, 10 cm.) Error bars, mean ± SD of at least 3 biological replicates. $*P < 0.05$, $**P < 0.01$ in comparison with IR64 (*Student's t*-test).

OsMYB30Regulates the Expression of *OsPALs* to Confer BPH Resistance. Previous studies have shown that tissue-specific expression of *PAL* is regulated by R2R3 MYB transcription factors in a few plant species through binding to the AC-rich elements (AC- Ⅰ, ACCTACC; AC- Ⅱ, ACCAACC; and AC- Ⅲ, ACCTAAC) (20). Interestingly, we found that 1 of the mutants with reduced free SA content and BPH resistance (*SA*-R#256) is caused by T-DNA insertion in the first exon of OsMYB30, an R2R3 MYB transcription factor (Fig. 4*A* –*D*). Compared with the wild-type Dongjin, the *OsMYB30* mutant plant had slightly larger grains, but its thousand-grain weight was slightly reduced, possibly due to impaired grain filling. No significant differences were detected between the wild-type and mutant plants for other agronomic traits (plant height and heading date, etc.; *SI Appendix*, Fig. S7) .qRT-PCR analysis showed that the level of *OsMYB30* transcript was significantly induced by BPH infestation in wild-type plants at 3 h and 6 h after BPH infestation, and that this induction was not observed in the *OsMYB30* mutant plants (*SI Appendix*, Fig. S8) .The content of lignin was also significantly decreased in the mutant line (Fig. 4*E*). Moreover, BPH-induced expression of *OsPAL*6 and *OsPAL*8 was abolished in the mutant line (Fig. 4*F*). These results suggest that *OsMYB30* likely regulates the expression of *OsPALs* in response to BPH infestation.

Next, we performed a transient expression assay to test whether OsMYB30 regulated the expression of *OsPAL*6 and *OsPAL*8 using the dual-luciferase reporter system. LUC driven by the *OsPAL*6 or *OsPAL*8 promoters and REN driven by the *CaMV35S* promoter as an internal control were constructed in the same plasmids, together with an effector plasmid expressing *OsMYB30* and expressed in the protoplasts of rice seedlings. We found that coexpression of *OsMYB30* (but not the empty vector control) with LUC driven by the *OsPAL6* or *OsPAL8* promoters significantly increased the LUC/REN ratio (Fig. 5*A*), indicating that *OsMYB30* up-regulates the expression of *OsPAL6* and *OsPAL8*.

It was previously shown that R2R3 MYB transcription factors can directly bind to the AC element in the promoter region of *PALs* (20). Analysis of the 2-kb upstream regions of *OsPAL6* and *OsPAL8* identified no typical AC element, but 3 AC-like elements in the upstream regions of both *OsPAL6* (AC6- Ⅰ, AC6- Ⅱ, and AC6- Ⅲ) and *OsPAL8* (AC8- Ⅰ, AC8- Ⅱ, and AC8- Ⅲ; *SI Appendix*, Fig. S9). To determine whether OsMYB30 has the ability to bind these motifs, Surface Plasmon Resonance experiments were performed using a Biacore T200 instrument. The results showed that immobilized OsMYB30 could tightly bind the AC6- Ⅰ and AC8- Ⅰ motifs in the promoters of *OsPAL6* and *OsPAL8*, respectively (Fig. 5*B*). Furthermore, the binding was confirmed by EMSA (Electrophoretic Mobility Shift Assay; Fig. 5*C* and *SI Appendix*, Fig. S10). Collectively, these results indicate that OsMYB30 directly up-regulates the expression of *OsPAL6* and *OsPAL8* in response to BPH attack.

Discussion

Previous studies have demonstrated that PAL is a key enzyme in the phenylpropanoid pathway that is involved in the response to a variety of environmental stimuli, including pathogen infection, wounding, UV irradiation, and other stress conditions (20). BPH infestation has been observed to induce the expression of *PAL* genes (3); however, the role of *PAL* in the BPH resistance response

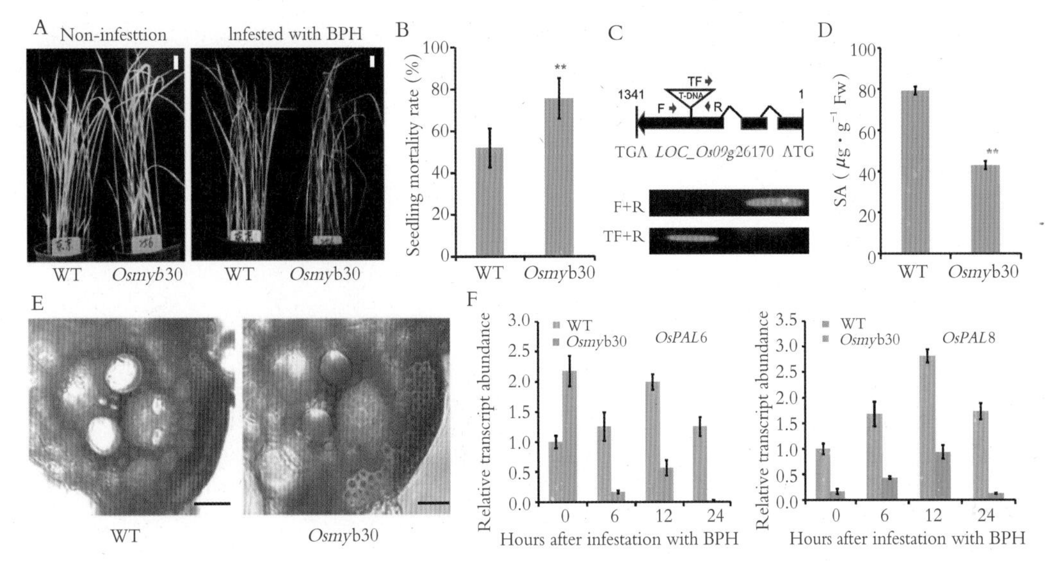

Fig. 4. *OsPALs*-mediated BPH resistance is regulated by *OsMYB30*. (*A*) Representative image of *Osmyb30* mutants infested with BPH for 5 d. (Scale bars , 1 cm.) (*B*) Seedling mortality rates of WT and *Osmyb30* mutants infested with BPH. Data were collected at 7 dpi. (*C*) Verification of the T-DNA insertion in the *Osmyb30* mutant. The positions of the F , R , and TF primers are indicated as red arrows. (*D*) SA levels in WT and the *Osmyb30* mutant plants. (*E*) Histochemical staining showing lignin accumulation in fresh leaf sheaths of WT and the *Osmyb30* mutant plants. (Scale bar , 50 μm.) (F) qRT-PCR analysis of *OsPAL6* and *OsPAL8* expression in the *Osmyb30* mutant. The expression values are presented relative to those in WT without BPH infestation. Error bars , mean ± SD of 3 biological replicates , by Student's t-test (*B* and *D* , $^{**}P < 0.01$).

remains unresolved. In this study, we established several lines of evidence supporting the notion that the PAL pathway plays an important role in the BPH resistance response and provided direct and unequivocal evidence that PAL mediated the BPH resistance response by regulating the production of lignin and SA. Moreover, we identified an R2R3 MYB transcription factor, OsMYB30, which can directly regulate the expression of *OsPALs* in response to BPH infestation (*SI Appendix*, Fig. S11) .

In addition to participating in the biosynthesis of SA and lignin, PAL is also a key enzyme in the biosynthesis of phenolic phytoalexins in plants including flavonoids, anthocyanins, phytoalexins, and tannins. Previous studies have shown that phenolic phytoalexins affect the feeding behavior, development, and growth of insects (23, 24) . In addition to phenylpropanoid pathway-related genes, it should be noted that we also observed up-regulation of genes involved in the biosynthesis of diterpenoid phytoalexins on BPH infestation in rice (*SI Appendix*, Fig. S2) .Therefore, a possible role of other metabolites derived from the phenylpropanoid and diterpenoid phytoalexins pathway in BPH resistance cannot be ruled out at this stage.

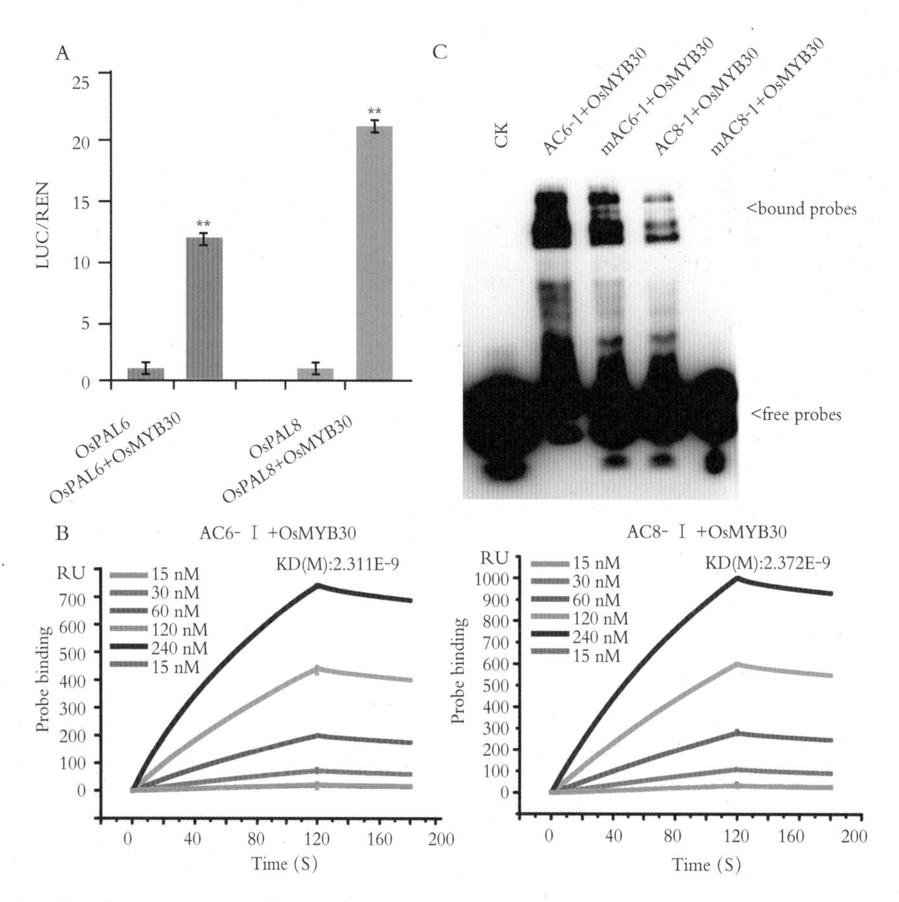

Fig. 5. OsMYB30 binds to the AC-like elements in the promoters of *OsPAL6* and *OsPAL8*. (*A*) Coexpression of OsMYB30 with LUC driven by the *OsPAL6* or *OsPAL8* promoters in rice leaf protoplasts. Error bars , mean ± SD of 3 biological replicates. $**P < 0.01$ by Student's *t*-test. (*B*) Evaluation of the binding of OsMYB30 to the AC6 - I and AC8 - I elements in the promoter of *OsPAL6* and *OsPAL8* , using the Biacore T200 instrument. Error bars , mean ± SD of 3 biological replicates. (*C*) EMSA assay showing the binding of OsMYB30 to the AC6 – I and AC8 - I elements in the promoters of *OsPAL6* and *OsPAL8*. Error bars , mean ± SD of 3 biological replicates.

This study also provides insights into the SA biosynthesis pathway in rice. It is generally believed that SA is made via either the chorismate or the PAL pathways in plants. In the chorismate pathway, isochorismate synthase converts chorismate into isochorismate (25) . In bacteria, the conversion of isochorismate to SA is catalyzed by the isochorismate pyruvate lyase (26) . Although isochorismate pyruvate lyase has not yet been reported in plants, the *ics1* mutant accumulated roughly 10% and the *ics1/ics2* double-mutant accumulated about 4% of the SA accumulated by wild-type *Arabidopsis* (27) . These studies demonstrated that the chorismate pathway was the main route of SA biosynthesis in *Arabidopsis*. However, the way SA is made in rice and other plants is still not clear. Several studies suggested that *PAL* is important for pathogen-induced SA formation in plants.Ogawa et al. (28) showed that SA is synthesized predominantly via the phenylalanine pathway in tobacco. In addition, earlier studies showed that tobacco mosaic virus-induced systemic acquired resistance is blocked in *PAL*-

silenced tobacco plants (29), and that the *pal1 pal2 pal3 pal4* quadruple knockout mutant of *Arabidopsis* maintains only about 25% and 50% of wild-type levels of basal- and pathogen-induced SA, respectively (30) .Moreover, the PAL inhibitor 2-aminoindan-2-phosphonic acid could significantly reduce the induction of SA accumulation by pathogens in potato, cucumber, and *Arabidopsis* (10) . Furthermore, it was shown that the SA induced by water deficit could be derived from the PAL pathway (31, 32) . In the present study, we showed that the level of SA is significantly reduced in the *OsPAL* RNAi or *OsPAL6* cosuppressed plants, but increased in the plants overexpressing *OsPAL8* (Fig. 3*A* and *B*) . Together with the previous report (30), our results provide additional support for the notion that the PAL pathway is an important route of SA biosynthesis in rice.

We found that OsMYB30 can directly bind to the promoters of *OsPAL6* and *OsPAL8* and regulate their expression in response to BPH is consistent with the earlier report that R2R3 MYB transcription factors can transactivate *PAL* promoters to control tissue-specific expression of *PALs* in other plants (20) . Although no typical AC-rich elements were found in the promoters of *OsPAL6* and *OsPAL8*, we found that OsMYB30 could directly bind to 2 nontypical AC-rich elements (AC6- Ⅰ and AC8- Ⅰ) in the promoters of *OsPAL6* and *OsPAL8* and up-regulate their expression in response to BPH infestation. Moreover, the BPH-induced expression of *OsPAL6* and *OsPAL8* was significantly impaired in the *Osmyb30* mutant. Together, our results demonstrated an important role of R2R3 MYB transcription factors in regulating *PAL* gene expression and BPH resistance in rice. It will be interesting to test whether overexpression or induced expression of *OsMYB30* can confer constitutive or enhanced BPH resistance in rice in future studies.

Methods

Plant Materials. Rathu Heenati (RH), IR64, and Taichung Native 1 (TN1) were obtained from the International Rice Research Institute (Los Banos, the Philippines) . 02428 was obtained from the Institute of Food Crops, Jiangsu Academy of Agricultural Sciences. Dongjin and T-DNA mutants were kindly provided by Gynheung An (Department of Plant Systems Biotech, Kyung Hee University, Korea) . Two rice pools were used for cDNA microarray assays, consisting of 10 highly resistant or susceptible plants from an F_2 population derived from a cross between the BPH-resistant rice cultivar RH and the susceptible cultivar 02428. BPH-resistant rice cultivar IR64 and susceptible cultivar 02428 were used for *PAL* RNAi and overexpressing studies, respectively. Rice plants were grown in the Pailou experimental station at Nanjing Agricultural University, Nanjing, China (N 32°01′33.04″, E 118°50′7.20″) .

BPH Maintenance. A colony of the BPH was collected from rice fields in Tuqiao Town, Nanjing City, Jiangsu Province (N 31°55′51″, E 119°11′41″), and maintained on the susceptible cultivar TN1 at 22 ℃, 75% RH and 16 : 8 L : D photoperiod in an artificial climate room at Nanjing Agricultural University.

BPH Resistance Evaluation. BPH resistance evaluation was carried out in an artificial climate room with 22 ℃, 75% RH, and 16 : 8 L : D photoperiod at Nanjing Agricultural University. BPH resistance was scored according to the standard evaluation systems of IRRI (33) . A seedling bulk test was conducted to phenotype plant reaction to BPH feeding. To ensure all seedlings were at the same growth stage for BPH infestation, seeds were pregerminated in Petri dishes. About 30 seeds from a single plant were sown in a 10-cmdiameter plastic pot with a hole at the bottom. Seven days after sowing, seedlings were thinned to 25 plants per pot. At the second-leaf stage, the seedlings were infested with second to third instar BPH nymphs at 10 insects per seedling. For the RNAi plants, the seedling mortality was recorded when all the TN1 plants were dead. For the plants overexpressing *OsPAL8*, the seedling mortality was recorded when the seedling mortality rate of the background parent 02428 exceeded 80%. For the mutants with reduced SA and lignin content, the seedling mortality was recorded when the seedling mortality rate of the most susceptible plants exceeded 80%. There were 3 replicates for each cultivar or line.

RNA Extraction and Microarray Procedure. Total RNA was extracted from 2-wkold rice seedlings, using the TRIzol RNA extraction kit (Invitrogen) according to the manufacturer's instructions, and purified using the QIAGEN RNeasy Mini Kit. The RNA concentration and integrity were determined using an Agilent 2 100 Bioanalyzer (Agilent Technologies, Foster City, CA) . The A260/A280 of RNA samples with ~ 2.0 were used for gene expression analysis. RNAs from 3 biologic replicates for each line or pool of seedlings were separately used for reverse transcription and microarray analysis.

The total RNAs were used in target synthesis for the Rice Genome Array from Affymetrix. For cDNA microarray analysis, the mRNA samples were reverse transcribed in the presence of Cy3-dUTP (02428, SB, RN) or Cy5-dUTP (RH and RB) . cDNA synthesis and cRNA preparation were performed according to the standard protocols (Affymetrix) . Hybridization, washing, and staining were conducted in an Affymetrix GeneChip Hybridization Oven 640 and Affymetrix Fluidics Station 450. Data collection and analysis were performed using a Gene array Scanner 3 000 7G and GeneChip Operating Software (Affymetrix) . The entire microarray analysis was performed by Shanghai Biochip Co., Ltd.

For the microarray data, genes with log2 ratio of Cy3/Cy5 $\geqslant 1$ or $\leqslant -1$ between different arrays and that had a P value of < 0.05 were considered differentially expressed. The enriched gene ontology terms and their hierarchical relationships in biological process, cellular component, or molecular function were performed using the GOEAST program (http: //omicslab.genetics.ac.cn/GOEAST/index.php) .

Plasmid Construction. To generate the overexpression constructs, the entire Coding sequence regions of *OsPAL6* and *OsPAL8* were amplified using genespecific primers (*SI Appendix*, Table S1) from IR64 seedling cDNA, and the PCR products were inserted into the binary vector pCAMBIA1 390 to produce pCAMBIA1 390-*OsPAL6* and pCAMBIA1 305-*OsPAL8*, respectively. All constructs were verified by DNA sequencing.

To generate the RNAi construct, 2 copies of a 220-bp cDNA fragment conserved in all 8 Os*PALs* were amplified by PCR, using primers RNAi1 and RNAi2 (*SI Appendix*, Table S2), and inserted as inverted repeats into the PA7 vector to generate a hairpin RNAi construct, which was then cloned into the binary vector pCAMBIA1 305 with *Hind* Ⅲ and *EcoR* Ⅰ.

To construct the plasmids for recombinant protein expression, the entire Coding sequence of OsMYB30 was amplified with the primers pMALOs*MYB*30F and pMAL-OsMYB30R shown in *SI Appendix*, Table S2, and the PCR products were cloned into the pMAL-c2X vectors (New England Biolabs, Inc.), resulting in the plasmid pMAL-*OsMYB30.*

Rice Transformation. The genetic complementation and RNAi constructs were transformed into *Agrobacterium tumefaciens* strain *EHA*105, and subsequently transformed into the rice varieties 02428 and IR64, respectively.Plants regenerated from hygromycin-resistant calli (T_0 plants) were grown in the field, and T_1 seeds were obtained after self-pollination. The genotypes of each transgenic plant and their progenies were examined by PCR amplification, using gene-specific primers. At least 2 independent homozygous T_2 transgenic plants identified with PCR and hygromycin resistance were used for BPH resistance test.

RNA Isolation and qRT-PCR Analysis. Total RNA was isolated from rice seedlings using the RNA prep Pure Plant Kit (Tiangen) according to the manufacturer's instructions. qRT-PCR assays were performed using a SYBR Premix Ex Taq RT-PCR Kit (Takara), following the manufacturer's instructions, with the primers listed in *SI Appendix*, Table S2. Error bars indicate SD of 3 biological replicates.

Recombinant Protein Expression and Purification. MBP fusion protein purification was performed using the pMAL Protein Fusion and Purification System following the manufacturer's instructions (New England Biolabs).

Lignin Analysis. Cell wall isolation was performed as described previously (34). Briefly, the stems of 1-mo-old plants were harvested individually. Stem pieces (1.5 g) were immediately frozen and ground in liquid nitrogen. After the addition of 30 mL of 50 mM NaCl, the mixture was kept at 4 ℃ overnight and then centrifuged for 10 min at 3,500 r /min. The pellet was extracted with 40 mL of 80% ethanol and sonicated for 20 min. This procedure was repeated twice. The same centrifugation, extraction, and sonication steps were performed with acetone, chloroform : methanol (1 : 1), and acetone. For lignin content measurement, the acetyl bromide-soluble lignin method was performed as described previously (21). Error bars indicate SD of 3 biological replicates.

For cellular observation of lignin, fresh hand-cut specimens were excised from rice leaf sheath at the heading stage, fixed, sectioned, and stained by phloroglucinol-HCl (3% (wt/vol) phloroglucinol in ethanol: 12 N HCL in a 1 : 2 ratio) as described previously (35). The stained sections were visualized under an Olympus BX51 microscope (Olympus Optical, Tokyo, Japan). At least 20 sections were observed for each cultivar or line.

Measurement of SA. SA was measured with the biosensor strain of *Acinetobacter* species, ADPWH_*lux*, as described previously (36, 37). For the standard curve, 0.1 g *NahG* transgenic fresh seedlings were frozen with liquid nitrogen and homogenized with 200 μL 0.1 M acetate buffer (pH 5.6), then centrifuged at 12,000 × g for 15 min at 4 ℃. Then the supernatant was used to dilute the SA stock (0 to 1,000 μg/mL): 1 μL SA stock was diluted 10-fold with the *NahG* transgenic line extract (22), and 5 μL each of SA stock, 60 μL LB, and 50 μL *Acinetobacter sp.* ADPWHlux (OD=0.4) were added to the wells of the plate. SA standards were recorded in parallel with the experimental samples.

To measure the SA content, 0.1 g fresh seedlings were frozen with liquid nitrogen and homogenized with 200 μL 0.1 M acetate buffer (pH 5.6), then centrifuged at 12,000 × g for 15 min at 4 ℃, and 0.1 μL supernatant was diluted with 44 μL acetate buffer in a new tube. In addition, 60 μL LB media, 5 μL plant extract, and 50 μL Acinetobacter sp. ADPWH-lux (OD=0.4) were added to each well of a black 96-well plate. The plate was incubated at 37 ℃ for 60 min, and luminescence was read by a microplate reader (SpectraMax i3x, Molecular Devices). Error bars indicate SD of 3 biological replicates.

Surface Plasmon Resonance Experiments. Biacore T200 and CM5 chips (GE Healthcare) with cross-linked anti-biotin rabbit polyclonal antibodies (abcam, ab1 227) were used for all Surface Plasmon Resonance experiments. The instrument was first primed 3 times with the reaction buffer, and flow cell 1 (FC1) was used as the reference flow cell, which was unmodified and lacked the oligonucleotide. Flow cell 2 (FC2) was used for immobilization of the oligonucleotide. The biotin-labeled oligonucleotide was injected during a 1-min period at a flow rate of 5 $\mu L \cdot min^{-1}$, and immobilization levels of 200 to 300 RU were routinely observed under these conditions. Protein-DNA binding assays were performed in the reaction buffer at the relatively high flow rate of 10 $\mu L \cdot min^{-1}$ to avoid or minimize any mass-transport limitation effects. Protein solutions (15 nM, 30 nM, 60 nM, 120 nM, and 240 nM) were injected for 120 s, followed by dissociation in the reaction buffer for 60 s. At the end of the dissociation period, the sensor chip was regenerated to remove any remaining bound materials by injecting the reaction buffer, containing 15 mM NaOH, at 30 $\mu L \cdot min^{-1}$ for 300 s. The experiment was repeated 3 times.

Dual-Luciferase Reporter Assay. To generate the *pOsPAL*6 : LUC and *pOsPAL*8 : LUC reporter constructs, about 2 kb of the *OsPAL*6 and *OsPAL*8 promoters were cloned into the pGreen Ⅱ-0800-LUC vector. Full-length cDNA of *OsMYB30* was cloned into the modified pAN580 binary vector. The constructs were cotransformed into rice protoplasts. The luciferase activity was calculated following the manufacturer's instructions (Promega), and the data presented are the averages of 3 biological replicates.

EMSA. For the EMSA, a modified 5′-biotin-binding oligonucleotide probe containing the AC-like element was synthesized. Recombinant OsMYB30 protein was purified before the binding experiment. EMSA assay was manipulated following the LightShift EMSA Optimization and Control Kit instructions (Thermo Fisher Scientific). Detection of biotin on the probe by streptavidin was carried out using a Chemiluminescent Nucleic Acid Detection Module (Thermo Fisher Scientific). The experiment was repeated 3 times, with similar results each time. *PAL activity assay.* PAL activity was assayed according to the method described by Cheng et al. (38), with minor modifications. About 1 g 2-week-old seedlings were homogenized in 10 mL ice-cold extraction (1 mM EDTA, 20 mM-mercaptoethanol, 1% PVP, and 0.1 M sodium borate buffer). The homogenate was centrifuged at 12,000 × g for 20 min at 4 ℃. The supernatant was used as the crude enzyme extract. 0.2 mL of supernatant with 1 mL of 20 mM L-phenylalanine and 2.8 mL of 0.1 mM sodium borate buffer (pH 8.8) was incubated for 30 min at 37 ℃. The reaction was stopped by adding 0.2 mL 2 M HCl. The absorbance of the samples was recorded using a microplate reader (SpectraMax i3x, Molecular Devices) at a wavelength of 290 nm. The increase of 0.01 unit in absorbance per hour was defined as 1 unit of enzyme activity (U). PAL activity was listed as $U \cdot h^{-1} \cdot mg^{-1}$ FW. Error bars indicate SD of 3 biological replicates.

Data Availability. The microarray data included in this article have been deposited in the NCBI GEO database, https://www.ncbi.nlm.nih.gov/geo (accession nos. GSM4174171 - GSM4174178).

ACKNOWLEDGMENTS. We owe special thanks to Professor G. An (Department of Plant Systems Biotech, Kyung Hee University, Korea) for providing the rice transcription factor T-DNA mutants, to Professor Chengcai Chu (Institute of Genetics and Developmental Biology, Chinese Academy of Sciences, Beijing) for providing *NahG* lines, and to Dr. Hui Wang (Natural Environment Research Council/Centre for Ecology and Hydrology-Oxford, Oxford, UK) for providing the SA biosensor strain *Acinetobacter sp.* ADPWH_lux and technical assistance with the SA measurement. The National Key Transformation Program (Grant 2016ZX08001-001), National Key Research Program (Grant 2016YFD0100600), the National Nature Science Foundation of China (Grants 31522039 and 31471470), and the Fundamental Research Funds for the Central Universities (Grants KJYQ201602 and JCQY201902) supported this work. We also acknowledge support from the Collaborative Innovation Center for Modern Crop Production cosponsored by Jiangsu Province and Ministry of Education, and the Key Laboratory of Biology, Genetics and Breeding of Japonica Rice in Mid-lower Yangtze River, Ministry of Agriculture, People's Republic of China.

References

1. C. T. Rivera, S. H. Ou, T. T. Lida, Grassy stunt disease of rice and its transmission by *Nilaparvata lugens* (Stål). *Plant Dis. Rep.* 50,453 - 456 (1966).

2. K. C. Ling, E. R. Tiongco, V. M. Aguiero, Rice ragged stunt, a new virus disease. *Plant Dis. Rep.* 62, 701 - 705 (1978).

3. B. Du *et al.*, Identification and characterization of *Bph14*, a gene conferring resistance to brown planthopper in rice. *Proc. Natl. Acad. Sci. U. S. A.* 106, 22163 - 22168 (2009).

4. Y. Zhao *et al.*, Allelic diversity in an NLR gene *BPH9* enables rice to combat planthopper variation. *Proc. Natl. Acad. Sci. U. S. A.* 113, 12850 - 12855 (2016).

5. Y. Liu *et al.*, A gene cluster encoding lectin receptor kinases confers broad - spectrum and durable insect resistance in rice. *Nat. Biotechnol.* 33, 301 - 305 (2015).

6. J. Guo *et al.*, *Bph6* encodes an exocyst - localized protein and confers broad resistance to planthoppers in rice. *Nat. Genet.* 50, 297 - 306 (2018).

7. Y. Wang *et al.*, Map-based cloning and characterization of *BPH29*, a B3 domaincontaining recessive gene conferring brown planthopper resistance in rice. *J. Exp. Bot.* 66, 6035 - 6045 (2015).

8. J. Ren *et al.*, *Bph32*, a novel gene encoding an unknown SCR domain-containing protein, confers resistance against the brown planthopper in rice. *Sci. Rep.* 6, 37645 (2016).

9. K. Kulbat, The role of phenolic compounds in plant resistance. *Biotechnol. Food Sci.* 80, 97 - 108 (2016).

10. Z. Chen, Z. Zheng, J. Huang, Z. Lai, B. Fan, Biosynthesis of salicylic acid in plants. *Plant Signal. Behav.* 4, 493 - 496 (2009).

11. X. Zhou *et al.*, Loss of function of a rice TPR-domain RNA-binding protein confers broad-spectrum disease resistance. *Proc. Natl. Acad. Sci. U. S. A.* 115, 3174 - 3179 (2018).

12. Q. Liu, L. Luo, L. Zheng, Lignins: Biosynthesis and biological functions in plants. *Int. J. Mol. Sci.* 19, 335 (2018).

13. Y. Wang *et al.*, *CmMYB19* over-expression improves aphid tolerance in Chrysanthemum by promoting lignin synthesis. *Int. J. Mol. Sci.* 18, 619 (2017).

14. M. E. Chaman, S. V. Copaja, V. H. Argandona, Relationships between salicylic acid content, phenylalanine ammonia-lyase (PAL) activity, and resistance of barley to aphid infestation. *J. Agric. Food Chem.* 51, 2227 - 2231 (2003).

15. C. M. Smith, E. V. Boyko, The molecular bases of plant resistance and defense responses to aphid feeding: Current status. *Entomol. Exp. Appl.* 122, 1 - 16 (2007).

16. Y. Han *et al.*, Constitutive and induced activities of defense-related enzymes in aphidresistant and aphid-susceptible cultivars of wheat. *J. Chem. Ecol.* 35, 176 - 182 (2009).

17. J. Yan *et al.*, The tyrosine aminomutase TAM1 is required for β-tyrosine biosynthesis in rice. *Plant Cell* 27, 1265 - 1278 (2015).

18. M. B. Cohen *et al.*, Brown planthopper, *Nilaparvata lugens*, resistance in rice cultivar IR64: Mechanism and role in successful *N. lugens* management in Central Luzon.Philippines. *Entomol. Exp. Appl.* 85, 221 - 229

(1997).

19. X. Cheng, L. Zhu, G. He, Towards understanding of molecular interactions between rice and the brown planthopper. *Mol. Plant* 6, 621-634 (2013).

20. X. Zhang, C. J. Liu, Multifaceted regulations of gateway enzyme phenylalanine ammonia-lyase in the biosynthesis of phenylpropanoids. *Mol. Plant* 8, 17-27 (2015).

21. A. Rohde *et al.*, Molecular phenotyping of the *pal1* and *pal2* mutants of *Arabidopsis thaliana* reveals far-reaching consequences on phenylpro-panoid, amino acid, and carbohydrate metabolism. *Plant Cell* 16, 2749-2771 (2004).

22. J . Tang *et al.*, Semi-dominant mutations in the CC-NB-LRR-type R gene, *NLS1*, lead to constitutive activation of defense responses in rice. *Plant J.* 66, 996-1007 (2011).

23. J. C. Onyilagha, J. Lazorko, M. Y. Gruber, J. J. Soroka, M. A. Erlandson, Effect of flavonoids on feeding preference and development of the crucifer pest *Mamestra configurata* Walker. *J. Chem. Ecol.* 30, 109-124 (2004).

24. E. A. Bernays, G. Cooper-Driver, M. Bilgener, Herbivores and plant tannins. *Adv. Ecol. Res.* 19, 263-302 (1989).

25. C. Gaille, P. Kast, D. Haas, Salicylate biosynthesis in *Pseudomonas aeruginosa.* Purification and characterization of PchB, a novel bifunctional enzyme displaying isochorismate pyruvate-lyase and chorismate mutase activities. *J. Biol. Chem.* 277, 21768-21775 (2002).

26. M. C. Wildermuth, J. Dewdney, G. Wu, F. M. Ausubel, Isochorismate synthase is required to synthesize salicylic acid for plant defence. *Nature* 414, 562-565 (2001).

27. C. Garcion *et al.*, Characterization and biological function of the *ISOCHORISMATE SYNTHASE2* gene of Arabidopsis. *Plant Physiol.* 147, 1279-1287 (2008).

28. D. Ogawa *et al.*, The phenylalanine pathway is the main route of salicylic acid biosynthesis in *Tobacco mosaic virus*-infected tobacco leaves. *Plant Biotechnol.* 23, 395-398 (2006).

29. J. A. Pallas, N. L. Paiva, C. Lamb, R. A. Dixon, Tobacco plants epigenetically suppressed in phenylalanine ammonia-lyase expression do not develop systemic acquired resistance in response to infection by tobacco mosaic virus. *Plant J.* 10, 281-293 (1996).

30. J. Huang *et al.*, Functional analysis of the *Arabidopsis PAL* gene family in plant growth, development, and response to environmental stress. *Plant Physiol.* 153, 1526-1538 (2010).

31. H. Bandurska, M. Cieslak, The interactive effect of water deficit and UV-B radiation on salicylic acid accumulation in barley roots and leaves. *Environ. Exp.* Bot. 94, 9-18 (2013).

32. B. R. Lee *et al.*, Peroxidases and lignification in relation to the intensity of waterdeficit stress in white clover (*Trifolium repens L.*). *J. Exp. Bot.* 58, 1271-1279 (2007).

33. E. Heinrichs, F. Medrano, H. Rapusas, *Genetic Evaluation for Insect Resistance in Rice* (International Rice Research Institute, Philippines, 1985).

34. R. S. Fukushima, R. D. Hatfield, Extraction and isolation of lignin for utilization as a standard to determine lignin concentration using the acetyl bromide spectrophotometric method. *J. Agric. Food Chem.* 49, 3133-3139 (2001).

35. P. Y. Lam *et al.*, Disrupting flavone synthase II alters lignin and improves biomass digestibility. *Plant Physiol.* 174, 972-985 (2017).

36. W. E. Huang *et al.*, Chromosomally located gene fusions constructed in *Acinetobacter* sp. ADP1 for the detection of salicylate. *Environ. Microbiol.* 7, 1339-1348 (2005).

37. W. E. Huang *et al.*, Quantitative in situ assay of salicylic acid in tobacco leaves using a genetically modified biosensor strain of *Acinetobacter* sp. ADP1. *Plant J.* 46, 1073-1083 (2006).

38. G. W. Cheng, P. J. Breen, Activity of phenylalanine ammonialyase (PAL) and concentrations of anthocyanins and phenolics in developing strawberry fruit. *J. Am. Soc. Hortic. Sci.* 116, 865-869 (1991).

作者：Jun He# Yuqiang Liu# Dingyang Yuan Meijuan Duan Yanling Liu Zijie Shen Chunyan Yang Zeyu Qiu Daoming Liu Peizheng Wen Jie Huang Dejia Fan Shizhuo Xiao Yeyun Xin Xianian Chen Ling Jiang Haiyang Wang Longping Yuan* Jianmin Wan*

注：本文发表于 *Proceedings of the Natronal Academy of Sciences of United States of America* 2020 年第 117 卷第 1 期。

Molecular Regulation of *ZmMs7* Required for Maize Male Fertility and Development of a Dominant Male-Sterility System in Multiple Species

【Abstract】Understanding the molecular basis of male sterility and developing practical male-sterility systems are essential for heterosis utilization and commercial hybrid seed production in crops. Here, we report molecular regulation by genic male-sterility gene *maize male sterility 7* (*ZmMs7*) and its application for developing a dominant male-sterility system in multiple species. *ZmMs7* is specifically expressed in maize anthers, encodes a plant homeodomain (PHD) finger protein that functions as a transcriptional activator, and plays a key role in tapetal development and pollen exine formation. ZmMs7 can interact with maize nuclear factor Y (NF-Y) subunits to form ZmMs7-NF-YA6-YB2-YC9/12/15 protein complexes that activate target genes by directly binding to CCAAT box in their promoter regions. Premature expression of *ZmMs7* in maize by an anther-specific promoter *p5126* results in dominant and complete male sterility but normal vegetative growth and female fertility. Early expression of *ZmMs7* downstream genes induced by prematurely expressed ZmMs7 leads to abnormal tapetal development and pollen exine formation in *p5126*-*ZmMs7* maize lines. The *p5126*-*ZmMs7* transgenic rice and *Arabidopsis* plants display similar dominant male sterility. Meanwhile, the *mCherry* gene coupled with *p5126*-*ZmMs7* facilitates the sorting of dominant sterility seeds based on fluorescent selection. In addition, both the *ms7*-*6007* recessive male-sterility line and *p5126*-*ZmMs7M* dominant male-sterility line are highly stable under different genetic germplasms and thus applicable for hybrid maize breeding. Together, our work provides insight into the mechanisms of anther and pollen development and a promising technology for hybrid seed production in crops.

【keywords】ZmMs7; PHD finger; protein-protein interaction; dominant male-sterility system

Heterosis is a phenomenon in which heterozygous hybrid progeny are superior to both homozygous parents and can offer 20% to over 50% yield increases in various crops (1). Maize is one of the most successful crops of heterosis utilization. Manual or mechanical detasseling has been widely used for maize hybrid seed production. However, detasseling is not only time consuming, labor intensive, and expensive, but also detrimental to plant growth, and thus reduces the yield of maize hybrid seed (2). Therefore, the male-sterility line is critical for the commercial hybrid seed production in maize.

Male sterility mainly includes three types, i.e., cytoplasmic male sterility (CMS) caused by both mitochondrial and nuclear genes, genic male sterility (GMS) caused by nuclear genes alone, and photoperiod- and/or temperature-sensitive genic male sterility (2-4). Among them, the CMS-based three-line system has been successfully used for hybrid seed production in many crops (4). For example, the CMS hybrid rice has accounted for ~40% of the total rice planting area in China since the late 1980s (5). However, the CMS system has suffered from several intrinsic problems, such as the limited genetic resources of the restorer lines, the low genetic diversity between the CMS lines and the restorer lines in rice (6), and the potentially increased disease susceptibility and unreliable restoration of CMS lines in maize (7). The photoperiod- and/or temperature-sensitive genic male sterility-based two-line system has been initially used for hybrid rice production in China since the 1990s (8). It eliminates the requirement for crossing to propagate the male-sterility female line, and almost any fertile line with a good combining ability can be used as a male parent, thus it can enhance the usage efficiency of genetic resources and further increase the yield of hybrid rice (3, 8). However, purity of hybrid seeds produced by using this system may be influenced by the undesired climate or environmental conditions (4).

The male gamete development is a well-orchestrated process; any disturbance may thus lead to male sterility (9). Up to now, more than 100 GMS genes have been identified in plants (2, 10, 11), and a great deal of effort has been made to develop biotechnologybased male-sterility systems by using these GMS genes and their corresponding mutants to maintain and propagate GMS lines as female parents for hybrid seed production (2, 4). For instance, a system called seed production technology (SPT) was developed to produce recessive GMS lines by DuPont Pioneer using the maize *male sterility 45* (*ZmMs45*) gene, coupled with an α*-amylase* gene and a red fluorescence gene *DsRed* (12). Recently, we have updated the SPT system and developed the multi-control sterility (MCS) systems by using maize GMS genes *ZmMs7*, *ZmMs30*, and *ZmMs33*, respectively (13-15). A similar system was also constructed in rice (16). In addition, a dominant male-sterility system was developed to produce dominant GMS lines using the dominant GMS gene *ms44* in maize (17). Although these biotechnology-based male-sterility systems have several advantages (18), they rely on the combination of the cloned GMS genes and their corresponding mutants. Therefore, developing a male-sterility system would be a valuable application for hybrid seed production in various plant species, especially for plants without cloned GMS genes.

ZmMs7 encodes a PHD-finger transcription factor (TF) and is a key regulator of postmeiotic anther development in maize (13). Its orthologs have been identified in several plant species, such as *Arabidopsis male sterility 1* (*AtMS1*) (19-22), rice *male sterility 1/Persistent Tapetal Cell 1* (*OsMs1/OsPTC1*) (23, 24), and barley *male sterility 1* (*HvMs1*) (25). Mutations in *AtMs1 and OsMs1/*

OsPTC1 result in abnormal tapetum programmed cell death (PCD) and defective pollen exine formation (22 - 24, 26). Both AtMs1 and OsMs1/OsPTC1 function as transcriptional activators (20, 23), and OsMs1/OsPTC1 interacts with tapetal regulatory factors, such as OsMADS15 and TDR Interacting Protein2 (TIP2), to regulate tapetal cell PCD and pollen exine formation (23). Both *HvMs1* and *OsPTC1* can functionally complement the *Arabidopsis ms1* mutation and rescue male fertility, indicating functions of AtMs1 orthologs in higher plants may be conserved (24, 25). Nevertheless, the precise molecular mechanism of transcriptional regulation by AtMs1 orthologs remains largely unknown.

Here, we investigate molecular mechanism of *ZmMs7* for regulating anther and pollen development, and find that ZmMs7 interacts with maize NF-Y subunits to form multiprotein complexes that directly activate target genes. Premature expression of *ZmMs7* driven by *p5126* results in the dominant and complete male sterility through dramatically altering the gene expression networks responsible for anther and pollen development. By using the *p5126-ZmMs7* transgenic element, we construct a dominant male-sterility (DMS) system that is proved to be effective in maize, rice, and *Arabidopsis.*

Results

***ZmMs7* Is Required for Tapetum Development and Pollen Exine Formation.** *ZmMs7* was cloned and verified by using functional complementation in our laboratory (13). To further confirm its function in controlling male fertility, four *ZmMs7* knockout lines were generated via the CRISPR-Cas9 system. Compared with wild type (WT), all of the *Cas9 - ZmMs7* knockout lines displayed complete male sterility with no exerted anthers, and the shriveled anthers lacked pollen grains at mature stage, which is similar to the *ms7-6007* mutant (Fig. 1*A* and *SI Appendix*①, Fig. S1), indicating that *ZmMs7* is required for male fertility in maize.

Maize anther development can be divided into 14 stages (stage 1 to stage 14) (2). To characterize the cytological defects in *ms7-6007* anthers, we performed scanning electron microscopy (SEM), transverse section, and transmission electron microscopy (TEM) analyses and found that anther and microspore development progressed similarly between WT and *ms7-6007* until stage 9 (Fig. 1 B - *D* and *SI Appendix*, Figs. S2 - S4). The SEM analysis showed only transverse strips covered the outer surface of WT anthers until stage 10, and then the three-dimensional (3D) knitting cuticle formed at stage 11 and fully grew at stage 13. However, the 3D knitting cuticle appeared at stage 10 but gradually reduced thereafter in *ms7-6007* anthers. On the inner surface, Ubisch bodies emerged at stage 9 in both WT and *ms7-6007* anthers, and they enlarged subsequently in WT but gradually disappeared in ms*7-6007* (*SI Appendix*, Fig. S2). The transverse section analysis showed developmental differences between WT and *ms7-6007* anthers occurred after stage 9. For example, at stage 11, the vacuoles disappeared in the microspore and tapetal cells almost completely degenerated in WT anthers, while the mutant locules started to shrink and the microspores broke (Fig. 1*B* and *SI Appendix*, Fig. S3). Similarly, the SEM observation of pollen showed that microspore mother cells, dyads, tetrads, and

① 补充信息（SI Appendix）可在网页（https: // doi. org/10. 1073/pnas. 2010255117）查询。

microspores were successively generated from stages 7 to 9 in both WT and *ms7-6007* anthers. After formation of the vacuolated microspores at stage 10, starch granules were gradually accumulated, and then the regular round-shaped mature pollen grains formed in WT anther locules at stage 13. By contrast, the ms*7-6007* vacuolated microspores severely sank at stage 10 and disappeared at stage 12 (Fig. 1*C* and *SI Appendix*, Fig. S3). The TEM observation showed that Ubisch bodies appeared on the inner surface of WT and mutant anthers at stage 9, enlarged thereafter in WT, but not enlarged in *ms*7-6007. The WT microspores were enveloped with evident exine at stage 9, and then their distinctive layers (i.e., tectum, bacula, and foot layer) formed and thickened from stages 10 to 13. However, the *ms7-6007* exine was much thinner than that of WT (Fig. 1*D* and *E* and *SI Appendix*, Fig. S4). Taken together, loss of function of *ZmMs7* results in delayed tapetal degeneration, abnormal Ubisch body development, and pollen wall formation, and these developmental defects ultimately cause complete male sterility.

***ZmMs7* Functions as a Transcriptional Activator and Regulates Genes Involved in Tapetum Development and Pollen Exine Formation.** The spatiotemporal expression patterns of *ZmMs7* in different tissues were detected by using real-time quantitative PCR (RT-qPCR). *ZmMs7* transcript was only detected in WT anthers from stages 8b to 10, and peaked at stage 9, indicating that *ZmMs7* is specifically expressed in maize anthers at tetrad and free haploid microspore stages (Fig. 2*A*). *ZmMs7* encodes a PHD-finger protein (13) which is localized in the nucleus, supporting that it functions as a TF (Fig. 2*B*). ZmMs7 dramatically enhanced the reporter expression in a transient dual-luciferase reporter assay performed in maize protoplasts, indicating that ZmMs7 has a transcriptional activation activity (Fig. 2*C*). To further test the transcriptional activity in planta, *ZmMs7* was fused with a conserved suppressing motif, SRDX (LDLDLELRLGFA), which can convert transcriptional activators into dominant repressors (27). Transformation of *pZmMs7* : *ZmMS7-SRDX* into maize plants inhibited anther and pollen development, and led to complete male sterility (Fig. 2*D*). These results strongly suggest that ZmMs7 acts as a transcriptional activator in maize anthers, being consistent with its homologs AtMs1 (20) and OsMs1/OsPTC1 (23), implying that ZmMs7-mediated transcriptional regulatory mechanism may be conserved among different plant species.

To identify the downstream genes potentially regulated by *ZmMs7* during anther development, RNA sequencing (RNA-seq) analysis was performed using WT and *ms7-6007* anthers at stages 8 to 10 (*SI Appendix*, Fig. S5*A*). A total of 1,143 differentially expressed genes (DEGs) betweenWT and *ms7-6007* were detected (*SI Appendix*, Fig. *S5B-F*). Among these DEGs, 710 were downregulated and 809 were up-regulated in ms*7-6007* anthers during at least one stage (Fig. 2*E* and *SI Appendix*, Table S1). Gene ontology analysis of the 1,143 DEGs showed that *ZmMs7* modulates biological processes such as pollen exine formation, polysaccharide catabolism, phenypropanoid biosynthesis, and cell differentiation processes, most of which are important for anther and pollen development (*SI Appendix*, Fig. S5*G*). Particularly, a set of genes putatively related to tapetum and pollen wall development showed altered expression patterns in *ms7-6007* anthers, including *ZmMs*45 (28), *Indeterminate Gametophyte1* (*IG1*) (29), *IG1/AS2-like1* (*IAL1*) (29), *maize basic Helix-loop-helix 122* (*ZmbHLH122*)

(30), *maize Metallothionein 2C* (*ZmMT2C*) (31), *maize Aspartyl Protease 37* (*ZmAP37*) (32), *ZmMs6021*, *maize Dihydroflavonol 4-Reductase-Like 1/2* (*ZmDRL1/2*), *maize Less Adhesive Pollen 5* (*ZmLAP5*), *maize Acyl-COA-Synthetase 5* (*ZmACOS5*), and *maize Quartet3* (*ZmQRT3*) (2, 11) (*SI Appendix*, Tables S1-S4).

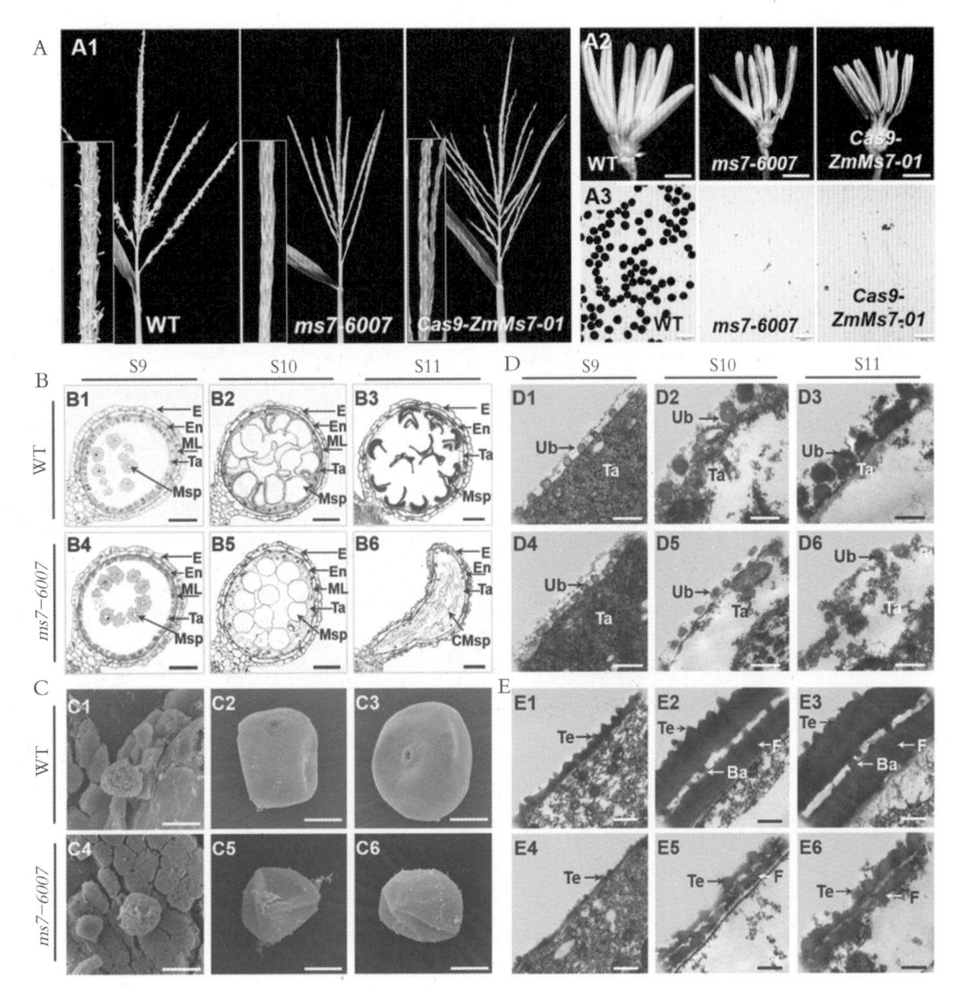

Fig.1. Phenotypic and cytological comparison of WT, *ms7-6007* mutant, and *ZmMs7* knockout line generated via the CRISPR-Cas9 method. (*A*) Comparison of tassels (A1), anthers (A2), and pollen grains stained with I_2-KI (A3) among WT, *ms7-6007* mutant, and the *Cas9-ZmMs7-01* line. (Scale bars, 1 mm in A2 and 200 μm in A3.) (*B*) Transverse section analysis of anthers in WT (B1 to B3) and *ms7-6007* mutant (B4 to B6) from stages 9 to 11 during maize anther development. (Scale bar, 50 μm.) (*C*) SEM analysis of pollen grain development in WT (C1 to C3) and *ms7-6007* mutant (C4 to C6). (Scale bar, 20 μm.) (*E*) TEM analysis of Ubisch body in WT (E1 to E3) and *ms7-6007* mutant (E4 to E6). (Scale bar, 0.5 μm.) (*E*) TEM analysis of pollen exine in WT (E1 to E3) and *ms7-6007* mutant (E4 to E6) (Scale bar, 0.5 μm.) Ba, bacula; CMsp, collapsed microspore; E, epidermis; En, endothecium; F, foot layer; ML, middle layer; Msp, microspore; Ta, tapetum; Te, tectum; and Ub, Ubisch body.

Since a set of lipid metabolism-related genes displayed altered expression patterns in *ms7-6007* anthers

(*SI Appendix*, Table S1), the components of cutin, wax, and internal fatty acids in WT and *ms7-6007* anthers were detected. The results showed a dramatic reduction for the total cutin content and most of the cutin monomers in *ms7-6007* anthers (Fig. 2*F* and *SI Appendix*, Fig. S6*A* and Table S2). No significant difference was detected for the total wax and internal fatty acid contents between WT and *ms7-6007* anthers (Fig. 2*F* and *G*), although most of the individual components of wax and internal fatty acids displayed significant changes (*SI Appendix*, Fig. S6 *B* and *C*). These results suggested that *ms7-6007* mutation impedes cutin biosynthesis and alters the constituents of wax and internal fatty acids, thereby affecting anther wall development and pollen exine formation.

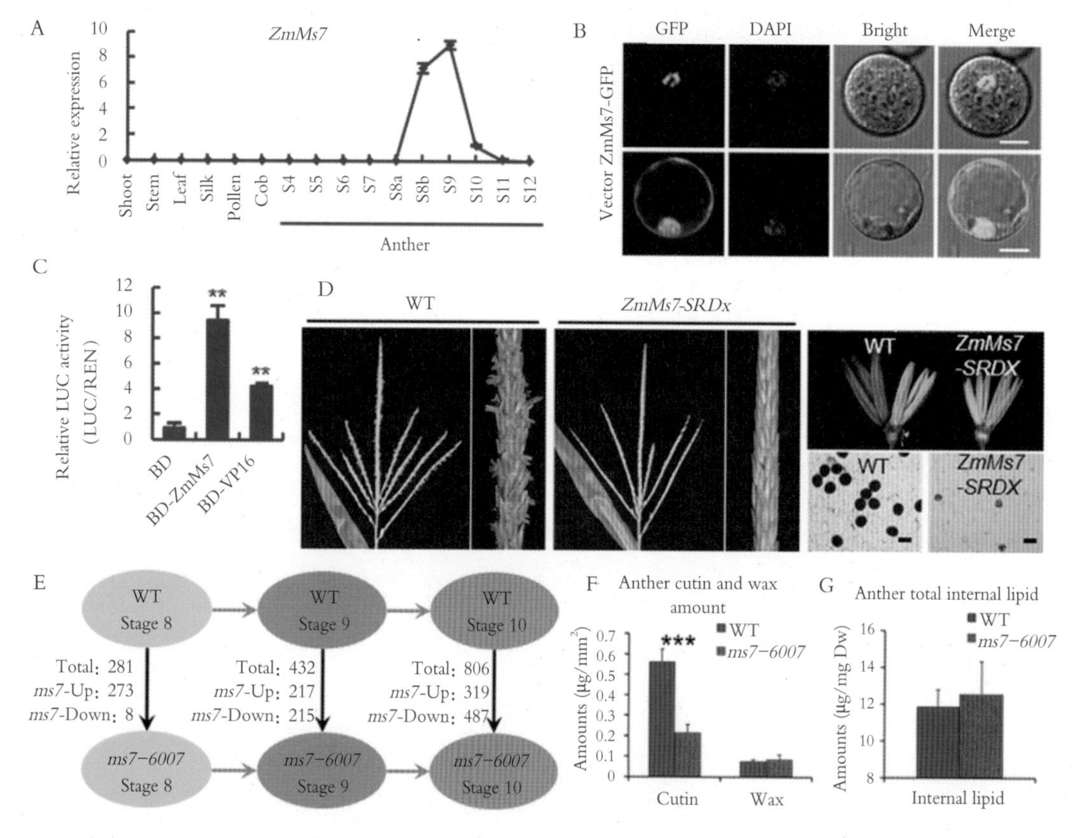

Fig. 2. Gene expression, transcriptional activity, and transcriptome and lipidome analyses of *ZmMs7*. (*A*) RT-qPCR analysis of *ZmMs7* expression in different organs of maize. Data are means ± SD, n=3. (*B*) Subcellular localization of ZmMs7 in maize protoplasts. DAPI staining was used as a nuclear marker. (Scale bar, 10 μm.) (*C*) Transcriptional activation assay of ZmMs7 using a dual-luciferase system in maize protoplasts. GAL4 DNA binding domain (BD) and transcriptional activator VP16 were used as negative and positive controls, respectively. Data are means ± SD, n=4. Asterisks indicate significant difference compared to BD (** $P < 0.01$, Student's t test). (*D*) Male sterile phenotype of *pZmMs7*: *ZmMS7-SRDX* transgenic maize plants. Comparison of tassels, anthers, and pollen grains stained with I_2-KI between WT and transgenic plants. (Scale bar, 100 μm.) (*E*) The numbers of DEGs between WT and *ms7-6007* mutant anthers at stages 8, 9, and 10, respectively. (*F*) Total amount of anther cutin and wax per unit surface area and (*G*) total amount of anther internal lipid per dry weight (DW) in WT and *ms7-6007* mutant. Data are means ± SD, n=5. Asterisks indicate significant difference in comparison (*** $P < 0.001$, Student's t test).

***ZmMs7* Forms Multiprotein Complexes with ZmNF-Y Subunits.** Like many PHD finger proteins, ZmMs7 has no DNA binding domain as analyzed by the InterPro online program (https://www.ebi.ac.uk/interpro/). To understand how ZmMs7 regulates its target genes, we used yeast two-hybrid (Y2H) assay to screen its interactors. Because the C terminal domain of ZmMs7 possesses self activation activity, the N-terminal region (amino acids 1 to 358) was used as bait for the Y2H assay. A total of 130 positive clones were obtained, and four NF-Y proteins were confirmed to interact with ZmMs7, including ZmNF-YA6, ZmNF-YC9, ZmNFYC12, and ZmNF-YC15 (Fig. 3 *A*, *Left* and *SI Appendix*, Fig. S7 *A* and *C*). To validate these protein interactions, coimmunoprecipitation (Co-IP) assay was performed in maize protoplasts. The four NFY proteins were strongly coimmunoprecipitated by ZmMs7 - cYFPMyc, suggesting that ZmMs7 physically links the NF-YA6 and NF-YC9/12/15 subunits in plant cells (Fig. 3 *A*, *Right*). Bimolecular fluorescence complementation (BiFC) assay in maize protoplasts further conformed the results (Fig. 3*D*). Since NF-Y TFs are reported to form heterotrimeric complexes composed of NF-YA, NF-YB, and NF-YC subunits (33), the interactions between NF-YA and NF-YC subunits were tested by using Y2H, Co-IP, and BiFC assays. The results showed that NF-YA6 can interact with all of the three NF-YC9/12/15 subunits in both yeast and plant cells (Fig. 3 *B* and *D*). Next, to find out the NFYB counterparts of the NF-Y complexes, we conducted Y2H screening between candidate NF-YBs and ZmMs7, NF-YA6 and NF-YC9/12/15. Among 18 NF-YB members of maize (34), NFYB2 was found to interact with NF-YC9/12/15, but not with NFYA6 and ZmMs7, which was further confirmed by Co-IP and BiFC assays (Fig. 3 C and *D*). Besides NF-YB2, NF-YB10 was found to interact with NF-YC15, but not with NF-YC9/12 (*SI Appendix*, Fig. S8). Therefore, we selected NF-YB2 for further studies. Meanwhile, the RT-qPCR analysis showed that *NF-YA6*, *NF-YB2*, and *NF-YC9/12/15* genes were all expressed in maize anthers during stages 6 to 10 (*SI Appendix*, Fig. S7*D*). The coexpression patterns of *ZmMs7* and NF-Y genes provided a prerequisite for the protein interactions between ZmMs7 with NF-Y subunits in maize anthers. Together, ZmMs7 can form protein complexes with NF-YA6, NF-YB2, and NF-YC9/12/15 (Fig. 4*F*).

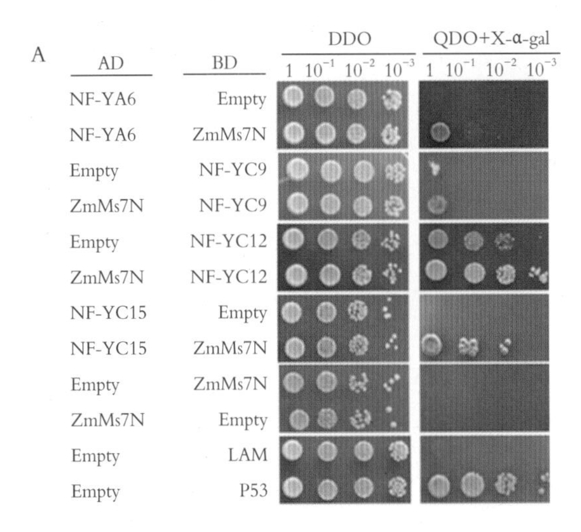

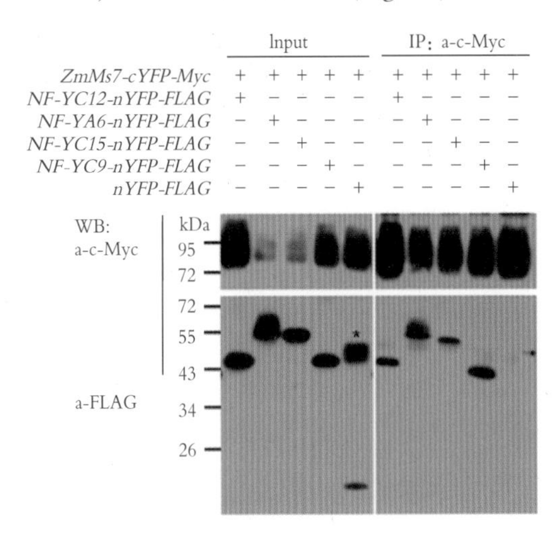

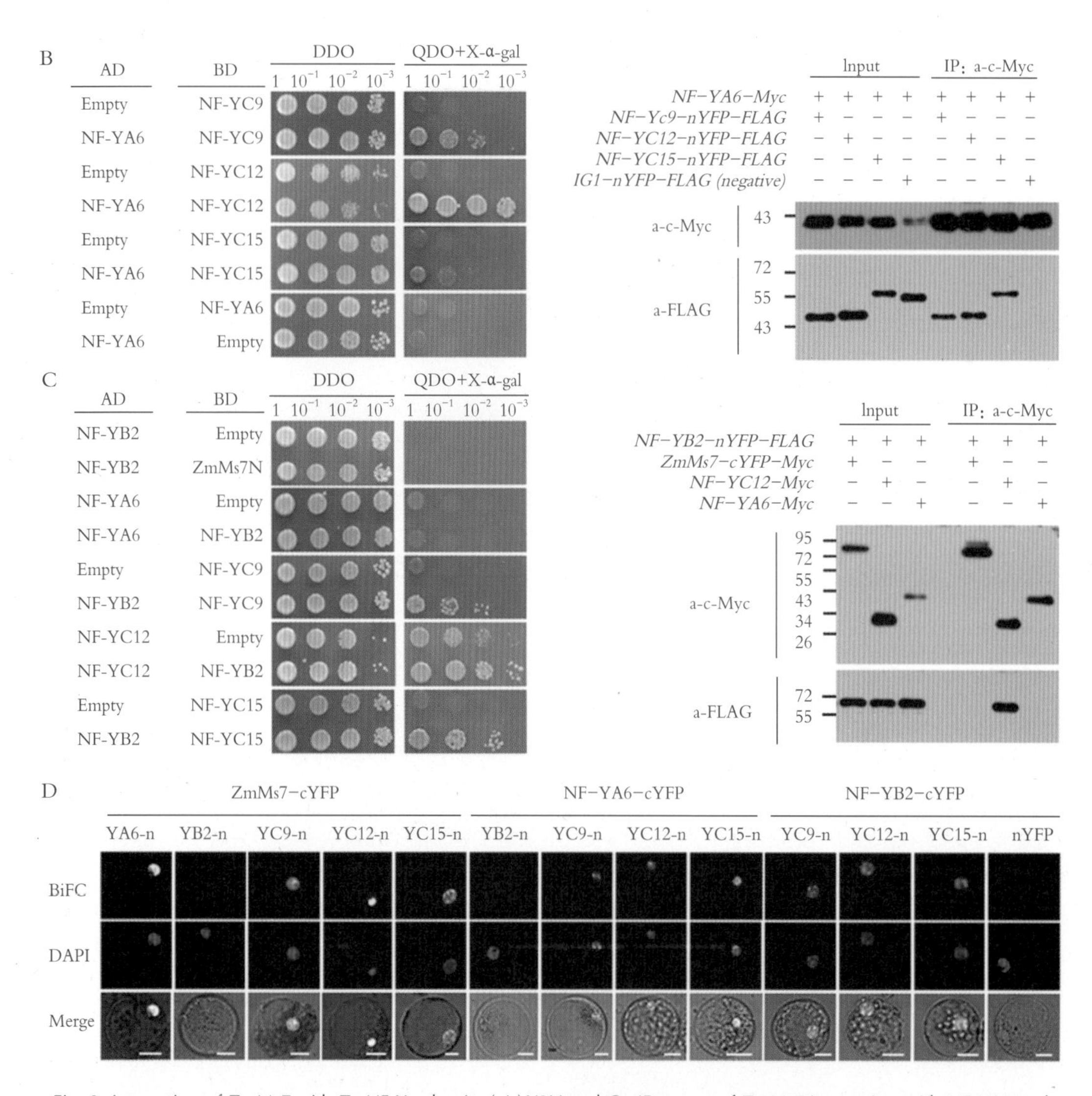

Fig. 3. Interaction of ZmMs7 with ZmNF-Y subunits. (*A*) Y2H and Co-IP assays of ZmMs7 interaction with NF-YA6 and NF-YC9/12/15. For Y2H assay , LAM and P53 were used as negative and positive controls , respectively. DDO , double dropout medium (SD-Trp-Leu) ; QDO , quadruple dropout medium (SD-Trp-Leu-His-Ade) . Co-IP assays were performed using a transient expression system in maize protoplasts ; the *nYFP-FLAG* was used as a negative control. The asterisk indicates a nonspecific band. (*B*) Y2H and Co-IP assays of NF-YA6 interaction with NF-YC9/12/15. *IG1-nYFP-FLAG* was used as a negative control. Others are as in A. (*C*) Y2H and Co-IP assays of NF-YB2 interaction with ZmMs7N , NF-YA6 , and NF-YC9/12/15. Others are as in A. (*D*) BiFC analysis of in vivo interaction between ZmMs7 , NF-YA6 , NF-YB2 , and NY-YC9/12/15 in maize protoplasts. Protein name-n indicates nYFP fusions. DAPI staining was used as a nuclear marker. The fluorescence was detected using confocal microscopy. (Scale bar , 10 μm.)

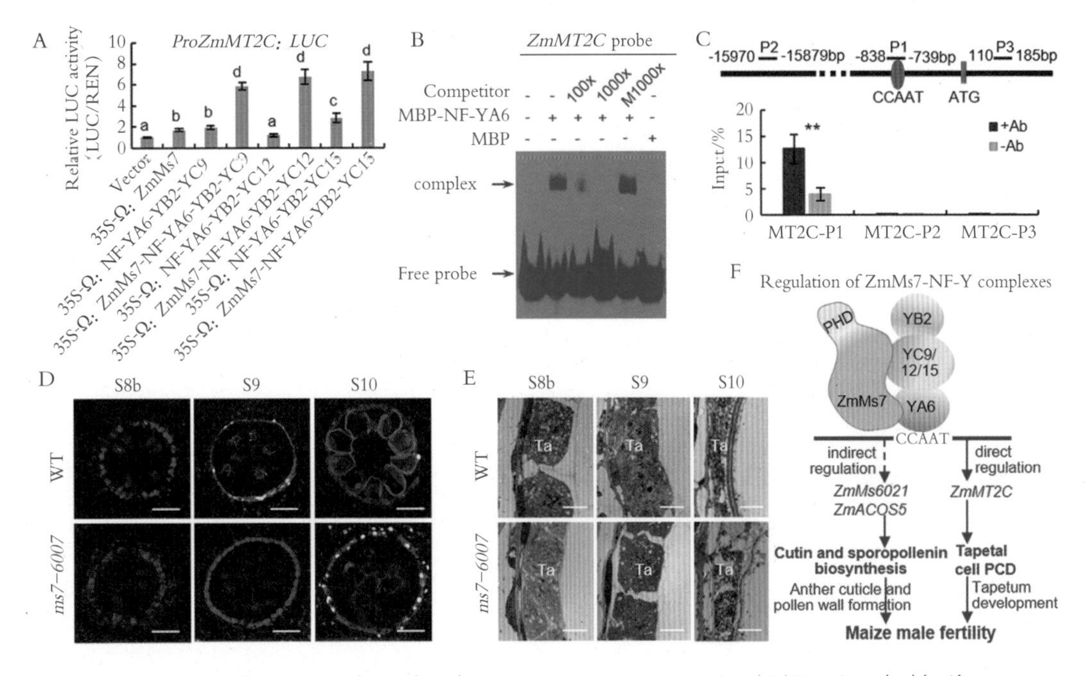

Fig. 4. ZmMs7 - NF-YA/YB/YC complexes directly activate target gene expression. (*A*) Transient dual-luciferase assay of *ZmMT2C* promoter activity activated by ZmMs7 - NF-Y complexes in maize protoplasts. Data are means ± SD , *n*=3. Different letters above each column indicate significant difference ($P < 0.01$, Student's *t*-test) . (*B*) EMSA assay of ZmNF-YA6 binding to the CCAAT box in *ZmMT2C* promoter region. (*C*) The enrichments of *ZmMT2C* promoter analyzed by ChIP-qPCR with the primer sets (P1 , P2 , and P3) , using the anther samples of *ZmMs7 - 3x Myc* transgenic maize plants. Data are means ± SD , *n*=3. +Ab , presence of anti-c-Myc antibody ; −Ab , absence of the antibody. The asterisks indicate significant difference between +Ab and −Ab ($P < 0.01$, Student's *t* test) . (*D*) Detection of DNA fragmentation by TUNEL assay in WT and *ms7-6007* anthers. (Scale bar , 50 μm.) (*E*) TEM of tapetum degeneration in WT and *ms7-6007* anthers. Ta , tapetum. (Scale bar , 10 μm.) (*F*) Model of ZmMs7 - NF YA/YB/YC complexes controlling maize male fertility through directly activating *ZmMT2C* expression and indirectly regulating cutin and sporopollenin biosynthesis-related genes such as *ZmMs6021* , *ZmLAP5* , *ZmDRL1/2* , and *ZmACOS5*.

The ZmMs7-NF-Y Complexes Directly Activate Target Gene Expression. To identify target genes of ZmMs7, we selected a set of genes with down-regulated expressions in *ms7-6007* anther, including *ZmMs6021*, *ZmIAL1*, *ZmMT2C*, *ZmAP37*, and *ZmQRT3* that are homologous to the reported GMS genes in rice and *Arabidopsis.* Among these genes, the *ZmMT2C* promoter was significantly activated by the ZmMs7 - NF-Y complexes in the transactivation assay, suggesting that *ZmMs7* in cooperation with ZmNF-YA6 - YB2 - YC9/12/15 trimers activates the *ZmMT2C* promoter in maize protoplasts (Fig. 4*A*) . Considering that ZmMT2C is potentially involved in tapetum development, we selected this gene for further testing. It was reported that NF-Y complex binds to the consensus motif CCAAT in the promoters of target genes (33) . Electrophoretic mobility shift assays (EMSA) showed that MBP-NF-YA6 can specifically bind to the CCAAT box in the promoter region of *ZmMT2C* (Fig. 4*B*) . Next, to examine whether ZmMs7 complexes can bind to the *ZmMT2C* promoter in vivo, we performed chromatin immunoprecipitation quantitative PCR (ChIP-qPCR) analysis using the anther samples of *ZmMs7* - *3xMyc* transgenic maize plants. Compared with the control probes (P2 and P3), the P1 fragment containing the CCAAT box was significantly enriched by using anti-c-Myc antibody (Fig. 4*C*), suggesting that ZmMs7 binds to the *ZmMT2C* promoter in vivo through association with the CCAAT element. Collectively, ZmMs7 - NF-Y complexes can directly activate expression of the target gene *ZmMT2C*.

Since *ZmMT2C* is a homolog of *OsMT2b* which is involved in tapetal cell PCD of rice anthers (31), we examined DNA fragmentation in WT and *ms7-6007* anthers using a terminal deoxynucleotidyl transferase-mediated dUTP nick-end labeling (TUNEL) assay. TUNEL signals began to appear at stage 9 in WT anthers, but later appeared at stage 10 in *ms7-6007* anthers, indicating that tapetal cell PCD is delayed in *ms7-6007* anthers (Fig. 4*D*). Consistent with the TUNEL results, the TEM analysis showed delayed tapetum degeneration in *ms7-6007* anthers compared with that in WT (Fig. 4*E*). Collectively, *ZmMs7* may regulate tapetal cell PCD via directly activating the expression of its target gene *ZmMT2C* and modulate anther cuticle and pollen wall formation by indirectly regulating cutin and sporopollenin biosynthesis-related genes such as *ZmMs6021*, *ZmDRL1/2*, *ZmLAP5*, *and ZmACOS5* (Fig. 4*F*).

***ms7–6007* Mutation Is Genetically Stable and Applicable for Hybrid Maize Breeding and Seed Production.** A total of 403 maize inbred lines with broad genetic diversity were used to test whether male sterility caused by *ms7-6007* mutation was stable under different maize germplasms (*SI Appendix*, Fig. S9*A* and Table S3). The 403 lines were pollinated by pollen of heterozygous plants (*ZmMs7/ms7-6007*) and then 403 F_2 populations were generated from the self-pollination of F_1 plants with the genotype of *ZmMs7/ms7-6007* based on marker-assisted selection. Among the 403 F_2 populations, 376 (93.3%) type Ⅱ populations ($0.05 < P$ values ≤ 1.0 and $1.6 <$ ratios ≤ 7.0) fitted to the 3 : 1 ratio of fertile plants to sterile plants, while six (1.5%) type I ($0 \leq P$ values < 0.05 and $1.2 <$ ratios ≤ 1.6) and 21 (5.2%) type Ⅲ populations ($0 \leq P$ values < 0.05 and $7.0 <$ ratios ≤ 42.0) showed segregation deviated from the expected 3 : 1 ratio (*SI Appendix*, Fig. S9*B* and Table S3). To justify whether the deviated segregation from 3 : 1 in the 27 type Ⅰ and Ⅲ populations may result from environmental conditions or the exogenetic fertile pollen unexpectedly participating in the selfpollination of the 27 F_1 plants, we randomly chose 4 from the 27 type Ⅰ and Ⅲ populations and performed molecular marker analysis using a *ms7-6007* mutation marker. Interestingly, we found that the male-sterility genotypes of 4 F_2 populations matched well with their corresponding sterile phenotypes (*SI Appendix*, Fig. S9*C*), indicating that male sterility of the *ms7-6007* mutation is stable in the 27 populations with deviated segregation from 3 : 1. Additionally, the tassels of sterile F_2 individuals were collected from 8 F_2 populations with different tassel shapes from those of WT and *ms7-6007* and showed complete male sterility and no anther shedding. Moreover, no pollen grain was observed in the anthers of these sterile individuals under different genetic backgrounds, which resembled the *ms7-6007* mutant (*SI Appendix*, Fig. S9*D*). Therefore, male sterility of the *ms7-6007* mutation is stable under diverse maize genetic backgrounds.

To test whether *ms7-6007* mutation affects grain yield and other agronomic traits in hybrid maize production, we randomly selected 31 elite inbred lines and took them as male parents to cross with the

ZmMs7/ZmMs7 and *ms7-6007/ms7-6007* homozygous plants, respectively. The harvested F_1 hybrids and their corresponding parental lines were grown in three locations in triplicate. Seventeen agronomic traits were investigated to compare the differences of heterosis and field production performance between each of the 31 pairs of hybrid combinations (*SI Appendix*, Table S4). The hybrids derived from *ms7-6007* and its WT as female parents showed similar field performance in the three locations (*SI Appendix*, Fig. S10). The plot yields of 13 representative pairs of hybrid combinations, and ear morphologies of 4 pairs of hybrid combinations were shown in *SI Appendix*, Figs. S11 and S12*A*, as examples. All of the hybrid combinations greatly outperformed their parents, whereas plot yields showed almost no statistical difference between pairs of the 31 hybrid combinations (*SI Appendix*, Table S4). For other important traits, such as 100-seed weight, grain number per ear, plant height, and mature period, significant differences between a few pairs of hybrid combinations were detected under only one environmental condition. Nevertheless, the change trends showed complete randomness between pairs of the 31 hybrid combinations (*SI Appendix*, Fig. S12 B-*E* and Table S4). These results demonstrated that the *ms7-6007* mutation has no obvious negative effects on maize heterosis and field production, suggesting that the *ZmMs7* gene and its mutant *ms7-6007* are applicable for hybrid maize breeding and seed production.

Premature Expression of ZmMs7Driven by an Anther-Specific Promoter *p5126* Disrupts Tapetum and Pollen Development and Results in Dominant Male Sterility in Maize. The maize anther-specific promoter *p5126* confers tapetal-specific expression at stages 7 to S8a (28) which is earlier than the expression of *ZmMs7* at stages 8b to 10. Overexpression of *ZmMs7* homologous genes, *AtMs1* and *HvMS1*, results in dominant male sterility in *Arabidopsis* and barley, respectively, indicating precise control of *AtMs1* and *HvMS1* expression is critical for male fertility in plants (22, 25). Therefore, to develop a dominant male-sterility system, we constructed the *p5126-ZmMs7M* vector containing three functional modules, i.e., *ZmMs7* expression cassette driven by p5126 to obtain a dominant male-sterility trait, the red fluorescence protein gene *mCherry* driven by the aleurone-specific *LTP2* promoter to mark the color of transgenic seeds, and the herbicide-resistant gene Bar driven by the *CaMV35S* promoter to select transgenic plants (*SI Appendix*, Fig. S13*A*). As a result, five *p5126-ZmMs7M* transgenic events (*p5126-ZmMs7M-01* to -05) showed dominant male sterility with smaller anthers and no pollen grain, whereas their vegetative development and female fertility were normal (Fig. 5*A* and *SI Appendix*, Fig. S13*B*). Due to the dominant male sterility, the *p5126-ZmMs7M* element can be genetically transmitted only through female gametes. Thus all of the transgenic lines produced nearly 50% transgenic fluorescent seeds and 50% nontransgenic normal color seeds as observed under green excitation light with different red fluorescence filters (Fig. 5*B* and *SI Appendix*, Fig. S13*B*).

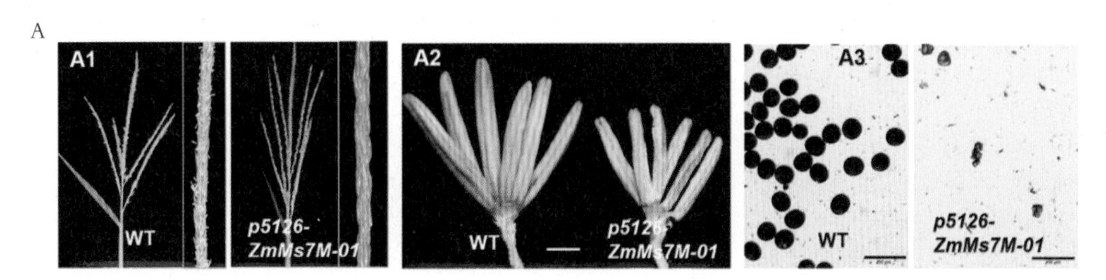

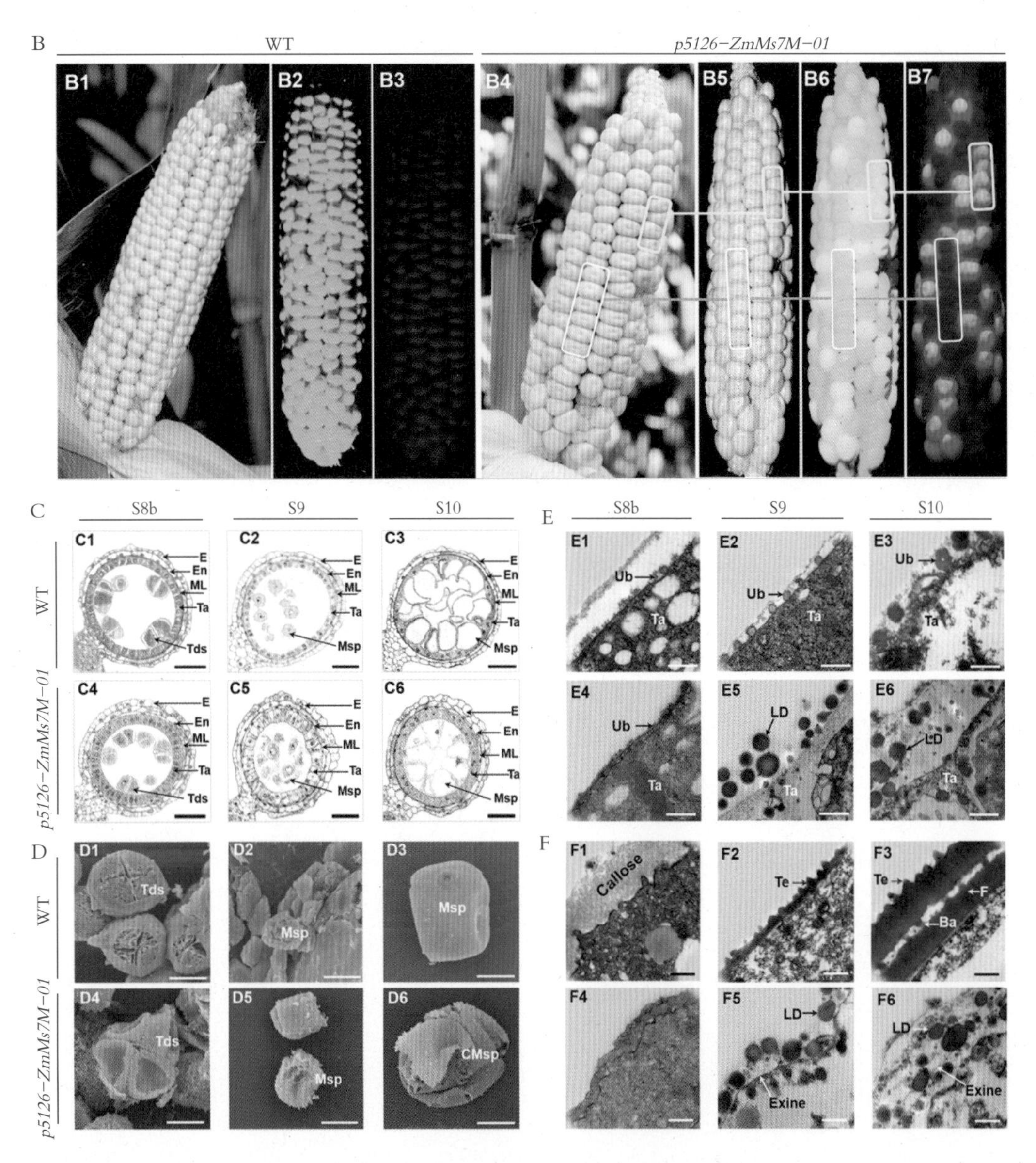

Fig. 5. Phenotypic and cytological comparison of WT and the *p5126 - ZmMs7M - 01* dominant male-sterility line. (*A*) Comparison of tassels (A1) , anthers (A2) , and pollen grains stained with I_2-KI (A3) between WT and the *p5126 - ZmMs7M* - 01 line. (Scale bars , 1 mm in A2 and 200 μm in A3.) (*B*) Comparison of ear phenotypes between WT and the *p5126 - ZmMs7M - 01* line under bright light (B1 , B4 , and B5) and green excitation light with red fluorescence filter I (GREEN.L , China) (B2 and B6) and red fluorescence filter II (NIGHTSEA , United States) (B3 and B7) . (*C*) Transverse section analysis of anthers in WT (C1 to C3) and the *p5126 - ZmMs7M - 01* line (C4 to C6) from stage 8b to 10 during maize anther development. (Scale bar , 50 μm.) (*D*) SEM analysis of microspores in WT (D1 to D3) and the *p5126 - ZmMs7M - 01* line (D4 to D6) . (Scale bar , 20 μm.) (*E*) TEM analysis of Ubisch body in WT (E1 to E3) and the *p5126 - ZmMs7M - 01* line (D4 to D6) . (Scale bar , 0.5 μm.) (*F*) TEM analysis of pollen exine in WT (F1 to F3) and the *p5126* - ZmMs7M01 line (F4 to F6) . (Scale bar , 0.5 μm.) Ba , bacula ; CMsp , collapsed microspore ; E , epidermis ; En , endothecium ; F , foot layer ; LD , lipid droplet ; ML , middle layer ; Msp , microspore ; Ta , tapetum ; Tds , tetrads ; Te , tectum ; and Ub , Ubisch body.

Microscopic analyses were conducted to explore the morphological defects of anther and pollen in the *p5126-ZmMs7M-01* line. The SEM analysis showed that the 3D knitting cuticle formed at stage 11 in both WT and *p5126-ZmMs7M-01* anthers. But it was obviously tighter and thinner in *p5126-ZmMs7M-01* anthers. On the inner surface of the *p5126-ZmMs7M-01* anther wall, lots of lipid droplets emerged evidently at stage 9, but no typical Ubisch body was observed when compared with that of WT (*SI Appendix*, Fig. S2). The transverse section analysis showed that obvious differences between WT and *p5126-ZmMs7M-01* anthers started to appear at stage 9. At this stage, abnormal tapetal cell proliferation and swelling occurred evidently in *p5126-ZmMs7M-01* anthers. At stage 10, WT tapetum showed the hill-like structures indicating the degeneration of tapetal cells, while *p5126-ZmMs7M-01* tapetum maintained a regular shape without degeneration. Anther locule of *p5126-ZmMs7M-01* line started to shrink at stage 11, and ultimately formed a similar shape with that of *ms7-6007* at stage 13 (Fig. 5*C* and *SI Appendix*, Fig. S3). Meanwhile, the SEM analysis of pollen showed that microspore mother cells, dyads, tetrads, and microspores were successively generated in *p5126-ZmMs7M-01* anthers. However, the haploid microspores sank severely in the tetrads at stage 8b, the integrity of the microspore cell wall was disrupted at stage 10, and only cell debris remained within the locule of *p5126-ZmMs7M-01* anthers from stages 11 to 13 (Fig. 5*D* and *SI Appendix*, Fig. S3). The TEM analysis showed that the obvious Ubisch bodies appeared at stage 9 and gradually enlarged from stages 10 to 13 on the inner surface of WT tapetum. However, lots of lipid droplets instead of Ubisch bodies accumulated on the inner surface of *p5126-ZmMs7M-01* tapetum from stages 9 to 11 (Fig. 5*E* and *SI Appendix*, Fig. S4). Similarly, lipid droplets were observed on the *p5126-ZmMs7M-01* microspore wall from stages 9 to 13, and no obvious exine was found when compared with that in WT (Fig. 5*F* and *SI Appendix*, Fig. S4). Taken together, premature expression of *ZmMs7* driven by *p5126* disrupts tapetum and pollen wall development, which accounts for the dominant male sterility of the *p5126-ZmMs7M-01* line.

Premature Expression of *ZmMs7* Alters Expression Patterns of Genes Required for Tapetum and Pollen Development in Maize. To investigate the molecular basis underlying the dominant male sterility, anther transcriptomes of WT and the *p5126-ZmMs7M-01* line were analyzed and compared during six developmental stages (S6 to S10) based on RNA-seq. At the six investigated stages, 62.3% (5,390/8,654) of DEGs were found to be up-regulated in *p5126-ZmMs7M-01* anthers, being consistent with the activator function of *ZmMs7*. Among the 4,474 individual DEGs identified in *p5126-ZmMs7M-01* anthers from stages 6 to 10,492 genes were overlapped with the 1,143 DEGs identified in *ms7-6007* anthers (*SI Appendix*, Fig. S14 *A-C*). The 492 shared DEGs were functionally enriched in pollen development and the exine formation process, which is consistent with the defective pollen wall phenotypes of the *p5126-ZmMs7M-01* line (Fig. 5 *C-F* and *SI Appendix*, Fig. S14*D*). Because *ZmMs7* acts as a transcriptional activator, to examine the direct effects of *ZmMs7* premature expression on its downstream targeted or regulated genes, we identified 126 shared genes that were down-regulated in *ms7-6007* anthers at all three stages (stages 8 to 10), but up-regulated in *p5126-ZmMs7M-01* anthers from stages 7 to S8b (Fig. 6*A* and *SI Appendix*, Fig. S16 and Tables S5 and

S6). The 126 genes were functionally enriched in biological processes such as cellular development, cell differentiation, lipid biosynthesis, and transmembrane transport, which are critical for development of the anther, tapetum, and pollen wall (Fig. 6*B*). To further confirm the transcriptomic results, we performed RT-qPCR analysis on six genes including *ZmMs7*, one target gene (*ZmMT2C*) regulated by ZmMs7 - NF - Y complexes, and four GMS homologous genes (*ZmAP37*, *ZmQRT3*, *ZmIAL1*, and *ZmMs6021*) (Fig. 6*C*). *ZmMs7* expression peaked at stage 9 in WT anther and at stage 8a in *p5126 - ZmMs7M* - 01 anther, showing that *ZmMs7* expression was advanced by two stages in the *p5126 - ZmMs7M - 01* line. Consistently, the expression peaks of *ZmMT2C*, *ZmAP37*, *ZmQRT3*, and *ZmMs6021* were advanced by one to two stages in the *p5126 - ZmMs7M - 01* line. The transcript level of *ZmIAL1* was obviously elevated from stages 8b to 10 in the *p5126 - ZmMs7M - 01* line (Fig. 6*C*). Collectively, the premature expression of *ZmMs7* driven by p*5126* altered expression patterns of genes involved in tapetum and pollen development, which likely led to the dominant male sterility of *p5126 - ZmMs7M* lines.

Construction of a Dominant Male-Sterility System Based on the Conserved Function of *p5126–ZmMs7* in Maize, Rice, and *Arabidopsis*. Functions of *ZmMs7* and its orthologs have been found to be conserved in *Arabidopsis*, maize, rice, and barley (13, 19, 24, 25). This prompted us to further test whether premature expression of *ZmMs7* can induce similar dominant male sterility in other plant species. Firstly, the plasmid of *p5126 - ZmMs7M* was transformed into rice. The obtained four T_0 transgenic rice lines exhibited normal vegetative growth and spikelet morphology, but their anthers were smaller and whitish, lacking viable pollen grains (Fig. 7*A*), indicating that the *p5126 - ZmMs7M* element causes dominant male sterility in rice. The transgenic element can be transmitted through the female gamete when pollinated by WT pollen, and the harvested panicles contained about 50% of T_1 fluorescent seeds with a hemizygous transgenic genotype (*p5126 - ZmMs7M/ -*) and 50% T_1 normal color seeds without the transgene (Fig. 7*A*). Secondly, the plasmid *p5126 - ZmMs7 - myc* was introduced into *Arabidopsis.* The obtained three T_1 transgenic events developed as WT except that their siliques were stunted and failed to set seeds (Fig. 7*B*). Abundant pollen grains were observed on WT stigma after anther dehiscence. In contrast, the anthers of the three transgenic *Arabidopsis* plants became brown and had few pollen grains without germination ability (Fig. 7*B*). Taken together, the dominant male sterility induced by premature expression of *ZmMs7* is conserved in both monocot (e.g., maize and rice) and dicot (e.g., *Arabidopsis*). This type of biotechnology-based male sterility is thus proposed as a DMS system in plants. The detailed strategy is shown in *SI Appendix*, Fig. S13*C* using maize as an example.

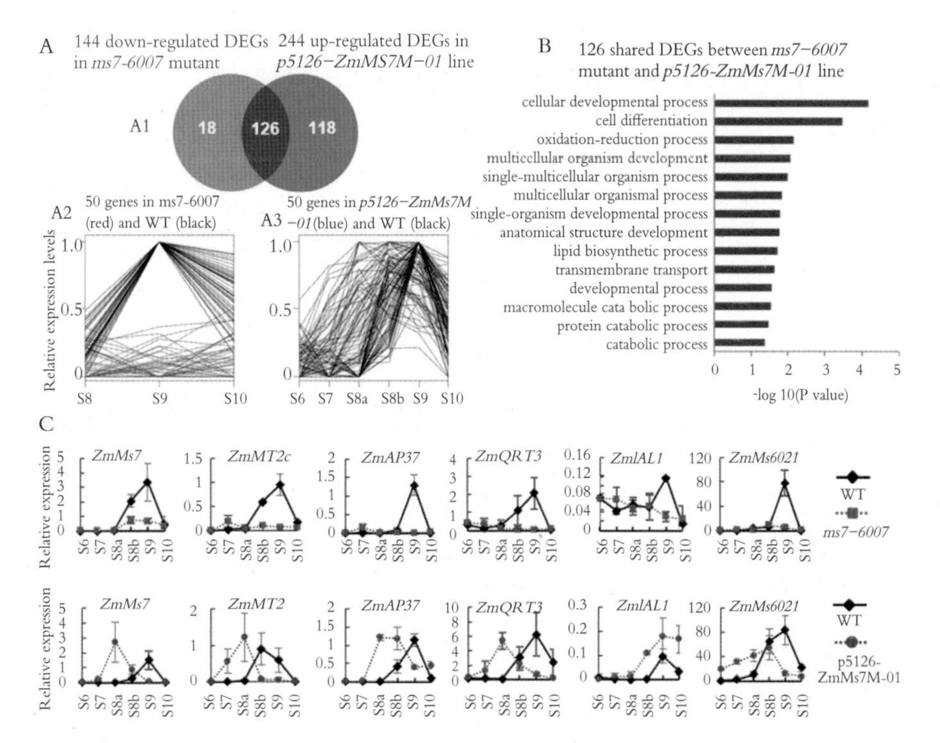

Fig. 6. *p5126* promoter drives premature expression of *ZmMs7* - activated genes and results in the dominant male-sterility phenotype of the *p5126 - ZmMs7M - 01* line. (*A*) The 126 shared DEGs between 144 down-regulated DEGs in the *ms7-6007* mutant and 244 up regulated DEGs in the *p5126 - ZmMs7M - 01* line (A1). The expression patterns of the 50 representative genes in anther transcriptomes of *ms7–6007* mutant at stages 8 to 9 (A2) and in the *p5126 - ZmMs7M - 01* line at stages 6 to 10 (A3) are shown , respectively. (*B*) Gene ontology enrichment analysis of the 126 shared genes. (*C*) RT-qPCR analysis of *ZmMs7* and five putative activated genes in WT , *ms7-6007* , and the *p5126 - ZmMs7M - 01* line anthers at stages 6 to 10.

Additionally, the stability of dominant male sterility caused by premature expression of *ZmMs7* was evaluated by crossing the *p5126 - ZmMs7M - 01* line with 392 maize inbred lines with broad genetic diversity (*SI Appendix*, Fig. S15*A* and Table S7) . Then the fluorescent and normal color seeds in each of 392 F_1 populations were manually sorted out and grown separately. All plants exhibited normal vegetative growth and female fertility. Plants from normal color seeds in all of the 392 F_1 populations were male fertile, while plants from fluorescent seeds of 391 F_1 populations were male sterile without exerted anthers and pollen grain (*SI Appendix*, Fig. S15 *B - D*) . One exception was that plants from fluorescent seeds of the C460 F_1 population showed male fertility, and the reason may be that the transgenic element *p5126 - ZmMs7M* was disrupted or silenced in the C460 line. Nevertheless, the dominant male sterility induced by *p5126 - ZmMs7M* is relatively stable under different maize genetic backgrounds.

Discussion

In this study, we investigated molecular regulation by ZmMs7 required for maize male fertility and hereby developed a DMS system. ZmMs7 acts as a transcriptional activator and interacts with ZmNF-Y

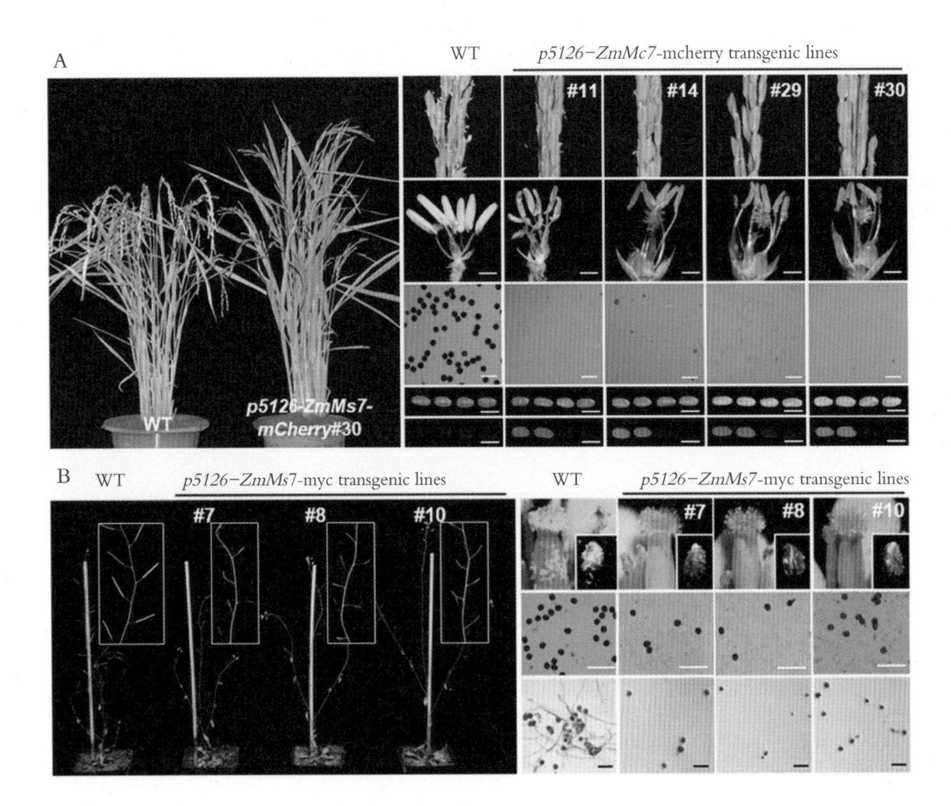

Fig. 7. Dominant male-sterility phenotype of *p5126 - ZmMs7* transgenic rice and Arabidopsis plants. (*A*) Four rice transgenic plants expressing *p5126 - ZmMs7 - mCherry* show complete male-sterility phenotypes. Comparison of whole plants after heading , panicles at anthesis , anthers (Scale bars , 1 mm.) , pollen grains with I_2-KI staining (Scale bars , 100 μm.) , and seeds under bright field and a red fluorescence filter (Scale bars , 0.5 cm.) among WT and four *p5126 - ZmMs7* transgenic lines. (*B*) Three *Arabidopsis* plants expressing *p5126 - ZmMs7 - myc* show complete male sterility of pollen grains. Comparison of siliques , the surface of stigmas and anthers , pollen grains stained with I_2-KI and pollen germination among WT and three transgenic lines. (Scale bars , 100 μm.) The numbers in *A* and *B* indicate different independent transgenic events.

subunits to form multiprotein complexes which are capable of activating downstream genes directly. Most interestingly, premature expression of *ZmMs7* driven by *p5126* altered the expression patterns of a series of genes involved in tapetum and pollen development and thus led to dominant male sterility in maize. As *ZmMs7* is a key regulator of anther and pollen development, and the regulatory pathways by *ZmMs7* orthologs are conserved among different plant species, we successfully developed an applicable DMS system by using the *p5126 - ZmMs7* transgenic element in maize, rice, and *Arabidopsis.*

ZmMs7 orthologs have been identified in several plant species, including *AtMs1* (19 - 22), *OsMs1/OsPTC1* (23, 24, 31), and *HvMs1* (25) . Nevertheless, the precise molecular mechanisms and direct target genes of these TFs remain largely unknown. Here, Y2H, Co-IP, and BiFC assays revealed that ZmMs7 can interact with ZmNF-Y subunits to form three ZmMs7 - NF-YA6 - YB2 - YC9/12/15 complexes, suggesting that ZmMs7 achieves its transcriptional regulatory function through interaction with other TFs. The NF-Y heterotrimeric TFs are found in all eukaryotes. In plants, NF-Y subunits interact with various types of transcriptional regulators to form multiple kinds of complexes, thereby regulating individual biological processes (35 – 38) . Here we identified a PHD-type TF as a NF-Y interactor though the domain of ZmMs7 required for association with the NF-Ys need to be further defined. PHD finger proteins are versatile epigenome readers that activate or repress gene expression through recruitments of multiprotein complexes of TFs and chromatin regulators (39) . Many PHD finger proteins bind to histone H3 tails with trimethylated lysine 4 (H3K4me3), which is a transcription activation mark (40) . We speculate that the fundamental function of ZmMs7 may be recognizing epigenetic marks (e.g., H3K4me3) on its target genes. ZmMs7 may then recruit NF-Y subunits to form multiprotein complexes that activate target gene expression. Notably, we cannot rule out the possibility of ZmMs7 interacting with TFs other than the NF-Y subunits. Logically, ZmMs7 may recruit different interactors when regulating different types of genes. Anyway, elucidating the epigenetic reader role and identifying more interaction partners will help to fully understand the regulatory mechanisms of *ZmMs7* and its homologous genes in plants.

Premature expression of *ZmMs7* in maize driven by *p5126* led to dominant male sterility with completely aborted pollen formation. Unlike most of male-sterility mutants, almost no exine structure was detected on the microspore surface in the *p5126 – ZmMs7M – 01* line, and instead only irregular deposition of lipid droplets was observed. The severely defective pollen wall is a main feature of the dominant male sterility in the *p5126 – ZmMs7M – 01* line. A wide range of genes potentially involved in tapetum development and pollen exine formation displayed altered expression patterns in the *p5126 – ZmMs7M – 01* line. Anther development is a complicated and tightly controlled biological process. Obviously, the disturbance on gene networks responsible for tapetum and pollen development by the *p5126 – ZmMs7* element is the molecular basis underlying the dominant male sterility. Given that the regulatory systems by *ZmMs7* and its orthologs are conserved in plants (13, 20, 24, 25), the dominant male sterility of *p5126 – ZmMs7* transgenic rice and *Arabidopsis* plants may be caused by similar molecular mechanisms.

Crop heterosis utilization requires preventing self-pollination of the female inbred parents. It is well known that male sterility is the most effective way to ensure cross-pollination and produce pure hybrid seeds (2, 41, 42) . The *ZmMs7* gene and its mutant *ms7-6007* have been reported to develop the multi-control sterility system in our laboratory, and the system can be used to maintain and propagate maize recessive male-sterility lines and has several advantages as described (13), e.g., no transgenic element in male-sterility lines and hybrid seeds. Here, we tested genetic stability of the *ms7-6007* male-sterility lines and found that among 403 F_2 populations, 6 (1.5%) type I ($0 \leqslant P$ values < 0.05 and $1.2 <$ ratios $\leqslant 1.6$) and 21 (5.2%) type Ⅲ ($0 \leqslant P$ values < 0.05 and $7.0 <$ ratios $\leqslant 42.0$) populations showed segregation deviated from the expected 3 : 1 ratio. For the 21 type III populations with the fertile/sterile ratios far more than 3 : 1, the reason may be that exogenetic fertile pollen unexpectedly participates in the self-pollination of F_1 plants. The only 1.5% type Ⅰ F_2 populations showed the fertile/sterile ratios significantly less than 3 : 1, possibly due to the smaller sample amount of the investigated F_2 individuals (35 to 49 plants) or environmental conditions. Nevertheless, the genotypes of the two types of

F_2 individuals completely matched with their corresponding phenotypes (*SI Appendix*, Fig. S9 and Table S3). Therefore, the *ms7-6007* male sterility is fairly stable under different maize genetic backgrounds. In addition, we investigated the effects of *ms7-6007* mutation on grain yield and other agronomic traits in hybrid maize production, and found that *ms7-6007* mutation has no obvious negative effects on maize heterosis and field production. Taken together, based on the developed multi-control sterility system (13), the *ZmMs7* gene and its mutant *ms7-6007* are applicable for hybrid maize breeding and seed production. On the other hand, we developed the *p5126 - ZmMs7M*-based DMS system to create dominant male-sterility lines in maize and rice and found that genetic stability of the *p5126 - ZmMs7M* malesterility lines is relatively high under different maize genetic backgrounds (*SI Appendix*, Fig. S15 and Table S7). Notably, the two different male-sterility systems (multi-control sterility and DMS) are developed by using the same gene *ZmMs7* with different maize promoters and molecular mechanisms underlying male sterility. For the multi-control sterility system, loss of function of *ZmMs7* that encodes a transcriptional activator inactivates its regulated downstream genes related to cutin biosynthesis and tapetal cell PCD, thus causing the delayed tapetal degeneration, abnormal Ubisch body development, and pollen wall formation, and ultimately leads to complete male sterility of the *ms7-6007* mutant. Only plants with the homozygous mutation genotype (*ms7-6007/ms7-6007*) display complete male-sterility phenotypes, and thus are named as recessive male-sterility lines. However, for the DMS system, premature expression of *ZmMs7* driven by p*5126* induces the altered expression patterns (i.e., early and high expressions) of a wide range of genes potentially involved in tapetum development and pollen exine formation, and thus results in complete male sterility of the *p5126 - ZmMs7M* lines. Plants with the hemizygous genotype (*p5126-ZmMs7M/-//ZmMs7/ZmMs7*) show complete male-sterility phenotypes but female fertility and normal vegetative growth, and thus are named as dominant male-sterility lines.

The DMS system produces two types of F_1 hybrid seeds, i.e., the red fluorescent transgenic dominant male-sterility seeds (DMS hybrid seeds) and normal color nontransgenic male-fertility seeds (*SI Appendix*, Fig. S13*C*). For cross-pollinated plants such as maize, sunflower, and *Brassica campestris* L., the two types of F_1 hybrid seeds can be flexibly used for crop field production in different countries. For example, in some countries where planting transgenic crops is prohibited, the nontransgenic male-fertility hybrid seeds can be sorted out and planted in the field, while in other countries where transgenic crops are allowed to grow, both of the two types of F_1 hybrid seeds can be mixed up and planted. Although 50% DMS transgenic dominant male-sterility F_1 plants are male sterile, the other 50% nontransgenic male-fertility F_1 sibling plants can provide enough pollen grains to pollinate the male sterile F_1 plants and ensure no impact on the field yield as reported previously (17). On the other hand, for self-pollinated plants such as rice, sorghum, and millet, the nearly 50% nontransgenic male-fertility hybrid seeds can be sorted out and grown in the field. Compared with the CMS and other biotechnology-based male-sterility systems, the DMS system has several potential advantages. First, relative to the CMS system, the DMS lines are created by using premature expression of a single gene *ZmMs7* and show the high stability of male sterility under different genetic backgrounds. Second, compared with the seed production technology and multi-control sterility systems (12 - 14), the DMS system is not limited by the lack of GMS mutants and fertility restorer genes in many crops. Third, compared with the Barnase/

Barstar system (2, 43, 44), the DMS system utilizes a plant endogenous gene (*ZmMs7*) and promoter (*p5126*) to generate male sterile lines, which has no ethical problems. Together, the DMS system is a simple, costeffective, and multiple-crop applicable biotechnology.

Materials and Methods

The *ms7-6007* mutant (No. 712AA) was sourced from the Maize Genetics Cooperation Stock Center (maizecoop.cropsci.illinois.edu). Methodological details of plant growth, male-sterility stability analysis, cytological observation, RNA-seq, lipidomic analysis, gene expression analysis, dual-luciferase assay, subcellular localization, protein-protein interaction, and protein- DNA interaction assays are described in *SI Appendix*, *Supplemental Materials and Methods.* The primers used in this study are listed in *SI Appendix*, Table S8.

Data Availability. A complete set of RNA-seq raw data has been deposited in the National Center for Biotechnology Information (NCBI) Gene Expression Omnibus (GEO) database (accession no. PRJNA637676). RNA-seq data in *ms7-6007* and WT anther transcriptomes as well as *p5126-ZmMs7M-01* and WT anther transcriptomes are listed in *SI Appendix*, Tables S1, S5, and S6. Genotypic data of 3,072 SNP markers in 403 and 392 maize inbred lines used for male-sterility stability analysis of *ms7-6007* and *p5126-ZmMs7M-01*, respectively, are listed in *SI Appendix*, Tables S3 and S7. Lipidomic data of WT and *ms7-6007* anthers are listed in *SI Appendix*, Table S2. Phenotypic data of the investigated 17 agronomic traits for testing the effects of the ms*7-6007* mutation on maize heterosis and field production are listed in *SI Appendix*, Table S4.

ACKNOWLEDGMENTS. The National Key Research and Development Program of China (2018YFD0100806, 2017YFD0100304, 2017YFD0102001, and 2017YFD0101201), the National Natural Science Foundation of China (31900610, 31971958, 31771875, and 31871702), the Fundamental Research Funds for the Central Universities of China (06500136), and the Beijing Science and Technology Plan Program (Z191100004019005) supported this work.

References

1. M. Tester, P. Langridge, Breeding technologies to increase crop production in a changing world. *Science* 327, 818-822 (2010).

2. X. Wan *et al.*, Maize genic male-sterility genes and their applications in hybrid breeding: Progress and perspectives. *Mol. Plant* 12, 321-342 (2019).

3. L. Chen, Y.G. Liu, Male sterility and fertility restoration in crops. *Annu. Rev. Plant Biol.* 65, 579-

606 (2014).

4. Y.-J. Kim, D. Zhang, Molecular control of male fertility for crop hybrid breeding. *Trends Plant Sci.* 23, 53-65 (2018).

5. S. H. Cheng, J. Y. Zhuang, Y. Y. Fan, J. H. Du, L. Y. Cao, Progress in research and development on hybrid rice: A super-domesticate in China. *Ann. Bot.* 100, 959-966 (2007).

6. J.-Z. Huang, Z. G. E, H. L. Zhang, Q. Y. Shu, Workable male sterility systems for hybrid rice: Genetics, biochemistry, molecular biology, and utilization. *Rice* (N. Y.) 7, 13 (2014).

7. M.-E. Williams, Genetic engineering for pollination control. *Trends Biotechnol.* 13, 344-349 (1995).

8. L. Yuan, Purification and production of founda-tion seed of rice PGMS and TGMS lines. *Hybrid Rice* 6, 1-3 (1994).

9. Z.-A. Wilson, D. B. Zhang, From *Arabidopsis* to rice: Pathways in pollen development. *J. Exp. Bot.* 60, 1479-1492 (2009).

10. J. Shi, M. Cui, L. Yang, Y. J. Kim, D. Zhang, Genetic and biochemical mechanisms of pollen wall development. *Trends Plant Sci.* 20, 741-753 (2015).

11. X. Wan, S. Wu, Z. Li, X. An, Y. Tian, Lipid metabolism: Critical roles in male fertility and other aspects of reproductive development in plants. *Mol. Plant* 13, 955-983 (2020).

12. Y. Wu *et al.*, Development of a novel recessive genetic male sterility system for hybrid seed production in maize and other cross-pollinating crops. *Plant Biotechnol. J.* 14, 1046-1054 (2016).

13. D. Zhang *et al.*, Construction of a multicontrol sterility system for a maize male-sterile line and hybrid seed production based on the *ZmMs7* gene encoding a PHD-finger transcription factor. *Plant Biotechnol. J.* 16, 459-471 (2018).

14. X. An *et al.*, *ZmMs30* encoding a novel GDSL lipase is essential for male fertility and valuable for hybrid breeding in maize. *Mol. Plant* 12, 343-359 (2019).

15. T. Zhu *et al.*, Genome-wide analysis of maize GPAT gene family and cytological characterization and breeding application of *ZmMs33/ZmGPAT6* gene. *Theor. Appl. Genet.* 132, 2137-2154 (2019).

16. Z. Chang *et al.*, Construction of a male sterility system for hybrid rice breeding and seed production using a nuclear male sterility gene. *Proc. Natl. Acad. Sci. U. S. A.* 113, 14145-14150 (2016).

17. T. Fox *et al.*, A single point mutation in *Ms44* results in dominant male sterility and improves nitrogen use efficiency in maize. *Plant Biotechnol. J.* 15, 942-952 (2017).

18. H. Wang, X. W. Deng, Development of the "third-generation" hybrid rice in China. *Genomics Proteomics Bioinformatics* 16, 393-396 (2018).

19. Z.-A. Wilson, S. M. Morroll, J. Dawson, R. Swarup, P. J. Tighe, The *Arabidopsis MALE STERILITY1* (*MS1*) gene is a transcriptional regulator of male gametogenesis, with homology to the PHD-finger family of transcription factors. *Plant J.* 28, 27-39 (2001).

20. T. Ito *et al*, *Arabidopsis* MALE STERILITY1 encodes a PHD-type transcription factor and regulates pollen and tapetum development. *Plant Cell* 19, 3549-3562 (2007).

21. T. Ito, K. Shinozaki, The *MALE STERILITY1* gene of *Arabidopsis*, encoding a nuclear protein with a PHD-finger motif, is expressed in tapetal cells and is required for pollen maturation. *Plant Cell Physiol.* 43, 1285-1292 (2002).

22. C. Yang, G. Vizcay-Barrena, K. Conner, Z. A. Wilson, MALE STERILITY1 is required for tapetal development and pollen wall biosynthesis. *Plant Cell* 19, 3530 - 3548 (2007).

23. Z. Yang *et al.*, *OsMS*1 functions as a transcri-ptional activator to regulate programmed tapetum development and pollen exine formation in rice. *Plant Mol. Biol.* 99, 175 - 191 (2019).

24. H. Li *et al.*, PERSISTENT TAPETAL CELL1 encodes a PHD-finger protein that is required for tapetal cell death and pollen development in rice. *Plant Physiol.* 156, 615 - 630 (2011).

25. J. Fernάndez Gómez, Z. A. Wilson, A barley PHD finger transcription factor that confers male sterility by aff ecting tapetal development. *Plant Biotechnol. J.* 12, 765 - 777 (2014).

26. G. Vizcay-Barrena, Z. A. Wilson, Altered tapetal PCD and pollen wall development in the *Arabidopsis ms1* mutant. *J. Exp. Bot.* 57, 2709 - 2717 (2006).

27. K. Hiratsu, K. Matsui, T. Koyama, M. Ohme-Takagi, Dominant repression of target genes by chimeric repressors that include the EAR motif, a repression domain, in *Arabidopsis. Plant J.* 34, 733 - 739 (2003).

28. A.-M. Cigan *et al.*, Phenotypic complemen-tation of *ms45* maize requires tapetal expression of MS45. *Sex. Plant Reprod.* 14, 135 - 142 (2001).

29. M.-M. Evans, The indeterminate gameto-phyte1 gene of maize encodes a LOB domain protein required for embryo Sac and leaf development. *Plant Cell* 19, 46 - 62 (2007).

30. G.-L. Nan et al., MS23, a master basic helix-loop-helix factor, regulates the specification and development of the tapetum in maize. *Development* 144, 163 - 172 (2017).

31. J. Yi *et al.*, Defective tapetum cell death 1 (DTC1) regulates ROS Levels by binding to metallothionein during tapetum degeneration. *Plant Physiol.* 170, 1611 - 1623 (2016).

32. N. Niu *et al.*, EAT1 promotes tapetal cell death by regulating aspartic proteases during male reproductive development in rice. *Nat. Commun.* 4, 1445 (2013).

33. Z.-A. Myers, B.-F. Holt 3rd, NUCLEAR FACTOR-Y: Still complex after all these years? *Curr. Opin. Plant Biol.* 45, 96 - 102 (2018).

34. Z. Zhang, X. Li, C. Zhang, H. Zou, Z. Wu, Isolation, structural analysis, and expression characteristics of the maize nuclear factor Y gene families. *Biochem. Biophys. Res. Commun.* 478, 752 - 758 (2016).

35. H. Zhao *et al.*, The *Arabidopsis thaliana* nuclear factor Y transcription factors. *Front Plant Sci* 7, 2045 (2017).

36. S. Das, S. K. Parida, P. Agarwal, A. K. Tyagi, Transcription factor OsNF-YB9 regulates reproduc-tive growth and development in rice. *Planta* 250, 1849 - 1865 (2019).

37. K. Hwang, H. Susila, Z. Nasim, J. Y. Jung, J. H. Ahn, *Arabidopsis* ABF3 and ABF4 transcription factors Act with the NF-YC complex to regulate SOC1 expression and mediate drought-accelerated flowering. *Mol. Plant* 12, 489 - 505 (2019).

38. B. K. Bello *et al.*, NF-YB1-YC12-bHLH144 complex directly activates *Wx* to regulate grain quality in rice (*Oryza sativa* L.). *Plant Biotechnol. J.* 17, 1222 - 1235 (2019).

39. R. Sanchez, M.-M. Zhou, The PHD finger: A versatile epigenome reader. *Trends Biochem. Sci.* 36, 364 - 372 (2011).

40. J. Gatchalian, "PHD fingers as histone readers"

in *Histone Recognition*, Z.-Z. Zhou, Ed. (Springer, 2015), pp. 27 - 47.

41. E. Perez-Prat, M. M. van Lookeren Campagne, Hybrid seed production and the challenge of propagating male sterile plants. *Trends Plant Sci.* 7, 199 - 203 (2002).

42. K. Kempe, M. Gils, Pollination control technologies for hybrid breeding. *Mol. Breed.* 27, 417 - 437 (2011).

43. C. Mariani *et al.*, Induction of male sterility in plants by a chimaeric ribonuclease gene. *Nature* 347, 737 - 741 (1990).

44. C. Mariani *et al.*, A chimaeric ribonuclease-inhibitor gene restores fertility to male sterile plants. *Nature* 357, 384 - 387 (1992).

作者：Xueli An[#] Biao Ma[#] Meijuan Duan[#] Zhenying Dong[#] Ruogu Liu Dingyang Yuan Quancan Hou Suowei Wu Danfeng Zhang Dongcheng Liu Dong Yu Yuwen Zhang Ke Xie Taotao Zhu Ziwen Li Simiao Zhang Youhui Tian Chang Liu Jinping Li Longping Yuan[*] Xiangyuan Wan[*]

注：本文发表于 *Proceedings of the National Academy of Sciences of the United States of America* 2020 年第 117 卷第 38 期。

基因组学方法用于水稻种质资源实质派生的检测结果和应用讨论

【摘　要】我国水稻育种中存在亲本品种高度雷同的问题，一定程度上挫伤了育种创新的积极性。本研究探讨了利用针对动物群体遗传学开发的相同起源基因比较的特性分值（identity score,IS）方法，对6个主流的两系法水稻杂交种雄性不育系亲本和“农垦58”常规稻种子（农垦58S天然突变的出发材料）进行基因组相似度精确定量分析。研究表明，比起现行的基于简单重复序列（simple sequence repeat,SSR）分子标记的水稻品种真实性鉴定的国家行业标准NYT 1433-2007,IS方法作为精准鉴定水稻实质派生品种的技术手段，在覆盖度和准确度方面具有明显优势。本方法鉴定出的一对实质派生不育系，在使用SSR标记检验时，明显具有高度的多态性，表明SSR标记对水稻品种鉴定具有局限性，无法实现精准区分。同时，本文对将IS分析作为推进水稻育种技术提高的潜在应用方向也进行了讨论。

【关键词】水稻；相似度；实质派生品种；特性分值；阈值

农业部门的管理者早就注意到我国水稻育种存在遗传基础狭窄、种质资源利用水平不高、育成品种大多在同一水平上重复、原始育种创新积极性不够、企业参与育种创新动力不足等问题[1，2]。企业代表也认为，目前我国植物新品种保护制度存在缺陷，特别是缺乏限制实质性派生品种（essentially derived variety，EDV）的保护制度。北京某知名种业公司分析认为，现行条例法律位阶低，不利于品种权全面、有效保护，不适应国际形势，缺乏保护措施和执法依据，建议将条例调整为法，有助于防止发达国家控制发展中国家的农业遗传资源，遏制国外育种家对国内育种家的侵权[3]。

2019年2月1日，农业农村部发布通知，启动了《中华人民共和国植物新品种保护条例》修订工作，明确提出要建立实质性派生品种制度，限制修饰性育种的商业行为，征求意见稿鼓励原始创新，正式面向全国征集对《条例修订草案》和植物新品种的实质派生特性鉴定的反馈意见。

此决定对于我国种业无疑是一件大事，定会推动重构水稻育种和水稻种业的版图。我国现阶段玉米、马铃薯和花卉的大多数推广品种都含有来自国外种质的血缘，而根据实质性派生品种制度的要求，我国在引入国外优良育种资源时要购买相应专利或品种使用权，对于玉米等作物的育种创新无疑会增加运营成本和难度。

显然，不推进派生品种的管理对育种和作物种植业的伤害非常严重。以水稻为例，唐力等[4]分析了原始品种遗传资源对中国水稻生产的经济影响。结果表明，1999—2009 年中国原始品种遗传资源对水稻生产平均遗传贡献仅为 0.25，原始品种遗传单一性并未呈逐渐增强趋势，并且原始品种遗传资源对水稻改良的遗传贡献每增加 1%，水稻单产将提高 1.6%。因此本文呼吁重视原始创新与有效运用。

鉴于我国的杂交水稻在国际种业界处于技术和资源输出的有利位置，如何提升技术手段，防止和阻退技术进口国的 EDV，也是我国必须要从战略层面重视的问题。同时，也必须认识到，限制水稻 EDV 可能会暂时影响目前经营利润主要来自生产和出售 EDV 品种的利益团体，但是却更加有利地提振我国的水稻育种总体创新能力和技术含量，有利于将我国占据优势的水稻育种业做大做强。因此，本文认为，国家管理部门可以对不同的作物区别对待，以水稻作为试点，先行开展水稻 EDV 鉴定工作。

实质性派生品种（EDV），也叫作实质派生品种。国际种子联盟（International Seed Federation，ISF）1991 年的“国际植物新品种保护联盟（International Union for the Protection of New Varieties of Plants，UPOV）”公约版本第 14 条规定：当一个品种符合下面三个条件，即可认定为 EDV。这三个条件是：（i）该品种主要是从一个原始品种派生出来，或者从一个本身也是派生品种的品种派生而来；（ii）该品种与原始品种具有可以分辨的某些特性；（iii）除了这些刻意获得的派生过程中的区别，派生品种与原始品种其余特性的基因型和各种性状基因型的组合本质上是一致的。UPOV1991 的另一个新规定就是实质性派生品种保护规则，即“EDV 保护规则”，强调对原始育种人的利益保护，从而阻断或减少植物育种创新中剽窃、投机取巧培育 EDV 的行为[5, 6]，但是实质上并没有带来遗传增益（genetic gain）的年度累积增加等。该方向文献丰富，但限于篇幅本文只列中国和国际的该方向的两篇综述[7, 8]。

对于我国水稻育种而言，EDV 是一个全新的概念。UPOV 的定义多关注于法律文字方面的表述，而关键的细节，如不同作物判定是否为 EDV 的阈值标准是什么？用什么样的技术作 EDV 鉴定等都没有明确界定。国际种业界在具体操作方面面临着商讨和制定不同作物的阈值标准时，大公司要求标准从严（比如玉米 EDV 的鉴定阈值被建议设定为高于或等于 90% 的基因组相似度就可判定为 EDV[9]），小公司要求标准放宽的争议。而且具体到鉴定技术上，不同作物使用的技术不同，从简单重复序列（simple sequence repeat，SSR）、随机扩增多态性 DNA（random amplified polymorphic DNA，RAPD）到基因芯片等都在使用。目前在鉴定技术方面还不是很完善[10]。

我国有近 7 万份水稻种质资源[11]，由于缺少准确的品种相似度定量手段，材料的独特性仍缺乏分子和基因组学方面的研究，研究利用深度有待加强。本文利用 6 个水稻两系法不育系和 1 个作为本研究方法质量判断内控参考的、已知实质派生品种来源的原始品种作为实验材料，针对水稻品种 EDV 的精确鉴定技术作了创新性质的探讨。本文的研究表明，基于动物遗传开发的特性分值（identity scores，IS）分析，利用全基因组单核苷酸多态性 SNP（single nucleotide polymorphism）作为比对水稻品种间相似度的思路是可行的，比现行水稻品种的真实性鉴定的国家标准具有更加广泛的基因组覆盖度，而且没有 SSR 倾向于非基因编码区的特点。本文还对与之相关的判定涉嫌的水稻是否属于 EDV 的基因组相似度阈值提出了建议标准。

1　实验材料与方法

本研究 7 个样品是农垦 58（NK58）、农垦 58S（NK58S）、准 S（ZHS）、安农 S-1（ANS-1）、Y58S（Y58S）、培矮 64S（PA64S）和深 08S（SH08S）。材料中的农垦 58S、准 S、安农 S-1、Y58S、培矮 64S、深 08S 六份资源是两系法杂交水稻育种过程中比较主流的雄性不育系。其中，农垦 58S 是世界上第一个粳型光温敏不育系；安农 S-1 是湖南杂交水稻研究中心选育的世界上第一个籼稻光温敏不育系；培矮 64S、Y58S 和准 S 由湖南省农业科学院选育，并且在水稻两系法杂交种生产中发挥重要作用；深 08S 由国家杂交水稻工程技术研究中心清华深圳龙岗研究所选育。农垦 58 常规稻是作为农垦 58S 天然突变来源的、从日本引进的原初供体品种。

1.1　文库构建、测序和质控

各品种种子在常温下催芽，待芽长 5 cm 左右时，剪取叶片组织提取 DNA，分别构建 350 bp，2K，5K 文库，进行 Illumina PE150（天津诺禾致源科技有限公司，天津）测序，测序深度为 >100X，然后进行基因组组装和变异检测。选取 1.5 μg 的 DNA 使用 Covaris 超声波破碎仪（WoburnMassachusetts，美国）随机打断成长度为 350 bp 的片段。采用 TruSeq Library Construction Kit（Illumina，美国）建库，DNA 片段经末端修复、加 ployA 尾、加测序接头、纯化、PCR 扩增等步骤完成整个文库制备，文库合格之后使用 Illumina HiSeq 进行 PE150 测序。检测合格的 DNA 样品通过 Covaris 随机打断成片段，经末端修复、加 ployA、加罗氏环化接头、环化、二次打断、末端修复、加 ployA、加测序接头、纯化、PCR 扩增等步骤完成整个大片段文库（2K，5K，10K）的制备，构建好的文库通过 Illumina Hiseq PE150 测序。

测序得到的原始测序序列称为“sequenced reads”或者“raw reads”，里面包含接头（adapter）和低质量的 reads。为了保证信息分析的准确性，需要对 raw reads 进行过滤进而得到 clean reads：去掉带接头的 pairedend reads，过滤掉单端测序 read 中 N 含量超过该条 read 长度比例 10% 的数据，去掉单端测序 read 中含有的低质量（$Q \leq 5$）碱基数超过该条 read 长度比例 50% 的 pairedend reads。

1.2 基因组组装

采用 SOAPdenovo[12] 软件对 7 个水稻材料进行拼接，拼接基本过程如下：（i）将 DNA 片段打断成 17 bp 的 *k*-mer 序列；（ii）利用 *k*-mer 之间的 overlap 关系构建 *de Bruijn* 图；（iii）对 *de Bruijn* 图进行化简：对小分枝进行修剪，去掉低覆盖的连接关系，解重复结构，合并杂合泡状结构；（iv）在重复区域边界位置进行剪切，得到 contig 序列；（v）根据大片段数据的 pair-end 关系，构建 scaffold 序列；（vi）用 reads 对 scaffold 的 gap 区域进行填补。

1.3 变异检测单核苷酸多态性的检测

利用 LASTZ[13] 软件将组装好的 7 个水稻基因组分别与珍汕 97 的基因组序列进行全基因组比对，获得相对于珍汕 97 的比对信息，鉴定出每个材料相对于珍汕 97 的变异信息［SNP，插入缺失（insertion-deletion，InDel），结构变异（structural variation，SV），拷贝数变异（copy number variation，CNV）］。此外，将每个水稻的小片段文库的测序序列分别比对到珍汕 97 的基因组序列上，验证这个位点与使用组装序列的方法检测到的是否一致；对于 reads 没有比对到的区域，保留通过组装基因组比对检测到的位点。

1.4 进化树的构建

使用 7 个材料的 SNP 信息，利用邻接法（neighborjoining methods）进行系统进化树的构建。两个体 i 和 j 之间的 p-距离通过公式（1）计算[14]：

$$D_{ij}=\frac{1}{L}\sum_{l=1}^{L}d_{ij}^{(1)} \quad (1)$$

公式中 L 为高质量 SNPs 区域长度，在位置 1 的等位基因为 A/C，那么有（2）中的 4 个情况：

$$d_{ij}^{(1)}=\begin{cases}0，如果两个个体的基因型是 AA 和 AA\\0.5，如果两个个体的基因型是 AA 和 AC\\0.5，如果两个个体的基因型是 AC 和 AC\\1，如果两个个体的基因型是 AA 和 CC\end{cases} \quad (2)$$

运用 Treebest-1. 9. 2（http：//treesoft. sourceforge. net/treebest. shtml）软件计算距离矩阵。引导值（bootstrap values）经过达 1 000 次计算获得，标记在节点前的分枝下方，用来检验分枝的可靠性，该值越大表明该节点的置信度越高。

1.5 主成分分析

利用 7 个材料的 SNP 信息将这 7 个个体按主成分聚类成不同的亚群。主要原理是：个体 i，k 位置的 SNP 用［0，1，2］表示，若个体 i 与参考等位基因是纯合，则 =0；若是杂合，则 =1；若个体 i 与非参考等位基因是纯合，则 =2。

公式（3）中 $E(d_{ik})$ 是 $d_k d_k$ 的平均值，个体样本协方差 $n\times n$ 矩阵通过 X=MMT/S 进行计算。本研究使用 GCTA 软件进行主成分分析（principal component analysis，PCA）[15]。

$$d_{ik}'=[d_{ik}-E(d_k)]/\sqrt{E(d_k)\times[1-E(d_k)/2]/2} \quad (3)$$

1.6 特性分值分析

特性分值，简称 IS 分析，是一种计算不同样品间序列一致性程度的分析方法，可用于辅助佐证群体结构分析结果。首先根据群体基因型文件进行打分，将基因型文件转化成由 0，0. 5 和 1 三种遗传距离参数值组成的 Dsi 矩阵（纯合且与参考基因组相同者 Dsi 为 0，纯合且不同于参考基因组的 Dsi 为 1，杂合的 Dsi 均为 0. 5）；然后沿染色体按照每个窗口 20 kb 来计算每个窗口的 IS 值[16-18]。IS 值越大说明两个个体间差异越小。

为了保证 7 个水稻材料 IS 比较的合理性，本研究选择珍汕 97 作为统一的参考基因组，进行比较的每个材料的 SNP 位点相对于珍汕 97 都是一样的。

Si 是在位点 i 与珍汕 97 相似的位点数，n 是 20 kb 的窗口中的 SNP 总数，n'是在 20 kb 的窗口中缺失的位点数［公式（4）］。

$$\mathrm{IS}=\frac{\sum_{i=1}^{n}Si}{2(n-n')} \tag{4}$$

1.7 structure 分析

利用 7 个材料的 SNP 信息进行 structure 分析，分析软件是 frappe。使用最大似然法（maximum likelihood）评估每个样品的混合程度[19]。

1.8 SSR 标记分析

将已知的 SSR 序列与组装好的基因组序列进行 blast 比对，鉴定本研究先前发现的两个 EDV 品种中 SSR 的多样性。使用组装好的基因组进行比较，可以看到更多的变异信息，进而能够更好地分析 SV，CNV，SSR；也可以看出 IS 方法和 SSR 方法各自的特点，找出潜在的问题。

2 结果

2.1 二代测序结果

通过 Illumina 平台测序以及数据质控，ZHS，ANS-1，SH08S，NK58 四个水稻品种最终获得 35～54 G（测序深度为 103～159X）高质量的测序数据，包括 350 bp，2K 和 5K 三种插入片段文库。

Y58S，PA64S 以及 NK58S 三个品种在上述三种文库基础上增加了 10 kb 插入片段文库，最终获得数据量是 73～78 G（测序深度为 184～228X）。所有样品的测序数据汇总结果如表 1。

表 1 7 个水稻样品的测序数据统计

水稻样品	文库类型				
	350/bp	2K/bp	5K/bp	10K/bp	总大小 /bp
ZHS	41525316600	5646216900	7720997400	—	54892530900

续表

水稻样品	文库类型				
	350/bp	2K/bp	5K/bp	10K/bp	总大小 /bp
ANS-1	33923288700	7560801300	6782547300	—	48266637300
Y58S	25002489300	16293057300	13813428000	17944463100	73053437700
PA64S	25506950700	15006511200	18790728900	17346974700	76651165500
SH08S	25355532300	5944885200	5504082300	—	36804499800
NK58	25043776280	5629485300	4758296400	—	35431557980
NK58S	24791503440	16923415800	16558440300	20566385100	78839744640

2.2　7个水稻的组装结果

利用上述二代测序序列，经过SOAPdenovo的组装，7个水稻的基因组的contig N50在8 kb以上，scoffold N50在121 kb以上。

7个水稻的组装结果如表2，最终获得的基因组总长在343.4~395.2 Mb之间。其中ZHS，ANS-1，SH08S，NK58品种基因组Contig N50为8.1~8.9 kb，增加了10K文库的Y58S，PA64S和NK58S三个品种基因组的contig N50在34.9~40.0 kb。

表2　7个水稻样品的基因组组装结果统计[a)]

分类		总长	数量	最大值	N50	N90
ZHS	Contig/bp	312 792 676	162 295	705 53	8 759	1 048
	Scaffold/bp	344 579 551	91 022	914 062	128 488	10 399
ANS-1	Contig/bp	312 268 116	159 616	74 536	8 915	1 074
	Scaffold/bp	350 511 577	85 910	1 500 949	147 501	17 971
SH08S	Contig/bp	313 638 622	157 620	74 281	8 397	1 102
	Scaffold/bp	349 219 219	83 625	800 791W	121 061	15 468
Y58S	Contig/bp	367 797 861	103 795	242 160	34 960	4 237
	Scaffold/bp	395 255 494	71 852	8 373 176	1 114 666	83 111
PA64S	Contig/bp	363 713 533	87 880	244 386	40 019	5 923
	Scaffold/bp	378 387 326	66 337	4 435 574	1 069 516	142 391
NK58	Contig/bp	310 218 418	147 528	77 726	8 718	1 232
	Scaffold/bp	343 495 141	74 199	1 306 941	140 282	20 110

续表

分类		总长	数量	最大值	N50	N90
NK58S	Contig/bp	367 719 942	83 455	2 789 542	37 537	6 220
	Scaffold/bp	383 039 362	61 593	5 335 554	1 342 198	148 657

注：a）：N50—Reads 拼接后会获得一些不同长度的 Contigs。将所有的 Contig 长度相加，能获得一个 Contig 总长度。然后将所有的 Contig 按照从长到短进行排序，当相加的长度达到 Contig 总长度的 50% 时，最后一个加上的 Contig 长度即为 Contig N50。N90—Reads 拼接后会获得一些不同长度的 Contigs。将所有的 Contig 长度相加，能获得一个 Contig 总长度。然后将所有的 Contigs 按照从长到短进行排序，当相加的长度达到 Contig 总长度的 90% 时，最后一个加上的 Contig 长度即为 Contig N90。

2.3 变异检测结果

组装后，以籼稻珍汕 97 为参考基因组对本研究 7 个品种的 SNP，InDel 和 SV 进行检测。结果见表 3。ZHS 与 ANS-1 两个品种在多种变异类型的变异个数相近，无明显差异，推测两者可能发生了相同程度的变异；NK58 与 NK58S 发生变异最多，但两者变异类型不同，NK58 衍生更多的 CNV，而 NK58S 衍生更多的 InDel 和 SV；Y58S，PA64S 与 NK58S 三个品种发生的缺失和插入类 SV 变异多于其他四个品种。

表 3　7 个水稻品种的变异检测结果

类型		ZHS	ANS-1	SH08S	Y58S	PA64S	NK58	NK58S
SNP		2 128 164	2 126 710	2 512 963	2 414 327	2 767 264	3 736 203	3 548 060
InDel		122 079	121 136	159 730	379 527	440 434	261 512	595 336
SV	缺失	0	0	1	1 075	1 334	3	1 629
	插入	0	0	2	1 287	1 427	6	1 866
	反转	874	828	1 206	823	1 188	1 452	1 054
CNV	缺失	2 010	2 049	2 527	2 412	2 540	5 131	3 569
	重复	926	921	995	1 074	1 157	1 340	10 34

2.4 进化树构建结果

SNP 检测之后，得到的个体 SNPs 首先用于计算种群之间的遗传距离。运用 Treebest-1.9.2 软件计算距离矩阵，以此为基础，通过邻接法构建系统进化树。图 1 是本研究中 7 个品种在进化树上的聚类情况。

由进化树的分析结果可知，ZHS 和 ANS-1 之间的亲缘关系近，NK58 和 NK58S 之间的亲缘关系近，Y58S 和 SH08S 之间的亲源关系近；NK58，NK58S 和群体材料的亲缘关系较远，这两个材料从它们的起始种开始发生了不同程度的变异；ZHS 和 ANS-1 从它们的起始种开始发生了类似程度的变异，但变异程度小于 NK58，NK58S 与其起始种的变异。

这个判断与籼稻和粳稻较早分枝的情形是吻合的。与 Y58S 相比，SH08S 相对于它们的起始种发生的变异多。ZHS 与 ANS-1 之间的相似程度超过了 NK58 和其衍生的自然突变系 NK58S，这两组材料之间的相似程度都高于 Y58S 和 SH08S 这一组材料；PA64S 材料和其他材料的相似度较低。碱基替换数量值上体现的是 SNP 水平的差异度，并非真实基因组的差异度，但是值的大小关系可以表示样本差异程度。通过对比可以看出，NK58 和 NK58S 之间的差异度为 2%～3%，而 ZHS 与 ANS-1 的差异度更是低到 0.2% 左右。因为进化树是基于每个分枝的差异程度而构建的，至此可得到暗示，似乎在 6 个两系不育系样品中可能存在实质派生现象。

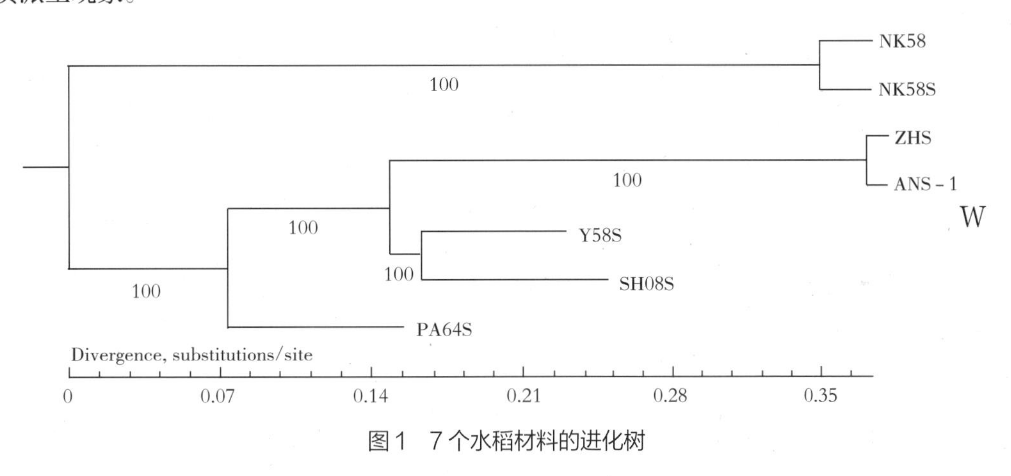

图 1　7 个水稻材料的进化树

2.5　主成分分析结果

为了进一步明确 7 个品种在遗传背景方面的近似程度，本团队又进行了 PCA，可非常明显地看出，PCA 也得到类似进化树提供的结论。结果如图 2 所示，6 个不育系和一个突变原初供体材料农垦 58 可以分为 4 个聚类，分别是 NK58 及其派生系 NK58S 聚类，ANS-1 和 ZHS 聚类，SH08S 和 Y58S 聚类，以及 PA64S 聚类。从 PC2 和 PC3 这个维度来看，7 个被研究对象可以被分成 4 个类群，这点可以通过与图 1 的比较得以印证，PA64S 是独立的一个聚类，这也基本与育种材料的历史吻合。

目前就下结论说 PCA 可以将育种材料按照遗传差异划分成不同的类群，并且可以据此指导不育系与恢复系的配组还为时过早。本团队计划在收集到 100 个以上的全国稻作区两系不育系时，将开展延续研究追踪这一现象。

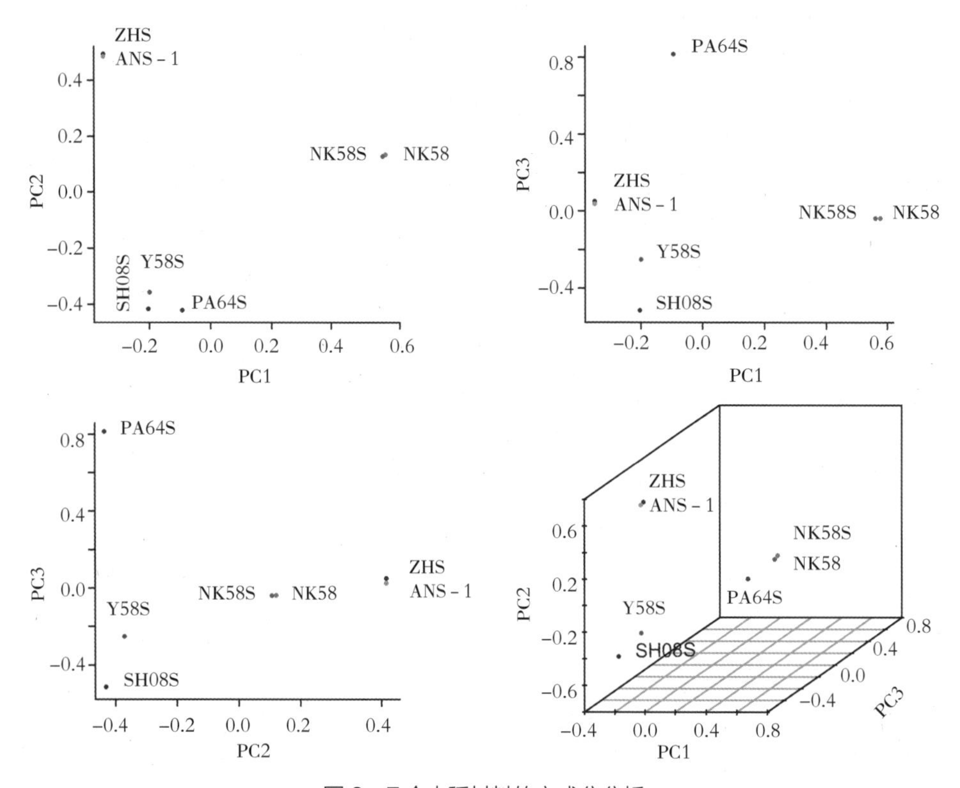

图 2　7 个水稻材料的主成分分析

2.6　特性分值分析结果

用 IS 方法比较 7 个作物材料的基因组相似度尚未见报道。IS 分析是针对动物群体遗传学研究开发的方法，是根据个体基因型差异计算两两个体间的基因序列一致性，进而体现群体间基因序列相似度的一种分析方法[14]。在对 7 个品种进行较为粗犷的热图比较时，本团队发现，农垦 58 和农垦 58S 存在很高的相似度，因为农垦 58S 是石明松先生利用农垦 58 这个从日本引进品种的田间自然突变株作为回交父本，于 1973 年在单季晚稻成熟时，根据不育株结粒少、不低头、老来青等特点，在晚粳稻农垦 58 的大田中选择 3 株自然不育株，次年种成的株行。其中有 1 个株行形态上与农垦 58 十分相似，整齐一致。从 1974 年开始，在分离出来的可育株中选择单株形成选系，作为连续回交的父本使用。1976—1979 年间共回交了 4 次[20]。本研究获得的农垦 58 的种子则不知道是经历了多少年的扩繁，具体的扩繁次数已经无法确定。更令人吃惊的是，准 S 和安农 S-1 之间有着比自然突变的农垦 58S 和变异材料更高的相似度（表 4）。结果表明，ZHS 和 ANS-1 之间的 SNP 相似度达到了 99.74%，而已知的派生品种 NK58S 与出发品种之间的相似度是 96.23%。据此可判断，ZHS 晚于

ANS-1多年才被育成，因而ZHS是ANS-1的派生品种。具体的阈值判断，在本文的讨论部分展开。

NK58和NK58S为两个粳稻的材料，本团队使用日本晴（*Oryza Sativa* L. Ssp. *Japonica*）作为参考基因组，重新进行了SNP检测和IS计算，计算结果表明，NK58与NK58S之间的相似性低于ZHS和ANS-1之间的相似度（表5），同使用珍汕97作为参考基因组的结果差比顺序和量值范围完全一致（表4）。

除全基因组IS值与使用日本晴作为参考基因组进行比对外，本团队又统计了7个材料SNP的相似程度发现，SNP相似程度的结果与全基因组IS值的结果相似。SNP的结果如表6，ZHS和ANS-1之间的SNP相似度达到了99.48%，而已知的派生品种NK58S与出发品种之间的相似度是94.95%。

本团队为了更全面地比较这7个材料的差异，对每个材料进行了超过100X的基因组重测序和组装。大规模EDV鉴定时可使用重测序的方法。在当前的数据中每个样品随机抽取5X，10X，15X和20X的数据，以珍汕97作为参考基因组进行SNP的检测和IS的计算，结果表明，检测趋势同使用组装检测方法的结果一致。不同深度下的IS结果详见表7。

表4　7个样品使用珍汕97作为参考基因组的IS相似性评估结果

水稻样品	ZHS	ANS-1	SH08S	Y58S	PA64S	NK58	NK58S
ZHS	100.00%	99.74%	70.48%	72.54%	64.71%	33.55%	33.45%
ANS-1	99.74%	100.00%	70.48%	72.54%	64.71%	33.55%	33.45%
SH08S	70.48%	70.48%	100.00%	86.74%	78.06%	43.46%	43.82%
Y58S	72.54%	72.54%	86.74%	100.00%	79.66%	44.85%	44.72%
PA64S	64.71%	64.71%	78.06%	79.66%	100.00%	51.93%	52.07%
NK58	33.55%	33.55%	43.46%	44.85%	51.93%	100.00%	96.23%
NK58S	33.45%	33.45%	43.82%	44.72%	52.07%	96.23%	100.00%

表5　使用日本晴为参考基因组评估的IS结果

水稻样品	ZHS	ANS-1	SH08S	Y58S	PA64S	NK58	NK58S
ZHS	100.00%	99.74%	69.18%	60.52%	66.86%	25.23%	25.19%
ANS-1	99.74%	100.00%	69.18%	60.52%	66.86%	25.22%	25.18%
SH08S	69.18%	69.18%	100.00%	76.98%	84.90%	37.86%	37.66%
Y58S	60.52%	60.52%	76.98%	100.00%	75.39%	45.78%	45.92%

续表

水稻样品	ZHS	ANS-1	SH08S	Y58S	PA64S	NK58	NK58S
PA64S	66.86%	66.86%	84.90%	75.39%	100.00%	36.35%	36.70%
NK58	25.23%	25.22%	37.86%	45.78%	36.35%	100.00%	96.23%
NK58S	25.19%	25.18%	37.66%	45.92%	36.70%	96.23%	100.00%

表 6　7 个样品的 SNP 相似性评估结果

水稻样品	ZHS	ANS-1	SH08S	Y58S	PA64S	NK58	NK58S
ZHS	100.00%	99.48%	69.12%	60.40%	66.78%	26.43%	26.41%
ANS-1	99.48%	100.00%	69.13%	60.40%	66.79%	26.43%	26.41%
SH08S	69.12%	69.13%	100.00%	76.14%	83.96%	38.15%	38.04%
Y58S	60.40%	60.40%	76.14%	100.00%	74.80%	46.84%	47.07%
PA64S	66.78%	66.79%	83.96%	74.80%	100.00%	37.30%	37.78%
NK58	26.43%	26.43%	38.15%	46.84%	37.30%	100.00%	94.95%
NK58S	26.41%	26.41%	38.04%	47.07%	37.78%	94.95%	100.00%

表 7　不同重测序深度下的 IS 结果

每个样品随机抽取 5X 左右的数据							
水稻样品	ZHS	ANS-1	SH08S	Y58S	PA64S	NK58	NK58S
ZHS	100.00%	98.32%	95.20%	93.41%	94.13%	89.02%	88.85%
ANS-1	98.32%	100.00%	95.18%	93.39%	94.13%	88.97%	88.81%
SH08S	95.20%	95.18%	100.00%	94.91%	95.67%	90.30%	90.00%
Y58S	93.41%	93.39%	94.91%	100.00%	94.69%	91.97%	91.72%
PA64S	94.13%	94.13%	95.67%	94.69%	100.00%	90.46%	90.16%
NK58	89.02%	88.97%	90.30%	91.97%	90.46%	100.00%	97.55%
NK58S	88.85%	88.81%	90.00%	91.72%	90.16%	97.55%	100.00%
每个样品随机抽取 10X 左右的数据							
水稻样品	ZHS	ANS-1	SH08S	Y58S	PA64S	NK58	NK58S
ZHS	100.00%	98.23%	87.60%	82.49%	84.84%	70.51%	70.49%
ANS-1	98.23%	100.00%	87.61%	82.47%	84.87%	70.50%	70.47%
SH08S	87.60%	87.61%	100.00%	88.35%	90.85%	75.26%	75.09%
Y58S	82.49%	82.47%	88.35%	100.00%	87.95%	80.06%	80.06%

续表

每个样品随机抽取 10X 左右的数据							
水稻样品	ZHS	ANS-1	SH08S	Y58S	PA64S	NK58	NK58S
PA64S	84.84%	84.87%	90.85%	87.95%	100.00%	75.50%	75.56%
NK58	70.51%	70.50%	75.26%	80.06%	75.50%	100.00%	96.70%
NK58S	70.49%	70.47%	75.09%	80.06%	75.56%	96.70%	100.00%
每个样品随机抽取 15X 左右的数据							
水稻样品	ZHS	ANS-1	SH08S	Y58S	PA64S	NK58	NK58S
ZHS	100.00%	99.35%	76.50%	70.00%	74.70%	42.46%	42.42%
ANS-1	99.35%	100.00%	76.51%	70.01%	74.72%	42.45%	42.41%
SH08S	76.50%	76.51%	100.00%	82.70%	88.79%	52.09%	51.97%
Y58S	70.00%	70.01%	82.70%	100.00%	80.58%	57.55%	57.61%
PA64S	74.70%	74.72%	88.79%	80.58%	100.00%	50.09%	50.27%
NK58	42.46%	42.45%	52.09%	57.55%	50.09%	100.00%	96.55%
NK58S	42.42%	42.41%	51.97%	57.61%	50.27%	96.55%	100.00%
每个样品随机抽取 20X 左右的数据							
水稻样品	ZHS	ANS-1	SH08S	Y58S	PA64S	NK58	NK58S
ZHS	100.00%	99.66%	74.03%	66.92%	72.66%	36.47%	36.41%
ANS-1	99.66%	100.00%	74.03%	66.92%	72.66%	36.47%	36.41%
SH08S	74.03%	74.03%	100.00%	80.50%	87.79%	46.43%	46.28%
Y58S	66.92%	66.92%	80.50%	100.00%	79.00%	53.08%	53.16%
PA64S	72.66%	72.66%	87.79%	79.00%	100.00%	44.53%	44.78%
NK58	36.47%	36.47%	46.43%	53.08%	44.53%	100.00%	96.66%
NK58S	36.41%	36.41%	46.28%	53.16%	44.78%	96.66%	100.00%

在 IS 热图比较中，用不同颜色代表不同 IS 值，IS 值越大颜色越红，品种间的相似性越近；IS 值越小颜色越浅，品种间的差异越大。由图 3 可以看出，ZHS 与 ANS-1 间的亲缘关系最近，NK58 与 NK58S 亲缘关系最近，Y58S 和 NK58、NK58S 亲缘关系较远，ZHS 和 ANS-1 与 NK58 和 NK58S 关系最远，PA64S、SH08S 和其他样本之间没有很明显的亲疏关系。

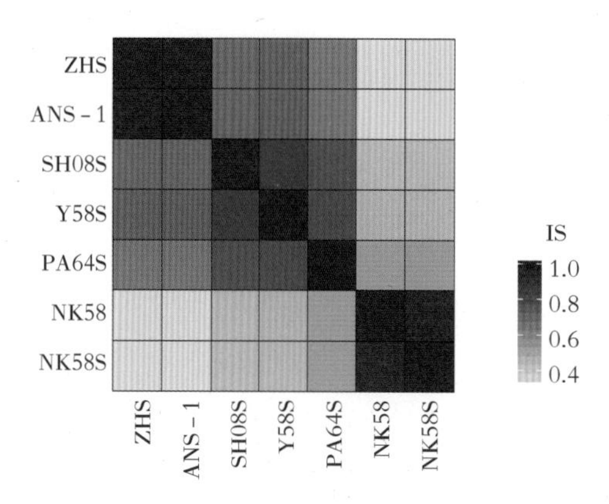

图 3　7 个水稻雄性不育系基因组比较的热图

当比较农垦 58 与农垦 58S 的 SNP 时，可获得结果如图 4。虽然目前无法判断农垦 58S 和农垦 58 之间的基因组差别是经过多少代积累起来的，但总体而言，全基因组 SNP 相似度呈现这么多的变异，显然高于人们的想象。本团队判断，水稻基因组中转座子因子起到了主要作用，因为石明松老师选育农垦 58S 的过程主要是基于同一来源姊妹系的杂交后进行株选，然后和出发材料连续回交[20]；而且水稻亲本在迭代繁殖的过程中所积累的变异，可能根据所经历的环境差异而表现出巨大的差异。本团队在马铃薯基因组也发现类似的高自主变异的现象（未发表）。这一现象表明，作物在迭代生长过程中基因组的塑性（plasticity）可能高于一般性认为的百万分之一，因为转座因子参与和贡献了大量的变异。在后续的研究中，本团队将验证此判断是否正确。

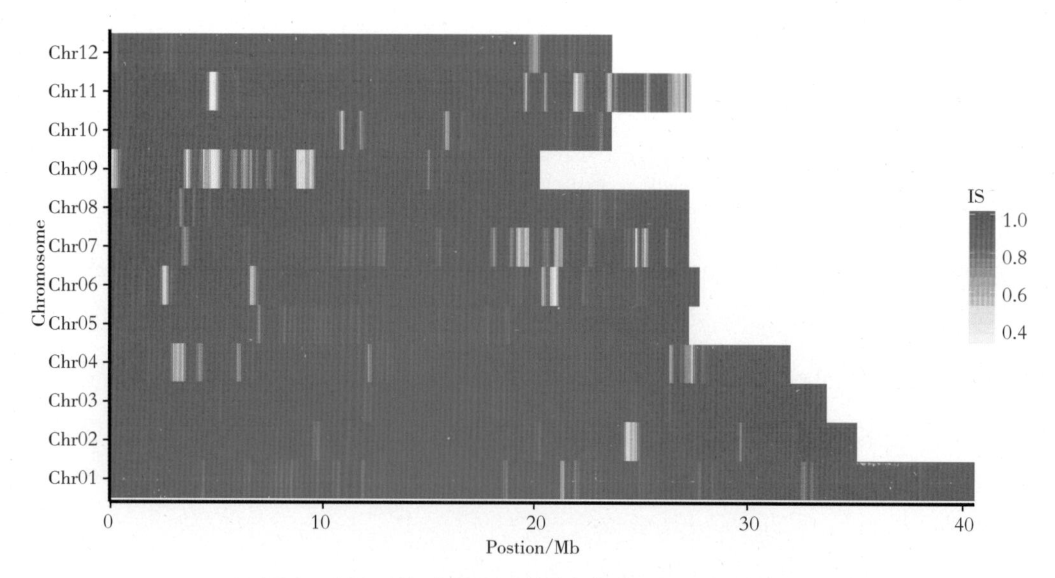

图 4　农垦 58 与农垦 58S 的染色体逐一平行比对结果

而当比较其余的不育系时，本团队发现，有一对不育系之间的差别比农垦 58 和农垦 58S 之间的相似度差异还要小。它们是准 S 和安农 S-1，两者的相似度达到了 99.74%（表 4，图 5）。显然，准 S 和安农 S-1 如果不是育种材料中的姊妹系，就只可能是实质派生品种。由于我国的水稻育种还没有严格执行育种者亲本种子缴纳和专门储藏库保存原始亲本材料制度，所以不可能像发达国家的育种体系一样，遇到有疑义的问题可以从资源库调用亲本种子作为分析验证材料。而且，也不排除可能的操作者失误导致的一次混杂或者标签错误放置，进而导致错误被一直传承。

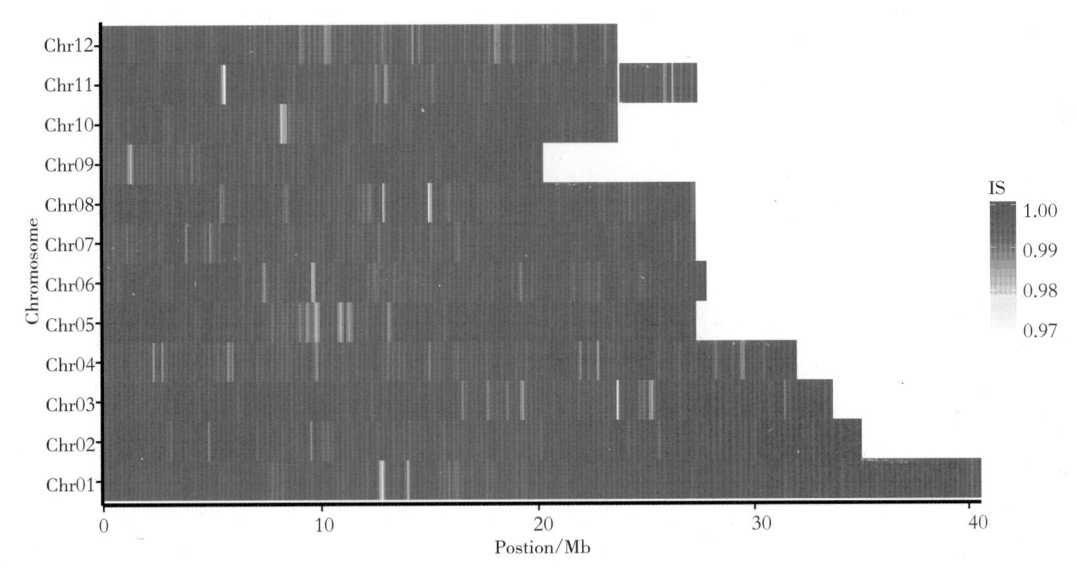

图 5　准 S 和安农 S-1 染色体逐一平行比对结果

为了获得和验证到底需要使用多少 SNP，才能以尽可能低的成本获得可靠的水稻品种间相似度比较结果。本团队也利用在基因组均匀分布的不同密度的 SNP 数量进行 IS 分析的比较。本团队将全基因组分别用 100 个，500 个，1 000 个，10 000 个，800 000 个 SNP 进行 IS 分析（当然不是在每条染色体上都能找到理想的 SNP 绝对平均分布以达到上述密度分布的要求，只是尽量靠近即可）。结果见表 8，随着标记的增加，样品之间的差异程度更接近于全基因组水平差异程度评估的结果。

可以看出，当使用平均每条染色体接近 10 个 SNP 标记来检测相似度时，无法区分 ZHS 和 ANS-1。使用均匀分布的 500～1 000 个 SNP 进行全基因组相似度分析，可以获得类似全基因组 SNP 比较分析的结果。这对使用 24 对（或者 48 对）SSR 标记这样稀疏的标记密度来评估品种的差异度是否合乎逻辑，提出了合理的质疑。

籼稻和粳稻的相似度差异很大，达到了近 40% 的 SNP 差异程度，这一数据同样支持籼稻和粳稻在很早就分化的、从进化树推论出来的表述。

2.7 structure 分析结果

本团队也对 7 个品种的遗传结构用 structure 软件进行了分析，得到图 6 的结果。结果表明，即使在总共只有 7 个品种的群体中将结构分群的 K 值上调到 4，两对高度相似的品种仍然没有改变其聚类特征。

结果还显示，把群体结构分群的 K 值下调为 3 的时候，两个疑是派生品种的特点仍未改变。当进一步压缩 K 值到 2 的时候才会区分为籼稻和粳稻群。非常有意思的是，群体结构 structure 分析可以看出，PA64S 这个品种明显带有 20% 左右的粳稻血缘，这刚好与培矮 64 的选育过程吻合[21]。

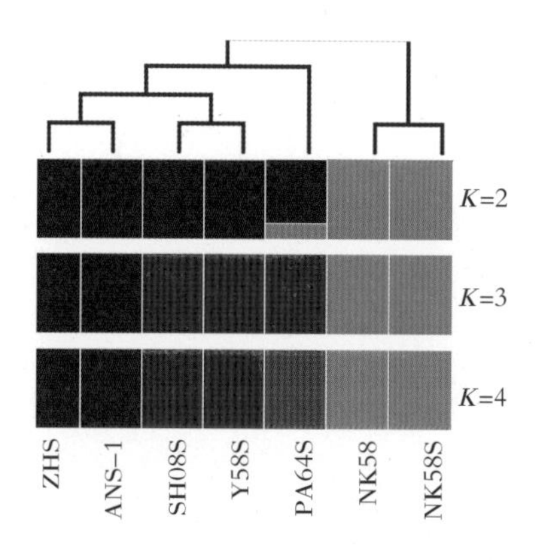

图 6　7 个水稻的 structure 结果

2.8 SSR 标记分析结果

本团队随后对鉴定出的一对 EDV 品种进行了农业行业标准 NYT　1433—2014 的水稻品种鉴定技术规程的模拟分析，将每个 SSR 标记的引物序列定位到各个品种组装获得的基因组上，然后统计有多少对引物匹配，统计两侧引物之间的 DNA 长度。结果不出意料地看到了本研究鉴定出的一对 EDV 显现出 SSR 多态性，而且是非常显著的多态性（表 9）。虽然认为这个结果 100% 准确还过于武断——因为本研究的测序深度还远远达不到 *de novo* 组装的测序深度的基本要求，所以初步组装的基因组覆盖度并非完美——但是结果可靠（表 9）。

表8 沿全基因组采用不同密度的SNP数量进行IS分析的结果

116 SNPs							
水稻样品	ZHS	ANS-1	Y58S	PA64S	SH08S	NK58	NK58S
ZHS	100.00%	100.00%	75.62%	65.70%	72.73%	33.47%	34.30%
ANS-1	100.00%	100.00%	75.62%	65.70%	72.73%	33.47%	34.30%
Y58S	75.62%	75.62%	100.00%	80.17%	88.02%	42.15%	42.98%
PA64S	65.70%	65.70%	80.17%	100.00%	78.10%	54.55%	55.37%
SH08S	72.73%	72.73%	88.02%	78.10%	100.00%	43.39%	44.21%
NK58	33.47%	33.47%	42.15%	54.55%	43.39%	100.00%	93.39%
NK58S	34.30%	34.30%	42.98%	55.37%	44.21%	93.39%	100.00%
515 SNPs							
水稻样品	ZHS	ANS-1	Y58S	PA64S	SH08S	NK58	NK58S
ZHS	100.00%	99.62%	70.79%	62.45%	68.68%	28.35%	28.64%
ANS-1	99.62%	100.00%	70.79%	62.84%	69.06%	28.35%	28.64%
Y58S	70.79%	70.79%	100.00%	81.71%	86.78%	42.43%	43.10%
PA64S	62.45%	62.84%	81.71%	100.00%	78.83%	49.04%	50.29%
SH08S	68.68%	69.06%	86.78%	78.83%	100.00%	41.28%	42.15%
NK58	28.35%	28.35%	42.43%	49.04%	41.28%	100.00%	97.03%
NK58S	28.64%	28.64%	43.10%	50.29%	42.15%	97.03%	100.00%
1193 SNPs							
水稻样品	ZHS	ANS-1	Y58S	PA64S	SH08S	NK58	NK58S
ZHS	100.00%	99.71%	73.04%	64.13%	72.04%	30.83%	30.92%
ANS-1	99.71%	100.00%	72.83%	64.17%	71.92%	30.79%	30.88%
Y58S	73.04%	72.83%	100.00%	78.00%	86.83%	42.13%	41.96%
PA64S	64.13%	64.17%	78.00%	100.00%	77.33%	50.96%	50.96%
SH08S	72.04%	71.92%	86.83%	77.33%	100.00%	41.04%	41.63%
NK58	30.83%	30.79%	42.13%	50.96%	41.04%	100.00%	96.25%
NK58S	30.92%	30.88%	41.96%	50.96%	41.63%	96.25%	100.00%
9826 SNPs							
水稻样品	ZHS	ANS-1	Y58S	PA64S	SH08S	NK58	NK58S
ZHS	100.00%	99.57%	72.39%	65.03%	70.71%	32.27%	32.23%
ANS-1	99.57%	100.00%	72.37%	65.01%	70.75%	32.29%	32.25%

续表

9826 SNPs							
水稻样品	ZHS	ANS-1	Y58S	PA64S	SH08S	NK58	NK58S
Y58S	72.39%	72.37%	100.00%	79.51%	87.02%	42.34%	42.49%
PA64S	65.03%	65.01%	79.51%	100.00%	78.53%	49.19%	49.73%
SH08S	70.71%	70.75%	87.02%	78.53%	100.00%	41.05%	41.60%
NK58	32.27%	32.29%	42.34%	49.19%	41.05%	100.00%	95.87%
NK58S	32.23%	32.25%	42.49%	49.73%	41.60%	95.87%	100.00%
80808 SNPs							
水稻样品	ZHS	ANS-1	Y58S	PA64S	SH08S	NK58	NK58S
ZHS	100.00%	99.65%	71.56%	64.78%	70.39%	30.48%	30.32%
ANS-1	99.65%	100.00%	71.54%	64.78%	70.38%	30.48%	30.31%
Y58S	71.56%	71.54%	100.00%	79.55%	87.24%	41.26%	41.21%
PA64S	64.78%	64.78%	79.55%	100.00%	78.48%	47.36%	47.60%
SH08S	70.39%	70.38%	87.24%	78.48%	100.00%	39.81%	40.05%
NK58	30.48%	30.48%	41.26%	47.36%	39.81%	100.00%	96.08%
NK58S	30.32%	30.31%	41.21%	47.60%	40.05%	96.08%	100.00%

表 9　两个不育系的 EDV 进行全基因组的 SSR 模拟运行结果

SSR 标记	ANS-1 SSR 产物大小 /bp	ZHS SSR 产物大小 /bp	多态性与否
RM1195	147，149	147，149，50	是
RM19	236，249，180	186，149，39，196，150，180	是
RM17	161，174	164，174，184	是
RM18	156，158	156，158	否
RM232	159，149，157	159，149，157	否
RM273	210，192，191，184，202，209	210，192，191，184，202，209	否
RM190	75，109	53	是
RM208	173，179，169	173，179，169	否
RM267	157，114	157，150	是
RM274	nil	162，150	是
RM337	94	94，99，96，77	是
RM278	109，132	109，132，87	是

续表

SSR 标记	ANS-1 SSR 产物大小 /bp	ZHS SSR 产物大小 /bp	多态性与否
RM258	141，133	149，141，133	是
RM224	157，155	157，155，94	是
RM297	161，121	161，122，82	是
RM71	150，130，113	nil	是
RM253	134	140，134	是
RM219	161	nil	是
RM311	184，77，106	184，77，106，68，62，52，185	是
RM336	nil	101，37，152	是
RM209	nil	161，33	是
RM5414	nil	110，114	是
RM85	nil	64	是
RM72	311，276，273，266，235，225，205，184	311，276，273，266，235，225，205，184 加上其他 72 个不同大小的产物	是

注：nil 指没有 SSR 扩增产物。

3 讨论

实质派生品种鉴定必须考虑以何种大小相似度作为判定标准。阈值必须由有权威单位和德高望重的育种家在经过充分征求意见和考虑各方的合理利益分配之后提出，由管理部门通过行政审议的方式正式确定下来。

另外一个必须考虑的事是已有的实质派生品种如何处置？本文建议采用国外的授权制度，也就是实质派生品种可以继续使用，但是必须获得原始品种拥有单位或个人的授权，并且利益共享。本文通讯作者之一在美国学习和工作时了解到国外（美国）的做法如下：基于法律的要求，有派生品种的公司或者单位会与原始品种拥有者签订授权使用合同，并且每年向原始品种拥有者支付所获取利益的 25%，或者每销售一斤（500 g）种子向原生品种拥有权益者支付相当于人民币 0.3～0.5 元的授权费。如果作弊被查实，将面对法律严惩。

也可以参考湖南杂交水稻研究中心的做法，课题组间开放交流使用育种亲本，但是当被审定杂交水稻品种被转让产生效益时，转让获利的课题组必须按照组配杂交种的亲本不同特点，与亲本原初育种课题组分享利益。如果用的是不育系，分享 40% 的转让收益；如果被使用的是恢复系，则分享 30% 转让收益。

同时，实行水稻派生品种的鉴定，还有助于规避主栽品种的遗传背景过于接近而带来的粮食安全风险。人类社会在这个方面已经有过两次深刻教训，分别是1840—1843年爱尔兰的马铃薯造成的大饥荒和1970—1971年美国的玉米减产造成的动物饲料严重缺乏[22]。

本文所发现和报道的水稻不育系准S是“安农S-1”的实质性派生品种启示人们，在水稻育种中确实存在个别品种属于实质派生的现象。不管是出于无意还是有意，这一现象都应该努力避免。该现象不仅直接伤害水稻育种创新的动力，而且也损害水稻种质资源的多样性。因此，这也从另一个角度提示人们，对于品种真实性的鉴定要采取更加严格有效的措施，以确保水稻品种选育的创新性和可追溯性，推动育种方向朝着不断积累遗传增益的方向发展。

籼型不育系安农S-1的谱系为超40B/H285（♀）6209-3（♂），是湖南杂交水稻研究中心育成的世界上第1个籼型水稻温敏核不育系，于1988年7月通过技术鉴定[23]。准S是湖南杂交水稻研究中心以安农S-1为不育基因供体选育出的不育系，由N8S与香2B、怀早4号和早优1号经两轮随机多交混合选择，再经系统选育而成的水稻品种，于2003年通过审定[24]。

从准S的选育过程和谱系分析，不存在如此之高相似度的可能。当然，不排除所获得的种子被供种者无意中拿错，但是这种可能性不会否定IS方法用于水稻品种相似度鉴定的合理性，因为作为内控的农垦58与农垦58S的相似度比较结果有力地支持了本方法的有效性。

本团队正在进行的200份以上的各地育成的水稻两系法和三系法育成不育系遗传背景分析工作，相信可以为进一步核实ZHS身份提供更为准确的注解。下一步的工作，本团队计划加一些对照，同一份水稻材料，检测经过2次、4次、6次和8次自交之后，各子代相似度变化会在什么水平？自交过程中的变异主要是什么因素引发？转座因子在其中起多大作用？是否有某些区段特别容易突变？后期拟针对籼稻或者粳稻设计一套用于品种相似性的标记芯片。

本团队建议，国家的有关品种审定管理部门实施参审品种的育种者种子管理制度并对育种单位强制提出如下要求。

（1）育种者应该对进入育种区试阶段的潜在品种保留原始材料，它们可作为育种者种子，或者亲本的原始备份，只要与此亲本有关的杂交品种还没有退市，就要确保有活力的亲本备份（也叫育种家种子）被一直保留。这样，如果后续推广阶段发生亲本混杂或者亲本丢失时，可以直接调用，利于提纯复壮和资源保持。例如，隆平高科种业研究院院长杨远柱研究员在接受“国科农学研究院”的采访时就曾提到，他们团队就有过这种尴尬经历（https://mp.weixin.qq.com/s/sgN7uJ2HtXdCMQSBCr4ULw）。

（2）申请品种审定的时候应该交纳亲本种子，由农业农村部指定的区域种质资源中心保管，农业部门应该每年专门列支经费。同时，要对申请材料和其亲本做品种的真实性鉴定，使用建立在 IS 基础上的相似度分析。通过育种者种子和审定单位收藏的种子 IS 检测，分析亲本种子与数据库中品种的相似度，双管齐下。这样在发生有争议的情况时，容易鉴定出可能的“挂羊头卖狗肉”现象，避免个别育种单位找借口掩盖实质派生的育种行为，促进品种选育的良性发展，可有效拒止实质派生品种通过审定，保证水稻品种的生物多样性和粮食安全。如果进行育种亲本的相似度检测，在审定的当时就可以判定派生品种亲本或者谱系是否正确，鉴定出报审品种是否具有实质性派生特性，避免 EDV 材料被登记成品种和亲本品种。另一方面，过多的姊妹系进入到育种体系当中，既浪费国家的育种资源和经费，又牺牲了水稻品种的多样性，会导致主推品种高度同质化的粮食安全隐藏风险。

基于重测序的 IS 分析和本研究获得的用 500 个均匀分布在基因组的 SNP 进行的 IS 分析，足以获取准确的相似度的研究成果，对于国家和省级的品种审定管理部门有很高的引用价值。基于 SNP 的 IS 分析不需要除参考基因组外的其他先验信息，而且可以将 IS 分析与芯片分析或者“道格拉斯”检测平台结合起来，值得管理部门重视和采用。

（3）建议考虑多种检测方法结合使用，如 IS 方法检测其相似度，DUS 检测［对申请保护的植物新品种进行的特异性（distinctness）、一致性（uniformity）和稳定性（stability）的栽培鉴定实验或室内分析测试的过程］测试其田间表型性状。如果某个参审品种田间表型性状与数据库内某个品种表现差异小、分子检测相似度高，就极有可能是实质性派生品种。

实质派生品种的获得一般通过两条途径，即回交途径和姊妹系途径。无论何种途径，只要超过了 EDV 判断的阈值，都可认为没有改变 EDV 与被派生品种遗传结构高度相似的事实，应予以拒审。

（4）本研究揭示的个别水稻品种如此高的相似迫使人们不得不考虑和担忧水稻品种的多样性丧失的隐患。这也提醒管理部门，应该尽快对湖南省和我国育成的所有水稻品种资源进行 EDV 鉴定，摸清水稻遗传资源的家底，为后续的杂交优势群划分打下基础，并以此为起点，建立湖南省和国家的水稻种质基于全基因组相似度比较数据库。

至于具体判断水稻 EDV 的 IS 阈值，在考虑和平衡方方面面的利益之后，袁隆平院士带领本团队建议，将品种间基因组相似度达到 97.5% 作为判断是否为 EDV 的阈值。比起 ISF 认定的玉米 EDV 相似度阈值 90%，我们的水稻阈值是比较宽松的，而且是可变的。其最终设置的权限归属于国家农业管理部门。

在方法还不成熟的时候，要达到准确追踪判定某个品种的亲本来源，使该信息和实际育种途径吻合是非常困难的。推广使用本文的方法，其育种的流程非常便于追溯。如果某个亲本特有的单倍型没有进入到申请审定品种的育种过程当中，而申请资料却报告该亲本的存在，这就是一种欺骗行为，应该坚决予以制止和拒审（终止审定程序）。

本研究表明，应用动物群体遗传学和基因组学开发的相同起源基因鉴定的 IS 方法，其精确度和广度上都比现行的部颁标准使用的 24 对 SSR 分子标记比对法，在定性、定量和基因组覆盖度等方面要显著优越。通过表 9 的数据可以发现如下事实：（i）SSR 标记的电泳图谱远远不能清楚反映全部的 PCR 产物标记所表现的差异，基于 SSR 标记的国标只能捕捉不到 1/3 的差异，而且只能反映 PCR 产物趋于富集的扩增产物；（ii）在目前重测序价格已经降低到了近 40 元 /1 G 的推广成本之后，水稻品种的真实性和相似度检测已经可以快速升级，用基于重测序的基因组学手段进行 10 层以上重测序，并且可以将每个样品成本降低到 300 元。上述两点思考都建议品种审定的管理部门，重新审议是否应该继续保留使用 NYT 1433—2014 的 SSR 为基准的国家行业标准。

本文也对 IS 方法作为 EDV 鉴定方法的初步成果和潜在的应用方面做了探讨。本文的研究成果还可以直接用于水稻品种的主成分分析、杂交品种组配过程当中和亲本选育过程的亲本相似度的阈值制定。但是，基于品种相似度阈值来判断 EDV，对不管何种作物，一直存在的困难就是到底采用严苛的阈值还是相对宽松的阈值，即使对 EDV 阈值研究领先的作物玉米也是如此。阈值的严苛程度在变，检测是否达到阈值的分子标记手段也在变化，所以国际种子联盟每 5 年对每个作物的 EDV 阈值设定进行再评估。具体到检测手段，全球各国和地区的做法也不尽一致，即使使用 SSR，也会出现法国的检测标准优于美国种业联盟（The American Seed Trade Association，ASTA）的情况[9]。因此，ISF 在 EDV 仲裁中列出的期待专家们回答的问题有 10 大类，总量在 40 个问题以上[25]。

有经验的育种家都知道，育种亲本过于相似，难以获得育种进步；而自交系选育的亲本间过于不同，也难组配出很好的遗传背景材料。因此，本文开发的针对水稻的相似度分析的 IS 方法也可以成为水稻育种时亲本组配定量把关的手段之一。当然，水稻杂交育种亲本相似度阈值具体设定为多少才合适，需要在实践中进一步摸索，要建立在真实育种测配的田间数据基础之上。但是本文提供的方法对于精确地度量相似度阈值，为育种者提供决策依据方面会有很大的帮助。

国外在玉米 EDV 鉴定和相关管理已经远远走在我国前面[6, 26-29]，因为水稻并非其主粮，所以缺乏推进研究的动力。我们相信，实质派生品种的管理战略将使我国能够真正地对水稻育种公司进行赋能，保护和推动育种者获得合理利润，使得他们能够合理壮大和发展，尽快形成走向种业深海，走进国际市场，获取与国际农业巨头公司，如拜耳、杜邦陶氏等国际大公司进行比拼的能力。

湖南省农业科学院作为我国创制杂交水稻的先行者，我们呼吁全社会的水稻育种单位和个人，共同努力，推动水稻育种的正规化。同时，育种家们也要有紧迫感，当国家的战略已经在希望我们行走“一带一路”，彰显国力的时候，我们的技术水准也应该努力尽快提高，积极吸收和消化大生物学领域的最新进展，做到使水稻育种和栽培管理的能力与国家的农业战略相匹配。

综上，通过相似度检测，拒止实质派生品种被审定，从而建立实质派生品种的合理阈值，推进育种中遗传增益累积和育种创新，是我国应该提倡和引导的水稻育种发展方向。

致谢

非常感谢湖南省农业科学院邓华凤研究员团队的博士后张先文老师提供6个水稻两系不育系的种子，也同样非常感谢华中农业大学何予卿教授赠予农垦58常规稻种子用于本文的重测序的常规稻对照，使我们可以比较从农垦58常规粳稻突变而来的农垦58S和农垦58的相似度，并且将此作为判断本系统是否合理的一个重要参数。农业农村部植物新品种测试（成都）分中心余毅研究员在行文过程中也给予了帮助，在此一并致谢。

References
参考文献

[1] Chen H, Liu P, Lv Bo, et al. Discussion of the necessity of setting up EDV principles in our country (in Chinese). Manag Agric Sci Technol, 2009, 28: 10–12 [陈红，刘平，吕波，等. 我国建立实质性派生品种制度的必要性讨论. 农业科技管理，2009，28：10–12]

[2] Chen H. The Exploration of Setting Up EDV Protection Rules in Our Country (in Chinese). Beijing: China Agriculture Press, 2012 [陈红. 我国建立实质性派生品种保护制度探究. 北京：中国农业出版社，2012]

[3] Wang H Y, Liu C X, Sun S Z. Strategy of improving plant new variety protection by the involved seed companies (in Chinese). China Seed, 2016, 12: 19–24 [王海阳，刘彩霞，孙素珍. 论完善种子企业植物新品种权保护的对策. 中国种业，2016，12：19–24]

[4] Tang L, Chen C, Zhuang D Y. Case study of original germplasm and rice production: Perspective based on EDV principles (in Chinese). Resour Sci, 2012, 34: 740–748 [唐力，陈超，庄道元. 中国原始品种遗传资源与水稻生产的实证研究：基于实质性派生品种

制度视角. 资源科学, 2012, 34: 740-748]

[5] International Seed Federation 2014 ISF Guidelines for Handling Disputes on Essential Derivation of Maize Lines. Available from: URL: https: //www.upov.int/upovlex/en/conventions/1991/act1991. html#_7

[6] UPOV. Act of 1991 international convention for the protection of new varieties of plants. Union Internationale pour la Protection des Obtentions Vege-tales. Geneva. 1991

[7] Xu Y, Li P, Zou C, et al. Enhancing genetic gain in the era of molecular breeding. J Exp Bot, 2017, 68: 2641-2666

[8] Hayes B J, Bowman P J, Chamberlain A J, et al. Invited review: Genomic selection in dairy cattle: Progress and challenges. J Dairy Sci, 2009, 92: 433-443

[9] Kahler A L, Kahler J L, Thompson S A, et al. North American study on essential derivation in maize: II. Selection and evaluation of a panel of simple sequence repeat loci. Crop Sci, 2010, 50: 486-503

[10] Noli E, Teriaca M S, and Conti S. Criteria for the definition of similarity thresholds for identifying essentially derived varieties. Plant Breed, 2013, 132: 525-531

[11] Li Z C. The Study and Utilization of China Rice Germplasm and Founder Lines (in Chinese). Beijing: China Agriculture University Press, 2013[李自超. 中国稻种资源及其核心种质研究与利用. 北京: 中国农业大学出版社, 2013]

[12] Li R, Zhu H, Ruan J, et al. *De novo* assembly of human genomes with massively parallel short read sequencing. Genome Res, 2010, 20: 265-272

[13] Harris R S. Improved pairwise alignment of genomic DNA. Dissertation for Doctoral Degree. Pennsylvania: The Pennsylvania State University, 2007

[14] Saitou N, Nei M. The neighbor-joining method: A new method for reconstructing phylogenetic trees. Mol Biol Evol, 1987, 4: 406-425

[15] Yang J, Lee S H, Goddard M E, et al. GCTA: a tool for genome-wide complex trait analysis. Am J Hum Genet, 2011, 88: 76-82

[16] Rubin C J, Zody M C, Eriksson J, et al. Whole-genome resequencing reveals loci under selection during chicken domestication. Nature, 2010, 464: 587-591

[17] Carneiro M, Rubin C J, Di Palma F, et al. Rabbit genome analysis reveals a polygenic basis for phenotypic change during domestication. Science, 2014, 345: 1074-1079

[18] Chen C, Liu Z, Pan Q, et al. Genomic analyses reveal demographic history and temperate adaptation of the newly discovered honey bee subspecies *Apis mellifera sinisxinyuan* n. ssp. Mol Biol Evol, 2016, 33: 1337-1348

[19] Alexander D H, Novembre J, Lange K. Fast model-based estimation of ancestry in unrelated individuals. Genome Res, 2009, 19: 1655-1664

[20] Shi M S. Discovery and preliminary study of recessive male sterile rice which is sensitive to photoperiod (in Chinese). China Agric Sci, 1985, 2: 44-48[石明松. 对光照长度敏感的隐性雄性不育水稻的发现与初步研究. 中国农业科学, 1985, 2: 44-48]

[21] Luo X H, Qiu Z Z, Li R H. Peiai 64S, the male sterile rice line that has lower critical temperature (in Chinese). Hybrid Rice, 1992, 7: 27-29[罗孝和, 邱趾忠, 李任华. 导致不育临界温度低的两用不育系培矮64S. 杂交水稻, 1992, 7: 27-29]

[22] Bruns H A. Southern corn leaf blight: A story worth retelling. Agron J, 2017, 109: 1218-1224

[23] Deng H F, Shu F B, Yuan D Y. Brief introduction of the study and utilization of Annong S-1 (in Chinese). Hybrid Rice, 1999, 14: 1-3[邓华凤, 舒福北, 袁定阳. 安农S-1的研究及其利用概况. 杂交水稻, 1999, 14: 1-3]

[24] Wu X J, Yuan L P. The study of employing population improvement on breeding rice thermosensitive male sterile line (in Chinese). Crop J, 2004, 30: 589–592 [武小金，袁隆平. 应用群体改良技术选育水稻温敏核不育系的研究. 作物学报，2004，30：589–592]

[25] ISF. ISF guidelines for handling dispute on essential derivation of maize lines (Adopted by the ISF Field Crop Section in Beijing in May 2014).International Seed Federation. Nyon. 2014

[26] Heckenberger M, van der Voort J R, Melchinger A E, et al. Variation of DNA fingerprints among accessions within maize inbred lines and implications for identification of essentially derived varieties: II. Genetic and technical sources of variation in AFLP data and comparison with SSR data. Mol Breed, 2003, 12: 97–106

[27] Heckenberger M, Bohn M, Klein D, et al. Identification of essentially derived varieties obtained from biparental crosses of homozygous lines: II.Morphological distances and heterosis in comparison with simple sequence repeat and amplified fragment length polymorphism data in maize.Crop Sci, 2005a, 45: 1132–1140

[28] Heckenberger M, Bohn M, Melchinger A E. Identification of essentially derived varieties obtained from biparental crosses of homozygous lines: I. Simple sequence repeat data from maize inbreds. Crop Sci, 2005b, 45: 1120–1131

[29] Heckenberger M, Muminović J, van der Voort J R, et al. Identification of essentially derived varieties obtained from biparental crosses of homozygous lines: III. AFLP data from maize inbreds and comparison with SSR data. Mol Breed, 2006, 17: 111–125

作者：张上都[#] 袁定阳[#] 路洪凤 简燕 李秀欣 黄安平 罗正良 吕启明 谭炎宁 张勇飞 袁隆平[*] 柏连阳[*]

注：本文发表于《中国科学：生命科学》2020年第50卷第6期。

A Novel Strategy for Creating a New System of Third-generation Hybrid Rice Technology Using a Cytoplasmic Sterility Gene and a Genic Male-sterile Gene

【Summary】Heterosis utilization is the most effective way to improve rice yields. The cytoplasmic malesterility (CMS) and photoperiod/thermosensitive genic male-sterility (PTGMS) systems have been widely used in rice production. However, the rate of resource utilization for the CMS system hybrid rice is low, and the hybrid seed production for the PTGMS system is affected by the environment. The technical limitations of these two breeding methods restrict the rapid development of hybrid rice. The advantages of the genic male-sterility (GMS) rice, such as stable sterility and free combination, can fill the gaps of the first two generations of hybrid rice technology. At present, the third-generation hybrid rice breeding technology is being used to realize the application of GMS materials in hybrid rice. This study aimed to use an artificial CMS gene as a pollen killer to create a smart sterile line for hybrid rice production. The clustered regularly interspaced short palindromic repeats/CRISPR-associated 9 (CRISPR/Cas9) technology was used to successfully obtain a *CYP703A3* - deficient male-sterile mutant containing no genetically modified component in the genetic background of indica 9311. Through young ear callus transformation, this mutant was transformed with three sets of element-linked expression vectors, including pollen fertility restoration gene *CYP703A3*, pollen-lethality gene *orfH79* and selection marker gene *DsRed2*. The maintainer 9311 - 3B with stable inheritance was obtained, which could realize the batch breeding of GMS materials. Further, the sterile line 9311 - 3A and restorer lines were used for hybridization, and a batch of superior combinations of hybrid rice was obtained.

【Keywords】Breeding technology; *CYP703A3*; *DsRed2*; *orfH79*; third-generation hybrid rice technology

Introduction

The global agricultural production must increase by 70% in the next 30 years to feed the world's population, which will increase from almost 7.6 billion to an estimated more than 9.8 billion in 2050 (Carvajal-Yepes *et al.*, 2019). Meanwhile, plant diseases, crop insects, drought and environmental deterioration due to climate change greatly impair crop production and sustainable development (Bhattacharya, 2017; Guo *et al.*, 2018; Hu *et al.*, 2013). Therefore, food security is the most critical problem affecting mankind. The population increase mainly affects the developing countries, especially Asia. Rice is cultivated in more than 100 countries with 90% of the total global production in Asian countries (Fukagawa and Ziska, 2019), where it represents the main staple food resource. Obviously, increasing rice production is one of the most efficient ways to ensure food security in the future.

Technological advances in the agricultural sector, especially plant breeding techniques, contributed to an increase in agricultural productivity (Du *et al.*, 2020; Gils *et al.*, 2008; Khan *et al.*, 2019; Ray *et al.*, 2007). In the last 50 years, remarkable growth in agricultural production has largely depended on cereal crops, especially rice, in China (Fan *et al.*, 2012). Two great leaps in rice production were the use of semi-dwarf gene and heterosis from hybrid rice (Zhang, 2007). At present, the main use of heterosis from hybrid rice includes CMS and PTGMS systems in China (Chen and Liu, 2014; Gu *et al.*, 2019; Zhang, 2007). Several CMS genes have been identified as aberrant, often chimeric, mitochondrial genes in sterile lines, which can be suppressed by Rf genes from restorer lines (Hu *et al.*, 2014). Despite the stability and complete sterility of the CMS line, which is safe in hybrid seed production, the application of CMS/Rf system in breeding is limited by the need for restorer genes, which compensates the CMS-caused impairment in F1 hybrids. As the previously characterized PTGMS genes are nuclear-recessive and male fertility can be restored by any other normal rice cultivars (Ding *et al.*, 2012; Zhou *et al.*, 2012), the system can contribute to a broader exploration of heterosis. However, the fertility of PTGMS lines is greatly affected by the external environment, making hybrid seed production quite vulnerable (Tao *et al.*, 2003). Therefore, generating new sterile lines capable of safe hybrid seed production and amenable to free combination for the development of hybrid rice is imperative.

The advantages of genic male-sterile rice, including stable sterility, safe hybrid seed production and free combination, can fill the gaps of the first two generations of hybrid rice technology, but is insufficient for the batch breeding of sterile line seeds, severely blocking its widespread adoption. Previous studies proposed a series of solutions to respond to the need for the breeding of nuclear sterile materials. In 1993, the Plant Genetic Systems Company proposed the generation of a maintainer line of male-sterile plants through the expression in plants of three sets of element-linked vectors, including fertility restoration gene, pollen abortion gene and selection marker gene. In this scenario, the breeding of sterile lines was achieved by self-crossing. In 2002, Perez-Prat et al. proposed two sets of element systems in which fertility restoration gene and selection marker gene linkages were expressed in male-sterile mutants to achieve the breeding of sterile lines (Perez-Prat *et al.*, 2002). In 2006, the US DuPont-Pioneer Company realized the seed production technology (SPT) of GMS in maize for the first time (Albertsen *et al.*, 2006). In 2013, Deng et al. mentioned that new hybrid seed production systems using modern biotechnology and molecular crop design might lead to a new era of hybrid rice practice (Deng *et al.*, 2013). In 2016, Yuan Longping pointed out that the preliminary study on the third-generation hybrid rice technology was successful, and it involved hybrid rice with a genetically engineered male-sterile line as a genetic tool. The genic sterile rice was bred into a genetically engineered male-sterile line by genetic engineering technology. It combined the advantages of the stable sterility of the CMS system and the free combination of the PTGMS system (Yuan, 2016). In 2016, previous studies used the rice fertility gene *OsNP1*, pollen inactivation gene *ZmAA1* and red fluorescent protein (RFP) gene linkages expressed in the rice pollen-free nuclear sterile mutant osnp1-1, achieving the breeding of the genic male-sterile line and creating a genetically stable sterile line, Zhen18A and corresponding maintainer line (Zhen18B) (Chang *et al.*, 2016). Recently, another group also used *ZmMs7*, *ZmAA1* and *DsRed2* to construct a sterile line in maize for hybrid seed production (Zhang *et al.*, 2018). Up to now, *ZmAA1* and *Dam* were reported to be used as a pollen killer in both of the aforementioned two systems (Wang *et al.*, 2020; Zhang *et al.*, 2018). Relative to the abundance of GMS genes, exploring other pollen-killer genes in plants is critical.

In this study, the third-generation hybrid rice technology system was upgraded with a novel strategy, which used a CMS gene as a pollen killer. *CYP703A3* (Yang *et al.*, 2014; Yang *et al.*, 2018) was knocked out by the CRISPR/Cas9 technology to obtain the *CYP703A3* loss-of-function mutant 9311^{03a3} without foreign transgenic vectors. Furthermore, the CMS gene, *orfH79* (GenBank accession numbers: KC188738; Peng, *et al.*, 2010), from Honglian CMS (HL-CMS) rice, was used to verify the pollen inactivation system. The artificial ORFH79 fused with *RF1b* (Wang *et al.*, 2006) mitochondrial signal peptide (MSP) driven by the pollen-specific promoter *PG*47 (Allen and Lonsdale, 1993) rendered infertile the pollen of indica rice cultivar 9311. Subsequently, the cassette of the recombinant vector, containing *CYP703A3*, *DsRed2* and *orfH79*, was introduced into mutant 9311^{03a3} to maintain the sterility. Moreover, a mechanized sorting system was successfully developed for 9311-3A and 9311-3B seed production. In addition, the sterile line 9311-3A was crossed with several cultivars to evaluate heterosis. In conclusion, this study was novel in using an artificial CMS gene as a pollen killer to create the third-generation hybrid rice more efficiently and demonstrating that more mitochondrial chimeric genes (including orfs) could be applied to the generation of pollen-killer systems.

Results

Construction of the *CYP703A3* knockout mutants

A previous study reported that *CYP703A3* encoded a cytochrome P450 hydroxylase and was critical for pollen development (Yang *et al.*, 2014; Yang *et al.*, 2018). Therefore, *CYP*703*A*3 was selected as the target gene to create the male-sterile line. For the genetic background, line 9311 was chosen, which was one of the most widely used elite lines in hybrid rice in the last 20 years. The CRISPR/Cas9 technology was used to obtain the line with the loss of function of *CYP703A3*.

CYP703A3 consisted of two exons with a full sequence length of 2210 bp encoding a P450 core domain comprising 478 amino acids. In this study, the targeted editing site was located at positions 310–329 nt (Figure 1a and Figure S1). Two independent *CYP703A3* knockout mutants were obtained, namely 9311^{03a3}-*1* and 9311^{03a3}-*2*. In the 9311^{03a3}-*1* mutant, a G base was inserted after position 326, resulting in a frameshift and a premature stop codon. The resulting coding sequence (CDS) encoded a peptide comprising 11 amino acid residues (with only 79 residues remaining of the P450 domain). In the 9311^{03a3}-*2* mutant, the deletion of the ATGG sequence at 323 nt also led to a frameshift and a premature stop codon (Figure 1b). The corresponding predicted peptide was 123-amino acid residue long (with only 77 amino acids remaining of the P450 domain).

Phenotypic analysis of the male-sterile mutant 9311^{03a3}

The phenotypes of these mutants were characterized in detail to ensure that the mutants could be used in the future. The mutant 9311^{03a3} was completely sterile, the amount of pollen of 9311^{03a3} was dramatically reduced, and only a few shrivelled sterile pollen grains were observed (Figure 2a–c). This was consistent with a previous study showing that loss of function of *CYP703A3* led to complete pollen abortion in the variety 9311, in which complete restoration of fertility occurred by complementation (Figure S2). Next, the flowering time and the number of flowering spikelets of this mutant line were checked as flowering characters were important for sterile lines. Statistical analysis showed that the flowering time of 9311^{03a3} (typically from 9:30 to 11:00) was earlier than that of the wild-type 9311 (typically from 11:00 to 12:30; Figure 2d). The total flowering spikelet number per panicle between 9311^{03a3} and 9311 had no obvious difference (Figure 2f). Stigma is quite important for outcrossing, which is essential for hybrid production. Therefore, the exsertion rate of stigma was statistically compared between 9311^{03a3} and wild-type 9311 in this study. The results revealed that the exsertion rates of the unilateral, bilateral and total stigma in 9311^{03a3} were higher than those in 9311 (Figure 2e), and the outcrossing rate of 9311^{03a3} was 58.7%. Furthermore, the panicle layer height of 9311^{03a3} and 9311 was also measured. The results also showed that the mutant 9311^{03a3} was lower than 9311 (Figure 2g). Subsequently, the spikelet number and the tiller number, traits that also contribute to seed production, were compared between 9311^{03a3} and 9311. No obvious differences in these two traits were observed, consistent with a previous study (Figure 2h, i). In conclusion, a novel elite male-sterile line was successfully created by knocking out *CYP703A3* in the 9311 background, with the resulting mutant line 9311^{03a3} exhibiting favourable performance for hybrid seed production.

Construction of a pollen lethal system using *orfH79*

A previous study confirmed that the HL-CMS gene, *orfH79*, could lead to gametophytic male sterility, suggesting that the male gametes could be killed via the ectopic expression of cytotoxic *ORFH79* in pollen (Peng, *et al.*, 2010). An expression vector including the pollen-specific promoter *PG47* was employed to verify the effectiveness of *orfH79* for rice pollen inactivation. Considering that the cytotoxic *ORFH79* functions in mitochondria and interacts with P61, which is a subunit of complex Ⅲ of electron transport chain (Wang, *et al.*, 2013), the *RF1b* MSP was fused at the N-terminus of *ORFH79* (Figure 3a). The construct was used to obtain independent transgenic plants in *9311* genetic

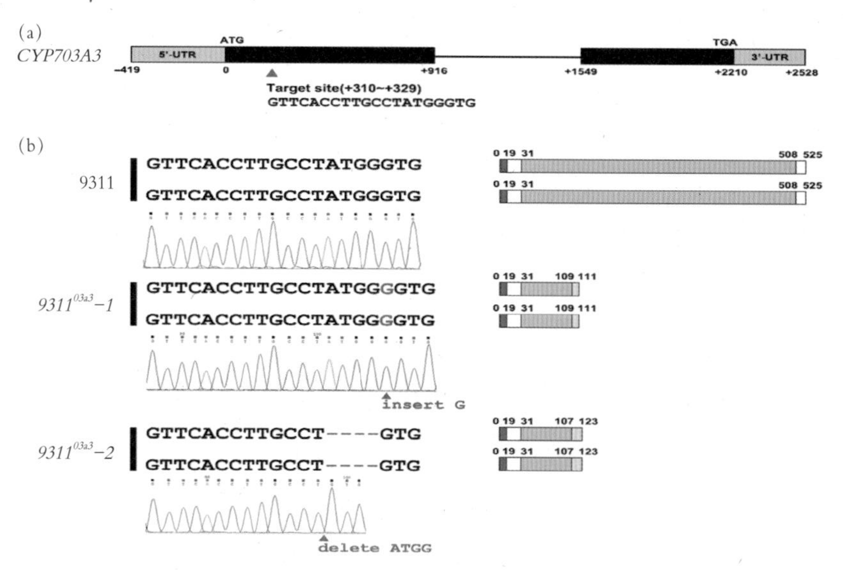

Figure 1 Analysis of the mutation type of the rice *CYP703A3* loss-of-function mutant *9311*^{03a3}. (a) Schematic diagram of the *CYP703A3* gene structure. The red triangle indicates the geneediting targeting site on *CYP703A3*. (b) Mutation types and types of the encoded protein of the mutant *9311*^{03a3}. The red region shows the signal peptide , and the dark grey region indicates the P450 domain.

background, *9311* (*orfH79*) . Pollen fertility testing of the transgenic plants revealed that the *9311* (*orfH79*) pollen grains were semi-dysfunctional (sterility : fertile=148 : 153), while the pollen grains of 9311 plants were normal (Figure 3b, c) . This result was consistent with gametophytic male sterility (Hu *et al.*, 2014) . Taken together, these observations indicated that the expression of the mitochondrial gene *or fH79* driven by pollen-specific promoter *PG47* could inactivate rice pollen, ensuring the creation of the subsequent maintainer line with three-element linkage expression.

Construction of a linkage expression vector and development of the maintainer line 9311–3B

Based on the strategy of the SPT system, the linkage expression vector *pCAMBIA1300 – CRH79* was constructed, containing the rice gene *CYP703A3*, selection marker gene *DsRed2* and pollen inactivation gene *orfH79*. In *pCAMBIA1300 – CRH79*, *CYP703A3* was driven by its native promoter, *DsRed2* was driven by the aleurone-specific promoter *LTP2*, and *orfH79* was driven by the pollen-specific promoter *PG47* (Figure 4a) . Subsequently, the male-sterile mutant *9311*^{03a3} without foreign transgenic vectors was transformed with the linkage expression vector *pCAMBIA1300 – CRH79*. Twelve polymerase chain reaction (PCR) -positive transformed plants were obtained as confirmed using specific primers (Figure 4b and Table S1) . Moreover, the plant architecture, pollen fertility and other agricultural traits were checked. The panicle layer height was also rescued in 9311 – 3B, suggesting that the restoration resulted from the loss of *CYP703A3* function (Figure 4c, d) . Meanwhile, no significant change was found in the total spikelet number per plant and the tiller number per plant of 9311 – 3B (Fig. 4e, f), while the seed setting rate of 9311–3B was 87% (Figure 4g), and the results indicated that the linkage expression vector had no effects on these agricultural traits in rice. The pollen fertility I_2-

KI staining of 12 positive independent lines showed that all lines exhibited 1 : 1 ratio of fertile and sterile pollen (Figure 5a, b and Figure 5g). In addition, the genetic segregation analysis of self-pollination of 12 positive independent lines showed that all lines exhibited 1 : 1 ratio of fluorescent and nonfluorescent seeds (Figure 5c-f, h). These data indicated that by using the mitochondrial gene *orfH79*, the transgenic pollen grains were completely inactivated; moreover, a maintainer line of indica 9311 was successfully created using the linkage expression vector *pCAMBIA1300−CRH79*. By self-crossing the maintainer line, the sterile line 9311 − 3A without the transgenic component and the maintainer line 9311 − 3B with the transgenic component were produced simultaneously.

Development of fluorescence sorting equipment for the third-generation hybrid rice based on multispectral fluorescence imaging technology

One of the main advantages of the third-generation hybrid system is enabling mechanized sorting

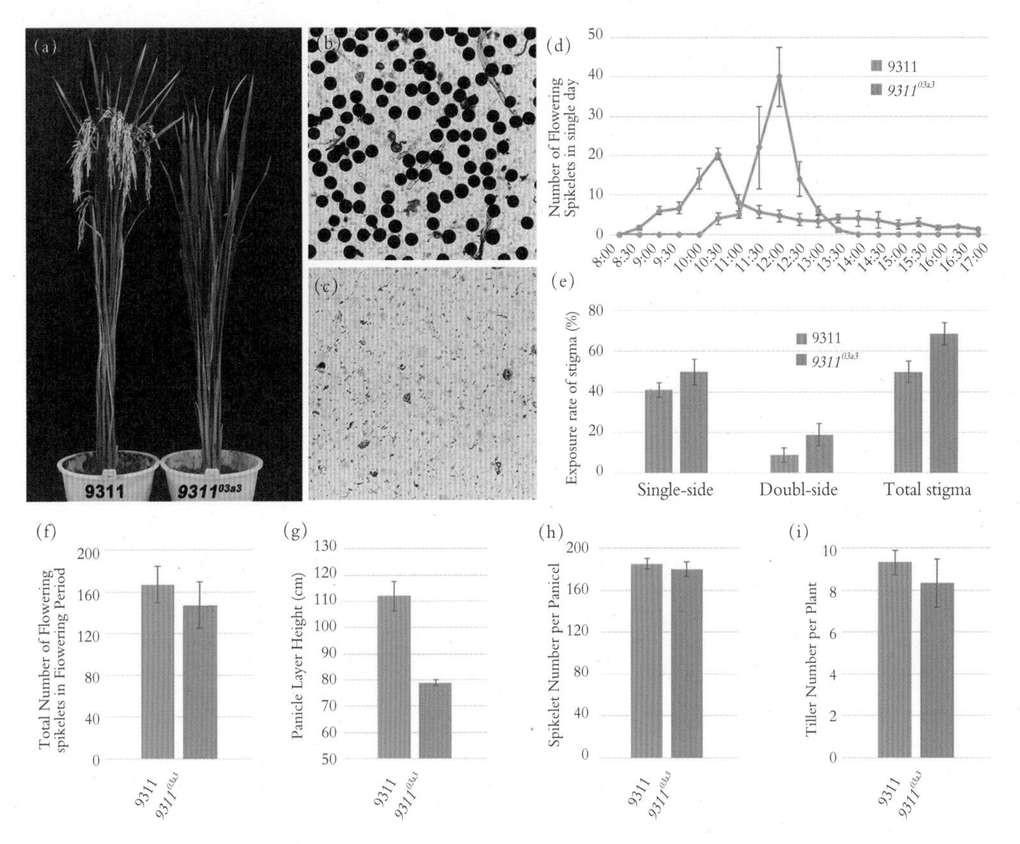

Figure 2 nalysis of phenotype and flowering habits of the male-sterile mutant *9311*^{03a3}. (a) Observation of the plant architecture of wild-type 9311 and mutant *9311*^{03a3}. (b, c) Pollen fertility testing of wild-type 9311 and mutant *9311*^{03a3}. (d) The daily flowering dynamic survey in wild-type 9311 and mutant *9311*^{03a3}. (e) Statistics on the stigma exsertion rate of a single panicle of wild-type 9311 and mutant *9311*^{03a3}. (f) Statistics on the total number of flowering spikelets of single panicle of 9311 and *9311*^{03a3} during the flowering period. (g-i) Statistics on the panicle layer height, total spikelet number per panicle and tiller number per plant of wild-type 9311 and mutant *9311*^{03a3}.

of sterile and maintainer lines, dramatically reducing the cost of hybrid rice production. A fluorescence sorting equipment was created based on multispectral fluorescence imaging technology to establish a mechanized precision colour sorting platform for the third-generation hybrid rice. The seeds were passed through the imaging system at a fixed interval under the combined actions of a vibrating plate and a conveyor belt. A laser with a central wavelength of 565 nm was used as the excitation light source to efficiently excite the weak fluorescent signal in the seeds after performing imaging experiments using multi-excitation light and multispectral fluorescence with different types of seeds containing a fluorescent protein. A weak fluorescence image acquisition system was built with a high-sensitivity fluorescence camera using a narrow-band fluorescence filter with a central wavelength of 580 nm and the full width at half-maximum of 14 nm, a lens of 8 mm focal length and a 1 - inch complementary metal oxide semiconductor (CMOS) chip (Figure S3a). Three seeds were chosen from top to bottom, including those with strong fluorescence, weak fluorescence and none fluorescence, respectively, to check the efficiency (Figure S3b). The images were acquired using the fluorescence imaging system with an exposure time of 20 ms and 200 ms, respectively (Figure S3c, d). Observations showed that the system could highlight or only display the rice seeds containing fluorescence quickly. Subsequently, the acquired images were processed using the detection and classification system of rice seeds containing fluorescence based on a deep-learning algorithm, and seeds containing fluorescence were detected and sorted. Then, sorting was conducted with 1 000 seeds, resulting in the separation of 477 seeds with fluorescence and 523 seeds without fluorescence.

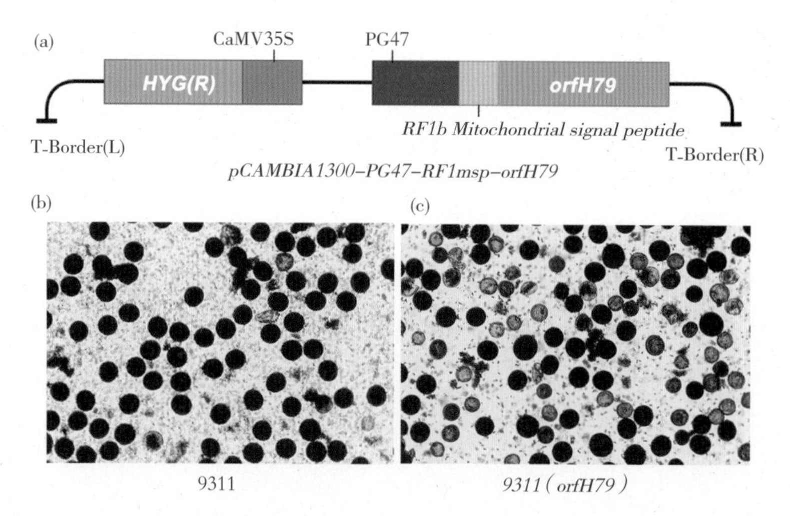

Figure 3 onstruction of the pollen inactivation vector and fertility testing. (a) Schematic diagram of the pollen inactivation vector. (b, c) Pollen fertility testing of wild-type 9311 and *9311* (*orfH79*).

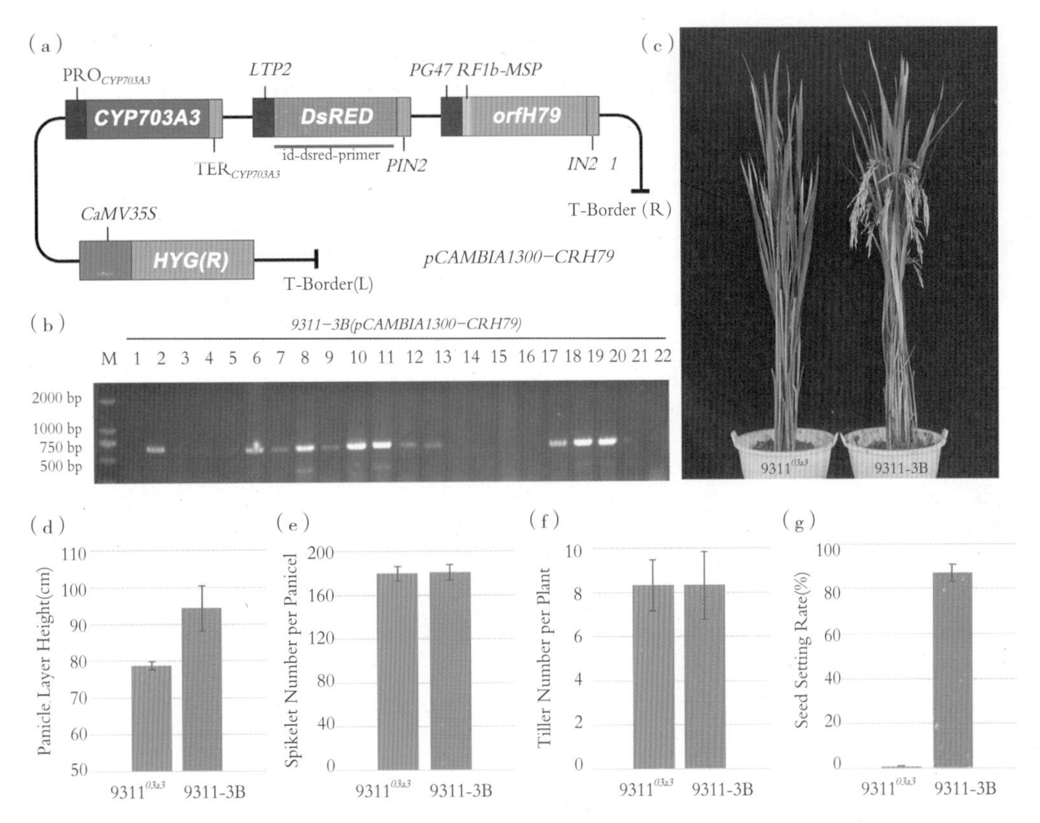

Figure 4 onstruction and transformation of the three-element linkage expression vector and phenotypic identification of the maintainer line. (a) Schematic diagram of the three-element linkage expression vector *pCAMBIA*1300 - *CRH*79. (b) Identification of positive plants transformed by the three-element linkage expression vector. (c) Observation of the plant architecture of the mutant 9311^{03a3} and the maintainer line 9311 - 3B. (d - g) Statistics on panicle layer height, spikelet number per panicle, tiller number per plant and seed setting rate of the mutant 9311^{03a3} and the maintainer line 9311 - 3B.

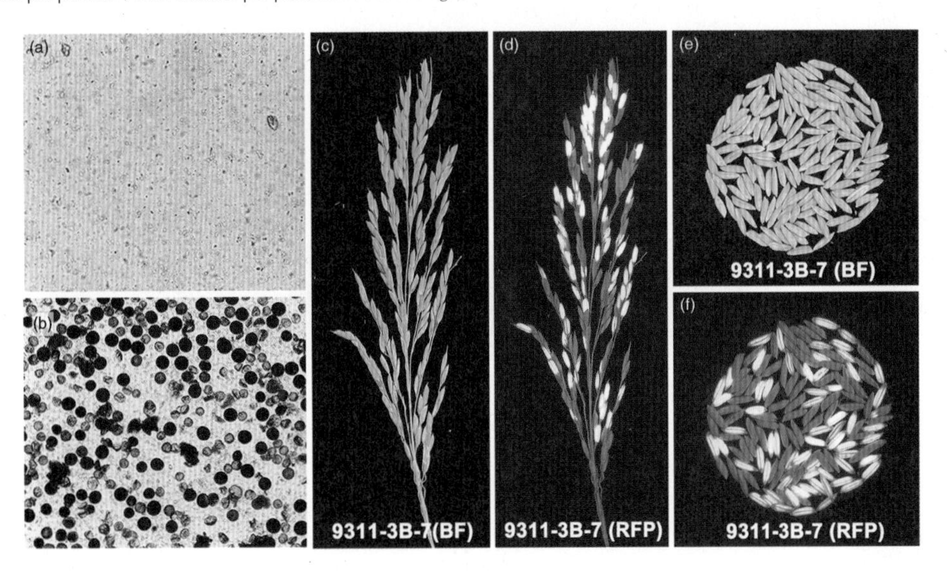

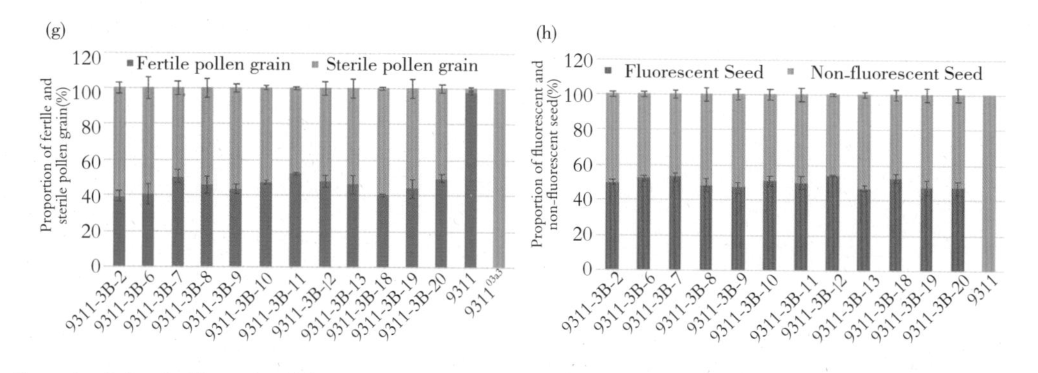

Figure 5 Pollen fertility and seed fluorescence of maintainer line 9311 - 3B. (a , b) I_2-KI staining of pollen of the mutant *9311*^{03a3} and the maintainer line 9311 - 3B. (c , d) Panicle phenotype of the maintainer line 9311 - 3B under bright field (BF) and red fluorescent field (RFP). (e , f) Grain phenotype of the maintainer line 9311 - 3B under bright field (BF) and red fluorescent field (RFP). (g) The proportion of fertile pollen grain to sterile pollen grain in 12 independent 9311 - 3B lines. (h) The proportion of fluorescent to nonfluorescent seeds in 12 independent 9311 - 3B lines.

Application of 9311 - 3A for the third-generation hybrid rice

Sterile line 9311 - 3A was used as the female parent in the crosses to several elite inbreed lines to test its hybrid vigour potential and commercial prospects. The high-quality varieties (restorer lines) P13 - 28 and H34 - 138 applied in production were used as the male parents for hybrid seed production. The hybridized combinations of 9311 - 3A/P13 - 28 and 9311 - 3A/H34 - 138 underwent field experiments with proper management. Furthermore, Y Liang You 1 (YLY1) and Feng Liang You 4 (FLY4) were planted and used as controls. Both these hybrids exhibited expected heterosis and ideal architecture with excellent performance (Figure 6a, b). The plot yield (980 plants) of 9311 - 3A/P13 - 28 and 9311 - 3A/H34 - 138 was approximately 56.47 kg and 56.70 kg, respectively, while that of YLY1 and FLY4 was approximately 49.83 kg and 48.17 kg, respectively (Figure 6c). The yield per mu of 9311 - 3A/P13 - 28 and 9311 - 3A/H34 - 138 was approximately 718.95 kg and 721.93 kg, respectively, increasing the production by more than 13% compared with the two control combinations (Figure 6c).

Discussion

Creation of novel indica GMS rice by knockout of *CYP703A3*

Since the utilization of CMS in rice 50 years ago, the three-line hybrid rice has greatly contributed to food security in the world. The PTGMS system was developed 30 years ago with several pioneer varieties having been released that exhibited strong heterosis. CMS/Rf and PTGMS systems were named as the firstand second-generation hybrid rice, respectively (Yuan, 2016). In line with this, the GMS and fluorescence marker selection systems have been termed as the third-generation hybrid rice. The advantages of GMS rice, such as stable sterility, safe hybrid seed production and free for combination, could make up for the deficiencies of the CMS/Rf and PTGMS systems. However, the inability to propagate a pure male-sterile line for commercial hybrid seed production severely blocked the application of the third-generation hybrid rice. In this system, although the technology involved transgenics, only

(a)

(b)

(c)

	Polt Yield (980 plants) (kg)	Yield (mu)(kg)
YLY1	49.83±1.63	634.50±20.70
FLY4	48.17±1.27	613.28±16.12
9311-3A/P13-28(F1)	56.47±2.03**	718.95±25.79**
9311-3A/H34-138(F1)	56.70±1.50**	721.93±19.10**

Figure 6 Observation on the plant-type and agronomic traits of F1 generation by hybridization between the sterile line 9311 - 3A and restorer lines P13 - 28 and H34 - 138. (a) Plant-type observation of the hybrid F1 generation between the sterile line 9311 - 3A and restorer lines P13 - 28 and 9311 - 3A/P13 - 28. (b) Plant-type observation of the hybrid F1 generation between the sterile line 9311 - 3A and restorer lines H34 - 138 and 9311 - 3A/H34 - 138. (c) Statistics on the plant plot yield and the yield (mu) of YLY1 , FLY4 , 9311 - 3A/ P13 - 28 and 9311 - 3A/H34 - 138.

the maintainer line carried the transgenic elements; neither male-sterile seeds nor hybrid seeds were transgenic for releasing.

In previous studies, researchers characterized *OsNP1* as a GMS gene, which encoded a putative glucose-methanol-choline oxidoreductase-regulating tapetum degeneration and pollen exine formation (Chang *et al.*, 2016). Besides *OsNP1*, several genic genes responsible for male fertility have been well characterized, including *Ms1*, *EAT1*, *TDR*, *Ms26*, *CYP704B2* and *CYP703A3* (Cigan *et al.*, 2017; Fu *et al.*, 2014; Li *et al.*, 2010; Ono *et al.*, 2018; Yang *et al.*, 2019; Yang *et al.*, 2014). The cytochrome P450 hydroxylase *CYP703A3* was highly conserved between japonica and indica rice which suggested that most common rice cultivars included functional *CYP703A3*. Moreover, the loss of function of *CYP703A3* led to complete pollen abortion in the variety 9311, in which complete restoration of fertility occurred by complementation. The *9311*^{03a3} mutant exhibited complete pollen abortion, suitable flowering time and high stigma exsanguination. Because of incomplete heading, the mutant was lower than 9311 and the rate of florets that are wrapped inside the flag leaf is about

38%, but spraying gibberellins (GAs) can solve this problem. The findings showed that the GMS gene *CYP703A3* providing a guarantee for the creation of a breeding system of the recessive nuclear sterile line.

CMS genes can be used as pollen killers

In the third-generation hybrid rice system, the pollen-lethality gene closely linked to the fertility restoration gene is another key element. The use of the pollen-specific promoter to drive the expression of the pollen-killer gene not only achieved the gametophytic segregation (1 : 1) of the progeny of the maintainer line but also prevented the escape of pollen containing the transgenic component, thus avoiding the transgenic safety event. Previously, DuPont-Pioneer devised SPT in a study using maize by the transformation of a male-sterile mutant with a fertility restoration gene linked with the a-amylase gene to disrupt the transgenic pollen and the *DsRed2* gene to mark the transgenic seeds. At present, *ZmAA1* could be used in this strategy (Wu *et al.*, 2016) . The a-amylase protein encoded by this gene belongs to the family of glycosyl hydrolases, which catalyse and hydrolyse the polysaccharide molecule (1 – 4) -a-D-glycosidic bond. The expression of this gene was driven by the pollen-specific promoter *PG47.*

This study tested the mitochondrial gene *orfH79*, which was responsible for HL-CMS rice (Peng *et al.*, 2010) . Previous studies suggested that *orfH79* might be translated into a cytotoxic peptide that interacted with subunit P61 of the electron transport chain complex Ⅲ, causing energy supply disorders and bursting of reactive oxygen species, eventually leading to pollen abortion (Wan *et al.*, 2007; Wang *et al.*, 2013; Yu *et al.*, 2015) . In this study, the cytotoxic peptide *ORFH79* was fused with the MSP from *RF1b.* The resulting artificial *ORFH79* was translocated into mitochondria, leading to mitochondrial dysfunction and, in turn, affecting the development of anther. The nuclear-encoded *ORFH79* is likely to function in mitochondria because the products of the *Rf5* and/or *Rf6* restorer genes only could cleave the *or fH79* transcripts at the post-transcriptional level in the organelle (Hu *et al.*, 2013; Hu *et al.*, 2012; Huang *et al.*, 2015) . In this study, all the 12 positive independent maintainer lines achieved 1 : 1 ratio of fluorescent and nonfluorescent seeds. In addition, the maintainer line 9311 – 3B was used to pollinate the sterile line 9311 – 3A to determine the inactivation efficiency of pollen containing the linkage expression vector *pCAMBIA*1300 – *CRH*79, and the data indicated that the transgenic pollen grains were completely inactivated by using the mitochondrial gene *or fH79* (Table S2) . Most characterized CMS genes have been shown to be mitochondrial chimeric orfs. Therefore, they may also be used as pollen killers for the third-generation hybrid rice technology. The present study opened up another window for the future utilization of mitochondrial chimeric orfs such as WA352 in rice, urf13 in maize, orf138 in brassica, s-pcf in petunia and orf552 in sunflower (Hu *et al.*, 2014) . It will greatly expand the repertoire of genes to be used as pollen killers for crop breeding.

Development of the high-efficient fluorescence seed sorting equipment in rice

Selection marker genes in the third-generation hybrid rice system could accurately and efficiently sort the seeds of sterile and maintainer lines. At present, the most common selection marker was RFP, which was clearly visible to the naked eye under natural light and showed strong red fluorescence under the excitation light at 565 nm. In this study, the expression of the *DsRed2* gene was driven by the aleurone-specific *LTP2* promoter, and the red seeds of the maintainer line containing the transgenic components and the colourless seeds of the sterile line containing no transgenic components were distinguished by colour sorting. Next, the efficiency and precision of the fluorescence sorting equipment were improved to guarantee no leakage of transgenic seeds so as to accelerate the industrialization of the thirdgeneration hybrid rice. In this study, the fluorescence sorting equipment was developed based on multispectral fusion, and a mechanized and precision sorting technology platform was established which can process 35 kg seeds per hour. Two modules of sorting were designed to achieve 100% accuracy. In the automatic-sorting module, 99.99% accuracy was achieved in sorting seeds containing fluorescence, while in the reinspection module, 100% accuracy was achieved (Figure S3a). Consequently, the seeds of nontransgenic (9311 - 3A) could be used for hybrid seed production to explore the heterosis, and the seeds of transgenic (9311 - 3B) could be used for seed production of the maintainer and sterile lines simultaneously. The fluorescence sorting equipment is of great significance to the future commercialization of the third-generation hybrid rice.

High efficiency of seed production and potential for heterosis exploration

The high efficiency of seed production was quite important for hybrid crops. Nowadays, the male-sterile and maintainer lines are sowed at different stages to produce seeds of the male-sterile line, because of their different heading dates. Furthermore, the row ratio of the sterile and maintainer lines was 3 : 1 to improve seed production, and the maintainer lines should be cut away before harvesting the seeds of the sterile line. The seed production maximum was approximately 2.25–3.75 tons per hectare. In this study, the third-generation hybrid rice system allowed for the maintainer and male-sterile seeds to be segregated 1 : 1 at the same time. Therefore, crossing in the field for seed production of sterile lines was not needed. The lowest cost of seed production of sterile lines also could reach a yield of about 4.5–6 tons per hectare.

Ensuring global food security is an important task of agricultural science and technology. In most crops, hybrids exhibited strong heterosis, resulting in hybrid breeding technology being the most widely used and effective technology in crop breeding. In the last 30 years, two generations of hybrid rice, the CMS/Rf and PTGMS systems, have been released. The CMS sterile line only could be restored by restorer lines containing the restorer genes in nuclear genomes, limiting the exploitation of heterosis in rice. Also, the PTGMS sterile line was greatly affected by the external environment, making hybrid seed production quite vulnerable. In this study, the third-generation hybrid rice breeding technology based on genetically engineered nuclear male-sterile line was suggested to be one of the ideal ways to overcome the flaws of the CMS/Rf and PTGMS systems.

The potential for heterosis exploitation was tested by using 9311 - 3A as the female parent and the common cultivar lines as the male parent, and the F1 hybrids were further tested. The results showed that the yield of these combinations for the thirdgeneration hybrid rice was significantly higher by more than 13% compared with the control varieties, showing strong heterosis. This suggested that the more free the common cultivars as male parents, the more the combination and the easier the exploration of strong heterosis. Consequently, the successful creation and application of this technology system could facilitate high quality, stable yield and efficient production, promoting green and sustainable development and ensuring world food security.

Experimental procedures

Plant materials and growth conditions

All the plants were grown in Hunan (summer) and Hainan (winter) provinces, China, under normal conditions. Agricultural traits, including panicle layer height, spikelet number, tiller number, heading date and stigma exsertion rate, were determined in both transgenic and control wild-type plants. The panicle layer height was measured from the aboveground stem base to the tip of the panicle base in the mature stage. The tiller number and the grain number were determined in the mature stage and after harvesting. The pollen fertility was examined by I_2-KI staining as described in previous studies (Hu *et al.*, 2012), and the flowering time of florets and the stigma exsertion rate of *9311*^{03a3} and 9311 were investigated at the time of flowering. The daily flowering dynamic survey was carried out at the peak of flowering, the main panicle of 3 single plants were surveyed from 8: 00 to 17: 00, the number of opened florets during this period was recorded every 30 minutes, and this survey last for 3 consecutive days. The total number of flowering spikelets survey was carried out the main panicle of 3 single plants during flowering period.

Creation of the male-sterile mutant *9311*^{03a3}

The CRISPR/Cas9 knockout vector pYLgRNA-U3 and the plant expression vector pYLCRISPR/Cas9 - MH were gifted by Professor Liu Yaoguang from the South China Agricultural University. The gRNA of the target site of *CYP703A3* was inserted into pYLCRISPR/Cas9 - MH to obtain the CRISPR/Cas9 knockout construct of *CYP703A3* (Figure 1A). The construct was then introduced into 9311 calli by *Agrobacterium tumefaciens*-mediated transformation. Specific primers were designed for PCR amplification, and the amplicon was sequenced for further analysis to check the mutation of *CYP703A3* (Table S1). Similarly, the presence of the hygromycin gene was also tested by PCR, which was absent in the mutant *9311*^{03a3} (Table S1).

Construction of the pollen-killer system with HL-CMS gene *orfH79*

Based on the studies on HL-type hybrid rice, the *orfH79* gene expression element was synthesized by Qingke Biotechnology Co., Ltd., containing the promoter *PG47*, the *RF1b* MSP sequence and the terminator *IN2 - 1*, and was introduced into *pCAMBIA1300.* Then, the construct *pCAMBIA1300–orfH79* was transformed into 9311 calli mediated by *A. tumefaciens.* Transgenic calli and plantlets with hygromycin resistance were selected. The pollen fertility was examined by I_2-KI staining, as described in a previous study (Hu *et al.*, 2012).

Creation of the maintainer line 9311 - 3B

The maintainer cassette vector *pCAMBIA1300 - CRH79* (*pCAMBIA1300 - CYP703A3 - DsRED - orfH79*) was constructed in three steps. The *DsRED* expression element containing the promoter *LTP2*, *DsRed2* CDS and the terminator *PIN2* was first introduced into *pCAMBIA1300* to obtain *pCAMBIA1300 - DsRED.* Next, the *orfH79* expression element containing the promoter *PG47*, the gene *or fH79* and the terminator *IN2 - 1* was introduced into *pCAMBIA1300 - DsRED* to obtain the recombinant vector *pCAMBIA1300 - DsRED-orfH79*. Then, the *CYP703A3* expression element, including *CYP703A3*, with its native promoter and terminator, was cloned to be inserted into *pCAMBIA1300–DsRED-orfH79* and obtain a maintainer cassette vector, *pCAMBIA1300 -*

CRH79. As no seeds were harvested from *9311*^{03a3}, calli from *9311*^{03a3} young panicles, which lacked the CRISPR/Cas9 vector, were induced. The mutant *9311*^{03a3} was detected by sequencing, and the spikelets were taken in 3 - 5 stages of development. The leaf sheaths were removed layer by layer and sterilized with 75% alcohol. Then, the exposed young spikes were placed on the Murashig and Skoog (MS) medium for induction. The vector *pCAMBIA1300* - *CRH79* was transformed into the calli mediated by A. *tumefaciens*. Regenerated transgenic rice plants were grown and self-crossed. Finally, 9311 - 3B was obtained, and the agricultural traits were examined.

Mechanical sorting of the transgenic and nontransgenic seeds

DsRed2 derived from corals was used as the selection marker gene. The excitation centre wavelength of *DsRed2* was 558 nm, and the emission centre wavelength was 583 nm (Bevis and Glick, 2002). The seeds were irradiated with a continuous fullband light source, and the wavelength of the excited fluorescence was measured with a fluorescence spectrometer. Then, the centre wavelengths of the excited and emitted lights of the seeds were determined. A high-sensitivity fluorescence camera was used to capture the fluorescence image of rice seeds. The rice seed recognition method based on deep learning was used to detect the rice seeds in the captured image. If rice seeds with fluorescence were detected, an absorption mechanism was used to remove them.

Creation of the combination of strong heterosis of the third-generation hybrid rice

Two elite restorer cultivars (P13 - 28 and H34 - 138) were selected and crossed with the sterile line 9311—3A to test the application potential of 9311 - 3A. Two hybrid rice control varieties in regional yield trial YLY1 and FLY4 were used as controls. Then, the resulting four types of hybrid seeds were routinely planted in Hunan province, China, under proper management. The yield of the four hybrid populations was further analysed.

Author contributions

L.L. and L.Y. designed the study and drafted the manuscript. S.S., T.W. and Y.L. performed the experiments, analysed the data and drafted the manuscript. J.H. and R.K. modified the draft. M.Q., Y.D., P.L., L.Z., H.D., C.L., D.Y., X.L. and D.Y. participated in performing the experiments. All authors reviewed and approved the manuscript for publication.

Conflicts of interest

The authors declare no conflicts of interest.

Acknowledgements

The authors thank Dr. Dabing Zhang and Dr. Wanqi Liang from Shanghai Jiao Tong University for assistance with fertility genes, Dr. Yaoguang Liu from South China Agricultural University for the CRISPR/Cas9 vector and Dr. Rocha for revising the manuscript. This study was supported by grants from the National Natural Science Foundation of China (No. U19A2031, No. 31671669, No. 31801341 and No. 31901530) and the National Transform Science and Technology Program (No. 2016ZX08001 - 004).

References

1. Albertsen, M.C., Fox, T.W., Hershey, H.P., Huffman, G.A., Trimnell, M.R. and Wu, Y. (2006) *Nucleotide sequences mediating plant male fertility and method of using same.* Patent No. WO2007002267. http: //europepmc.org/article/PAT/WO2007002267

2. Allen, R.L. and Lonsdale, D.M. (1993) Molecular characterization of one of the maize polygalacturonase gene family members which are expressed during late pollen development. *Plant J.* 3, 261 - 271.

3. Bevis, B.J. and Glick, B.S. (2002) Rapidly maturing variants of the Discosoma red fluorescent protein (DsRed) . *Nat. Biotechnol*, 20, 83 - 87.

4. Bhattacharya, S. (2017) Deadly new wheat disease threatens Europe's crops. *Nature* 542, 145 - 146.

5. Carvajal Yepes, M., Cardwell, K., Nelson, A., Garrett, K.A., Giovani, B., Saunders, D.G.O., Kamoun, S. *et al.* (2019) A global surveillance system for crop diseases. *Science*, 364, 1237 - 1239.

6. Chang, Z., Chen, Z., Wang, N., Xie, G., Lu, J., Yan, W., Zhou, J. *et al.* (2016) Construction of a male sterility system for hybrid rice breeding and seed production using a nuclear male sterility gene. *Proc. Natl. Acad. Sci. USA*, 113, 14145 - 14150.

7. Chen, L. and Liu, Y. (2014) Male sterility and fertility restoration in crops. *Annu. Rev. Plant Biol.* 65, 579 - 606.

8. Cigan, A.M., Singh, M., Benn, G., Feigenbutz, L., Kumar, M., Cho, M.J., Svitashev, S. *et al.* (2017) Targeted mutagenesis of a conserved antherexpressed P450 gene confers male sterility in monocots. *Plant Biotechnol. J.* 15, 379 - 389.

9. Deng, X., Wang, H., Tang, X., Zhou, J., Chen, H., He, G., Chen, L. *et al.* (2013) Hybrid rice breeding welcomes a new era of molecular crop design. *Sci. Sin. Vitae*, 43, 864 - 868. https: //doi.org/10.1360/052013 - 299.

10. Ding, J., Lu, Q., Ouyang, Y., Mao, H., Zhang, P., Yao, J., Xu, C. *et al.* (2012) A long noncoding RNA regulates photoperiod-sensitive male sterility, an essential component of hybrid rice. *Proc. Natl. Acad. Sci. USA*, 109, 2654 - 2659.

11. Du, M., Zhou, K., Liu, Y., Deng, L., Zhang, X., Lin, L., Zhou, M. *et al.* (2020) A biotechnology-based male-sterility system for hybrid seed production in tomato. *Plant J.* 102 (5), 1090 - 1100. https: //doi.org/10.1111/tpj.14678.

12. Fan, M., Shen, J., Yuan, L., Jiang, R., Chen, X., Davies, W.J. and Zhang, F. (2012) Improving crop productivity and resource use efficiency to ensure food security and environmental quality in China. *J. Exp. Bot.* 63, 13 - 24.

13. Fu, Z., Yu, J., Cheng, X., Zong, X., Xu, J., Chen, M., Li, Z. *et al.* (2014) The rice basic helix-loop-helix transcription factor TDR INTERACTING PROTEIN2 is a central switch in early anther development. *Plant Cell*, 26, 1512 - 1524.

14. Fukagawa, N.K. and Ziska, L.H. (2019) Rice: Importance for global nutrition. *J. Nutr. Sci. Vitaminol.* 65, S2 - S3.

15. Gils, M., Marillonnet, S., Werner, S., Grutzner, R., Giritch, A., Engler, C., Schachschneider, R. *et al.* (2008) A novel hybrid seed system for plants. *Plant Biotechnol. J.* 6, 226 - 235.

16. Gu, W., Zhang, D., Qi, Y. and Yuan, Z. (2019) Generating photoperiod-sensitive genic male sterile rice lines with CRISPR/Cas9. *Methods Mol. Biol.* 1917, 97 - 107.

17. Guo, J., Xu, C., Wu, D., Zhao, Y., Qiu, Y., Wang, X., Ouyang, Y. *et al.* (2018) Bph6 encodes an exocyst-localized protein and confers broad resistance to planthoppers in rice. *Nat. Genet.* 50, 297 - 306.

18. Hu, J., Wang, K., Huang, W., Liu, G., Gao, Y., Wang, J., Huang, Q. *et al.* (2012) The rice pentatricopeptide repeat protein RF5 restores fertility in Hong-Lian cytoplasmic male-sterile lines via a complex with the glycine3rich protein GRP162. *Plant Cell*, 24, 109 - 122.

19. Hu, J., Huang, W., Huang, Q., Qin, X., Dan, Z., Yao, G., Zhu, R. *et al.* (2013) The mechanism of ORFH79 suppression with the artificial restorer fertility gene Mt-GRP162. *New Phytol.* 199, 52 - 58.

20. Hu, J., Huang, W., Huang, Q., Qin, X., Yu, C., Wang, L., Li, S. *et al.* (2014) Mitochondria and cytoplasmic male sterility in plants. *Mitochondrion*, 19, 282 - 288.

21. Huang, W., Yu, C., Hu, J., Wang, L., Dan, Z., Zhou, W., He, C. *et al.* (2015) Pentatricopeptide-repeat family protein RF6 functions with hexokinase 6 to rescue rice cytoplasmic male sterility. *Proc. Natl. Acad. Sci. USA*, 112, 14984 - 14989.

22. Khan, M.Z., Zaidi, S.S., Amin, I. and Mansoor, S. (2019) A CRISPR way for fastforward crop domestication. *Trends Plant Sci.* 24, 293 - 296.

23. Li, H., Pinot, F., Sauveplane, V., Werck-Reichhart, D., Diehl, P., Schreiber, L., Franke, R. *et al.* (2010) Cytochrome P450 family member CYP704B2 catalyzes the {omega} -hydroxylation of fatty acids and is required for anther cutin biosynthesis and pollen exine formation in rice. *Plant Cell*, 22, 173 - 190.

24. Ono, S., Liu, H., Tsuda, K., Fukai, E., Tanaka, K., Sasaki, T. and Nonomura, K.I. (2018) EAT1 transcription factor, a non-cell-autonomous regulator of pollen production, activates meiotic small RNA biogenesis in rice anther tapetum. *PLoS Genet.* 14, e1007238.

25. Peng, X., Wang, K., Hu, C., Zhu, Y., Wang, T., Yang, J., Tong, J. *et al.* (2010) The mitochondrial gene orfH*79* plays a critical role in impairing both male gametophyte development and root growth in CMS-Honglian rice. *BMC Plant Biol.* 10, 125.

26. Perez-Prat, E. and van Lookeren Campagne, M.M. (2002) Hybrid seed production and the challenge of propagating male-sterile plants. *Trends Plant Sci.* 7, 199 - 203.

27. Ray, K., Bisht, N.C., Pental, D. and Burma, P.D. (2007) Development of barnase/barstar transgenics for hybrid seed production in Indian oilseed mustard (*Brassica juncea* L. Czaern & Coss) using a mutant acetolactate synthase gene conferring resistance to imidazolinone-based herbidice 'Pursuit'. *Curr. Sci.* 93, 1390 - 1396.

28. Tao, A., Zeng, H., Zhang, Y., Xie, G., Qin, F., Zheng, Y. and Zhang, D. (2003) Genetic analysis of the low critical sterility temperature point in photoperiodthermo sensitive genic male sterile rice. *Acta Genetica Sinica*, 30, 40 - 48.

29. Wan, C., Li, S., Wen, L., Kong, J., Wang, K. and Zhu, Y. (2007) Damage of oxidative stress on mitochondria during microspores development in Honglian CMS line of rice. *Plant Cell Rep.* 26, 373 - 382.

30. Wang, Z., Zou, Y., Li, X., Zhang, Q., Chen, L., Wu, H., Su, D. *et al.* (2006) Cytoplasmic male sterility of rice with Boro II cytoplasm is caused by a cytotoxic peptide and is restored by two related PPR motif genes via distinct modes of mRNA silencing. *Plant Cell*, 18 (3), 676 - 687.

31. Wang, K., Gao, F., Ji, Y., Liu, Y., Dan, Z., Yang, P., Zhu, Y. *et al.* (2013) ORFH79 impairs mitochondrial function via interaction with a subunit

of electron transport chain complex III in Honglian cytoplasmic male sterile rice. *New Phytol.* 198, 408 - 418.

32. Wang, M., Yan, W., Peng, X., Chen, Z., Xu, C., Wu, J., Deng, X. *et al.* (2020) Identification of late-stage pollen-specific promoters for construction of pollen-inactivation system in rice. *J. Integr. Plant Biol.* 62 (8), 1246 - 1263. https: //doi.org/10.1111/jipb.12912.

33. Wu, Y., Fox, T.W., Trimnell, M.R., Wang, L., Xu, R., Cigan, A.M., Huffman, G.A. *et al.* (2016) Development of a novel recessive genetic male sterility system for hybrid seed production in maize and other cross-pollinating crops. *Plant Biotechnol. J.* 14 (3), 1046 - 1054.

34. Yang, X., Wu, D., Shi, J., He, Y., Pinot, F., Grausem, B., Yin, C. *et al.* (2014) Rice CYP703A3, a cytochrome P450 hydroxylase, is essential for development of anther cuticle and pollen exine. *J. Integr. Plant Biol.* 56, 979 - 994.

35. Yang, Z., Zhang, Y., Sun, L., Zhang, P., Liu, L., Yu, P., Xuan, D. *et al.* (2018) Identification of *cyp703a3* - 3 and analysis of regulatory role of CYP703A3 in rice anther cuticle and pollen exine development. *Gene*, 649, 63 - 73.

36. Yang, Z., Liu, L., Sun, L., Yu, P., Zhang, P., Abbas, A., Xiang, X. *et al.* (2019) OsMS1 functions as a transcriptional activator to regulate programmed tapetum development and pollen exine formation in rice. *Plant Mol. Biol.* 99, 175 - 191.

37. Yu, G., Wang, L., Xu, S., Zeng, Y., He, C., Chen, C., Huang, W. *et al.* (2015) Mitochondrial ORFH79 is Essential for Drought and Salt Tolerance in Rice. *Plant Cell Physiol.* 56, 2248 - 2258.

38. Yuan, L. (2016) Success of the preliminary research on the third generation hybrid rice. *Sci. Bull.* 61, 3404.

39. Zhang, Q. (2007) Strategies for developing green super rice. *Proc. Natl. Acad. Sci. USA*, 104, 16402 - 16409.

40. Zhang, D., Wu, S., An, X., Xie, K., Dong, Z., Zhou, Y., Xu, L. *et al.* (2018) Construction of a multicontrol sterility system for a maize male-sterile line and hybrid seed production based on the ZmMs7 gene encoding a PHD-finger transcription factor. *Plant Biotechnol. J.* 16, 459 - 471.

41. Zhou, H., Liu, Q., Li, J., Jiang, D., Zhou, L., Wu, P., Lu, S. *et al.* (2012) Photoperiod- and thermo-sensitive genic male sterility in rice are caused by a point mutation in a novel noncoding RNA that produces a small RNA. *Cell Res.* 22, 649 - 660.

Supporting information①

Additional supporting information may be found online in the Supporting Information section at the end of the article.

Figure S1 Sequence list of CYP703A3 (DNA and protein) in 9311 and *9311*^{03a3} background.

Figure S2 Construction of complementary vector of male-sterile mutant *9311*^{03a3} and fertility testing.

Figure S3 Model structure diagram of a colour sorter and detection of the intensity of fluorescent colour sorting.

Table S1 Primers used in this study.

① 补充信息可在网页（https: // link. springer. com/article/10. 1007/s 00425 - 014 - 2160 - 9）查询。

Table S2 The percentage of red fluorescent seeds in the total hybrid seeds produced by the maintainer line 9311 – 3B crossing with the sterile line 9311 – 3A.

作者：Shufeng Song# Tiankang Wang# Yixing Li# Jun Hu Ruifeng Kan Mudan Qiu Yingde Deng Peixun Liu Licheng Zhang Hao Dong Chengxia Li Dong Yu Xinqi Li Dingyang Yuan Longping Yuan* Li Li*

注：本文发表于 *Plant Biotechnology Journal* 2020 年第 19 卷第 2 期。

超优千号定向改良前后抗性、产量和主要农艺性状的对比评价

【摘　要】超优千号近年来在多地创造了水稻高产纪录，但存在高感白叶枯病和感稻瘟病的缺陷。结合常规回交育种方法与高通量全基因组分子标记辅助选择技术，对超优千号父本 R900 进行了白叶枯病和稻瘟病抗性的定向改良。在不到 2 年时间内，获得了遗传背景回复率高（>95%）、抗性目标基因纯合的 R900 改良系，配组获得改良超优千号杂交组合。2019 年对改良前后的超优千号多点大区对比试验表明，超优千号改良前后的产量相当，主要农艺性状相似。抗性鉴定表明改良 R900 以及改良超优千号的稻瘟病和白叶枯病抗性较改良前明显提高。通过超优千号定向改良实践，成功验证了利用全基因组分子标记辅助育种技术，在保持原品种超高产潜力和主要农艺性状不变的基础上，能够实现抗性的快速定向改良。

【关键词】杂交水稻；超优千号；改良；抗病；产量；农艺性状

水稻的高产稳产对于确保国家粮食安全具有重要战略意义，杂交水稻的成功应用大幅度提高了中国的粮食产量。三系法杂交水稻于 1973 年实现配套，培育成具有明显产量优势的杂交水稻品种并在中国大面积推广，一般比常规水稻增产 20% 左右[1]。以光温敏雄性不育系为遗传工具的两系法杂交水稻于 1995 年研究成功，两系杂交水稻一般比同熟期的三系杂交稻增产 5%～10%[2]。

高产是水稻育种永恒的主题和基本育种目标，通过进一步利用籼粳亚种间杂种优势、利用优异种质资源中的有利基因、设计理想株型等技术途径[3-4]，在培育水稻超高产品种方面中国持续取得突破，一批具备众多优良性状的超高产品种不断刷新世界高产纪录[5]，实现了超级稻育种计划第 4 期每公顷 15 t 的产量目标[6]。从三系杂交稻到两系杂交稻再到超级稻，杂交稻育种的 3 次产量提升为中国粮食增产和保障粮食安全提供了强有力的技术支撑。

超优千号（审定名：湘两优 900）是由水稻两系不育系广湘 24S 与籼粳交强优势恢复系 R900 配组而成的杂交稻新组合，2017 年通过国家水稻品种审定[7]。其穗大粒多、根系发达，具有突出的高产潜力和抗倒伏能力，近年来在中国多地超高产攻关示范中创造了水稻单产纪录[8-12]。2015—2017 年连续 3 年分别在云南个旧和河北永年大面积示范，产量达到每公顷 16 t 以上[6]；2018 年在云南个旧获得每公顷 17.28 t 的单产世界纪录[13]。但该品种存在高感白叶枯病和感稻瘟病的明显缺陷[7]，商业生产中稳产性受到病害威胁，限制了其在生产上的大规模推广应用。

分子育种技术的快速发展与抗性基因的发掘利用，为定向改良水稻品种的抗病性奠定了基础。从 2016 年春季开始，华智生物技术有限公司利用高通量的全基因组 SNP 分子标记辅助育种技术对超优千号的父本 R900 进行了针对白叶枯病和稻瘟病抗性的定向改良。借助于连锁的 SNP 分子标记对抗性目标基因作前景选择，同时利用全基因组 SNP 标记对遗传背景进行选择，通过杂交、连续回交和自交，快速精准地提高了 R900 的稻瘟病和白叶枯病抗性水平，同时保持了超优千号改良前后产量和主要农艺性状的一致性。在不到 2 年时间内，获得了抗性目标基因纯合、R900 遗传背景回复率高（>95%）的改良株系（称为“改良 R900”）。2018 年利用改良后的 R900 与广湘 24S 配组获得了改良的超优千号杂交组合（称为“改良超优千号”）[14]，进而于 2019 年在长江中下游稻区和海南开展了多点大区对比试验，对超优千号抗性定向改良前后的产量和主要农艺性状进行比较，客观科学地评价了杂交水稻品种分子辅助定向改良效果[15]。

1 材料与方法

多点对比试验杂交组合为超优千号和改良超优千号。设置 7 个试验点，分别是湖南长沙、湖北宜昌、湖北鄂州、安徽合肥、江苏扬州、江西宜春和海南三亚。对比试验在各试点同一田块进行，湖南长沙点的超优千号改良前后组合各种植 667 m^2，海南三亚点改良前后组合各种植 333.5 m^2，其他 5 个点改良前后组合各种植 66.7 m^2。试验田四周设置保护行不少于 4 行，田间栽培管理参照国家级水稻品种审定绿色通道试验方案进行。观察记载与测量项目包括播种期、抽穗期、穗数、株高、穗长、每穗总粒数、每穗实粒数、结实率、千粒重等主要农艺和经济性状。成熟时取样 10 株测量株高并室内考种，各试验点全区收获测产。采用 t 测验法，检验改良前后 2 个组合之间的产量及主要农艺、经济性状差异显著性。

白叶枯病抗性鉴定在长沙春华田间进行，于孕穗期对 R900、改良 R900、超优千号、改良超优千号人工接种强致病的 2 个白叶枯病代表性菌株 FuJ 和 PXO99。白叶枯人工接种采用剪叶法，用剪刀蘸取一定浓度的白叶枯菌接种体，剪去水稻上部完全展开叶片顶端 2 cm 左右。接种后 20 d 调查，每份材料至少调查 10 张以上叶片，按接种叶片的病斑面积 / 叶面积比例，判别病情、分级并记录，取均值作为最终的病级和抗性评价依据。

在人工气候箱进行稻瘟病抗性鉴定，对苗期 R900、改良 R900、抗性供体亲本 HZ02455、感病对照 CO39 植株进行人工接种强致病性稻瘟菌菌株 M2006123A1。将稻瘟菌菌株用连接压力泵的喷头进行喷雾接种，每个育苗杯喷 5 mL。接种后于 26 ℃恒温箱保湿暗培养 24 h，然后恢复正常光照。期间定时喷雾保湿，促使幼苗发病，接种后 10 d 进行调查。

分别在四川邛崃、贵州兴义、湖南湘西的稻瘟病病圃自然鉴定超优千号改良前后组合的叶瘟和穗瘟。每份材料插 2 行、每行插 8 株，单本插，诱发感病品种栽插在供试鉴定品种的周围。分蘖盛期对抗性鉴定材料逐株进行叶瘟发病病级调查，然后求加权平均值即为发病等级。收获前 1 周进行穗瘟发病率及损失率调查。

2 结果与分析

2.1 R900 的白叶枯病和稻瘟病抗性改良效果

2019 年，田间孕穗期人工接种白叶枯病抗性鉴定试验结果表明，R900 接种菌株 FuJ 的病级为 7 级（感），接种菌株 PXO99 的病级为 9 级（高感），改良 R900 接种 2 个菌株的病级都是 1 级（抗）（表 1，图 1）。超优千号接种 2 个菌株的病级都是 9 级（高感），而改良超优千号接种 2 个菌株的病级都为 1 级（抗）（表 1）。

表 1 改良 R900 和改良超优千号的白叶枯病抗性评价

白叶枯病菌株	供试材料			
	R900	改良 R900	超优千号	改良超优千号
FuJ	7	1	9	1
PXO99	9	1	9	1

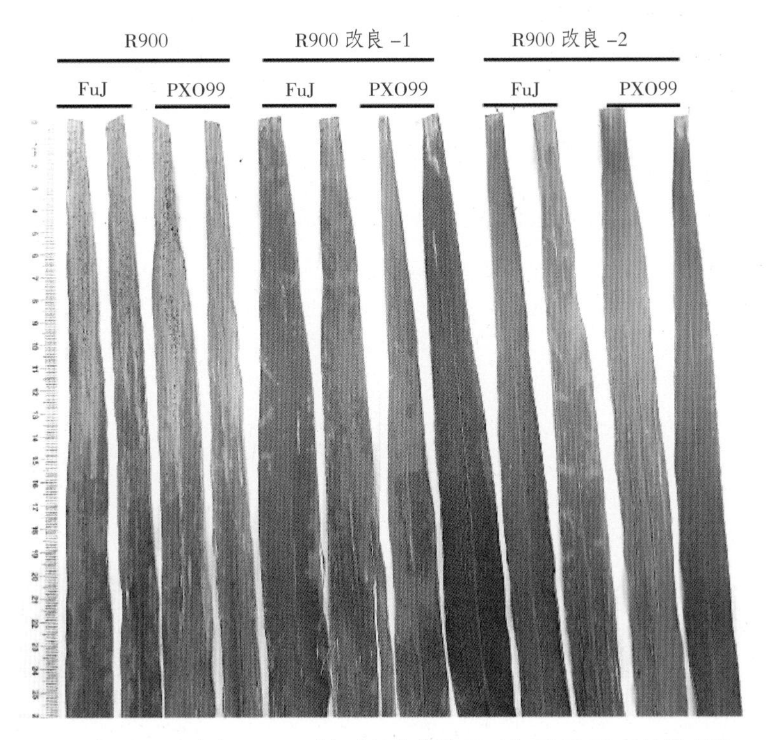

图 1　R900 和改良 R900 对白叶枯病菌株 FuJ 与 PXO99 的抗性表型

苗期接种稻瘟菌菌株 M2006123A1 的抗性鉴定结果表明，改良 R900 和抗性供体亲本 HZ02455 均表现高抗，受体亲本 R900 和感病对照 CO39 表现感病（图 2）。

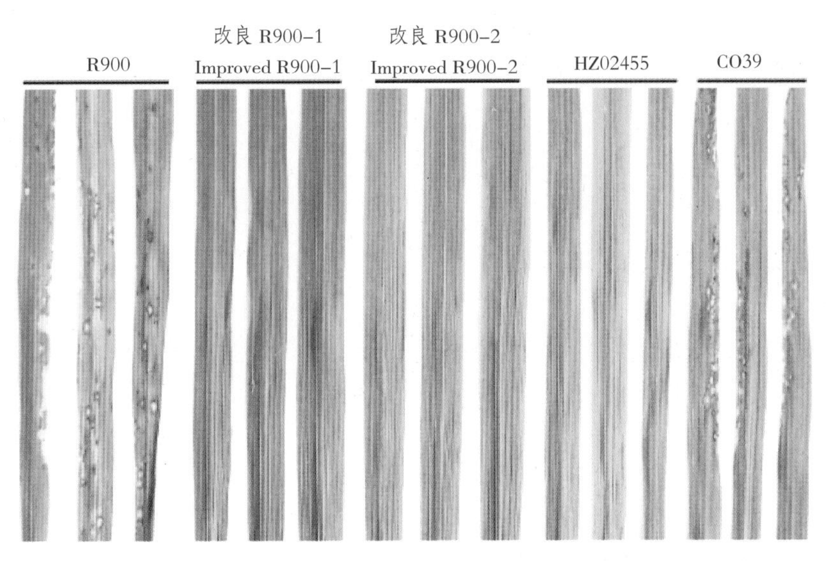

图 2　R900 和改良 R900 苗期对稻瘟菌菌株 M2006123A1 的抗性表型

在 2019 年野外稻瘟病病圃抗性鉴定试验中，四川邛崃病圃超优千号叶瘟为 5 级（中感），改良超优千号为 4 级（中感），超优千号穗瘟发病率为 75%（高感），改良超优千号为 6.7%（中抗）。湖南湘西病圃超优千号叶瘟为 3 级（中抗），改良超优千号为 0 级（高抗），超优千号穗瘟发病率为 10%（中抗），改良超优千号为 0%（高抗）。贵州兴义病圃超优千号和改良超优千号叶瘟都是 2 级（抗），超优千号穗瘟发病率为 100%（高感），改良超优千号为 95.6%（高感）（表 2）。

表 2　超优千号与改良超优千号多点稻瘟病病圃抗性评价

鉴定地点	超优千号 S1000		改良超优千号 IS1000	
	最高叶瘟 / 级	最高穗瘟 /%	最高叶瘟 / 级	最高穗瘟 /%
湖南湘西	3	10.0	0	0.0
四川邛崃	5	75.0	4	6.7
贵州兴义	2	100	2	95.6

表 3　超优千号与改良超优千号的产量及主要农艺性状表现

地点	供试材料	单产 /（t · hm^{-2}）	播始历期 /d	株高 / cm	单株有效穗数	穗长 / cm	每穗总粒数	结实率 /%	千粒重 /g
长沙	超优千号 S1000	9.74	86.3	118.9	10.1	25.6	295.8	74.8	22.7
	改良超优千号 IS1000	10.10	85.2	117.4	9.4	26.2	288.5	80.9	23.2
鄂州	超优千号 S1000	10.94	94.0	123.8	10.4	25.6	304.8	80.5	22.8
	改良超优千号 IS1000	10.99	94.0	120.7	9.0	25.7	323.6	86.5*	23.1
合肥	超优千号 S1000	10.00	97.0	123.5	11.3	24.7	261.5	84.7	23.5
	改良超优千号 IS1000	9.99	96.0	124.9	10.8	24.6	262.8	84.7	23.0
扬州	超优千号 S1000	11.13	91.0	116.3	10.2	22.3	250.7	92.1	25.2
	改良超优千号 IS1000	10.69	91.0	114.3	10.3	21.8	231.6	91.3	24.6
宜昌	超优千号 S1000	10.18	103.0	120.0	9.7	25.1	300.5	80.8	23.1
	改良超优千号 IS1000	10.23	103.0	119.7	9.3	24.5	303.4	84.3*	23.1

续表

地点	供试材料	单产 /（t · hm^{-2}）	播始历期 /d	株高 / cm	单株有效穗数	穗长 / cm	每穗总粒数	结实率 /%	千粒重 /g
宜春	超优千号 S1000	10.31	85.0	111.0	9.2	24.5	275.6	84.4	24.1
	改良超优千号 IS1000	11.00	84.0	111.1	9.1	24.1	261.6	84.6	24.1
三亚	超优千号 S1000	10.18	88.0	97.0	12.9	22.5	298.1	79.4	26.2
	改良超优千号 IS1000	10.28	91.0	97.2	11.9	22.5	283.9	85.0*	27.1
平均值	超优千号 S1000	10.36	92.0	115.8	10.5	24.3	283.9	82.4	24.0
	改良超优千号 IS1000	10.47	92.0	115.0	10.0	24.2	279.3	85.3	24.0

注：* 表示改良超优千号与超优千号差异达到 0.05 显著水平。

2.2 超优千号改良前后的产量比较

普通栽培条件下，2019 年多点对比试验的产量结果显示，超优千号 7 个点的平均单产为 10. 36 t/hm^2，改良超优千号平均单产为 10. 47 t/hm^2，改良后增产 1. 08%，统计检验表明改良前后差异没有达到显著水平（表 3）。就各个试验点的产量而言，改良超优千号在湖南长沙、湖北宜昌、湖北鄂州、江西宜春和海南三亚这 5 个试验点均高于超优千号，而在安徽合肥和江苏扬州这 2 个试验点略低。

2.3 超优千号改良前后的主要农艺性状比较

2019 年普通栽培条件下多点对比试验结果表明，超优千号所考察 7 个主要农艺性状，即生育期、株高、有效穗、穗长、每穗总粒数、结实率和千粒重，改良前后表现一致，*t* 检验发现 7 个点的平均值差异均未达到显著水平（表 3）。就各个点的主要农艺性状表现而言，改良超优千号在湖北鄂州、湖北宜昌和海南三亚这 3 个试验点的结实率显著高于超优千号，其他试验点改良前后主要农艺性状的差异均未达到显著水平。

3 结论与讨论

本研究表明，在大田普通栽培条件下，改良超优千号比超优千号在平均产量上略有增加，其他主要农艺性状改良前后均没有明显差异，说明对超优千号白叶枯病和稻瘟病抗性定向改良后，保持了产量和主要农艺性状的原有水平。对多个试验点的田间现场考察、目测也发现，改良前后生育期、株高、稻穗长短、籽粒大小、株叶形态等综合农艺性状和产量水平均没有差异（图 3）。

图 3　超优千号与改良超优千号成熟期田间表现（湖北鄂州）

大面积高产攻关数据也表明，超优千号改良后超高产潜力得到了保持。根据国家杂交水稻工程技术研究中心数据，2018 年云南个旧水稻超高产攻关基地“百亩片”种植超优千号，平均单产 17.28 t/hm^2；2019 年在该基地“百亩片”种植改良超优千号，专家组按农业部超级稻测产办法测产，平均单产 17.06 t/hm^2；2 年之间的产量差异为 1.3%，虽然不是同年同田对比，但来自同一基地前后 2 年的大面积产量数据非常接近，进一步验证了超优千号定向改良的效果。

抗性方面，白叶枯病的田间人工接种抗性鉴定结果表明，R900 抗性定向改良后，白叶枯病抗性由感或高感提升至抗，改良超优千号白叶枯病抗性也由原高感提升至抗。人工气候箱苗期稻瘟病抗性鉴定结果表明，R900 抗性定向改良后，苗期叶瘟抗性由感病提高至高抗。至于田间病圃稻瘟病自然鉴定，由于各生态区生理小种和发病条件不同，苗瘟和穗瘟抗性表现出地区间差异，例如，在四川邛崃和湖南湘西表现抗病，而在贵州兴义则表现感病，总体上改良后的超优千号叶瘟和穗瘟抗性水平比改良前明显提高。

其他重要性状比如抗倒伏性也得到了保持。近年来，华南地区的高产示范显示，超优千号能够抵御台风而不倒伏并实现高产[16]。2019 年夏季 / 雨季，在海南陵水种植的 667 m^2 大区对比试验表明，改良超优千号成熟期遇到台风也未发生倒伏，而成熟期相当的对照品种丰两优4号全部倒伏。

通过不同抗性基因模块组合，我们已获得了表现优异的系列R900改良株系，用这样的多基因聚合株系配组而来的改良超优千号抗性将得到进一步的加强。同时，通过深入评价改良系稻瘟病和白叶枯病的抗谱，将为不同基因组合模块的应用区域提供参考依据，导入抗稻瘟病和抗白叶枯病基因的改良R900将为与其配制的超高产杂交组合在生产应用上的高产、稳产特性提供安全保障。

关于利用分子标记辅助回交育种技术改良杂交水稻亲本的病虫抗性，此前已有很多报道，包括恢复系[17-18]、常规稻[19]、三系不育系[20]、两系不育系[21]等，亲本和杂交组合在抗性提高的情况下维持了原品种的优良性状。定向改良强调背景选择，最大程度减少连锁累赘，快速恢复原品种的遗传背景和综合农艺性状。对于覆盖全基因组的大量分子标记背景检测，SNP分子标记技术具有高通量、快速和低成本的优势[22]。通过分子标记背景选择，可减少2~3个回交世代[23-24]，降低田间育种成本，促进品种更快的更新换代和推广应用。超优千号代表了目前水稻大面积高产示范中的较高水平，通过定向改良实践，利用全基因组分子标记辅助育种技术，在保持超高产潜力和主要农艺性状不明显改变的基础上，能够快速精准的提升其病虫害抗性水平，技术的可靠性得到成功验证，这对于水稻等重要作物品种的遗传改良具有重要借鉴意义。

References
参考文献

[1] 袁隆平. 杂交水稻的育种战略设想［J］. 杂交水稻，1987(2): 1-3.

[2] 袁隆平. 中国杂交水稻的研究与发展［J］. 科技导报，2016，34(20): 64-65.

[3] 彭俊华，廖佩言. 水稻超高产育种的最新进展与问题探讨［J］. 四川农业大学学报，1990，8(3): 223-228.

[4] 袁隆平. 杂交水稻超高产育种［J］. 杂交水稻，1997，12(6): 1-3.

[5] CHEUNG F.The search for the rice of the future［J］. Nature，2014，514(7524): 60-61.

[6] 袁隆平. 中国杂交水稻的研究与发展［J］. 农学学报，2018，8(1): 71-73.

[7] 国家水稻数据中心. 中国水稻品种及其系谱数

据库［DB/OL］.（2020-03-30）［2020-03-30］. http://www.ricedata.cn/variety/varis/616642.htm.

［8］林建勇，陈明霞，宗伟勋. 超级杂交稻湘两优900 的特征特性及栽培技术要点［J］. 南方农业，2019，13（5）：26，28.

［9］于相满，古幸福，李冬娴，等. 栽培密度对湘两优 900 产量及主要农艺性状的影响［J］. 广东农业科学，2019，46（6）：1-8.

［10］吴朝晖，孙钦洪，董玉信，等. 超优千号在山东莒南县试验示范表现及栽培技术［J］. 杂交水稻，2017，32（1）：47-48，77.

［11］陈健晓，孟卫东，林朝上，等. 超级稻苗头组合超优 1000 在海南三亚 6.82 hm^2 连片高产示范表现及栽培技术［J］. 杂交水稻，2016，31（3）：40-42.

［12］魏中伟，马国辉. 超高产杂交水稻超优 1000 的生物学特性及抗倒性研究［J］. 杂交水稻，2015，30（1）：58-63.

［13］科技日报. 云南个旧：超级杂交稻片测突破每公顷十七吨［EB/OL］.（2018-09-03）［2020-03-29］.http://digitalpaper.stdaily.com/http_www.kjrb.com/kjrb/html/2018-09/03/content_402910.htm？div=-1.

［14］华智生物技术有限公司. 袁隆平院士田间视察华智应用分子育种技术精准改良的超高产杂交组合超优千号［EB/OL］.（2018-09-30）［2020-03-29］. http://www.wiserice.com.cn/index.php/blog/hznews/item/217-2018-09-30-10-17-05.

［15］华智生物技术有限公司. “多地多点试验，数据翔实可靠”：袁隆平院士点赞华智生物精准改良成果！［EB/OL］.（2019-12-18）［2020-03-29］. http://www.wiserice.com.cn/index.php/blog/hznews/item/253-2019-12-18-07-28-34.

［16］周继勇，林绿，刘夏平，等. 湘两优 900 在华南作双季超级稻高产攻关中的种植表现及高产栽培技术［J］. 杂交水稻，2017，32（6）：34-36.

［17］汤剑豪，叶胜拓，米甲明，等. 分子标记辅助选择改良水稻恢复系香 5 的病虫抗性［J］. 杂交水稻，2020，35（2）：60-67.

［18］FAN F F，LI N W，CHEN Y P，et al.Development of elite BPHresistant wide-spectrum restorer lines for three and two line hybrid rice［J］.Frontiers in plant science，2017（8）：986.

［19］KHAN G H，SHIKARI A B，VAISHNAVI R，et al.Markerassisted introgression of three dominant blast resistance genes into an aromatic rice cultivar Mushk Budji［J］.Scientifi c reports，2018，8（1）：4091.

［20］RAMALINGAM J，SAVITHA P，ALAGARASAN G，et al.Functional marker assisted improvement of stable cytoplasmic male sterile lines of rice for bacterial blight resistance［J］.Frontiers in plant science，2017（8）：1131.

［21］YANG D B，TANG J H，YANG D，et al.Improving rice blast resistance of Feng39S through molecular marker-assisted backcrossing［J］.Rice，2019（12）：70.

［22］KHANNA A，SHARMA V，ELLUR R K，et al.Development and evaluation of near-isogenic lines for major blast resistance gene（s）in Basmati rice［J］.Theoretical and applied genetics，2015，128（7）：1243-1259.

［23］HOSPITAL F，CHEVALET C，MULSANT P.Using markers in gene introgression breeding programs［J］. Genetics，1992，132（4）：1199-1210.

［24］FRISHCH M，MELCHINGER A E.Marker-assisted backcrossing for simultaneous introgression of two genes［J］.Crop science，2001，41（6）：1716-1725.

作者：贺治洲# 辛业芸# 江 南 梁 毅 黄 捷 杨汉树 王永卡 李宙炜 肖金华 袁隆平* 彭俊华*

注：本文发表于《杂交水稻》2020 年第 35 卷第 5 期。

Resequencing of 1,143 *Indica* Rice Accessions Reveals Important Genetic Variations and Different Heterosis Patterns

Obtaining genetic variation information from *indica* rice hybrid parents and identification of loci associated with heterosis are important for hybrid rice breeding. Here, we resequence 1,143 *indica* accessions mostly selected from the parents of superior hybrid rice cultivars of China, identify genetic variations, and perform kinship analysis. We find different hybrid rice crossing patterns between 3-and 2-line superior hybrid lines. By calculating frequencies of parental variation differences (FPVDs), a more direct approach for studying rice heterosis, we identify loci that are linked to heterosis, which include 98 in superior 3-line hybrids and 36 in superior 2-line hybrids. As a proof of concept, we find two accessions harboring a deletion in *OsNramp5*, a previously reported gene functioning in cadmium absorption, which can be used to mitigate rice grain cadmium levels through hybrid breeding. Resource of *indica* rice genetic variation reported in this study will be valuable to geneticists and breeders.

Indica (xian) rice, one of the two major subspecies of Asian cultivated rice (*Oryza sativa*)[1], is a staple food for people in many Asian countries. According to a previous study[2], *indica* rice can be divided into two major genetic subgroups: *indica* Ⅰ (*Ind*Ⅰ) and *indica* Ⅱ (*Ind*Ⅱ). Heterosis is the phenomenon in which the first filial generation of two parent lines outperforms its homozygous parents. Taking advantage of heterosis, the commercial breeding of hybrid rice, which started in China in the 1970s and has spread to the other main rice-producing countries in Asia, has greatly secured the food supply in these countries[3]. Since then, many important *indica* hybrid parents have been developed. Although there are *indica-japonica* and *japonicajaponica* hybrids, the most common rice hybrids are *indica-indica* hybrids, or *indica* hybrids for short.

There are two types of *indica* hybrid rice: 3-line hybrids and 2-line hybrids. The former, which have been commercially available since the

1970s, are generated from crosses between a cytoplasmic male sterile (CMS) line with a sterility gene in the mitochondrial genome and a nonfunctional fertility gene in the nuclear genome, a restorer line (3R) with a functional fertility gene in the nuclear genome that can reverse sterility, and a maintainer line (3M). The 2-line hybrids, which have been commercially available since the 1990s, are generated from a bifunctional line that can behave either as a genic male sterile (GMS) line or a normal line that can reproduce itself (depending upon environmental conditions such as day length and temperature) and a restorer line, which can be either a 2-line restorer (2R) or a 3-line restorer (3R) [4–8]. It has been thought that a small number of different genes are likely responsible for 3-and 2-line yield heterosis, as based on studies on some *indica* hybrids[9, 10].

The first large rice resequencing project, the 3000 Rice Genomes Project in 2014, included many *indica* rice varieties, but only 322 of them were from China[11]. Despite other rice resequencing studies, the read lengths were short (between 73 and 90 bp), and the sequencing depth was low (between one- and threefold) [2, 12]. Many important Chinese *indica* rice accessions, such as Peiai64 (an important germplasm), Quan9311A (a popular CMS), Mianhui146 (a popular 3R), and Shen08S (a popular GMS), were not included in these studies.

To date, almost all rice genomic studies use the *japonica* Nipponbare genome as the reference genome. However, as reported in the releasing of the genome of *indica* R498, it is different from that of Nipponbare in many ways[13]. Thus, it would be more accurate by aligning *indica* genetic variation reads to the R498 genome rather than the *japonica* Nipponbare genome. In addition, increasing read length and coverage depth can help to capture accurate and complete genetic variation information for the *indica* accessions.

In the present study, we select 1143 *indica* accessions, mostly comprising the major *indica* accessions used in rice breeding and production in the last 50 years in three different *indica* growing environments in China (the upper reaches of the Yangtze River, the middle and lower reaches of the Yangtze River, and southern China), with a particular focus on the parents of superior *indica* hybrid rice lines. Most of these important accessions have never been resequenced. We identify their genetic variations, using the R498 genome as the reference genome, perform the kinship analysis, and find different hybrid rice crossing patterns in 3-and 2-line superior hybrid lines. Because most-shared parental genetic differences among superior hybrids should be the most relevant to heterosis, we also identify the most-shared single-nucleotide polymorphism (SNP) and indel differences between two parents among all superior hybrids for each type of 3-and 2-line systems, and further identify the different loci associated with heterosis in 3-and 2-line hybrids. We further detect a natural mutation in two accessions that can be used to mitigate cadmium contamination in rice grains.

Results

Resequencing. As detailed in Supplementary Data 1, the 1143 *indica* accessions in this study included 211 CMS, 110 GMS, 294 3R, and 81 2R accessions (696 in total), representing the parents of the majority of *indica* hybrid rice accessions that have been widely planted in southern China for almost the last 50 years; some accessions grown internationally were also included. There were also

15 3M，296 conventional rice（CR），and 136 germplasm rice（GR）accessions that have been used to improve hybrid rice parents and CR accessions. Of the total accessions，136 were obtained from the International Rice Research Institute and countries other than China（most of which were GM or CR accessions），and the remainder were obtained from China. The raw next-generation sequencing dataset is approximately 3.8 TB and includes 54.7 billion paired-end reads. The average read size is 150 bp（much longer than 87 bp，the average read length for the 3000 Rice Genomes accessions[11]）.

Identification of SNPs and indels. Except for recently published MBKbase[14]，all major genetic studies on rice to date have used the genome of Nipponbare，a *japonica* rice（the other major subspecies of cultured Asian rice），as the reference genome[1, 9, 11, 15–18]. Because the genome of *indica* rice R498，which was constructed using recent technologies，is more complete（17 Mb longer）and continuous than that of Nipponbare[13]，and is the same subspecies as the accessions we studied，we chose the R498 nuclear，mitochondrial，and chloroplast genomes as the reference genomes for this study.

The average mapping rate of the sequencing reads to the R498 nuclear genome was approximately 99.1%. The average genome coverage depth was approximately 17.3×（Supplementary Data 2），slightly greater than the 14× for the average depth for the 3000 Rice Genomes accessions[11]. SNP and indel identification using the R498 nuclear，mitochondrial，and chloroplast genomes yielded a total of 19.3 million raw SNPs and 2.8 million indels across 1 143 accessions，after initial SNP calling. A total of 3.86 million high-quality nuclear SNPs were obtained after filtering with a minor allele frequency greater than 0.01（Supplementary Table 1 and Methods），and a total of 0.717 million high-quality indels were obtained after filtering（Supplementary Table 2）. The nonsynonymous/synonymous substitution ratio for the nuclear SNPs in the CDS regions was 1.55，similar to 1.59 found for *indica* Guangluai-4（ref. [19]），and slightly higher than the value of 1.46 in the 3000 Rice Genomes Project[11]，indicating stronger positive selection in *indica* rice. A total of 452 and 102 highquality SNPs for the mitochondrial and chloroplast genomes，respectively，were also obtained. The average SNP densities in the nuclear，mitochondrial，and chloroplast genomes were approximately 9.9,0.86，and 0.76 SNPs/kb，respectively，indicating that the mitochondrial and chloroplast genomes are more conserved than the nuclear genome，which is consistent with previous reports[20, 21].

Phylogenetic and kinship analyses. First，we performed phylogenetic analysis using the nuclear SNP data and found that most of the CMS，GMS，and GR accessions are grouped into separate clades（Supplementary Fig. 1）. Moreover，most 3R and 2R accessions grouped together. However，our results did not show any clear separation between the three *indica*-growing environments or the different time periods. This likely reflects the history of the development of Chinese *indica* rice，in which elite accessions were widely shared among rice breeders nationwide and then further modified for improvement in different environments[4, 5]. We also performed phylogenetic analysis using 452 high-quality SNPs from the mitochondrial genome. Most CMS accessions clearly grouped together（Supplementary Fig. 2），as expected from the important role that the mitochondrial genome plays in male sterility in CMS accessions.

In addition to phylogenetic analysis，we performed linkage disequilibrium（LD）analysis. The results showed that the CR accessions had the fastest rate of decline, indicating the highest diversity for this group (Supplementary Fig. 3). The GMS and 2R accessions exhibited the slowest rates of decline, indicating the least diversity, probably because the 2-line hybrid system was developed 20 years later than the 3-line hybrid system; thus, there have been fewer parents in the 2-line system. The rates of LD decline are similar to the rates in previous reports[15, 16].

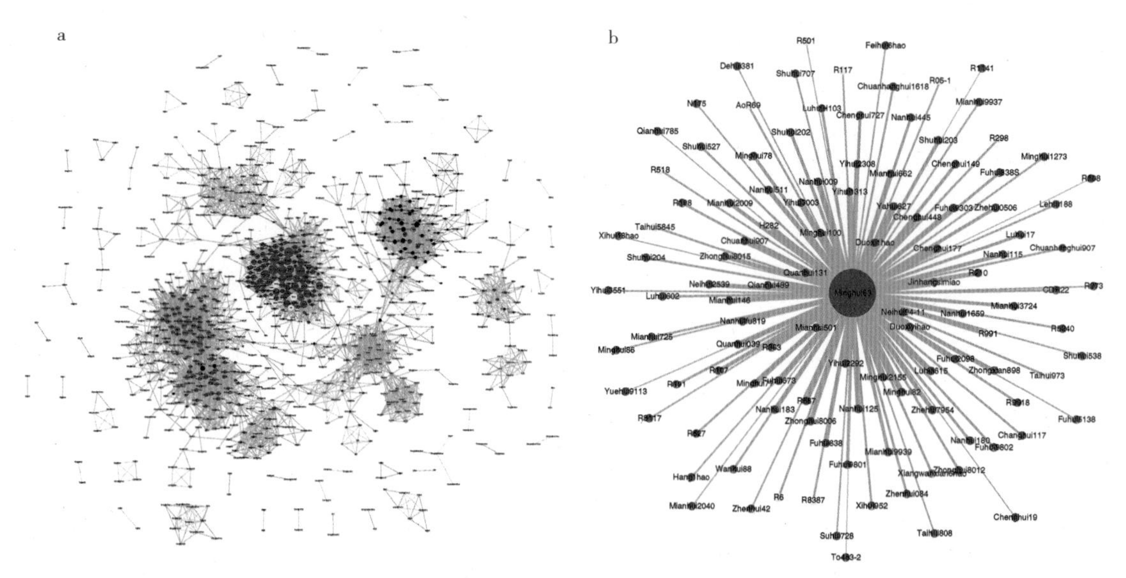

Fig. 1 Kinship relationships among accessions. **a** All kinship relationships with kinship coefficients greater than 0.45. Of 1 143 accessions, 992 formed 50 multiple-member clusters and 7 376 relationships. The remaining 151 accessions did not have any relationship above the cut-off value and thus are not shown. The largest cluster contains 772 accessions and several subclusters. **b** Minghui63 and 113 related accessions with kinship coefficients greater than 0.45. In both **a** and **b**: circle sizes represent the degree of relationship, i.e., the number of lines connected to each circle; line widths are based on the coefficients between two accessions; circles are in red for conventional rice (CR), yellow for 2-line restorers (2R), green for 2-line photoperiod genic and thermosensitive male sterile (GMS) lines, blue for 3-line cytoplasmic male sterile (CMS) lines, brown for 3-line restorers (3R), purple for 3-line maintainers (3M), and black for germplasm rice (GR). Source data are provided as a Source Data file.

Because not all accessions that were used to develop these 1 143 *indica* accessions were resequenced and complicated crossbreeding is frequently involved in developing a new line, it is difficult to reconstruct the genealogy of these accessions from genetic variation data. Instead, we performed kinship analysis by calculating kinship coefficients for all pairwise comparisons among the 1 143 *indica* accessions using GEMMA[22] (v0.98.1-0). We chose a kinship coefficient cut-off of 0.45 (10% below the first-degree value 0.5, to allow for some errors) and then plotted the relationship data with kinship coefficients greater than the cut-off value (Supplementary Data 3) using Cytoscape (http://www.cytoscape.org/). The results showed 992 accessions with kinship coefficients greater than 0.45, forming 50 multiplemember clusters and 7 376 relationships (Fig. 1a and Supplementary Fig. 4). The remaining 151 accessions did not display a relationship with a kinship coefficient above the cut-off value. The largest cluster contained 772 accessions, most of which were further divided into eight groups: a restorer group, a CMS group, two GMS groups, two CR groups, and two mixed groups. We found that Minghui63 has close relationships with 98 3R, 12 2R, and 3 CR accessions (Fig. 1b and Supplementary Fig. 5). Zhenshan97A, an important CMS accession developed in the 1970s and widely used and shared since, has close relationships with 68 other accessions (Supplementary Fig. 4 and Supplementary Data 3). These close yet complicated relationships also reflect the complicated rice breeding history in China.

Population structure and superior hybrid crossing patterns. We analyzed the population structure of the 1 143 *indica* accessions using ADMIXTURE[23]. According to the results (Fig. 2a, K=2), these accessions can be divided into two genetic groups that closely match the two *indica* subgroups (*IndI* and *IndII*) defined by Xie et al.[2], which were determined by comparing to Zhenshan97, a typical *IndI* accession, and Minghui63, a typical *IndII* accession (see "Methods"). Among the 1 143 accessions, 393 were classified as *IndI*, and the remaining 750 as *IndII*. Further analysis of the 211 CMS accessions showed most (186) to be *IndI*; most (88) of the 110 GMS accessions and most of the 3R, 2R, and GR accessions are *IndII* (Supplementary Table 3). When we increased K to 6, all accessions were divided into six genetic groups that generally corresponded to GMS lines, restorers (3R + 2R), GR, *IndII* CR, *IndI* CR, and CMS lines (Fig. 2a, K=6), with some exceptions in each group.

We also examined parental crossing patterns for each of the superior 3-and 2-line hybrid rice cultivars (Supplementary Data 4). Among 415 superior 3-line hybrids, 382 were found to be crosses between *IndII* restorers and *IndI* CMS lines. Among 136 2-line hybrids, 95 are crosses between *IndII* restorers and *IndII* GMS lines, and 30 are crosses between *IndII* restorers and *IndI* GMS lines (Fig. 2b, c, Supplementary Figs. 6 and 7, and Supplementary Table 4). For 3-or 2-line hybrid rice, crosses using *IndI* restorers are rare. The superior 3-and 2-line crossing patterns appear to differ; however, the superior 3-line hybrids are more limited to crosses between certain *IndII* accessions as restorers and certain *IndI* accessions as CMS lines. Although we identified a few crosses between two parents that are very closely related to each other in both the 3-and 2-line superior hybrids, most crosses were detected as being between two parents in two different or distant clades in the nuclear-genome phylogenetic tree.

Heterosis and genetic distances. Next, we calculated nuclear and mitochondrial genome genetic distances between the two parents of each of the superior *indica* hybrids in both 3-and 2-line systems. For the nuclear genome, the average genetic distance between the parents for each of the superior 3-and 2-line hybrids (0.345 and 0.334, respectively) was indeed greater than that for all possible combinations of all 1 143 accessions (0.306; Fig. 2d). Regarding the mitochondrial genome, the average genetic distance between the parents for each of the superior 3-line hybrids (0.155) was markedly greater than that for all possible combinations of 1 143 accessions (0.075). In contrast, the average genetic distance between the parents for each of the superior 2-line hybrid rice lines (0.086) was very similar to that for all possible combinations (Fig. 2e). Although the hybrids only carry maternal mitochondria, these results confirm that the difference in mitochondrial genomes between the two parents for 3-line hybrid rice is important, and that the parents of 2-line hybrid rice do not require such a difference (as the sterility and

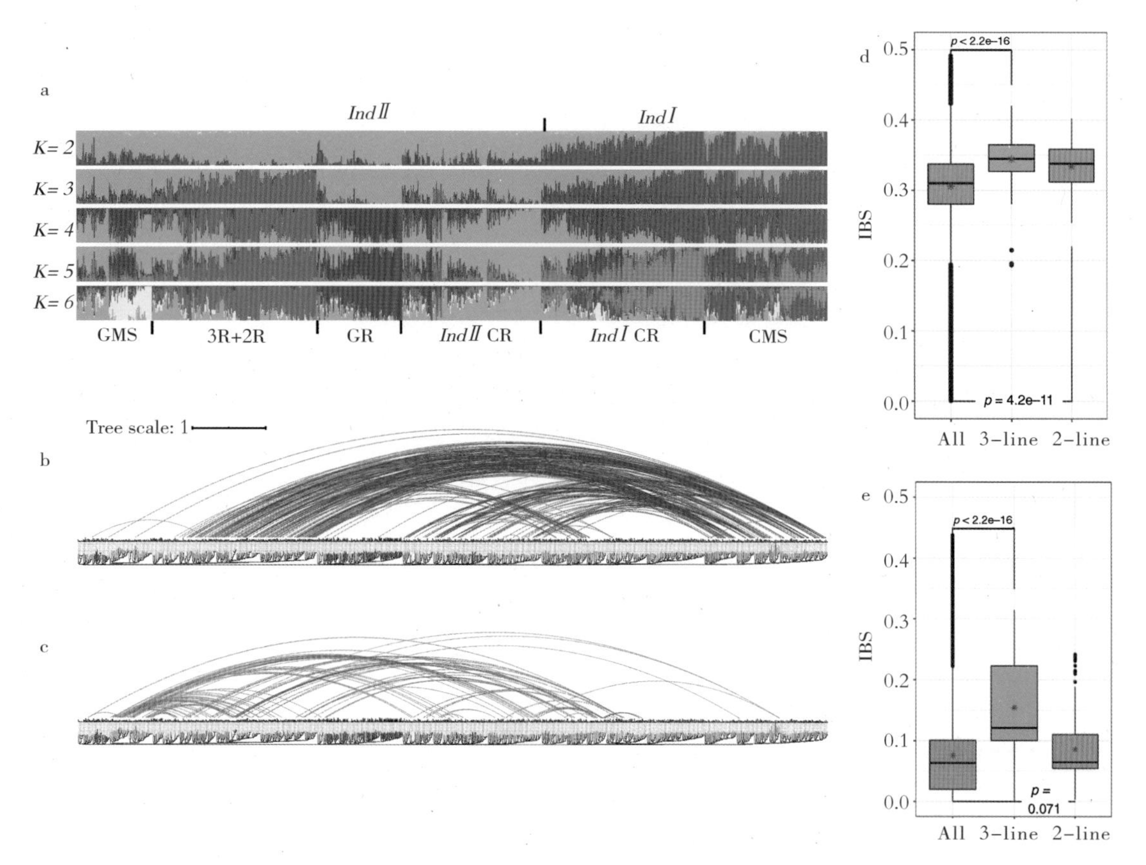

Fig. 2　Genetic analysis of superior indica hybrids. **a** Population structure analysis of 1 143 *indica* accessions. The results for *K* values from 2 to 6 are shown. When *K*= 2 , two genetic groups match the *IndⅡ* and *IndⅠ* subgroups (see "Methods"). When *K*=6 , the six genetic groups generally correspond to GMS , restorer (3R +2R) , GR , *IndⅡ* CR , *IndⅠ* CR , and CMS lines , with some exceptions in each group. **b** , **c** Crossing patterns of the superior 3 – (**b**) and 2 – line (**c**) hybrids. The top curves connect two parents of superior hybrids : blue : *IndⅡ* restorers crossed with *IndⅠ* male sterile lines ; green : *IndⅡ* restorers crossed with *IndⅡ* male sterile lines ; red : *IndⅠ* restorers crossed with *IndⅠ* male sterile lines ; yellow : *IndⅡ* restorers crossed with *IndⅡ* male sterile lines. A nuclear-genome phylogenetic tree in the horizontal format is shown below the curves in the same color schema as in Fig. 1. **d** Average nuclear-genome genetic distances between two parents for all 1 143 accessions (*n*=652,653) and superior 3 – (*n*=415) and 2 – line (*n*=136) hybrids (all : min=0.001 , max=0.491 ; 3 – line : min=0.194 , max=0.420 ; 2 – line : min= 0.253 , max=0.402) . **e** Average mitochondrial genome genetic distances between two parents for all 1 143 accessions (*n*=652,653) and superior 3 – (*n*=415) and 2 – line (*n*=136) hybrids (all : min=0.000 , max=0.438 ; 3 – line : min=0.001 , max=0.315 ; 2 – line : min=0.003 , max=0.242) . In **d** , **e** , the *p* values by two-tailed unpaired Welch ± s *t*-tests are shown on diagrams. Data representation : the middle line : median ; the asterisk : mean ; the lower and upper hinges : the first and third quartiles ; the upper whisker extends from the hinge to the largest value no further than 1.5 × IQR (inter-quartile range) from the hinge. The lower whisker extends from the hinge to the smallest value at most 1.5 × IQR of the hinge. Data beyond the end of the whiskers , which were considered as the outlying points , are plotted individually. Source data underlying figures **b** – **e** are provided as a Source Data file.

fertility of GMS lines are both controlled by the nuclear genome).

Identification of loci associated with heterosis. Finding loci involved in rice heterosis is important for improving rice yield. In the last several years, two rice heterosis studies have taken advantage of accurate and cost-effective next-generation sequencing technology. By analyzing computationally delineated parent information from a fixation index (F_{st}) analysis without separating the 3-and 2-line systems from each other, Huang et al.[17] identified 31 highly differentiated loci with a total length of 22.3 Mb between two parental populations. In their new study, Huang et al.[9] used another gene identification method-resequencing and genetically mapping very large F_2 populations of 17 hybrid rice cultivars at just 0.2× genome coverage-and showed that 3-and 2-line hybrids had a small number of different genes that likely contributed to yield heterosis. Here, the abundance of genetic variation data for many important parents of superior rice hybrids allowed us to take a more direct approach by focusing on the parental genetic differences of superior hybrids. Because our study revealed that superior 3-and 2-line hybrids have different crossing patterns (Fig. 2b, c) and earlier studies also indicated that different genes were involved in the superior 3-and 2-line hybrid rice cultivars[9, 17], we analyzed the two hybrid systems separately.

For each of the 415 superior 3-line hybrids, we first compared the variations for each of the 3.86 million high-quality SNPs between two parents. Next, for each SNP position, we obtained the total of hybrids with different parental variations and then calculated the frequencies of parental variation differences (FPVDs) for each SNP in all 415 hybrids and plotted the FPVD values for all SNP positions (Fig. 3a). We did not detect any SNPs or indels with an FPVD of 1 (100%) but did notice that the FPVD values of some SNPs were much higher than those of other SNPs. To help determine an appropriate cut-off value to identify high-FPVD SNPs that are likely associated with heterosis, we simulated inferior hybrids for the 3-line system because either the real inferior hybrids were not well documented by the rice breeders or such information was not available. We used all possible hybrids between the 294 3R and 211 CMS accessions, with the real superior hybrids excluded, as the inferior hybrid set, and then performed FPVD analysis on this set (Fig. 3b). The two highest peaks in the FPVD plot for the 3-line inferior hybrids span two important genes: *mads*3, a gene on chromosome 1 that regulates late anther development and pollen formation[24], and *Rf*4, a gene on chromosome 10 that restores fertility for WA-type CMS lines[25] (Supplementary Table 5). We performed the same analysis on indels for the superior hybrid set and the indel FPVD results were very similar to those of SNPs (Supplementary Fig. 8a).

As the peak SNP FPVD values located in both the *mads*3 and *Rf*4 gene regions were above 0.9, we chose this value as the FPVD cut-off for a superior hybrid FPVD analysis. Using this cut-off value, we found 98 loci that span 3 218 SNPs and 539 indels, with a minimum locus length of 100 kb, a maximum length of 11.6 Mb, and a total length of 18.5 Mb (Supplementary Fig. 9a and Supplementary Data 5). These highly differentiated loci are mostly located on chromosomes 1, 2, 6, 7, and 10, with none on chromosome 5. In addition to *mads3* and *Rf4*, these loci span several known genes that control agronomically important traits, such as heading control [*hd3a*[26], *Ehd2* (ref.[27]) (both were also found by Huang et al.[17])], and *Ehd4* (ref.[28]), pleiotropy [*Ghd7* (ref.[29])], grain number (*Gn1a*[30]), panicle initiation [*LAX1* (ref. [31])], and dwarfism [*Sd1* (ref. [32])]. We also mapped 31 highly differentiated loci discovered by Huang et al.[17] to the R498 reference genome and compared them with the loci we found. Seventeen of the 31 loci from Huang's study partially overlap with 29 of the 98 loci identified in our study, and most overlaps are on chromosomes 1, 2, and 7 (Supplementary Fig. 9a). It is possible that not all 98 loci found in this study contribute to heterosis, and that some loci may be an artifact of the background differences between the parental populations. Nonetheless, the FPVD results from the simulated inferior hybrids indicate that background differences are unlikely to have caused false positives among the 98 loci we identified.

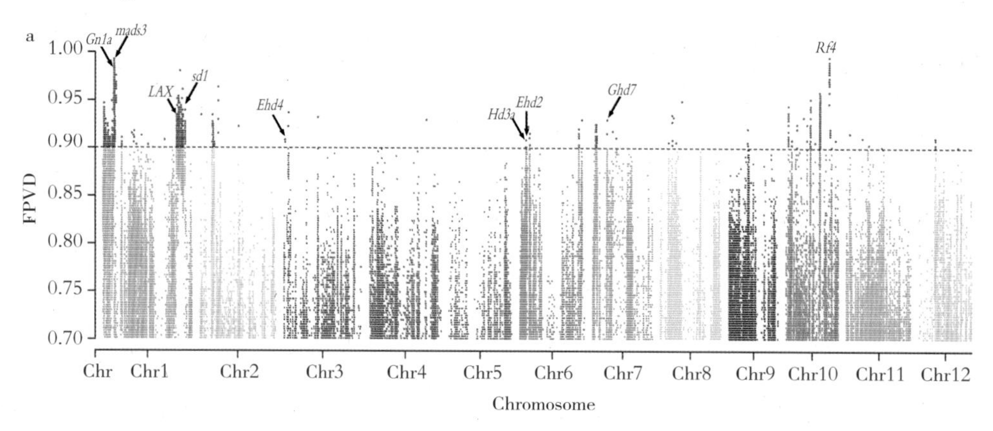

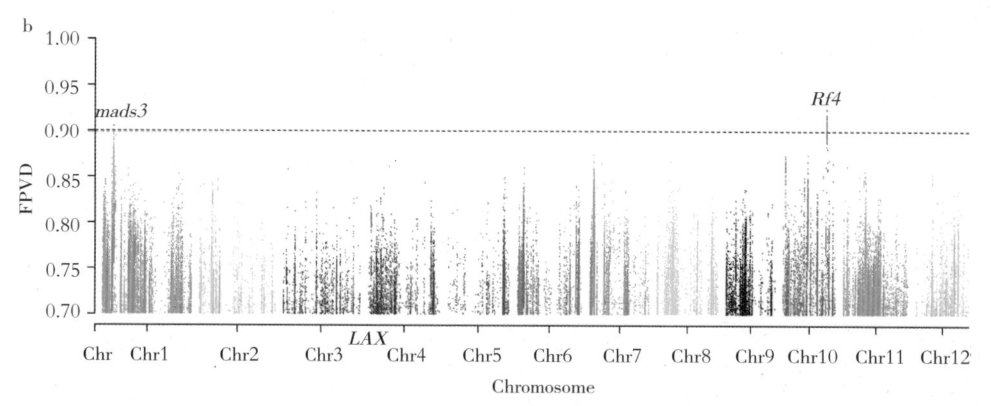

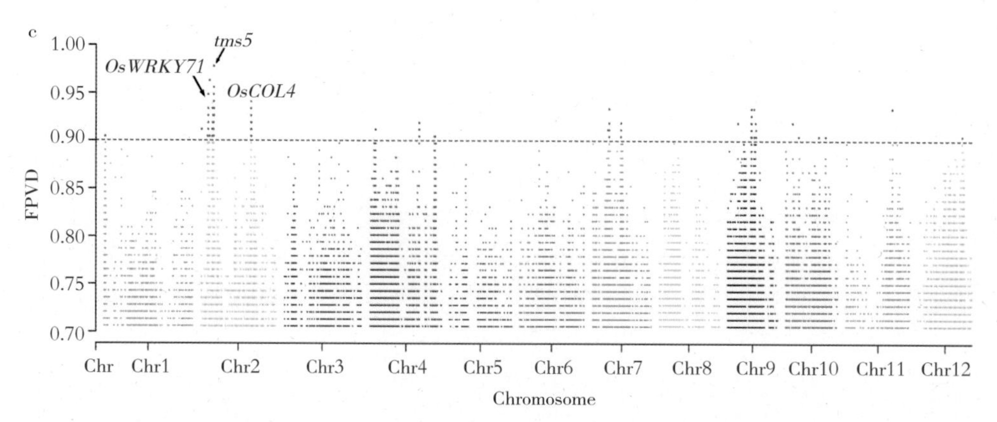

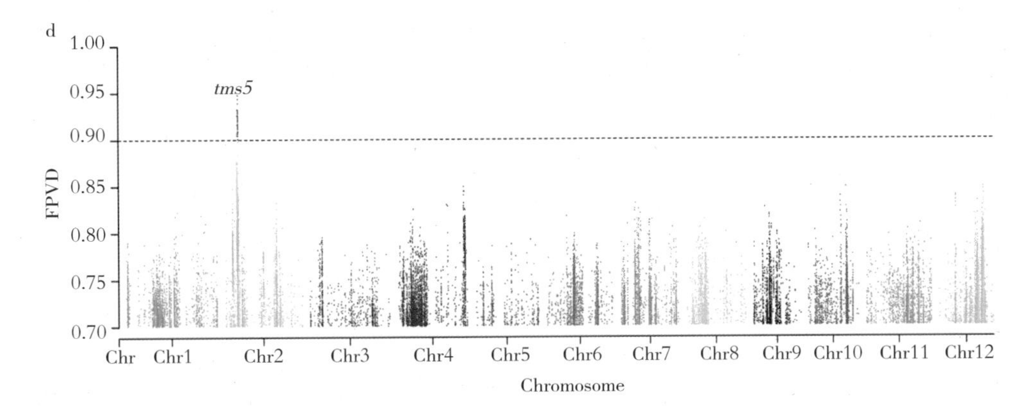

Fig. 3 Genome-wide SNP FPVD analyses. **a** Superior 3-line hybrids (*n*=415). **b** Simulated inferior 3-line hybrids (*n*=61,619). **c** Superior 2-line hybrids (*n*=136). **d** Simulated inferior 2-line hybrids (*n*=51,114). The inferior 3-line hybrids are the results of simulated crosses between 294 3R and 211 CMS accessions for the 3-line system, with the real superior 3-line hybrids excluded. The inferior 2-line hybrids are the results of simulated crosses between 275 3R+ 2R restorers and 110 GMSs, with the real superior 2-line hybrids excluded. Some agronomically important genes located in the loci that we identified are labeled. Source data are provided as a Source Data file.

For the 136 superior 2-line hybrids, we performed the same analysis as for the 3-line hybrids. Using the 0.9 FPVD cut-off for the FPVD analysis of the superior 2-line hybrid, we identified 36 loci that span 472 SNPs and 108 indels, with a minimum locus length of 100 kb, a maximum length of 800 kb, and a total length of 5.4 Mb (Fig. 3c, Supplementary Fig. 9b, and Supplementary Data 6). Unlike those in the 3-line rice hybrids, these loci are mainly located on chromosomes 2, 4, 7, and 9, and none are located on chromosomes 3, 5, and 6. In addition to *tms5*, these loci span several known genes that control important agronomic traits, such as *OsCOL4* for flowering time[33] and *OsWRKY71* (ref. [34]) and *OsHPL2* (ref. [35]) for bacterial blight resistance. Indel FPVD analysis showed a very similar pattern (Supplementary Fig. 8b). We also compared the 31 loci found by Huang et al.[17] with the loci we found in the 2-line hybrids. However, unlike those of the 3-line hybrids, only 2 of Huang's 31 loci partially overlapped with 3 of the 36 loci identified in this study (Supplementary Fig. 9b). For the inferior hybrid set for the 2-line system, we used all possible hybrids between all 375 restorers, i.e., both 2R and 3R accessions, and all 110 GMS accessions, with the real superior 2-line hybrids excluded; we then performed FPVD analysis on the inferior hybrids. The highest peak in the SNP FPVD plot for the 2-line inferior hybrids spans *tms5*, which is responsible for thermosensitive male sterility in the 2-line system[36], on chromosome 2 (Fig. 3d and Supplementary Data 7).

To further validate our FPVD results, we performed F_{st} analysis to compare the parental populations for each of the 3- and 2-line hybrid rice lines. For the 3-line hybrids, there were 380 genes, including *Rf4* and *mads3*, in the selective-sweep regions, mainly located on chromosomes 1, 6, 7, and 10 and with peaks similar to those in our 3-line FPVD study (Supplementary Fig. 10a and Supplementary Data 8). For the 2-line system, there were 359 genes, including *tms5*, in the selective-sweep regions, which were mainly located on chromosomes 2, 6, and 9 and had peaks at similar locations on chromosomes 2 and 9 as those in our 2-line FPVD study (Supplementary Fig. 10b and Supplementary Data 9). Although our F_{st} analysis compares two parental populations rather than two specific parents for a superior hybrid, the results largely confirmed our FPVD peak regions for both the superior 3- and 2-line hybrids.

Gene PAV analysis and OsNramp5deletion mutants. We further performed gene presence/absence variation (PAV) analysis on 434 important loci and genes for all 1 143 accessions, and found some genes to be completely absent from some accessions (Supplementary Data 10). One of these genes is *OsNramp5*, which controls cadmium (Cd) absorption[37]. Cd contamination in rice grains has become a problem in China and other countries in Asia, mainly due to water and soil contamination[38]. It has been reported that knockout of *OsNramp5* via CRISPR/Cas9 targeting exons 1, 7, and 9 or alteration of *OsNramp5* on exon 7 via ethyl methanesulfonate drastically decreases Cd accumulation in rice grains, roots, and shoots, with or without significantly lowering the yield[39-42]. Our gene PAV analysis results revealed a 408-kb deletion on chromosome 7 that spans the entire *OsNramp5* region in accessions Luohong3A and Luohong4A (Fig. 4a). To confirm the *OsNramp5* deletion, we performed PCR using three pairs of primers targeting exons 1, 7-9, and 13 of *OsNrapm5* (Fig. 4b), and the results confirmed the absence of this gene from these two accessions (Fig. 4c). Phenotyping experiments also verified that Cd contents in the leaves and roots of Luohong3A and Luohong4A were markedly lower than those in Huazhan (positive control) and were similar to those in Huazhan-*OsNramp5* plants, in which *OsNramp5* has been knocked out (Fig. 4d).

a
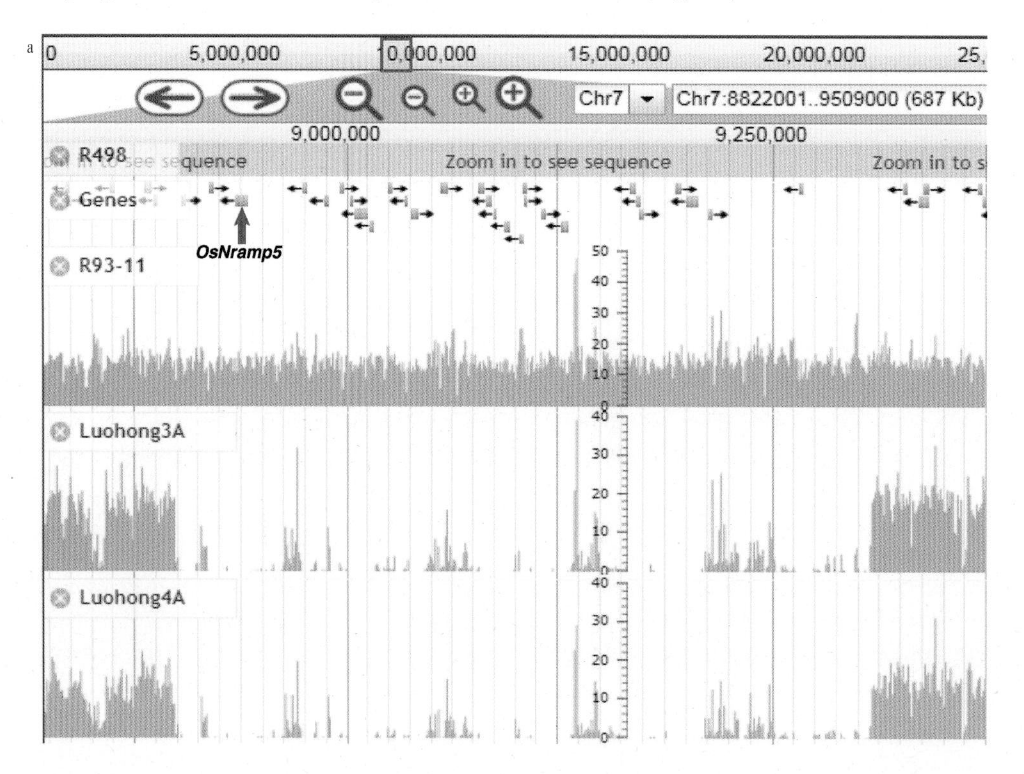

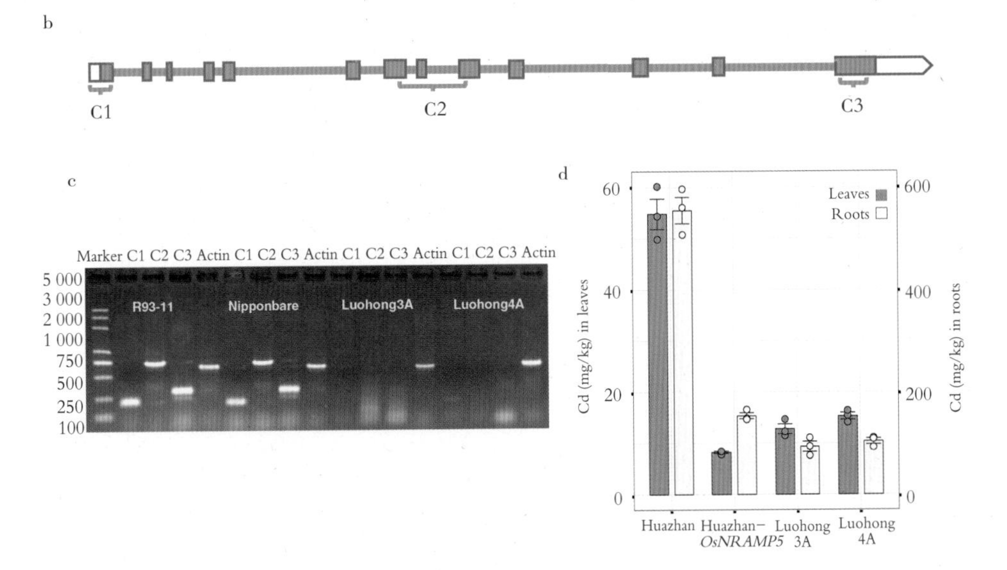

Fig. 4 Genetic variation in *OsNramp5* in Luohong3A and Luohong4A. **a** Deletion that spans *OsNramp5* (marked by the red arrow) in Luohong3A and Luohong4A shown using JBrowse[52] (v1.12.3). R93 - 11 , a commonly used 2R , was used as a control to demonstrate no large deletion. **b** Gene structure of *OsNramp5* in Nipponbare showing the location of regions used for PCR : C1 on exon 1 , C2 on exons 7 and 9 , and C3 on exon 13. **c** Agarose gel electrophoresis of PCR products for accessions R93 - 11 (positive control) , Nipponbare (positive control) , Luohong3A , and Luohong4A using three pairs of primers targeting the C1 , C2 , and C3 regions shown in **b**. The rice actin gene served as the PCR DNA control. The marker sizes (bp) are shown on the left side. Three biological replicates were analyzed for each sample and a representative gel image is shown. **d** Bar plot for Cd content in leaves (dark) and roots (white) of Huazhan (positive control) , Huazhan-*OsNramp5* (*OsNramp5* knockout[39] , negative control) , Luohong3A , and Luohong4A. Mean values ± s.d. (*n*=3) are shown. All individual data points are shown as dots. Source data underlying **c** and **d** are provided as a Source Data file.

Discussion

In this study, we used a variety of techniques to mine the vast genetic variation information for 1 143 *indica* lines. Kinship analysis reveals the complicated many-to-many relationships that characterize the development of rice accessions. Our study also showed that superior 3 - and 2 - line hybrids have different crossing patterns. Furthermore, we employed a method called FPVD to identify the different loci in 3 - and 2 - line hybrids that are likely related to heterosis. Through the gene PAV study, we found two accessions with an important deletion that might be used to develop new accessions with low Cd accumulation.

The accession Colomlia links the CMS and GMS subclusters in kinship results, indicating that it was probably used to develop both CMS and GMS lines. Minghui63, a very common and widely used 3R accession that was initially developed in southern China in 1981, has also been widely shared among breeders and yielded hundreds of CR, 3R, and 2R accessions in all three *indica*-growing environments in China over the last 40 years (www.ricedata.cn), as supported by our kinship analysis results.

Our results showed that superior 3 - line hybrids are more limited to crosses between certain *IndII* accessions as restorers and certain *IndI* accessions as CMS lines, likely due to the breeding history of how CMS and restorer lines were initially developed as well as the specific genetic interactions that are required between the mitochondrial and nuclear genomes in the 3 - line system. The 2 - line system is more flexible, as no interaction with the mitochondrial genome is required for sterility; thus, both 2R and 3R restorers can be used as males, though only some hybrids exhibit heterosis.

Because the sterility and fertility genes in simulated inferior hybrid sets for both 3 - and 2 - line hybrid systems were correctly identified using the FPVD analysis, we are confident that the FPVD method appropriately detected potential loci associated with heterosis. Although previous studies have used F_{st} to compare two parental populations and to identify loci associated with heterosis[17], not all possible hybrids resulting from crosses between the two parental populations are superior; thus F_{st} analysis might miss loci that are truly associated with heterosis. Using very large F_2 populations to identify loci associated with heterosis, as demonstrated in Huang et al.[9], requires much resequencing and phenotyping and is thus very laborious and limited to studies on a small number of hybrids. Compared with these two previously published methods, the FPVD method should be simpler to perform and more accurate in detecting potential loci and genes associated with heterosis. Moreover, it should be applicable to other hybrid crops, such as maize, cotton, and pepper (*Capsicum*), as long as there are enough superior hybrids and the genetic variation information for their parents is known.

It was previously proposed that very few genes may be responsible for the yield heterosis of 3 - and 2 - line hybrids, but these findings were based on the limited number of superior hybrids[9]. Conversely our FPVD results are based on 551 superior hybrids and suggest that not only are different loci associated with heterosis in 3 - and 2 - line systems but that a greater number of loci and genes than previously expected are involved in rice heterosis. Theoretically, other than genes related to sterility and fertility, 3 - and 2 - line hybrid rice cultivars might share the same set of loci and genes associated with heterosis. The different loci and genes associated with heterosis between superior 3 - and 2 - line hybrids are probably a result of breeding history and differences in the flexibility of the two hybrid systems. It would be worth integrating the different loci associated with heterosis in the 3 - and 2 - line hybrids into the same lines to determine whether stronger heterosis can be achieved.

The natural deletion of *OsNramp5* found in our study might be valuable in commercial breeding to mitigate the Cd contamination problem in rice-producing countries, as many of these countries require regulatory procedures for gene-edited crops.

Given the large amount of genomic variation information relating to the parents of important hybrid rice lines, many more questions may be answered using this *indica* dataset, such as what the specific patterns of early, middle, and late hybrid rice crosses are in different environments. We will continue to mine these data to answer these questions. These large resequencing datasets for the 1 143 important *indica* rice accessions and the analysis results, including SNP, indel, and gene PAV data, different crossing patterns, and different loci associated with heterosis in the 3 - and 2 - line *indica* hybrid rice, should be useful to both rice researchers and breeders and for both hybrid and CR improvement in the future.

Methods

Plant materials and growth conditions. The 1 143 *indica* accessions in this study included 211 CMS, 110 GMS, 294 3R, 81 2R, 15 3M, 296 CR, and 136 GR accessions (Supplementary Data 1). Of the total, 136 accessions were obtained from the International Rice Research Institute and countries other than China (most of which were GM or CR accessions); the remaining accessions were obtained from China. Accessions were planted in a field in Changsha, Hunan, China.

DNA sequencing and SNP calling. For each accession, a single individual was used for genome sequencing. Total DNA was extracted from the leaves of 1-month-old rice plants, and sequencing libraries with an approximately 300-bp insert size were prepared and sequenced using the Illumina NovaSeq 6 000 platform by Novogene, Beijing, China. Reads containing adaptor sequences or stretches of ambiguous bases and those with low-quality scores were removed from the raw data. Paired-end reads were mapped to the R498 nuclear, mitochondrial, and chloroplast genomes[13] with the Burrows-Wheeler Aligner[43] (BWA, v0.7.8) using the command "BWA mem -t 4 -k 32 -M". After BWA sorting, the "BWA rmdup" command was used to remove potential PCR duplicates, and only the pairs with the highest mapping quality were retained. After alignment, genomic variants (in genomic variant call format (GVCF) for each accession) were identified with the Haplotype Caller module and the GVCF model using Genome Analysis Toolkit (GATK) software[44] (v3.8). All of the GVCF files were then merged into a single file. A widely accepted method of rice variation filtering (-minGQ 5 -maf 0.01 -maxmissing 0.8 -recode -recode-INFO-all) was used, yielding approximately 3.86 million high-quality SNPs and 0.717 million indels[1]. SNP/indel annotation was performed by mapping SNPs/indels from our dataset onto the gene structures defined by the R498 genome annotation using BEDtools[45] (v2.26.0)[13].

Phylogenetic and linkage disequilibrium analyses. Pairwise identity-by-state (IBS) genetic distances for SNPs in the 1 143 accessions were calculated using PLINK[46] (v1.90). The nuclear SNP dataset of 3.86 million high-quality SNPs was employed for nuclear-genome-based phylogenetic analysis, and 452 high-quality mitochondrial SNPs were used for mitochondrial genome-based phylogenetic analysis. The average genetic distance of the entire 1 143 accession population was the average of all pairwise distances between accessions. A neighbor-joining phylogenetic tree was then constructed using the R package APE[47] (v4.1) with default parameters. Phylogenetic tree graphs were generated using iTOL[48]. For linkage disequilibrium (LD) analysis, PLINK with default parameters was employed to calculate complete and partial LD between each pair of SNPs. We moved 5 000-SNP windows along each chromosome. In each window, the LD was estimated between pairs of marker loci plotted against the genetic distance. For every chromosome, we analyzed the values and significance of the squared correlation coefficient (r^2) of any LD detected between polymorphic sites ($p < 0.05$).

Kinship analysis. We calculated kinship coefficients for all pairwise comparisons among the 1 143 *indica* accessions using GEMMA[22] (v0.98.1-0) with default parameters and the same nuclear SNP dataset as in the phylogenetic analysis. We chose a cut-off kinship coefficient of 0.45, 10% below the theoretical first-degree value 0.5, to allow for some errors. Network images were generated using Cytoscape (v3.6.0, http: //www.cytoscape.org/) .

Population structure and subgroup classification. The population structure of the 1 143 accessions was determined using the ADMIXTURE[23] (v1.3.0) program with default parameters and the same SNP dataset used in the above phylogenetic analysis. To study different genetic groups, we tested K values from 2 to 15 but only show results for K values of 2 to 6. Default settings were used in the analyses. Classification of our accessions into *IndⅠ* and *IndⅡ* groups was based on methods used in a previous study[2] on two *indica* accessions: Zhenshan97, a typical *IndⅠ* accession, and Minghui63, a typical *IndⅡ* accession. Each accession was classified based on its two subpopulation components: accessions with values that indicated consistency with Zhenshan97 were classified as *IndⅠ*; those with values that indicated consistency with Minghui63 were classified as *IndⅡ* .

Genetic distance calculations. To explore genetic distances between the parents of the superior *indica* hybrids, we calculated the nuclear and mitochondrial genome IBS genetic distances for these parents using PLINK[46] (v1.90) with default parameters and high-quality SNP data and then calculated the average genetic distances for the superior 3 - and 2 - line hybrid rice lines. The average genetic distance for all possible combinations of all 1 143 accessions was used as a control. The data were plotted using the box plot tool in R.

Frequency of the parental variation difference analysis. The frequency of the parental variation difference (FPVD) for an SNP is calculated as follows:

$$\mathrm{FPVD} = \sum_{k=1}^{n} d_n/n \qquad (1)$$

where n is the total number of hybrids in a set and d_n is the value of the parent variation difference for the nth hybrid: if two parents have the same SNP variation at this SNP position, then d_n is 0; if they have different variations, then d_n is 1.

We calculated FPVDs for all high-quality SNP positions on all 12 chromosomes in a given hybrid set and then plotted all FPVDs for all SNP positions. We performed FPVD analysis for the superior 3 - and 2 - line hybrids separately. To construct inferior 3 - line hybrids for comparison, we simulated all possible hybrids between 294 3R and 211 CMS accessions, excluded real superior 3 - line hybrid rice lines, and used the remaining hybrids as inferior 3 - line hybrids. Similarly, we simulated all possible hybrids from crosses between 375 3R + 2R restorer and 110 GMS accessions, excluded real superior 2 - line hybrid rice lines, and used the remaining hybrids as inferior 2 - line hybrids. For both 3 - and 2 - line systems, 0.9 was considered the FPVD cut-off. The boundaries for each locus were set as a 100 kb window around the position of an SNP with a 0.9+ FPVD value, and if two adjacent loci overlapped, they were merged into a longer locus. We used BLAST[49] (v2.6.0) with parameters " - evalue 1e - 200 - perc_identity 95 - max_target_seqs 1" to map 31 highly differentiated loci that were determined by Huang et al.[17] to be present in the Nipponbare reference genome to the R498 genome, and the boundaries of some loci were extended somewhat during the mapping due to short insertions in the R498 genome. An indel FPVD analysis was performed in a similar way as for the SNP analysis described above.

F_{st} analysis. The fixation index (F_{st}) was estimated to assess the population differentiation of each pair of parents for the 3-and 2-line breeding systems. All genomic regions in 10-kb sliding windows were scanned in 10-kb steps, and regions containing SNPs within the top 1% of the distribution that presented higher differentiation than expected were defined as having stronger signals of selection within the selective-sweep regions.

Gene PAV analysis. The read coverage of all genes in all 1 143 samples was calculated using SAMTools depth[50] (v1.7) with default parameters. The percentage of gene coverage was calculated using the number of bases in the gene with read coverage greater than 2 divided by the total length of the gene.

PCR. Three pairs of primers, targeting exons 1 (C1), 7-9 (C2), and 13 (C3) of *OsNramp5* (Fig. 4b) in the Nipponbare reference genome IRGSP-1.0 (ref. [51]) were used for PCR: C1: nrp5-C1f (5′-GTCACTACCACCATTCTCTTC-3′), nrp5-C1r (5′-CTTCATTAGCAGCTGATCATC-3′); C2: nrp5-C2f (5′-ATGCTGGTGTTCGTGATGGC-3′), nrp5-C2r (5′-AGGTGTCGAGGCTGAGGTTGG-3′); and C3: nrp5-C3f (5′-AGTGTTCTCGTGGTTCCTGGGTC-3′), nrp5-C3r (5′-GAGCGGGATGTCGGCCAGGTC- 3′). Accessions R93-11 and Nipponbare served as positive PCR primer controls. The rice actin gene was used as a PCR DNA control. The standard PCR procedure was performed as follows: initial denaturation at 95 ℃ for 4 min, followed by 34 cycles of denaturation at 95 ℃ for 20 s, annealing at 57 ℃ for 20 s, and extension at 72 ℃ for 20 s, with additional extension for 5 min as the last cycle. The products were examined by 2% agarose gel electrophoresis. Huazhan-*OsNramp5*, an *OsNramp5* knockout line, was obtained from authors of a previous study[39].

Cd concentration measurement. One gram of rice tissue sample was dried at 70 ℃ for 2 days, ground into a powder, and digested with 25 ml of a 6 : 1 mixture of HNO_3 : $HClO_4$ on an electric heating plate at 80 ℃ for 30 min, 150 ℃ for 30 min, and then 260 ℃ until there was no more evaporation. After cooling to room temperature, the residue was dissolved in 1% HNO_3. The solution was diluted to 10 ml, and the Cd concentration was determined by inductively coupled plasma optical emission spectrometry (SPS3 ICP-720 OES; Agilent Technologies) at 226.502 nm.

Reporting summary. Further information on research design is available in the Nature Research Reporting Summary linked to this article.

Data availability

Data supporting the findings of this work are available within the paper and its Supplementary Information files. A reporting summary for this Article is available as a Supplementary Information file. The datasets generated and analyzed during the current study are available from the corresponding author upon request. All resequencing data have been deposited to NCBI with BioProject ID PRJNA656900. Source data are provided with this paper.

References

1. Wang, W. et al. Genomic variation in 3,010 diverse accessions of Asian cultivated rice. *Nature* 557,43 - 49 (2018).

2. Xie, W. et al. Breeding signatures of rice improvement revealed by a genomic variation map from a large germplasm collection. *Proc. Natl Acad. Sci. USA* 112, E5411 - E5419 (2015).

3. Li J. &, Yuan L. *Hybrid Rice: Genetics, Breeding and Seed Production* (Wiley, 2000).

4. Lin S. & Yuan L. In *Innovative Approaches to Rice Breeding* (IRRI, 1980).

5. Yuan L. in *Advances in Hybrid Rice Technology* (eds. Virmani, S. S. et al.) (IRRI, 1998).

6. Guo, J. & Liu, Y. The genetic and molecular basis of cytoplasmic male sterility and fertility restoration in rice. *Chin. Sci. Bull.* 54, 2404 - 2409 (2009).

7. Wang, K. et al. Gene, protein, and network of male sterility in rice. *Front. Plant Sci.* 4, 92 (2013).

8. Chen, L. & Liu, Y. G. Male sterility and fertility restoration in crops. *Annu. Rev. Plant Biol.* 65, 579 - 606 (2014).

9. Huang, X. et al. Genomic architecture of heter-osis for yield traits in rice. *Nature* 537, 629 - 633 (2016).

10. Chen, E., Huang, X., Tian, Z., Wing, R. A. & Han, B. The genomics of *Oryza* species provides insights into rice domestication and heterosis. *Annu. Rev. Plant Biol.* 70, 639 - 665 (2019).

11. Rice Genomes Research. The 3,000 rice genomes project. *Gigascience* 3, 7 (2014).

12. Huang, X. et al. Genome-wide association study of flowering time and grain yield traits in a worldwide collection of rice germplasm. *Nat. Genet.* 44, 32 - 39 (2011).

13. Du, H. et al. Sequencing and de novo assembly of a near complete indica rice genome. *Nat. Commun.* 8, 15324 (2017).

14. Peng, H. et al. MBKbase for rice: an integrated omics knowledgebase for molecular breeding in rice. *Nucleic Acids Res.* 48, D1085 - D1092 (2020).

15. McNally, K. L. et al. Genomewide SNP variation reveals relationships among landraces and modern varieties of rice. *Proc. Natl Acad. Sci. USA* 106, 12273 - 12278 (2009).

16. Xu, X. et al. Resequencing 50 accessions of

cultivated and wild rice yields markers for identifying agronomically important genes. *Nat. Biotechnol.* 30, 105 - 111 (2011).

17. Huang, X. et al. Genomic analysis of hybrid rice varieties reveals numerous superior alleles that contribute to heterosis. *Nat. Commun.* 6, 6258 (2015).

18. Sun, C. et al. RPAN: rice pan-genome browser for ~3000 rice genomes. *Nucleic Acids Res.* 45, 597 - 605 (2017).

19. Srivastava, S. K., Wolinski, P. & Pereira, A. A strategy for genome-wide identification of gene based polymorphisms in rice reveals non-synonymous variation and functional genotypic markers. *PLoS ONE* 9, e105335 (2014).

20. Cheng, L., Kim, K. W. & Park, Y. J. Evide-nce for selection events during domestication by extensive mitochondrial genome analysis between japonica and indica in cultivated rice. *Sci. Rep.* 9, 10846 (2019).

21. Tang, J. et al. A comparison of rice chloroplast genomes. *Plant Physiol.* 135, 412 - 420 (2004).

22. Zhou, X. & Stephens, M. Genome-wide efficient mixed-model analysis for association studies. *Nat. Genet.* 44, 821 - 824 (2012).

23. Alexander, D. H., Novembre, J. & Lange, K. Fast model-based estimation of ancestry in unrelated individuals. *Genome Res.* 19, 1655 - 1664 (2009).

24. Hu, L. et al. Rice MADS3 regulates ROS homeostasis during late anther development. *Plant Cell* 23, 515 - 533 (2011).

25. Tang, H. et al. The rice restorer Rf4 for wild-abortive cytoplasmic male sterility encodes a mitochondrial-localized PPR protein that functions in reduction of WA352 transcripts. *Mol. Plant* 7, 1497 - 1500 (2014).

26. Kojima, S. et al. Hd3a, a rice ortholog of the Arabidopsis FT gene, promotes transition to flowering downstream of Hd1 under short-day conditions. *Plant Cell Physiol.* 43, 1096 - 1105 (2002).

27. Matsubara, K. et al. Ehd2, a rice ortholog of the maize *INDETERMINATE1* gene, promotes flowering by up-regulating Ehd1. *Plant Physiol.* 148, 1425 - 1435 (2008).

28. Gao, H. et al. Ehd4 encodes a novel and Oryza-genus-specific regulator of photoperiodic flowering in rice. *PLoS Genet.* 9, e1003281 (2013).

29. Liu, T., Liu, H., Zhang, H. & Xing, Y. Validation and characterization of Ghd7.1, a major quantitative trait locus with pleiotropic effects on spikelets per panicle, plant height, and heading date in rice (*Oryza sativa L.*). *J. Integr. Plant Biol.* 55, 917 - 927 (2013).

30. Ashikari, M. et al. Cytokinin oxidase regulates rice grain production. *Science* 309, 741 - 745 (2005).

31. Komatsu, K., Maekawa, M., Shimamoto, K. & Kyozuka, J. The *LAX1* and *FRIZZY PANICLE 2* genes determine the inflorescence architecture of rice by controlling rachis-branch and spikelet develo-pment. *Dev. Biol.* 231, 364 - 373 (2001).

32. Spielmeyer, W., Ellis, M. H. & Chandler, P. M. Semidwarf (sd - 1), "green revolution" rice, contains a defective gibberellin 20 - oxidase gene. *Proc. Natl Acad. Sci. USA* 99, 9043 - 9048 (2002).

33. Lee, Y. S. et al. OsCOL4 is a constitutive flowering repressor upstream of Ehd1 and downstream of OsphyB. *Plant J.* 63, 18 - 30 (2010).

34. Liu, X., Bai, X., Wang, X. & Chu, C. OsWRKY71, a rice transcription factor, is involved in rice defense response. *J. Plant Physiol.* 164, 969 - 979 (2007).

35. Gomi, K. et al. Role of hydroperoxide lyase

in white-backed planthopper (Sogatella furcifera Horváth) -induced resistance to bacterial blight in rice, Oryza sativa L. *Plant J.* 61, 46 - 57 (2010).

36. Jia, J.-H., Li, C.-Y., Deng, Q.-Y. & Wang, B. Rapid constructing a genetic linkage map by AFLP technique and mapping a new gene *tms5*. *J. Integr. Plant Biol.* 45, 614 - 620 (2003).

37. Sasaki, A., Yamaji, N., Yokosho, K. & Ma, J. F. Nramp5 is a major transporter responsible for manganese and cadmium uptake in rice. *Plant Cell* 24, 2155 - 2167 (2012).

38. Hu, Y., Cheng, H. & Tao, S. The challenges and solutions for cadmium-contaminated rice in China: a critical review. *Environ. Int.* 92 - 93, 515 - 532 (2016).

39. Tang, L. et al. Knockout of OsNramp*5* using the CRISPR/Cas9 system produces low Cd-accumulating indica rice without compromising yield. *Sci. Rep.* 7, 14438 (2017).

40. Yang, C.-H., Zhang, Y. & Huang, C.-F. Reduction in cadmium accumulation in japonica rice grains by CRISPR/Cas9 - mediated editing of OsNramp*5*. *J. Integr. Agric.* 18, 688 - 697 (2019).

41. Liu, S. et al. Characterization and evaluation of OsLCT1 and OsNramp*5* mutants generated through CRISPR/Cas9 - mediated mutagenesis for breeding low Cd rice. *Rice Sci.* 26, 88 - 97 (2019).

42. Cao, Z. Z., Lin, X. Y., Yang, Y. J., Guan, M. Y. & Chen, M. X. Gene identification and transcriptome analysis of low cadmium accumulation rice mutant (lcd1) in response to cadmium stress using MutMap and RNA-seq. *BMC Plant Biol.* 19, 250 (2019).

43. Li, H. & Durbin, R. Fast and accurate short read alignment with Burrows-Wheeler transform. *Bioinformatics* 25, 1754 - 1760 (2009).

44. McKenna, A. et al. The Genome Analysis Toolkit: a MapReduce framework for analyzing next-generation DNA sequencing data. *Genome Res.* 20, 1297 - 1303 (2010).

45. Quinlan, A. R. & Hall, I. M. BEDTools: a flexible suite of utilities for comparing genomic features. *Bioinformatics* 26, 841 - 842 (2010).

46. Purcell, S. et al. PLINK: a tool set for whole-genome association and population-based linkage analyses. *Am. J. Hum. Genet.* 81, 559 - 575 (2007).

47. Paradis, E., Claude, J. & Strimmer, K. APE: Analyses of Phylogenetics and Evolution in R language. *Bioinformatics* 20, 289 - 290 (2004).

48. Letunic, I. & Bork, P. Interactive Tree Of Life (iTOL) v4: recent updates and new developments. *Nucleic Acids Res.* 47, W256 - W259 (2019).

49. Camacho, C. et al. BLAST+: architecture and applications. *BMC Bioinformatics* 10, 421 (2009).

50. Li, H. et al. The Sequence Alignment/Map format and SAMtools. *Bioinformatics* 25, 2078 - 2079 (2009).

51. Kawahara, Y., Bastide, M. D. L., Hamilton, J. P. & Kanamori, H. Improvement of the Oryza sativa Nipponbare reference genome using next generation sequence and optical map data. *Rice* 6, 1 - 10 (2013).

52. Buels, R. et al. JBrowse: a dynamic web platform for genome visualization and analysis. *Genome Biol.* 17, 66 (2016).

Acknowledgements

This work was supported by funding from the National Key Research and Development Project (2016YFD0101100), National Natural Science Foundation of China (31771767 and 31801341), Hunan Science and Technology Major Project (2018NK1010), and Hunan Science and Technology Talent Support Project (2019TJ－Q08). We thank Professor Xinxiong Lu (National Crop Genebank, Institute of Crop Science, Chinese Academy of Agricultural Sciences, Beijing 100081, China) and Professor Xinghua Wei (State Key Laboratory of Rice Biology, China National Rice Research Institute, Hangzhou 310006, China) for providing some rice germplasm resources. We also thank Drs. Jinghua Xiao and Junhua Peng at Huazhi Biotech for beneficial discussions.

Author contributions

D. Yuan, L.Y., D.L., and L.Z. co-designed and supervised the research, and wrote the manuscript. Q.L. managed the project. Q.L., W.L., Z.S., N.O., X.J., H.G., G.J., Q.Z., and N.L. performed the bioinformatics work. Q.L., N.O., Q.H., J.W., Jiakui Zheng, Jiatuan Zheng, S.T., R.Z., Y. Tian, M.D., Y. Tan., D. Yu, X. Sheng, X. Sun, L.T., Q.X., B.Z., and Z.H. conducted the field experiments, performed phenotyping, and prepared the samples. Novogene did sequencing and contributed to data analysis. W.L., Q.L., H.L., J. Zhao, and Y.L. prepared figures and tables.

Competing interests

The authors declare no competing interests.

Additional information

Supplementary information is available for this paper at https://doi.org/10.1038/s41467－020－18608－0.

作者：Qiming Lv# Weiguo Li# Zhizhong Sun# Ning Ouyang# Xin Jing# Qiang He Jun Wu Jiakui Zheng Jiatuan Zheng Shaoqing Tang Renshan Zhu Yan Tian Meijuan Duan Yanning Tan Dong Yu Xiabing Sheng Xuewu Sun Gaofeng Jia Hongzhen Gao Qin Zeng Yufei Li Li Tang Qiusheng Xu Bingran Zhao Zhiyuan Huang Hongfeng Lu Na Li Jian Zhao Lihuang Zhu* Dong Li* Longping Yuan* Dingyang Yuan*

注：* 本文发表于 *Nature Communications* 2020 年第 11 期。

Rice MutLγ, the MLH1-MLH3 Heterodimer, Participates in the Formation of Type Ⅰ Crossovers and Regulation of Embryo Sac-Fertility

【Summary】The development of embryo sacs is crucial for seed production in plants, but the genetic basis regulating the meiotic crossover formation in the macrospore and microspore mother cells remains largely unclear. Here, we report the characterization of a spontaneous rice *female sterile variation 1* mutant (*fsv1*) that showed severe embryo sacs abortion with low seed-setting rate.Through map-based cloning and functional analyses, we isolated the causal gene of *fsv1*, *OsMLH3* encoding a MutL-homolog 3 protein, an ortholog of HvMLH3 in barley and AtMLH3 in *Arabidopsis*. OsMLH3 and OsMLH1 (MutL-homolog 1) interact to form a heterodimer (MutLγ) to promote crossover formation in the macrospore and microspore mother cells and development of functional megaspore during meiosis, defective OsMLH3 or OsMLH1 in *fsv1* and CRISPR/Cas9-based knockout lines results in reduced type Ⅰ crossover and bivalent frequency. The *fsv1* and *OsMLH3*-knockout lines are valuable germplasms for development of female sterile restorer lines for mechanized seed production of hybrid rice.

【Keywords】female sterile; embryo sac abortion; meiosis crossover; MutLγ; rice

Introduction

The fertility of the female reproductive system determines the grain yield and the success of heterosis. Meiosis is a key process in rice reproductive development. In the past two decades, on account of a persistent barrier to mutant acquisition and character identification, the research addressing female sterility has been slower in rice. Therefore, it will be important to explore the genes related to plant female fertility and meiosis. In most angiosperms, the development of female gametophytes (FGs) generally includes megasporogenesis and FG genesis. From megaspore mother cell (MMC) to functional megaspore (FM) is the meiotic stage. Then, though three consecutive nuclear mitosis, the FM further develops into the seven-celled embryo sac (Drews and Koltunow, 2011; Nakajima, 2018). The main studies focusing on *Arabidopsis*, for example, show that *SPL*, *WUS*, *MAC1* are involved in regulating the transformation of somatic cells to germ cells, *MSP1* in regulation of the number of MMC, and *SWI1*, *ARP6* in regulation of meiosis of MMC (Boateng *et al.*, 2008; Lieber *et al.*, 2011; Nonomura *et al.*, 2003; Qin *et al.*, 2014; Sheridan *et al.*, 1996; Yang *et al.*, 1999). At FG genesis, RBR, *LACHESIS*, *BLH1*, *MYB64* and *MYB119* are involved in the regulation of mitosis of FM and the cellularization of FG (Gross-Hardt *et al.*, 2007; Ingouff *et al.*, 2009; Pagnussat *et al.*, 2007; Rabiger and Drews, 2013). In addition, AGO proteins that mediate RNA silencing, DNA methylation and chromosome modification, also involve in the formation of FGs (Law and Jacobsen, 2010; Mallory and Vaucheret, 2010; Olmedo-Monfil *et al.*, 2010; Rodríguez-Leal *et al.*, 2015). However, there are few reports on the genes relating to FG formation in rice.

MutL proteins were first discovered in bacteria, where they are involved in post replicative DNA mismatch repair (MMR) and the control of genetic recombination. The eukaryotic MMR complex is composed of four heterodimers containing MutSβ (MSH2-MSH3), MutSα (MSH2-MSH6), MutLα (MLH1-PMS1/PMS2) and MutLγ (MLH1-MLH3). Research in yeast and mammals show that, as an endonuclease, MutLγ plays a major role in meiotic recombination by forming a complex with MutSγ (Msh4-Msh5) to promote meiotic crossovers (COs) (Cannavo *et al.*, 2020; Flores-Rozas and Kolodner, 1998; Kadyrova *et al.*, 2020; Kolodner, 2016; Lipkin *et al.*, 2000; Nishant *et al.*, 2010; Ranjha *et al.*, 2014; Wang *et al.*, 1999).

The proper chromosomal pairing, recombination, and segregation are central to meiosis and sexual reproduction (Bai *et al.*, 1999). The meiotic recombination is initiated by the programmed formation of DNA double-strand breaks (DSBs). The processing of DSB ends form single-end invasion (SEI) intermediates (Manhart and Alani, 2016; Mimitou and Symington, 2009). The SEIs are further processed to form double Holliday junction (dHJ) intermediates. Subsequently, dHJs are resolved exclusively into COs (Borner *et al.*, 2004; Manhart and Alani, 2016). In most eukaryotes, the repair of meiotic DSBs yields COs (Type Ⅰ COs and Type Ⅱ COs) or non-crossovers (NCOs) through three major pathways. Most SEIs produced NCOs via the synthesis-dependent strand annealing (SDSA) pathway (Manhart and Alani, 2016; Mercier *et al.*, 2015; Wang and Copenhaver, 2018; Wang and Kung, 2002). The major pathway formed the interference-sensitive Type Ⅰ COs depend on ZMM group proteins (Zip1-4, Mer3, Msh4-5) in S. *cerevisiae*, as well as MLH1 and MLH3 in *Arabidopsis* (Borner *et al.*, 2004; Mercier *et al.*, 2015). The MutSγ stabilizes invasion intermediates and dHJs. MutLγ act with Exo1 and Sgs1 helicases to resolve recombination intermediates forming Type Ⅰ COs (Rogacheva *et al.*, 2014). In the *Arabidopsis* zmm mutants *Atmsh4* and *Atmsh5*, COs are strongly reduced to about 15% of the wild-type level (Chelysheva *et al.*, 2007; Chelysheva *et al.*, 2012; Higgins *et al.*, 2004; Higgins *et al.*, 2008b). The rice *Osmsh4* and *Osmsh5* single mutants have a residual CO frequency of ~10% and 21.9%, respectively (Luo *et al.*, 2013; Wang *et al.*, 2016). *Arabidopsis mlh1* and *mlh3* mutants' CO frequencies are reduced to ~50% of the wild-type level, and less affected than *zmm* mutants (Chelysheva *et al.*, 2012; Jackson *et al.*, 2006). An alternative pathway producing interference-insensitive Type Ⅱ COs and NCOs relies on structure-specific endonucleases MUS81 - MMS4 (XPF), SLX1 - SLX4 (URI-YIG), and YEN1 (GEN1) (Rad2/XPG) (Boddy *et al.*, 2001; Manhart and Alani, 2016; Osman *et al.*, 2011; Schwartz and Heyer, 2011). About 85 - 90% of COs (Type Ⅰ) arise from the ZMM-dependent pathway, while the remaining 10% - 20% of COs (Type Ⅱ) are from the MUS81/MMS4 pathway and other unknown routes in *Arabidopsis* (Higgins *et al.*, 2008a; Lambing *et al.*, 2017; Wang *et al.*, 2017). At present, the MLH1 and MLH3 homologs in rice have not been functionally characterized.

Vegetative growth of *AtMLH*3 T-DNA insertion mutants is indistinguishable from wild-type plants, but with small siliques and a reduced seed number (~ 50%) per silique. The *Atmlh*3 mutant has a ~ 60% reduction in COs, and AtMLH1 fails to localize normally in mutant (Jackson *et al.*, 2006). The loss of functional *AtMLH1* gene leads to a significant reduction in fertility in both homozygotes and heterozygotes. A strong decrease (72%) in the frequency of homologous recombination is observed in the mutant (Dion *et al.*, 2007). The barley *des10* (*Hvmlh3*) mutants exhibit reduced recombination and chiasmata counts of only 37% of the wild-type level, leading to chromosome missegregation.Unlike *Atmlh3*, *des10*'s normal synapsis progression is also disrupted, and meiotic recombination is skewed to the ends of chromosomes (Colas *et al.*, 2016).

Although meiosis is evolutionarily conserved, many of the underlying mechanisms show species-specific differences. The roles of MLH3 homologs have been extensively studied in yeast, animals and *Arabidopsis*, but their biological functions remain largely unknown in rice. Here, we isolated a rice MutL-homolog 3 gene, named *OsMLH3.* Through the phenotype of *OsMLH3* and *OsMLH1* (MutL-homolog 1) knockout lines and protein interactions, we validated that the C-termini of OsMLH3 and OsMLH1 interact to form a heterodimer to participate in the MutS γ -MutL γ COs pathway and regulate male and female fertility. The *Osmlh3* mutants exhibits slightly reduced pollen fertility and severe embryo sac abortion. Based on the special function and mutant phenotype of *OsMLH3*, the *fsv1* and *OsMLH3* - knockout lines may be used as female sterile restorer lines for mechanized seed production of hybrid rice in the future.

Results

Characterization of a female sterile mutant

A spontaneous *fsv1* mutant of rice was identified from a rice restorer line Gui99. The mutant showed normal vegetative growth (Figure 1a), and pollen fertility was slightly decreased (as revealed by I_2 - KI staining) (Figure 1b - c), but the seed-setting rate was just 13.7% (vs. 86.9% in the wild type) (Figure 1d - e). The reciprocal cross tests of the mutant and wild type with full pollination showed that when the wild type was a female parent and the mutant male parent, the hybrid seed-setting rate was 77.4%, but when *fsv1* was as a female the seed-setting rate was 13.2% (Figure S1a - c), indicating that the female fertility of the mutant was defective, and was therefore classed as a female sterile mutant. In the F_2 population, we found that the segregation ratio of plants with normal (593) and low (270) seed setting was about 3 : 1 ($\chi^2 = 0.454$; $P > 0.05$), suggesting that the female sterile phenotype is controlled by a single recessive nuclear gene.

Figure 1 Phenotype of the *fsv1* mutant. (a) Gross morphology of 4-month-old plants of Gui99 (wild type) and *fsv1* (scale bar, 20 cm). (b–c) Pollen grains (stained with 1% I_2–KI) of Gui99 (b) and *fsv1* (c) (scale bars, 200 μm). (d) Mature panicles of Gui99 and *fsv1* (scale bar, 20 cm). (e) Statistical data of the seed-setting rates in Gui99 and *fsv1*. Means SD (n = 5) are given in e. $^{**}P < 0.01$ (t-test).

Map-based cloning of the *FSV1* gene

To isolate the mutated gene that controls the female sterile phenotype, map-based cloning was used to isolate the *fsv1* locus. The target gene was roughly mapped to an interval on the long arm of chromosome 9 between SSR markers RM24751 and RM24766 using 204 F_2 mutant individuals. Then, further narrowed the *FSV1*-containing region to a 21.8-kb interval between the markers M2 and In9-22721 on BAC clone P0489D11. There were four open reading frames (ORFs1–4) in the target region. The sequencing analysis of four ORFs both in wild type and *fsv1* showed that only ORF1 in *fsv1* had a singlebase transition (C to A) in the 13th exon (1,899 bp on CDS), forming a premature stop codon (Figure 2a). *ORF1* (*LOC_Os09g37930*) encodes a MLH3-like DNA MMR protein, consisting of 24 exons and 23 introns, with 4170 bp of full-length mRNA containing 3588 bp of the coding region together with a 340-bp 5′UTR and 242-bp 3′UTR. *LOC_Os09g37930* is a *MutLhomolog 3* gene, so we named it *OsMLH3*, and its mutant allele in *fsv1* gene as *Osmlh*3-1.

To verify that the putative gene is responsible for the mutant phenotype, a 12.836-kb genomic DNA fragment containing the entire *LOC_Os09g37930* gene region was transformed into the *fsv1* mutant. Positive transgenic T_1 plants displayed normal growth morphologies and seed settings (Figure 2b-e). Thus, *OsMLH3* is the target gene.

***OsMLH3* is a homologue of MutL proteins of the rice MMR system**

OsMLH3 harbours 1195 amino acids (aa) with a predicted molecular mass of 135 kD, including three conserved functional domains, HATPase_c_3 (22-140 aa) and DNA_mis_repair (215-349 aa) in the N-terminus, and MutL_C (951-1113 aa) in the Cterminus. Ten MLH3 proteins with significant amino acid identities were detected in six Gramineae plants, *Arabidopsis*, human, mouse and yeast. Evolutionarily, these proteins can be arranged into three clades (Figure S2 a). So far, the *Arabidopsis AtMLH3* and *Hordeum vulgare HvMLH3* have been cloned in higher plants (Colas *et al.*, 2016; Jackson *et al.*, 2006). Compared to *OsMLH3*, the 350-aa N-terminus of AtMLH3 shares

47% identity and 62% similarity, and the 393 - aa C-terminus shares 46% identity and 62% similarity. In *H. vulgare*, the N- (1-351 aa) and C- (960-1208 aa) termini of HvMLH3 have 79.8% and 80.4% identity with OsMLH3, respectively. The MLH3's functional domains in six Gramineae plants are highly conservative; their identities range from 58.7% to 78.6%. The similarity of key functional domains in yeast is also high. The 375 - aa N - terminus of OsMLH3 shares 25% identity and 49% similarity, and the 241 - aa C - terminus shares 30% identity and 45% similarity to the yeast MLH3 protein (YPL164C). The three conserved domains are present in most species, particularly a highly conserved metal-binding domain DQHA (X) 2E (X) 4E at the C - terminus in all species. The meiotic function of MLH3 is fully dependent on the integrity of a putative nuclease motif DQHA (X) 2E (X) 4E in *S. cerevisiae* (Ranjha *et al.*, 2014; Figure S2 b).

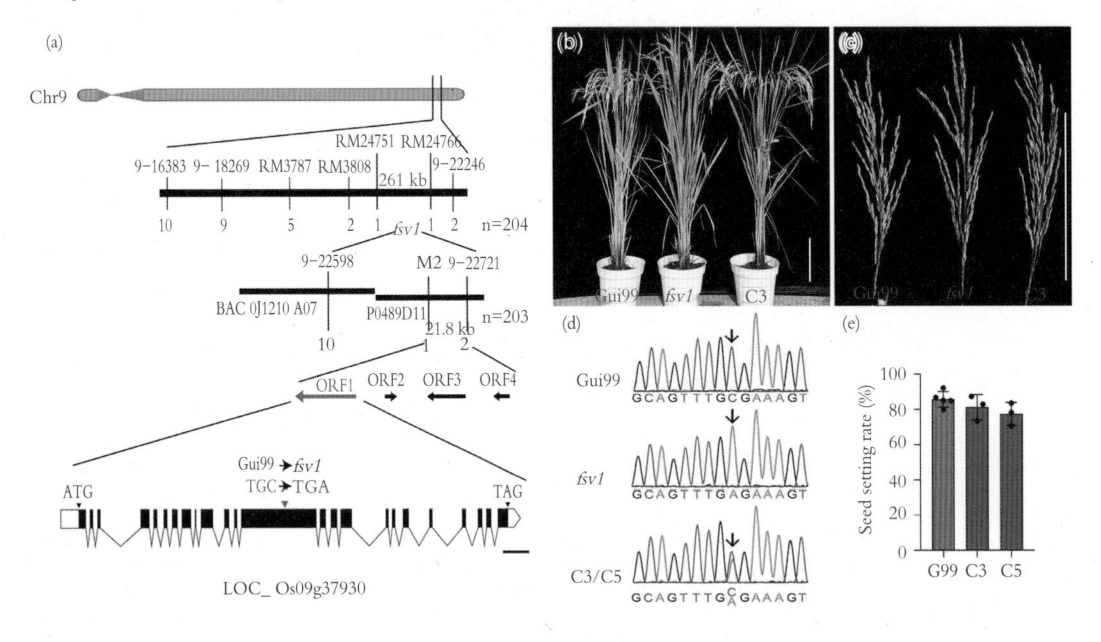

Figure 2 Identification of *fsv1*. (a) Map position of the *fsv1* locus. There are four candidate genes (ORF1 - ORF4) in the mapped 21.8-kb region. The genomic structure of candidate gene *LOC_Os09g37930* is shown, and the red arrowhead indicates the mutation site in *fsv1* (scale bar, 500 bp). (b-c) Gross morphology and mature panicles of Gui99 (wild type), *fsv1* and T1 complemented plant C3 (scale bars, 20 cm). (d) In the sequencing chromatograms of the T1 plants C3 and C5, the mutation site shows overlapped peaks of C and A bases (black arrow). (e) Statistical data of the seed-setting rates in the T1 plants. Means±SD (n = 3) is given in e.

Expression pattern of *OsMLH3* and the protein subcellular localization

Total RNA from various tissues was used for quantitative reverse transcription- (qRT-) PCR analysis of *OsMLH3*. The highest expression level appeared in inflorescence and leaf blades, being sequentially weaker in roots and stems in the wild-type plant (Figure 3f). The expression pattern of the *OsMLH3* promoter was detected by using promoter-GUS assay. GUS gene expression results were consistent with the qRT-PCR data. GUS signals could be detected in roots, stems, leaves and florets, especially in the ovary of florets (Figure 3a - e). The results were consistent with the qRT-PCR results.

To further elucidate the spatial expression patterns of *OsMLH3*, we performed RNA *in situ* hybridization with wild-type floral sections. The strong hybridization signal of *OsMLH*3 was observed on stamens and pistil flower primordia (Figure S3 a－d). Strong signals were detected in the ovary during the late stage of spikelet formation (Figure S3 e－f). Sub-cellular localization test shows that the fluorescent signal of *OsMLH3*－linker-GFP co-localized with the nuclear marker NLS-mKate in rice protoplast (Figure 3h－k), suggesting that *OsMLH3* is a nuclear localized protein.

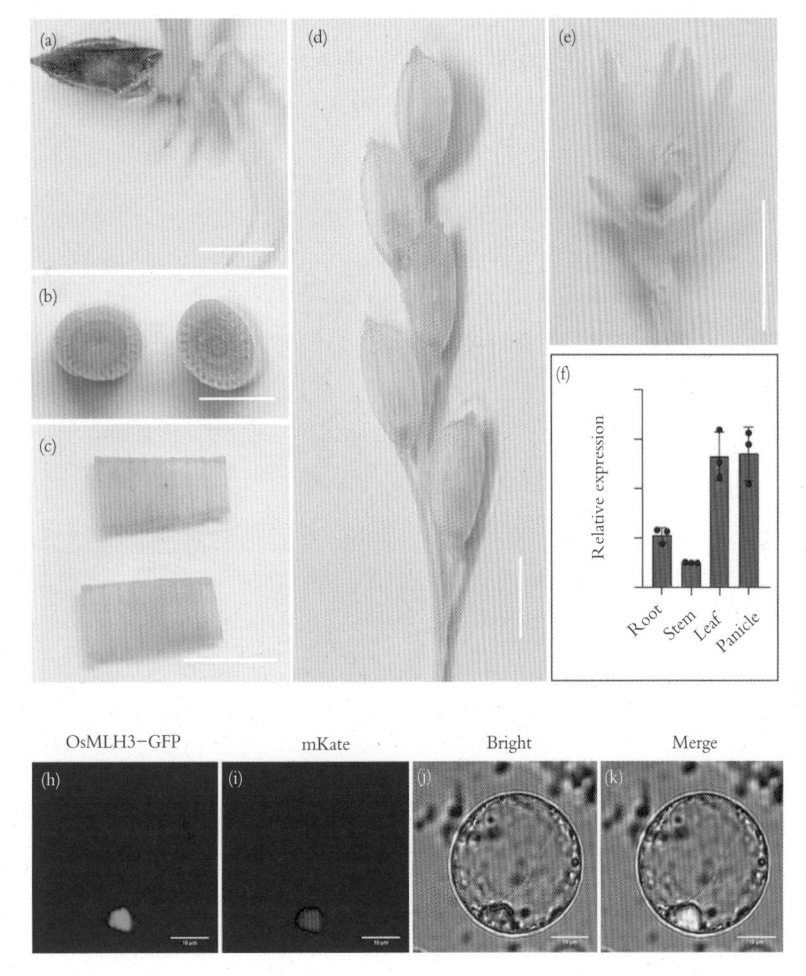

Figure 3　Expression pattern of *OsMLH3* and the protein sub-cellular localization. (a－e) GUS staining of various tissues of proOsMLH3-GUS transgenic plants : root (a), stem (b), leaves (c), panicle (d) and floret (e) (Scale bar, 1 cm). (f) Relative expression of *OsMLH3* in various tissues. Ubiquitin gene was used as the reference. (h−k) Sub-cellular localization of OsMLH3-GFP fusion protein in rice protoplasts. OsMLH3-GFP localization (h), NLS-mKate label in the nucleus (i), Bright (j), Merge (k) (scale bar, 10 μm).

Abortion of most *Osmlh3−1* embryo sacs at megasporogenesis stage

We compared the embryo sac development at megasporogenesis and FG genesis stages of wild-type Gui99 and *Osmlh3－1* with whole-mount stain-clearing laser scanning confocal microscopy (WCLSM).

In Gui99, the megasporocyte could undergo two meiotic divisions to produce four haploid spores (Figure 4a - c), among which three at the micropylar end degenerated, and the one remaining spore formed the FM (Figure 4d). Then, the mononucleate embryo sac went through three rounds of mitosis to form a seven-celled embryo sac, which contains an egg cell, two synergid cells, three antipodal cells and one central cell with two polar nuclei (Figure 4e - j). The megasporocyte developed normally in the Osmlh3 - 1 mutant (Figure 4k). However, few megaspore dyads and tetrads could be observed at megasporogenesis stage (Figure 4l - m), failing to form FMs (Figure 4n) and mature embryo sacs (Figure 4o) in *Osmlh3 - 1*. We observed a large number of mature embryo sacs, and about 82.7% (86/104) of embryo sacs were abortive with no cell differentiation. A small number (4/104) of FMs entered the mitotic stage but had an abnormal embryo sac structure, including one small embryo sac (Figure S4a), two embryo sacs with polar nuclei in an abnormal position which separated from the egg (Figure S4b - c), and one abnormal embryo sac chamber (Figure S4 d). Only 13.5% (14/104) of *Osmlh3-1's* FMs formed mature embryo sacs, which can complete normal fertilization. These results confirm that most (86.5%) of the *Osmlh3 - 1* mutant female gametes are nonfunctional, resulting in a low seed-setting rate.

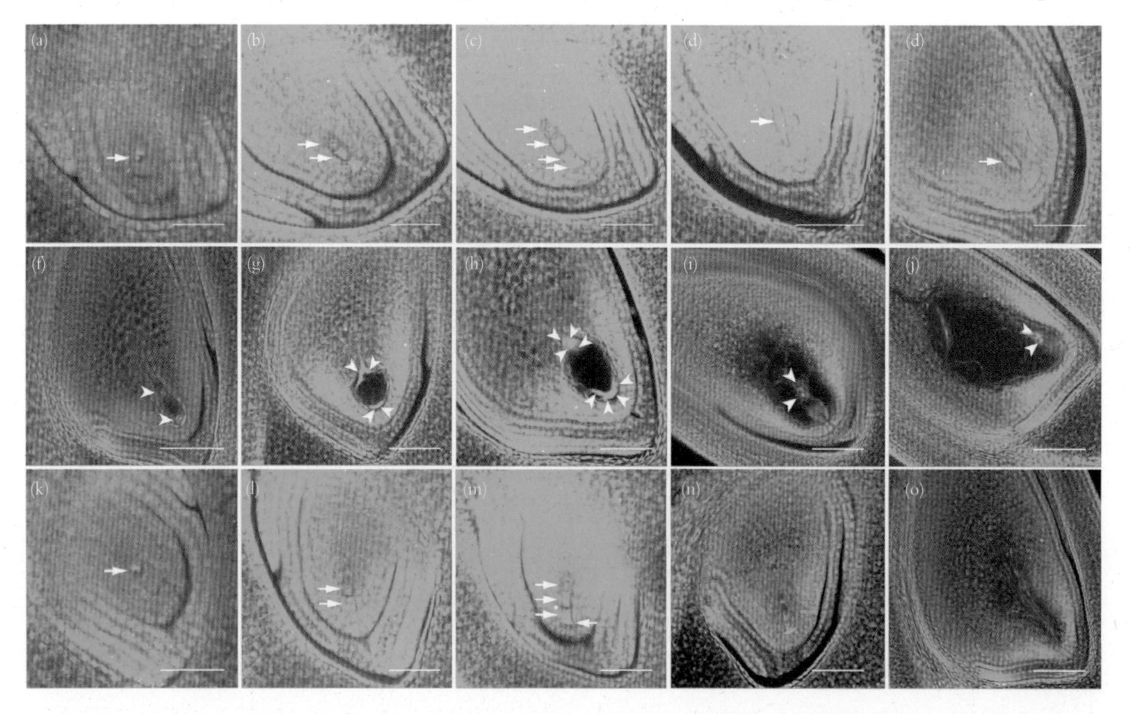

Figure 4 Development of the embryo sac in wild-type Gui99 and the *Osmlh3-1* mutant. (a-j) Wild type, (k-o) *Osmlh3-1* mutant. (a, k) Megasporocyte. (b, l) Dyad. (c, m) Tetrad. (d, n) FG. (e) Mononucleate embryo sac. (f) Two-nucleate embryo sac. (g) Four-nucleate embryo sac. (h) Early eight-nucleate embryo sac. (i) Later eight-nucleate embryo sac. (j, o) Mature embryo sac. (n) A degenerated functional megaspore. (o) A completely aborted embryo sac without seven cells and eight nuclei structure. Nuclei during megasporogenesis (arrows) and megagametogenesis (arrowheads). Scale bars, 50 μm.

Cytological analysis of *Osmlh3-1* reveals defects in chromosomal recombination

Since the *Osmlh3-1* mutant also showed slightly reduced pollen fertility (Figure 1c), we first analysed the chromosome behaviours of pollen mother cells (PMCs) in wild type and *Osmlh3-1*. In the wild type, condensing chromosomes became clearly visible at leptotene (Figure 5a), homologous chromosomes were partially synapsed and concentrated at zygotene (Figure 5b). Synaptonemal complex (SC) formation was complete at pachytene (Figure 5c). SC began to disassemble and homologous chromosomes remained paired at the chiasmata at diplotene (Figure 5d), and 12 bivalents were highly condensed at diakinesis (Figure 5e) before aligning on the equatorial plate at metaphase Ⅰ (Figure 5f). The homologous chromosomes segregated equally to the opposite poles of the cell at anaphase Ⅰ, thus reducing the chromosome number by a half (Figure 5g). During meiosis Ⅱ, the sister chromatids separated to produce tetrads, with each cell having 12 chromosomes (Figure 5h).

In the *Osmlh3-1*, early prophase Ⅰ from leptotene through to pachytene was similar to that of the wild type, with apparently normal chromosome pairing and full synapsis at pachytene (Figure 5i-k). Some homologous chromosomes separated from each other at diplotene (Figure 5l). Condensed chromosome number was abnormal (>12) during diakinesis, with the presence of normal bivalents and a few univalents (Figure 5m). During metaphase Ⅰ, the remaining bivalents aligned on the equatorial plane, whereas the univalents were distributed randomly (Figure 5n). The bivalents separated normally at anaphase Ⅰ, but the univalents segregated randomly, resulting in an unequal distribution of chromosomes in the two daughter cells (Figure 5o). The second meiotic division subsequently occurred. A tetrad with uneven chromosomes was detected. We also observed some chromosome bridge at telophase Ⅱ (Figure 5o) and micronuclei at the tetrad stage (Figure 5p). Thus, multiple aberrations in microspore development led to partial pollen sterility in the *Osmlh3-1* mutant. These observations demonstrate that *OsMLH3* is required for normal progression through meiosis and plays a crucial role in meiosis.

Random distribution of residual chiasmata in the *Osmlh3-1* mutant

It is widely acknowledged that chiasmata play a critical role in the stability of bivalents (Ma, 2006). We quantified the chiasmata frequencies at metaphase to investigate differences in bivalent and CO between the *Osmlh3-1* mutant and Gui99. The *Osmlh3-1* mutant had a reduced number of bivalents compared with Gui99. Statistical analysis indicated a mean bivalent frequency of 9.7 per cell (n = 32) in the *Osmlh3-1* mutant, in contrast to 12 per cell in Gui99. In the *Osmlh3-1* mutant, the number of bivalents ranged from 8 to 12 bivalents per cell (Figure 5q). The mean bivalent frequency was reduced by about 19.2% in the *Osmlh3-1* mutant. According to criteria previously, rod-shaped bivalents are scored as having one chiasma, whereas ring bivalents have two (Sanchez Moran *et al.*, 2001). Mean chiasmata number in the *Osmlh3-1* mutant ranged from 9 to 20, averaging 14.9 per cell (n = 32) (Figure 5s), compared with 20.0 per cell (n = 30) for Gui99 (Figure 5r), the mean chiasmata frequency of *Osmlh3-1* was reduced by 28.9%.The range of cell chiasma frequencies in the *Osmlh3-1* mutant was wide (9-20), but the range of cell chiasma frequencies was much narrower in Gui99 (19-24), suggesting that chiasma formation was less controlled in the *Osmlh3-1* mutant. The number of remaining chiasmata per cell in the *Osmlh3-1* mutant was not a match to a Poisson distribution (Figure

5s), indicating that chiasmata were not randomly distributed among cells, whereas the distribution in the wild type deviated significantly from a Poisson model (Figure 5r). All the results show that the crossinterference may still exist in *Osmlh3-1*.

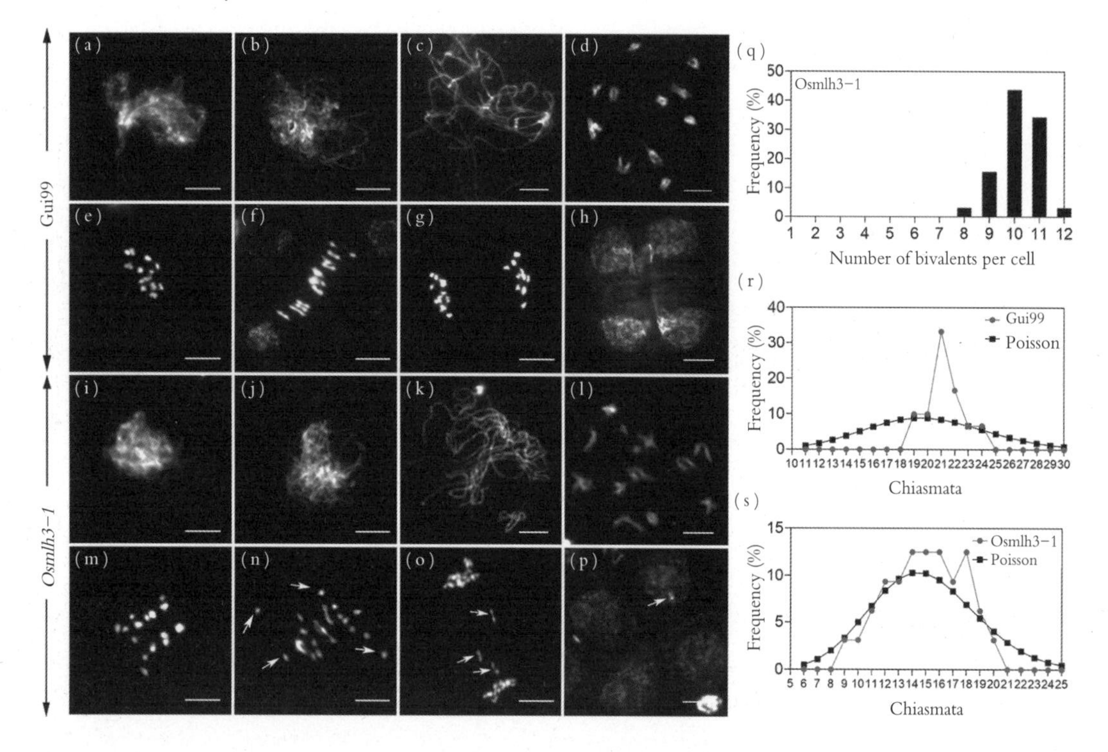

Figure 5 Meiotic chromosome behaviours of PMCs in Gui99 and the *Osmlh3-1* mutant. (a–h) Wild-type Gui99, (i–p) *Osmlh3-1* mutant. (a, i) Leptotene. (b, j) Zygotene. (c, k) Pachytene. (d, l) Diplonema. (e, m) Diakinesis. (f, n) Metaphase I. (g, o) Telophase I. (h, p) Tetrads. Chromosomes were stained with DAPI. Scale bars, 10 lm. (q) Frequencies of the number of bivalents per cell in the *Osmlh3-1* mutant. (r) Observed (grey dots) and predicted Poisson (black squares) distributions of chiasmata per cell in wild-type Gui99. (s) Observed (grey dots) and predicted Poisson (black squares) distributions of chiasmata per cell in the *Osmlh3-1* mutant.

OsMLH3 and *OsMLH1* gene knockout lines have the same phenotype as *fsv1*

To confirm that the *fsv1* mutant phenotypes were caused by the loss of function of *OsMLH3*, we generated *OsMLH3*-knockout lines (*Osmlh3-2*, *Osmlh3-3* and *Osmlh3-4*) of an *indica* variety Huazhan (HZ) by using the CRISPR/Cas9 system (Ma *et al.*, 2015) (Figure 6a). In addition, we also obtained knockout mutants (*Osmlh1-1* and *Osmlh1-2*) of *OsMLH1* (*LOC_Os01g72880*), the rice MutL-homolog 1 gene (Figure 6b). These knockout lines had a similar phenotype as *fsv1* (*Osmlh3-1*) (Figure 6c), without apparent difference in vegetative growth, except that the seedsetting rate was reduced to 10%-14% of the wild-type HZ (Figure 6d-e), fertile pollen decreased slightly, and there were more abortive pollen grains (Figure 6f). In the *Osmlh3* and *Osmlh1* knockout lines, most megaspores could not complete meiosis and form FMs, and embryo sacs were aborted without any cell structure (Table S1). A few FMs had formed abnormal embryo sacs, for instance, single polar nuclei (Figure S5 a, k), multiple polar nuclei (Figure S5 c, n, o), double embryo sac (Figure S5 h, I), degenerate embryo sac (Figure S5 d, e), no egg apparatus (Figure S5 g), small embryo sac (Figure S5 f) and polar nuclei positional abnormalities (Figure S5 b, i, j, m), which separated from the egg cell. Consequently, 77%-84% ovules could not form mature embryo sacs.

These *OsMLH3* and *OsMLH1* knockout lines showed mostly normal fertile pollen, but there are still abnormalities in the process of meiosis of PMCs. Comparing the meiosis behaviours of the wildtype HZ (Figure 7a-h), the knockout lines had more randomly distributed univalents during diakinesis and metaphase Ⅰ (Figure 7m, u, n, v). There was an unequal distribution of chromosomes in the two daughter cells during anaphase Ⅰ, with some chromosome bridge formation at telophase Ⅱ (Figure 7o, w), and micronuclei at the tetrad stage (Figure 7p, x). The mean bivalent number was 9.6 in the *Osmlh3-2* mutant (Figure 7 y1), which was about 19.3% less than in the wild type. The mean chiasmata number in the *Osmlh3-2* mutant ranged from 8 to 21, averaging 14.1 per cell (n = 30) (Figure 7 z2), compared with 19.5 (n = 32) for HZ (Figure 7 z1), the mean chiasmata frequency of *Osmlh3-2*wasreduced about 27.8%.In the *Osmlh1-1* mutation lines, the mean bivalent number was 9.5 (Figure 7y2), and the mean chiasmata number ranged from 8 to 22, averaging 15.2 per cell (n = 30) (Figure 7 z3). The mean bivalent and chiasmata frequencies of *Osmlh1-1* were reduced by about 20.6% and 22.5%, respectively. All the knockout lines had similar chromosome behaviours and CO distribution as fsv*1* (*Osmlh3-1*) (Figure 7 z1-z3). The two gene knockout lines have the same phenotype as fsv*1* (*Osmlh3-1*) mutant. These results also prove that *OsMLH3* is the candidate gene, and the DNA MMR genes *OsMLH3* and *OsMLH1* in the same pathway regulate the fertility of rice.*OsMLH3* and *OsMLH1* are involved in the formation of type Ⅰ COs during meiosis, and affect the development of FGs, resulting in the abortion of most embryo sacs.

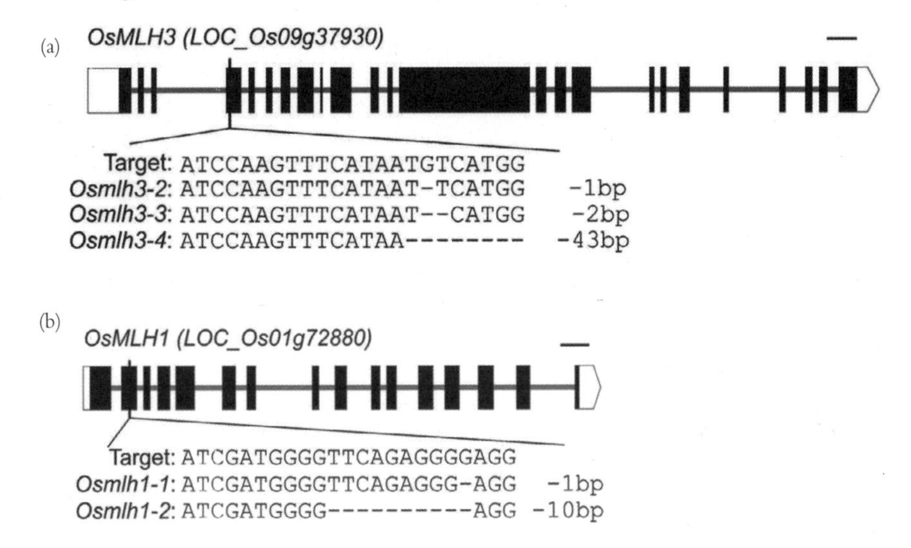

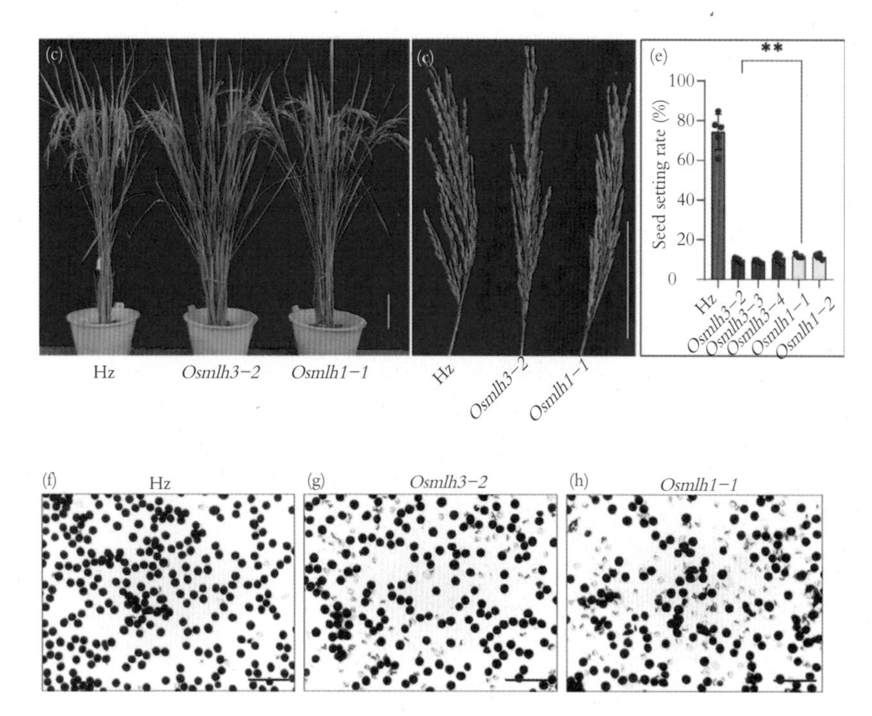

Figure 6 Generation of *Osmlh3-2* and *Osmlh1-1* knockout mutants. (a-b) The gene structure , gene targets , and mutation types of *OsMLH3* (a) and *OsMLH1* (b). (c) Gross morphology of 4-month-old plants of HZ (WT), *Osmlh3-2* and *Osmlh1-1* mutants (scale bar , 20 cm). (d) Mature panicles of HZ , *Osmlh3-2* and *Osmlh1-1* mutants. (e) Statistical data of the seedsetting rate in HZ , *Osmlh3-2* , *3* , *4* and *Osmlh1-1* , *2* mutants. Means SD (n = 5) are given in e. $^{**}P < 0.01$ (*t*-test). (f) Pollen grains with 1% I_2-KI solution (up) and mature embryo sacs (down) of HZ , *Osmlh3-2* and *Osmlh1-1* mutants (scale bars , 200 μm).

The OsMLH1-OsMLH3 heterodimer participates in the regulation of rice fertility

In yeast, meiotic CO requires resolution of Holliday junctions through actions of the DNA MMR factor MLH1-MLH3 (Rogacheva *et al.*, 2014). The conserved C-terminal helix, encoded by MLH3 exon 7, is critical for the interaction between MLH1 and MLH3 proteins in mammals (Lipkin *et al.*, 2000). However, an interaction between the rice OsMLH1 and OsMLH3 has not been reported. The OsMLH1 N-terminus (274 amino acids) share 30% identity and 49% similarity, and the C-terminus (359 amino acids) share 26% identity and 44% similarity with OsMLH3 (Figure 8a) .OsMLH3 is a larger protein with 1195 aa, and its full-length protein is transcriptionally activated. Therefore, we truncated OsMLH3 protein for four different lengths of peptide chains by functional domains, including OsMLH3-N (1-349 aa), OsMLH3-C1 (350-1195 aa), OsMLH3-C2 (470-1195 aa) and OsMLH3-C3 (805-1195 aa). The results indicated that OsMLH3-N was not selfactivated, and OsMLH3-C3 could not grow on-LTH + 5Mm 3AT or-LTHA four SD-lacking solid medium. So, OsMLH3-N and OsMLH3-C3 could be selected as interaction studies (Figure S6 a). According to the key functional areas, different regions of the truncated OsMLH1A (1-723 aa), OsMLH1B (1-162 aa), OsMLH1C (152-452 aa) and OsMLH1D (442-723 aa) were prepared in the prey vector pGADT7 (AD). Yeast two-hybrid (Y2H) assays indicated that only OsMLH3-C3 could interact with the fulllength OsMLH1A and truncated OsMLH1D (Figure 8b). The OsMLH3-N did not interact with OsMLH1 (Figure S6 b). This confirms that OsMLH1 and OsMLH3 interact through the Cterminal conserved domain.

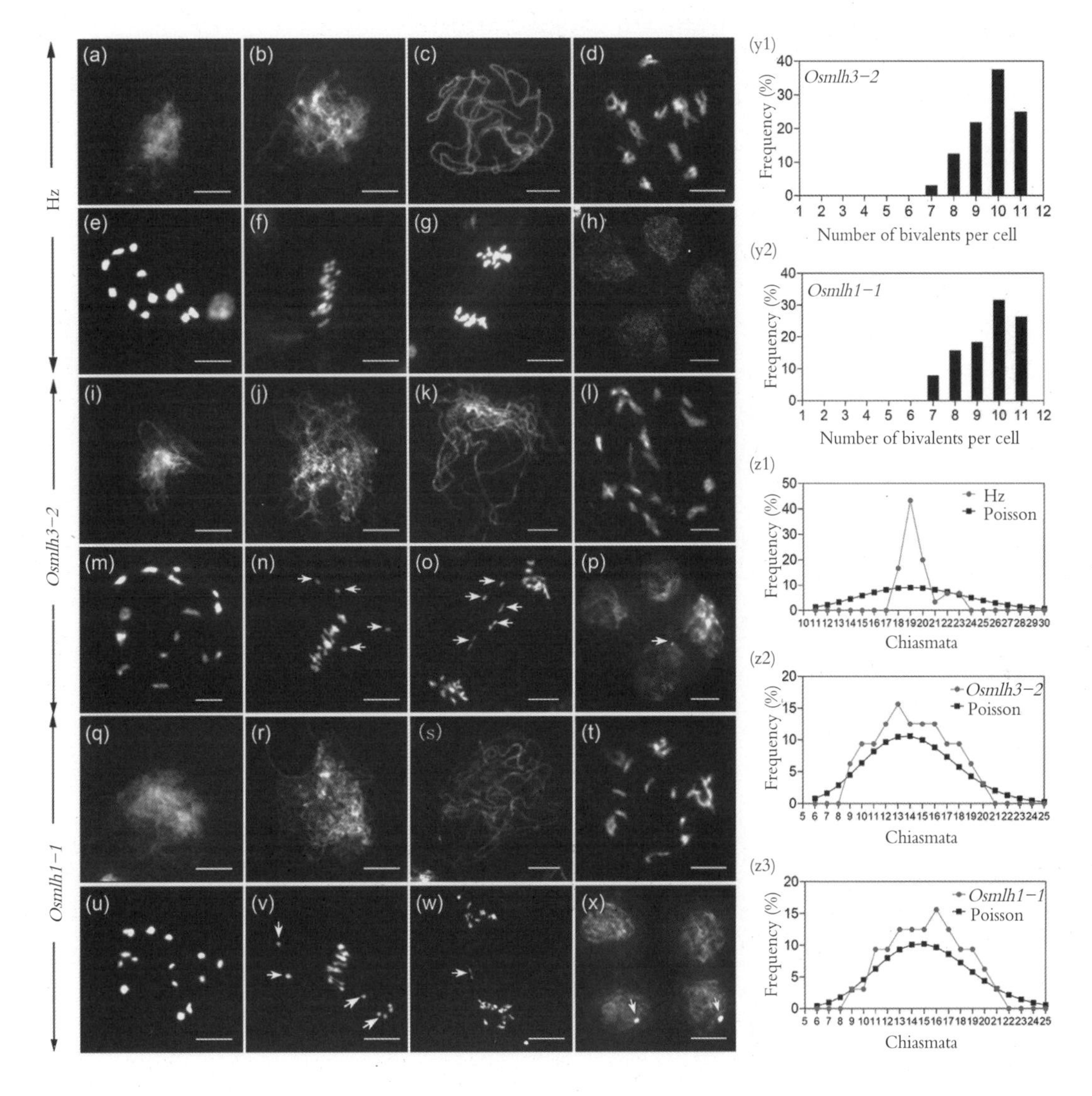

Figure 7 Meiotic chromosome behaviours of PMCs in wild-type HZ, *Osmlh*3-2 and Osmlh1-1 mutants. (a-h) Wild-type HZ. (i-p) The *Osmlh*3-2 mutant. (q-x) The *Osmlh*1-1 mutant. (a, i, q) Leptotene. (b, j, r) Zygotene. (c, k, s) Pachytene. (d, l, t) Diplonema. (e, m, u) Diakinesis. (f, n, v) Metaphase I. (g, o, w) Telophase I. (h, p, x) Tetrads. Chromosomes are stained with DAPI (scale bars = 10 μm). (y1-y2) Frequencies of the number of bivalent per cell in the *Osmlh*3-2 (y1) and Osmlh1-1 mutants (y2). (z1-z3) Observed (grey dots) and predicted Poisson (black squares) distributions of chiasmata per cell in the wildtype HZ (z1), *Osmlh*3-2 (z2) and Osmlh1-1 mutants (z3).

We detected instantaneous expression and interaction between OsMLH3 and OsMLH1 using bimolecular fluorescent complementary (BiFC) assay in tobacco (*Nicotiana benthamiana*). YFPn-

OsMLH3 and OsMLH1-YFPc could get close and produced strong interaction signals in the same subcellular compartment of tobacco cells (Figure 8c). We also had constructed the HA: OsMLH3-C3 and OsMLH1D: myc vectors, then carried out a coimmunoprecipitation test; we found that OsMLH3 and OsMLH1 interacted *in vivo* (Figure 8d). All evidence suggests that OsMLH3 and OsMLH1 function as a heterodimer that regulates male and female fertility in rice.

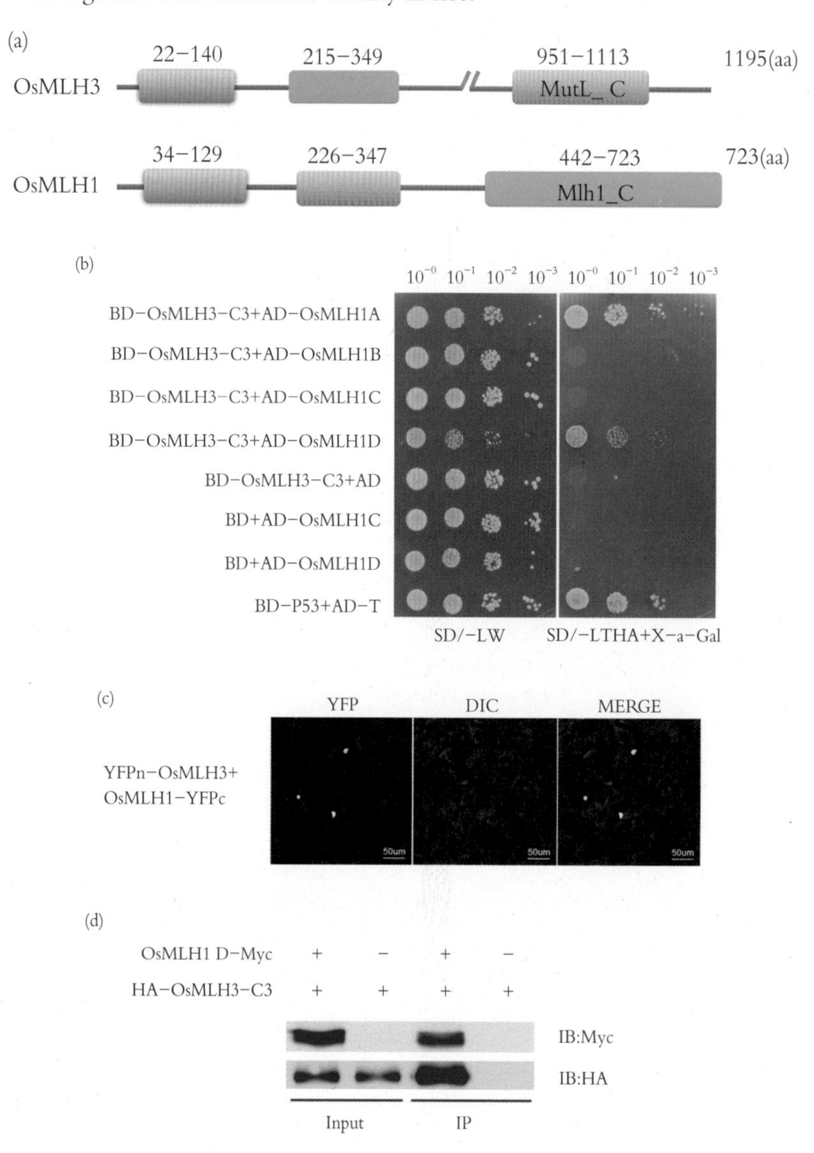

Figure 8 The *in vitro* and *in vivo* interactions of OsMLH3 and OsMLH1. (a) The illustration of the conserved domains of OsMLH3 and OsMLH1 proteins. (b) Yeast two-hybrid (Y2H) assays to test interactions between OsMLH3-C3 and OsMLH1A, OsMLH1B, OsMLH1C and OsMLH1D. The selective medium on the left is SD/-LT (SD-Leu/-Trp); the selective medium on the right is SD/-LTHA (SD-Leu/-Trp/-His/-Ade) +X-a-Gal. BD-P53 + AD-T is a positive control. (c) BiFC to test the interaction between YFPn-OsMLH3 and OsMLH1-YFPc in tobacco cells (scale bars, 50 μm). (d) Co-immunoprecipitation assays of HA-OsMLH3-C3 and OsMLH1D-Myc. IB, immunoblot; IP, immunoprecipitation.

Discussion

fsv1 is a spontaneous mutation in the MMR gene *OsMLH3*

The eukaryotic MMR proteins are essential for maintaining genome integrity during mitosis and meiosis. A previous investigation showed three MutL homologs (AtMLH1, SIMLH1 and AtMLH3) are also required for homologous recombination (HR) during prophase I of meiosis (Dion *et al.*, 2007; Franklin *et al.*, 2006; Jackson *et al.*, 2006). Recently, a new MutL-homolog 3 (HvMLH3) has been characterized in barley (Colas *et al.*, 2016).With classic map-based cloning, we confirmed that a female sterile mutant (*fsv1*) was a single-base mutation in exon 13 of rice MutL-homolog 3 that formed a stop codon. The *fsv1* mutant showed an extremely low seed-setting rate (13%). However, the defective mutation of the orthologous gene has a halved seedsetting rate in *Arabidopsis* and semi-sterile phenotype in *H. vulgare* (Colas *et al.*, 2016; Jackson *et al.*, 2006). Our qRT-PCR and promoter-GUS assays showed that *OsMLH3* is a constituent expression gene; the highest expression level appeared in the inflorescence. However, *AtMLH3* is expressed in bud tissue but not in vegetative tissues. The same-origin gene mutation causes different phenotypes. These data suggest that the MutL-homolog 3 in rice also participates in meiosis, but its function may differ from *AtMLH3* and *HvMLH3*.

The *Osmlh3* mutants possess a particular chiasmata phenotype

The presence of univalent in diakinesis and metaphase Ⅰ indicates that in some cells there are an insufficient number of COs to ensure accurate chromosome segregation. Intriguingly, a similar proportion of wild-type CO was observed in *des10* (37%) as in *AtMLH3* knockouts (39%) (Colas *et al.*, 2016; Jackson *et al.*, 2006). However, our rice survey showed that the proportions of COs were 75% and 72% in *Osmlh3-1* (fsv1) and *Osmlh3-2*, respectively, compared with the wild-type Gui99 and HZ. The results showed that the reduction in the number of COs caused by the loss of function of *OsMLH3* in rice was much less than those in *Arabidopsis* and barley, and also less severe than those found in classical ZMM mutants *msh4* and *msh5* (from 8.3% to 21.8%) in rice and *Arabidopsis* (Higgins *et al.*, 2004; Higgins *et al.*, 2008b; Luo *et al.*, 2013; Wang *et al.*, 2016; Zhang *et al.*, 2014). The cell chiasma frequency distributions in the *Osmlh3-2* and *Osmlh1-1* mutants did not match to a Poisson distribution, indicating cross-interference was still present in these mutants.

Unknown CO formation pathway in the *Osmlh3* mutant

In addition to the ZMM-MutLγ pathway, another CO pathway depends on the eukaryotic structure-specific endonucleases, including MUS81-MMS4, SLX1-SLX4, and YEN1 (GEN1) (Argueso, 2004; Manhart and Alani, 2016; Schwartz and Heyer, 2011; Teresa de los Santos *et al.*, 2003; Zakharyevich *et al.*, 2012). The *Osgen1* mutant is completely sterile and shows an approximately 6% reduction in chiasma formation in meiosis in rice. The type Ⅱ COs do not exhibit interference and account for only 10% to 20% of total COs (Wang and Copenhaver, 2018; Wang *et al.*, 2017). The *OsMLH3* or *OsMLH1* gene mutations result in only about 28% reduction of chiasmata frequency, but the reduction of COs in *Atmlh3* mutant is about 60%. So, it is speculated that there is a yet undescribed bypass independent of *MLH1/3* and unknown genes that compensate for *OsMLH3* deficiency. On the other hand, considering the interaction between the MutLγ complex and MMS4-MUS81 in yeast (de los Santos *et al.*, 2003; Wang and Kung, 2002), it is possible that the residual CO formation in the *Osmlh3* mutant is mediated via the MMS4 - MUS81 pathway, and beyond OsGEN1, there may be other unknown structure - selective endonucleases participating in JMs resolution and forming COs in rice. Thus, the main meiotic crossing over route remains poorly understood in rice.

The fertility effects on both males and females are incomplete in the *Osmlh3* mutant

In the literature, we found no reports about development and chromosome meiosis of embryo sacs in *Atmlh3* and *de10* (Colas *et al.*, 2016; Jackson *et al.*, 2006). Only about 13.5% of florets could form mature embryo sacs in *Osmlh3 - 1* mutants. *OsMLH3* mutation can lead to serious abortion in female organ development. Because the meiosis of MMCs in the rice ovary is difficult to observe, we judge the FG development stage through morphological characteristics. At MMCs meiosis stage, it is difficult to observe the dyads, tetrads and FMs in the ovule. We speculated that MMCs meiosis process is abnormal. Finally, most of the embryo sacs abort. Unequal chromosome segregation affects both male and female fertility. However, the number of PMCs in a spikelet is large, while there is only one FG in the ovary. Therefore, more fertile pollen grains can still be found in each spikelet, but the number of fertile embryo sacs is less in *Osmlh3 - 1*. Unlike *OsMSH4*, *OsMLH5*, and many other meiosis genes, the fertility effects are incomplete in the *Osmlh3* mutant.

***OsMLH3* - knockout rice can probably be used as a female sterile restorer line**

The utilization of hybrid rice heterosis has led to a dramatic increase in rice production in China and other Asian countries (Lv *et al.*, 2020; Wang *et al.*, 2018; Yuan, 2014). But high seed production cost is a barrier to the use of hybrid rice. The cost of seed production can be reduced by mechanized seed production with mixed sowing and harvesting of the hybrid parents if the male parent (restorer line) is completely or partially female sterile.The main function of OsMLH3 is to participate in rice meiosis and regulate male and female fertility in rice. The *Osmlh3 - 1* mutant shows severe embryo sacs abortion and fertile pollens, which manifests as a female sterile phenotype. MLH1 - MLH3 and MLH1 - PMS1 have functional redundancy in DNA mismatch repair in yeast (Kolodner, 2016). So, the MMR function might not be affected in the *Osmlh3 - 1* mutant. Thus, the *OsMLH3* - knockout lines and *fsv1* can be used as male parents (restorer lines) that possesses mostly fertile pollen grains. For example, we have performed a preliminary seed production test by mixed sowing of the *OsMLH3* - knockout restorer line (and Gui99 as a comparison) with a male-sterile line, and the hybrid seed-setting rates (22.7% and 24.4%) were similar between these crosses, while the selfpollinated seed-setting rate of *OsMLH3* - knockout restorer line was about 14%. We believe that this mixed-sowing and harvesting technology for hybrid seed production has the valuable potential for applying in hybrid seed production.

Experimental procedures

Plant materials

A spontaneous rice female sterile variation1 mutant (*fsv1*) was identified from the rice restorer line Gui99. I_2-KI staining was used to evaluate pollen viability. Anthers were placed in I_2-KI staining buffer containing 1% (w/v) I_2 in 3% (w/v) KI to stain released pollen. *fsv1* crossed with the Japonica rice variety 02428 to construct an F_2 genetic analysis and mapping population. For a reciprocal cross test, wild type and mutant lines were crossed using the emasculation hybrid method. The genetic transformation materials were *fsv1* mutant, *Indica* rice cultivar Huazhan (HZ) and *Japonica* rice cultivar Taipei309 (TP309). All plant materials were grown in experimental fields of the Hunan Hybrid Rice Research Center in Changsha, China. Gui99, *fsv1*, 02428, TP309 and HZ grains were obtained from the State Key Laboratory of Hybrid Rice.

Fine mapping and cloning of the *OsMLH3* gene

Genomic DNA of F_2 plants was extracted and used for linkage analysis with available SSR markers (McCouch *et al.*, 2002). Molecular markers for mapping are listed in Table S2. Sequences similar to that of *OsMLH3* were searched using NCBI BLAST. Sequences were aligned with the BioEdit 7.0 software. The rooted phylogenetic tree was constructed with the MEGA7.0 software. To test inferred phylogeny, we used bootstraps with 1 000 bootstrap replicates (Kumar *et al.*, 2016). Pfam (https://pfa m.xfam.org/search) was used for protein domain analysis.

Vector construction and rice transformation

A 12 836-kb genomic DNA fragment containing the entire *OsMLH3* gene region, 4 090 bp upstream of the ATG sequence, and 683 bp downstream of the TAG sequence was cloned to generate the pCAMBIA1300-*OsMLH3* complementary construct. The construct was transformed into the *fsv1* mutant. The positive transgenic plants were confirmed by the Hygromycin gene using primers HPT3F and HPT3R. The complemented plants showed a bimodal position at the mutation site by sequencing with primers exon13F and exon13R. All primer pairs are listed in Table S2. Constructing gene knockout vector pYLCRISPR/Cas9-MT (I) -*OsMLH3* with target connector primers Cas9-OsMLH3-F and Cas9-OsMLH3-R, pYLCRISPR/Cas9-MT (I) -*OsMLH1*, with target connector primers Cas9-OsMLH1-F and Cas9-OsMLH1-R, the methods and the universal primers were as previously described (Ma and Liu, 2016), and *Indica* variety HZ was used for genetic transformation. The knockout sites were detected by sequencing with primer pairs Osmlh3F1 and Osmlh3R1 and Osmlh1F1 and Osmlh1R1. All primer pairs are listed in Table S2.

Quantitative real-time reverse transcription-PCR (qRTPCR)

For qRT-PCR analysis, the total tissue RNA was extracted and reverse transcribed using an RNAprep pure Plant Kit (TIANGEN, China) and a SuperScript II kit (TaKaRa, Japan). The *OsMLH3* primer pairs rOsMLH3F and rOsMLH3R, as well as the ubiquitin gene (*Os03g0234200*) as a control, are listed in Table S2. PCRs were carried out using the SYBR premix Ex TaqTM kit (TaKaRa, Japan) amplified in a Roche 480II device. The $2^{-\Delta\Delta CT}$ method was used, as previously described (Livak and Schmittgen, 2001).

GUS histochemical staining

For the promoter-GUS assay, a 3 995-bp genomic fragment upstream of the *OsMLH3* translation start codon was amplified with primer pairs proOsMLH3F1 and proOsMLH3R1 (Table S2), and cloned into the pCAMBIA1 305 vector to generate the pOsMLH3 promoter-GUS expression construct, as described previously (Mao *et al.*, 2012). Genetic transformation with Japonica variety TP309 and GUS histochemical staining were done as described previously (Jefferson, 1987).

RNA *in situ* hybridization

Young spikelets were fixed overnight in an FAA (RNase-free) fixative solution at 4 ℃, followed by dehydration in an alcohol series of ethanol and xylene, and then embedded in paraffin. An *OsMLH3* cDNA fragment was amplified using primers InOsMLH3F1 and InOsMLH3R1 (Table S2) and cloned into the pGEMT Easy vector. The probe was then transcribed *in vitro* using a DIG RNA Labeling Kit (SP6/T7) (Roche) following the manufacturer's instructions. RNA hybridization and immunological detection were done as previously described (Kouchi and Hata, 1993).

Sub-cellular localization of OsMLH3

The 3 585 bp of *OsMLH3* CDS was amplified with the primers gfpF1 and gfpR1 (Table S2) and cloned into the pBWA (V) HSccdb-GLosgfp vector to generate the OsMLH3-GFP expression vector, then co-transfected into rice protoplasts with marker plasmid mKate containing the NLS (MDPKKKRKV) (Chiu *et al.*, 1996; Nelson *et al.*, 2007), incubated in darkness at 28 ℃ for 16 h, and observed using a confocal laser scanning microscope (Zeiss LSM 880).

Preparation of embryo sacs for WCLSM

Florets at various stages were collected carefully and fixed in FAA overnight at room temperature, then washed with 50% ethanol and stored in 70% ethanol at 4 ℃. Experimental method was as previously described (Huang *et al.*, 2017). The ovaries were scanned with a confocal laser scanning microscope (Zeiss LSM 880). The excitation wavelength was 543 nm, and the emission wavelengths were 550 - 630 nm.

Meiotic chromosome examination

During the rice meiosis stage, everyday morning 8: 00 - 10: 00 or afternoon 16: 00 - 18: 00, young panicles (40 - 60 mm) of both wild type and mutants were harvested and fixed in Carnot's solution (ethanol : glacial acetic acid = 3 : 1) at room temperature for 24 h, then washed with 70% ethanol and stored in 70% ethanol at 4 ℃. Experimental operation was as previously described (Wang *et al.*, 2014). The male meiocyte chromosomes were observed using a fluorescence microscope (Zeiss Axio Imager M2).

Y2H assay

For Y2H screening, the OsMLH3 - N and OsMLH3 - C3 were cloned into the vector pGBKT7 using primer pairs OsMLH3 - F (EcoRI) and OsMLH3 - NR1 (BamHI) and OsMLH3 - C3F (EcoRI) and OsMLH3 - R (BamHI), respectively. OsMLH1A, OsMLH1B, OsMLH1C and OsMLH1D were cloned into the vector pGADT7 using primers OsMLH1-BF (EcoRI) and OsMLH1-DR (BamHI), OsMLH1-BF (EcoRI) and OsMLH1-BR (BamHI), OsMLH1-CF (EcoRI) and OsMLH1-CR (BamHI), and OsMLH1-DF (EcoRI) and OsMLH1-DR (BamHI). The AH109 yeast strain (*S. cerevisiae*) was transformed with appropriate 'bait' and 'prey' plasmids according to the Clontech yeast transformation protocol. Yeast strains were grown on SD-Trp-Leu plates for 3 d at 30 ℃, and then spotted on the selective plates of SD-Trp-Leu-His-Ade plus X-α-gal. The plates were incubated for 5 d at 30 ℃. Positive bait-prey interactions were detected by blue colours revealed by the β-galactosidase reporter expression. Yeast strains containing 'bait' or 'prey' plasmids combined with pGADT7 or pGBKT7 were used as negative interaction controls.All primer pairs are listed in Table S2.

BiFC assay

The BiFC approach was done as described previously (Waadt *et al.*, 2008). The full-length CDS of *OsMLH3* was cloned into pCAMBIA1300-35S-YFPn to generate the YFPn-OsMLH3 construct using primers YN-OsMLH3-BamHI-F and YN-OsMLH3-SalIR. The full-length CDS of *OsMLH1* was cloned into pCAMBIA1300-35S-YFPc to generate the OsMLH1-YFPc construct with primers YC-OsMLH1-BamHI F and YC OsMLH1 SalI R. Next, agrobacterium strains carrying the BiFC constructs were infiltrated into leaves of 5-to 6-week-old *N. benthamiana* plants, as previously described (Llave *et al.*, 2000). YFP fluorescent signals were monitored using a laser confocal scanning microscope (Olympus FV1000). All primer pairs are listed in Table S2.

Co-immunoprecipitation assay

OsMLH3-C3 was cloned into pCAMBIA1300-35S-HA to generate the HA-OsMLH3-C3 construct using primers HA-OsMLH3-C3-EcoRIF and HA-OsMLH3-C3-SalIR. *OsMLH1D* was cloned into pCAMBIA1300-35S-myc to generate the OsMLH1D-myc construct using primers OsMLH1D-myc-BamHIF and OsMLH1D-myc-SalIR. The plasmid was transferred into *Agrobacterium tumefaciens* EHA105. When the concentration of the bacterial solution OD600 was 0.8, a mix of OsMLH1D-Myc : HA-OsMLH3-C3 (1 : 1) was injected into *N. benthamiana.* After being cultured for 72 h, all proteins were extracted from the injected leaf, co-precipitated by immunoprecipitation with 50 μL Myc medium, and detected by western blotting with HA antibody. HA-OsMLH3-C3 alone was used as a negative control. All primer pairs are listed in Table S2.

Acknowledgements

We thank Prof. Yingxiang Wang (Institute of Plant Biology, School of Life Sciences, Fudan University), Prof. Xiangdong Liu (College of Agricultural, South China Agricultural University) and Dr. Li Li (Hunan Hybrid Rice Research Center) for technical guidance on cytological observation. We also thank Prof. Zhijun Cheng (Institute of Crop Science, Chinese Academy of Agriculture Sciences) for revising the manuscript. This work was supported by National Natural Science Foundation of China (31301291), Genetically modified organisms breeding major projects (2016ZX08001-004), the earmarked fund for China Agriculture Research System and Science and Technology Innovation Fund of Hunan Hybrid Rice Research Center (20190101). The authors would like to thank TopEdit (www.topeditsci.com) for its linguistic assistance during the preparation of this manuscript.

Conflict of interest

The authors declare no conflict of interest.

Author contributions

B.Z., Y.L. and L.Y. designed the experiments. B.M. and W.Z.carried out most of the experiments. Z.H., Y.P., Y.S., C.L and L.T assisted in gene cloning and Y2H assay. Y.H., Y.L., L.H. and D.Z assisted in phenotypic identification and protein interaction tests.Z.Y. and W.L. assisted in field management. B.M. wrote the manuscript. Y.L. and B.Z. revised and approved the final version of the manuscript.

References

1. Argueso, J.L. (2004) Competing crossover pathways act during meiosis in *Saccharomyces cerevisiae. Genetics*, 168, 1805 - 1816.

2. Bai, X., Peirson, B., Dong, F., Xue, C. and Makaroff, C. (1999) Isolation and characterization of SYN1, a RAD21-like gene essential for meiosis in Arabidopsis. *Plant Cell*, 11, 417 - 430.

3. Boateng, K.A., Yang, X., Dong, F., Owen, H.A. and Makaroff, C.A. (2008) SWI1 is required for meiotic chromosome remodeling events. *Mol. Plant*, 1, 620 - 633.

4. Boddy, M.N., Gaillard, P.H.L., McDonald, W.H., Shanahan, P., Yates, J.R. 3rd and Russell, P. (2001) Mus81-Eme1 are essential components of a Holliday junction resolvase. *Cell*, 107, 537 - 548.

5. Borner, G.V., Kleckner, N. and Hunter, N. (2004) Crossover/noncrossover differentiation, synaptonemal complex formation, and regulatory surveillance at the leptotene/zygotene transition of meiosis. *Cell*, 117, 29 - 45.

6. Cannavo, E., Sanchez, A., Anand, R., Ranjha, L., Hugener, J., Adam, C., Acharya, A. *et al.* (2020) Regulation of the MLH1 - MLH3 endonuclease in meiosis. *Nature*, 586, 618 - 622.

7. Chelysheva, L., Gendrot, G., Vezon, D., Doutriaux, M.P., Mercier, R. and Grelon, M. (2007) Zip4/Spo22 is required for class I CO formation but not for synapsis completion in *Arabidopsis thaliana. PLoS Genet.* 3, e83.

8. Chelysheva, L., Vezon, D., Chambon, A., Gendrot, G., Pereira, L., Lemhemdi, A., Vrielynck, N. *et al.* (2012) The *Arabidopsis* HEI10 is a new ZMM protein related to Zip3. *PLoS Genet.* 8, e1002799.

9. Chiu, W., Niwa, Y., Zeng, W., Hirano, T., Kobayashi, H. and Sheen, J. (1996) Engineered GFP as a vital reporter in plants. *Curr. Biol.* 6, 325 - 330.

10. Colas, I., Macaulay, M., Higgins, J.D., Phillips, D., Barakate, A., Posch, M., Armstrong, S.J. *et al.* (2016) A spontaneous mutation in MutL-Homolog 3 (HvMLH3) affects synapsis and crossover resolution in the barley desynaptic mutant *des10. New Phytol.* 212, 693 - 707.

11. de los Santos, T., Hunter, N., Lee, C., Larkin, B., Loidl, J. and Hollingsworth, N. (2003) The Mus81/Mms4 endonuclease acts independently of double-Holliday junction resolution to promote a distinct subset of crossovers during meiosis in budding yeast. *Genetics*, 164, 81 - 94.

12. Dion, E., Li, L., Jean, M. and Belzile, F. (2007) An *Arabidopsis MLH1* mutant exhibits reproductive defects and reveals a dual role for this gene in mitotic recombination. *Plant J.* 51, 431 - 440.

13. Drews, G.N. and Koltunow, A.M. (2011) The female gametophyte. *Arabidopsis Book*, 9, e0155.

14. Flores-Rozas, H. and Kolodner, R.D. (1998) The *Saccharomyces cerevisiae MLH3* gene functions in MSH3-dependent suppression of frameshift mutations. *Proc. Natl. Acad. Sci. U S A*, 95, 12404 - 12409.

15. Franklin, F.C., Higgins, J.D., Sanchez-Moran, E., Armstrong, S.J., Osman, K.E., Jackson, N. and Jones, G.H. (2006) Control of meiotic recombination in *Arabidopsis*: role of the MutL and MutS homologues. *Biochem. Soc. Trans.* 34, 542 - 544.

16. Gross-Hardt, R., Kägi, C., Baumann, N., Moore, J.M., Baskar, R., Gagliano, W.B., Jürgens, G. *et al.* (2007) LACHESIS restricts gametic cell fate in the female gametophyte of Arabidopsis. *PLoS Biol.* 5, e47.

17. Higgins, J.D., Armstrong, S.J., Franklin, F.C. and Jones, G.H. (2004) The Arabidopsis MutS homolog AtMSH4 functions at an early step in recombination: evidence for two classes of recombina-tion in *Arabidopsis.Gene Dev.* 18, 2557 - 2570.

18. Higgins, J.D., Buckling, E.F., Franklin, F.C. and Jones, G.H. (2008a) Expression and functional analysis of AtMUS81 in *Arabidopsis meiosis* reveals a role in the second pathway of crossing-over. *Plant J.* 54, 152 - 162.

19. Higgins, J.D., Vignard, J., Mercier, R., Pugh, A.G., Franklin, F.C. and Jones, G.H. (2008b) AtMSH5 partners AtMSH4 in the class I meiotic crossover pathway in *Arabidopsis thaliana*, but is not required for synapsis. *Plant J.* 55, 28 - 39.

20. Huang, X., Peng, X. and Sun, M.X. (2017) OsGCD1 is essential for rice fertility and required for embryo dorsal-ventral pattern formation and endosperm development. *New Phytol.* 215, 1039 - 1058.

21. Ingouff, M., Sakata, T., Li, J., Sprunck, S., Dresselhaus, T. and Berger, F. (2009) The two male gametes share equal ability to fertilize the egg cell in Arabidopsis thaliana. *Curr. Biol.* 19, R19 - 20.

22. Jackson, N., Sanchez-Moran, E., Buckling, E., Armstrong, S.J., Jones, G.H. and Franklin, F.C. (2006) Reduced meiotic crossovers and delayed prophase I progression in AtMLH3-deficient *Arabidopsis. EMBO J.* 25, 1315 - 1323.

23. Jefferson, R.A. (1987) Assaying chimeric genes in plants: the GUS gene fusion system. *Plant Mol. Biol. Rep.* 5, 387 - 405.

24. Kadyrova, L.Y., Gujar, V., Burdett, V., Modrich, P.L. and Kadyrov, F.A. (2020) Human MutLgamma, the MLH1-MLH3 heterodimer, is an endonuclease that promotes DNA expansion. *Proc. Natl. Acad. Sci. U S A*, 117, 3535 - 3542.

25. Kolodner, R.D. (2016) A personal historical view of DNA mismatch repair with an emphasis on eukaryotic DNA mismatch repair. *DNA Repair*, 38, 3 - 13.

26. Kouchi, H. and Hata, S. (1993) Isolation and characterization of novel nodulin cDNAs representing genes expressed at early stages of soybean nodule development. *Mol. Gen. Genet.* 238, 106 - 119.

27. Kumar, S., Stecher, G. and Tamura, K. (2016) MEGA7: molecular evolutionary genetics analysis version 7.0 for bigger datasets. *Mol. Biol. Evol.* 33, 1870 - 1874.

28. Lambing, C., Franklin, F.C. and Wang, C.R. (2017) Understanding and manipulating meiotic recombination in plants. *Plant Physiol.* 173, 1530 - 1542.

29. Law, J.A. and Jacobsen, S.E. (2010) Establishing, maintaining and modifying DNA methylation patterns in plants and animals. *Nat. Rev. Genet.* 11, 204 - 220.

30. Lieber, D., Lora, J., Schrempp, S., Lenhard, M. and Laux, T. (2011) Arabidopsis WIH1 and WIH2 genes act in the transition from somatic to reproductive cell fate. *Curr. Biol.* 21, 1009 - 1017.

31. Lipkin, S.M., Wang, V., Jacoby, R., Banerjee-Basu, S., Baxevanis, A.D., Lynch, H.T., Elliott, R.M. *et al.* (2000) MLH3: a DNA mismatch repair gene associated with mammalian microsatellite instability. *Nat. Genet.* 24, 27 - 35.

32. Livak, K.J. and Schmittgen, T.D. (2001) Analysis of relative gene expression data using real-time quantitative PCR and the 2 (-Delta Delta C (T)) Method.*Methods*, 25, 402 - 408.

33. Llave, C., Kasschau, K.D. and Carrington, J.C. (2000) Virus-encoded suppressor of posttranscri-ptional gene silencing targets a maintenance step in the silencing pathway. *Proc. Natl. Acad. Sci. U S A*, 97, 13401 - 13406.

34. Luo, Q., Tang, D., Wang, M., Luo, W., Zhang, L., Qin, B., Shen, Y. *et al.* (2013) The role of OsMSH5 in crossover formation during rice meiosis. *Mol. Plant.* 6, 729 - 742.

35. Lv, Q., Li, W., Sun, Z., Ouyang, N., Jing, X., He, Q., Wu, J. *et al.* (2020) Resequencing of 1, 143 indica rice accessions reveals important genetic variations and different heterosis patterns. *Nat. Commun.* 11, 4778.

36. Ma, H. (2006) A molecular portrait of Arabidopsis meiosis. *Arabidopsis Book*, 4, e0095.

37. Ma, X. and Liu, Y.G. (2016) CRISPR/Cas9 - based multiplex genome editing in monocot and dicot plants. *Curr. Protoc. Mol. Biol.* 115, 31.6.1 - 31.6.21.

38. Mallory, A. and Vaucheret, H. (2010) Form, function, and regulation of ARGONAUTE proteins. *Plant Cell*, 22, 3879 - 3889.

39. Manhart, C.M. and Alani, E. (2016) Roles for mismatch repair family proteins in promoting meiotic crossing over. *DNA Repair*, 38, 84 - 93.

40. Mao, B., Cheng, Z., Lei, C., Xu, F., Gao, S., Ren, Y., Wang, J. *et al.* (2012) Wax crystal - sparse leaf2, a rice homologue of WAX2/GL1, is involved in synthesis of leaf cuticular wax. *Planta*, 235, 39 - 52.

41. McCouch, S.R., Teytelman, L., Xu, Y., Lobos, K.B., Clare, K., Walton, M., Fu, B.*et al.* (2002) Development and mapping of 2240 new SSR markers for rice (*Oryza sativa* L.) . *DNA Res.* 9, 199 - 207.

42. Mercier, R., Mezard, C., Jenczewski, E., Macaisne, N. and Grelon, M. (2015) The molecular biology of meiosis in plants. *Annu. Rev. Plant. Biol.* 66, 297 - 327.

43. Mimitou, E.P. and Symington, L.S. (2009) Nucleases and helicases take center stage in homologous recombination. *Trends Biochem. Sci.* 34, 264 - 272.

44. Nakajima, K. (2018) Be my baby: patterning toward plant germ cells. *Curr.Opin. Plant Biol.* 41, 110 - 115.

45. Nelson, B.K., Cai, X. and Nebenfuhr, A. (2007) A multicolored set of in vivo organelle markers for co-localization studies in Arabidopsis and other plants. *Plant J.* 51, 1126 - 1136.

46. Nishant, K.T., Chen, C., Shinohara, M., Shinohara, A. and Alani, E. (2010) Genetic analysis of baker's yeast Msh4-Msh5 reveals a threshold crossover level for meiotic viability. *PLoS Genet.* 6, e1001083.

47. Nonomura, K., Miyoshi, K., Eiguchi, M., Suzuki, T., Miyao, A., Hirochika, H. and Kurata, N. (2003) The MSP1 gene is necessary to restrict the number of cells entering into male and female sporogenesis and to initiate anther wall formation in rice. *Plant Cell*, 15, 1728 - 1739.

48. Olmedo-Monfil, V., Duran-Figueroa, N., Arteaga-Vazquez, M., Demesa-Arevalo, E., Autran, D., Grimanelli, D., Slotkin, R.K. *et al.* (2010) Control of female gamete formation by a small RNA pathway in Arabidopsis. *Nature*, 464, 628 - 632.

49. Osman, K., Higgins, J.D., Sanchez-Moran, E., Armstrong, S.J. and Franklin, F.C. (2011) Pathways to meiotic recombination in *Arabidopsis thaliana. New Phytol.* 190, 523 - 544.

50. Pagnussat, G.C., Yu, H.J. and Sundaresan, V. (2007) Cell-fate switch of synergid to egg cell in Arabidopsis eostre mutant embryo sacs arises from misexpression of the BEL1-like homeodomain gene BLH1. *Plant Cell*, 19, 3578 - 3592.

51. Qin, Y., Zhao, L., Skaggs, M.I., Andreuzza, S., Tsukamoto, T., Panoli, A., Wallace, K.N. *et al.* (2014) ACTIN-RELATED PROTEIN6 regulates female meiosis by modulating meiotic gene expression in Arabidopsis. *Plant Cell*, 26, 1612 - 1628.

52. Rabiger, D.S. and Drews, G.N. (2013) MYB64 and MYB119 are required for cellularization and differentiation during female gametogenesis in *Arabidopsis thaliana*. *PLoS Genet.* 9, e1003783.

53. Ranjha, L., Anand, R. and Cejka, P. (2014) The *Saccharomyces cerevisiae* Mlh1 - Mlh3 heterodimer is an endonuclease that preferentially binds to Holliday junctions. *J. Biol. Chem.* 289, 5674 - 5686.

54. Rodrí guez-Leal, D., Leon-Marítnez, G., Abad-Vivero, U. and Vielle-Calzada, J.P. (2015) Natural variation in epigenetic pathways affects the specification of female gamete precursors in Arabidopsis. *Plant Cell*, 27, 1034 - 1045.

55. Rogacheva, M.V., Manhart, C.M., Chen, C., Guarne, A., Surtees, J. and Alani, E. (2014) Mlh1 - Mlh3, a meiotic crossover and DNA mismatch repair factor, is a Msh2 - Msh3-stimulated endonuclease. *J. Biol. Chem.* 289, 5664 - 5673.

56. Sanchez Moran, E., Armstrong, S.J., Santos, J.L., Franklin, F.C. and Jones, G.H. (2001) Chiasma formation in *Arabidopsis thaliana* accession Wassileskija and in two meiotic mutants. *Chromosome Res.* 9, 121 - 128.

57. Schwartz, E.K. and Heyer, W.D. (2011) Processing of joint molecule intermediates by structure-selective endonucleases during homologous recombination in eukaryotes. *Chromosoma*, 120, 109 - 127.

58. Sheridan, W.F., Avalkina, N.A., Shamrov, I.I., Batygina, T.B. and Golubovskaya, I.N. (1996) The mac1 gene: controlling the commitment to the meiotic pathway in maize. *Genetics*, 142, 1009 - 1020.

59. Teresa de los Santos, N.H., Lee, C., Larkin, B., Loidl, J. and Hollingsworth, N.M. (2003) The Mus81/Mms4 endonuclease acts independently of double-Holliday junction resolution to promote a distinct subset of crossovers during meiosis in budding yeast. *Genetics*, 164, 81 - 94.

60. Waadt, R., Schmidt, L.K., Lohse, M., Hashimoto, K., Bock, R. and Kudla, J. (2008) Multicolor bimolecular fluorescence complementation reveals simultaneous formation of alternative CBL/CIPK complexes in planta. *Plant J.* 56, 505 - 516.

61. Wang, Y., Cheng, Z., Lu, P., Timofejeva, L. and Ma, H. (2014) Molecular cell biology of male meiotic chromosomes and isolation of male meiocytes in Arabidopsis thaliana. *Methods Mol. Biol.* 1110, 217 - 230.

62. Wang, Y. and Copenhaver, G.P. (2018) Meiotic recombination: mixing it up in plants. *Annu. Rev. Plant Biol.* 69, 577 - 609.

63. Wang, C., Higgins, J.D., He, Y., Lu, P., Zhang, D. and Liang, W. (2017) Resolvase OsGEN1 mediates DNA repair by homologous recombination. *Plant Physiol.* 173, 1316 - 1329.

64. Wang, T.F., Kleckner, N. and Hunter, N. (1999) Functional specificity of MutL homologs in yeast: evidence for three Mlh1-based heterocomplexes with distinct roles during meiosis in recombination and mismatch correction. *Proc. Natl. Acad. Sci. U S A*, 96, 13914 - 13919.

65. Wang, T.F. and Kung, W.M. (2002) Supercomplex formation between Mlh1 - Mlh3 and Sgs1 - Top3 heterocomplexes in meiotic yeast cells. Biochem. *Biophys. Res. Commun.* 296, 949 - 953.

66. Wang, W., Mauleon, R., Hu, Z., Chebotarov, D., Tai, S., Wu, Z., Li, M. *et al.* (2018) Genomic variation in 3, 010 diverse accessions of Asian cultivated rice.*Nature*, 557, 43 - 49.

67. Wang, C., Wang, Y., Cheng, Z., Zhao, Z., Chen, J., Sheng, P., Yu, Y. *et al.* (2016) The role of OsMSH4 in male and female gamete development in

rice meiosis. *J. Exp. Bot.* 67, 1447-1459.

68. Yang, W.C., Ye, D., Xu, J. and Sundaresan, V. (1999) The SPOROCYTELESS gene of Arabidopsis is required for initiation of sporogenesis and encodes a novel nuclear protein. *Gene Dev.* 13, 2108-2117.

69. Yuan, L.P. (2014) Development of hybrid rice to ensure food security. *Rice Sci.* 21, 1-2.

70. Zakharyevich, K., Tang, S., Ma, Y. and Hunter, N. (2012) Delineation of joint molecule resolution pathways in meiosis identifies a crossover-specific resolvase. *Cell*, 149, 334-347.

71. Zhang, L., Tang, D., Luo, Q., Chen, X., Wang, H., Li, Y. and Cheng, Z. (2014) Crossover formation during rice meiosis relies on interaction of OsMSH4 and OsMSH5. *Genetics*, 198, 1447-1456.

Supporting information①

Additional supporting information may be found online in the Supporting Information section at the end of the article.

Figure S1 The reciprocal cross tests of Gui99 and fsv*1* mutant.

Figure S2 Evolutionary relationships and conserved domains of the homologous proteins of MLH3. (a) Evolutionary relationships of MLH3 homologous proteins.

Figure S3 *In situ* hybridization analysis of *OsMLH3* expression in the flowering stage.

Figure S4 Aberrant embryo sacs in the *Osmlh3-1* mutant.

Figure S5 Aberrant embryo sacs in *OsMLH3* and *OsMLH1* knockout mutants.

Figure S6 OsMLH3 self-activated assays and test of *OsMLH3-N* interaction with *OsMLH1*.

Table S1 Investigation of mature embryo sacs of *Osmlh3* and *Osmlh*1 knockout lines.

Table S2 Primers used in this study.

作者：Bigang Mao# Wenjie Zheng# Zhen Huang Yan Peng Ye Shao Citao Liu Li Tang Yuanyi Hu Yaokui Li Liming Hu Dan Zhang Zhicheng Yuan Wuzhong Luo Longping Yuan* Yaoguang Liu* Bingran Zhao*

注：本文发表于 *Plant Biotechnology Journal* 2021 年第 19 期。

① 补充信息（Supporting information）可在网页（http://onlinelibrary.willey.com/doi/10.1111/pbi.13563）查询。

图书在版编目（CIP）数据

袁隆平全集 / 柏连阳主编. -- 长沙 : 湖南科学技术出版社, 2024. 5.
ISBN 978-7-5710-2995-1

Ⅰ. S511.035.1-53

中国国家版本馆 CIP 数据核字第 2024RK9743 号

YUAN LONGPING QUANJI D-BA JUAN

袁隆平全集 第八卷

主　　编：柏连阳

执行主编：袁定阳　辛业芸

出 版 人：潘晓山

总 策 划：胡艳红

责任编辑：张蓓羽　任　妮　欧阳建文　胡艳红

责任校对：唐艳辉　王　贝

责任印制：陈有娥

出版发行：湖南科学技术出版社

社　　址：长沙市芙蓉中路一段 416 号泊富国际金融中心

网　　址：http://www.hnstp.com

湖南科学技术出版社天猫旗舰店网址：

http://hnkjcbs.tmall.com

邮购联系：本社直销科 0731-84375808

印　　刷：长沙超峰印刷有限公司

（印装质量问题请直接与本厂联系）

厂　　址：湖南省宁乡市金州新区泉洲北路 100 号

邮　　编：410600

版　　次：2024 年 5 月第 1 版

印　　次：2024 年 5 月第 1 次印刷

开　　本：889mm×1194mm　1/16

印　　张：27.75

字　　数：584 千字

书　　号：ISBN 978-7-5710-2995-1

定　　价：3800.00 元（全 12 卷）

未来科学
大奖20